신건축
전기설비
전원설비

예문사

머리말

"신 건축전기설비"는 그간의 현장실무경험과 한국전기설비규정(KEC), 전기설비기술계산 핸드북 등 기술자료를 기본으로 했으며, 전기공학의 기초이론(회로이론과 전자기학 등)과 건축관계법 및 관련 기술기준을 더하였습니다. 또한 현장실무에 필요한 법령 및 기술기준과 전기기초 이해를 돕는 전기이론을 중심으로 건축전기설비를 "전원설비", "배전설비", "기술계산"으로 목차를 분류하였습니다.

지상 구조물에 적용하는 전기설비의 시공 및 설계 분야, 시설 및 전기안전관리 분야 등에 종사하는 기술사, 기사, 산업기사 자격 취득인에게 필요한 전기설비 실무 관련 내용이 담겨 있습니다.

전기설비의 시공 분야에서 설계·시공·감리를 위한 전기자재, 제어, 운영, 법규 등과 유지·관리·보수 분야 및 에너지 분야에서 신·재생에너지, 에너지절약 등 변화된 전기설비의 내용으로 구성함에 따라 건축물의 신뢰성, 안전성, 경제성, 쾌적성 등 관리업무 목적과 전기설비 서비스 기능을 효과적으로 구현하는 데 도움이 되리라 생각합니다.

- **전원설비편** 제1편 전기설비의 총론, 제2편 전력부하설비, 제3편 전원설비

- **배전설비편** 제1편 배전설비, 제2편 반송설비, 제3편 정보설비, 제4편 방재설비, 제5편 기타 설비

- **기술계산편** 단원별 이론과 건축전기설비기술사 기출문제를 중심으로 수록하여 전기분야 기술자격을 준비하는 수험생에게 계산문제의 출제경향 분석 및 풀이 과정에 대한 학습 기회를 동시에 제공, 또한 최신기출문제를 수록하여 기초이론, 관계법 및 기술기준과 관련된 계산 문제 등을 동시에 공부할 수 있도록 하였습니다.

출간을 준비하는 동안 유홍남 박사, 신현만 기술사, 대학원의 많은 선후배님의 도움을 받으면서 한마음으로 최선의 노력을 다하였습니다. 그럼에도 미흡한 부분이 있을 것으로 사료되며, 이는 수정·보완해 나갈 것을 약속드립니다.

끝으로 본서를 쓰는 동안 전기기술 연구회를 통해 배출된 기술사, 교수 및 대학원 선후배 등 여러분의 도움에 다시금 고마움을 표시하며, 출판을 맡아준 도서출판 예문사 사장님과 좋은 책이 될 수 있도록 편집에 애써주신 모든 분들께 감사의 말씀을 드립니다.

최기영·홍 준

이 책의 활용법

본 시리즈는 "전원설비", "배전설비", "기술계산" 등 총 3권으로 구성되었습니다. 구성상 특징은 기술사 등 수험생을 위한 문제풀이 형태로 기술하고, 참고문헌(참고법령, 참고도서)을 통하여 해설의 신뢰성을 더하였다는 점입니다. 따라서 "■" 및 "참고", "Basic core point" 등을 많이 활용하여 주시기 바랍니다.

최대한 제정 또는 개정된 법령을 수록하면서 변경이 잦은 수치 부분은 가급적 배제함으로써 실무에 활용할 수 있도록 하였습니다.

1. 실무자를 위한 사용법
- "■"은 해설 내용에 대한 참고문헌을 서술하여 해설 내용의 신뢰성을 확보하였음
- "참고"는 부연 설명 또는 별해를 참고하도록 항목을 구성하여 해설 부분을 확대하였음
- "Basic core point"에서는 현장실무에 대한 계획·설계 및 시공, 운영관리 등에 필요사항을 기술하여 "Why"·"What"에 대한 현장경험이 어떠했는지 나의 창의적인 발상으로 차별화할 수 있는 사항이 무엇인지를 생각할 수 있도록 기술하였음

2. 수험생을 위한 사용법

"기출문제"는 시험회차, 시험시간, 문제번호의 순서로 기술하여 쉽게 확인할 수 있도록 하였음

예 "〈○○-○-○○〉" 개요

첫 번째 ○○은 기술사 시험의 시험회차 "60-○-○○" → 시험회차의 "제60회"를 표시함
두 번째 ○은 기술사 시험의 시험시간 "60-1-○○" → 시험시간의 "제1교시"를 표시함
세 번째 ○○은 기술사 시험의 문제번호 "60-1-1" → 시험문제의 "1번"을 표시함

"예상문제"는 기술사 시험에 출제 가능성이 있는 문제를 엄선하여 출제경향 및 기술내용에 대한 분석 등을 할 수 있는 능력을 배양하도록 하였음

"예제 및 참고"는 전기분야의 시험에 출제되었던 또는 이론을 쉽게 이해할 수 있는 문제를 중심으로 기술하여 계산능력이 향상되도록 하였음

3. 인터넷 카페 및 홈페이지

현재 인터넷 카페에는 건축전기 및 전기소방에 관한 많은 자료들이 수록되어 있습니다. 혹시, 의문사항·오탈자·문의사항 또는 도서 등 첨가사항이 있을 경우 네이버 카페의 안전-올(cafe.naver.com/powerall)을 이용해 주시기 바랍니다.

출제 기준(필기)

직무분야	전기·전자	중직무분야	전기	자격종목	건축전기설비기술사	적용기간	2023.1.1. ~ 2026.12.31.

○ 직무내용 : 건축전기설비에 관한 고도의 전문지식과 실무경험을 바탕으로 건축전기설비의 계획과 설계, 감리 및 의장, 안전관리 등을 담당하며, 건축전기설비에 대한 기술자문 및 기술지도

검정방법	단답형/주관식논문형	시험시간	400분(1교시당 100분)

시험과목	주요항목	세부항목
건축전기설비의 계획과 설계, 감리 및 의장, 그 밖에 건축전기설비에 관한 사항	1. 전기기초이론	1. 회로이론 　- R, L, C 회로의 전류와 전압, 전력관계 　- 전기회로해석, 과도현상 등 　- 밀만, 중첩, 가역, 보상정리 등 　- 비정현파 교류 2. 전자계 이론 　- 플레밍, Amper의 주회적분, 패러데이, 노이만, 렌츠법칙 등 　- 전자유도, 정전유도 　- 맥스웰방정식 등 3. 고전압공학 및 물성공학 　- 방전현상 　- 고체, 액체 및 복합유전체의 절연파괴 　- 금속의 전기적 성질, 반도체, 유전체, 자성체 　- 전력용 반도체의 종류 및 응용
	2. 전원설비	1. 수전설비(수변전설비 설계) 　- 수전방식, 변압기용량계산 및 선정, 변전시스템선정 　- 수전설비기기의 선정 등 2. 예비전원설비(예비전원설비 설계) 　- 발전기설비, UPS, 축전지설비 　- 조상설비, 전력품질개선장치 등 3. 분산형전원(지능형신재생 구축) 　- 분산형전원의 종류 및 계통연계 4. 변전실의 기획 　- 변전실 형식, 위치, 넓이 배치 등 5. 고장 계산 및 보호 　- 단락, 지락전류의 계산 종류 및 계산의 실례 　- 전기설비의 보호 및 보호협조
	3. 배전 및 배선설비	1. 배전설비(배전설계) 　- 배전방식 종류 및 선정 　- 간선재료의 종류 및 선정 　- 간선의 보호 　- 간선의 부설

시험과목	주요항목	세부항목
건축전기설비의 계획과 설계, 감리 및 의장, 그 밖에 건축전기설비에 관한 사항	3. 배전 및 배선설비	2. 배선설비(배선설비 설계) 　－ 시설장소·사용전압별 배선방식 　－ 분기회로의 선정 및 보호 3. 고품질 전원의 공급 　－ 고조파, 노이즈, 전압강하 원인 및 대책 　－ Surge에 대한 보호 4. 전자파 장해대책
	4. 전력부하설비	1. 조명설비 　－ 조명에 사용되는 용어와 광원 　－ 조명기구 구조, 종류, 배광곡선 등 　－ 조명계산, 옥내·외 조명설계, 조명의 실제 　－ 조명제어 　－ 도로 및 터널조명 2. 동력설비 　－ 공기조화용, 급배수 위생용, 운반·수송설비용 동력 　－ 전동기의 종류, 기동, 운전, 제동, 제어 3. 전기자동차 충전설비 및 제어설비 4. 기타 전기사용설비 등
	5. 정보 및 방재설비	1. I.B.(Intelligent Building) 　－ I.B.의 전기설비 　－ LAN 　－ 감시제어설비 　－ EMS 2. 약전설비 　－ 전화, 전기시계, 인터폰, CCTV, CATV 등 　－ 주차관제설비 　－ 방범설비 등 3. 전기방재설비 　－ 비상콘센트, 비상용조명, 유도등, 비상경보, 비상방송 등 　－ 피뢰설비 　－ 접지설비 　－ 전기설비 내진대책 4. 반송 및 기타 설비 　－ 승강기 　－ 에스컬레이터, 덤웨이터 등
	6. 신재생에너지 및 관련 법령, 규격	1. 신재생에너지 　－ 태양광, 연료전지, 풍력, 조력 등 발전설비 　－ 에너지절약 시스템 및 기법 　－ 2차 전지 　－ 스마트그리드 　－ 전기에너지 저장(ESS)시스템 　－ 기타 신기술, 신공법 관련 　－ 에너지계획 수립 　－ 친환경에너지계획 검토

시험과목	주요항목	세부항목
건축전기설비의 계획과 설계, 감리 및 의장, 그 밖에 건축전기설비에 관한 사항	6. 신재생에너지 및 관련 법령, 규격	2. 관련법령 – 전기설비기술기준 – 한국전기설비규정(KEC) – 전기공사업법, 시행령, 시행규칙 – 전력기술관리법, 시행령, 시행규칙 – 주택법, 시행령, 시행규칙 – 건축법, 시행령, 시행규칙 – 에너지이용 합리화법, 시행령, 시행규칙 – 정부 고시 등 3. 관련규격 – KS(Korean Industrial Standard) – IEC(International Electrotechnical Commission) – ANSI(American National Standards Institute) – IEEE(Institute of Electrical & Electronics Engineers) – JEM(Japanese Electrical & Machinery Standards) – ASA, CSA, DIN, JIS, KEC 등
	7. 건축구조 및 설비 검토	1. 구조계획 검토 2. 하중 검토 3. 설비시스템 검토 4. 에너지계획 수립 5. 친환경에너지계획 검토
	8. 수・화력발전 전기설비	1. 조명방식, 기구 선정 및 설계 방법, 에너지절감 방법 2. 건축구조 및 시공방식, 부하용량, 용도, 사용전압, 경제성, 방재성 등을 고려한 전선로/케이블 설계방법 3. 기타 설비설계 관련 사항 4. 안전기준에 따른 접지 및 피뢰설비 설계방법 5. 정보통신설비 관련 규정 및 설계방법 6. 소방전기설비 관련 규정 및 설계방법 7. 기타 발전 방재 보안설계 관련 사항

차례 〔전원설비 편〕

PART 01 전기설비 총론

CHAPTER 01 총론

SECTION 01 건축물 전기설비
1.1 건축물 전기설비의 분류 … 3
1.2 건축물 전기설비의 공사분류 … 6
1.3 전력설비의 예방보전 … 8
1.4 전력계통 신뢰도의 고장률과 정지시간 … 12

CHAPTER 02 전기기초

SECTION 01 회로이론 등
1.1 정전압원과 정전류원 … 15
1.2 회로망 정리 … 17
1.3 전기회로와 자기회로의 대응 … 19
1.4 Maxwell's Equation … 21
1.5 전자파(전자기파)의 성질 … 31
1.6 교류도체 실효저항의 이해 … 34
1.7 선로정수와 케이블의 전기적 특징 … 37
1.8 무효전력 … 42

SECTION 02 전력계통 등
2.1 경제적인 표준전압 … 45
2.2 전기방식의 전력손실비 … 47
2.3 회로망에서 최대전력 전달조건 … 49

2.4 전력부하설비의 불평형률   52
2.5 접지계통의 분류   53
2.6 변압기의 이론 및 등가회로   56
2.7 변압기의 여자돌입전류   63
2.8 Feedback Control System(폐루프제어시스템)   66
2.9 직렬회로의 과도현상   70
2.10 전력용 반도체(Thyristor)   73
2.11 정류기(Rectifier or Converter)   77

PART 02 전력부하설비

CHAPTER 01 조명설비

SECTION 01 조명기초

1.1 조명설비의 용어   83
1.2 연색성(Color Rendition)   87
1.3 색온도(Color Temperature)와 균제도   88
1.4 시각현상(순응과 퍼킨제 효과)   90
1.5 명시론   94

SECTION 02 인공광원

2.1 인공광원(Light Sources)의 발광원리   99
2.2 방전등(Electric Discharge Lamp)   103
2.3 HID(High Intensity Discharge) Lamp   109

SECTION 03 최신광원

3.1 최신광원의 종류   114
3.2 무전극 방전등   122

SECTION 04 조명기구

4.1 조명기구의 조명방식 126
4.2 실내상시보조인공조명(PSALI) 132

CHAPTER 02 조명설계

SECTION 01 조명설계 계획

1.1 우수한 조명요건(좋은 조명요건) 136
1.2 옥내조명의 전반조명 설계 139
1.3 조명제어시스템의 설계 148

SECTION 02 조명설계 사례

2.1 OA 사무실의 VDT 조명설계 151
2.2 전시조명(박물관, 미술관)의 조명설계 155
2.3 경관조명의 조명설계 160
2.4 터널의 조명설계 166

CHAPTER 03 동력설비

SECTION 01 전동기

1.1 전동기의 종류 173
1.2 전동기의 정격 선정 178
1.3 전동기의 진동과 소음 180
1.4 전동기의 고장보호 182
1.5 전동기의 제동법과 역전법 185

SECTION 02 유도전동기

2.1 유도전동기의 원리 및 특성 188
2.2 유도전동기의 기동방식 194

2.3 유도전동기의 속도제어 202
2.4 유도전동기의 인버터 제어(Vector Control) 206
2.5 VVVF 시스템 209

PART 03 전원설비

CHAPTER 01 수·변전설비

SECTION 01 자가용 수·변전설비의 계획

1.1 자가용 전기설비 217
1.2 건축전기설비의 계획 및 설계 219
1.3 수·변전설비의 계획 및 설계 225
1.4 수전·배전방식의 구성 231
1.5 변전설비 시스템 선정 235
1.6 Spot Network 수전방식 238
1.7 변전실의 계획 242
1.8 가스절연개폐장치(GIS ; Gas Insulated Switchgear) 246
1.9 변전설비 용량 산정 계획 251
1.10 수·변전설비의 신기술 동향 256
1.11 초고층 빌딩의 설비계획 260
1.12 공동주택(500세대)의 전기설비 계획 264

SECTION 02 환경개선

2.1 수·변전설비의 설계 시 환경대책 269
2.2 변전실 전기설비의 환경개선 272

CHAPTER 02 수 · 변전기기

SECTION 01 변압기

1.1 변압기의 원리 등	277
1.2 V-V 결선 변압기	284
1.3 변압기의 전압변동률 및 손실	286
1.4 변압기의 냉각방식	290
1.5 변압기의 시험	292
1.6 전력용 변압기 종류	296
1.7 변압기 용량의 선정	299
1.8 변압기의 과부하 운전	303
1.9 변압기의 탭전압 선정	305
1.10 변압기의 이행전압	307

SECTION 02 변압기 임피던스 등

2.1 임피던스와 % 임피던스	309
2.2 임피던스 전압이 전기설비에 미치는 영향	314
2.3 변압기의 병렬운전	317

SECTION 03 특수 변압기

3.1 단권변압기	322
3.2 고효율 전력용 변압기	323
3.3 K-Factor 변압기	325
3.4 기타 특수 변압기	326

SECTION 04 고장전류

4.1 발전기 기본식을 이용한 고장전류 계산	328
4.2 고장전류의 형태 및 계산법	335
4.3 % 임피던스법에 의한 고장전류 계산	341
4.4 단락전류 억제대책(단락 용량 경감대책)	345

SECTION 05 차단기

5.1 차단기의 종류 352
5.2 차단기 정격의 선정기준 357
5.3 차단기의 개폐 서지 362

SECTION 06 전력 퓨즈(PF)

6.1 전력퓨즈(PF)의 단점 보완대책 367
6.2 전력퓨즈의 차단 및 동작 특성 369
6.3 PF의 선정 374
6.4 고압 부하 개폐기의 종류 377

SECTION 07 계기용 변성기

7.1 계기용 변성기 383
7.2 계기용 변류기의 원리 및 종류 387
7.3 CT(Current Transformer)의 정격과 특성 393
7.4 CT 선정 시 고려사항 401
7.5 영상변류기(ZCT)의 원리 및 정격 403
7.6 영상전류 검출방법 409
7.7 GVT와 CLR 및 지락전류 계산 412

SECTION 08 콘덴서(SC)

8.1 진상용 콘덴서의 역률개선 419
8.2 콘덴서의 자동제어방식 및 역률제어 424
8.3 콘덴서 사용 시 문제점과 고조파 대책 429
8.4 콘덴서의 과보상 현상 431
8.5 콘덴서의 개폐현상(개폐 시 특이현상) 434
8.6 콘덴서 회로의 부속기기 440

SECTION 09 피뢰기(LA)

9.1 피뢰기(LA ; Lightning Arrester)   445
9.2 피뢰기의 정격 및 특성   450
9.3 서지 흡수기(SA ; Surge Absorber)   456

SECTION 10 절연협조

10.1 전력계통의 전기기기 절연   458
10.2 전기기기의 절연강도   460
10.3 전력계통의 절연협조   466

CHAPTER 03 예비전원설비

SECTION 01 발전기

1.1 자가용 발전설비의 설계 검토   471
1.2 발전설비의 용량 산정   476
1.3 발전기실의 계획조건   484
1.4 가스 터빈발전기   488

SECTION 02 축전지(직류 전원장치)

2.1 축전지 및 정류기의 용량 산정   493
2.2 충전방식 및 축전지의 이상 현상   498

SECTION 03 무정전전원장치(UPS)

3.1 UPS의 원리 및 동작방식   502
3.2 UPS의 용량 산정 및 병렬운전   506
3.3 UPS의 보호회로   511
3.4 UPS의 설계 및 설치 조건   515
3.5 Dynamic UPS System   518

SECTION 04 분산형전원설비

4.1 신·재생에너지의 분류	522
4.2 분산형전원의 계통연계 및 보호협조	524
4.3 태양광발전(PV ; Photo Voltaic)	531
4.4 주택용 계통연계형 태양광 발전설비의 시설기준	538
4.5 풍력발전	541
4.6 조력발전	547
4.7 연료전지	549
4.8 지능형 전력망(Smart Grid)	553
4.9 에너지 저장장치(ESS ; Energy Storage System)	557

PART 04 과년도 기출문제

126회 건축전기설비기술사 기출문제	565
127회 건축전기설비기술사 기출문제	567
128회 건축전기설비기술사 기출문제	569
129회 건축전기설비기술사 기출문제	571
130회 건축전기설비기술사 기출문제	573
131회 건축전기설비기술사 기출문제	575
132회 건축전기설비기술사 기출문제	577
133회 건축전기설비기술사 기출문제	580
134회 건축전기설비기술사 기출문제	582
135회 건축전기설비기술사 기출문제	584
136회 건축전기설비기술사 기출문제	587
137회 건축전기설비기술사 기출문제	589

PART 01

전기설비 총론

CHAPTER 01 총론   3
CHAPTER 02 전기기초   15

기출문제 **경향**분석 및 **학습**전략

PART | 01   전기설비 총론

❶ 경향분석

1. **전기설비 총론**은 건축물 전기설비 총론과 전기기초의 회로이론, 전력계통 등으로 구성되어 있습니다.
2. **총론**에서는 건축물 전기설비의 예방보전, 고장률과 정지시간, 건축물 유지보수, 전력용 반도체 소자, 전자공학 등이 출제되었습니다.
3. **전기기초**의 자기학 범주에서 전기회로와 자기회로의 대응, 전자파의 성질, 선로정수와 케이블의 전기적 특징(근접효과, 표피효과), 교류도체의 실효저항 등, 회로이론 범주에서 정전압원과 정전류원, 테브난 정리와 노튼 정리, 유효전력과 무효전력, 교류회로의 공진, 최대전력 전달조건, 직류회로 과도현상, 진행파의 기본원리, 전력용 반도체 소자 등, 기타 설비 범주에서 신소재, 신기술 등이 출제되었습니다.
4. **출제되는 문제의 경우** 동일한 문제는 거의 없으나, 방향의 동일성 또는 용어의 다중성 등 응용문제가 출제되고 있습니다.

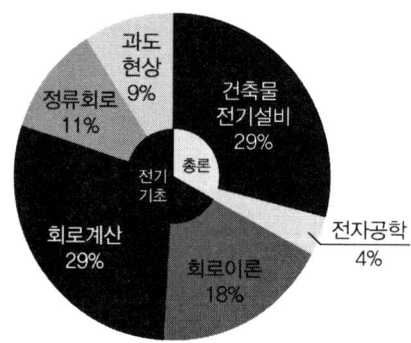

❷ 학습전략

1. **전기설비 총론**에서 **총론**과 **전기기초**는 전체 문제 중 출제 비중이 5%이며, 총론 15번, 전기기초 30번 출제되었으므로 "전기 · 자기 용어정의 등" 기초학습과 "교류회로 현상 등"의 심화학습 전략이 필요합니다.
2. **출제경향**은 일정한 방향성 또는 최신 경향의 용어, 정책, 전기업계에서 새롭게 부상되는 신규설비 등을 암기식 비밀노트로 정리하기 바랍니다.
3. **학습전략 중 암기방법**은 자기만의 그림 · 주제 및 환경을 이용한 연상기억법 또는 기존 자기만의 암기방법과 병행하여 암기식 비밀노트를 만들기 바랍니다.

CHAPTER 01 총론

SECTION 01 건축물 전기설비

1.1 건축물 전기설비의 분류

건물에서 쾌적한 주거환경을 조성하고 원활한 기능적 활동을 도모하려면 각종 건축설비[1](기계·전기설비[2], 소방, 전기·정보통신 등)가 필요하다. 최근에는 특히 건축물이 대형화, 고층화, 첨단화됨에 따라 건축물 전기설비에서도 다양화, 복잡화, 전문화가 가속되면서 중요성이 더해가고 있다.

■ 전기사업법, 한국전기설비규정(KEC), 건축법, 정보통신공사업법

1. 건축전기설비의 개요

전기설비는 건축물 및 그 외 용도와 목적으로 전기 사용을 위하여 설치하는 설비를 말한다. 건축물의 경우 건축물 내에 거주하는 사람으로 하여금 안전하고 쾌적한 주거환경이 조성되도록 안전성, 관리성, 경제성이 고려되어야 한다. 건축전기설비는 전기공급, 정보전달 및 재해예방 등 기능적 활동을 원활하게 하는 목적으로 전기사업을 다음과 같이 분류한다.

가. 사업용 전기설비 : 전기사업자가 전기사업에 사용하는 설비
나. 일반용 전기설비 : 한정된 구역에서 전기를 사용하기 위하여 설치하는 소규모 설비
다. 자가용 전기설비 : 사업용 전기설비 및 일반용 전기설비 외의 전기설비

2. 전기설비의 분류

전기설비는 건축물 내의 주거환경을 구성하는 요소인 옥내설비가 주가 되고 옥외설비 등이 포함된다. 따라서 전기설비는 크게 기능에 의한 분류 방법과 전류에 의한 분류 방법으로 나누어 볼 수 있다.

---

[1] 건축설비란 건축물에 설치하는 전기·전화설비, 초고속 정보통신설비, 지능형 홈네트워크설비, 가스·급수·배수(配水)·배수(排水)·환기·난방·냉방·소화(消火)·배연(排煙) 및 오물처리의 설비, 굴뚝, 승강기, 피뢰침, 국기게양대, 공동시청 안테나, 유선방송 수신시설, 우편함, 저수조(貯水槽), 방범시설 등 건축의 시설물을 말한다.
[2] 전기설비란 발전·송전·변전·배전·전기공급 또는 전기사용을 위하여 설치하는 기계·기구·댐·수로·저수지·전선로·보안통신선로 및 그 밖의 설비(「댐건설·관리 및 주변지역지원 등에 관한 법률」에 따라 건설되는 댐·저수지와 선박·차량 또는 항공기에 설치되는 것은 제외)

가. 기능에 의한 분류

1) 전원설비 : 전기에너지 공급원 설비
2) 전력공급설비 : 전력을 부하에 공급하는 설비
3) 전력부하설비 : 전기에너지를 소비하는 설비
4) 감시제어설비 : 전력 공급상태와 가동상태 등을 감시·제어하는 설비
5) 반송설비 : 사람이나 물품을 운반하는 설비
6) 정보설비 : 정보(문자·음성·음향·영상)를 전달하는 설비
7) 방재설비 : 재해 예방과 통보 역할을 담당하는 설비

나. 전류에 의한 분류

1) 강 전류

   전등, 전동기, 간선, 구내배전선, 축전지, 자가발전설비, 피뢰침설비, 접지설비 등

2) 약 전류

   전기시계, 자동화재탐지설비, 인터폰, 방송설비, TV공청설비 등

3. 기능에 의한 분류

가. 전원설비

전원설비는 수·변전설비, 비상발전설비, 특수전원설비 등으로 구분한다.

1) 수전설비와 변전설비는 특고압 수전을 부하의 사용전압으로 강압하고 또한 기기를 보호하는 기능의 설비를 말한다.
2) 비상 발전설비에는 예비전원용 자가발전설비, 소방설비 부하용 비상전원발전설비, 감시제어용 및 직류전원의 축전지 설비가 있다.
3) 특수전원설비인 무정전 전원장치에는 UPS, AVR, CVCF 등이 있다.

나. 전력공급설비

전력공급설비는 대용량 전력공급용 간선설비와 부하 전력공급용 배선설비로 구분한다.

1) 바닥 내에 Duct를 설비한 플로어 덕트, 전기샤프트 내의 버스덕트 설비, 다량의 배선시설인 배선덕트 설비와 케이블 랙 설비 등이 있다.
2) 부하용도에 따라 전등설비, 동력설비 및 특수부하설비 등의 간선과 배선설비가 있다.

다. 전력부하설비

전력부하설비는 조명설비, 동력설비, 특수부하설비 등으로 구분한다.

1) 조명설비에는 전등설비, 외등설비 등의 일반조명설비와 비상조명설비가 있다.
2) 동력설비에는 공기조화, 급·배수, 위생, 엘리베이터 등의 일반동력과 비상엘리베이터, 배기팬, 소화펌프 등의 비상동력 및 콘센트 설비 등으로 되어 있다.
3) 특수 부하설비에는 컴퓨터, 의료기기, 항공장애등, 로드히팅, 패널히팅 등이 있다.

라. 감시제어설비

건축물의 감시제어설비에는 제어설비, 중앙감시설비 및 중앙감시제어설비 등이 있다.

1) 부하설비의 제어와 상태감시를 시행하는 제어설비
2) 원격조작 및 감시제어를 한곳에서 집중 실시하는 중앙감시설비
3) 중앙감시설비에 컴퓨터를 도입 컴퓨터 컨트롤 등을 취급하는 중앙감시제어설비

마. 반송설비

건축물의 반송설비에는 엘리베이터, 에스컬레이터 및 기계식 주차설비 등이 있다.
예 엘리베이터, 에스컬레이터, 덤웨이터, 컨베이어 및 슈터, 곤돌라 등

바. 정보통신설비

정보설비에는 정보설비, 통신설비 및 기타설비 등이 있다.

1) 정보설비는 정보제어, 보안설비, 정보망 및 정보매체 등의 구성 설비와 통신선로를 말한다.
   예 IBS 설비, 자동제어(SCADA), CCTV 설비, 이더넷 LAN, AMR 설비, GIS 설비 등
2) 통신설비는 교환설비, 전송설비, 구내통신·이동통신설비 등의 구성 장비와 통신선로를 말한다.
   예 전자식 교환기(ISDN), CATV 전송설비, 전화설비, 방범설비, 방송설비 등
3) 기타설비는 통신용 전원설비, 통신접지설비 등 정보통신전용 전기시설를 말한다.
   예 전기부식·전자파 방지설비, UPS 설비, 접지설비, 서지설비, 낙뢰방지설비 등

사. 방재설비

방재설비는 재해(화재, 폭풍, 홍수, 지진 등)로 인한 피해를 예방하고 최소화하기 위해 설치하는 다양한 구조물 및 건축물 설비를 말한다. 방재설비의 종류는 화재예방설비, 방풍설비, 방화벽, 내진화 구조물, 범죄예방설비 등으로 구분한다.

1) 화재예방설비는 자동화재탐지설비, 피난설비, 화재진압·확산 방지설비 등이 있다.
2) 방풍설비에는 자연재해 대응시설인 방조제, 축대시설 등이 있다.
3) 내진화 구조물은 인명대피와 건물붕괴 방지를 위한 지하대피소 등이 있다.
4) 범죄예방을 위한 출입통제설비, 방범설비 등이 있다.

1.2 건축물 전기설비의 공사분류

- 전기공사란 전기사업법에 따른 전기설비, 전력 사용 장소에서 전력을 이용하기 위한 전기 계장설비, 전기에 의한 신호표시설비, 신·재생에너지 설비 중 전기를 생산하는 설비, 지능형전력망 중 전기설비 등을 설치·유지·보수하는 공사 및 이에 따른 부대공사를 말한다.
- 전기공사 종류는 발전·송전·배전설비, 산업시설물·건축물 및 구조물의 전기설비, 도로·공항·항만 전기설비, 전기철도 및 철도신호전기설비, 그 밖의 전기설비에 대한 공사로 분류한다. 특히 최근에는 건축물의 전기설비는 다양화, 복잡화가 가속되면서 중요성이 더해가고 있다.

■ 전기공사업법·시행령·시행규칙, 한국전기설비규정(KEC), 자연재해대책법

1. 전기공사의 범위

가. 발전·송전·변전 및 배전 설비공사
나. 산업시설물, 건축물 및 구조물의 전기설비공사
다. 도로, 공항 및 항만의 전기설비공사
라. 전기철도 및 철도신호의 전기설비공사
마. 위 전기설비공사 외의 전기설비공사
바. 위 전기설비 등을 유지·보수하는 공사 및 그 부대공사

■ 전기공사업법 시행령 별표1(전기공사의 종류)

2. 전기공사의 분류

가. 면허 없이 시공이 가능한 경미한 전기공사

1) 꽂음 접속기, 소켓, 접속기, 전구류, 그 밖에 개폐기의 보수 및 교환에 관한 공사
2) 벨, 인터폰, 장식전구 그 밖에 소형변압기(2차 측 36V 이하)의 설치 및 그 2차 측 공사
3) 전력량계 또는 퓨즈를 부착하거나 떼어내는 공사
4) 전기용품 중 꽂음 접속기를 이용하여 사용하거나 전기기계·기구 단자에 전선을 부착하는 공사
5) 전압이 저압이고, 전기시설 용량이 5kW 이하인 단독주택 전기시설의 개선 및 보수공사 (단, 전기공사기술자가 하는 경우)

나. 면허에 의한 전기공사

1) 전기설비가 멸실되거나 파손된 경우 또는 재해나 그 밖의 비상시에 부득이하게 하는 복구공사
2) 전기설비의 유지에 필요한 긴급보수공사

3. 건축물의 전기설비공사 종류

가. 전원설비공사

수전·변전설비공사(큐비클 설치공사), 예비전원설비공사(비상용 발전기, 축전지, 충전장치, UPS, 연료전지, 정류장치의 설비공사) 및 보호·제어설비공사

나. 전원공급설비공사

배전반, 분전반, 전력간선, 분기선 및 배관(덕트 및 트레이를 포함) 등의 설비공사

다. 전력부하설비공사

조명설비(조명제어설비 포함), 콘센트 등 기계·기구 및 동력설비의 전기공사

라. 운송설비공사

이동보도(무빙워크), 주차설비, 엘리베이터, 에스컬레이터, 전동 소형물품 운반용 승강기, 권상용(물건을 매달아 올리거나 내리기 위한 용도), 모터, 궤도, 운반차량, 컨베이어, 공조(덕트·시스템·설비), 곤돌라, 케이블카 등 사람이나 물건을 운반하는 반송용 시설의 전기공사

마. 방재 및 방범 설비공사

서지보호설비(Surge : 전류·전압 등의 과도파형)·낙뢰설비, 잡음·전자파(EMI, EMC, EMS 등)의 방지설비공사, 항공장애등설비공사, 헬리포트조명설비공사, 접지설비공사, 소방시설의 설치·유지에 관한 전기공사 및 도난 방지를 위한 전기설비공사

바. 지능형 빌딩시스템(IBS)

IBS 설비공사의 전기설비를 제어 및 감시하는 공사

사. 지능형 주택자동화시스템

지능형 주택자동화시스템 설비공사의 전기설비를 제어 및 감시하는 공사

아. 약전설비공사

전기시계설비, 시보설비, 주차관제전기설비 등의 설비 공사

자. 그 밖에 건축물에서 요구되는 전기설비공사

1.3 전력설비의 예방보전

예방보전(Preventive Maintenance)이란 정기 점검과 조기 수리로 고장 발생을 미연에 방지하고 설비를 항상 정상 상태로 유지하는 것을 의미한다. 예방보전의 목적은 설비의 고장으로 인한 휴지라든가 그로 인하여 부수되는 여러 가지 기회 손실을 없애는 것이다. 전기설비가 고도산업사회에 진입하면서 수변전설비에서 중요부하의 증설, 정보통신설비의 부하 증대 등 최근 전력설비가 다양화됨에 따라 사용자의 신뢰도 증대 및 설비의 고도화로 예방보전의 필요성에 대응하는 시스템을 구성 및 운용하게 되었다.

■ 제조사의 기술자료, 정기간행물

1. 예방보전

전기안전관리는 전기설비의 공사·유지 및 운용에 필요한 조치를 말한다. 과거의 전기설비 유지보수(Maintenance)는 "사후보전"의 개념이 일반적이었다. 그러나 전기설비의 대형화·자동화가 추진되어 전기에 대한 의존도가 높아짐에 따라 "사후보전"으로 신뢰성을 보전할 수 없어 "예방보전"이 적용되고 있다.

가. 보전공학(Tero-technology)

노후된 기계, 설비의 수명을 연장시키기 위해서 실시하는 종합설비 관리기법을 말한다.

나. 예방보전(Preventive Maintenance)

기기 사용 또는 대기상태에서 제품의 고장을 미연에 방지하고, 항상 사용 가능한 상태로 유지하기 위해 시간기준 예방보수를 의미하는 정기적인 점검, 부품교환 및 보수 등이 계획적으로 이루어지는 유지관리를 말한다. 예방보전은 상태감시보전(예지보전)과 시간계획보전을 포함한 의미로 사용한다.

2. 보전방식의 분류

보전방식은 "보전(사후보전과 예방보전) ⇨ 보전예방(설계단계) ⇨ 예지보전(상태감시) ⇨ 온라인 보전"의 단계를 거치면서 발전되어 왔으며, 또한 보전방식은 다음과 같이 비계획적인 사후보전과 계획적인 예방보전으로 분류할 수 있다.

가. 보전방식의 구분

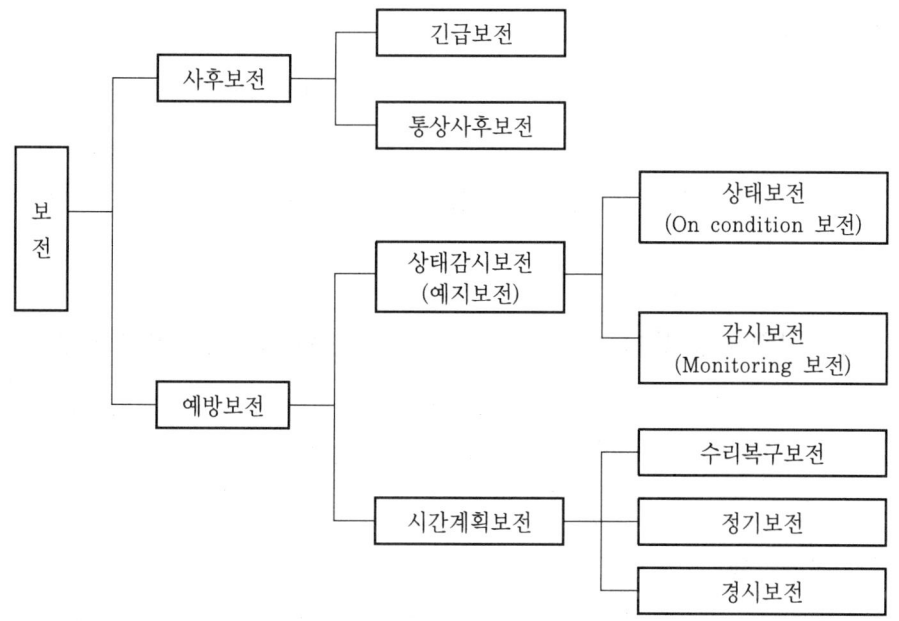

나. 예방보전

시간기준의 예방보수를 말하며 정기적 점검 및 부품교환과 보수를 통한 성능저하를 방지하는 유지보수 방법이다.

1) 상태감시보전(예지보전) : 기기 동작상태의 확인, 열화의 검출, 결함 위치의 확인 등 고장에 이르기까지 경과기록 및 추적 등을 목적으로 어느 시점에 있어서의 동작 및 경향을 감시하여 그 결과 이상 징후가 있는 경우에 수리 등을 행하는 보전
   ① 상태보전 : 기기의 사용 또는 대기상태에서 제품 고장징후, 성능저하 등을 정기적인 기능시험 등을 통해 확인하여 상태가 이상한 경우 처리하는 보전
   ② 감시보전 : 기기의 사용 상태를 상시, 정기적 또는 특정 사고마다 감시하여 조기에 제품의 이상을 발견하여 처리하는 보전, 상태보전과 달리 검출 기술과 신호처리 고장기계의 기초데이터를 이용하여 행하는 보전

2) 시간계획보전 : 예정된 점검주기에 따라서 행해지는 보전
   ① 수리복구 보전 : 기기의 고장률을 규정치 이내로 유지하기 위하여 정기적으로 행하는 Overhaul(분해검사) 작업
   ② 정기 보전 : 기능을 유지하기 위하여 기기의 고장 발생 전에 행하여지는 정기적인 점검 및 윤활유 등의 보충작업
   ③ 경시 보전 : 기기가 누적 가동시간에 도달했을 때 행하는 오감에 의한 예방보전

다. 사후보전

설비에 고장이 발생하면 수리하거나 파손된 부품을 교환하는 유지보수 방법이다.

1) 긴급 보전 : 예방보전을 하고 있는 대상 기기의 고장 발생 시 행하는 보전
2) 통상 사후보전 : 관리상 예방보전을 하지 않는 기기에 대하여 고장이 발생하면 행하는 보전

3. 변전설비의 예방보전 (☞ 참고 : On-Line 진단시스템, 전기설비의 Life Cycle)

변전설비의 기기 및 장치는 사용시간에 따라 자연열화, 마찰, 염진해 등에 의하여 기능이 저하되기 때문에 설비기능을 회복·유지하며 사고를 미연에 방지하기 위하여 기기의 물리적 변화를 기초하여 수명예측과 점검의 통계적 방법을 기초로 하여 확률적 예측으로 수행한다.

가. 예방보전의 목적

1) 설비의 신뢰도 확보 : On-Line 진단시스템, Real Time 감시시스템
2) 설비의 진단능력 확보 : 고도 진단능력으로 대책 균일화, 고신뢰도화 등
3) 관리업무의 효율성 확보 : 원격감시 등 업무의 생력화(기계화·자동화·무인화 등이 촉진되어 노동력이 감소함), 효율화 등

나. 예방보전시스템의 구성

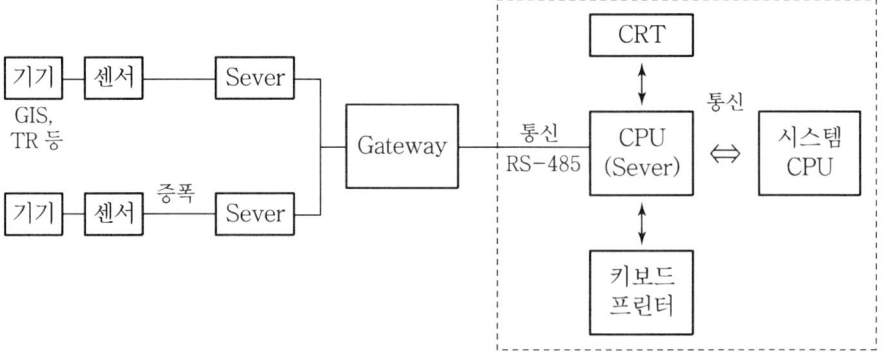

1) Sensor(센서) : 측정부에서 전기·전자량 및 각종 물리량(소리, 빛, 온도, 압력 등)의 진단항목에 대하여 반응하는 소자 또는 검지하는 목적으로 사용하는 장치를 말한다.
2) Amplifier(증폭기) : 입력된 전기 신호의 전압이나 전력을 크게 하기 위한 장치로서 센서신호로부터 입력된 신호를 증폭하여 컴퓨터로 전송하는 장치를 말한다.
3) Sever(서버) : 근거리 통신망 등을 통해서 다른 복수의 컴퓨터나 워크스테이션으로부터 공용되는 각종 자원을 제공하는 장치이다.
4) Gateway : 서로 다른 구조를 가진 두 개의 통신 네트워크를 연결할 때 사용하는 장치. 즉, 복수의 컴퓨터와 근거리 통신망(LAN) 등을 상호 접속할 때 컴퓨터와 공중 통신망, LAN과 공중 통신망 등을 접속하는 장치를 말한다.
5) CPU : 컴퓨터의 가장 중요한 부분에 해당하며 프로그램의 명령을 해독하여 데이터 처리를 하는 장치로서 주기억장치 및 각종 제어장치를 포함한다. 현장의 센서 신호 검출사항에 대하여 표시, 기록, I/O 등의 분석 및 변화추이를 감시하고 결과에 따른 대책을 지시한다.

다. 예방보전시스템 적용 시 고려사항

1) 감시기기와 피감시기기의 수명 등 시스템의 내용 연수를 고려한다.
2) 시스템의 확장성, 호환성, 경제성 등 효과성을 고려한다.
3) 시스템의 노이즈, 고조파 등 전력품질 대책을 고려한다.

라. 예방보전의 점검기준

1) 점검기기 : TR, 폐쇄배전반(GIS 포함), CB 등에 대한 시험 및 검사 등 작업
2) 점검종류 : 순회점검(운전 중 기기에 대한 현상점검), 보통점검(기기 내부를 개방하지 않고 간접 확인), 정밀점검(기기 내부를 개방하여 내부의 이상 유무를 확인하는 점검)
3) 점검순서

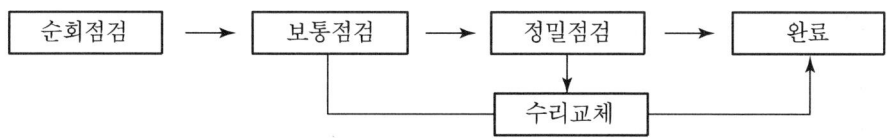

마. 예방보전 점검항목 및 시험

1) 예방보전시험 : 비파괴시험, 절연유 열화시험, 진동·소음시험, PD시험, 육안점검 등
2) 설비진단기술 : On-Line 진단, OFF-Line 진단, Noise 분석 및 대책 등
3) 중요점검장비 : 초음파 마이크, 부분방전진단기, SO_2 분석기, 적외선 온도측정기, 가스 분석기, 메가 등

1.4 전력계통 신뢰도의 고장률과 정지시간

전력계통 신뢰도는 전력계통이 정상 상태와 고장 상황에서 전력수요를 안정적으로 공급할 수 있는 정도를 의미한다. 신뢰도의 주요 요소에는 적정성, 안전성, 예비력이 있으며, 신뢰도 유지를 위하여 전압 및 주파수의 법적 관리기준과 신재생에너지(출력감시, 예측, 제어 등)의 기술적 관리기준, 예비력 확보 등 다양한 요소가 복합적으로 작용하여야 유지된다. 여기서는 수용가의 수변전설비에서 공급신뢰도를 예상할 경우 설비를 구성하고 있는 각 요소의 사고 확률 및 정전 시간을 과거의 실적을 반영하여 추정할 수 있다.

■ 계통공학, 신 전기설비기술계산 핸드북, 전력계통 신뢰도 및 전기품질 유지기준

1. 신뢰도의 주요 요소

가. 적정성

전력계통이 주어진 조건에서 의도된 기능을 제대로 수행하는지, 즉 소비자에게 필요한 전력을 안정적으로 공급할 수 있는지 평가한다.

나. 안전성

예기치 못한 고장이나 이상 상황에서도 계통이 붕괴되지 않고 견딜 수 있는 능력을 의미한다.

다. 예비력

수요 예측 오차, 발전기 고장 등으로 인한 전력 수급 불균형에 대비해 발전력이나 저장장치의 추가 용량을 확보하는 것이 중요하다.

2. 수용가 측에서 본 신뢰도 영향요인

가. 정전의 빈도
나. 정전의 크기(수용가의 수 또는 정전 시 공급지장 부하의 크기)
다. 정전의 지속시간
라. 정전의 발생 시간
마. 정전의 발생 계절
바. 정전의 발생 이유

3. 사고확률 선정방식

가. 설비의 상태

각 설비의 상태는 운전상태와 정지상태로 나눌 수 있다. 정지상태는 보수를 위한 작업정지와 우발사고로 인한 수리를 위한 사고정지가 있으며, 작업정지는 예측이 가능하므로 미리 대책을 수립할 수 있다. 따라서 신뢰도 검토의 대상은 우발사고에 의한 사고정지이다.

나. 선정식

1) 운전확률 p와 사고확률(사고정지확률) q의 관계식

$$p = \frac{R}{R+S}, \qquad q = \frac{S}{R+S}, \qquad p+q=1$$

여기서, R : 대상기간 중의 운전시간 누계
S : 대상기간 중의 사고정지시간 누계

2) 운전단위시간당 사고발생 횟수

$$\lambda = \frac{1}{\overline{R}}$$

여기서, λ : 사고발생률, $\overline{R}$: 1회당 평균 운전계속시간

3) 고장복구시간(각 설비마다 정지시간)

$$\mu = \frac{1}{\overline{s}}$$

여기서, μ : 사고복구율, $\overline{s}$: 1회 사고당 평균 정전시간

4. 공급신뢰도 계산

수변전설비에서 공급신뢰도를 산출하려면 사고발생률(λ)과 평균 정전시간(S)을 사용한다.

가. 각 설비가 직렬로 접속되어 있는 경우

각 설비의 사고발생률과 평균 정전시간을 λ_1, S_1 및 λ_2, S_2라고 하면 아래 그림에서

$$\lambda_S = \lambda_1 + \lambda_2$$

$$\lambda_S S_S = \lambda_1 S_1 + \lambda_2 S_2$$

따라서 정전시간 $S_S = \dfrac{\lambda_1 S_1 + \lambda_2 S_2}{\lambda_1 + \lambda_2}$ 이다.

나. 각 설비가 병렬로 접속되어 있는 경우

각 설비의 사고발생률과 평균 정전시간을 λ_1, S_1 및 λ_2, S_2라고 하면 아래 그림에서

$$\lambda_p = \lambda_1 \lambda_2 (S_1 + S_2)$$

$$\lambda_p S_p = (\lambda_1 S_1)(\lambda_2 S_2)$$

따라서 정전시간 $S_p = \dfrac{S_1 S_2}{S_1 + S_2}$ 이고,

$S_1 = S_2$ 라면 $S_p = \dfrac{S_1}{2}$ 이다.

다. 각 설비가 절체시킬 수 있는 병렬로 접속되어 있는 경우

각 설비의 사고발생률과 평균 정전시간을 λ_1, S_1 및 λ_2, S_2라고 하면 아래 그림에서

$$\lambda_p = \lambda_1 \lambda_2 (S_1 + S_2) + \lambda_1$$

$$\lambda_p S_p = (\lambda_1 S_1)(\lambda_2 S_2) + (\lambda_1 K)$$

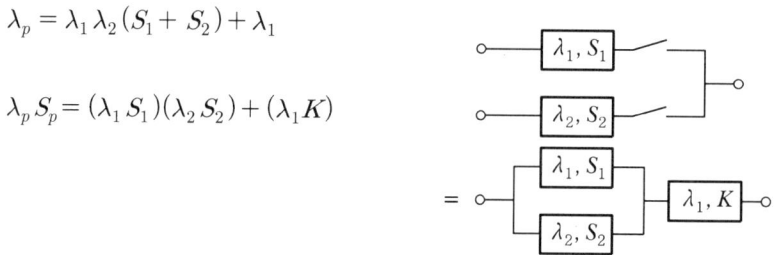

CHAPTER 02 ▶ 전기기초

SECTION 01 회로이론 등

1.1 정전압원과 정전류원

전기회로를 이론적으로 다루는 회로이론은 전기의 본질인 전기와 자기에 대한 정현파 교류의 전압 및 전류관계를 규정하는 임피던스의 개념을 바탕으로 정상상태에서의 교류이론과 정상상태에 이르기까지의 과도적인 회로현상을 다루는 과도현상론 등이 있다.

■ 회로이론, 정기간행물

1. 전원[3]

부하에 에너지를 공급해 주는 전원은 등가적으로 전압전원 또는 전류전원으로 나타낼 수 있다.

가. 이상적 전압원(Ideal Voltage Source)

부하 여하에 불구하고 단자전압의 시간적 변화가 주어진 시간함수 $v(t)$와 같은 전원을 이상적인 전압원이라 한다.

나. 이상적 전류원(Ideal Current Source)

부하 여하에 불구하고 출력전류의 시간적 변화가 주어진 시간함수 $i(t)$와 같은 전원을 이상적인 전류원이라 한다.

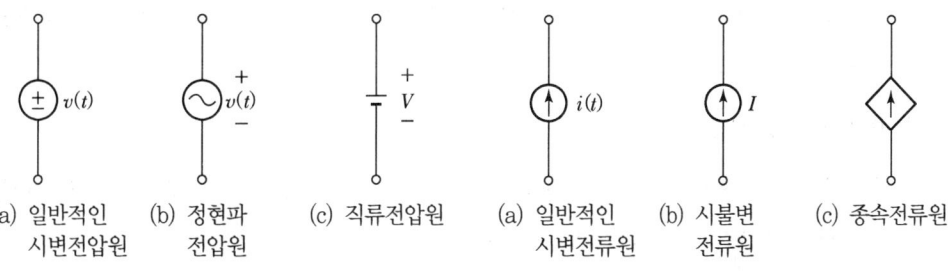

(a) 일반적인 시변전압원 (b) 정현파 전압원 (c) 직류전압원   (a) 일반적인 시변전류원 (b) 시불변 전류원 (c) 종속전류원

[그림 1] 정전압원   [그림 2] 정전류원

---

[3] 전기회로 전원에서 독립전원은 다른 영향을 받지 않고 온전히 독립전원 자신이 갖고 있는 전류 혹은 전압을 공급하는 선형전원을 말하며, 종속전원은 다른 부분의 전압이나 전류에 영향을 받는 비선형전원을 말하며, 표현방식도 차별적으로 표시한다.

2. 정전압원

가. 정의

전압원 회로에서 출력단자 전압 V가 부하전류 i에 관계없이 일정하게 유지되는 것을 정전압원이라 한다.

나. 이상적인 정전압원

이상적인 정전압원을 얻는 경우에는 내부저항 $R_0 = 0$이어야 하지만 실제 회로에서는 내부저항이 존재하고 있으므로 이러한 이상적인 정전압원이 되지 않는다. 그러나 근사적으로 내부저항(R_0)을 무시할 수 있는 $R_0 \ll R_L$의 범위에서는 회로 대부분을 정전압원으로 취급할 수 있다.

1) 일반적인 상용전원 대부분이 $R_0 \ll R_L$의 경우로 정전압원으로 해석한다.
2) 등가회로는 전기적인 특성을 전기회로로 표현한 것으로 [그림 3]의 (c)와 같다.

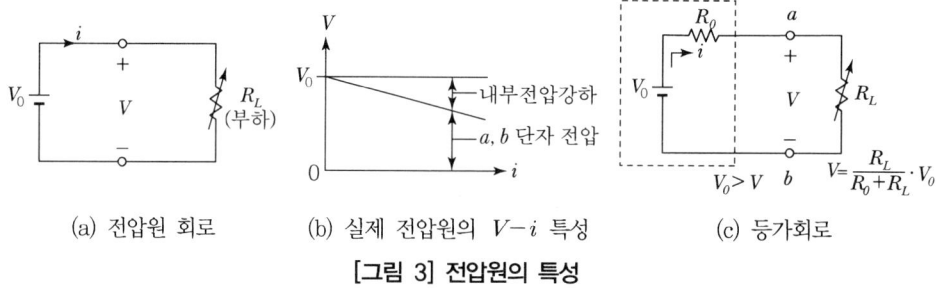

(a) 전압원 회로　　(b) 실제 전압원의 $V-i$ 특성　　(c) 등가회로

[그림 3] 전압원의 특성

3. 정전류원

가. 정의

전류원 회로에서 출력전류 i_L이 부하저항 R_L의 크기에 관계없이 일정하게 유지되는 것을 정전류원이라 한다.

나. 이상적인 정전류원

이상적인 정전류원을 얻는 경우에는 내부저항 $R_0 = \infty$이어야 하지만 실제 회로에서는 선로저항이 존재하므로 개방상태를 이상적인 정전류원으로 취급할 수 있다.

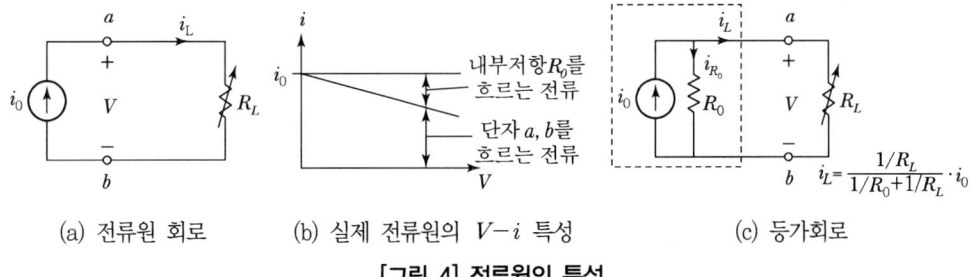

(a) 전류원 회로　　(b) 실제 전류원의 $V-i$ 특성　　(c) 등가회로

[그림 4] 전류원의 특성

1.2 회로망 정리

등가회로를 사용하여 복잡한 회로망 내에서 회로를 1개의 전원과 1개의 저항의 등가회로로 대치하여 계산할 경우 중첩 원리, 테브난 정리, 상반 정리 등을 응용하면 편리하다. 특히, 테브난 정리는 한 지점의 고장을 계산하여 하나의 차단기(개폐기)를 적용하기 위한 목적에 가장 적합하다.

■ 회로이론, 정기간행물

1. 테브난 정리(Thevenin's Theorem)

가. 개념

어떤 구조를 갖는 능동회로망도 그 임의의 두 단자 a, b 외측에 대하여 이것을 등가적으로 하나의 전압전원 V에 하나의 임피던스 Z_S를 직렬로 접속된 것으로 대치할 수 있다.

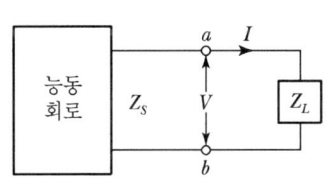

[그림 1] 테브난 정리

나. 회로해석

1) [그림 1]의 능동회로[4]에서 전원전압 V는 회로망의 단자 a, b를 개방했을 때 a, b 사이에 나타나는 전압과 같고 임피던스 Z_S는 회로망 내의 모든 전원을 제거하고 단자 a, b에서 회로망 쪽을 본 임피던스와 같다.

2) [그림 1]에서 전원을 제거하는 것은 전원 전압의 경우에는 양 단자를 단락하는 것을 의미하며, 전류 전원의 경우에는 양 단자를 개방하는 것을 의미한다.

---

[4] 능동소자란 능동회로(Active circuit) 에너지원으로 작용하는 회로소자를 포함하는 회로, 즉 부하에 에너지를 공급해 주는 소자로 전원은 등가적으로 전압전원 또는 전류전원으로 표시한다. 능동소자의 종류로는 정전압원·정전류원이 있고, 수동소자의 종류로는 R, L, C가 있다.

다. 테브난 정리

능동회로망의 임의의 두 단자 a, b 간의 전압을 V라 하면, 임의의 임피던스 Z_L을 접속했을 때 부하 Z_L에 흐르는 전류를 $I = \dfrac{V}{Z_S + Z_L}$ [A]라 하는데 이를 테브난 정리라고 한다.

2. 노튼 정리(Norton's Theorem)

가. 개념

어떤 구조를 갖는 능동회로망도 그 임의의 두 단자 a, b 외측에 대하여 이것을 등가적으로 하나의 전류전원 I_S에 하나의 어드미턴스 $Y_S(1/Z_S)$가 병렬로 접속된 것으로 대치할 수 있다.

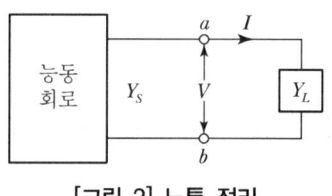

[그림 2] 노튼 정리

나. 회로해석

여기서 전류 $I_S(=Y_SV)$는 회로망의 단자 a, b를 단락했을 때 양 단락지점 a, b를 흐르는 전류와 같고, 어드미턴스 Y_S는 회로망 내의 모든 전원을 제거하고 단자 a, b에서 회로망 쪽을 본 어드미턴스와 같다.

다. 노튼 정리

능동회로망에 있어서 임의의 두 단자 a, b 간에 어드미턴스 Y_L를 접속한 경우 두 단자 a, b를 단락했을 때 흐르는 전류 I_S라 하고, 두 단자 a, b에서 회로망을 본 어드미턴스를 Y_S라 하면 부하 Y_L에 흐르는 전류 I는 $I = \dfrac{Y_L}{Y_S + Y_L} \cdot I_S$[A]로서 노튼 정리라고 한다.

3. 쌍대적인 관계 비교

가. 테브난 정리와 노튼 정리

테브난 정리와 노튼 정리는 서로 쌍대적인 관계를 가지고 있다. 즉, 접속된 부하에 흐르는 전류를 계산함에 있어 테브난 정리는 임피던스와 개방 단자전압을 사용하고, 노튼 정리에서는 어드미턴스와 단자 단락전류를 사용한다는 점이 다르나 본질적으로는 동일한 내용을 표기하고 있는 것이다.

나. 테브난 정리의 변형

$$I = \dfrac{V}{Z_S + Z_L} = \dfrac{V}{\dfrac{1}{Y_S} + \dfrac{1}{Y_L}} = \dfrac{Y_S \cdot Y_L \cdot V}{Y_S + Y_L} = \dfrac{Y_L}{Y_S + Y_L} \cdot I_S \left(\because I_S = \dfrac{V}{Z_S} = Y_S V \right)$$

>> 참고   밀만 정리(Millman's Theorem)

1) 회로망 내에 동일 주파수의 여러 개의 전원이 병렬로 접속되어 있는 경우 하나의 등가전원으로 대치하거나, 특히 임의의 두 점 간의 전압을 구하는 데 유용하다.
2) 밀만 정리는 테브난 정리와 노튼 정리를 합성한 것이다.

$$\text{밀만 정리 } V_{ab} = \frac{Y_1 V_1 + Y_2 V_2}{Y_1 + Y_2} = \frac{\sum Y_n V_n}{\sum Y_n}$$

1.3 전기회로와 자기회로의 대응

전기의 본질은 전기와 자기에 대한 기본개념을 확인하고, 고정된 위치의 전하에 의해 발생되는 전기장과 정전유도현상 및 커패시턴스, 이동하는 전하 또는 자극에 의해서 발생하는 자기장과 전자유도현상 및 인덕턴스의 대응관계를 이해하는 데 있다.

■ 전자기학, 회로이론

1. 전기회로와 자기회로의 대응관계

전기회로와 자기회로의 대응관계는 다음 표와 같다.

전기회로		자기회로	
전류	$I[A]$	자속(자기력선속)	$\phi[Wb]$
전압	$V[V]$	기자력(NI)	$\mathcal{F}[AT]$
전기저항	$R[\Omega]$	자기저항	$R_m[AT/Wb]$
도전율(전도도)5)	$\sigma[\mho/m]$	투자율6)	$\mu[H/m]$
전계	$E[V/m]$	자계	$H[AT/m]$
전류밀도	$J[A/m^2]$	자속밀도	$B[Wb/m^2]$

2. 회로법칙의 대응성

가. 옴의 법칙

1) 전기회로의 옴의 법칙

① 공간의 개념은 전혀 고려하지 않은 상태에서 단지 전기소자의 단자에 나타나는 변수까지의 관계만을 정의한다.

---

5) 도전율(전도율)이란 물질에서 전류가 잘 흐르는 정도를 나타낸 물리량으로 비저항(고유저항)의 역수이다.
6) 투자율이란 자기장이 투과할 수 있는 가능성의 정도를 나타내는 물리량으로 어떤 물체가 놓여진 위치에서의 자화자기장에 대하여 물체의 내부에 생기는 자기장의 상대적인 값($B=\mu H$)을 말한다.

② 옴의 법칙 $I = \dfrac{V}{R}$[A], $R = \dfrac{l}{\sigma S}$[Ω] $\left(\text{여기서, 고유저항 } \rho = \dfrac{1}{\sigma}\right)$

2) 자기회로의 옴의 법칙

① 일정한 공간에 분포하는 이동전하 또는 자극 물리량들 간의 관계를 정의한다.

② 옴의 법칙 $\phi = \dfrac{\mathscr{F}}{R_m}$[Wb], $R_m = \dfrac{l}{\mu S}$[AT/Wb]

나. 키르히호프의 법칙

자기회로에 있어서도 전기회로와 같은 키르히호프의 법칙이 성립한다.

1) 전기회로의 키르히호프의 법칙

① 임의의 결합점에 유출입하는 전류의 합은 0이다. ⇨ $\sum\limits_{i=1}^{n} I_i = 0$

② 폐회로 내에서 기전력의 합은 그 폐회로 내에서의 전압강하의 합과 같다.

$$\sum_{i=1}^{n} E_i = \sum_{i=1}^{n} I_i \cdot R_i$$

2) 자기회로의 키르히호프의 법칙

① 임의의 결합점에 유출입하는 자속(자기력선속)의 합은 0이다. ⇨ $\sum\limits_{i=1}^{n} \phi_i = 0$

② 폐자로 내에서 기자력의 합은 그 폐자로 내에서 자기저항의 감소량 합과 같다.

$$\sum_{i=1}^{n} \mathscr{F}_i = \sum_{i=1}^{n} \phi_i \cdot R_m \text{ (단, 투자율에서 } B \text{ 자속밀도와, } H \text{ 자력선밀도는 선형관계)}$$

3. 자기회로와 전기회로의 차이점

가. 기자력과 자속 사이의 비직선성(비선형적)

1) 자성체의 자화곡선($B - H$ 곡선)은 포화특성을 가지며 기자력 $\mathscr{F}$와 자속 ϕ 사이에는 직선적인 비례 관계를 이루지 않는다. 더욱이 기자력의 크기가 변화하면 자속은 히스테리시스 특성을 나타낸다. 이와 같은 비직선성을 고려하면 자기회로의 옴법칙은 성립하지 않으며 전기회로에서의 중첩의 원리도 적용되지 않는다.

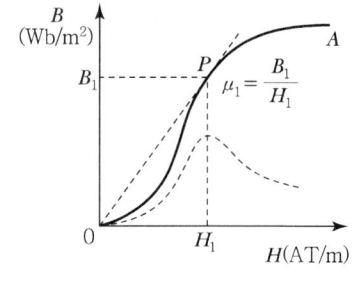

[그림 1] 자화곡선

2) 자기회로의 옴법칙이 적용되는 것은 어디까지나 기자력과 자속 사이에 직선적(선형적)인 성질을 나타내는 한정된 구간에 한해서 이루어진다.

나. 자속의 누설

1) 전기회로는 선로를 구성하는 도체와 주위 절연물 사이에 도전율 값의 차(10^{20}배)가 대단히 크기 때문에 전류는 도체 내를 흐르며 주위의 공기 중으로 누설되는 경우가 거의 없다.
2) 자기회로는 자로를 구성하는 것은 자성체인 철심인데 철에는 자기포화 및 히스테리시스 현상 때문에 자기저항이 일정하지 않다. 그리고 철심의 투자율과 공기의 투자율비가 크지 않으므로($10^2 \sim 10^4$) 철심의 공극을 통하여 누설자속이 발생된다.

다. 전력 손실(철손)

1) 전기회로에서 저항 R에 전류 I를 흘리면 줄 법칙에 의해서 I^2R[W]의 줄 손실이 발생하지만, 자기회로의 자기저항 R_m에 자속 ϕ를 통하여도 손실은 발생하지 않는다.
2) 전기회로에서는 저항에 의한 손실이 발생하고, 자기회로에서는 자속이 변화할 때 누설자속에 의한 히스테리시스 손실이 발생한다.

라. 기타

자기회로에서는 전기회로의 정전용량 C와 인덕턴스의 L에 해당하는 요소가 없다.

1.4 Maxwell's Equation

맥스웰 방정식은 전기의 본질인 전기와 자기의 발생, 전기장과 자기장, 전하밀도와 전류밀도[7]의 형성을 나타내는 4개의 편미분 방정식이다. 즉, 전자기력의 원리로서 전하[8]로부터 발생하는 전류의 자기작용에 의한 전기적 현상과 자석에 의한 자기적 현상으로 전계와 자계가 동시에 발생하여 서로에게 영향을 미치는 전자기 현상을 설명한다. 여기서, 전자기력은 전자기파(Electromagnetic Wave)의 형태로 에너지가 전파하게 되는데 이런 힘을 매개하는 물리적인 공간을 장(Field)이라 하며 전기장은 전기력을 매개로 하는 공간이고, 자기장은 자기력을 매개로 하는 공간으로 정의된다.

■ 대학기초물리학, 전자기학, 정기간행물

---

[7] 전류밀도(電流密度, Current Density)란 도체의 단면에서 단위면적당 흐르는 전류를 의미하며, 수식은 $J=I/S$ [A/m²]이다. 전류를 미소 개념으로 해석하면, 전하량 $Q=I\cdot t=n\cdot e$(여기서, n은 전자 개수, e는 전자 1개의 전하량) → 전류 $I=(n\times e)\div t$에 도체의 체적($l\cdot S$)을 곱하면 $I=(n\cdot e\div t)\times lS \rightarrow I=n\cdot e\cdot v\cdot S$(여기서, v는 전자의 이동속도) ∴ 전류밀도 $J=I/S=n\cdot e\cdot v$

[8] 전하는 가장 기본적인 전기적인 양이다. 모든 전기적 효과는 전하와 그 공간적 분포 및 운동에 의하여 일어난다. 전하의 종류에는 점전하(Point Charge), 선전하(Line Charge), 표면 전하(Surface Charge) 및 체적전하(Volume Charge) 등이 있다.

1. 전기장과 자기장

가. 전기장(Electric Field)

전기장은 전하가 공간에 존재할 때, 그 전하에 의해 생기는 주위 공간상 각 지점에서 전위의 기울기를 의미하며, 단위 전하당 기전력의 크기로 정의한다. 전기력은 전기장 내의 두 점 간의 전하에 의한 이동과 전위차에 해당하는 에너지를 교환하게 되며, 전기장 내에 놓여진 도체에는 전류가 발생하고, 유전체에는 분극 현상이 일어난다. 커패시턴스는 대전에 의한 정전기와 대전 전하 사이의 힘인 전기력(정전기력)을 활용한 정전유도현상이다.

1) 전기장은 전하 입자가 정지해 있을 때 전기력이 작용하는 공간을 말하며, 전기력선은 전기장의 상태를 표시할 수 있는 선을 말한다. 전기력선의 밀도는 전기장의 크기를 나타내며, 전기력선은 도체의 표면에 수직이고 서로 교차하지 않는다. 또한 전기력선은 항상 수축하려고 하고 같은 전기력선에 대하여는 반발한다.

2) 기본적으로 전기장은 전하가 공간 내에서 가지는 에너지와 그 전하가 받는 힘으로 전기장은 전위의 변화율로 $E = -\dfrac{dV}{dx}$로 정의하고, 전위(V)는 단위 전하가 가지는 전기적 퍼텐셜 에너지로 전하가 이동할 때 에너지 변위를 결정한다.

3) 전기장의 세기는 전기장 속에 단위 전하(1C)가 놓였을 때 받는 전기력의 크기를 의미한다. $E = F/q$에서 전기장의 세기(E)는 전하(Q)가 받는 힘(F)을 전하량(q)으로 나눈 값으로 표시한다. 전기장에서 전기력은 $F = qE$[N/C]로 표시되는 벡터이며, 공간상에 분포하는 벡터장[9]이다. 전기장 가우스 법칙은 폐곡면을 통과하는 전기선속이 그 곡면 내부에 있는 총 전하량과 같다는 물리법칙이다.

나. 자기장(Magnetic Field)

자기장은 자석이나 전류가 흐르는 도선 주위에 형성되는 공간으로 자기력선이 그 방향을 나타내며, 자기장의 세기는 자기력선의 밀도에 비례한다. 자기장은 자석, 전류가 흐르는 도선, 전하의 운동 등에 의해 발생하며, 자기현상은 자기장을 통해 물질이 서로 끌어당기거나 밀어내는 힘의 작용을 의미한다. 자기력의 원리는 쌍극으로 존재하며 자기쌍극자(Magnetic Dipole)의 형태로 표시한다.

1) 자기유도현상은 자기장 내에서 도체가 움직이거나 자기장이 변화할 때, 또는 도체의 위치나 형태가 변할 때 도체에 전압이 유도되어 전류가 흐르는 현상을 의미한다. 패러데이

---

9) 벡터장은 수학적으로 유클리드 공간의 각 점에 벡터를 대응시킨 함수로, 3차원 공간에서는 $F(x, y, z) = F_1(x, y, z)$, $F_2(x, y, z)$, $F_3(x, y, z)$와 같이 표현하며, 여기서 F_1, F_2, F_3는 스칼라 값을 반환하는 함수이다. 벡터장의 물리학적 의미는 전기장, 자기장 등 각 점에서의 힘의 방향과 크기를 표현할 때 사용하며, 수학적 특징은 발산(Divergence)과 회전(Curl)으로 유일하게 특정할 수 있다. 시각적 표현은 화살표로 나타낸다.

법칙은 자기선속10)(자기장이 통과하는 면적과 자기장의 세기의 곱)이 시간에 따라 변할 때, 도체 내에 전기장이 유도11)되어 유도기전력12)이 발생한다. $V = -N\frac{\Delta \Phi}{\Delta t}$에서 유도전압의 크기는 자기선속의 변화율에 비례하고, 유도전류는 코일을 감은 횟수에 비례한다. 렌츠 법칙은 자기장의 변화가 있을 때, 그 변화량만큼의 방해하는 방향으로 유도기전력이 발생한다.

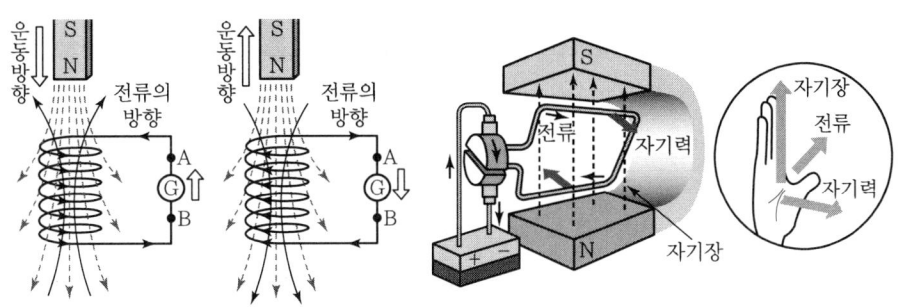

[그림 1] 렌츠 법칙   [그림 2] 자기력의 방향

2) 로렌츠 힘이란 전하를 띤 입자가 전자기장 안에서 움직일 때 받는 힘을 말한다. 즉, 전기장 E와 자기장 B가 동시에 존재하는 곳에 속도 v로 전하 q가 수직으로 입사하면 전기력은 $\vec{F_e} = q\vec{E}$로 전하량과 전기장의 세기에 비례하고, 자기력은 $\vec{F_m} = q(\vec{v} \times \vec{B})$로 전하량, 속도, 자기장의 세기에 비례할 때 그 힘 $\vec{F} = q(\vec{E} + \vec{v} \times \vec{B})$로 정의한다. 앙페르 법칙은 전류가 흐르는 회로 주위에 자기장이 흐르며, 자기장의 방향은 오른손 법칙으로 결정한다. 비오-사바르 법칙은 전류가 흐를 때 도선 주변에 자기장이 형성되며, 자기장의 크기(세기)는 전류의 세기와 거리의 제곱에 반비례한다.

3) 자기장의 세기는 자기력선의 밀도에 비례하며, 자기력선이 단위 면적당 많을수록 세기가 크다. 단위는 테슬라(T=Wb/m²)이며, 1T=10,000G이다. 자석의 세기는 자석 자체의 자성(자화) 정도나 자력이 얼마나 강한지를 의미하며, 자기장의 세기는 자석에서 나오는 자기력의 강도, 즉 특정 지점에서의 자기장 세기(자력선의 밀도와 비례)를 나타내므로 자석의 세기와 자기장의 세기는 서로 다른 개념이다. 자기장 세기를 측정하는 대표적인 방법은 홀 효과 센서, 가우스 미터, 테슬라 미터, 플럭스 게이트, 코일 유도 방식, 자기 저항 방식 등이 있다. 가우스 자기 법칙(Gauss's Law for Magnetism)은 닫힌 곡면에 대해서 그 곡면을 지나는 자기력선의 수(자기장)와 곡면으로 둘러싸인 공간 안의 자기원천의 관계를 나타내는 물리법칙이다.

---

10) 자기선속(자속 Φ[Wb])은 자기장에 수직인 단면을 통과하는 자기력선의 수이며, 자기장의 세기는 자기장에 수직인 단위 면적을 통과하는 자기선속($B = \Phi/A$; $\Phi = \vec{B} \cdot \vec{A} = BA\cos\theta$)으로 나타낸다.
11) 코일 주위에서 자석을 운동시킬 때 코일을 통과하는 자기선속이 변하여 코일에 전류가 흐르는 현상
12) 전자기 유도에 의해 코일에 생기는 기전력(전압), 코일에 유도전류가 흐르게 하는 원인

다. 전속과 변위전류

1) 전속(Electric Flux)이란 "주위 매질에 관계없이 항상 +1C의 전하에서 1개가 나와서 -1C의 전하로 1개가 들어가는 것"으로 패러데이(M.Faraday)가 정한 가상의 개념이다.

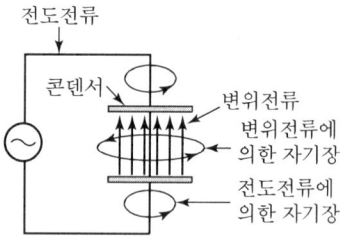

[그림 3] 변위전류

2) 변위전류란 전기장의 변화량이 실제로 전류가 흐르는 것은 아니지만 마치 전류가 흐르는 것과 같은 효과를 의미한다. 변위전류의 개념이 도입됨으로써 자기장과 전기장의 상호 연관이 규명되었고, 전기장과 자기장의 시간적 변화, 즉 전자기파가 공간에 전달될 수 있음을 설명한다. 또한 맥스웰 방정식에서 파동방정식 $\left(\nabla^2 E - \mu_0 \varepsilon_0 \frac{\partial^2 E}{\partial t^2} = 0\right)$ 을 유도하면 그 파동의 속도가 빛의 속도와 같다. 즉, 빛은 전기와 자기가 합쳐져 진동하는 파동의 일종이다.

3) 독립된 점전하에 의하여 형성된 자기장 앙페르 법칙은 $\nabla \times B = \mu_0 J$ 이다. 맥스웰은 대칭성을 증명하기 위하여 수식을 $\nabla \times B = \mu_0 \left(J + \varepsilon_0 \frac{\partial \cdot E}{\partial t}\right)$ 로 수정해서 증명하였다.

$\nabla \times B = \mu_0 J$ 의 양변에 ∇ 를 곱하면

$\nabla \cdot (\nabla \times B) = \mu_0 \nabla \cdot J$ 에서 두 번 미분한 좌변은 0이므로

$0 = \mu_0 \nabla \cdot J$ 에 $\nabla \cdot J = -\frac{\partial \rho}{\partial t}$ 을 대입하면

$0 = -\mu_0 \cdot \frac{\partial \rho}{\partial t}$ 이므로 비대칭성

(증명) $\nabla \times B = \mu_0 \left(J + \varepsilon_0 \frac{\partial \cdot E}{\partial t}\right)$ 에서 대칭성으로 유도하기 위해 양변에 ∇ 를 곱하면

$\nabla \cdot (\nabla \times B) = \nabla \cdot \mu_0 \left(J + \varepsilon_0 \frac{\partial E}{\partial t}\right)$

$\nabla \cdot (\nabla \times B) = \mu_0 \nabla \cdot J + \mu_0 \varepsilon_0 \frac{\partial (\nabla E)}{\partial t}$

$\nabla \cdot (\nabla \times B) = -\mu_0 \frac{\partial \rho}{\partial t} + \mu_0 \varepsilon_0 \cdot \frac{1}{\varepsilon_0} \cdot \frac{\partial \rho}{\partial t}$ → 양변이 모두 0으로 대칭이 된다.

2. Maxwell's Equation의 기본법칙

가. 전기장의 가우스 법칙(Gauss's Law)

가우스 법칙은 전기장을 둘러싼 폐곡면에 대해 수직으로 통과하는 전기선속(전기장의 흐름)이 그 폐곡면 내부의 전하량과 같다. 여기서, 전기력선속[13]이란 그 벡터장의 내부에 가상 면을 통과하는 벡터장의 양(Flux)이고, 벡터란 어떤 면의 면 벡터는 크기가 그 면의 넓이와 같고 방향은 그 면에 수직인 방향으로 정의된다.

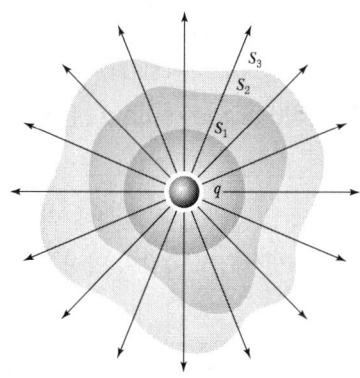

[그림 4] 가우스 곡면

1) 임의의 가우스 폐곡면 S에 대한 전기장 E의 총 선속 $\Phi_E = \oint_s E \cdot ds$

2) 가우스 폐곡면 S 내부의 부피 V에 포함된 총 전하 $\nabla \cdot D = \rho$ (ρ : 전하밀도)

3) 적분형태[14]의 가우스 법칙 $\left(\Phi_E = \dfrac{Q}{\varepsilon_0}\right)$

   Gauss's Law는 가우스 폐곡면의 표면을 통과하는 전기장의 총 선속 Φ_E는 그 가우스 폐곡면 내부에 포함된 총 전하량 Q와 같다. 단, 가우스 표면은 전기장을 측정하고자 하는 영역의 가상의 표면(구, 원통, 평면 등)으로 선속을 먼저 구해야 하기 때문에 대칭성이 있는 특별한 경우에 매우 간단한 계산으로 전기장을 구할 수 있다.

4) 전기장 E의 발산($\nabla \cdot E$)은 전하밀도(ρ)와 비례함을 나타낸다.

   예 $\nabla \cdot E = \dfrac{\rho}{\varepsilon_0} (\nabla \cdot D = \rho)$

---

[13] 전기력선속(Flux of Electric Force Lines)이란 공간상의 한면을 지나가는 전기력선의 수, 즉 전기력선의 다발을 말한다.

[14] 정전계란 시간에 따라 변하지 않는 전하 분포에 의해 발생하는 전기장을 말하며, 적분형(Integral Form)은 특정 공간(면, 부피)이나 경로에 대한 물리량의 총합 또는 평균적인 효과를 표시하며, 미분형(Differential Form)은 공간 상의 한 지점에서 물리량의 국소적인 변화율이나 특성을 표시한다. 벡터 미분 연산자는 발산(Divergence)은 벡터 장의 특정 지점에서 흘러나오거나 들어가는 정도, 회전(Curl)은 벡터장의 특정 지점에서 회전 정도, 기울기(Gradient)는 스칼라장의 특정 지점에서 가파른 변화율과 방향을 표현한다.

즉, 공간에서 전기장이 발산하면 점전하는 정(+)전하 혹은 부(-)전하가 독립하여 전하가 존재함을 의미한다.

나. 자기장의 가우스 법칙(Gauss's Law)

1) 임의의 가우스 폐곡면 S에 대한 자기장 B의 총 선속 $\Phi_B = \oint_s B \cdot ds = 0$

2) 자기장의 발산은 임의의 닫힌 곡면 S를 통과하는 총 자기선속(Magnetic Flux)은 항상 0, 자기 홀극(N극, S극)은 존재하지 않고, $+m[\text{Wb}]$와 $-m[\text{Wb}]$가 늘 함께 존재하며, 자기력선은 항상 시작과 끝이 없는 폐곡선을 형성한다.

다. 패러데이 전자기 유도법칙(Faraday's Law of Electromagnetic Induction)

전자기 유도현상은 회로 외부에서 형성된 자기장의 변화가 기전력을 생성하고, 이 기전력이 자기력의 시간적 변화와 코일을 감은 횟수에 비례하여 에너지가 전달되는 전자기 유도법칙과 전기분해 반응에서 생성되는 물질의 양이 이동하는 전하량에 비례한다는 패러데이 전기분해[15] 법칙이 있다.

1) 임의의 폐회로 C을 따라 기전력 E을 선적분한 결과 유도기전력 $\varepsilon_E = \oint_c E \cdot dl$

2) 폐회로 C로 둘러쌓인 면 S을 통과하는 자기장의 총 선속 $\Phi_B = -\dfrac{d}{dt}\int_s B \cdot ds$

3) 적분형태의 패러데이 법칙 $\left(\varepsilon_E = -\dfrac{d}{dt}\Phi_B\right)$

Faraday's Law는 임의 폐회로 S를 통과하는 자기장의 선속 Φ_B가 시간에 따라 변화하면 그 폐회로의 경로 C를 따라서 변화율 크기의 기전력 ε_E가 유도된다. 단, Lenz's Law의 유도기전력과 유도전류는 자기장 변화를 상쇄하려는 방향으로 발생한다.

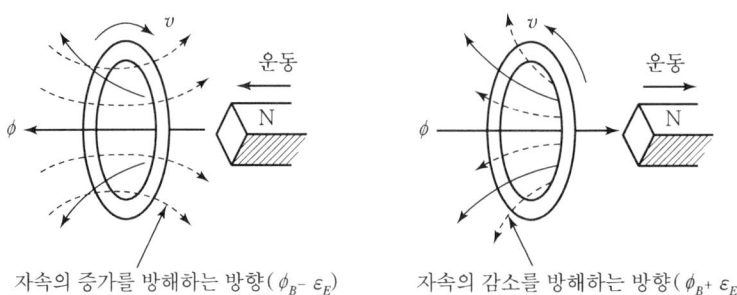

자속의 증가를 방해하는 방향($\phi_B - \varepsilon_E$)   자속의 감소를 방해하는 방향($\phi_B + \varepsilon_E$)

[그림 5] 전자기 유도법칙

---

15) 전기분해의 기본원리
- 전해질의 역할 : 전해질은 이온을 포함하고 있어 전류가 흐를 수 있게 한다.
- 전극과 전류의 흐름 : 양극(산화 전극)에서는 음이온이 전자를 잃고 산화되며, 음극(환원 전극)에서는 양이온이 전자를 얻어 환원되어 전해질 내부에서 이온이 이동한다.
- 산화·환원 반응 : 양극에서는 산화 반응(전자 잃음), 음극에서는 환원 반응(전자 얻음)이 동시에 발생한다.

라. 앙페르 – 맥스웰 법칙(Ampere's Law)

축전기에서 시간에 따라 변하는 전기장은 자기장을 생성할 수 있다는 앙페르 법칙의 모순을 발견한 맥스웰은 이 문제를 해결하기 위해 변위전류의 개념을 도입하여 전기선속의 시간 변화율을 추가하여 맥스웰 방정식에 편입, 일반화된 앙페르의 회로법칙을 만들었다.

1) 임의의 폐곡선 C를 따라 자기장 B를 선적분한 결과 총 선속 Φ_B

$$\therefore \Phi_B = \oint_c B \cdot dl$$

2) 폐곡선 C로 둘러싸인 면 S을 통과하는 자기장의 총 전류 i

$$\therefore i = \mu_0 \int_s J \cdot ds$$

3) 적분형태의 앙페르 법칙($\Phi_B = \mu_0 \cdot i$)

$$\therefore \oint_c B \cdot dl = \mu_0 \int_s J \cdot ds$$

Ampere's Law는 코일을 통과하는 자기장이 시간에 따라 변하면 코일에 전류가 유도되는 법칙, 즉 임의의 폐곡선 C을 통과하는 내부 공간에서 자기장 B의 총 선속 Φ_B은 폐곡선 내부를 통과하는 전류밀도 J에 진공의 투자율 μ_0을 곱한 총 전류 $i(\Delta I \times \Delta \sigma)$와 같다. 단, 앙페르 법칙을 적용하는 특별한 경우란 전류분포가 대칭성을 지니고 있을 때이다.

4) 앙페르 법칙은 전류밀도 J와 그것이 만들어 내는 자기장 H에 관련되는 것으로서 $J = \nabla \times H$이다. 즉, 무한히 긴 직선전류가 가장 단순한 대칭성을 갖는 경우로 직선도선에 전류 i가 흐르면 거리 r인 곳에 자기장이 만들어지며 자기장의 방향은 오른나사의 회전방향과 같다.

마. 전자기 법칙의 미분변환

전기장에 대한 면적분 법칙을 전기장에 대한 선적분 법칙으로, 자기장에 대한 선적분 법칙을 자기장에 대한 면적분 법칙의 변형을 위한 다이버전스 정리와 스토크스 정리는 임의의 벡터장 F에 대하여 항상 성립하는 유효한 식이다.(피적분항을 미분 꼴로 변형할 수 있다.)

1) 다이버전스 정리(면적분 ⇒ 체적적분) : $\oint_s F \cdot ds = \int_v \nabla \cdot F dv$

F 공간에서 임의의 폐곡면을 면적분한 결과는 폐곡면 내부의 부피를 스칼라곱(div)으로 체적적분한 것과 같다.

$$\nabla \cdot \vec{F} = \frac{\partial F_x}{\partial x} + \frac{\partial F_y}{\partial y} + \frac{\partial F_z}{\partial z}$$

2) 스토크스 정리(선적분 ⇒ 면적분) : $\oint_c F \cdot dl = \int_s (\nabla \times F) \cdot ds$

F 공간에서 임의의 폐곡선을 따라 선적분한 결과는 폐곡선 내부의 면적을 벡터회전

(curl)으로 면적분한 것과 같다.

$$\nabla \times \vec{F} = \hat{x}\left(\frac{\partial F_z}{\partial y} - \frac{\partial F_y}{\partial z}\right) + \hat{y}\left(\frac{\partial F_x}{\partial z} - \frac{\partial F_z}{\partial x}\right) + \hat{z}\left(\frac{\partial F_y}{\partial x} - \frac{\partial F_x}{\partial y}\right)$$

3. Maxwell's Equation의 응용법칙(미분형)

가. 전기장에 대한 가우스 법칙

1) $\oint_s E \cdot ds = \frac{1}{\varepsilon_0}\int_v \rho \cdot dv$ 에서 좌변에 다이버전스 정리를 적용

2) $\oint_s E \cdot ds = \int_v \nabla \cdot E dv$

   이것을 가우스 법칙에 대입하면 $\int_v \nabla \cdot E dv = \frac{1}{\varepsilon_0}\int_v \rho \cdot dv$

3) $\int_v \left(\nabla \cdot E - \frac{\rho}{\varepsilon_0}\right) dv = 0$

   이 식은 전기장 E가 존재 공간에서 임의의 V면에 대해 성립하므로 $\nabla \cdot E - \frac{\rho}{\varepsilon_0} = 0$이어야 한다.

   따라서 음극과 양극이 별도로 존재하는 전기장에 대한 가우스 법칙은 $\nabla \cdot E = \frac{\rho}{\varepsilon_0}$이다.

나. 자기장에 대한 가우스 법칙

1) $\oint_s B \cdot ds = 0$에서 좌변에 다이버전스 정리를 적용

2) $\oint_s B \cdot ds = \int_v \nabla \cdot E dv = 0$ 이것을 가우스 법칙에 대입

3) $\int_v \nabla \cdot E dv = 0$ 이 식은 자기장 B가 존재 공간에서 임의의 V면에 대해 항상 성립하므로 $\nabla \cdot B = 0$이어야 한다.

   따라서 독립 자하(N극과 S극)는 따로 존재하지 않는 자기장에 대한 가우스 법칙은 $\nabla \cdot E = 0$이다.

다. 앙페르 법칙

1) $\oint_c B \cdot dl = \mu_0 \int_s J \cdot ds$에서 좌변에 스토크스 정리를 적용

2) $\oint_c B \cdot dl = \int_s (\nabla \times B) ds$ 이것을 앙페르 법칙에 대입하면

   $\int_s (\nabla \times B) ds = \mu_0 \int_s J \cdot ds$

3) $\int_s (\nabla \times B - \mu_0 J) ds = 0$

자기장 B가 존재 공간에서 폐곡선 C로 둘러싸인 S면에 대해 성립하므로 $\nabla \cdot E - \mu_0 J = 0$이어야 한다.

따라서 독립된 점전하에 의하여 형성된 자기장의 앙페르 법칙은 $\nabla \times B = \mu_0 J$이다.

라. 패러데이 법칙

1) $\oint_c E \cdot dl = -\dfrac{d}{dt} \int_s B \cdot ds \left(= -\int_s \dfrac{\partial B}{\partial t} \cdot ds\right)$에서 좌변에 스토크스 정리를 적용

2) $\oint_c E \cdot dl = \int_s (\nabla \times E) \cdot ds$

이것을 패러데이 법칙에 대입하면 $\int_s (\nabla \times E) \cdot ds = -\int_s \dfrac{\partial B}{\partial t} \cdot ds$

3) $\int_s \left(\nabla \times E + \dfrac{\partial B}{\partial t}\right) \cdot ds = 0$

전기장 E가 존재 공간에서 폐곡선 C로 둘러싸인 S면에 대해 성립하므로 $\nabla \times E + \dfrac{\partial B}{\partial t} = 0$이어야 한다.

따라서 자석을 움직이면 주변에 전류가 흐르는 전기장이 형성되는 패러데이 법칙은 $\nabla \times E = -\dfrac{\partial B}{\partial t}$이다.

마. 맥스웰 – 앙페르 법칙의 수정

1) 맥스웰 방정식의 종속변수는 전기장 E와 자기장 B이다. 따라서 2개의 종속변수 중 하나를 소거해서 새로운 미분방정식을 구한다. 이때 축전지를 연결한 직선전류에 적용한 앙페르 법칙에 변위전류밀도 $J_d = \varepsilon_0 \dfrac{\partial E}{\partial t}$를 도입하여 맥스웰 방정식이 항상 성립하도록 수정한다.

2) $\nabla \times B = \mu_0 J$에 $\nabla \times B = \mu_0 \left(J + \varepsilon_0 \dfrac{\partial E}{\partial t}\right)$을 추가한 것은 도체에 흐르는 전도전류밀도 J에 유전체 변위전류밀도 $\mu_0 \left(\dfrac{\partial}{\partial t} D\right)$항을 더하여 폐곡선 C로 둘러싸인 S면에 대해 항상 성립하도록 한다.

3) 변위전류 개념은 전기장의 변화량이 실제로 전류가 흐르지는 않지만 회로상에는 전류가 흐르는 것처럼 암시하며 전기장과 자기장의 시각적 변화, 즉 전자기파가 공간을 통해 전달될 수 있음을 입증하여 준다.

- 예
  - 적분형태 $\oint_c B \cdot dl = \mu_0 \int_s \left(J + \varepsilon_0 \dfrac{\partial E}{\partial t}\right) \cdot ds$
  - 미분형태 $\nabla \times B = \mu_0 J + \mu_0 \varepsilon_0 \dfrac{\partial E}{\partial t}$

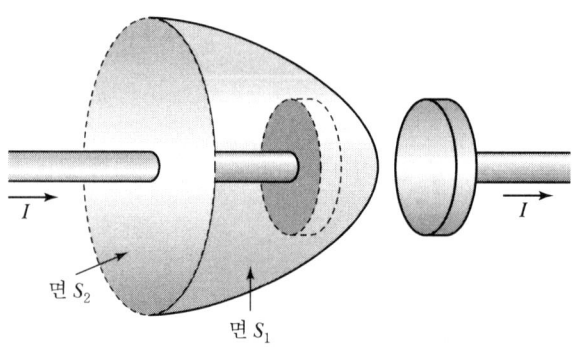

[그림 6] 축전지에서의 변위전류

미분형태	수식의 의미	적용이론
$\nabla \cdot E = \dfrac{\rho}{\varepsilon_0}$ 전하는 자기장을 형성		전기장(E)에서 음극과 양극은 별도로 존재하며 양전하(+)에서는 전기력선이 나오고 음전하(−)에서는 전기력선이 들어온다. 예 쿨롱 & 가우스 법칙
$\nabla \cdot B = 0$ 자극은 홀극이 없음		자기장(B)에서는 독립 자하(N극과 S극)가 따로 존재하지 않고, 분리할 수 없다. 예 가우스 법칙
$\nabla \times E = -\dfrac{\partial B}{\partial t}$ 자계의 시간적 변화		자석을 시간(t)에 따라 움직이면 주변에 회전하는 방향으로 전류가 흐르는 전기장(E)이 발생한다. 예 패러데이 법칙
$\nabla \times B = \mu_0\left(J + \varepsilon_0 \dfrac{\partial E}{\partial t}\right)$ 전도·변위전류가 회전 자기장을 만듦		도선에 전류(i)를 흘리면 주변에 회전하는 모양으로 자기장(B)과 전기장(E)이 동시 존재하는 시각적 변화로 전파된다. 예 외르스테드 & 앙페르 법칙

여기서, E : 전계의 세기, D : 전속밀도, H : 자계의 세기, B : 자속강도
J : 전류밀도, ρ : 체적전하밀도, $D = \varepsilon E$, $B = \mu H$
$J = \sigma E$: 매질이 선형성과 등방성을 가진다고 가정하면 유전율, 투자율, 도전율은 상수 취급

>> 참고 | Ampere's Law의 미분형 및 field

1. 앙페어의 주회적분 법칙은 $\oint_C H \cdot dl = I = \int_S i \cdot ds$ 이다.

   여기서, 선적분은 임의 폐곡면에서, 면적분은 폐곡선으로 경계된 임의의 표면에서 수행한다. i는 전류밀도를 표시하며 도체에 흐르는 전도전류밀도 $i_\sigma(=J)$와 유전체 내의 변위전류밀도 i_d와의 합으로 계산하면

   $\int_S i \cdot ds = I$에서 i를 $\oint_c H \cdot ds = \int_S i_\sigma ds + \int_S \frac{\partial D}{\partial t} ds$ 로 변경표시하고

   $\oint_C H \cdot dl = \int_S \left(i_\sigma + \frac{\partial D}{\partial t}\right) ds$ 에서 좌변을 Stokes의 정리를 적용하면

   $\oint_C H \cdot dl = \int_S (\nabla \times H) ds$ 이것을 앙페르 법칙에 대입하면

   $\int_S (\nabla \times H) ds = \int_S \left(i_\sigma + \frac{\partial D}{\partial t}\right) ds$ 이며, 이 식은 임의의 S에 대해 성립하므로 미분형은

   $\therefore \nabla \times H = i_\sigma + \frac{\partial D}{\partial t} \left[\nabla \times B = \mu_0 \left(J + \frac{\partial D}{\partial t}\right)\right]$

2. 점 P를 중심으로 장(場)의 모습(발산과 회전)

   $\vec{\nabla} \cdot \vec{A} = 0$, $\vec{\nabla} \times \vec{A} = 0$ 발산도 회전도 하지 않음, $\vec{\nabla} \cdot \vec{A} = 0$, $\vec{\nabla} \times \vec{A} \neq 0$ 발산 안 하고 회전
   $\vec{\nabla} \cdot \vec{A} \neq 0$, $\vec{\nabla} \times \vec{A} = 0$ 발산하고, 회전하지 않음, $\vec{\nabla} \cdot \vec{A} \neq 0$, $\vec{\nabla} \times \vec{A} \neq 0$ 발산하면서 회전

1.5 전자파(전자기파)의 성질

- 전자파(Electro-Magnetic Wave)란 전파(電波)와 자파(磁波)가 서로 90°의 각을 가지고 공간을 퍼져나가는 파형, 즉 전계와 자계의 주기적 변동(진동)에 의해 매질을 필요로 하지 않는 공간을 통하여 전달되는 에너지파를 말한다.

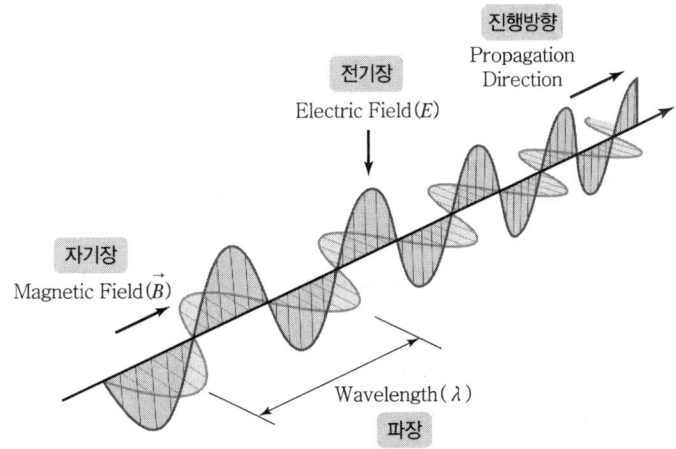

- 전자파는 자연에서 발생하는 것과 인위적으로 만들어지며 인위적인 전자파에는 의도적인 것과 비의도적인 것으로 구분된다. 그리고 파장에 따라서 각기 특유한 성질을 가지는데 주파수에 따라 아래와 같이 구분한다.

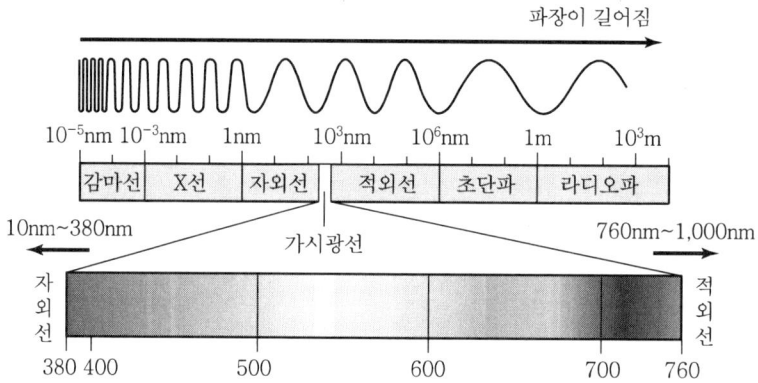

■ 최신 조명환경원론, 정기간행물, 배전설비의 전자기파

1. 방송파

방송파는 음파의 가청주파수 영역(16Hz~20kHz)의 주파수 대역이다. 라디오, TV방송에 사용되는 전파로 우리나라에는 중파방송(FM), 텔레비전(VHF, UHF)에 사용하고 있다.

가. AM 방송파는 전리층(구름)에 반사되어 지상으로 되돌아오기 때문에 먼 거리에서도 수신이 되며 특히 지하실, 산, 빌딩 그늘에서도 수신이 가능하다.

나. FM 전파는 직진하는 성질이 있어 단단한 물체에 부딪히면 반사하고 전리층을 뚫고 지나가 멀리 떨어진 곳에서는 청취가 불가능하나 잡음이 없어 음악방송에 적합하다.

2. 적외선

적외선은 760~5,000nm 정도의 파장으로 열효과를 가지고 있다.

3. 가시광선

가. 전자파 중에서 인간이 감각을 느끼는 것. 즉, 빛이라고 하는 것은 파장 380~760nm의 가시광선뿐이다.

나. 가시광선이 빛을 발하는 물질의 상태에 따라서 3가지로 분류한다.
   1) 선 스펙트럼 : 원자가 기체 상태에서는 선 스펙트럼을 형성한다. 예 수은등, 네온사인
   2) 밴드 스펙트럼 : 원자가 약간 부자연스러운 상태, 즉 고압가스 상태에서는 띠 모양의 Band Spectrum을 형성한다. 예 형광등

3) 연속 스펙트럼 : 물체가 고체 상태에서, 즉 원자의 운동이 매우 부자연스러운 상태에서 발광을 할 때는 Continuous Spectrum을 발산한다. 예 태양광

4. 자외선

자외선은 10~380nm의 방사로 화학작용, 살균작용, 형광작용을 한다.

5. X선

가. X선은 고속전자의 흐름을 물질에 충돌시켰을 때 생기는 파장이 짧은 전자기파이다.
나. 보통 X선관이라고 하는 일종의 진공방전관을 사용하여 고전압 하에서 가속한 전자를 타깃(Target)이라는 금속판에 충돌시켜서 발생한다.
다. X선은 투과효과가 우수해서 의학용으로 많이 사용되며 물질의 원자 수준에서의 미시적인 구조를 규명하는 데에도 중요한 수단이 된다.

6. γ선

가. 원자핵 내부의 에너지 준위변화에 따라 α입자, β입자와 함께 방출되는 고에너지 전자기파이다. 주로 방사성 물질에서 방출되므로 방사선으로 분류되고 투자력이 매우 크다.
나. 감마선은 금속도 잘 투과하므로 비행기 날개 등의 비파괴검사에 이용된다.

7. 우주선

가. 우주에서 지구로 쏟아지는 높은 에너지의 미립자와 방사선을 총칭한다.
나. 대기분자와 충돌하기 전의 미립자와 방사선을 1차 우주선, 충돌 후 발생하는 미립자와 방사선을 2차 우주선이라 한다. 대기와 지표에서 관측되는 우주선은 2차 우주선이다.
다. 우주선은 수 cm의 납 또는 수 m의 물의 차폐도 투과하는 강력한 투과력을 가진다.

1.6 교류도체 실효저항의 이해

- 실효저항(Effective Resistance)이란 교류회로에서 직류저항 외에도 콘덴서 절연물에 의한 유전체손, 코일 권선의 절연물의 손실, 도체에 발생하는 와전류로 인한 손실 등 전력손실이 전부 저항에서 생긴 것으로 간주하여 산출하는 저항을 말한다.
- 교류회로에서 도체의 실효저항[16]은 도체 사이즈가 굵고 주파수가 높아지면 커지고 직류저항과의 비로 표시하지만 교류저항이 크며, 표피효과와 근접효과로 인하여 발생한다.

■ 한국전기설비규정(KEC)

1. 교류도체의 실효저항

교류에서의 도체 실효저항 R은 다음 수식을 통해 계산된다.

$$R = r_0 \times k_1 \times k_2$$

여기서, r_0 : 상온(20℃)에서 측정된 직류도체 저항[Ω/cm]
k_1 : 전선 실제온도(상시허용온도)에서의 저항 변화율
k_2 : 교류도체 저항과 직류도체 저항의 비($k_2 = 1 + \lambda_s + \lambda_p$)

2. 각 상수에 대한 설명

가. 직류도체 저항(r_0)

일반적으로 표시되는 직류도체의 저항은 20℃에서의 값이며, 다음 식으로 계산된다.

$$r_0 = \rho \frac{l}{A} [\Omega] \ (\rho = \frac{1}{58} \times \frac{100}{C} [\Omega \cdot mm^2/m], \ 도체 \ 도전율 \ C는 \ 20℃를 \ 표준)$$

여기서, ρ : 고유저항 또는 저항률[Ω · m]
l : 도체의 길이[m]
A : 도체의 단면적[m^2]
C : 도체 도전율[%](연동선 100%, 경동선 97%, 알루미늄 61%로 정의)

---

[16] 교류회로 실효저항이란 교류의 실횻값(RMS, Root Mean Square)으로 환산한 전압과 전류의 비로 계산한 저항으로, 직류회로에서의 저항과 동일한 개념을 의미한다. 실효저항은 회로에서 실제로 전력을 소모하는 저항 성분만을 나타내며, 교류의 크기를 실횻값으로 계산한다. $R_{실효} = V_{실효}/I_{실효}$

> **참고** 고유저항 계산
>
> 국제표준 연동선의 고유저항 $1.7241 \times 10^{-2}[\Omega \cdot mm^2/m]$로 정의된다.
> **예** 구리의 도전율 $C(100\%)$에서 $\rho = 1.7241 \times 10^{-2}[\Omega \cdot mm^2/m]$로 정의되는 경우
>   1) 연동선의 고유저항 $1.72 \times 10^{-8}[\Omega \cdot m]$이므로
>   2) $R = \rho \dfrac{l}{A} = 1.72 \times 10^{-8}[\Omega \cdot m] \times \dfrac{l[m]}{A[m^2]} = 1.72 \times 10^{-8} \times \dfrac{l \times 10^6}{A} = \dfrac{1}{58} \cdot \dfrac{l}{A}[\Omega]$
> ※ $[\Omega \cdot mm^2]$의 단위를 사용할 경우 $A[mm^2]$, $l[m]$의 단위를 사용한다.
> ※ 도전율은 고유저항의 역수로 한 변의 길이가 1m되는 정육면체에서 마주보는 두 변 간의 전기적 흐름으로 컨덕턴스를 의미한다.

나. 온도계수에 의한 도체 저항 변화 $\left(k_1 = \dfrac{R_t}{R_{20}}\right)$

도체가 금속이기 때문에 저항에는 반드시 온도계수가 있고 통전에 의하여 온도가 상승하면 저항이 커진다.

1) 온도가 상승하면 도체의 저항이 증가하는데, 이 변화는 식 k_1으로 계산한다.

$$k_1 = 1 + \alpha(T - 20℃)$$

여기서, k_1 : 전선 사용온도와 상온에서 도체 저항의 비

2) 온도계수에 의한 $T℃$에서의 저항(상온에서 도체저항)

도전율 또는 고유저항은 모두 상온 20℃를 기준으로 하며 전선용 도체저항은 온도가 올라감에 따라 저항은 증가한다. 직류저항의 경우에는 k_1만 고려하면 된다.

$$R_t = R_{20}[1 + \alpha(T - 20℃)][\Omega]$$

여기서, R_t : $T℃$에서의 저항
  α : 저항온도계수(경동선 0.00381, 알루미늄 도체 0.00403)
  T : 도체의 실제온도

다. 교류와 직류도체 저항의 비(k_2)

교류저항과 직류저항의 차이는 표피효과와 근접효과로 인해 발생한다.

$$k_2 = 1 + \lambda_s + \lambda_P$$

여기서, λ_S : 표피효과계수, λ_P : 근접효과계수

1) 교류의 경우에는 근접효과와 표피효과에 의해서 전선의 실효 단면적이 감소하고 저항이 증가한다. 표피효과만으로 20% 이상 될 때도 있고 온도 상승이 가해질 경우 50% 이상에 도달하기도 한다.

2) 표피효과(Skin Effect)

① 표피효과란 도체에 직류가 흐를 때는 전부 같은 전류밀도로 흐르지만 교류에서는 주파수의 영향으로 도체 외측 부근에 전류밀도가 집중하여 흐르는 현상이다. 표피효과의 영향 시 표피두께(전류의 침투깊이)를 표시하면

㉠ 전류 침투깊이 $\delta = \sqrt{\dfrac{2}{\omega\mu\sigma}} = \sqrt{\dfrac{1}{\pi f \mu \sigma}}$

여기서, μ : 투자율, σ : 도체의 도전율

㉡ 표피효과는 주파수 증가의 영향이 가장 크며 전선의 단면적, 도전율 및 비투자율이 클수록 커진다. 따라서 송전선은 연선을 사용하여 영향을 감소한다.

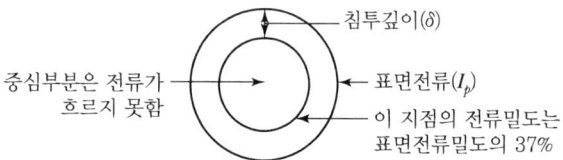

② 전선에 교류전류가 흐를 경우

㉠ 전선 내의 전류밀도 분포는 중심부는 적고 주변부에 가까워질수록 전류밀도가 커지는 불균일한 현상을 보이고 있다. 이것은 전선의 중앙부를 흐르는 전류는 전류가 만드는 전자속과 쇄교함으로 전선 단면 내의 중심부일수록 자력선 쇄교수가 커져서 인덕턴스가 커지기 때문이다. $\left(e = -L\dfrac{di}{dt}\right)$

㉡ 그 결과 전선의 중심부일수록 리액턴스가 커져서 전류가 흐르기 어렵고 전선표면으로 갈수록 전류가 많이 흐르게 되는 경향을 지니게 된다.

3) 근접효과(Proximity Effect)

① 근접효과란 도체가 평행배치되어 있는 경우 양전류의 상호작용으로 두 개의 근접한 도선에 흐르는 교류전류의 크기, 방향 및 주파수에 따라서 각 도체의 단면에 흐르는 전류밀도가 변화하는 현상이다.

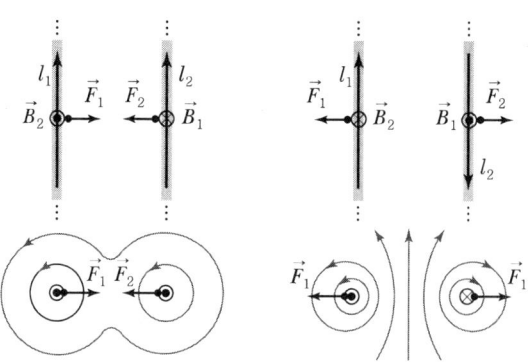

② 평행 도체에 같은 방향의 전류가 흐를 경우 바깥쪽의 전류밀도가 높아져서 인력이 발생하고, 반대방향의 전류가 흐를 경우에는 가까운 쪽의 전류밀도가 높아져 척력이 발생한다.

③ 평행 왕복도선 단위길이당 작용하는 전자력 F는

$$F = \frac{\mu_0 I_1 I_2}{2\pi r} = \frac{2I_1 I_2}{r} \times 10^{-7} [\text{N/m}] \fallingdotseq K \times 2.04 \times 10^{-8} \times \frac{I_m^2}{D} [\text{kg/m}]$$

여기서, μ_0 : 진공의 투자율($\mu_0 = 4\pi \times 10^{-7}[\text{H/m}]$)
r : 두 도선 간의 간격[m]
D : 도체의 중심거리(등가 선간거리 $D = \sqrt[3]{D_{ab} \cdot D_{bc} \cdot D_{ca}}$[m])
I_m : 왕복도선의 전류[A]

1.7 선로정수와 케이블의 전기적 특징

- 선로정수(Line Constants)란 송배전선로에서 저항, 인덕턴스, 정전용량, 누설 컨덕턴스가 선로에 균일하게 분포된 전기회로의 4가지 정수를 말한다.
- 선로정수는 케이블 기능에 관계되기보다는 "전력품질의 분석과 보호계전기의 설정, 전기적 특성을 계산하는 송전손실 계산과 전압강하 예측, 송전선로의 등가회로 모델링을 위한 기본 데이터" 등을 제공한다. 또한 선로정수의 계산은 전선의 종류, 사이즈 및 전선의 배치(포설방법)에 따라 정해지며 송전전압, 전류, 역률 등에 영향을 받지 않는다.
- ■ 최신 송배전공학, 정기간행물, 송배전기술용어집

1. 선로정수(Line Constants)

가. 저항(R) (☞ 참고 : 교류도체의 실효저항)

저항은 전류의 흐름을 방해하는 성질로서 열로 변환되는 에너지 손실의 주요 원인이다. 도체 저항은 도체의 금속재료 도전율, 도체 단면적과 소선을 꼬는 방법에 따라 변화되며, 통전전류 주파수와 도체 사이즈에 따른 표피현상으로 직류저항보다 교류저항이 더 커진다.

1) 교류에서의 도체 실효저항 $r = r_0 \times k_1 \times k_2$

2) 직류에서의 표준저항 r_0은 일반적으로 상온 20℃에서의 저항값으로 표시한다.

$$r_0 = \rho \frac{l}{A} = \frac{1}{58} \cdot \frac{100}{C} \times \frac{1}{\pi/4 \cdot d_0^2 \cdot n} (1+k_2)(1+k_3) [\Omega/\text{km}]$$

$$\fallingdotseq \frac{1}{58} \cdot \frac{100}{C} [\Omega]$$

여기서, ρ : 고유저항 또는 저항률[$\Omega \cdot mm^2/m$]
C : 도전율[%], d_0 : 연동소선의 표준지름, n : 소선수
k_2 : 소선연선율(2~3%), k_3 : 다심 케이블일 경우 심선 연선율(1~2%)

나. 인덕턴스(L)

인덕턴스는 도체에 흐르는 전류가 변화할 때 자속의 변화에 의해 발생하는 기전력과 관련된 비례정수이다. 단위는 H/km, H/m이며, 다음 관계식으로 표현된다.

$$\text{유도기전력 } e = -L\frac{di}{dt}, \text{ 역기전력 } e = -\frac{d\phi}{dt}$$

$$\therefore L = \frac{d\phi}{di} \text{ (투자율이 일정할 경우 } L = \frac{\phi}{i}, \phi = L \cdot i)$$

인덕턴스 종류에는 자기 인덕턴스와 상호 인덕턴스가 있고 보통 전력계통에서는 자기 인덕턴스(L)와 상호 인덕턴스(M)를 일체로 해서 1상당을 말한다.

$$\left(k = \frac{M}{\sqrt{L_1 \cdot L_2}}, \text{ 여기서, } 0 < k < 1\right)$$

1) 회로에 전류 i를 흘리면 전류 주위에 자계가 발생해서 회로는 자계의 전류에 의해서 생긴 자속과 항상 쇄교하게 된다. 이때 전류 i를 변화시키면 전류에 의한 자속과 회로와의 쇄교수가 변화하고 회로 내에는 자속의 변화를 방해하려는 방향으로 기전력 e가 유도된다.
2) 케이블의 인덕턴스는 도체의 중심거리(D)가 작기 때문에 가공선에 비하여 지중선로의 값이 훨씬 작아서 대략 1/3 정도밖에 되지 않는다.

$$\text{케이블의 인덕턴스 } L = 0.05 + 0.4605 \log_{10} \frac{D}{r} [mH/km]$$

여기서, D[m] : 도체의 중심거리(등가 선간거리 $D = \sqrt[3]{D_{ab} \cdot D_{bc} \cdot D_{ca}}$ [m])

다. 정전용량(C)

1) 케이블의 정전용량은 저압에서는 회로요소로서 큰 영향은 없으나 3.3kV 이상 계통에서는 지락전류 및 지락 시의 영상전압과 연관되어 전압이 높을수록 충전용량이 커져서 크게 영향을 받는다. 따라서 변압기 용량이 커지고 케이블의 포설이 많아지면 케이블 용량도 증가하여 케이블의 정전용량은 중대한 회로요소가 된다.
2) 케이블에서 정전용량은 선간거리 대신 절연 반지름을 사용하기 때문에 지중송전선의 C값이 가공송전선에 비해 약 30배 정도 크다. 즉, 케이블은 가공 전선에 비해서 인덕턴스는 작고 정전용량은 크다는 특징이 있다.

3) 단심 케이블의 정전용량 $C = \dfrac{0.02413\varepsilon}{\log_{10}\dfrac{D}{r}}[\mu\text{F/km}]$

여기서, ε : 유전율(유침지 3.4~3.9)
D : 연피의 안지름(절연 반지름)[m]
r : 도체의 반지름[m]

라. 누설 컨덕턴스(G)

누설 컨덕턴스는 절연체를 통한 전류 누설을 나타내는 값으로 선로의 누설 컨덕턴스는 주로 애자련의 누설저항에 기인하는데, 특별한 경우를 제외하고 무시해도 된다.

1) 누설 컨덕턴스 특성
    ① 영향 요인 : 절연체의 종류, 습도, 오염도, 전압 레벨 등에 따라 값이 변동한다.
    ② 특성 : 누설 컨덕턴스는 유전체를 통한 누설전류를 표시하며, 대용량 선로에 적용한다.
    ③ 전력 손실 : 절연체를 통한 전류 누설은 전력 손실, 절연 파괴의 원인이 된다.

$$\dot{Y} = g + j2\pi fC = g + j\omega C[\mho/\text{km}]$$

2. 선로정수와 케이블의 관계

가. 케이블에 교류전류가 흐를 경우

1) 도체에 교류가 흐르면 교류전류로 인하여 발생하는 자속의 영향으로 도체 내의 전류밀도가 균일하게 분포하지 못하고 전류가 도체의 표면으로 몰리는 표피효과와 도체가 평행 배치될 경우에는 두 도선의 전류 상호 간 작용으로 인하여 전선의 먼 쪽이나 가까운 쪽으로 전류가 몰리는 근접효과가 발생한다.
2) 결과, 지중선로의 인덕턴스는 도체의 중심거리가 작아 발생하는 표피작용과 평행도체 간의 간격이 좁아서 발생하는 근접효과에 기인하여 전로의 전류분포가 불균일하게 된다.

나. 지중선로(케이블에서 충전전류를 고려하는 경우)

케이블의 충전전류 I_C는 $I_C = \omega C \dfrac{V}{\sqrt{3}} \times 10^{-3}[\text{A}]$이며 충전전류가 커질 경우 유효전력 송전에 제약을 준다. 케이블의 충전용량 Q_C는 $Q_C = \sqrt{3}\,VI_C = \omega CV^2 \times 10^{-3}[\text{kVA}]$이다.

3. 케이블의 전력손실(전기적 특징)

가. 저항손

1) 교류도체 실효저항 r은 $r = r_0 \times k_1 \times k_2[\Omega/\text{cm}]$이다.

① 금속도체 저항은 통전에 의해 온도가 상승하면 저항온도계수(α)의 영향을 받는다.
   $k_1 = 1 + \alpha(T - 20℃)$
② 교류의 경우 근접효과와 표피효과에 의하여 전선의 실효단면적이 감소하고 이에 따라 저항이 증가한다.

2) 케이블의 전력손실에서 가장 큰 비중을 차지하는 것이 저항손이다.
   ① 모든 도체는 저항값($R ≒ \rho$)을 가지고 있으며, 저항값은 저항률과 도체의 단면적에 의하여 결정된다.

   예 저항 $R = \rho \dfrac{l}{A} [\Omega]$

   여기서, ρ : 비저항(단위 길이 [1m], 단위 단면적 [1m²] 물질의 전기저항)
   l : 길이[m], A : 단면적[m²]

   ② 저항을 가지고 있는 도체에 전류 i가 흐르면 줄열에 의한 전력손실이 발생한다.

   예 저항손 $P_r = i^2 \cdot R = i^2 \cdot \rho \dfrac{l}{A} [W]$,
   $H = i^2 R [W] = i^2 R [J/\sec] = 0.24 i^2 Rt [cal]$

나. 유전체손

1) 유전체손은 절연물(유전체)을 전극 사이에 두고 교류전압을 인가하였을 때 발생하는 손실로서 누설 컨덕턴스에 전류가 흘러서 발생하는 누설전류에 의한 전도손실과 교류 전기장에 의한 변위전류에 의한 유전손실이 있다.

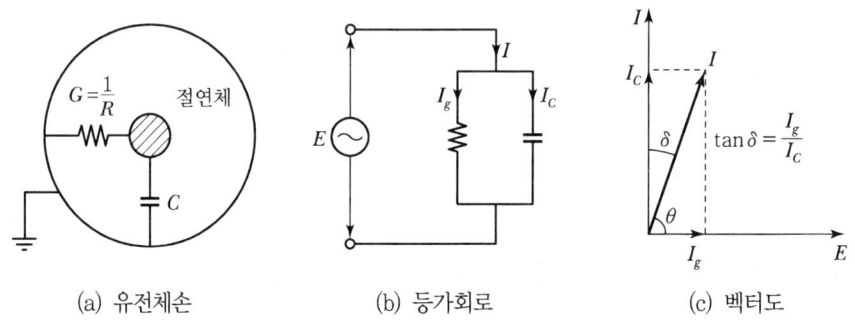

(a) 유전체손   (b) 등가회로   (c) 벡터도

[그림 1] 케이블 유전체 손실

2) 케이블의 절연체 사이에 전압이 가해지면 절연체는 [그림 1]과 같이 저항과 콘덴서의 등가회로가 되는데, 이때 극히 적지만 저항을 통해서 전류 I_R이 흐르고 가해진 전압이 V이면 케이블 단위길이당 유전체손은 다음 식으로 표시된다.

$W_d = E \times I_R = E \times (\omega CE \times \tan\delta) = \omega CE^2 \times \tan\delta [W]$

3) 케이블 유전체의 단위길이당 정전용량을 C라 할 때 콘덴서의 전류는 $I_C = 2\pi f CV$[A]

① 단심케이블 유전손 $W = VI_c\tan\delta = V(2\pi f CV)\tan\delta = 2\pi f CV^2\tan\delta$ [W/m]

$$= \frac{5}{9}f\varepsilon_s E^2\tan\delta \times 10^{-10} [\text{W/m}^3]$$

② 3심케이블 유전손 $W = \sqrt{3}\, VI_c\tan\delta = 3 \times 2\pi f CV^2\tan\delta$ [W/m]

4) 유전체손은 전압 및 온도에 따라 다르다. 이 특성에 의해서 절연물의 양부와 열화 유무를 판정한다. 예 3.3kV계통 0.6~1.5[A/km], 6.6kV계통 0.9~2[A/km]

다. 연피손(차폐손)

1) 연피손은 케이블 Sheath가 연피 또는 알루미늄피 등 도전성 외피로 되어 있는 경우에 발생한다.
2) 케이블에 교류를 흘리면 전류의 전자유도작용으로 연피에 전압이 유기되고 이 전압에 의해 도전성 외피에 와전류가 흘러서 손실이 발생한다.
3) 연피손의 크기결정 요인
   ① 연피의 도전율이 클수록, 전류가 클수록, 주파수가 높을수록 손실이 커진다.
   ② 1회선을 형성하는 각 상간의 케이블 이격거리가 클수록 연피손이 커진다.

4. 케이블의 손실저감대책(☞ 참고 : 전력케이블 차폐층의 설치원리 및 효과)

가. 저항손

1) 다분할 도체법으로 소도체를 병렬상태로 구성한다.
2) 개개의 소선을 에나멜이나 산화피막으로 절연한다.

나. 유전체손

1) 케이블 절연체의 절연능력을 향상시킨다.
2) OF 및 CV Cable을 사용하거나 가스절연방식을 채택한다.

다. 연피손

1) 1회선을 형성하는 각 상간의 케이블 이격거리를 가능한 근접시킨다.
2) 케이블을 포설할 경우 일정 간격에서 연가 또는 크로스 본딩을 한다.
3) 적당한 간격으로 시스(Sheath)를 전기적으로 절연한다.

> **참고** 유전체손실 유도

[그림 2]와 같이 유전체 양면에 고주파 교류를 인가할 때 흐르는 전류위상은 전압보다 90° 앞서야 한다. 그러나 이때 전류의 위상은 [그림 3]에서와 같이 δ만큼 기울어진다. 이것은 그만큼 유효전력이 소비되고 있다는 것을 의미한다.

1) 유전체에서 소비되는 유효전력은 $P = VI\cos\theta[W]$이다.
   여기서, $\cos\theta = \sin\delta$이며 또, 아주 작은 각도에서는 $\sin\delta = \tan\delta$로 볼 수 있다.
   따라서 $P = VI\tan\delta[W]$ ································· ①

2) 콘덴서에 흐르는 전류는 $I = \omega CV = 2\pi fCV$이므로 ①식을 변형하면
   $P = 2\pi fCV^2\tan\delta[W]$ ································· ②

3) 정전용량은 $C = \dfrac{\varepsilon S}{d}$, 전계 $E = \dfrac{V}{d} \rightarrow V = Ed$이므로 이것을 ②식에 대입하면
   $P = 2\pi f \dfrac{\varepsilon S}{d}E^2 d^2 \tan\delta = 2\pi f \varepsilon E^2 dS \tan\delta[W]$ ································· ③

4) 유전율 $\varepsilon = \varepsilon_0 \varepsilon_S$에서 공기 중 $\varepsilon_0 = 8.854 \times 10^{-12}[F/m]$을 대입하면
   $P = 2\pi f \cdot 8.854 \times 10^{-12} \varepsilon_S E^2 dS \tan\delta = \dfrac{5}{9} f \varepsilon_s E^2 \tan\delta \times 10^{-10}[W/m^3]$ ← dS 단위체적

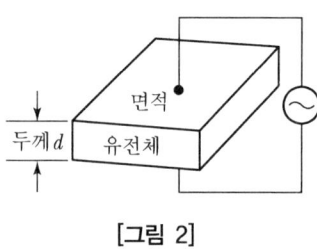

[그림 2]

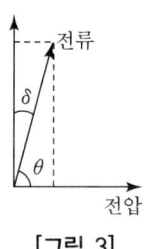

[그림 3]

1.8 무효전력

무효전력이란 교류회로의 인덕턴스나 정전용량에서 전원과 부하 사이에 교류전류가 흐를 때 에너지를 주고받는 것이 반주기마다 반복되어 일도 하지 않고 열 소비도 없는, 즉 에너지를 소비하지 않는 전력을 말한다.

■ 최신 송배전공학, 회로이론, 정기간행물

1. 교류회로(R, L, C) 소자의 특징

가. 저항에 전류가 흐르면 항상 $P = I^2 R[W]$의 에너지를 소비해서 줄열을 발생시킨다.

나. 인덕턴스에 전류가 흐르면 $W_L = \dfrac{1}{2}LI^2[J]$의 에너지가 저장되었다가 전류가 흐르지 않으면

그 에너지를 전원 측으로 다시 반환하고 스스로는 에너지를 소비하지 않는다. 이때 인덕턴스에 흐르는 전류는 전압보다 90° 위상이 뒤진다.

다. 콘덴서에 전압이 가해지면 $W_c = \frac{1}{2}CV^2[J]$의 에너지가 저장되었다가 전압이 제거되면 그 에너지를 다시 전원 측으로 반환할 뿐(충전과 방전을 반복한다.) 스스로는 에너지를 소비하지 않는다. 이때 콘덴서에 흐르는 전류는 전압보다 90° 위상이 앞선다.

2. 교류회로에서 인덕턴스가 있는 경우

가. 전압과 전류가 동상인 경우

1) [그림 1]과 같이 전압과 전류가 동상인 경우에는 전력의 부호는 항상 (+)이다. 전력의 부호가 (+)라는 것은 전력조류가 전원에서 부하 쪽으로 흘러가는 것을 의미한다.
2) 동상인 경우 전력의 부호가 (−)되는 일이 없으므로 전력조류는 항상 전원에서 부하로만 흐르고 이때의 역률은 1이다.

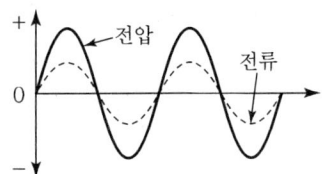

[그림 1] 전압과 전류 동상

나. 전류가 전압보다 위상이 θ만큼 뒤진 경우

1) [그림 2]와 같이 전류가 전압보다 위상이 θ만큼 뒤지는 경우 위상차가 있는 구간의 전력은 (−)가 된다.
2) 전력 부호가 (−)라는 것은 전력조류가 부하에서 전원으로 흐른다는 것을 의미한다. 즉 이때 인덕턴스에 저장되었던 에너지가 전원 측으로 반환되는 것이다.

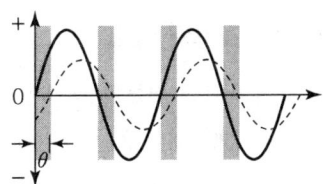

[그림 2] 전압과 전류 θ 상차

다. 전류가 전압보다 위상이 90° 뒤진 경우

1) [그림 3]과 같이 전류가 전압보다 위상이 90° 뒤지는 경우 역률은 0이 되고 전원과 부하 사이에 전류는 흐르나 부하에서 실제로 소비하는 전력은 0이다.

2) 이 경우 전력조류는 1/4사이클 동안은 전원에서 부하로 전력이 흐르고 다음 1/4사이클 동안은 같은 양의 전력이 부하에서 전원으로 흐른다.

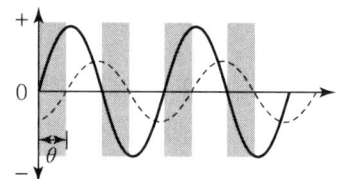

[그림 3] 전압과 전류 90° 상차

라. 전류의 위상이 전압보다 뒤진 경우 벡터도

전압보다 전류의 위상이 뒤진 경우의 벡터도를 그리면 다음과 같다. 즉, 위상차(역률각)의 크기에 따라 무효전력이 변화한다.

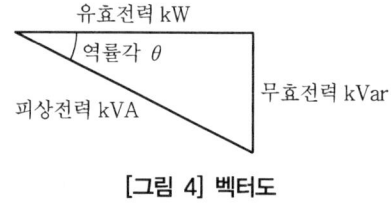

[그림 4] 벡터도

3. 무효전력이 주는 영향

무효전력이란 회로의 인덕턴스나 정전용량에서 전원과 부하 사이에 전류가 흐를 때 에너지를 소비하지 않는 전력을 말한다.

가. 전력손실의 증대

무효전력에 의해서 흐르는 무효전류도 선로, 변압기 등의 저항에서 I^2R[W]의 전력을 소비하므로 발전, 송전, 변전, 배전계통에서의 전력손실이 증대된다.

나. 발전기, 변압기 및 선로의 유효용량 감소

1) 발전기나 변압기는 코일에 흐르는 전류의 크기에 따라 줄열이 발생하여 온도가 상승하고 이 온도상승에 의해 용량이 제한되는데, 무효전류가 흐르면 실제 사용할 수 있는 유효전력이 상대적으로 감소한다.
2) 전선의 경우 전선에 흐르는 전류로 인하여 발생하는 줄열이 전선의 온도를 상승시키고 허용전류를 제한하게 되는데, 무효전류가 흐르면 유효전류는 상대적으로 감소한다.

SECTION 02 전력계통 등

2.1 경제적인 표준전압

- 일정거리에 전력을 송전할 경우 송전전압을 높이면 같은 전선로로 보낼 수 있는 전력이 증대되나 기기의 절연내력을 높여주어야 하기 때문에 이에 소요되는 비용이 증대된다. 따라서 일정한 전력을 일정한 거리에 전송할 경우 가장 경제적인 표준전압[17]에는 공칭전압과 최고전압이 존재한다.
- 공칭전압의 의미는 전압의 호환성 결여, 전압별 종류가 많아져 비경제적, 전선로 간의 병렬연결 시 전력의 융통성을 기할 수 없는 등의 특징을 가진다.

■ 최신 송배전공학, 신전기설비기술계산 핸드북, 한국전기설비규정(KEC)

1. 경제적인 전압 선정지수

가. 건설비

1) 전선의 굵기가 가늘어도 된다. 즉, 전선의 비용은 낮아진다.
2) 절연내력을 높여야 하기 때문에 애자 및 각종 기기의 가격은 비싸진다.
3) 지지물은 전선 상호 간의 거리를 크게 하여야 하므로 더 높고 큰 철탑이 소요되기 때문에 지지물의 가격은 비싸진다.

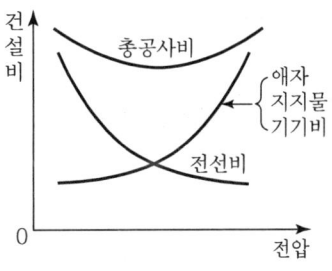

[그림 1] 전압과 건설비

나. 운전유지비

1) 전력손실($P_l = I^2R$)은 전압의 제곱에 반비례해서 감소한다.
2) 기타의 운전유지비는 전압과 더불어 증가한다.
3) 경제적 전압의 산정식으로서 실험식(Alfred Still)

$$사용전압[kV] = 5.5\sqrt{0.6l + \frac{P}{100}}$$

여기서, l : 송전거리[km], P : 송전전력[kW]

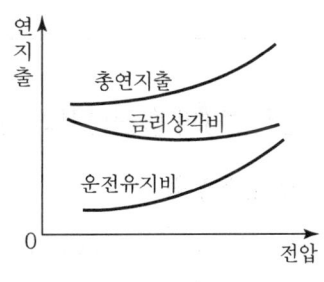

[그림 2] 전압과 연지출

---

17) 한국전기설비규정(KEC)에서 적용하는 전압의 구분은 다음과 같다. 저압(교류 1kV 이하, 직류 1.5kV 이하), 고압(교류 1kV를, 직류는 1.5kV를 초과하고, 7kV 이하), 특고압(7kV를 초과하는 것)

2. 표준전압

표준전압은 송배전 계통의 전압을 표준화해서 정한 것으로 우리나라에서 사용하고 있는 표준전압에는 공칭전압과 최고전압이 있다.

가. 공칭전압(계통전압)

정격 주파수에서 전선로를 대표하는 선간전압으로써 그 계통의 송전전압을 표시한다.

나. 최고전압

1) 전선로에서 통상 발생하는 최고의 선간전압으로서 염해대책, 1선 지락 고장 시 등 내부 이상전압, 코로나장해, 정전유도 등을 고려할 때 표준이 되는 전압을 말한다.
2) 최고전압은 계통최고전압, 회로최고전압 또는 회로설계전압으로 불리며 기기설계 또는 절연설계의 경우에 사용하고 있다.

다. 표준전압

현재 우리나라에서 채택하고 있는 표준전압은 일반적으로는 공칭전압의 1/1.1을 기준전압, 또 기준전압의 1.15배를 최고전압으로 정하고 있다. 전기기기 규격에 통용되는 계통최고전압은 공칭전압에 대략 1.2/1.1배 정도의 값으로 표시한다.

[표 1] 우리나라 표준전압

공칭전압 [kV]	최고전압 [kV]	계통최고전압 [kV]	규격
3.3 / 5.7Y	3.4 / 5.9Y	3.6	IEC
6.6 / 11.4Y	6.9 / 11.9Y	7.2	IEC
23 / 38Y	23 / 40Y	25.8	IEC(22.9 한전)
154	170	170	IEC
345	362	362	ANSI
765	800	800	ANSI

3. 송전전압과 송전전력의 관계

가. 송전전력

$P = \sqrt{3}\,VI\cos\phi$ 에서 송전전력 P를 확보하기 위해서 전압 V을 높이고 전류 I는 증가시키며 역률 $\cos\phi$를 향상하는 3가지 방법이 있다. 역률은 부하기기에 따라 결정되지만 전압 V를 높이면 절연재료 및 절연계급이 높은 기기를 사용해야 하고 I가 증가하면 도체비용과 전력손실이 증가한다. 즉, V와 I는 비례적으로 증감하지 않는다.

나. 송전 전압과 송전 전력의 관계

일정한 송전 거리, 송전 손실률 $\left[=\dfrac{P_l(\text{전력손실})}{P(\text{송전전력})}\right]$, 역률에 대하여 같은 전선을 사용한다고 가정하면 전력손실 $P_l = I^2 R \cdot l ≒ k \cdot l \cdot \dfrac{P^2}{V^2}$ 에서 $P \propto V^2$으로 송전전력은 선간전압의 제곱에 비례해서 증가하는 것을 알 수 있다.

2.2 전기방식의 전력손실비

■ 최신 송배전공학, 신전기설비기술계산 핸드북

1. 전기방식(電氣方式)의 분류

가. 전기방식

전기방식에 의한 전송전력은 회로 중의 최대선간전압 $V[\text{V}]$, 선로전류 $I[\text{A}]$ 및 역률 $\cos\phi$를 일정하다고 할 때 전선 한 가닥당의 송전전력 $P[\text{W}]$는 [표 1]처럼 되어 교류 3상 3선식이 가장 유리하다는 것을 알 수 있다.

나. 전압방식

배전전압 전압방식은 3상 4선식과 단상 3선식은 같은 회선에서 선간전압과 상전압의 양전압을 이용할 수 있기 때문에 배전에서 채용되고 있다.

[표 1] 각종 전기방식에 의한 송전전력

전기방식	송전전력(P)	전선 1가닥당 송전전력(P_1)	전중량[%]	비고
단상 2선식	$VI\cos\phi$	$VI\cos\phi/2$	100	
단상 3선식	$VI\cos\phi$	$VI\cos\phi/3$	66.6	같은 굵기
2상 3선식	$2VI\cos\phi$	$\sqrt{2}\,VI\cos\phi/3$	94	같은 굵기
3상 3선식	$\sqrt{3}\,VI\cos\phi$	$\sqrt{3}\,VI\cos\phi/3$	115	
3상 4선식	$\sqrt{3}\,VI\cos\phi$	$\sqrt{3}\,VI\cos\phi/4$	87	같은 굵기
대칭 n상 n선식	$\dfrac{n}{2}\cdot I\cos\phi$	$VI\cos\phi/2$	100	n은 짝수

2. 단상 2선식과 3상 3선식의 전력손실비

비교조건이 P, $\cos\phi$, l, V가 같은 경우 단상 2선식과 3상 3선식의 전력손실비를 구하면 다음과 같다.

가. 전선의 굵기를 동일하게 할 경우

전선의 굵기가 같으므로 1선당의 저항 R은 같다.

1) 손실은 단상 2선식의 경우 $P_{l2} = 2 \cdot I_2^2 R_2 = 2\left(\dfrac{P}{V\cos\phi}\right)^2 \cdot R$

   3상 3선식의 경우 $P_{l3} = 3 \cdot I_3^2 R_3 = 3\left(\dfrac{P}{\sqrt{3}\,V\cos\phi}\right)^2 \cdot R$

   따라서 전력손실비는 $\dfrac{P_{l3}}{P_{l2}} = \dfrac{3}{2}\left(\dfrac{1}{\sqrt{3}}\right)^2 = \dfrac{1}{2}$ (또는 50%)

2) 전선의 단면적은 저항 $\left(R = \rho\dfrac{l}{S}\right)$에 역비례하므로

   ① 전력손실에서 $P_l = 2 \cdot I_2^2 \cdot R_2 = 3 \cdot I_3^2 \cdot R_3$의 관계로부터

   $\dfrac{R_3}{R_2} = \dfrac{2}{3}\left(\dfrac{I_2}{I_3}\right)^2 = \dfrac{2}{3}(\sqrt{3})^2 = 2$로 구분할 수 있다.

   ② 따라서 단상 및 3상의 단면적 비는 $\dfrac{S_2}{S_3} = \dfrac{R_3}{R_2} = 2$이므로 전선의 중량비는

   $\dfrac{w_3}{w_2} = \dfrac{3S_3 \cdot l}{2S_2 \cdot l} = \dfrac{3}{2} \cdot \dfrac{1}{2} = \dfrac{3}{4}$ (또는 75%)로 된다.

3) 결국 전선 중량은 같은 조건에 대해서 3상 3선 방식이 단상 2선 방식으로 송전하는 것보다 75%의 전선 총량으로 송전할 수 있다.

나. 전선의 중량을 동일하게 할 경우

단상의 경우의 전선 1가닥의 저항을 R이라고 하면 3상인 경우의 전선 1가닥의 저항은 $\dfrac{3}{2} \cdot R$로 된다. 따라서

1) 단상의 경우 $P_{l2} = 2 \cdot I_2^2 R_2 = 2 \cdot \left(\dfrac{P}{V\cos\phi}\right)^2 R$

2) 3상의 경우 $P_{l3} = 3 \cdot I_3^2 R_3 = 3 \cdot \left(\dfrac{P}{\sqrt{3}\,V\cos\phi}\right)^2 \cdot \left(\dfrac{3}{2}R\right) = \dfrac{3}{2} \cdot \left(\dfrac{P}{V\cos\phi}\right)^2 R$이므로

3) 전력손실비는 $\dfrac{P_{l3}}{P_{l2}} = \dfrac{3}{4}$ (또는 75%)이 된다.

다. 도체비용

$$M = \alpha \cdot S \cdot l = \alpha \cdot \beta \cdot I \cdot l$$

여기서, α : 전압차에 따른 가격의 변동계수
β : 도체 사이즈에 따른 전류밀도의 변화계수
l : 송전거리

> **≫ Basic core point**
>
> 동일한 조건하에서 교류송전의 경우 선로손실은 직류송전 시의 선로손실에 비해 1.33배 정도이다.
> $P_{AC} = 3V_d I_L$, $P_{lAC} = 3I_L^2 \cdot R_L$
> $P_{DC} = 2V_d I_d$, $P_{lDC} = 2I_d^2 \cdot R_L$

2.3 회로망에서 최대전력 전달조건

회로망에서 중요한 문제는 어떻게 하면 부하에 최대전력을 전달시킬 수 있는가이다. 이를 위하여 임피던스 정합[18]은 일정 전원에 의하여 부하에 전력을 최대로 전달할 수 있는 필수조건이다.

■ 회로이론, 과년도 문제풀이

1. 최대전력전달 조건

가. 내부 임피던스가 R_g일 때 저항 부하에 최대전력 전달조건

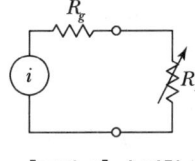

[그림 1] 순저항

1) 내부저항을 R_g, 부하저항을 R_L이라고 할 때 부하에 공급되는 전력 P_L은

$$P_L = |I|^2 R_L = \left(\frac{|E_g|}{R_g + R_L}\right)^2 \cdot R_L = \frac{|E_g|^2 R_L}{(R_g + R_L)^2} \quad \cdots\cdots\cdots\cdots\cdots ①$$

---

[18] 임피던스 정합은 입력 임피던스와 출력 임피던스를 같게 하여 반사손실을 없애고 전력손실을 최소화하며 전력공급을 최대화하는 방법이다.

2) 여기서 R_g를 일정하게 하고 R_L을 변화시켜 최대전력을 얻으려면 위 식을 R_L로 미분하여 그 결과를 "0"으로 놓고 미분수식을 응용하여 $\left[y' = \dfrac{f'(x)g(x) - f(x)g'(x)}{g(x)^2} \right]$

$$\frac{dP_L}{dR_L} = \frac{(R_g + R_L)^2 - 2R_L(R_g + R_L)}{(R_g + R_L)^4}|E_g|^2 = 0$$

조건 $R_g^2 + 2R_gR_L + R_L^2 - 2R_gR_L - 2R_L^2 = 0$에서 $R_g^2 - R_L^2 = 0$

∴ $R_L = R_g$ ·· ②

3) 부하저항이 내부저항과 같을 때 최대전력을 얻을 수 있으며, 이때 출력 $P_L = \dfrac{|E_g|^2}{4R_g}$

나. 내부 임피던스 Z_g일 때 저항 부하 R_L에 최대전력 전달조건

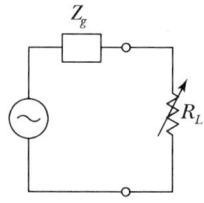

[그림 2] Z_g 저항부하

1) $P_L = |I|^2 \cdot R_L = \dfrac{|E_g|^2 R_L}{(R_g + R_L)^2 + Y_g^2}$ ·· ③

2) '내부 임피던스가 R_g일 때 저항부하에 최대전력전달 조건'에서와 같이 미분수식을 응용

$$\frac{dP_L}{dR_L} = \frac{(R_g + R_L)^2 + Y_g^2 - 2R_L(R_g + R_L)}{\{(R_g + R_L)^2 + Y_g^2\}^2}|E_g|^2$$

$$= \frac{R_g^2 - R_L^2 + Y_g^2}{\{(R_g + R_L)^2 + Y_g^2\}^2}|E_g|^2 = 0$$

∴ $R_L^2 = R_g^2 + Y_g^2 = |Z_g|^2 \rightarrow R_L = |Z_g|$ ····································· ④

3) '부하저항'이 '내부 임피던스'의 절대치와 같을 때 최대전력을 얻을 수 있으며, 이때 출력 $P_L = \dfrac{|E_g|^2}{4R_g}$

다. 내부 임피던스 Z_g일 때 부하 임피던스 Z_L에 최대전력 전달조건

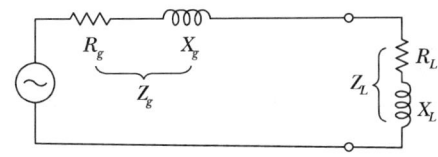

[그림 3] 부하 임피던스

1) $R_L = |I|^2 R_L = \dfrac{|E_g|^2 \cdot R_L}{(R_g + R_L)^2 + (X_g + X_L)^2} = 0$ ⑤

만약 R_L을 적당한 값으로 놓고 직렬 공진상태에 있을 때, 즉 $X_L = -X_g$의 조건이 성립 시 회로전류는 최대가 되며 출력도 커진다. 이때의 출력은

$P_L = \dfrac{|E_g|^2 \cdot R_L}{(R_g + R_L)^2}$ ⑥

2) R_L을 변경시켜 P_L를 최대로 하는 조건을 구하면 식 ②와 같이 $R_g = R_L$일 때 최대전력을 얻을 수 있다. 이때 최대 전력을 전송하기 위한 Z_L의 값은

$Z_L(=R_L + jX_L) = Z_g$ ⑦

3) '부하 임피던스'가 '내부 임피던스'와 공진상태에 있을 때 최대전력을 얻을 수 있으며, 이때의 출력(P_L)은

$P_L = \dfrac{|E_g|^2}{4R_g}$ ⑧

2. 계산순서

가. 회로도에서 부하의 합성 임피던스를 구한다.
나. 부하에 공급되는 소비전력 $P = I^2 R$을 구한다.
다. 최대전력(=합성 임피던스가 최소)이 되기 위한 조건을 정한다.
라. 소비전력($P = I^2 R$)에 최대전력 조건을 대입하여 이때 최대출력 P_L을 산출한다.

3. 임피던스 정합

부하가 고정되어 있는 경우 부하와 회로망의 임피던스 등가화를 위하여 적당한 수동 회로망을 삽입하여 부하에 최대 전력이 전달되도록 조정하는 것을 임피던스 정합이라 한다.

2.4 전력부하설비의 불평형률

전력부하설비의 불평형 원인 및 영향 요소에는 고조파, 전압변동, 대용량 단상부하 등이 있으며 특히 대용량 단상부하에 의한 비선형 부하는 발전기 용량 산정 등에 영향을 줌으로써 충분히 검토한다.

■ 최신 송배전공학, 한국전기설비규정(KEC)

1. 배전방식에 따른 공급부하설비

가. 단상 2선식(220V) 또는 단상 3선식(220/110V) : 단상 전동기, 전열기, 조명 부하설비에 공급한다.

나. 3상 3선식(220V) : 소규모의 공장이나 빌딩에 사용한다.

다. 3상 4선식(380/220V) : 3상 동력과 단상 전등을 동시에 사용하는 방식이다.

2. 불평형부하의 제한

가. 저압수전 $1\phi3w$의 경우

저압수전의 단상 3선식에서 중성선과 각 전압 측 전선 간의 부하는 평형이 되게 하는 것을 원칙으로 한다.

1) 저압수전이 부득이한 경우 설비불평률 40%까지로 할 수 있다.

2) 설비불평형률

$$= \frac{중성선과\ 각\ 전압측\ 선간에\ 접속되는\ 부하설비용량의\ 차}{총부하설비용량의\ 1/2} \times 100$$

나. 저압·고압 및 특고압수전 $3\phi3w$ 혹은 $3\phi4w$의 경우

저압·고압 및 특고압수전의 3상 3선식 또는 3상 4선식에서 불평형부하의 한도는 단상 접속부하로 계산하여 설비불평형률을 30% 이하로 하는 것을 원칙으로 한다.

1) 다음 각 호의 경우에는 이 제한에 따르지 아니할 수 있다.
   ① 저압수전에서 전용변압기 등으로 수전하는 경우
   ② 고압 및 특고압 수전에서는 100kVA[kW] 이하의 단상 부하인 경우 또는 단상 부하 용량의 최대와 최소의 차가 100kVA[kW] 이하인 경우
   ③ 특고압 수전에서는 100kVA[kW] 이하의 단상 변압기 2대로 역 V결선하는 경우

2) 설비불평형률

$$= \frac{각\ 선간에\ 접속되는\ 단상부하\ 총설비용량의\ 최대와\ 최소의\ 차}{총부하설비용량의\ 1/3} \times 100$$

다. 대용량 단상부하의 경우

특고압 및 고압수전에서 대용량의 단상 전기로 등의 사용으로 전항의 제한에 따르기가 어려울 경우에는 전기사업자와 협의하여 다음 각 호에 의하여 시설하는 것을 원칙으로 한다.
1) 단상부하 1개의 경우에는 2차 역 V 접속에 의할 것.(다만, 300kVA를 초과하지 말 것)
2) 단상부하 2개의 경우에는 스코트 접속에 의할 것.(다만, 1개의 용량이 200kVA 이하인 경우에는 부득이한 경우에 한하여 보통의 변압기 2대를 사용하여 별개의 선단에 부하를 접속할 수 있다.)
3) 단상부하 3개 이상인 경우에는 가급적 선로전류가 평형이 되도록 각 선간에 부하를 접속할 것

3. 특수한 기계기구

가. 플리커(Flicker), 고조파 등으로 다른 전기사용자의 전기사용에 장애를 미칠 우려가 있는 특수한 기계기구에 대하여는 전기사업자와 협의하여 시설하여야 한다.
나. 다만, 전동기 등으로 3상 유도전동기의 기동장치 또는 단상전동기의 기동전류에 적합한 것에 대하여는 그러하지 아니한다.

2.5 접지계통의 분류

- 계통접지란 송전방식(3상 3선식)에서 변압기 Y 결선의 3상 접속점인 중성점의 접지방법으로 전력계통에 적합한 직접접지, 비접지, 저항접지 및 소호리액터 접지 등 중성점 접지방식을 말한다.
- 중성점 접지방식의 선정은 지락 시 이상전압 억제방법에 따라 구분하며, 1선 지락 시 건전상 이상전압은 접지방식에 따라 정해지는 계통의 유효접지전류와 계통의 충전전류 관계에 따라 좌우된다.
- ■ 최신 송배전공학, 한국전기설비규정(KEC)

1. 계통접지방식의 종류

접지방식의 종류	중성점 접지임피던스
비접지	$Z_N = \infty$
리액터접지	$Z_N = L$
고저항 · 저저항접지	$Z_N = R$
직접접지	$Z_N = 0$

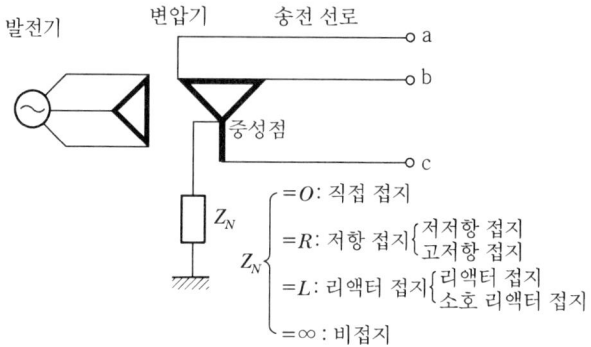

[그림 1] 중성점 접지방식

접지계수의 크기에 따라 유효접지 계통과 비유효접지계통(보통 1.7배)으로 분류한다.

접지계수[%] = $\dfrac{1선\ 지락\ 시\ 건전상의\ 대지전위}{정격선간전압(고장\ 제거\ 후의\ 선간전압)} \times 100\ (\leq 0.75)$

2. 유효접지계통(☞ 참고 : 발전기 기본식에 의한 고장전류 계산)

가. 유효접지계통

1선 지락 시 건전상의 전압상승(상용주파 과전압)이 선간전압보다 낮은 80% 이하의 계통으로 직접접지계통이 여기에 속한다. 또한 1선 지락 고장 시 건전상 전압이 상규대지전압의 1.3배를 넘지 않는 중성점접지방식을 말한다.

나. 유효접지의 조건

1) 고장점에서 본 회로의 정상리액턴스 X_1에 대해 영상회로저항 R_0는 $R_0 \leq X_1$, 영상리액턴스 X_0는 $X_0 \leq 3X_1$의 범위가 되도록 중성점의 임피던스를 선정하는 일이다.

2) 유효접지 조건식 : $0 \leq \dfrac{R_0}{X_1} \leq 1$, $0 \leq \dfrac{X_0}{X_1} \leq 3$

다. 특징

1) 고장 시 각 상의 대지전압 상승이 적음으로 사용기기 및 송전선로의 절연레벨을 낮출 수 있어 기기·절연 자재비를 절감한다.

2) 단시간의 사고 시에도 설비에 손상을 주고 운전이 불안정하게 될 가능성이 있으며 통신선에 유도장애를 줄 수 있다.

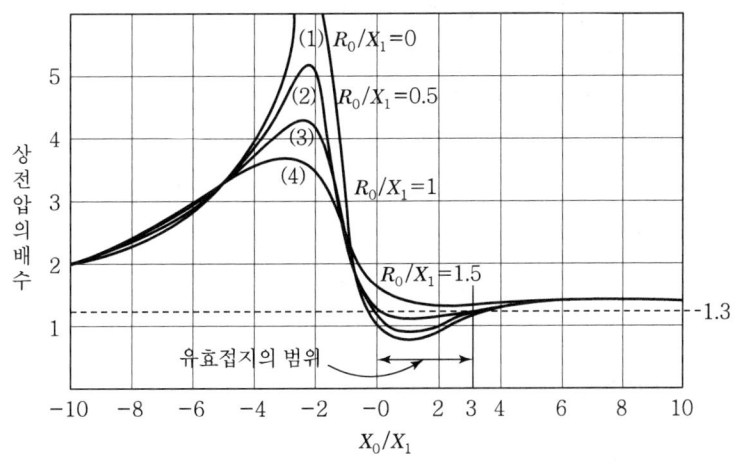

[그림 2] 유효접지

3. 비유효접지계통

1선 지락 시 건전상의 전압상승이 상규선간전압의 80%를 초과하는 접지계통이다. 비유효접지계통에는 비접지방식, 저항접지방식, 소호리액터 접지방식 등이 있다.

가. 비접지방식

1) 중성점 접지임피던스 $Z_n = \infty$
2) 1선 지락전류 $I_g = I_C = j3\omega C_S E = j\sqrt{3}\omega C_S V$ (C_S : 선로의 대지정전용량)
3) 비접지방식은 유효접지전류가 0인 데 비하여 GVT접지는 유효접지전류가 0이 아니어서 방향접지계전기를 사용하여 선택성을 가지고 고장회선의 지락사고를 검출할 수 있다.

나. 저항접지방식

1) 중성점 접지임피던스 $Z_n = R(Z_0 ≒ 3R \gg Z_1 + Z_2)$
2) 1선 지락전류 $I_g = I_C + I_N = \left(j3\omega C_s + \dfrac{1}{R}\right)E = \left(j3\omega C_s + \dfrac{1}{R}\right)\dfrac{V}{\sqrt{3}}$
3) 저항접지방식은 저항접지에 의해 제한되는 지락전류의 크기를 기준으로 구별한다.
   ① $I_g = 200[A]$ 이상 : 저저항 접지
   ② $I_g = 100[A]$ 이하 : 고저항 접지

2.6 변압기의 이론 및 등가회로

변압기란 전자유도작용을 이용하여 전원 측에서 유입한 교류전력을 필요한 크기의 동일주파수의 교류전압으로 변성하여 부하에 전력을 공급하는 정지형 유도장치이다. 여기서는 변압기에 전압만 인가하고 부하가 없는 상태에서 1차 측에 흐르는 여자전류 또는 무부하전류의 전자기적 현상 및 실제변압기에서 전압·여자 전류의 상관관계와 등가회로에 대하여 기술하였다.

■ 전기기기, 송배전기술용어집, 과년도 문제풀이

1. 변압기의 여자전류

여자전류란 변압기에 전압만 인가하고 부하를 인가하지 않은 상태에서 1차 측에 흐르는 전류를 말한다. 여자전류에는 철심의 자기포화 및 히스테리시스 현상에 때문에 자기저항이 일정하지 않고, 여기에 흐르는 전류는 고조파를 포함하는 왜형파가 된다.

가. 변압기의 여자전류 계산

1) 등가회로에서 2차 단자를 개방시킨 상태에서 1차 코일에 정현파 전압 V_1을 인가할 경우 순시치 v_1은 $v_1 = \sqrt{2}\, V_1 \sin\omega t [V]$ 이 된다.
여기서, 1차 권선의 자기 인덕턴스를 L_1, 2차 권선의 자기 인덕턴스를 L_2라 하면

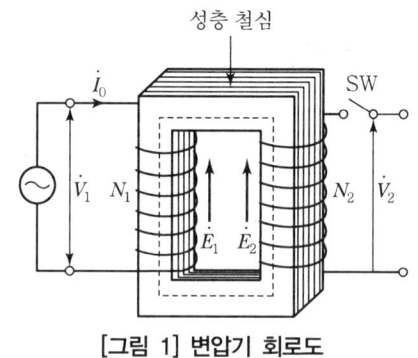

[그림 1] 변압기 회로도

$$L_1 = \frac{\mu N_1^2 A}{l} [H], \quad L_2 = \frac{\mu N_2^2 A}{l} [H] \quad \cdots\cdots (1)$$

2) 변압기 회로 2차 단자를 열고 1차 단자 양단에 실횻값 V_1을 인가할 경우
이때 흐르는 전류의 순시치 i_0는

$$i_0 = \frac{\text{1차에 가해진 전압}}{\text{1차 코일의 임피던스}} = \frac{\sqrt{2}\, V_1 \sin\left(\omega t - \frac{\pi}{2}\right)}{\omega L_1} = \sqrt{2}\, I_0 \sin\left(\omega t - \frac{\pi}{2}\right) \quad \cdots\cdots (2)$$

여기서 (2)식의 $I_0 = \frac{V_1}{\omega L_1}$를 여자전류라 하며, 여자전류 I_0는 전압 V_1보다 위상각이 $\frac{\pi}{2}$ 늦어지기 때문에 이 전류에 의해서 철심 중에는 교번자속이 발생한다.

3) 여자 전류에 의한 교번자속(Alternating Flux)의 크기

자속 $\phi = \frac{\mathscr{F}}{R_m}$에서 $\left(\text{여기서, 기자력 } \mathscr{F} = Ni, \text{ 자기저항 } R_m = \frac{l}{\mu A}\right)$

① 자속의 순시치 $\phi = \dfrac{N_1 i_0}{\dfrac{l}{\mu A}} = \dfrac{\mu A N_1 i_0}{l}$ [Wb] ··· (3)

② 여기서 (1)식 자기 리액턴스 L_1값 및 (2)식 전류의 순시치 i_0값을 대입하면

$$\phi = \dfrac{\sqrt{2}\, V_1}{\omega N_1} \sin\left(\omega t - \dfrac{\pi}{2}\right) = \sqrt{2}\, \phi \sin\left(\omega t - \dfrac{\pi}{2}\right) = \phi_m \sin\left(\omega t - \dfrac{\pi}{2}\right) [\text{Wb}]\text{가 된다.}$$

또한 $\phi = \dfrac{V_1}{\omega N_1} = \dfrac{V_1}{2\pi f N_1}$ [Wb]

$\phi_m = \sqrt{2}\, \phi$ (여기서, ϕ_m = 자속의 최대치)

나. 자속과 여자전류의 관계

위 식의 결과에서 자속 ϕ는 전압 V_1보다 위상이 90° 뒤지고 여자전류 i_0와는 동상이다. 최대 교번자속 ϕ_m은 V_1에 따라 정해지고 동일한 전압 V_1에서 주파수가 높아지면 ϕ_m이 작아지므로, 철심의 단면적이 작아도 되며 무선주파가 되면 철심은 필요가 없다.

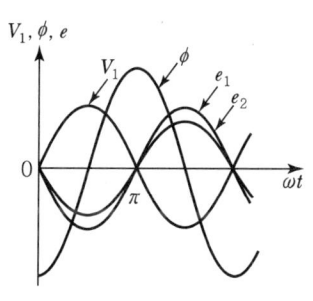 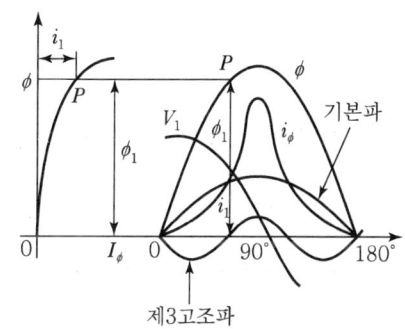

[그림 2] 무부하에서 전압·자속의 파형   [그림 3] 철심의 자화전류와 자속의 관계

다. 철심의 자화전류와 자속의 관계(철손)

$B-H$ 곡선 대신 $\phi-i$ 곡선으로 표시한 무부하전류의 파형은 [그림 3]에서 자화곡선상의 임의 점 P는 철심의 자속값을 나타내며, 이때 흐르는 전류는 자속을 만드는 자화전류 i_ϕ라 한다. 자속 ϕ_1은 자화곡선상 P점이 정현파로 움직일 때 자화전류 i_1에 의하여 결정된 자속이며 자화전류는 자화곡선상에서 철심의 포화에 접근할수록 첨예해지는 비정현파가 된다.

2. 변압기의 유도 기전력

[그림 1]에서 1차 권선 양단에 정현파 전압 V_1을 공급하면 권선에는 전류 I_0가 흐르고 이 전류에 의하여 교번자속 ϕ[Wb]가 1차 및 2차 권선과 쇄교하여 유기 기전력 e_1 및 e_2를 발생시킨다.(단 철심의 손실을 무시하는 경우)

가. 유도 기전력의 실효치

공급전압 $\dot{V}_1$은 $v_1 + e_1 = 0$에서 순시전압 $v_1 = V_{m1}\sin\omega t = \sqrt{2}\,V_1\sin\omega t$가 된다.

또는 $v_1 = -e_1$이므로 $e_1 = -V_{m1}\sin\omega t = -N_1\dfrac{d\phi}{dt}$ [V]로 표시한다.

여기에 여자전류에 의한 교번 자속 $\phi = \phi_m\sin\left(\omega t - \dfrac{\pi}{2}\right)$ [Wb]를 대입하면

$V_{m1}\sin\omega t = N_1\dfrac{d}{dt}\left[\phi_m\sin\left(\omega t - \dfrac{\pi}{2}\right)\right]$에서 $V_{m1} = \omega N_1\phi_m$ [V]를 얻는다.

여기서 전압의 실효치를 V_1이라 하면

$V_1 = \dfrac{V_{m1}}{\sqrt{2}} = \dfrac{1}{\sqrt{2}}\,2\pi f N_1\phi_m = 4.44fN_1\phi_m$ [V]이 된다.

나. 1차 권선 유기 기전력의 순시치

$e_1 = -N_1\dfrac{d\phi}{dt} = -\omega N_1\phi_m\cos\left(\omega t - \dfrac{\pi}{2}\right) = 2\pi f N_1\phi_m\sin(\omega t - \pi)$ [V]가 된다.

이를 간략히 하면

$e_1 = E_{m1}\sin(\omega t - \pi)$ [V] (여기서 $E_{m1} = 2\pi f N_1\phi_m$ [V])이다.

다. 2차 권선 유기 기전력의 순시치

$e_2 = -N_2\dfrac{d\phi}{dt} = -\omega N_2\phi_m\cos\left(\omega t - \dfrac{\pi}{2}\right) = 2\pi f N_2\phi_m\sin(\omega t - \pi)$ [V]이고, 이때의 2차 권선의 실효치는 $E_2 = 4.44fN_2\phi_m$ [V]이 된다.

3. 변압기의 무부하전류

가. 부하가 없는 경우(이상변압기)

1) [그림 4]의 부하가 없는 경우 1차 권선에 교류전압 $\dot{V}_1$을 인가하면 $\dot{V}_1$보다 위상이 90° 뒤진 여자전류 $\dot{I}_0$가 흐른다. 이 여자전류에 의해 철심에 교번 자기력선속 $\dot{\phi}$가 발생하고 이때 $\dot{\phi}$는 전압 $\dot{V}_1$보다 위상이 90° 뒤지고 여자전류 $\dot{I}_0$와는 동위상이 된다.

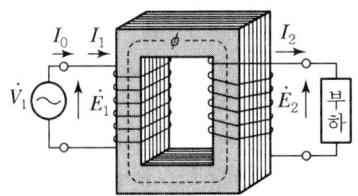

[그림 4] 부하 변압기 회로도

2) 자기력선속 $\dot{\phi}$의 변화에 따라 1차 권선 유기기전력 $\dot{E_1}$ 발생하며 공급전압보다 위상이 180° 뒤지고 크기는 같다.(단, 철심의 손실을 무시하는 경우)

나. 부하가 있는 경우

1) 변압기 2차에 부하 $Z_L = R_2 + jX_2$을 연결하는 경우 [그림 4]

2차 권선에는 전류 $\dot{I_2}$가 흐르게 된다. $\dot{I_2} = \dfrac{\dot{E_2}}{\dot{Z_L}} = \dfrac{\dot{E_2}}{R_2 + jX_2}$ [A]

이 전류값에 의하여 철심 내부에 2차 권선에 기자력 $\dot{I_2}N_2$가 발생하여 자속을 변화시키므로 $\dot{E_1}$ 역시 변화된다. 그러면 $\dot{V_1}$과 $\dot{E_1}$ 사이의 평형이 깨져 1차 권선에 새로운 전류 $\dot{I_1}$이 흐르고 이 $\dot{I_1}$ 전류는 철심 내 $N_1\dot{I_1}$의 기자력을 발생시켜 기자력 $N_2\dot{I_2}$를 상쇄시키고 $\dot{V_1}$과 $\dot{E_1}$이 평형이 되도록 유지한다. 즉, $N_1\dot{I_1} = -N_2\dot{I_2}$가 되어 $N_1\dot{I_1} + N_2\dot{I_1} = 0$이 된다. ∴ $\dot{I_1} = -\dfrac{N_2}{N_1}\dot{I_2} = -\dfrac{1}{a}I_2$

2) 1차 전전류 $\dot{I_1}$ [그림 5]

$\dot{I_1}'$는 1차 부하전류라고 하면 1차 전전류 $\dot{I_1}$은 $\dot{I_1} = \dot{I_0} + \dot{I_1}' = \dot{I_0} - \dfrac{N_2}{N_1}I_2$ [A]이다.

여기서 여자전류 $\dot{I_0}$는 매우 작으므로 부하전류가 클 경우에는 보통 무시한다. 따라서 변압기는 $\dot{I_2}$가 커지면 1차 부하전류 $\dot{I_1}'(≒ \dot{I_1})$가 변화하여 자기회로 내의 자속 $\dot{\phi}$를 항상 일정하게 유지되도록 작용한다.

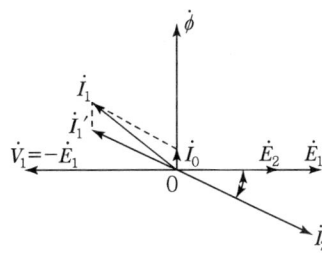

[그림 5] 부하 벡터도

다. 무부하전류

1) 비정현파 전류 i_0 [그림 6]

변압기 1차 단자에 정현파 전압 V_1을 가하면 이것과 평형을 이루는 유기기전력 e_1도 정현파이어야 한다. 그러나 변압기 철심에는 자기포화현상과 히스테리시스 현상으로 인하여 자속 ϕ를 만드는 전류 i_0는 고조파를 포함하는 왜형파가 나타난다. 비정현파

전류 i_0는 부하의 경우나 무부하의 경우에도 항상 같은 일정값 무부하 전류가 발생한다.

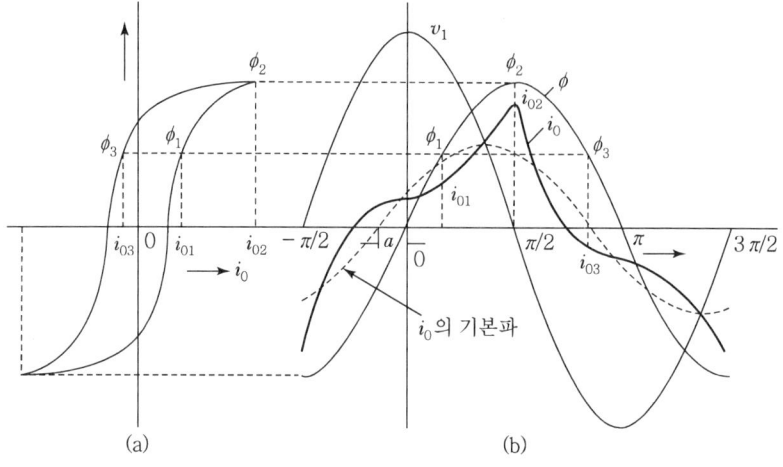

① $\phi_1 \to \phi_2$로 증가할 때 i_0는 i_{01}에서 i_{02}까지 갑자기 증가하여 최댓값
② ϕ가 감소할 경우 i_0는 갑자기 감소 i_{03}와 같이 부의 값까지 감소
③ 따라서 여자 전류파장은 왜곡되어 약간의 고조파가 포함된 왜형파가 된다.

[그림 6] 히스테리시스 현상에 의한 여자 전류 파형

2) 철심의 히스테리시스 현상에 의한 등가 여자회로

히스테리시스에 의한 손실을 포함하는 비정현파 i_0는 편의상 철손(Hysteresis Loss + Eddy Current Loss)을 공급하는 등가정현파로 바꾸어 취급할 경우

① 여자 전류 I_0를 주자속 ϕ에 의한 동상성분 I_ϕ와 직각성분 I_i로 분류하면 $\dot{I_0} = \dot{I_i} + \dot{I_\phi}$ 와 $\dot{I_i} = \dot{I_h} + \dot{I_e}$로 구분할 수 있다. 여기서, I_i를 철손전류(Core Loss Current)라 하고 I_ϕ는 자화전류(Magnetizing Current)라고 한다.

② 실제 변압기에서는 전류파형이 자속파형 α만큼 위상이 앞서고 있다는 것은 유효전력에 해당하는 철손 때문이다. 이때 철손각은 $\theta_0 = \dfrac{\pi}{2} - \alpha$[rad]만큼 뒤지게 된다.

$I_\phi = I_0 \cos\alpha = I_0 \sin\theta_0$, $I_i = I_0 \sin\alpha = I_0 \cos\theta_0$

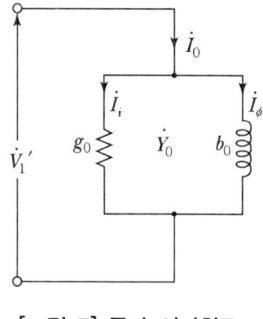

[그림 7] 등가 여자회로

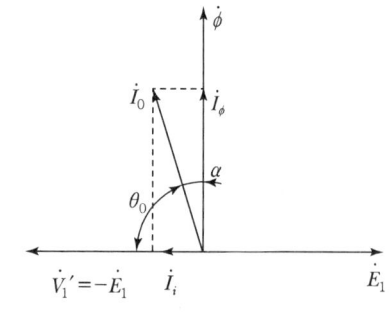

[그림 8] 여자 전류 벡터도

4. 변압기의 등가회로

가. 변압기의 회로 관계식

변압기 회로에 대하여 전압, 전류, 변압기, 변류비 등의 계산을 위하여 1차 및 2차 임피던스는 $\dot{Z}_1 = r_1 + jx_1 \cdot \dot{Z}_2 = r_2 + jx_2$, 부하임피던스는 $\dot{Z} = R + jX$, 여자어드미턴스는 $\dot{Y}_0 = g_0 - jb_0 [\mho]$, 1차 및 2차 단자에 가한 전압은 $\dot{V}_1 \cdot \dot{V}_2$, 1차 및 2차 권선의 유기 기전력은 $\dot{E}_1 \cdot \dot{E}_2$, 권수비 a의 경우

1) 권수비 $a = \dfrac{\dot{E}_1}{\dot{E}_2} = \dfrac{N_1}{N_2}$

2) 2차 유기 기전력 $\dot{E}_2 = \dfrac{N_2}{N_1}\dot{E}_1 = \dfrac{1}{a}(-\dot{V}_1') = -\dfrac{\dot{V}_1'}{a}$ [V]

3) 2차 전류 $\dot{I}_2 = \dot{Y}\dot{E}_2 = -\dfrac{\dot{Y}}{a}\dot{V}_1' \left(단, \dot{Y} = \dfrac{1}{\dot{Z}_2 + \dot{Z}}\right)$

4) 1차 부하전류 $\dot{I}_1' = -\dfrac{\dot{I}_2}{a} = \dfrac{\dot{Y}}{a^2}\dot{V}_1' = \dfrac{\dot{V}_1'}{a^2(\dot{Z}_2 + \dot{Z})}$ [V]

5) 여자전류 $\dot{I}_0 = \dot{Y}_0\dot{V}_1$이므로 이때 1차 전류 $\dot{I}_1 = \dot{I}_0 + \dot{I}_1'$ [A]

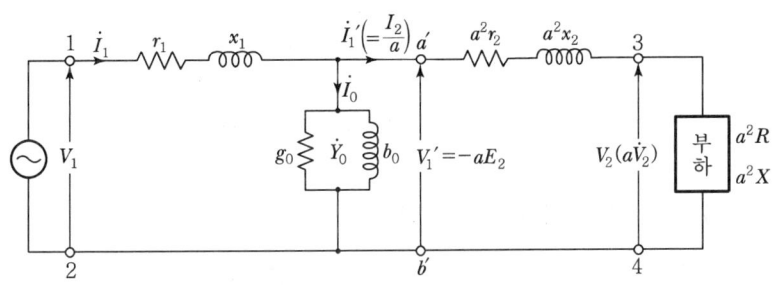

[그림 9] 변압기의 회로

나. 벡터도 그리는 순서

1) 벡터의 기준인 $\dot{E}_1$과 $\dot{E}_2$를 그린다.

2) $\dot{E}_2$보다 $\dfrac{\pi}{2}$ 앞선 ϕ를 그린다.

3) $\dot{V}_1'$, 즉 $-\dot{E}_1$을 ϕ보다 $\dfrac{\pi}{2}$ 앞서게 그린다.

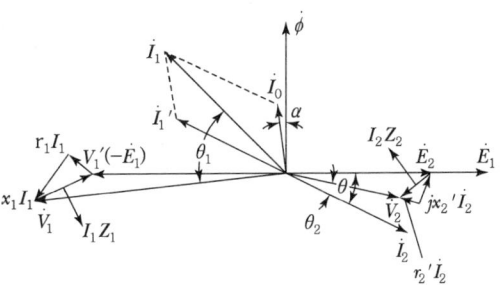

[그림 10] 전압과 전류의 벡터도

4) $\dot{I}_0$를 ϕ보다 철손각 α만큼 앞서게 그린다.

5) $\dot{E}_2$보다 상차각 $\theta = \tan^{-1}\dfrac{X+x_2}{R+r_2}$만큼 뒤지게 $\dot{I}_2$를 그린다.

6) $\dot{I}_2$와 반대방향으로 $\dot{I}_1{'}$을 그린다.

7) $\dot{I}_0$와 $\dot{I}_1{'}$을 합성하여 $\dot{I}_1$을 그린다.

8) $\dot{I}_1 r_1$을 $\dot{V}_1{'}$의 끝에서 $\dot{I}_1$에 평행하게 같은 방향으로 그리고 $\dot{I}_1 x_1$을 $\dot{I}_1$에 직각으로 세워 그리고, 이것을 $\dot{V}_1{'}$과 합성하여 $\dot{V}_1$을 그린다.

9) $\dot{E}_2$의 끝으로부터 $\dot{I}_2$에 직각으로 $\dot{I}_2 x_2$를 그리고 $\dot{I}_2 r_2$를 $\dot{I}_2$와 평형되게 반대방향으로 그려 $\dot{E}_2$와 합성하여 $\dot{V}_2$를 그린다.

다. 등가회로(Equivalent Circuit)

변압기에 사용되고 있는 실제 전기회로를 직류저항 측정, 무부하시험 및 단락시험으로부터 제 정수를 구하여 간단한 등가회로의 단일회로로 취급하는 회로를 말한다.

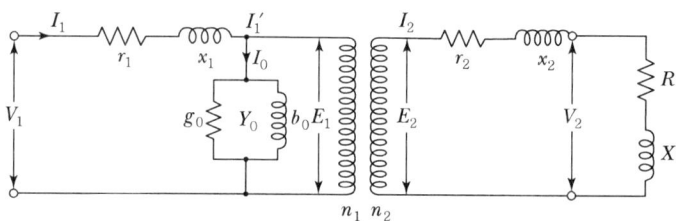

[그림 11] 변압기 회로

1) 권수비 $a=1$인 경우 변압기 회로 및 등가회로

권수비가 1인 경우 $I_1 = I_2$ 또한 $E_1/E_2 = 1$이다. 즉, $E_1 = E_2$가 되므로 권선에 의한 전자 결합으로 바꾸어 그린 회로를 등가회로라 한다.

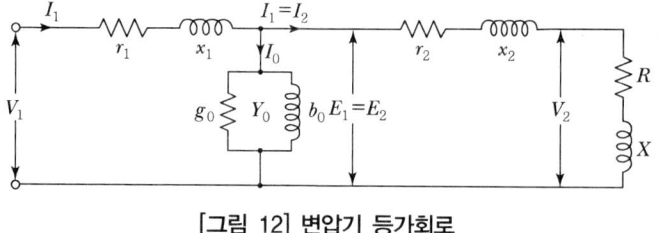

[그림 12] 변압기 등가회로

2) 2차 회로를 1차로 환산한 등가회로

2차 권수비를 a배로 1차 권선수 $N_1 = aN_2$로 하였다면 유기 기전력은 a배가 되므로 부하 및 권선의 임피던스를 a^2배로 한다면 전류는 $\frac{1}{a}$배가 되어 전력에는 변화가 없게 된다. 따라서 정수를 환산시키면 2차를 1차로 환산한 등가회로가 된다.

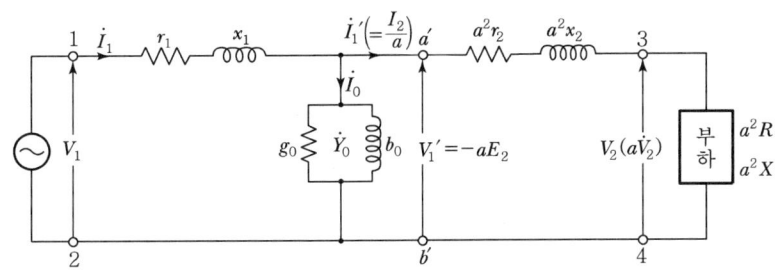

[그림 13] 2차를 1차로 환산한 변압기 등가회로

2.7 변압기의 여자돌입전류

변압기 여자돌입전류란 무부하 상태에서 변압기에 급격히 전전압을 인가하게 되면 순간적으로 흐르는 큰 충격전류를 말한다. 즉, 무전압에서 순간에 전전압으로 여자되면서 발생하는 과도여자전류의 크기는 인가전압의 투입위상, 변압기 철심의 잔류자속에 따라 결정된다.

■ 전기기기, 회로이론, 정기간행물

1. 여자돌입전류 특징

가. 변압기 여자전류는 주자속을 만들기 위해 1차 권선에 흐르는 전류를 말한다.
나. 여자돌입전류란 전원을 투입하는 순간 경우에 따라 변압기 정격전류의 8~10배 이상 순간적으로 흐르는 큰 충격전류를 말한다.(지속시간은 0.1~60sec 정도)
다. 여자돌입전류는 감쇄시간이 비교적 길어서 보호계전기가 오동작하는 경우가 있다.

2. 여자돌입전류의 발생원인과 영향요인

가. 여자돌입전류의 발생원인

1) 차단기 투입 시 변압기 전압의 위상이 0인 경우
2) 자기회로 철심 잔류자속이 있을 경우
3) 전원(계통) 임피던스가 적은 경우

나. 여자돌입전류의 영향요인

1) 차단기 투입 시 변압기 전압의 위상
2) 변압기 철심에 잔류자속이 있을 경우
3) 변압기 사용 철심의 종류(철심재료의 포화자속곡선)
4) 전원 크기, 회로 임피던스의 투입 전압값

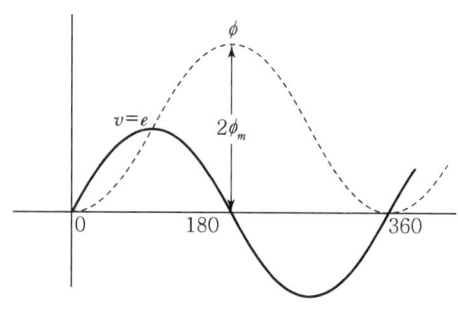

[그림 1] 전압위상 0에서 투입

3. 여자돌입전류 발생 Mechanism

가. 정상 시 전압 · 자속 · 여자 전류 관계

1) 정상상태에서 권선저항과 철손을 무시하면 1차 전압 $v = e$가 되어 정현파 전압이 유기되고 자속은 전압보다 90°늦은 정현파가 된다.
2) 이때 여자 전류는 철심의 자기포화[19]로 인하여 왜곡되어 왜형파가 된다.

나. 여자돌입전류의 발생 메커니즘

1) 운전 중인 변압기를 [그림 3]의 회로 차단점에서 여자 전류 I_1은 0이 되나 변압기 철심 중에는 잔류자속 B_r이 남게 된다. 이때, 만일 자속밀도가 부의 최대치 $B_{-\max}$를 갖는 순간에 여자가 재개된 경우

---

19) 철심의 자기포화는 소용량 변압기일수록 자속밀도를 높게 설계하면 철심이 포화되기 쉽고 철심이 포화되면 더 이상 자속은 증가하지 않는다. 즉, 인덕턴스는 0에 가까운 상태가 된다. 인덕턴스가 매우 작은 상태에서 전류를 제한하는 것은 회로의 저항뿐이기 때문에 과대한 전류가 흐르게 된다. 소용량 변압기일수록 여자돌입전류의 전부하 전류에 대한 비율은 높아지고 감쇠시간은 짧아진다.

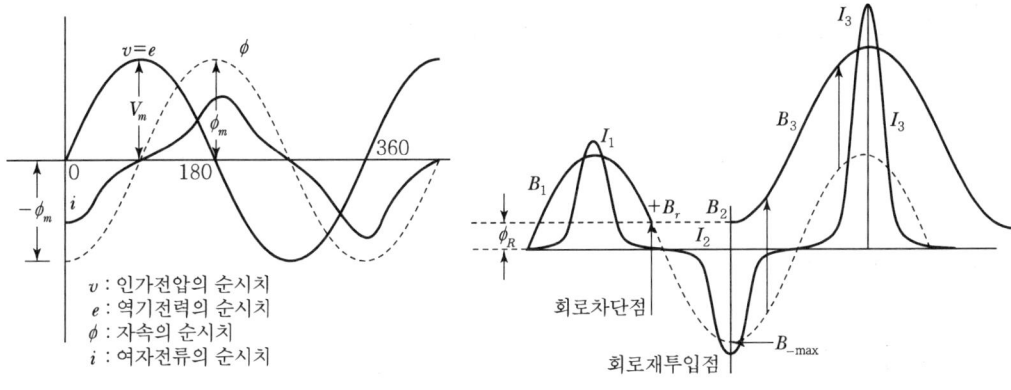

[그림 2] 정상시 전압, 여자 전류, 자속 　　　[그림 3] 여자돌입전류 발생 회로도

2) 자속은 순간적으로 발생하거나 소멸될 수 없기 때문에 $B_{-\max}$점으로부터 상승하는 것이 아니라 B_2로부터 시작해서 B_3의 경로를 따라 증가하고 이때의 전류파형은 I_3와 같이 된다. [$\phi = \pm \phi_R + \phi_m(1+\cos\theta)$]

3) B_3의 최대치는 이론적으로는 $B_{3\max} = B_r + 2B_{\max}$가 되겠으나 변압기 철심은 설계 포화자속 이상이 되면 포화되어 버리므로 여자 임피던스가 매우 작아져서 정상전류의 수배~수십 배의 여자전류가 흐르게 되는데 이것이 여자돌입전류이다.

4) 따라서 철심의 잔류자속밀도에 대응한 전압 위상으로 변압기를 투입할 수 있으면 자기적인 과도현상을 발생하는 일 없이 원활한 운전을 재개할 수 있겠으나 실제로는 투입위상을 제어하는 것이 불가능하여 여자돌입전류를 피할 수 없다.

다. 여자돌입전류 성분

유기기전력이 정현파이기 위하여 여자돌입전류는 왜형파가 되며 이를 분석하면 성분은 다음과 같다.

고조파 성분	제2고조파	제3고조파	제5고조파
기본파에 대한 백분율	63%	27%	5%

2.8 Feedback Control System(폐루프제어시스템)

Control(제어)란 어떤 주어진 동작을 하도록 만들어진 물리계에 있어서 그 동작이 바라는 바와 같이 되지 않을 때는 그것을 바라는 바와 같이 되도록 하기 위하여 그 물리계에 필요한 조작을 가하는 것을 말한다. 자동적으로 행하는 것을 넓은 의미의 자동제어라 한다.

■ 자동제어, 정기간행물

1. 자동제어의 구분

자동제어라는 말은 그 제어계가 여러 가지의 작동조건들에 스스로 잘 적응하여 목적하는 바를 만족스럽게 수행하는 것을 의미한다.

가. 자동제어계의 분류

분류방법	명칭	내용
선형성	• 선형제어계 • 비선형제어계	• 중첩의 원리 성립, 비례성 • 중첩의 원리 불성립
제어량	• 서보기구 • 프로세스제어 • 자동조정	• 기계적인 변위 • 온도 · 유량 등 환경조건 • 전기 · 기계적량
목표치의 시간에 대한 변화	• 추종제어 • 정치제어(프로그램제어)	• 목표치 변화 · 서보기구 • 목표치 일정 · 프로세스제어 및 자동조정
제어동작	• 연속 데이터제어 • 불연속 데이터제어	• 대부분의 자동제어 • 냉장고 · 전기다리미 · 정밀제어

나. 제어계[20]의 구분

1) 개루프제어계는 출력량을 귀환시켜 그것을 처음에 지시된 신호와 비교해 봄으로써 달성할 수 있는데 이러한 귀환요소를 가지고 있지 않은 제어계를 말한다.
2) 폐루프제어계(피드백제어계)는 출력이 목표치와 일치하는지 항상 비교하여 일치하지 않을 때에는 그 차에 비례하는 동작신호가 제어계에 다시 보내져서 그 오차를 수정하는 귀환경로(Feedback Part)를 가지고 있는 제어계를 말한다.

---

20) 제어계의 특성을 표시하는 방법으로 미분방정식법, 과도응답법, 주파수응답법, 전달함수법의 4가지가 주로 사용되고 있다.

2. 폐루프제어계 구성 및 목표

자동제어의 큰 특징은 신호의 흐름과 신호의 처리가 블록선도의 회로도로 표현된다.

가. 구성도

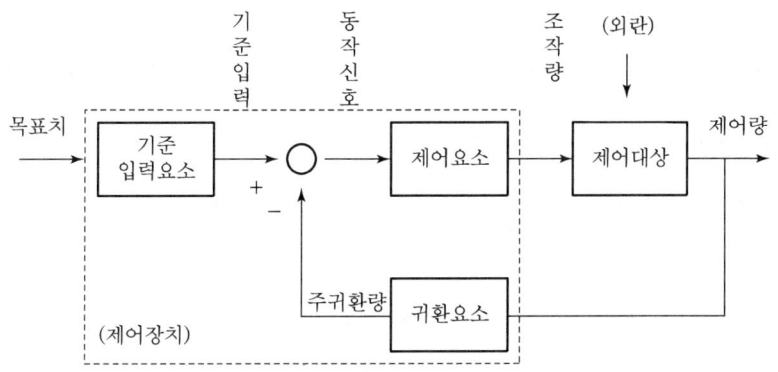

[그림 1] 폐루프계의 기본 블록선도

나. 피드백 제어의 기본목표

목표값의 변경설정에 대해 신속하게 추종하고 제어편차가 작아야 하며, 외란이 있는 경우에 외란작용을 제거하고 제어량을 목표값으로 유지할 수 있어야 한다.

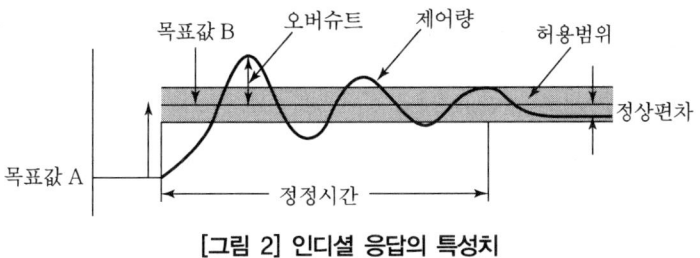

[그림 2] 인디셜 응답의 특성치

3. 자동제어의 특징

가. 인간의 노동시간의 단축
나. 작업환경의 개선
다. 생산제품의 균일화
라. 작업능률의 향상
마. 미숙련공의 실직
바. 시설비의 증가
사. 장치의 운전·보수에 고도기술이 필요
아. 장치의 일부 고장에도 전체시스템이 정지

4. 제어계의 용어 정의

가. 목표치(Command)
외부에서 주어지며 피드백제어계에 속하지 않는 신호이다.

나. 기준입력요소(Reference Input Element)
목표치에 비례하는 기준입력 신호를 발생하는 요소로서 설정부라고도 한다.

다. 기준입력(Reference Input)
제어계를 동작시키는 기준으로서 직접 개루프에 가해지는 입력이며 목표치와 비례관계를 갖는다.

라. 주귀환신호(Primary Feedback Signal)
제어량을 목표치와 비교하여 동작신호를 얻기 위해 피드백되는 신호로서 제어량과 함수관계가 있다.

마. 동작신호(Actuating Signal)
기준입력과 주귀환신호와의 차로서 제어동작을 일으키는 신호로 편차라고도 한다.

바. 제어요소(Control Element)
동작신호를 조작량으로 변환시키는 요소이며 조절부와 조작부로 구성되어 있다.

사. 조작량(Manipulated Variable)
제어장치가 제어대상에 가하는 제어신호로 제어장치의 출력인 동시에 제어대상에의 입력이다.

아. 제어대상(Controlled Process)
자기 스스로 제어활동을 갖지 않은 출력발생장치로 제어계에서 직접 제어를 받는 장치이다.

자. 외란(Disturbance)
제어량의 값을 변화시키려 하는 외부로부터의 바람직하지 않은 신호이다.

차. 제어량(Controlled Variable)
제어를 받는 제어계의 출력량으로 제어대상에 속하는 양이다.

카. 귀환요소(Feedback Element)
제어량을 검출하여 주귀환신호를 만드는 요소로서 검출부라고도 한다.

타. 제어편차(Controlled Deviation)

목표치 – 제어량으로 정의되는 것으로 이 신호가 그대로 동작신호로 되기도 한다.

파. 비교부(Comparator)

목표치와 제어량에서 인출한 신호를 서로 비교해서 제어동작을 일으키는 데 필요한 정보를 가진 신호를 만들어 내는 부분이다.

하. 제어장치(Controller)

제어대상의 작동을 조절하는 장치로 기준입력요소, 제어요소 그리고 귀환요소가 이에 속한다.

5. 연속 제어동작의 종류

가. 비례동작(P ; Proportion)

목표치와 제어량의 편차에 비례한 제어신호를 내보내는 것이다. 예를 들어 전력계통의 주파수가 변화할 때 주파수 변화분에 비례한 출력변화가 되도록 원동기 출력을 증감시키도록 제어하는 것을 말한다. 비례동작에서 Offset[21])이 생기는 이유는 비례동작에서는 조작량을 변화시키기 위해서 제어편차가 필요하기 때문이다.

나. 미분동작(D ; Differential)

편차의 미분값에 비례하는 조작량을 출력하는 제어이다. 예를 들어 주파수 변화가 생기는 초기에 df/dt의 값이 크므로 이 값에 비례해서 발전기 출력을 변화시켜 줌으로써 속응변화를 얻을 수 있으나 오버슈트가 커질 우려가 있다.

다. 적분동작(I ; Integral)

편차의 적분값에 비례하는 조작량을 출력하는 제어동작을 말한다. 예를 들어 $\int f dt$ 값에 의해 발전기 출력을 변동시키는 것으로 주파수 편차가 존재하는 한 발전기 출력을 증감시켜 편차를 해소한다. 즉, 정상상태의 오차를 완전히 없애주는 효과가 있으나 정정시간이 길다는 단점이 있다.

---

21) Offset이란 그림과 같이 부하의 편차가 있으면 제어량이 일정값으로 안정되었을 때 목표값과 제어량이 반드시 일치하지 않고 편차가 남는다. 이 편차를 Offset이라 한다.

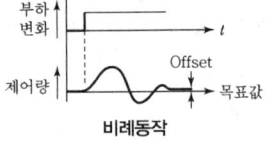

라. PI 동작

비례동작과 적분동작을 조합해서 사용하는 것이다. 적분동작보다는 정정시간이 짧고 정상편차를 해소할 수 있는 장점이 있다.

마. PID 동작

비례, 미분, 적분동작을 모두 가미한 것으로 가장 이상적인 제어방법이다. 정상편차를 해소함과 동시에 속응성 있는 제어를 실현할 수 있는 장점이 있다.

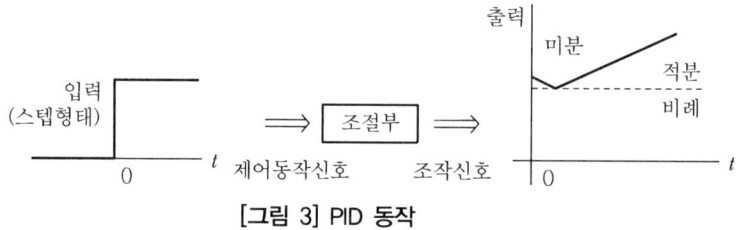

[그림 3] PID 동작

2.9 직렬회로의 과도현상

- 과도응답(Transient Response)이란 평형상태에 있는 제어계의 입력 측에 어떤 변화를 주었을 때 출력 측에 나타나는 변화의 시간경과를 말하며 전달함수[22]로 계산한다.
- 과도현상은 제어계의 입력에 대하여 그 응답이 안정할 것(진동이나 발산하지 않을 것), 응답이 좋을 것(목표치 입력에 곧 추종하고 외란의 영향을 빨리 소멸시킬 것) 두 가지가 중요하다.
- ■ 자동제어, 정기간행물

1. 과도현상의 구성

과도응답은 과도특성과 정상특성으로 구성되며 과도특성은 인디셜 응답[23]을 사용하여 1차지연의 시정수, 과도편차와 초과량, 정정시간, 제어면적, 제곱제어면적, ITAE(Integral of Time-multiplied Absolute value of Error)를 산정한다.

---

[22] 전달함수(Transfer Function)는 자동제어의 문제를 해석하는 데 가장 중요한 방법으로 "모든 초기치를 0으로 했을 때 출력신호의 Laplace 변환과 입력신호의 Laplace 변환의 비"로 정의한다.

$$\xrightarrow{\text{입력} \atop R(s)} \boxed{\text{전달함수} \atop G(s)} \xrightarrow{\text{출력} \atop C(s)} \quad \therefore \ G(s) = \frac{C(s)}{R(s)}$$

[23] 인디셜 응답이란 높이가 1인 단위계단입력에 대한 응답을 말한다.

2. $R-L$ 직렬회로의 경우

$R-L$ 직렬회로에서 전압 E인가 시 과도현상을 설명하면

가. 전류식

1) 평형방정식은 $L\dfrac{di}{dt}+Ri=E$ ······················ ㉠

2) 식 ㉠을 라플라스 변환하면

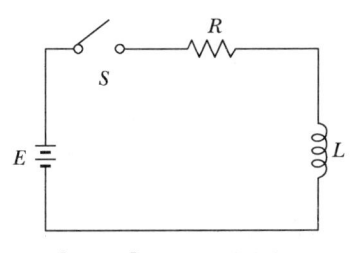

[그림 1] $R-L$ 직렬회로

① $Ls\cdot I(s)+R\cdot I(s)=\dfrac{E}{s}$

$I(s)(Ls+R)=\dfrac{E}{s}$ 에서

$I(s)=\dfrac{E}{s(Ls+R)}=\dfrac{E}{Ls\left(s+\dfrac{R}{L}\right)}$ ······················ ㉡

3) 식 ㉡을 부분분수로 전개하면

① $I(s)=\dfrac{E}{L}\left[\dfrac{k_1}{s}+\dfrac{k_2}{s+R/L}\right]$ 에서

$k_1=\left|\dfrac{1}{s+R/L}\right|_{s=0}=\dfrac{L}{R}$, $k_2=\left|\dfrac{1}{s}\right|_{s=-\frac{R}{L}}=-\dfrac{L}{R}$

② $I(s)=\dfrac{E}{L}\cdot\dfrac{L}{R}\left[\dfrac{1}{s}-\dfrac{1}{s+R/L}\right]$ ······················ ㉢

4) 식 ㉢을 라플라스 변환하면 전류식은 다음과 같이 된다.

$i(t)=\dfrac{E}{R}\left[1-e^{-\frac{R}{L}t}\right]$ ······················ ㉣

나. 시정수

1) 식 ㉣을 그래프로 그리면 다음과 같다.

2) [그림 2]에서 $i(t)$ 곡선은 $t=0$에서는 급격히 증가하다가 시간이 경과할수록 서서히 증가하는 것을 볼 수 있다. 만일 $t=0$에서의 비율로 증가한다면 t초 후에 E/R에 도달하게 되는데, 이때 걸리는 시간 t가 시정수이다.

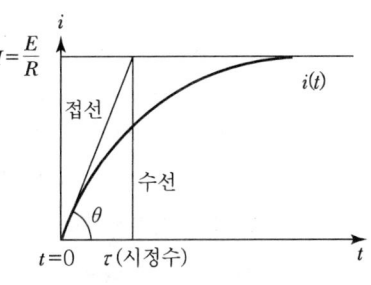

[그림 2] $R-L$ 시정수

3) 이것을 식으로 증명하면

$\tan\theta=\left|\dfrac{di(t)}{dt}\right|_{t=0}=\left|\dfrac{E}{R}\cdot\dfrac{R}{L}e^{-\frac{R}{L}t}\right|_{t=0}=\left|\dfrac{E}{L}e^{-\frac{R}{L}t}\right|_{t=0}=\dfrac{E}{L}$

또한 [그림 2]에서 $\tan\theta=(E/R)/\tau$이므로 이를 위 식과 연관하여 정리하면

$\tan\theta=\dfrac{E}{L}=\dfrac{E/R}{\tau}$ 에서 $\tau=\dfrac{E/R}{E/L}=\dfrac{L}{R}$ 이 된다.

다. 전압식

1) 저항에 걸리는 전압 $E_R = Ri(t) = R \cdot \dfrac{E}{R}\left[1 - e^{-\frac{R}{L}t}\right] = E\left[1 - e^{-\frac{R}{L}t}\right]$ [V]

2) 인덕턴스에 유기되는 전압 $E_L = L\dfrac{di(t)}{dt} = L\dfrac{d}{dt} \cdot \dfrac{E}{R}\left[1 - e^{-\frac{R}{L}t}\right] = E \cdot e^{-\frac{R}{L}t}$ [V]

3) $t = 0$에서는 전전압이 인덕턴스에 걸리고 $t = \infty$에서는 전전압이 저항에 걸린다.

3. $R-C$ 직렬회로의 경우

$R-C$ 직렬회로에서 전압 E인가 시 과도현상을 설명하면

가. 전류식

1) 평형방정식은 $\dfrac{1}{C}\int i\,dt + Ri = E$ ················ ㉤

2) 식 ㉤을 라플라스 변환하면

$$\dfrac{1}{Cs}I(s) + RI(s) = \dfrac{E}{s}, \quad I(s)\left(\dfrac{1}{Cs} + R\right) = \dfrac{E}{s}$$에서

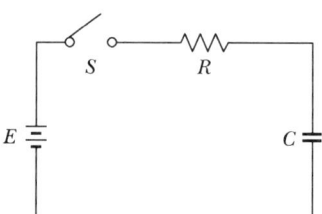

[그림 3] $R-C$ 직렬회로

$$I(s) = \dfrac{E}{s} \cdot \dfrac{Cs}{1+RCs} = \dfrac{EC}{1+RCs} = \dfrac{EC}{RC\left(s + \dfrac{1}{RC}\right)} = \dfrac{E}{R} \cdot \dfrac{1}{\left(s + \dfrac{1}{RC}\right)}$$ ········ ㉥

3) 식 ㉥을 역 라플라스 변환하면 전류식은 $i(t) = \dfrac{E}{R}e^{-\frac{1}{RC}t}$ ··························· ㉦

나. 시정수

1) 식 ㉦을 그래프로 그리면 다음과 같다.

2) [그림 4]에서 $i(t)$ 곡선은 $t = 0$에서는 급격히 감소하다가 시간이 경과할수록 서서히 감소해 가다가 0이 된다. 이때 만약 $t = 0$에서의 비율로 계속 감소한다면 t초 후에 0에 도달하게 되는데 이때 걸리는 시간 t가 시정수이다.

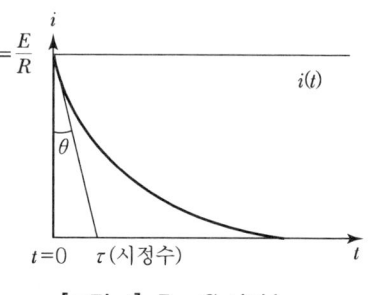

[그림 4] $R-C$ 시정수

3) 이것을 식으로 증명하면

$$\tan\theta = \left|\dfrac{di(t)}{dt}\right|_{t=0} = \left|\dfrac{E}{R} \cdot \left(-\dfrac{1}{RC}\right)e^{-\frac{1}{RC}t}\right|_{t=0} = \left|-\dfrac{E}{R^2C}e^{-\frac{1}{RC}t}\right|_{t=0} = -\dfrac{E}{R^2C}$$

또한 [그림 4]에서 $\tan\theta = -(E/R)/\tau$이므로 이를 위 식과 연관시켜 정리하면

$\tan\theta = \dfrac{E}{R^2C} = \dfrac{E/R}{\tau}$에서 $\tau = \dfrac{E}{R} \cdot \dfrac{R^2C}{E} = RC$가 된다.

다. 전압식

1) 저항에 걸리는 전압 $E_R = Ri(t) = R \cdot \dfrac{E}{R}e^{-\frac{1}{RC}t} = Ee^{-\frac{1}{RC}t}$ [V]

2) 콘덴서에 충전되는 전압
   ① 콘덴서 단자전압은 콘덴서에 충전되는 전하량에 비례하고 정전용량에 반비례한다.
   즉, $E_C = \dfrac{Q}{C}$ 충전되는 전하량은 그 시간까지의 전류를 적분하면 된다.
   ② 스위치를 닫은 후 t초 후 콘덴서 단자전압
   $$E_C = \frac{1}{C}\int_0^t i(t)d\tau = \frac{1}{C}\int_0^t \frac{E}{R}e^{-\frac{1}{RC}t}dt = \frac{E}{RC}\bigg|-RC \cdot e^{-\frac{1}{RC}t}\bigg|_0^t$$
   $$= E(1-e^{-\frac{1}{RC}t})[\text{V}]$$

3) $t = 0$에서는 전전압이 저항에 걸리고 $t = \infty$에서는 전전압이 콘덴서에 걸린다.

2.10 전력용 반도체(Thyristor)

전력변환기는 교류의 전압과 주파수를 변경하거나 교류를 직류로 또는 직류를 교류로 바꾸기도 하고, 주어진 직류전압의 크기를 다른 크기의 직류값으로 변환한다. 현대에는 다이오드, 트랜지스터, FET 등 전력용 반도체 스위치 소자의 반도체 전력변환기이다.

■ 정기간행물, 회로이론, 전기기기

1. Thyristor의 동작원리

Thyristor란 PNPN 접합의 4층 구조 반도체 소자의 총칭이며 일반적으로 실리콘 제어정류 소자 SCR을 말한다. 주전극 애노드(Anode), 캐소드(Cathode) 및 Gate로 구성되어 있다.

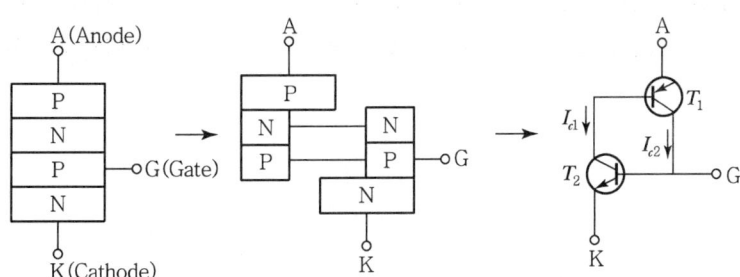

[그림 1] SCR 동작원리

가. PNPN 사이리스터는 마치 PNP 트랜지스터(T_1)과 NPN 트랜지스터(T_2)가 중첩된 것과 같이 동작한다.

나. Anode에 (+)전압, Cathode에 (−)전압을 인가해도 T_2의 베이스에 해당하는 Gate에 전압이 공급되지 않는 상태에서는 T_2가 차단되어 I_{C1}에 전류가 흐를 수 없으나 게이트에 양극전압을 인가하면 T_2가 On되어 I_{C1}이 흐르게 되고 동시에 I_{C2}도 흐르게 된다.

다. 이때, 게이트 전압을 제거해도 I_{C2}가 흐르기 때문에 사이리스터는 Off되지 않는다. 따라서 Off시키려면 주회로를 차단하거나 A → K 사이의 전류를 바이패스시켜야 한다.

2. Thyristor의 특징

가. 고전압 대전류의 제어가 용이하다.
나. 제어이득이 높고 게이트 신호가 소멸하여도 On 상태를 유지할 수 있다.
다. 수명은 반영구적으로 신뢰성이 높고 서지에도 강하다.
라. 소형 또는 경량으로 기기나 장치에 설치가 용이하다.

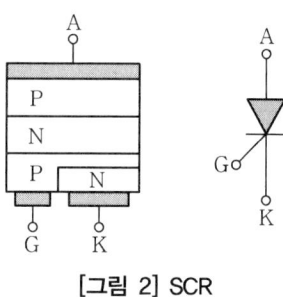

[그림 2] SCR

3. 전력용 반도체 스위칭 소자

가. Thyristor(SCR ; Silicon Controlled Rectifier)

1) Thyristor는 3개 이상의 PN접합층을 가지는 전류제어형의 부성저항소자이며 PNPN접합의 반도체 소자를 통틀어 일컫는 말로 실리콘 제어정류기(SCR)라고도 한다.
2) SCR 구조는 양극(Anode), 음극(Cathode) 4층 구조에 제어용 게이트(Gate)를 설치한 구조로 되어 있다. 예 PNPN 또는 NPNP형의 4층 구조
3) SCR 동작은 게이트에 신호가 인가[24]되면 양극과 음극 사이에 전류가 흐르고 게이트 신호가 없으면 양극과 음극 사이에 전류는 흐르지 않고 높은 전압이 유지된다. 그러나 필요한 시점에서 On/Off를 못하므로 스위칭 소자로 사용하지 못하지만 전압의 위상(0~180°)을 원하는 시점에서 점호시킬 수 있기 때문에 위상제어방식에 사용한다.

---

[24] 점호 : 게이트에 의해 전류 및 신호를 도통시키거나 제어하는 것
• Turn on : A와 K 사이에 순방향 전압을 가하고 G에 작은 신호전류를 흘릴 경우
• Turn off : A와 K 사이에 역방향 전압을 인가하는 경우

나. TRIAC(Triode AC Switch)

1) 트라이액은 게이트 단자에 주는 신호에 의해 양방향성의 전류제어가 가능한 사이리스터로서 쌍방향성 3단자 형태로 교류회로의 On/Off 스위칭에 사용된다.
2) 트라이액의 구조는 사이리스터 두 개를 역병렬로 접속하여 쌍극성25)에 있어서 대칭 스위칭을 가능하게 한 것이다.

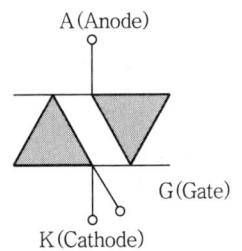

[그림 3] TRIAC

3) 트라이액의 특징은 순방향, 역방향 구별 없이 양방향 On/Off 동작이 가능하다. 이 때문에 작은 용량의 교류에서 기계식 On/Off 스위치를 대체하거나 위상제어를 통해 교류전력을 제어하는 데 널리 사용한다.
4) 적용 : 교류회로 위상제어, On/Off 스위치로 SSR과 같이 가전제품의 전력제어 등
5) SSS(Silicon Symmetrical Switch)
   ① TRIAC에 사용된 사이리스터의 PNPN 4층 구조를 PNPNP 5층 구조로 하고 게이트를 없앤 것이다.
   ② 제어는 게이트를 통해서 하는 대신 양 단자 간에 순시전압을 가해서 행한다.
   ③ 트라이액과 같이 양방향성 소자로서 교류 On/Off 스위칭에 사용된다.

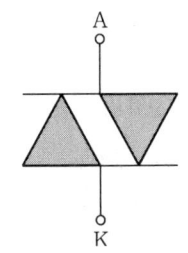

[그림 4] SSS

다. GTO(Gate Turn-off Thyristor)

1) GTO는 Thyristor의 일종으로 직류회로에서도 게이트에 (-)전류를 흘리면 꺼지게 되는 자기소호형 전력용 반도체이다.

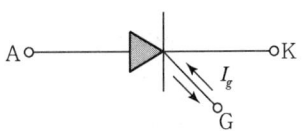

[그림 5] GTO

2) GTO 동작은 Gate에 순방향과 역방향 전류를 가해 도통과 차단을 제어할 수 있으나 Off를 위한 게이트 전류가 주전류의 20%나 되어 대용량 게이트 구동회로가 필요하다.
3) GTO의 특징
   ① 고전압 대전류 소자를 쉽게 만들 수 있다.
   ② 고압/대전류에서도 스위칭 회로를 쉽게 만들 수 있다.
   ③ 게이트 회로가 복잡하고 전류가 커서 제작비용이 많이 든다.
   ⑤ 500Hz 이상의 스위칭은 힘들다.
4) 적용 : 대용량의 인버터, VVVF 전동차 등

---

25) 쌍극성 : 1개 교류로 -, +(전자 또는 정공)의 쌍극소자의 성질을 갖는다.

라. MOSFET(Metal Oxide Semiconductor Field Effect Transistor)

1) MOSFET는 금속, 산화막, 반도체 영역으로 구성된 FET로서 게이트의 전압에 의해서 드레인과 소스 간의 전류를 제어하는 트랜지스터이다.
2) MOSFET 구조는 트랜지스터의 컬렉터, 이미터, 베이스에 해당하는 드레인(Drain), 소스(Source), 게이트(Gate)의 세 단자를 가진다.

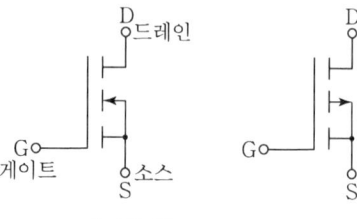

[그림 6] MOSFET

3) MOSFET의 특징
   ① 게이트에 전압을 인가하여도 게이트를 통해 소자로 흘러 들어가는 전류는 0에 가까워 전력소모가 거의 없다.
   ② 트랜지스터에 비하여 도통 상태와 차단 상태 간의 절환속도가 매우 빨라서 같은 시간에 훨씬 많은 고속스위칭을 할 수 있다.
   ③ 트랜지스터보다 용량이 작아서 비교적 작은 전력범위 내에서만 적용된다.

마. IGBT(Insulated Gate Bipolar Transistor)

1) IGBT는 BJT[26](바이플러 트랜지스터)의 대전류 특성과 MOSFET[27]의 전압구동회로의 장점을 조합한 트랜지스터이다. 기호는 MOSFET와 같고 구조는 TR의 NPN형이 있다.
2) 게이트가 얇은 산화 실리콘 막으로 격리(절연)되어 있어서 게이트에 전류를 흘러서 On-Off 하는 대신 전계를 가해서 제어한다.

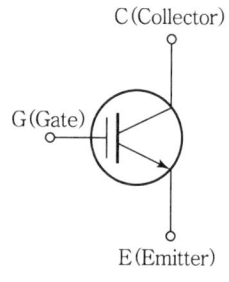

[그림 7] IGBT

3) 동작원리

   Gate-Emitter 간에 전압을 인가하면 MOSFET가 On 하고 NP Transistor의 Base 전류가 공급되기 때문에 IGBT는 On 상태로 된다. Gate-Emitter 간에 전압을 0으로 하면 Off 상태가 된다.

4) IGBT의 특징
   ① 고전압 대전류용에 적합하다.
   ② 대전력 인버터의 변환소자로 적합하다.
   ③ 회로를 구성할 때 조립이 간단하다.
   ④ 스위칭 속도가 빠르고 무소음이다.

---

26) BJT(Bipolar Junction Transistor)는 베이스가 접합 전극에 의하여 샌드위치처럼 사이에 끼워진 구조의 트랜지스터, Bipolar Transistor는 전하 운반체(전자 또는 정공)을 사용하여 동작하는 트랜지스터를 말한다. BJT는 양극성(전자 또는 정공)을 사용하여 동작하는 접합 트랜지스터이다.
27) MOSFET(Metal Oxide Semi-conductor Field Effect Transistor)는 금속 산화막 반도체 전계효과 트랜지스터로 인핸스먼트형(Enhancement Type)과 공핍형(Depletion Type)이 있다.

⑤ SCR에 비해 내량이 작고 손실이 많다.
⑥ Noise에 약하다.

5) 적용

대전력 고속 스위칭이 가능하여 철도차량용 전동기의 가변주파수 제어, 하이브리드 카, UPS 스위칭 전원, 태양광 발전시스템 등

> **Basic core point**
>
> 가. SCR과 GTO는 점호(On)시킬 수만 있고 소호(Off)는 마음대로 되지 않는다는 점에서 반능동소자라 볼 수 있고, 나머지는 점호, 소호가 자유로운 능동소자이다.
> 나. 전류방향의 측면에서 TRIAC을 제외하면 단방향성 소자이다.
> 다. 소자용량의 측면에서는 다이오드, Thyristor(SCR), GTO는 수천 V, 수천 A급까지 있으나, 트랜지스터류는 1,000V, 500A 정도이다.

2.11 정류기(Rectifier or Converter)

정류회로는 직류출력전압을 연속적으로 변환시키기 위해서는 정류소자를 사용한 정류회로에 유도전압조정기를 이용해서 가변교류전압을 공급하는 방법과 일정 교류전압으로 제어각을 변화시키는 방법이 있다.

■ 정기간행물, 전기기기

1. 정류회로의 기본요소

가. 상수 : 단상, 2상, 3상, 6상용 등
나. 결선 : 중간탭 회로, 브리지 회로, 상간리액터 접속
다. 소자 : 비제어, 제어, 혼합
라. 구성 : 평활용 리액터 및 환류다이오드의 유무

2. 정류기의 종류

정류기(Rectifier or Converter)는 AC를 DC로 변환시키는 장치로 전력용 다이오드(Power Diode)는 PN접합 구조로 되어 있는 반도체 정류소자이다. 정류회로는 단상과 3상으로 구별되고 또한 부하의 성질에 따라 발생하는 전압, 전류의 파형이 달라진다.

가. 단상 반파정류기(단상 저항부하 정류회로)

1) [그림 1]은 사이리스터를 이용한 단상 반파 제어 정류회로의 저항 부하를 나타낸다. 이때 사이리스터는 순방향 정(+)에서 저항이 0으로 도통하여 부하에 전류가 흐르고 역방향 부(-)에서 저항이 무한대인 정지상태로 동작하는 이상적인 소자로 간주한다.

2) 전원 전압을 $v = V_m \sin\omega t$라고 할 경우

- 직류전압의 평균치 $E_{do} = \dfrac{1}{2\pi}\displaystyle\int_{\alpha}^{\pi} \sqrt{2}\,V\sin\omega t\,d(\omega t) = \dfrac{\sqrt{2}}{\pi}V[\mathrm{V}] \fallingdotseq 0.45[\mathrm{V}]$

- 직류전류 평균치 $I_d = \dfrac{E_{do}}{R}$

따라서 점호각 α를 조정함에 의해서 E_d를 가감할 수 있다.

3) 소자가 작고 간편하며 직류 측의 교류성분이 크다. 전압과 전류의 리플(맥동)이 크고 직류출력이 작아 소용량의 직류전원으로 사용한다.

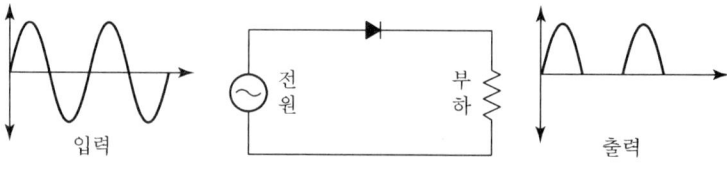

[그림 1] 단상 반파정류기

나. 단상 전파정류기(전원 중성점 이용 단상 전파 정류회로)

1) 단상 전파정류기는 변압기에 중간 탭을 두어 [그림 2]와 같이 접속한 것이다. 입력 파형에서 사이리스터 D_1은 위 반주기가 정(+)일 때 도통하고, 사이리스터 D_2는 아래 반주기가 정(+)일 때 도통한다.

2) 공급전압을 $v = V_m \sin\omega t$라고 하면

직류 출력 전압 $E_{do} = \dfrac{1}{\pi}\displaystyle\int_{\alpha}^{\pi} \sqrt{2}\,V\sin\omega t\,d(\omega t) = \dfrac{2\sqrt{2}}{\pi}V[\mathrm{V}] \fallingdotseq 0.9\,V[\mathrm{V}]$

3) 출력 측의 교류성분 주파수가 반파정류회로의 2배가 되어 리플(맥동)이 적다.

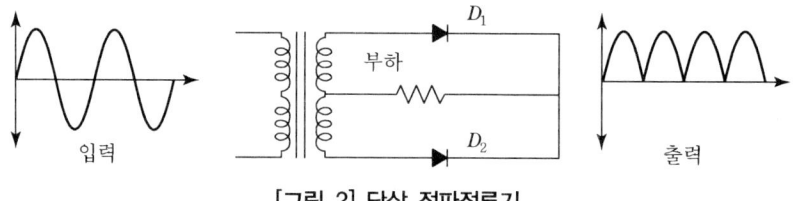

[그림 2] 단상 전파정류기

다. 브리지 정류기

1) 4개 사이리스터를 브리지 형태로서 전부 사이리스터로 접속한 회로를 말한다.
2) 사이리스터 T_1, T_3와 T_2, T_4가 교대로 온·오프 되므로 직류 출력전압을 얻을 수 있다.

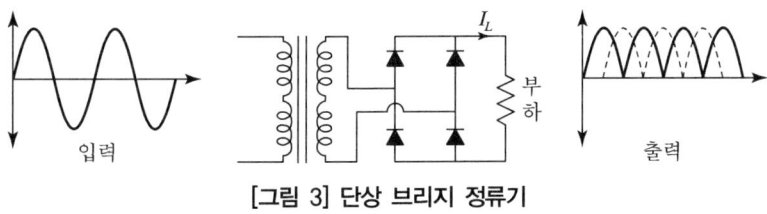

[그림 3] 단상 브리지 정류기

라. 다상성형 정류기

1) 대전력 계통에 사용되는 것으로 [그림 4]와 같이 구성된다.

  예 다상성형 정류기 중 6상 정류기

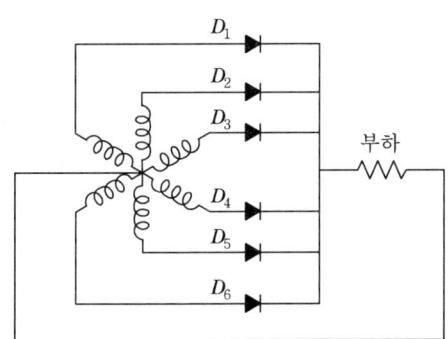

[그림 4] 다상성형 정류기

3. 정류방식의 비교

교류를 직류로 변환시키는 정류 방법은 크게 단상과 3상으로 구분되며 주기에 따라서는 반파와 전파방식으로 구분할 수 있다.

정류 방식	정류 회로	출력 파형
단상 반파 정류		$E_0 = 0.45 E_1$
단상 전파 정류		$E_0 = 0.9 E_1$
3상 반파 정류		$E_0 = 1.17 E_1$
3상 전파 정류		$E_0 = 1.35 E_1$

PART 02

전력부하설비

CHAPTER 01 조명설비   83
CHAPTER 02 조명설계   136
CHAPTER 03 동력설비   173

기출문제 경향분석 및 학습전략

PART | 02 전력부하설비

❶ 기출경향분석

1. **전력부하설비**는 조명설비의 조명기초, 인공광원, 최신광원, 조명설계의 조명설계 계획, 조명설계 사례, 동력설비의 전동기, 유도전동기 등으로 구성되어 있습니다.
2. **조명설비**의 조명기초에서 조명 용어, 명시론(연색성, 눈부심, 색온도, 순응과 퍼킨제 효과), 인공광원에서 발광원리, 인공광원, 최신 광원에서 CDM, LED, PLS, 무전극 램프 등이 출제되었습니다.
3. **조명설계**의 조명설계 계획에서 전반조명, 건축화 조명, 조명설비 설계기준, LCC, 눈부심 방지대책, 옥내조명설계(VDT, 좋은 조명의 조건, 광속법), 조도계산(평균조도계산법, 구역공간법, LLF, 조명률), 조명설계 사례에서 자연채광, 경관조명, 도로조명, 터널조명, 기타 조명 설계 등이 출제되었습니다.
4. **동력설비**의 전동기에서 정격 선정(고효율, 무부하 전류, 과전류), 제동방법, 유도전동기에서 기동방식, 속도제어, 인버터제어(벡터제어, 인버터), 불평형의 영향 등이 출제되었습니다.
5. **출제되는 문제의 경우** 동일한 문제는 거의 없으나, 방향의 동일성 또는 용어의 다중성 등 응용문제가 출제되고 있습니다.

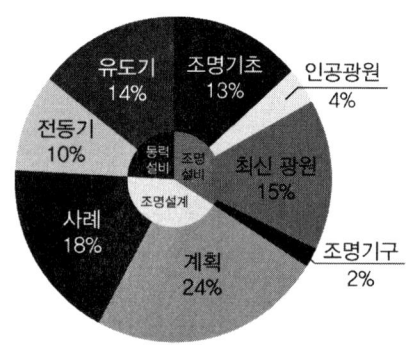

❷ 학습전략

1. **전력부하설비**는 전체 문제 중 출제 비중이 12%이며, 조명설비 38번, 조명설비설계 47번, 동력설비 27번 출제되었으므로 〈조명용어, 전동기 정격 등〉의 기초학습과 〈옥내조명설계, 전동기 인버터제어 등〉의 심화학습 전략이 필요합니다.
2. **출제경향**은 일정한 방향성 또는 최신 경향의 용어, 정책, 전기업계에서 새롭게 부상되는 설비(초고층의 조명설비, 직류 전동기 BLDC) 등을 암기식 비밀노트로 정리하기 바랍니다.
3. **학습전략 중 암기방법**은 자기만의 그림·주제 및 환경을 이용한 연상기억법 또는 기존 자기만의 암기방법과 병행하여 암기식 비밀노트를 만들기 바랍니다.

CHAPTER 01 조명설비

SECTION 01 조명기초

1.1 조명설비의 용어

조명의 목적은 물리적인 현상인 빛을 사람의 시각이라는 작용을 통해서 정보전달의 수단으로 이용하는 데 있다. 여기서 조명설비의 광방사 범위에서 파동과 입자 현상에 사용하는 용어는 다음과 같다.

■ 최신 조명환경이론, 최신 조명공학

1. 조명의 용어와 단위

가. 빛(Light)

전파나 X선과 같이 전자파의 일종으로 파장 380~760nm의 전자파로 눈에 입사하여 밝음을 느끼게 함으로써 빛 또는 가시광이라 한다. 파장범위의 방사에너지를 인간의 표준비시감도 V_λ로 평가한 것이다.

1) 빛은 방사와 같은 뜻이며 자외선·가시광선·적외선 방사를 포함하여 빛 또는 광방사로 부른다.
2) 빛은 편광·회절·간섭현상 등에서는 파동의 성질을 나타내고, 광전효과[28]와 콤프턴효과[29]에서는 입자의 성질을 나타낸다. 이와 같이 빛은 파동성 또는 입자성을 나타내는데 이를 빛의 이중성이라 한다.

---

[28] 광전효과는 금속 내부의 속박된 전자에 일정 진동수 이상의 빛을 쪼이면 광자와 전자가 충돌하게 되어 광자가 지닌 에너지가 전자로 전이되어 방출되는 현상, 이때 빛에 쪼이고 방출된 전자를 '광전자'라고 한다.
  • 광자가 가지는 에너지 $E = h\nu$ (ν : 진동수, h : 플랑크 상수), 에너지 일함수 W를 넘을 때 전자가 방출
  • 전자의 최대 운동에너지 $T_{max} = h\nu - W$ (W : 일함수), 한계 진동수보다 커야 광전자를 발생

[29] 콤프턴효과란 물질에 X선을 쪼여 주었을 때 물질 속의 전자가 튀어나가고, 입사된 X선은 전자에 의해 산란되면서 에너지를 잃고 파장이 길어지는 현상을 말한다. 파동이론에 따르면 전자기파가 표적에 부딪혀 산란되어도 파장은 변하지 않아야 한다. 따라서 파동이론으로는 X선과 전자의 충돌에서 X선의 파장이 길어지는 현상을 설명할 수 없다.

빛의 이중성 실험

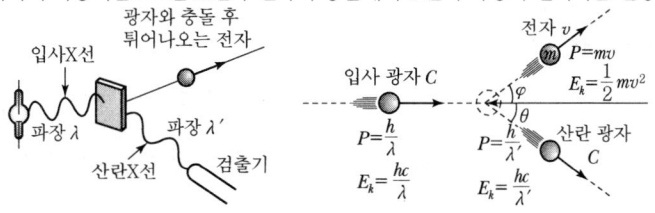

3) 빛의 전파속도 $v = \lambda \cdot f$ (여기서, 파장 $\lambda[m]$, 주파수 $f[Hz]$, 전파속도 $v[m/s]$)

나. 방사속(Radiant Flux)

전자파 또는 광자의 형태로 전파하는 에너지를 방사라 하고 어떤 면을 통과하는 단위시간 당의 방사 에너지의 양을 방사속이라 하며 단위는 와트[W]이다.

다. 광속(Luminous Flux) 및 광량(Quantity of Light)

복사속 중에서 눈에 보이는 빛의 양을 광속이라 하며 광량은 광속의 시간 적분이다.
광량[lm · h] = 광속[lm] × 시간[h]

라. 조도(Illumination)

어떤 물체에 광속이 투사되면 그 면은 밝게 비추어진다. 즉, 빛을 받는 면의 밝기를 표시한 것을 조도라 하며 단위는 [lx]이다.

마. 광도(Luminous Intensity)

광원으로부터 모든 방향으로 빛이 발산되고 있으나 그 방향에 따라 빛의 발산이 달라진다. 이처럼 어떤 방향에 대한 빛의 세기를 광도(I)라 하고 단위는 칸델라[cd]이다.

예 구 전표면에 대한 입체각은 4π이다. 따라서 광도는 $I = \dfrac{F}{\omega} = \dfrac{F}{4\pi}$ [cd]

바. 휘도(Brightness)

광원 표면의 밝기, 즉 광원을 볼 때 강하게 빛나 보이는데 이 빛나는 정도를 휘도라 한다. 휘도는 눈으로부터 광원까지의 거리와는 무관하고 단위는 스틸브[sb] = [cd/cm^2]이다.

사. 광속발산도(Luminous Radiance)

물체가 보이는 것은 그 물체로부터 방사한 광속이 눈에 들어오기 때문이다. 이처럼 물체에서 발산하는 광속을 광속발산도라 하고 단위는 래드럭스[rlx]이다.

아. 반사율(Reflection Factor), 투과율(Transmission Factor), 흡수율(Absorbtion Factor)

입사광속 F, 반사광속 F_ρ, 투과광속 F_τ, 흡수광속 F_α일 경우
반사율 $\rho = F_\rho/F$, 투과율 $\tau = F_\tau/F$, 흡수율 $\alpha = F_\alpha/F$이며 총합은 $\rho + \tau + \alpha = 1$

자. 효율(Efficiency)

1) 발광효율(Luminous Efficiency)

광원으로부터 어떤 방향의 방사속이 발산되면 이 중에서 광속 $F[lm]$만 육안으로 느끼게 된다. 이처럼 방사속에 대한 광속의 비율을 발광효율 ε이라 한다. $\varepsilon = \dfrac{F}{\phi}[lm/\omega]$

2) 전등효율(Lamp Efficiency)

① 광원 전체 소비전력 $P[\text{W}]$에 대한 발산광속 $F[\text{lm}]$의 비율을 전등효율 η이라 한다.

$$\eta = \frac{F}{P}[\text{lm/W}]$$

② 일반적으로 전등효율은 발광효율보다 적다.

차. 배광곡선(Light Distribution Curve)

광원의 광도는 방향에 따라서 그 크기가 다르다.
1) 광원을 중심으로 각 방향으로 직선을 긋고 그 직선의 길이를 광도의 크기에 비례하게 그 직선의 끝을 연결하면 광도의 공간적인 배광곡선이 된다.
2) 실용상 배광입체보다 수직 배광곡선을 활용한다.

카. 분광분포

각 파장의 에너지 비교치를 나타낸 것으로 같은 색온도라도 양자의 빛은 파장에 있어서 에너지를 나타내는 분광분포가 다르다.

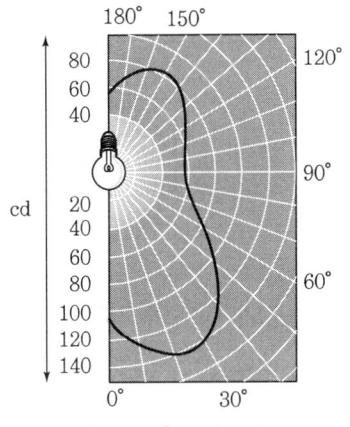

[그림 1] 배광곡선

타. 수명(Life)

1) 전구의 수명이란 필라멘트가 단선될 때까지의 점등시간을 말한다. 전구의 수명을 좌우하는 요소는 전구의 효율, 필라멘트의 성질과 모양, 봉입가스의 성분(순도), 봉입압력, 사용상태 및 전구의 품질 등이 있다.
2) 동정(Performance)이란 전구가 점등시간의 경과와 더불어 그의 광속, 전류, 전력 및 효율 등이 변화하는 상태를 말하며 수평에 전압을 수직선상에는 수명, 광속 등으로 표시한 것을 동정곡선이라 한다.

[표 1] 용어 설명 및 단위

용어	정의	해설	기호	단위	비고
광속	빛의 양 (광원의 밝기)	램프의 경우에는 광원으로부터 발산되는 빛의 양을 가리킨다. 조명계산에서 필요하게 된다.	F	루멘[lm]	
광도	빛의 세기 (광원의 어느 방향에 대한 밝기)	램프로부터 발산된 광속을 반사갓으로 집광하면 더욱 밝게 할 수 있다.	I	칸델라[cd]	
조도	빛을 받는 면의 밝기	조명설계에 있어서 기본이 되는 밝음의 기준	E	럭스[lx]	기구 커버는 휘도를 작게 하기 위함
휘도	광 표면의 밝기	백열등은 형광등보다도 휘도가 높다. 이것은 광원의 발광면적이 적기 때문이다.	B	스틸브[sb]	
광속발산도	물체의 밝기	조도×반사율, $\dfrac{\text{광속}\times\text{투과율}}{\text{면의 면적}[\text{m}^2]}$	R	래드럭스[rlx]	

2. 측광량과 상호 간의 관계

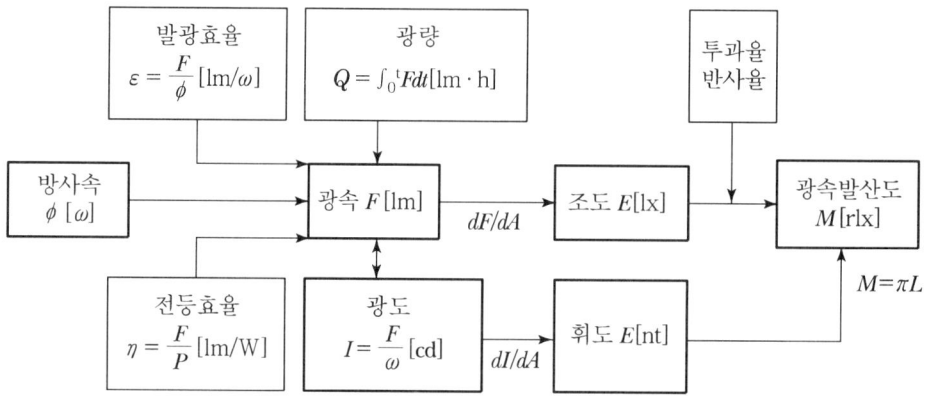

3. 광도와 휘도의 차이

가. 광도

1) 어느 방향에서의 빛의 밝기로서 발산되는 단위입체각당 광속 수를 말한다.
2) 단위시간당 특정 지역을 통과하는 광속의 수가 입체각 $d\omega$ 내에서 광속 dF라고 하면 광도 $I = \dfrac{dF}{d\omega}$[cd]이다.

나. 휘도

1) 어느 방향의 광원면에 대한 단위 면적당 광도로서 그 면적의 밝기, 즉 특정 방향에 대한 광밀도이다.
2) 단위는 해당 단위면적의 크기에 따라 sb[stilb : cd/cm^2]와 nt[nit : cd/m^2]로 나눈다.

다. 광도와 휘도의 차이

광도[cd]	휘도[nt]
• 단위입체각당 광속수 • 광도 $I = \dfrac{dF}{d\omega}$[cd] • 단위 cd	• 단위면적당의 광도(광도의 밀도) • 휘도 $B = \dfrac{I}{A}$[cd/m^2] • 단위 sb[stilb : cd/cm^2], nt[nit : cd/m^2]

1.2 연색성(Color Rendition)

연색성이란 빛의 분광특성이 색의 보임에 미치는 효과로 광원에 의하여 물체가 비추어질 때 그 물체의 색의 보임을 정하는 광원의 성질을 말한다. 태양광선 아래에서보다 색의 보임이 떨어질수록 연색성이 떨어진다. 이 연색성을 수치로 표시한 것이 연색평가수이다.

■ 최신 조명환경이론, 최신 조명공학

1. 연색성의 종류

태양광에서 보는 것보다 색의 보임이 많이 달라질수록 연색평가수는 떨어지게 된다.

가. 평균 연색평가수(R_a)

평균적인 색채 형성의 정도를 나타내는 수치로서 분광반사율 및 먼셀기호와 색도를 갖는 8색에 대해서 균등색 공간의 색채형성의 정도를 평가하는 것이다.

나. 특수 연색평가수($R_9 \sim R_{15}$)

1) 광원 또는 조명하는 빛의 특정 색에 대한 색채형성을 평가하기 위한 치수이고 분광반사율 및 먼셀기호와 색도를 갖는 7색에 대해서 균등색 공간의 색채형성의 정도를 평가하는 것이다.
2) 먼셀의 색표계는 색상, 명도, 채도 순으로 표현한다.
   ① 색상(H) : 적색, 청색, 황색 등과 같은 색의 종류를 나타낸다.
   ② 명도(V) : 색의 밝은 정도를 나타내며 어두운 흑색부터 밝은 백색에 이르기까지의 느낌 정도를 나타낸다.
   ③ 채도(C) : 색에 대한 선명 정도를 나타내며 선명하고 흐린 정도의 느낌을 말한다. 채도가 0인 색을 무채색, 그 밖의 색을 유채색으로 나타내며 식은 다음과 같다.

$$색 = \frac{색상 \times 명도}{채도} = \frac{H \times V}{C}$$

다. 주요 광원의 연색평가지수(CRI ; Color Rendering Index)

1) 백열등, 할로겐등 : 100
2) 형광등 : 60~95
3) 메탈램프 : 80~90
4) 고압나트륨램프 : 30
5) 수은램프 : 25

2. 광원의 연색성과 용도

[표 1] 광원의 연색성과 용도

연색성 그룹	연색평가수 Ra의 범위	광원색의 느낌	사용처
1	$Ra \geq 85$	• 서늘하다. • 중간 • 따뜻하다.	• 직물공장, 도장공장, 인쇄공장 • 점포, 병원 • 주택, 호텔, 레스토랑
2	$70 \leq Ra < 85$	• 서늘하다. • 중간 • 따뜻하다.	• 사무소, 학교, 백화점, 미세한 작업공장(고온지대) • 상동(온난지대) • 상동(한랭지대)
3	$Ra < 70$ 일반 옥내의 작업에 충분한 연색성 램프		연색성이 중요하지 않은 장소
S(특별)	특수한 연색성		특별한 용도

3. 연색성과 조명효과

가. 연색성이 낮은 광원으로 조명된 실내는 불쾌감을 느끼는 등의 심리적 효과가 크게 되므로 좋은 조명을 위해서는 연색성이 높은 광원을 선정해야 한다.

나. 특히 칼라 TV, HDTV를 중계하는 경기장 조명의 경우 광원의 연색성을 90 이상으로 해야 선명한 화면을 볼 수 있다.

1.3 색온도(Color Temperature)와 균제도

- 흑체[30]의 어느 온도에서 광색과 어떤 광원의 광색이 동일할 때 그 흑체의 온도를 광원의 광색이라 하고 이를 색온도라 한다. 색온도 T[K]는 절대온도[K]와 다르게 표시한다.
- 균제도는 작업 대상물의 수평면상에서 조도가 고르지 못한 것을 표시하는 척도로서 피로도가 적은 이상적인 환경을 위해 조도가 균일하게 하도록 고려해야 한다.

■ 최신 조명환경이론, 최신 조명공학

1. 색온도의 특징

가. 즐거운 느낌 : 조도가 낮고 색온도가 낮거나 조도가 높고 색온도가 높을 경우

나. 서늘한 느낌 : 조도가 낮고 색온도가 높을 경우

다. 부자연스러운 느낌 : 조도가 높고 색온도가 낮을 경우

---

30) 흑체란 모든 파장의 빛을 가리지 않고 흡수하는 가상 물체를 말한다.

[표 1] 조도와 색온도에 대한 느낌

조도[lx]	3,300[K] 이하 ← 광원색의 느낌 → 5,000[K] 이상		
	따뜻하다.	중간	서늘하다.
≤ 500	즐겁다.	중간	서늘하다.
500~1,000	↑	↑	↑
1,000~2,000	유유자적	즐겁다.	중간
2,000~3,000	↓	↓	↓
≥ 3,000	부자연	유유자적	즐겁다.

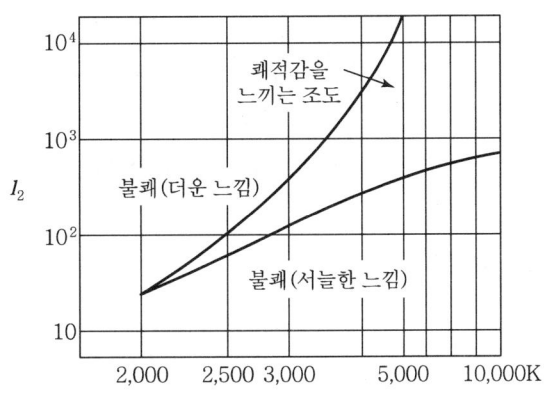

[그림 1] 색온도와 조도관계

2. 균제도

가. 균제도의 정의

1) 균제도 $u_1 = \dfrac{수평면상의\ 최소조도[lx]}{수평면상의\ 평균조도[lx]} = \dfrac{E_{\min}}{E_{ave}}$

2) 균제도 $u_2 = \dfrac{수평면상의\ 최소조도[lx]}{수평면상의\ 최대조도[lx]} = \dfrac{E_{\min}}{E_{\max}}$

나. 균제도 측정 시 작업대상물의 높이

1) 특별히 지정하지 않은 경우 : 바닥 위 85cm
2) 앉아서 하는 작업 : 바닥 위 40cm
3) 복도 또는 옥외 : 바닥면 또는 지면

다. 균제도의 평가 및 범위

1) u_1 또는 u_2가 1이면 조도분포가 완전 균일하고 값이 작아지면 조도분포가 고르지 못함
2) 균제도의 허용범위

　① 일반적으로 $u_1 \geq 0.3$ 혹은 $u_2 \geq 0.15$ 값 중에 하나만 적용한다.

② 균제도를 좋게 하기 위해 조명기구의 배치를 검토하는 것은 비경제적이므로 방의 용도에 따라 적정값을 선정한다. 예 사무실의 경우 u_1이 0.7 이상이 바람직하다.

1.4 시각현상(순응과 퍼킨제 효과)

시각의 현상을 이해하려면 다음의 시감도, 순응, 퍼킨제 효과에 대하여 이해하여야 한다.
- 시감도란 각 파장의 분광방사가 같은 밝음을 느끼게 하는 데 필요한 에너지 양의 역수로서 빛의 파장에 따라 눈으로 느끼는 밝음의 비율을 시감도라 한다.
- 순응이란 눈에 들어오는 빛이 극히 적거나 전혀 없을 경우에는 눈의 감광도는 대단히 높아지며, 반대로 들어오는 빛의 양이 크면 감광도는 오히려 떨어지게 되는 현상
- 퍼킨제 효과란 밝은 곳에서 같은 밝음으로 보이는 청색과 적색이 어두운 곳에서는 적색보다 청색이 더 잘 보이는 현상

■ 최신 조명환경이론, 최신 조명공학

1. 시감도(Visibility)

빛의 시감도란 가시광선(빛)이 주는 밝기(시감도)의 감각이 파장 λ[m]의 방사속 ϕ_λ[W]에 따라 달라지는 정도를 나타내는 것으로 보통 사람의 눈이 빛을 느끼는 전자파는 380~760[nm] 파장의 범위이며, 이때 파장 555[nm]에서 최대 시감도를 갖는다.

가. 시감도

어떤 파장 λ의 복사속을 ϕ_λ[W]라 하고, 이때의 광속을 F_λ[lm]이라고 할 때 복사속에 대한 광속의 비 $\dfrac{F_\lambda}{\phi_\lambda}$는 파장 λ의 전자파에너지를 얼마만큼 밝기로 느끼게 하는지를 나타낸다.

$$시감도 = \frac{광속}{복사속} = \frac{F_\lambda}{\phi_\lambda} \text{[lm/W]}$$

나. 비시감도(Relative Visibility)

빛에 대한 눈의 최대시감도(555nm)를 1로 하여 다른 파장에 대한 시감도의 비를 비시감도라 하고, 이것을 곡선으로 나타낸 것이 비시감도 곡선이다.

$$비시감도 = \frac{임의\ 파장\ 시감도}{최대\ 시감도}$$

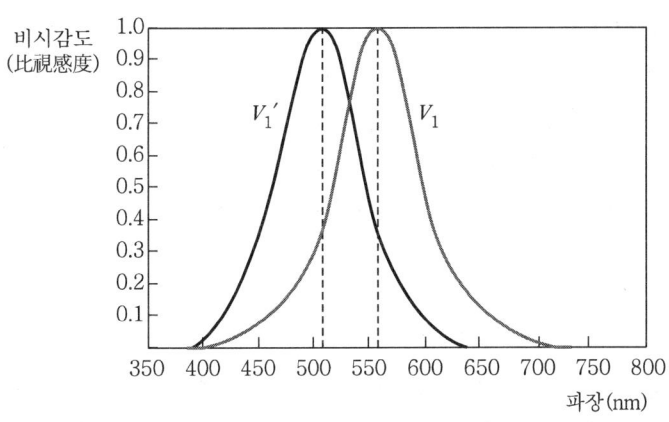

[그림 1] 비시감도 곡선

2. 순응(Adaptation)

가. 명암순응(순응현상)

대낮에 어두운 영화관에 들어가면 컴컴하여 10분 정도 지난 후 주위 모습이 보이게 되고, 반대로 어두운 영화관에서 밝은 옥외로 나오면 수초가 지난 후 밝음에 익숙해지게 된다. 이런 현상을 명암순응이라 한다.

나. 순응의 종류

1) 명순응(Light Adaptation)이란 어두운 곳에서 밝은 쪽으로의 순응(1~2분)을 말한다.
   ① 밝은 곳으로 나와서 감광도가 낮아지는 경우 예 터널 출구부
   ② 영화관에서 밝은 옥외로 나가면 수초 간 눈이 부시지만 잠시 후엔 밝음에 익숙해진다.
   ③ 감광도가 급격히 떨어져서 약 1~2분 정도면 일정해진다.

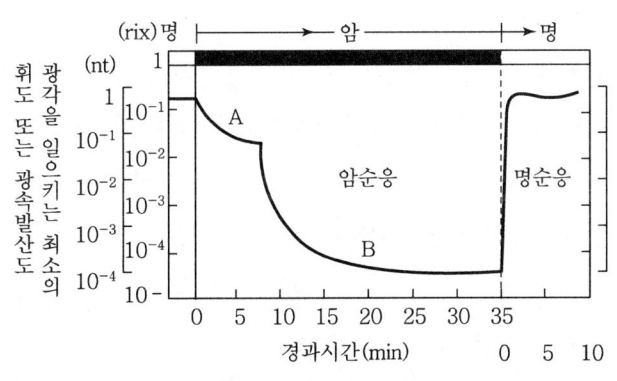

[그림 2] 명순응과 암순응

2) 암순응(Dark Adaptation)이란 밝은 곳에서 어두운 쪽으로의 순응(약 30분)을 말한다.
   ① 어두운 곳으로 들어가서 망막의 감광도가 높아지는 경우
   ② 대낮에 영화관에 들어갈 경우 처음에는 캄캄하여 좌석이 보이지 않지만 10분 정도 지나면 어두움에 익숙하게 되어 통로나 좌석이 보인다.
   ③ 망막은 1~2만 배의 감광도를 얻게 된다.

다. 순응의 특징

1) 사람의 눈은 매우 넓은 범위의 밝음에도 순응하게 된다.
2) 여름철의 일광이 직사하는 밝은 곳이나 별만 있는 어두운 밤에도 볼 수 있으며 이러한 순응은 대체로 망막의 광화학 과정 때문이다.(밝음의 비 1천만 대 1 정도)
   예 자극과 감각의 관계식 $S = K \cdot \log R$(여기서, S : 감각, R : 자극)은 경제적 조명에 필요하다.

라. 순응의 적용(터널조명)

명순응으로부터 암순응으로 되는 시간은 약 30분 정도 필요하며 터널조명의 경우에 대단히 중요한 요소이다. 터널조명의 구간별 분류는 입구부 조명, 기본부 조명, 출구부 조명으로 나눌 수 있다.

1) 입구부 조명
   ① 주간에 밝음으로부터 터널 속으로 진입 시에 암순응에 의한 급격한 시감도 변화가 문제이다.
   ② 직사광선 아래 25,000rlx로부터 약 200rlx의 밝기로 들어가도 시력은 0.7 이상으로 유지되므로 터널 입구부의 밝기를 200rlx 이상으로 한다. **예** 카운터빔 조명

2) 기본부 조명

   터널 안으로 진입한 자동차의 운전자가 입구부 완화조명을 통과하여 거의 정상적 시각 상태에 도달한 후의 정상적 조명 구간에서의 조명을 말한다.

3) 출구부 조명

   터널 출구에서의 눈의 착각을 유발할 수 있는 현상이 있다.

   ① 주간의 경우 White Hole 현상방지를 위하여 차배면에 균등한 조도가 필요하다.
      (명순응 : 필요한 조도 400lx 이상)
   ② 야간의 경우 Black Hole 현상방지를 위하여 터널 밖으로 수십 m 부분의 조명을 서서히 어둡게 한다. **예** 프로빔 조명

3. 퍼킨제 효과(Purkinje Effect)

퍼킨제 효과는 밝은 곳에서 같은 밝음으로 보이는 청색과 적색이 어두운 곳에서는 적색이 어둡고 청색이 더 밝게 보이는 현상을 말한다.

가. 퍼킨제 현상(Purkinje Effect)

1) 밝은 곳에서의 눈의 최대비시감도[31]는 555nm, 어두운 곳에서의 눈의 최대비시감도는 약 510nm로서 최대비시감도는 파장이 짧은 쪽으로 이동한다.
   예 유도등, 유도표지, 간판, 이정표
2) 퍼킨제 현상은 암순응으로 되는 경우 최대시감도의 파장이 짧은 쪽으로 이동하여 조명등의 색상에 영향을 준다.

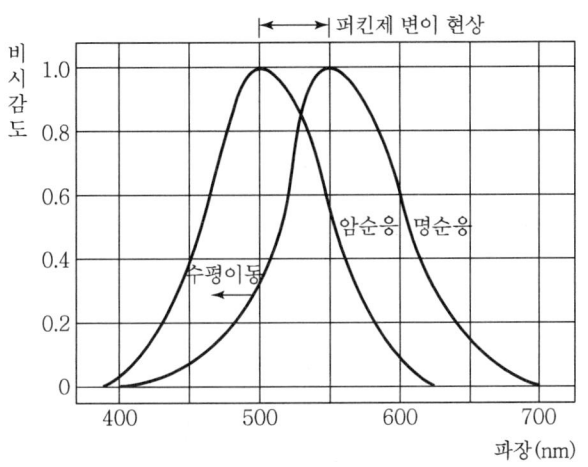

[그림 3] 퍼킨제 효과

나. 퍼킨제 효과의 적용

1) 유도등 : 화재 시 정전으로 인해 주위가 어둡기 때문에 유도등의 불빛을 녹색으로 발광시키면 출구를 빨리 찾아 신속한 대피를 가능케 한다.
2) 광고간판 : 야간에 청색이나 녹색계통을 사용하면 눈에 잘 띄게 되어 광고효과를 높일 수 있다.
3) 터널 조명 : 입구부와 출구부에 적절한 광원을 선정하여야 한다.
   ① 터널 입구부 광원(암순응된 최대비시감도) : 고압 나트륨등(510nm 파장)
   ② 터널 출구부 광원(명순응된 최대비시감도) : 저압 나트륨등(555nm 파장)

---

[31] 비시감도곡선(Relative Luminous Efficiency Curve)은 가시광선의 각 파장에 따라 시각의 감도가 변화하는 상태를 나타내는 곡선이며 최대비시감도란 비시감도곡선상 최대시감도를 1로 한 지점이다.
예 밝은 곳의 파장 555nm의 방사는 최대시감도로서 680lm/W이다.

4. 양호한 시각(시지각력)을 유지하는 조건

가. 시야 전체의 밝기(조도, 휘도)가 높을 것

나. 시대상물 주변의 배경휘도가 균일할 것

다. 글레어의 원인이 되는 휘도가 없을 것

라. 시대상물과 그 주변배경 사이에 큰 휘도대비가 있을 것

마. 대상물을 주시할 수 있는 충분한 시간이 있을 것

바. 시야 내의 큰 휘도변화나 깜빡임이 없을 것

1.5 명시론

실제적인 조명은 빛의 발생, 빛의 제어, 빛과 조명의 특성 고리로 연결되어 있다. 명시론에서 중요한 것은 시각, 명시, 생리 및 심리적 연구로서 조명설계에서 소요조도의 결정은 광속분포가 균일하며 편안하고 안락한 시각에 기초를 두어야 한다.

■ 최신 조명환경이론, 최신 조명공학, 정기간행물

1. 눈부심(Glare)

눈부심이란 시야 내 어떤 휘도로 인하여 불쾌, 고통, 눈의 피로 등을 유발시키는 현상을 말하며 바람직한 눈부심은 시선을 집중시키는 효과가 있어 광고, 선전 및 전시효과가 있으나 바람직하지 않은 눈부심은 작업능률의 저하, 부상이나 재해의 원인, 피로와 권태, 시력의 감퇴현상을 가져온다.

가. 눈부심을 일으키는 원인

1) 고휘도의 광원
2) 반사 및 투과면
3) 순응의 결핍
4) 눈에 입사하는 광속의 과다
5) 시선 부근에 노출된 광원
6) 물체와 그 주위 사이의 고휘도 대비
7) 눈부심을 주는 광원을 오래 주시할 때

나. 눈부심으로 인한 빛의 손실

눈이 보려는 물체 상부의 광원에 의하여 눈시선 각도에 따라 42~84%의 빛이 손실된다.

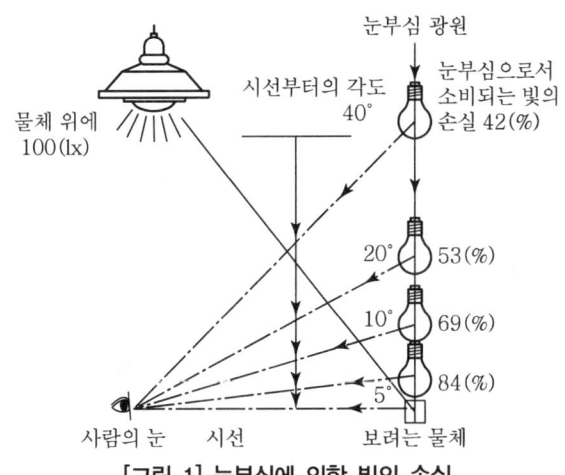

[그림 1] 눈부심에 의한 빛의 손실

다. 눈부심의 한계

눈부심을 일으키는 휘도의 한계는 주위의 밝음에 따라 다르다.

1) 자극조도(E)와 눈부심 시간(T)의 관계는 포물선 값을 갖는다.

$$T = 0.0389 E^{0.96}$$

여기서, E : 눈의 자극조도

2) 항상 시야 내에 있는 광원은 $0.2 cd/cm^2$ 이하
3) 때때로 시야 내에 있는 광원은 $0.5 cd/cm^2$ 이하

라. 눈부심의 종류

1) 감능 글레어(Disability Glare)
   ① 정의 : 시선방향의 주변에 있는 고휘도 광원 때문에 시대상물을 식별하는 능력을 저하시키는 현상
   ② 원인 : 망막의 감도가 물리적으로 저하하기 때문에 나타난다.(광막현상)

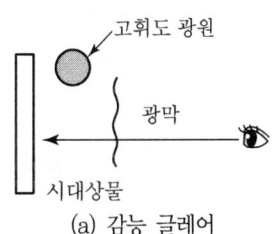
(a) 감능 글레어

2) 불쾌 글레어(Discomfort Glare)
   ① 정의 : 실제 조명 시환경에서 눈부심이 마음에 걸리거나 눈부심으로 불쾌한 분위기를 느끼는 현상. 휘도가 높을수록, 시선에 가까울수록 외경의 크기가 클수록, 눈의 순응휘도가 낮을수록 눈부심을 느끼는 현상
   ② 원인 : 휘도가 높은 광원, 반사면 투과면, 눈에 입사하는 광속의 과다, 시선 부근에 노출된 광원, 물

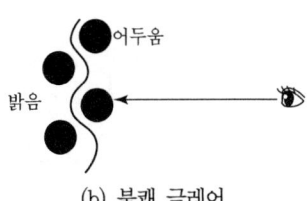
(b) 불쾌 글레어

체와 그 주위 사이의 고휘도 대비, 눈부심을 주는 광원을 오랫동안 주시할 때 나타난다.

3) 직시 글레어(Direct Glare)

① 정의 : 고휘도 광원과 같이 극히 휘도가 높은 광원이 중심시야에 들어왔을 때 일어나는 현상

② 원인 : 휘도가 높은 광원을 직시하였을 때 나타난다.

4) 반사 글레어(Reflected Glare)

① 정의 : 고휘도 광원의 빛이 물질의 표면에서 반사해서 눈에 들어왔을 때 일어나는 현상

② 원인 : 반사면이 평활하고 광택이 있는 면일 경우, 즉 정반사율이 높은 면일수록 눈부심이 크다.

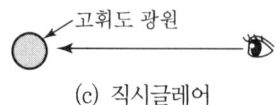
(c) 직시글레어

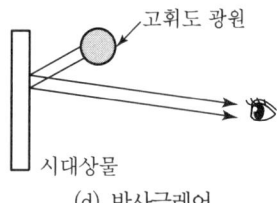
(d) 반사글레어

[그림 2] 눈부심의 종류

마. 글레어의 정량적인 평가방법(불쾌 글레어)

1) VCP(Visual Comfort Probability)법 : 북미조명학회의 평가법

어떤 조명시설을 대부분의 사람이 보았을 때 글레어의 정도가 BCD휘도(쾌감과 불쾌감의 휘도) 이하라고 대답하는 관찰자의 비율[%]에 따라 평가하는 주관적인 방법이다.

2) GL(European Glare Limited)법 : CIE 실내조명기술위원회 추천방법

조명기구에 의한 글레어의 정도를 3단계로 구분하고 실험에서 얻은 글레어 감각을 수치화한 것을 실내 조도레벨 500[lx] 미만인 경우와 700[lx] 이상인 경우 2단계에 대해 개개의 각도에서 본 조명기구의 휘도제한 값으로 표시한다.

3) GI(Glare Index)법 : 영국조명학회의 평가법

조명시설의 조건에 따라 글레어 인덱스를 구하여 글레어 정도를 예측하는 방법이며 일반적으로 글레어 인덱스가 22 이하가 되어야 한다. $GI = 10 \log G$

[표 1] 글레어 인덱스와 글레어의 정도

글레어 인덱스	감각적인 글레어의 정도
	} 지나치다.
28 ··············	지나치다고 느끼기 시작한다.
	} 불쾌감을 느낀다.
22 ··············	불쾌감을 느끼기 시작한다.
	} 신경을 쓴다.
16 ··············	신경을 쓰게 된다.
	} 느낀다.
10 ··············	느끼기 시작한다.
	} 느끼지 않는다.

바. 눈부심 방지대책

1) 조명기구에 의한 방지

   ① 직사광, 반사광에 대한 눈부심을 고려하여 조명기구의 배광과 배치를 고려한다.
   ② 눈부심 방지형 조명기구를 사용한다. 우윳빛 루버나 프리즘 루버를 조명기구 하단에 부착한 아크릴 루버 조명기구를 설치하여 광원으로부터 휘도를 근본적으로 방지한다. 예 아크릴 루버 조명기구
   ③ 보호각의 대소를 조정하여 직사광을 차단한다.
      ㉠ 수평방향의 부각32)으로 측정 보호각 15~25° 범위의 직사광
      ㉡ 시선의 중심에서 ±30° 범위, 즉 Glare Zone33) 내에 고휘도 광원

2) 조명방식에 의한 방지

   ① 하면개방형의 직접조명방식을 반간접조명이나 간접조명방식으로 사용한다.
   ② 건축화 조명방식을 적용한다. 예 광천장 조명, 코브 조명, 밸런스 조명
   ③ 등기구 높이를 조절하여 고휘도 광속이 눈에 입사하지 않도록 보호각 θ값을 가능한 크게 한다.

3) 광원에 의한 방지

   ① 휘도가 낮은 조명의 광원을 사용한다.
   ② 눈부심은 고르지 않는 휘도가 시야 내에 있을 경우 순응의 평형이 깨져서 발생하는 것으로 시야 내 밝음의 분포를 고르게 한다.

2. 밝음의 분포

시야 내 광속분포가 균일할수록 시력이 좋아지고 전시야 내에 광속발산도가 거의 같을 때 가장 예민한 시각을 얻게 된다.

가. 조명설계 시 균제도(☞ 참고 : 균제도)

나. 정지물체에 대한 광속발산도(Logan 교수이론)

1) 자연조명에 대한 광속발산도 10 : 1 이하
2) 인공조명에 대한 광속발산도 100 : 1 ~ 1,000 : 1 이하

---

32) 부각은 a Negative Angle(음의 각), an Angle of Depression(내려보는 각)을 표시한다.
33) Glare Zone은 시선을 중심으로 상하 30° 범위 내의 고휘도 광원에 의하여 물체의 보임을 방해하는 영역을 말한다. 시야의 중심부와 주변부의 동일한 밝음 또는 주변부가 중심부보다 약간 어두운 정도에서 가장 좋은 시력을 얻을 수 있다.

다. 움직이는 물체에 대한 광속발산도(Moon 교수이론)

1) 작업 대상물의 광속 발산도에 대해 실내에서 최대광속발산도 3배 이하이다.
2) 광속발산도 = $\dfrac{\text{실내 전반의 광속발산도}(HA)}{\text{보려고 하는 물체의 광속발산도}(HB)}$

[표 2] 휘도 대비 추천값

내용	사무실, 학교	공장
작업대상물과 그 주위의 사이(책과 책상면)	3 : 1	5 : 1
작업대상물과 그것으로부터 떨어진 면(책과 바닥)	10 : 1	20 : 1
조명기구 또는 창과 그 부근 면의 사이(천장, 벽면)	20 : 1	40 : 1
통로 내 각부의 밝은 부분과 어두운 부분	40 : 1	80 : 1

3. 편안한 시각의 평가

[표 3] 편안한 시각의 평가

평가대상	측정 내용	조도와의 관계
시력	작은 점을 분별할 수 있는 능력	조도 증가에 따라 시력 증가
대비감도	휘도 차이를 분별할 수 있는 능력	조도 증가에 따라 대비감도 증가
긴장	불충분한 조명하에서 긴장으로 피로를 유발시키는 정도	조도 증가에 따라 긴장상태 감소
눈을 깜박이는 도수	눈의 순간적인 긴장 완화를 위한 반사작용인 도수 측정	조도 증가에 따라 눈의 깜박임 감소
심장 고동수	심장 고동수 측정	조도가 감소할수록 심장 고동수 감소
안구근육의 수축	안구근육 수축으로 유발되는 피로도 측정	조도 증가에 따라 안구근육 피로 감소

SECTION 02 인공광원

2.1 인공광원(Light Sources)의 발광원리

광원은 자연광과 연소에 의한 발광 및 전기에너지를 빛으로 변환한 인공광으로 분류된다. 이 중 조명에 필요한 빛, 즉 가시광선 영역의 방사를 발광하는 방법은 열방사와 열방사 이외의 루미네선스(Luminescence)로 분류한다.

■ 최신 조명환경이론, 최신 조명공학, 정기간행물

1. 광원의 분류

광원은 자연광, 연소발광 및 인공광으로 구분하며 인공광의 분류는 아래와 같다.

발광원리			대표 조명램프	
열방사			• 백열전구 • 할로겐전구	• 크세논전구
루미네선스	방전발광	저압기체 방전	• 네온사인 • 저압나트륨램프	• 형광램프 • 무전극 방전램프(무전극 형광램프)
		고압기체 방전	• 고압 수은램프 • 고압 나트륨램프	• 메탈헬라이드램프 • 무전극 방전램프
	기타 루미네선스		• LED(전계발광)	• EL(특수형광제)

2. 열방사(온도방사)

열방사는 물체를 가열할 때 생기는 연속 스펙트럼 현상을 말하며 열방사체는 흑체를 기준으로 한다.

가. 온도방사의 이론

흑체란 표면에 입사하는 모든 파장의 방사를 전부 흡수하고, 반사도 투과도 하지 않는다고 가정하는 가상적 물체로서 방사이론의 기준이다.

1) 스테판-볼츠만의 법칙 : 흑체의 단위표면적으로부터 단위시간에 방사되는 전체 방사에너지 S는 그의 절대온도 $T[K]$의 네제곱에 비례한다.

$$S = \sigma T^4 [W/cm^2]$$

여기서, 스테판-볼츠만 상수 $\sigma = 5.6696 \times 10^{-8} [W \cdot m^{-2} \cdot deg^{-4}]$

2) 빈의 변위법칙 : 흑체에서 최대분광방사가 일어나는 파장 λ_m은 온도에 반비례한다. 따라서 온도(T)가 증가할수록 λ_m은 짧아진다.

$$\lambda_m T = 2.8978 \times 10^6 [\text{nm} \cdot \text{deg}]$$

3) 플랭크의 방사법칙 : 흑체로부터 고정된 방향의 단위 면적에서의 복사에너지 강도는 고정된 온도에 대한 파장의 함수로 나타낼 수 있다. 온도가 높을수록 더 많은 복사에너지를 방출하고 상대적으로 짧은 파장에서 최대 에너지가 방출된다.

$$S_\lambda(T) = \frac{C_1}{\lambda^5} \cdot \frac{1}{e^{\frac{C_2}{\lambda T}} - 1} [\text{W} \cdot \text{m}^{-3}]$$

여기서, $C_1(2hc^2) = 3.714 \times 10^{16} [\text{W} \cdot \text{m}^2]$, $C_2\left(\dfrac{hc}{k}\right) = 1.438 \times 10^{-2} [\text{m} \cdot \text{K}]$

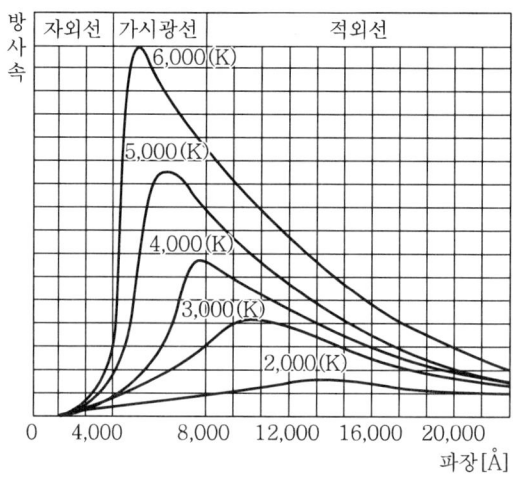

[그림 1] 흑체의 분광방사곡선

나. 점등원리

1) 열방사는 온도방사라 하며 물체가 어느 온도에 있을 때 그 내부의 원자, 분자, 이온 등의 열진동에 의한 방사에너지가 방출되는 연속 스펙트럼 현상을 말하며 스테판-볼츠만의 법칙에 의해 온도의 4승에 비례하는 방사에너지로 고온방사 발광을 한다.
2) 필라멘트가 증발되어 유리구 내벽에 증발된 금속분자가 부착되는 흑화가 발생한다.

3. 루미네선스(Luminescence : 발광)

루미네선스는 형광 혹은 인광과 같이 열을 동반하지 않는 열방사 외의 발광 현상으로 방전램프, EL램프가 대표적이다.

가. 루미네선스

루미네선스는 발광을 일으키기 위해서는 어떤 자극이 필요한데, 자극의 종류와 발광 계속 시간에 따라 다음과 같이 구분한다.

1) 자극의 종류에 따라 전기 · 전계 · 방사 · 열 · 음극선 · 초 · 생물 · 화학 루미네선스
2) 발광 지속시간에 따라 자극을 제거한 후 발광이 약 10^{-8}s 이내 정지하는 형광, 자극을 제거해도 장시간 발광이 계속되는 인광으로 분류한다.

나. 루미네선스 종류

1) **전기 루미네선스**

   기체 또는 금속증기 내의 방전에 따른 발광현상이다. 대전입자 상호 간 또는 원자 및 분자와의 충돌에 기인한다. 예 네온관, 수은등

2) **전계 루미네선스**

   전계의 작용에 의한 고체 발광현상이다. 예 EL램프, 발광다이오드(LED)

3) **방사 루미네선스**

   어떤 화합물이 방사에너지(광선, 자외선, X선 등)를 받아 그 파장보다 긴 파장의 발광을 하는 현상을 말하며 기체나 액체는 형광, 고체는 인광을 방출하는 경우가 많다. 방사 루미네선스는 Stoke's Law[34]에 따른다. 예 형광등, 야광 Paint

4) **열 루미네선스**

   물체 가열할 때와 같은 온도의 흑체보다 더 강한 방사를 하는 것
   예 산화아연가열 → 심한 청색 발산

5) **음극선 루미네선스**

   음극선(電子流)이 물체를 자극할 때 발생하는 발광현상이다.
   예 브라운관, 오실로그래프

6) **초(焦) 루미네선스**

   알칼리 금속 등 휘발하기 쉬운 원소 또는 그 염류를 가스의 불꽃 속에 넣을 경우 금속증기가 발광하는 것 예 Spectrum 분석이나 발염아크 등

7) **생물 루미네선스**

   개똥벌레, 발광어, 야광충 등에서 일어나는 발광현상이다.

---

[34] Stoke's Law에서는 방출된 형광의 파장[nm]이 자극방사선 파장[nm]보다 항상 크다.

8) 화학 루미네선스

황린이 산화할 때 발광하는 것

다. 방전이론

1) 자속방전

저압기체가 봉입된 유리관에 고저항을 접속한 후 두 전극 사이에 수십 V의 직류전압을 가하면 μA 정도의 전류가 흐른다. 전압을 높이면 최초에는 O → A로 전류가 공급전압에 따라 증가하다가 A → B로 포화한다. 충분한 전압이 공급되면 B → C로 급격히 전류가 증가하고 결국 전자가 눈사태처럼 증가하여 방전 개시에 이른다.

이때 자속방전에 이르는 개시조건은 $\gamma(e^{ad} - 1) \geq 1$

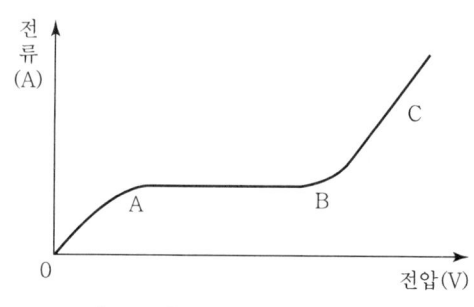

[그림 2] 방전전압과 방전전류

2) Paschen's Law

일정한 전극 금속과 기체의 조합에서는 γ(2차 전자개수)는 일정하므로 방전개시전압은 기체의 압력 P[mmHg]와 전극간격 d[m] 사이의 곱인 $P \cdot d$만의 함수로 표시한다.

$$V_s \fallingdotseq \kappa \cdot P \cdot d [V]$$

3) Penning Effect

준안정 상태를 형성하는 기체(네온등 불활성 가스)에 극히 소량의 다른 기체(아르곤)를 혼합하면, 혼합기체의 전리전압이 원기체의 준안정 상태의 여기전압보다 낮을 때 방전 개시전압이 저하되는 현상이다. 이 경우 방전전압이 심하게 낮아지며 2중 충돌의 현상이 발생한다.

라. 발광원리 (☞ 참고 : 방전등에 관한 설명)

2.2 방전등(Electric Discharge Lamp)

방전램프는 방전관에 기체방전을 일으켜서 전기에너지가 빛으로 변환되어 방출되는 것을 이용한 것이다. 기체방전이란 금속증기 및 기체가 봉입된 방전관에 전압을 가할 때 방전파괴가 일어나 방전관이 도전 상태로 되는 현상을 말한다.

■ 최신 조명환경이론, 최신 조명공학, 제조사 기술자료

1. 방전등의 개요

가. 방전등의 종류

1) 저압 방전램프 : 형광램프, 저압나트륨램프
2) 고압 방전램프 : 고압 수은램프(수은램프, 메탈헬라이드램프), 고압 나트륨램프
3) 초고압 방전램프

나. 방전등의 특징

1) 대부분 방전관을 갖는다.
2) 방전관 내의 봉입가스에 따라 특유의 색을 발산한다.
3) 별도의 점등장치가 필요하다.
4) 점등의 원리가 비슷하고 고효율, 고휘도 광원이다.

2. 방전등의 발광 메커니즘

가. 원자의 에너지 흡수 및 방사

1) 원자는 정상상태에서 원자핵과 그 주위의 특정한 안정궤도 위를 회전 운행하는 전자로 성립되어 있다.
2) 전자가 안정궤도로부터 다른 안정궤도로 이행할 때는 2개의 안정궤도에 대한 에너지 ω_1, ω_2의 차와 같은 에너지($\omega_2 - \omega_1$)를 원자가 방사 또는 흡수한다.

이때, 방사(또는 흡수)의 진동수 ν, 에너지를 $\Delta\omega$라 하면 $\nu = \dfrac{\omega_2 - \omega_1}{h}$, $\Delta\omega = h\nu$

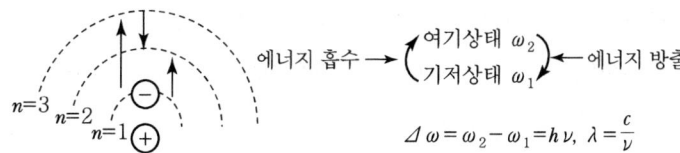

[그림 1] 원자의 에너지 흡수 · 방사

나. 공진, 여기, 전리에너지

1) 전자가 제1궤도의 기저상태 이외의 안정궤도 위에 있는 상태를 여기상태라 하고, 기저상태에서 다음의 에너지가 높은 여기상태 ($n=1 \rightarrow n=2$)로 올리는 데 필요한 최소에너지 상당전압을 공진전압이라 한다.
2) 제2궤도 또는 그 이상의 여기상태($n=3$ 이상)로 올리는 데 필요한 최소에너지를 여기전압이라 한다.
3) 전자를 원자로부터 완전히 튀어나가게 하는 데 필요한 최소에너지는 전리전압이다.

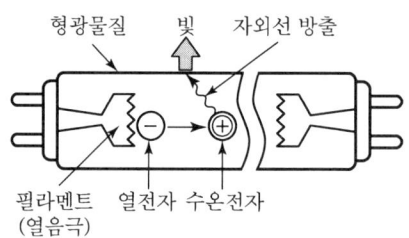

[그림 2] 형광등의 발광원리

다. 수소스펙트럼과 준안정 상태

1) 원자의 기저상태에서 공진, 여기상태로 전이할 경우 에너지가 흡수된다.
2) 높은 에너지상태(공진, 여기상태)에서 내부 낮은 에너지 준위로 전이할 경우 에너지가 방출(빛 스펙트럼으로 방사)된다.

라. 비탄성 충돌

전자와 다른 원자, 이온 사이에는 탄성충돌과 비탄성충돌이 일어날 수 있다. 탄성충돌은 기체원자의 온도를 높여 열을 발생시키고 비탄성충돌은 원자의 여기나 전리[35]가 일어난다.

1) 제1종 충돌
기저상태의 전자, 이온, 중성 원자나 분자가 충돌하여 여기 또는 전리가 이루어져서 운동에너지가 다른 모양의 에너지로 변화하는 것

2) 제2종 충돌
전자나 분자가 여기상태에 있을 경우에 충돌하여 운동에너지와 여기에너지에 의하여 전리 등 다른 모양의 에너지로 변화하는 것

3. 방전개시 이론

방전관의 저압기체 중에는 광전효과, 우주선, 방사성 물질 등의 원인으로 이온이 포함되어 있기 때문에 전압을 가하면 전류가 흐른다. 따라서 전류의 증가는 기체 중의 전자가 충돌에 의하여 원자를 정리하는 데 충분한 에너지를 갖게 하여 방전이 개시된다.

---

[35] 전리란 원자분자에 각각 고유의 퍼텐셜(Potential) 이상의 에너지가 흡수되면 이온과 전자로 분리되는 현상으로, 종류에는 전자 충돌에 의한 전리, 광전리, 열전리가 있다.

가. 자속방전

자속방전은 외부 자극에 의한 전자방출이 중지되어도 스스로 지속되는 방전으로 방전등은 대부분 자속방전상태이다. 초기 전자방출은 광전효과 또는 우주선에 의하여 자연적으로 생성되며, 1개의 초전자가 전계의 반대 방향으로 1m 진행하는 사이에 전리시키는 기체원자의 수 α를 전자의 충돌 전리계수 또는 타운젠트 전리계수라고 한다.

1) 자속방전 개시에 이르는 과정(초기 전자가 음극에서 양극으로 진행과정)
   ① 음극으로부터 x만큼 떨어진 단면을 매초 통과하는 전자수를 n개라 하면
   ② 거리 dx만큼 더 진행 시 전자수 증가 $dn = n\alpha \cdot dx$이고
   ③ 위 초기전자수를 n_0라 했을 때 이것을 적분하면 $n = n_0 \cdot e^{\alpha x}$가 된다.
   ④ 전극간격을 d라 하면 양극에 도달했을 때 모든 전자의 수 $n_d = n_0 \cdot e^{\alpha d}$
   ⑤ 1개의 초전자가 양극에 도달할 때 n_d/n_0로 되며 순증가는 $n_d/n_0 - 1$로 된다.
      이 양이온이 음극에 도달하여 그로부터 1개당 평균 γ개의 2차 전자를 방출한다.
      $\gamma(n_d/n_0 - 1) = 1$ → 희미한 방전조건으로 초전자의 뒤를 이을 수 있다.

2) 자속방전 개시조건
   ① 자속방전 조건이 만족되면 더 이상 초전자의 공급 없이도 스스로 방전을 지속할 수 있는데 이를 자속방전이라 한다.
   ② 자속방전의 개시조건

   $\gamma(e^{\alpha d} - 1) \geq 1$

   여기서, γ : 전자 개수, d : 전극간격, α : 전자의 충돌 전리계수

나. 파센법칙(Paschen's Law)

1) 성립 조건
   ① 두 전극이 평등전계일 것
   ② 전극의 간격이 허용되는 범위 내에 있을 것
   ③ $10^{-3} \sim 10^{-1}$[mmHg]의 저기압 범위 내에 있을 것

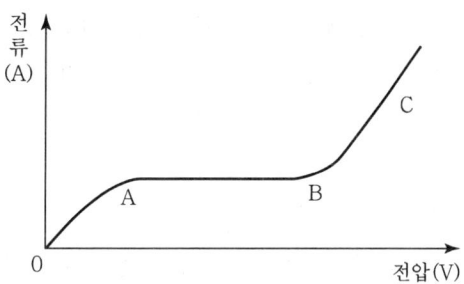

[그림 3] 방전전압과 방전전류

2) 방전개시 전압(V_S)

파센법칙에서 방전개시에 필요한 전압(V_S)은 전극 간의 거리(d)와 방전관 내부기압(P)에 비례한다.

① $V_s ≒ k \cdot P \cdot d$[V] (여기서, k : 상수)

② [그림 4]에서 Ⅰ영역은 차단기에 적용하고 Ⅱ영역은 방전등에 적용한다.

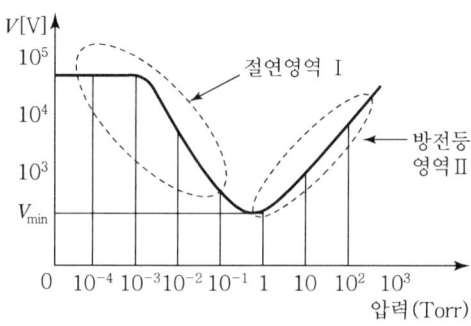

[그림 4] 방전개시전압

3) 적용 예

① HID Lamp의 점등 또는 재점등 시 일정한 시간이 필요하다.
㉠ 점등 시 : 압력과 온도가 낮은 상태이므로 전압을 인가하면 곧 점등이 시작된다.
㉡ 재점등 : 소등 후 재점등하려면 $V_s ≒ k \cdot P \cdot d$에 의해 V_S 값이 매우 커지나 관전압은 일정전압이므로 압력이 떨어진 후 비로소 재점등이 가능하다.

② 재점등 시 짧은 시간을 요구하는 장소에는 V_S값을 매우 높여서 순간 점등이 가능한 재점호(Restrike) 장치 또는 순시점등이 가능한 조명을 혼합하여 사용하기도 한다.
예 국제경기장, 공항계류장

다. 페닝효과(Penning Effect)

1) [그림 6]과 같이 네온에 미량의 아르곤을 넣은 혼합기체의 방전개시전압은 순네온 기체에 비하여 크게 낮아지는데 이것은 네온의 준안정 전압이 아르곤의 전리전압보다 약간 높아서 네온의 준안정 원자가 아르곤 원자를 매우 효율적으로 전리시키기 때문이다. 이와 같이 "준안정 상태를 형성하는 기체에 극히 미량의 다른 기체를 혼합하면, 혼합기체의 전리전압이 원기체 준안정 상태의 여기전압보다 더 낮을 때 방전개시전압이 낮아지는 현상"을 페닝효과라고 한다.

2) 준안정 상태 : 수소, 불활성가스(10^{-2}초)

3) 불안정 상태 : 일반적인 가스(여기 · 전리 상태 10^{-7}초)

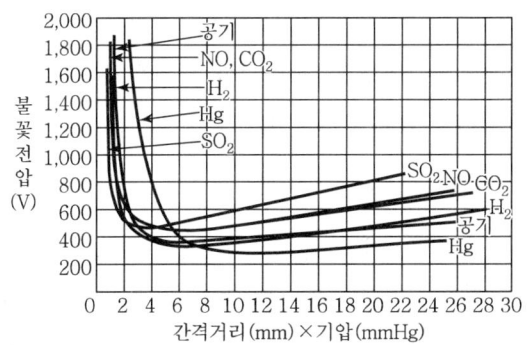
[그림 5] 각종 기체의 방전개시전압

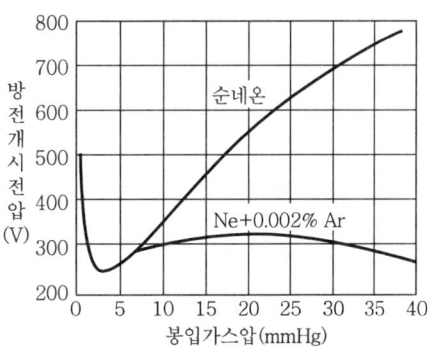
[그림 6] 혼합기체의 방전개시전압

4. 방전현상

가. 기체방전

1) 기체방전이 일어나면 음극에서 방출된 전자가 기체원자와 충돌을 일으키고 전자에너지 일부를 잃게 된다. 이때 전자가 일으키는 충돌은 기체원자의 상태에 따라 탄성충돌과 비탄성충돌로 구분된다.
2) 탄성충돌에 의해 기체원자의 온도가 상승하여 방전관 내에 열이 발생하고 비탄성충돌에 의해 기체원자가 여기 또는 전리된다.

나. 음극의 전자방출

음극의 역할은 방전을 개시하고 지속할 수 있도록 적절한 수의 전자를 공급한다.

1) 열전자 방출 : 음극의 재료를 고온으로 가열하여 전극표면이나 그 근처에 있는 전자를 분자의 열운동에 의하여 튀어 나오게 하는 방법(S. Dushman 실험식)
2) 전계전자 방출 : 음극표면에 강한 전계가 있어서 음전하를 표면에서 끌어내는 경우 표면에 전자가 튀어 나오는 것(쇼트키 효과)
3) 광전자 방출 : 음극에 충분히 짧은 파장의 빛을 쬐면 음극으로부터 광전자가 발생한다.
4) 감마효과 : 양이온을 음극에 충돌시키면 전자가 방출되는 것

5. 방전특성의 비교

방전의 형식에는 글로우 방전(Glow Discharge)과 아크 방전(Arc Discharge)의 두 가지 형태가 있으며 조건에 따라 방전형식이 결정된다. 글로우 방전은 비교적 저기압 중에서 방전전류가 적은 경우에 안정되나 전류가 증가하게 되면 아크방전으로 이행하게 된다.

가. 글로우 방전(Glow Discharge)

전계전자 방출에 의한 방전, 즉 음극강하[36](Cathode Fall)의 강한 전계에 가속된 양이온이 음극에 충돌하면서 음극으로부터 전자가 방출되어 방전하는 형태

나. 아크 방전(Arc Discharge)

Glow 방전으로 방전전류가 증가하여 양이온의 충격에 의해 음극이 가열되면 음극으로부터 열전자 방사가 이루어지고 음극강하가 급격히 적어져(전류가 급격히 증가) 기체의 전리전압이 되면서 방전의 최종형식을 이룬다.

다. Glow 방전과 Arc 방전의 비교

[표 1] Glow 방전과 Arc 방전의 비교

구분	Glow 방전	Arc 방전
기압	저기압	고기압
전류	소전류	대전류
전압	고전압	저전압
원리	전계전자 방출	열전자 방출

라. Glow 방전에서 Arc 방전으로 이행과정

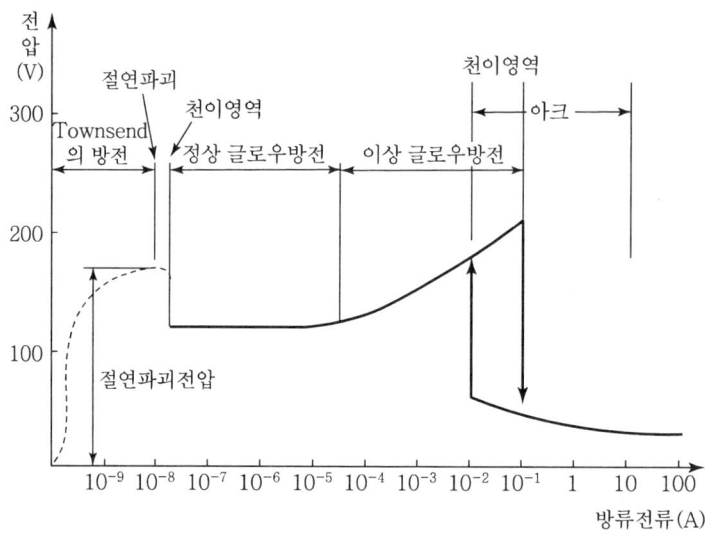

[그림 7] Arc 방전의 이행과정

1) 음극 부근 상태 : 글로우 방전에서는 음극으로부터 전자방출이 양이온의 충돌에 의한 2차 전자 방출에 의한다. 아크 방전에서는 열전자 방출 또는 양이온의 존재에 의한 전계전자방출에 따른다.

---

36) 음극강하란 음극부근에서 양극 간의 전위차가 급격히 낮아지는 현상을 말한다.

2) 음극상태 : 글로우 방전은 냉음극에 해당하며, 아크방전은 음극상태에 따라 냉음극 아크와 열음극 아크의 두 가지 형식을 갖는다.
① 냉음극 아크는 매우 높은 전계가 음극 앞에 집중되어 전계전자 방출로 보이지만 전계의 세기에 비하여 좁은 영역에 국한되어 전체전압은 10V 정도에 그친다.
② 열음극 아크는 열전자 방출이 주된 역할이며 음극에 도달하는 양이온도 전류 수송을 통해 열전자 방출에 필요한 에너지를 전달하고 높은 방출온도를 유지한다.

2.3 HID(High Intensity Discharge) Lamp

- HID 램프란 일반적으로 고휘도 광원을 말하며 고압 방전램프라고도 한다. HID 램프 종류에는 고압 수은램프, 메탈헬라이드램프, 나트륨램프, 고압 수은형광램프 등이 있다.
- HID 램프는 고효율, 고휘도의 특징과 별도의 점등장치를 가지고 있고 천장이 높은 옥내조명이나 옥외조명, 가로등 조명의 광원으로 주로 사용한다.
- ■ 최신 조명환경이론, 최신 조명공학, 정기간행물

1. HID 램프 특징

가. 램프의 특징

1) 등당 단위광속이 크다.
2) 고효율, 고휘도 광원으로 수명이 길다.
3) 램프에 별도의 발광관과 점등회로를 갖는다.
4) 시동특성이 초기점등시간에 따라 변화한다.
5) 재점등 시 수분의 시간이 필요하다.

나. 램프의 종류

고압 수은램프, 고압 나트륨램프, 메탈헬라이드램프 등

2. 고압 수은램프

수은등은 수은 증기 중 방전을 이용한 것으로 기동 시 고전압이 필요하다. 따라서 아르곤을 혼합 페닝효과를 이용하여 기동을 용이하게 한다.

가. 구조

1) 발광관은 고온에 견디는 투명석영관, 내열경질유리를 사용한다.

2) 주전극은 전자방출물질이 도포된 텅스텐코일, 시동용 보조전극은 고저항을 사용한다.
3) 발광관에 외관을 씌워서 양관 사이를 배기하거나 가스를 봉입하여 열전도를 방지한다.
4) 수은증기압을 1기압 정도로 유지하기 위하여 발광관의 온도는 400℃ 이상 유지한다.

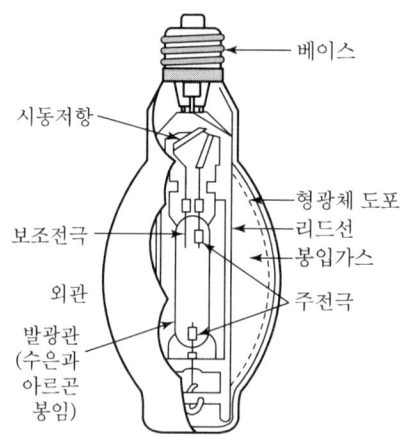

[그림 1] 고압 수은램프의 구조

나. 점등원리

1) 램프의 점등은 주전극과 보조극 사이에서 글로우 방전에 의해 이루어진다.
2) 이후 주전극 간의 아크방전으로 이동하며 아크열에 의하여 발광관의 온도가 상승한다.
3) 내부 수은이 증발하여 램프전압이 상승하고 안정시간 이후에는 안정된 방전을 지속한다.

다. 특성

1) 전체 입력에너지에서 방사에너지가 차지하는 비율은 50%이다.
2) 시동 및 재시동 : 시동 5분, 재시동 10분 이내

3. 고압 나트륨램프(Sodium Lamp)

나트륨 증기 중 발광을 이용한 것으로 수은램프와 비슷하다.

가. 구조

1) 외관은 발광온도(250℃일 때 최고효율)를 유지하기 위하여 사용한다.
2) 발광관이 내열성과 나트륨 증기에 견딜 수 있는 PCA관(알루미나관)으로 되어 있다.
3) 전극은 열전자 방출물질이 도포된 텅스텐 니오브관으로 발광관 외부의 연결 시동전극을 사용하지 않는다.
4) 고체 나트륨 소량과 보조기체로서 1.5mmHg 정도의 아르곤가스를 봉입한다.

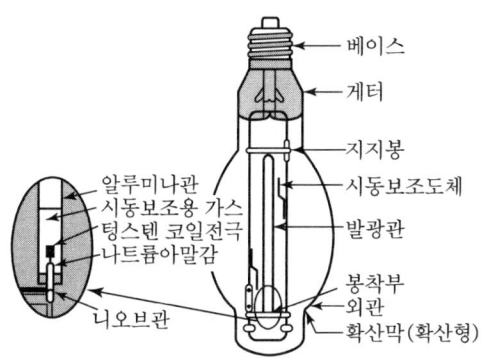

[그림 2] 고압 나트륨램프의 구조

나. 점등원리

1) 시동 초기 크세논가스가 방전(백색광)하여 발광관 온도가 상승하면서 수은방전에서 나트륨방전으로 이행하며 D선(589nm & 589.6nm)을 중심으로 특유한 황백색광의 발광을 일으킨다.
2) 시동가스(크세논가스)는 발광효율과 수명개선을 위한 완충가스 역할을 한다.
3) 시동기를 안정기에 내장하거나 별도로 구비한다.

다. 특성

1) 수명특성은 램프전압이 정격의 150% 정도에 도달하면 램프수명은 거의 끝난 상태이다.
2) 백색광원 중에서 가장 효율이 높고 황백색의 광색은 따스한 느낌을 주므로 도로, 광장조명에 사용한다.

4. 메탈헬라이드램프

고압 수은램프의 연색성과 효율을 개선하기 위하여 고압 수은램프에 금속(Ti, Na, In 등)을 할로겐 화합물로 봉입하여 발광하는 램프이다.

가. 구조

1) 발광관은 수은과 금속할로겐 화합물을 첨가한 석영유리를 사용한다.
2) 주전극은 열전자 방출물질이 도포된 텅스텐, 보조전극은 시동저항을 통하여 주전극과 연결 시동 후 단락이나 개방한다.
3) 금속원자에 의한 발광스펙트럼이 중첩되어 연색성과 효율이 개선된다.

나. 점등원리

1) 일반 수은램프 시동전압 200V보다 높은 300V의 시동전압이 필요하다.(금속할로겐 화합물에 내장된 불순가스 및 전극표면에 부착된 할로겐 화합물로 인한 전극의 전자방출 저하 때문이다.)
2) 발광관 내 아크 중심부의 고온부는 금속할로겐 화합물이 열해리되어 금속특유의 스펙트럼을 발생하며 발광관 내의 저온부는 관벽 부근에서 재결합하여 금속할로겐 화합물로 결합하여 "해리 – 여기 – 발광 – 재결합"의 할로겐 사이클로 발광한다.

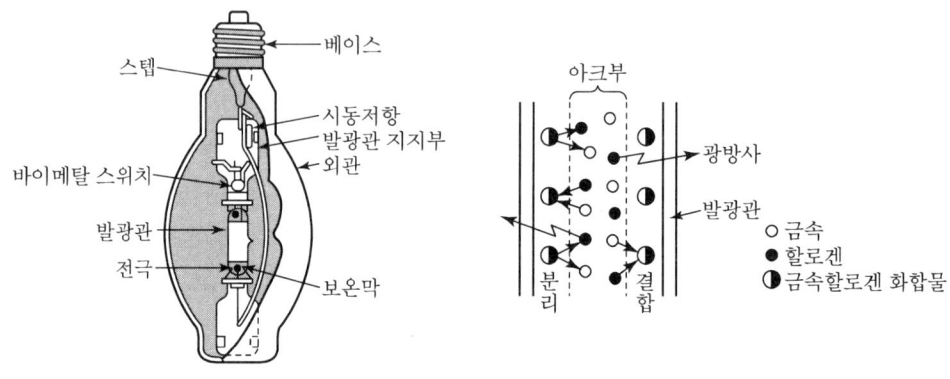

[그림 3] 메탈헬라이드램프의 구조   [그림 4] 할로겐 사이클

다. 특성

1) 발광관 형상이 램프 점등방향에 제약을 준다. 즉, 수직점등 시 가장 좋은 성능을 발휘하며 수평점등 시 효율이 감소된다.
2) 방전에 의한 방사는 주로 첨가금속의 스펙트럼으로 이루어지며 수은은 주로 방전전압을 결정하기 위한 완충기체 역할을 한다.
3) 시동은 안정기 내 이그나이터 고전압펄스 발생장치인 시동기를 내장한 전용안정기를 사용한다.

5. 재점등에 수분이 소요되는 원리와 법칙

가. 재점등에 수분이 소요되는 원인

1) 초기점등 : 압력과 온도가 "0"에서부터 증가하여 점등한다.
2) 재점등 : 압력과 온도가 높은 상태에서 소등되는 경우 압력과 온도가 감소되어야 하며 감소된 후에 재점등할 경우 다시 압력과 온도가 증가하여야 점등된다. 그러므로 재점등은 초기점등의 경우보다 많은 시간이 소요된다.

나. 적용법칙(Pachen's Law)

Pachen에 의하면 방전개시에 필요한 전압은 전극 간의 거리와 방전관 내의 기체압력에 의하여 결정된다.

1) 방전개시전압 $V_s ≒ k \cdot P \cdot d$[V]가 된다.
2) [그림 5]의 HID 시동특성곡선 참조

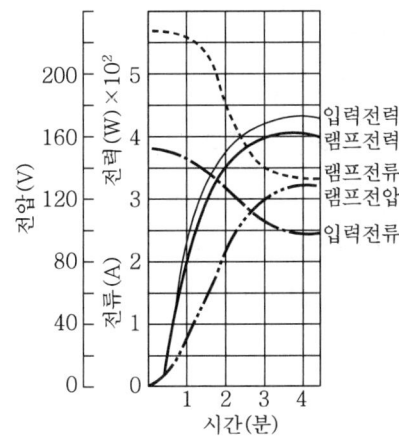

[그림 5] 시동 특성

6. HID 램프의 특성 비교

구분	고압 수은램프	고압 나트륨램프	고압 메탈헬라이드램프
용량	40~1,000W	20~400W	250~1,000W
효율	40~45lm/W 소	100~150lm/W 대	70~80lm/W 중
색온도	3,300~4,200K 중	2,200K 소	4,500~6,000K 대
수명	10,000h 중	24,000h 대	12,000h 소
연색성	-	28Ra	65Ra
특징	• 휘도가 높고 등당 광속이 크며 배광제어가 용이하다. • 시동·재시동에 시간이 걸린다. • 청백색으로 연색성이 나쁘다.	• 인공광원 중 최고효율이다. • 장수명이고 광속감소가 없다. • 안개 속에서 투시성이 우수하다. • 외관이 미려하다.	• 고휘도로 1등당 광속이 많고 배광제어가 용이하다. • 효율이 높고 연색성이 좋다. • 시동전압이 높고 수평점등
용도	도로, 고천장 공장	안개지역 공항·강변, 해안지역	고천장 체육관, 경기장
장점	가격이 저렴하다.	• 투과력이 높아 안개지역 사용한다. • 수명이 길다.	연색성이 매우 좋아 야간경기장 및 실내조명에 적합
단점	• 광속이 낮고 감퇴가 많다. • 색상이 좋지 않다.(청색)	• 색상이 적황색으로 좋지 않다. • 시력장해와 피로감을 주어 인체에 해롭다. • 작업능력이 저하한다.	고가이다.

SECTION 03 최신광원

3.1 최신광원의 종류

조명용 광원의 신제품은 LED 램프, 무전극 방전램프, T5세관전등, 순시점등형 메탈헬라이드 등이 있으나, 최근에는 LED 램프 OLED, CNT, Cosmopolis Lamp, 무전극 방전등 등 반도체를 이용한 전계발광 신광원이 개발되어 실용화되고 있다.

■ 최신 조명환경이론, 최신 조명공학, 정기간행물

1. LED(Light Emitting Diode)

LED(발광다이오드)란 전계 루미네선스의 발광현상을 이용한 전기에너지를 직접 빛에너지로 바꾸어 주는 직류발광 반도체를 말한다. 고체 발광소자로 백색을 포함한 가시광선의 전체영역에서 다양한 광색을 가지고 있다.

가. LED 구성 및 재료

1) 구성은 LED Chip, Gold Wire, Anode, PC Board 로 되어 있다.
2) 재료는 주기율표의 Ⅲ-Ⅴ족 화합물을 많이 사용한다. 주로 쓰이는 것은 GaP(갈륨과 인의 화합물), GaAsP(갈륨, 비소, 인의 화합물), GaAlAs(갈륨, 알루미늄, 비소의 화합물) 등이 실용화되고 있다.

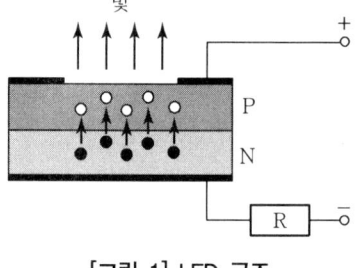

[그림 1] LED 구조

나. 발광원리

1) LED의 발광원리

   정공이 많은 P(Positive)형 반도체와 전자의 N(Negative)형 반도체를 접합한 PN접합형 반도체에 순방향 전압을 가할 때 PN 접합 부근 혹은 활성층에서 전자와 홀의 결합에 의해 생기는 여분의 에너지가 빛에너지로 변환되어 발광한다.

2) 백색 LED 발광원리

   ① 3원색(R·G·B)을 조합하여 백색을 구현하는 방법
   ② 청색 LED와 황색 발광형광체를 조합하는 방법
   ③ 자외선 LED와 3원색(R·G·B) 혼합형광체를 조합한 방법

다. LED의 분류

1) 형상에 의한 분류

① 리드프레임형은 투명수지 부분이 렌즈 역할을 하여 광을 집광한다.
② 표면실장형은 일반적으로 렌즈가 없는 것이 많으며 발광은 확산광이다.

2) 광색에 의한 분류

LED는 단일파장의 광을 발산하는 것이 아니고 가장 센 중심부의 LED 컬러로 판단한다.

① 단색 LED는 GaAlInP를 이용한 칩에서는 적색부터 황색 LED, GaInN 칩에서는 청색과 녹색 LED
② 백색 LED는 일반조명용으로 이용하기 위해서 개발되었다.

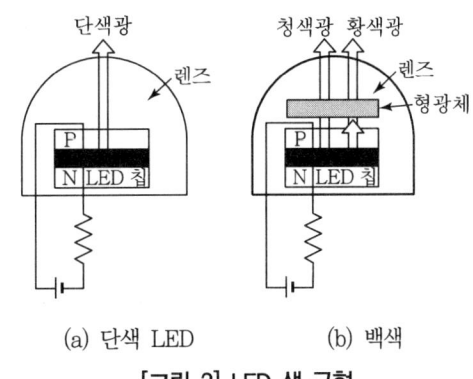

[그림 2] LED 색 구현

라. LED의 특성

1) 일반적인 특징

① 광원의 크기가 작으며 경량이다.
② 전력소모가 적고 수명이 길다.
③ 기체나 필라멘트가 없어 충격에 강하고 안전하다.
④ 점등 또는 소등 속도가 빠르다.
⑤ 저온에서 사용하고 다양한 색상의 발광이 가능하다.
⑥ 수은을 사용하지 않아(무수은) 친환경적이다.
⑦ 구동전류를 제어 10%까지 조광이 가능하다.

2) LED Lamp의 동특성

① 전압-전류 특성
　㉠ 일정전압(약 1.8~2.0V 정도, 역전압은 3~4V) 이상의 낮은 전압에서 동작한다.
　㉡ 램프의 밝기는 전류의 크기에 비례한다.
　㉢ 정 바이어스전압이 일정 크기 이상이 되면 급격히 전류가 증가한다.
　㉣ LED의 전압-전류특성은 광색에 따라 다르다.
　　• 적색 LED가 청색과 녹색보다 구동전압이 낮고 전압변화에 따른 전류변화가 크다.
　　• 조명용 LED는 표시용 LED에 비하여 전압-전류 특성은 유사하나 큰 전류가 흐른다는 점이 다르다.

② 전류-온도 특성
   ㉠ LED는 전류가 일정할 때 접합부 온도가 낮을수록 효율이 향상되기 때문에 접합부(발광부분)에서 발생한 열을 적절히 냉각시켜 줄 필요가 있다.
   ㉡ LED는 접합부의 온도와 빛의 색에 따라서 그 밝기가 달라지므로 일부 LED는 주위온도 변화에도 일정한 광출력을 낼 수 있도록 LED에 흐르는 전류를 조절하는 보상회로와 히트싱크(Heat Sink : 반도체 소자의 방열판)을 포함하고 있다.

③ 수지열화 특성(열화 특성)
   ㉠ 주변온도가 높은 환경에서 사용할수록 수지의 열화가 가속된다.
   ㉡ LED에 전류를 흘리면 LED 칩이 발열하는데 주변 수지의 온도를 증가시켜 열화가 빨라진다.
   ㉢ 수지를 통과하는 광에너지 강도가 클수록 파장이 짧은 빛일수록 보유에너지가 높기 때문에 수지 열화가 빨라진다.(청색이 적색보다 수지 열화가 빠르다.)
   ㉣ LED에 흘리는 전류치가 높을수록 빛의 강도가 크게 되어 수지 열화가 가속된다.

마. LED조명 설계 시 고려사항

1) DC 전원으로 점등되므로 일반 조명기기와 달리 정류장치를 고려해야 한다.
2) 다수의 LED를 조합해서 하나의 등기구를 구성해야 하므로 설계 시에 LED의 배치와 색상의 조합을 고려해야 한다.
3) 형광등과 같이 규격이 고정되어 있는 것이 아니므로 용도에 따라 길이와 넓이를 고려해야 한다.
4) LED는 HID Lamp와 같은 고광도, 고휘도를 기대할 수는 없으므로 적용할 수 있는 한계를 고려해야 한다.
5) 일반조명에 비하여 배광곡선 연직면 각도가 적어 바닥 조사면이 적고 연색성(Ra가 70 정도)이 나쁘다.

바. 공급전원 제어방법

1) 전원전압(전류)제어방법은 신호등과 같이 단순한 조명장치에 적용한다.
2) 전원전압을 일정하게 유지하면서 펄스폭을 변조하는 방법은 전광판과 같이 다양한 밝기와 색을 연출하여야 하는 복잡한 조명장치에 적용한다.

사. LED의 응용분야

1) 건축물의 조명기기 대체용, 신호용의 신호등, 항공장애등, 경광등(가시광선)
2) 디스플레이용의 LED 백라이트, 전광판, 자동차, 모바일 기기(가시광선)
3) 의료기기의 원적외선 치료기, 보안기기의 감지설비(적외선광)
4) 특수용의 의료장비, 살균・소독광원, 정밀광학기기 등 응용분야(자외선광)

아. 백열전구와 LED광원의 비교

구분	형태	수명(시간)	전등효율	점등 특성
백열전구	필라멘트 유리전구	1,000~4,000	15[lm/W]	전원공급 후 필라멘트 가열시간이 필연적(2/10초 소요)
LED	고체형태(Solid State)의 점광원	100,000(악조건 감안, 4~5만 시간)	80[lm/W]	전원공급과 동시에 전자와 양전하가 결합하여 순간적 발광

2. OLED(Organic Light Emitting Diode)

OLED란 형광성 유기화합물[37]에 전류가 흐르면 빛을 내는 전계발광현상을 이용하여 스스로 빛을 내는 자체발광형 유기물질을 말한다. 즉, 유기물에 전기를 가해 전기에너지를 빛으로 바꿔주는 소자를 이용한 방식이며 OLED를 '올레드'라 부른다.

가. OLED의 구조

1) 음극은 알루미늄, 은 등을 리튬과 합금하여 사용하는데 이는 음극으로서의 역할뿐 아니라 빛을 반사하는 거울 역할도 한다.
2) 전자 운반층과 정공 운반층은 각각 전자와 정공을 운반하는 Carrier 역할을 한다.
3) 양극은 주로 ITO[38]가 사용되는데 이는 양극으로서의 역할뿐만 아니라 투명체로서 발광층에서 발생한 빛을 외부로 내보내는 역할을 한다.

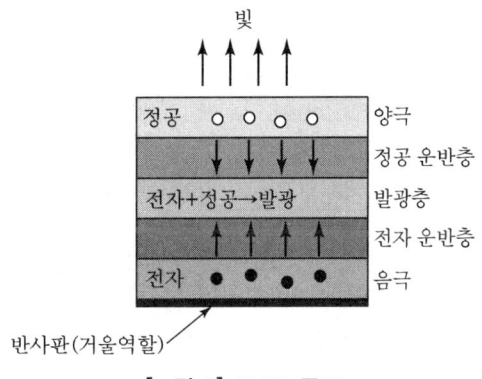

[그림 3] OLED 구조

나. 동작원리

음극을 통해 들어간 전자와 양극을 통해 들어간 정공이 발광층에서 재결합하면서 발광하고 이 빛이 양극 쪽을 향한 것은 그대로 외부로 나오고 음극 쪽을 향한 것은 음극 반사판에 반사되어 투명한 양극을 통해 외부로 발산된다.

---

37) 화합물은 크게 무기화합물과 유기화합물로 분류한다. 일반적으로 광물계를 무기화합물이라 하고, 동·식물계에서 얻어지는 화합물을 유기화합물이라 한다. 유기화합물의 수가 매우 많은 것은 탄소원자들이 수소원자와 결합하여 탄화수소가 되고, 이런 탄소화합물의 대부분이 유기화합물로 구성된다.
38) ITO(Indium Tin Oxide) : 유리 또는 Film 위에 ITO 화합물을 코팅, 전도성 전극을 갖게 하여 인체에 유해한 전자파 차폐용으로 쓰인다.

다. OLED의 분류

1) 컬러표시방법에 따라 : 독립화소방식, 색변환 방식(CCM), 컬러필터
2) 발광재료에 따라 : 저분자 OLED, 고분자 OLED
3) 구동방식에 따라 : 수동형(PM)과 능동형(AM)

수동형 구동방식(Passive Matrix)	능동형 구동방식(Active Matrix)
• 제작공정이 단순하고 투자비가 적음 • 상대적으로 능동형에 비하여 성능이 열세임 • 소형에만 적용 가능하다.	• TFT 수준 이상의 제조공정 및 투자비가 필요함 • 화질, 수명, 소비전력 등 수동형보다 우수함 • 중·대형까지 확대가 가능하다.

라. OLED의 특징

1) 낮은 전압에서 구동이 가능하고 얇은 박막형으로 만들 수 있다.
2) 넓은 시야각과 빠른 응답속도를 갖고 있다.
3) 일반 LCD와 달리 옆에서 보아도 화질이 변하지 않고 화면에 잔상이 남지 않는다.
4) 소형 화면에서는 LCD 이상의 화질과 단순한 제조공정으로 인하여 가격경쟁력이 있다.

마. LED와 OLED 비교

구분	OLED 조명	LED 조명	형광등
광원형태	면광원	점광원	점/선광원
면적당 밝기	약함(눈부심이 없음)	강함(눈부심이 강함)	
수명	10,000hr	100,000hr	10,000hr
효율	중효율(*개선 진행 중)	고효율	고효율
환경문제	친환경	• 친환경 소재 사용 • 야간 환경파괴	중금속 오염
장점	• 눈부심이 없음 • 높은 디자인 자유도 • 고속응답특성 • 다양한 색 연출가능	• 장수명 • 고효율 • 고속응답특성 • 다양한 색 연출가능	저렴한 가격
단점	수명이 짧음	• 눈부심이 강함 • 광확산판 필요 • 방열판 필요	수명이 짧음
응용분야	• 스탠드 • 샹들리에 등 간접조명	실내·외 조명(가로등, 신호등)	• 가정용 • 사무용 • 공장용

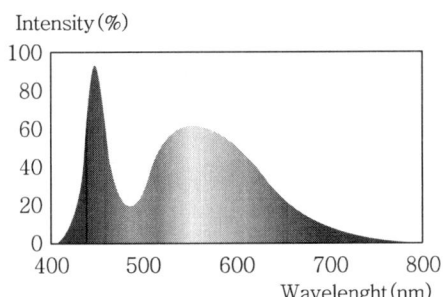
[그림 4] LED 스펙트럼 분포

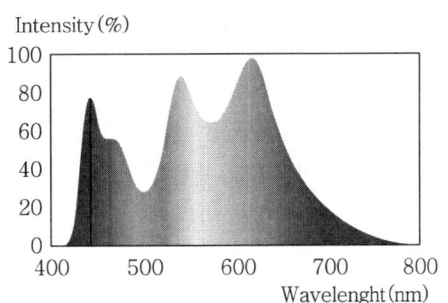
[그림 5] OLED 스펙트럼 분포

3. CNT(Carbon Nano Tube) 광원

가. 개요

CNT(탄소나노튜브)에 인가된 전기장에 의해 전자가 방출되고 방출된 전자가 고전압으로 가속되어 형광체를 발광하게 하는 원리로 기존의 CCFL과 LED에 비해 저가격, 저소비전력 실현이 가능한 차세대 기술이다.

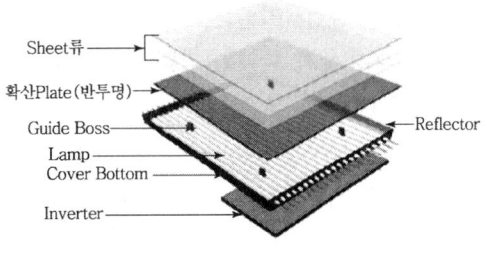
[그림 6] CNT 구조

나. CNT의 구조

1) 탄소원자들이 육각형으로 배열된 판을 둥글게 말아서 형성된 것으로 지그재그 형태와 팔걸이의자 형태를 띤다.
2) 직경이 수 nm이면서 길이는 수~수십 μm로 일반적인 반도체 공정으로는 구현하기 어려운 구조이다.

다. CNT 광원 특성

1) 우수한 전기·열전도체로 고효율(60lm/W 이상), 고휘도 광원이다.
2) 나노구조의 면발광 타입으로 대형화 및 초박형이 가능하다.
3) 작동온도 범위가 넓다.(-40~80℃)
   ① 전계방출 원리에 의한 저온 전자방출을 이용하므로 70℃ 이하 냉형광램프이다.
   ② 초고온에서도 상온과 차이없는 안정된 구동 특성을 갖는다.
4) 수은이 포함되어 있지 않은 친환경 광원이다.
5) 빠른 On/Off 반응 및 Dimming 조절이 용이하여 감성화질 구현이 가능하다.
6) 연색평가지수(Ra) 90으로 고연색성이다.
7) 고효율·저비용 제작이 가능하다.

라. CNT 광원 개발의 장단점

1) CNT 면광원 관련기술이 세계최고 수준으로 ① CNT 합성기술 보유, ② 세계최고의 반도체공정기술, ③ 시스템통합기술을 축적하고 있다.
2) 신광원기술 관련 연구인력 및 장비시설 등 인프라가 필요하다.
   예 신광원 관련소자와 전용형광체 모델 부재, 관련업체들의 영세성

4. PLS 광원(Plasma Lighting System)

가. 개요

빛의 혁명으로 불리는 최첨단 차세대 조명시스템이다. 기존의 전구처럼 음극과 양극의 전극에 전류를 흘려보내 빛을 발생시키는 것이 아니라 고주파 발진기에서 발생되는 마이크로웨이브가 램프 내 불활성가스를 극도로 이온화된 상태인 플라스마 상태[39]로 만들면서 금속화합물이 빛을 연속적으로 발산한다.

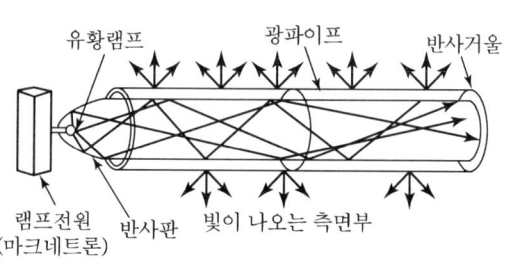

[그림 7] PLS

나. 발광원리

금속증기 중 기체 상태에 전계를 인가하면 원자가 구속 상태를 벗어나고(이온화), 전자 가속 충돌에 의하여 2차, 3차의 이온화가 발생하며(이온화 가속), 전자가 높은 에너지 상태의 다른 궤도로 여기되는 현상으로(Radical 현상) 높은 에너지 상태에서 여기된 전자가 원 궤도로 되돌아가면서 에너지를 방출하면서 연속적으로 빛을 발산한다.

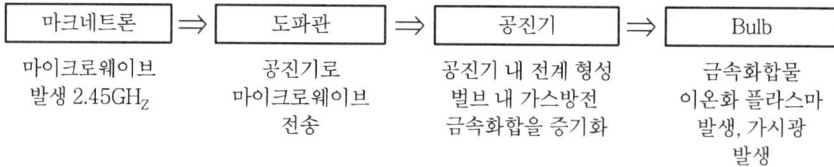

[공진기 ⇒ 플라스마 발생(전계인가 → 이온화 → 전자 가속충돌(이온화 증대) → 여기) ⇒ 가시광 방사]

마크네트론	⇒	도파관	⇒	공진기	⇒	Bulb
마이크로웨이브 발생 2.45GHz		공진기로 마이크로웨이브 전송		공진기 내 전계 형성 벌브 내 가스방전 금속화합을 증기화		금속화합물 이온화 플라스마 발생, 가시광 발생

---

39) 전자와 이온이 분리된 상태로 균일하게 존재하는 물질을 플라스마라고 한다. 금속증기 중 음이온(음전하의 전자)과 양이온(양전하의 입자)의 밀도가 거의 같은 기체 상태를 말한다. 고체 상태에서 에너지를 가해주면 액체·기체로 되고, 기체 상태에서 높은 에너지를 가하면 원자나 분자에서 전자가 분리되어 전자(음이온)와 양이온들이 독립적으로 존재하면서 혼재되어 전기적으로 중성인 플라스마 상태가 된다. 이때, 원자가 원자핵(양이온)과 전자로 분리되는 상태를 '전리현상'이라 한다.

다. 구성

1) 무전극 유황램프와 광파이프를 결합한 조명시스템이다.
2) 마크네트론은 2.45GHz의 마이크로웨이브를 발생한다.
3) 도파관을 통하여 마이크로웨이브를 전송한다.

라. 광원의 특징

PLS 광원은 형광체가 아닌 비형광체 발광이다.
1) 인공광원 중 태양광과 가장 유사한 빛을 구현하여 쾌적한 조명환경을 제공한다.
2) 전극이 없기 때문에 장시간 사용해도 초기의 빛을 유지하고 긴 수명을 실현한다.
3) 고효율 장수명 광원으로 높은 광량과 광속유지율로 에너지 및 유지비용을 절감한다.
4) 어두운 곳에서 명암 및 움직이는 대상의 감지능력이 기존 조명보다 우수하다.
5) 수은을 전혀 사용하지 않아 환경과 인체의 건강을 생각한 환경 친화적 광원이다.

마. 광원의 정격

1) 연속 스펙트럼으로 색온도는 6,000~7,000K이다.
2) 연색평가수 $Ra \geq 85$로 고연색성이다.

5. Cosmopolis Lamp

가. 구조

1) CDMC(Ceramic Discharge Metal Halide : 세라믹 방전 메탈헬라이드) 램프는 종래의 고압 수은등 또는 메탈헬라이드램프를 변형하여 만든 것이다.
2) 세라믹관 내에는 수은, 아르곤 및 금속 할로겐화합물이 봉입되어 있다.

나. 원리

1) 동작 시 관벽온도는 930℃ 이상 되고, 세라믹관 내에서 방전이 이루어진다.
2) 높은 관벽온도로 인해서 발광관 내의 금속헬라이드가 부분적으로 증발되어 플라스마를 형성하고 금속원자와 요오드로 분해된다.
3) 금속원자에 전자가 충돌하면 여기상태로 되었다가 다시 안정상태로 되돌아갈 때 잉여에너지를 빛으로 발산한다.

다. 특징

1) 광색은 약간 푸른빛이 있으나 자연주광에 가깝고, 광속유지율이 우수하다.
2) 연색성은 연색성지수 CRI는 96Ra까지 가능하고, 색상유지율이 높다.
3) 램프효율은 발광효율이 80~120[lm/W] 백열전구와 동일한 광속을 내는데 소비전력은 1/5밖에 되지 않아 발광효율이 높고 탄소배출량이 적다.

6. 무전극 방전등(☞ 참고 : 무전극 방전등)

3.2 무전극 방전등

- 전극이 없는 무전극 램프는 고주파 전원을 통해 교류전계에 의한 방전을 이용하기 때문에 장수명, 고효율의 장점을 가진 신광원이다.
- 무전극 램프의 방전형태는 전계결합방전, 유도결합방전, 마이크로파방전으로 크게 3형식으로 분류할 수 있으며 실용화되고 있는 조명광원은 유도결합방전(H방전)을 이용한 것이다.
- ■ 최신 조명환경이론, 최신 조명공학, 정기간행물

1. 발광원리

가. 자로철심에 코일을 감아 RF Power(고주파 전원)를 인가하면 방전관 내부에 강한 자계를 형성한다.

나. 자계에 의해 가속된 전자가 Mercury Vapor(수은 기체)와 충돌 수은을 여기, 전리시킨다.

다. 여기, 전리된 수은이 안정 상태로 귀환하면서 자외선을 방출하고, 이 자외선이 Phosphor(형광물질)을 자극하여 발광한다.

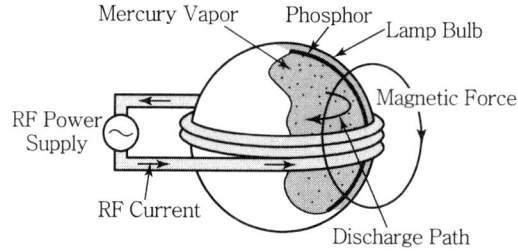

[그림 1] 무전극 방전등의 개념도[40]

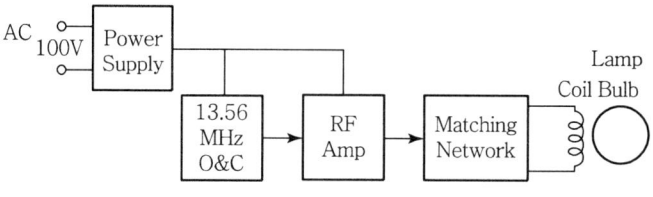

[그림 2] RF 무전극 방전등 회로의 블록선도

---

40) 개념도 용어정리 : RF Power Supply(고주파 전원공급), RF Current(고주파 전류), Magnetic Force(자기력), Phosphor(형광체), Mercury Vapor(수은기체), Discharge Path(방전경로), Matching Network(정합회로망)

2. 무전극 방전등의 특징

가. 장수명 : 전극이 없어 반영구적으로 사용 가능하고 빈번한 점등이 수명에 영향이 없다.
나. 순간점등 : 무전극 램프는 전극예열이 필요 없어 전원이 통전되면 즉시 점등된다.
다. 고출력 가능 : 고주파에 의한 전력밀도를 크게 함으로써 고출력·고효율이 가능하다.
라. 광속증가 가능 : 발광관의 관벽 부하를 최대광속으로 증가시킬 수 있어 발광관을 소형화, 고휘도가 가능하다.
마. 광색 및 조광 용이 : 형광물질에 의해 임의의 광색 선정이 용이하며 고주파 전원장치의 조광에 의해 제어가 용이하다.(연속조광 5%~100%)
바. 고연색성 : 형광체의 배합물질에 따라 연색성을 높이는 것이 가능하다.(80Ra 이상)
사. 전자파 대책 : 고주파 유도전계에 의해 램프를 동작시키기 때문에 전자파가 방사되므로 금속망, 금속박 등의 차폐대책이 필요하다.
아. 경제성 : 다른 최신광원에 비하여 가격이 고가이다.

3. 무전극 방전등의 방전형태

플라스마에 RF전력을 공급하는 방식에 따라 용량결합방전과 유도결합방전으로 분류한다.

가. 용량결합방전(전계결합방전)

1) 원리

평행판의 전극 사이에 RF Power를 가할 때 전극 사이에서 형성되는 전계에 의해 방전관 내부의 기체가 전리되고 방전이 유지되는 경우(E 방전)

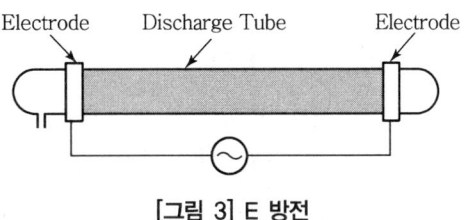

[그림 3] E 방전

2) 특징

유도결합방전에 비해 사용주파수가 높다. 저밀도의 글로우 방전에 해당하며 방전 중의 플라스마는 주로 기능성 박막이나 반도체 미세 패턴을 만드는 데 사용한다.

3) 램프전력

① 램프에 인가되는 전력 $W = f\dfrac{CV^2}{2}$

여기서, C : 커패시티[F], V : 인가전압[V], f : 주파수[Hz]

② 이 방식은 커패시티 C의 용량이 매우 작기 때문에 소용량에 적용된다.

4) 적용 예

LCD 모니터, LCD TV 등

나. 유도결합방전(H 방전)

1) 원리

방전관 주위에 코일을 감고 고주파 전류를 인가하면 축방향의 교번자계가 형성되고 이것에 의해 방전관 내부의 플라스마에 환형의 전류가 유도되어 에너지가 전달되는 방식이다.

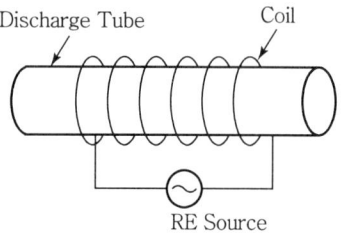

[그림 4] H 방전

2) 특징

고밀도의 아크와 비슷한 성질을 갖는다. 방전전류는 관벽에 평형하게 전류가 흐른다. 현재 조명용 무전극 램프는 H방전 형태의 램프를 채택하고 있다.

3) 램프전력

① 램프에 인가되는 전력 $W = f\dfrac{LI^2}{2}$

여기서, L : 코일 인덕턴스[H], I : 전류[A]

② 램프의 전력은 코일의 L과 전류 I의 값에 따라 수십 W에서 수 kW까지 넓은 범위에 적용할 수가 있다.

4) 적용 예

도로 조명, 유지보수가 곤란한 고천장 조명

다. 마이크로파 방전

1) 마이크로파와 같은 초고주파를 사용하여도 무전극 방전을 이룰 수 있다.
2) 원리 : 마이크로파 방전의 조건($E = 200$V/cm, $f = 2.45$GHz)에서 전자가 중성자와 충돌할 때 잃는 에너지는 아주 작지만 전자의 조화운동과 계속에너지를 흡수하게 되어 전자들 중 일부는 중성원자를 전리하기에 충분한 에너지를 확보하여 고출력 방전을 한다.

4. 무전극 램프의 종류

가. 무전극 형광램프

1) 원리

점등주파수가 수백 kHz~수백 MHz인 무전극 RF 유도결합방전(H 방전)을 이용한다.

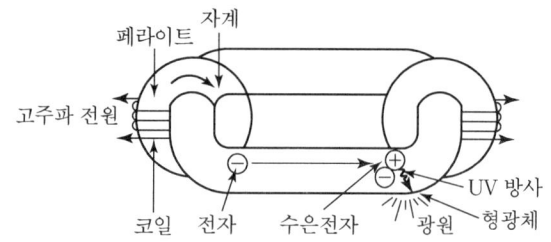

[그림 5] 무전극 형광램프

2) 특징

① 전극에 의한 손실 및 점등실패를 막을 수 있어 긴 수명의 램프이다.
② 램프의 광출력 특성이 안정될 뿐 아니라 조광이 용이해진다.
③ 수명이 길어 램프의 교체비용이 절감되고 수은에 의한 공해문제가 줄어든다.
④ 광출력 상승시간 및 재점등시간이 빨라 응용분야가 확대된다.

3) 종류

유도코일의 위치에 따라 내부 코일형, 외부 코일형으로 구분된다.

나. 무전극 유황램프(마이크로파 무전극 방전등)

1) 원리

무전극 유황램프는 유황과 아르곤이 든 석영구를 마이크로파 공동에 가두고 마그네트론을 이용하여 2.45GHz의 마이크로파 방전을 일으켜 내부 발광효율이 높은 연속 스펙트럼을 얻도록 한 램프이다.

2) 구조

발광밸브, 마이크로웨이브 발생장치, 냉각팬으로 구성된다.

3) 적용 예

PLS(Plasma Lighting System) (☞ 참고 : 최신광원의 종류와 특징)

5. 무전극 램프의 문제점

가. 기구의 내용연수

램프가 수명을 다하기 전에 조명기구 구성부품의 절연성능 열화, 기계적 손상, 부식 등이 발생되므로 대책이 필요하다.

나. Noise 대책

점등주파수가 고주파이므로 전자파에 의해 타 기기에 영향을 준다.

다. 광원특성 개선

무전극 램프의 단점인 소형화, 형상, 가격, 효율화 등을 개선할 필요가 있다.

SECTION 04 조명기구

4.1 조명기구의 조명방식

- 조명기구는 광원으로부터 나오는 빛을 제어하여 효과적인 배광, 램프의 휘도(눈부심의 감소), 램프의 보호, 장식 등을 목적으로 조명에 도움을 주는 기구이다.
- 조명방식이란 조명하려는 사용 장소의 용도 및 목적에 적합한 조명을 채택하려고 조명기구의 배치, 조명기구의 배광, 의장, 설치위치 등에 따라 분류한다.
- ■ 최신 조명환경이론, 최신 조명공학, 정기간행물

1. 조명기구의 특징

가. 조명기구의 조건

1) 광학적 기능이 충분할 것
2) 조립, 설치, 운반, 청소, 광원 교체가 쉬울 것
3) 제작, 사용이 쉽고 튼튼하고 모양이 좋을 것
4) 밀폐형의 경우 온도 상승으로 인한 램프 수명단축과 절연의 저하를 방지할 것

나. 조명기구의 기능

1) 배광 : 확산, 굴절, 정반사 등을 통해 배광을 넓은 범위에서 조절한다.
2) 보호각 : 루버 등으로 15~30° 정도 보호각으로 직사광을 차단한다.
3) 효율 : 발광효율 $\varepsilon = \dfrac{F}{\phi}[\mathrm{lm}/\omega]$, 전등효율(기구효율) $\eta = \dfrac{F}{P}[\mathrm{lm/W}]$
4) 휘도 : 직사광에 의한 눈부심을 제거하기 위해 조명기구를 사용한다.
   ① 눈부심의 한계 : $0.5\mathrm{cd/cm^2}$
   ② 형광등의 휘도 : $0.35\mathrm{cd/cm^2}$(고압수은등 50sb, 필라멘트전구 600sb, 양초 0.5sb)

다. 조명기구의 구조

1) 광학적 부분 : 배광을 제어하는 것으로 가장 중요하다.
2) 전기적 부분 : 소켓, 스위치, 전선 등
3) 기계적 부분 : 광학적 및 전기적 부분을 지지보호하며 모양을 유지하고 기능을 완전하게 하는 부분으로 대체로 금속으로 만든다.

라. 조명기구의 조명방식 분류

1) 기구의 배치에 의한 분류 : 전반조명, 국부조명, 전반국부병용조명(TAL)

2) 배광분포에 의한 분류 : 직접, 반직접, 전반확산, 반간접, 간접 조명방식

3) 기구의 의장에 의한 분류 : 단등방식, 다등방식, 연속열방식, 면방식

4) 건축화 조명 : 천장 이용방식과 벽 이용방식이 있다.

2. 조명방식의 분류

조명방식은 조명기구의 배치, 배광, 의장, 위치에 따라 다음과 같이 분류한다.

가. 기구의 배치에 의한 분류

1) 전반조명

① 조명기구를 일정한 높이 및 간격으로 배치하여 방 전체를 균일하게 조명한다.
② 작업의 위치가 바뀌어도 등기구의 배치를 변경할 필요가 없다.
③ 조도가 균일하고 그림자가 부드럽다.
④ 일반 사무실, 학교조명에 많이 사용한다.

2) 국부조명

① 필요한 장소에 고조도를 얻을 수 있어 높은 정밀도를 요구하는 장소에 적합하다.
② 불필요한 개소는 소등할 수 있다.
③ 명암 차이가 크고 눈부심이 있다.

3) 국부적 전반조명(TAL ; Task & Ambient Lighting)[41]

① 실내 전체는 전반조명으로 하고 고조도가 필요한 곳에 국부조명을 하는 방식이다.
② 필요조도를 경제적으로 얻을 수 있다.
③ 사무실, IB의 VDT 작업장소 등에 사용한다.

나. 배광분포에 의한 분류

1) 직접 조명기구

① 발산광속 중 90~100%가 작업면에 직접 조명하는 방식이다.
② 고조도를 얻을 수 있고 효율이 높고 경제적이다.
③ 휘도차가 심하고 그림자 및 반사 눈부심이 발생한다.
④ 눈부심이 작업자 눈에 들어오지 않게 차광각이 필요하다.
⑤ 용도 : 일반 공장조명에 주로 사용

---

[41] TAL 조명 설계상의 유의점
- 시환경 조명의 조도 확보는 600lx 이상으로 시야의 명암 차이가 크지 않도록 한다.
- 타스크 구역의 조도분포는 보임이 손상되지 않도록 0.7 이상 균제도 필요하다.
- 타스크 라이트의 깜박임 방지로 형광등의 경우 깜박이지 않도록 한다.
- 글레어 존 내에는 광원을 설치하여 눈부심이 생기지 않도록 한다.

2) 반직접 조명기구

① 발산광속 중 하향광속 60~90%, 상향광속 10~40%로 천장, 벽면에 반사광으로 작업면의 조도를 증가시키는 방식이다.
② 하면 개방형으로 반사갓이 젖빛유리나 아크릴로 되어 있다.
③ 용도 : 일반 사무실, 주택조명 등

[표 1] 조명기구의 배광 상태

배광의 분류	직접 조명기구	반직접 조명기구	전반확산 조명기구	반간접 조명기구	간접 조명기구
백열등 배광	상방 0~10% 하방 100~90%	10~40% 90~60%	40~60% 60~40%	60~90% 40~10%	90~100% 10~0%
형광방전램프 배광					
배광도	10~0 90~100	10~40 60~90	60~40 40~60	60~90 10~40	90~100 10~0
적용장소	공장 다운라이트천장 매입	사무실 학교 상점	사무실 학교 상점	병실 침실 다방	병실 침실 다방

3) 전반확산 조명기구

① 발산광속 중 상향광속과 하향광속이 거의 동일하게 조명하는 방식이다.
② 젖빛유리나 아크릴 외구형을 사용하여 휘도를 감소시켜 눈부심이 적다.
③ 용도 : 고급 사무실, 상점, 주택 등의 전반 조명용

4) 반간접 조명기구

① 발산광속 중 상향 60~90%, 하향광속이 10~40% 정도로 조명하는 방식이다.
② 천장을 이용하므로 천장의 색, 유지율을 고려한다.
③ 기구의 휘도가 $0.5cd/cm^2$를 초과하지 않아야 한다.
④ 용도 : 세밀한 작업을 장시간 지속하는 장소 등

5) 간접 조명기구

① 발산광속 중 상향 90~100% 하향광속이 10% 정도로 조명하는 방식이다.
② 눈부심이 없고 부드러우며 그림자가 없다.
③ 천장, 벽면을 이용하므로 밝고 광택이 없는 마감이 필요하다.
④ 효율이 낮고 조명비가 많아진다.
⑤ 용도 : 침실, 다방, 대합실, 입원실, 회의실 등

다. 기구의 의장(Design)에 의한 분류

조명 방식	특징	용도
단등방식	광원이 점에 가까운 모양으로 보인다.	장식적 조명
다등방식	몇 개의 점광원을 모은 기구	
연속열방식	광원의 보이는 모양이 선 또는 선형에 가까운 모양이다.	실리적 조명
평면방식	발광면이 평면으로 보이는 기구	

라. 건축화 조명

건축물의 일부를 광원화하는 것으로 천장을 이용하는 조명방식과 벽면을 이용하는 방식이 있다.

1) 천장을 이용하는 조명

조명방식	조명 설계 시 고려사항

광천장 조명	• 조명방식 : 천장면에 확산투과재인 메탈아크릴수지판을 붙이고 천장 내부에 광원을 배치하여 조명하는 방식이다.
	• 특징 : 천장면이 낮은 휘도의 광천장이 되므로 부드럽고 깨끗한 조명이 된다.
	• 설계 시 고려사항 : 발광면의 휘도 차이로 밝음이 얼룩지면 보기 싫어지므로 램프의 배열을 고려하여 설계한다.
	  – 확산투과재를 사용할 경우 램프의 간격 S, 램프로부터 발산면까지의 거리 D의 관계는 [그림 1]에서와 같이 $S \leq 1.5D$ 정도가 적당하다.
	  – 파형 플라스틱판을 사용할 경우에는 $S \leq D$와 같이 설계하면 휘도가 얼룩지지 않는다. 또한 작은 보 등으로 건축상 피할 수 없는 경우는 [그림 2]와 같이 보조조명이 필요하다.
	• 적용장소 : 고조도가 필요한 1층 홀, 쇼룸 등에 적용하며 조도는 1,000~1,500lx이다.
	
	[그림 1] 광천장의 램프와 관계 [그림 2] 보가 있는 경우의 광천장

조명방식	조명 설계 시 고려사항
루버천장 조명	• 조명방식 : 천장면에 루버판을 부착하고 천장내부에 광원을 배치하여 조명 • 특징 : 직사현휘가 없고 낮은 휘도, 밝은 직사광을 얻고 싶은 경우 훌륭한 조명효과가 나타난다. • 설계 시 고려사항 : 루버면에 휘도의 얼룩짐이 일지 않도록 하고 직접램프가 눈에 들어오지 않도록 보호각과 램프로부터 루버면까지의 거리를 검토해서 설계해야 한다. [그림 3]에 표시한 바와 같이 보호각이 30° 전후의 경우에는 $S \leq 1.5D$로 설계하고 보호각 45°의 경우에는 $S \leq D$ 정도로 설계하는 것이 좋다. [그림 3] 루버천장의 보호각
다운라이트 조명	• 조명방식 : 천장면에 작은 구멍을 많이 뚫어 그 속에 여러 형태의 하면 개방형, 하면 루버형, 하면 확산형, 반사형 전구 등의 등기구를 매입하는 조명방식이다. • 특징 : 구멍지름의 대소와 재료마감 및 의장, 전체 구멍수, 배치 등에 따라 분위기를 변화시킬 수 있다. 조도를 계산하여 등수 결정 후에는 일반적인 등간격 배치보다는 랜덤한 배치가 필요하다. 천장면을 볼 때 눈에 거슬리지는 않으나 천장면이 어두워진다.
코퍼 조명	• 조명방식 : 천장면을 여러 형태의 사각, 동그라미 등으로 오려내고 다양한 형태의 매입기구를 취부하여 실내의 단조로움을 피하는 조명방식이다. • 특징 : 천장면에 매입된 등기구 하부에는 주로 플라스틱판을 부착하고 천장중앙에 반간접형 기구를 매다는 조명방식이 일반적이다. • 적용장소 : 고천장의 은행 영업실, 1층 홀, 백화점 1층 등이다.

코브 조명	• 조명방식 : 램프를 감추고 코브의 벽, 천장 면에 플라스틱, 목재 등을 이용하여 간접조명으로 만들어 그 반사광으로 채광하는 조명방식이다.
	• 특징 : 천장과 벽이 2차 광원이 되므로 반사율과 확산성이 높아야 한다. 효율 면에서는 가장 뒤떨어지나 방 전체가 부드럽고 차분한 분위기가 된다.
	• 설계 시 고려사항
	  -코브의 치수는 방의 크기 및 천장 높이에 따라 결정된다.
	  -천장면을 균일하게 조명하기 위해서는 코브가 한쪽에 있을 경우는 기구 발광면을 천장이 마주 보이는 구석을 향하게 한다. 코브가 양쪽에 있을 경우는 기구 발광면을 천장 중앙면을 향하게 한다.
	  -램프가 노출되지 않도록 하고 방구석에서도 보이지 않도록 설계한다.
	  -코브가 천장에 너무 근접하면 천장중심 부근이 컴컴해지며 양측벽에 밝은 선이 생긴다.
	• 적용장소 : 장식용으로는 특수한 휘도의 얼룩짐이 필요하나 보통은 천장 전면 및 벽면에 얼룩이 없고 균일한 휘도를 만드는 것에 이용되는 조명이다.

광량 조명	조명방식 : 연속열 등기구를 천장에 매입하거나 들보에 설치하는 조명방식

2) 벽면을 이용하는 조명

코니스 조명	• 조명방식 : 코너 조명과 같이 천장과 벽면 경계에 건축적으로 둘레턱을 만들어 내부에 등기구를 배치하여 조명하는 방식이다. • 특징 : 아래 방향의 벽면을 조명하는 방법으로 형광등의 건축화 조명에 적당하다.
코너 조명	• 조명방식 : 천장과 벽면의 경계구석에 등기구를 배치하여 조명하는 방식이다. • 특징 : 천장과 벽면을 동시에 투사하는 실내조명방식이다. • 적용장소 : 지하도용으로 이용된다.
밸런스 조명	• 조명방식 : 면을 밝은 광원으로 조명하는 방법으로 숨겨진 램프의 직접광이 아래쪽 벽, 커튼, 위쪽 천장면에 쪼이도록 조명하는 방식이다. • 특징 : 실내면은 황색으로 마감하고 밸런스 판은 목재, 금속판 등 투과율이 낮은 재료를 사용하고 램프로는 형광등이 적당하다. • 적용장소 : 형광등의 분위기 조명에 이용된다.

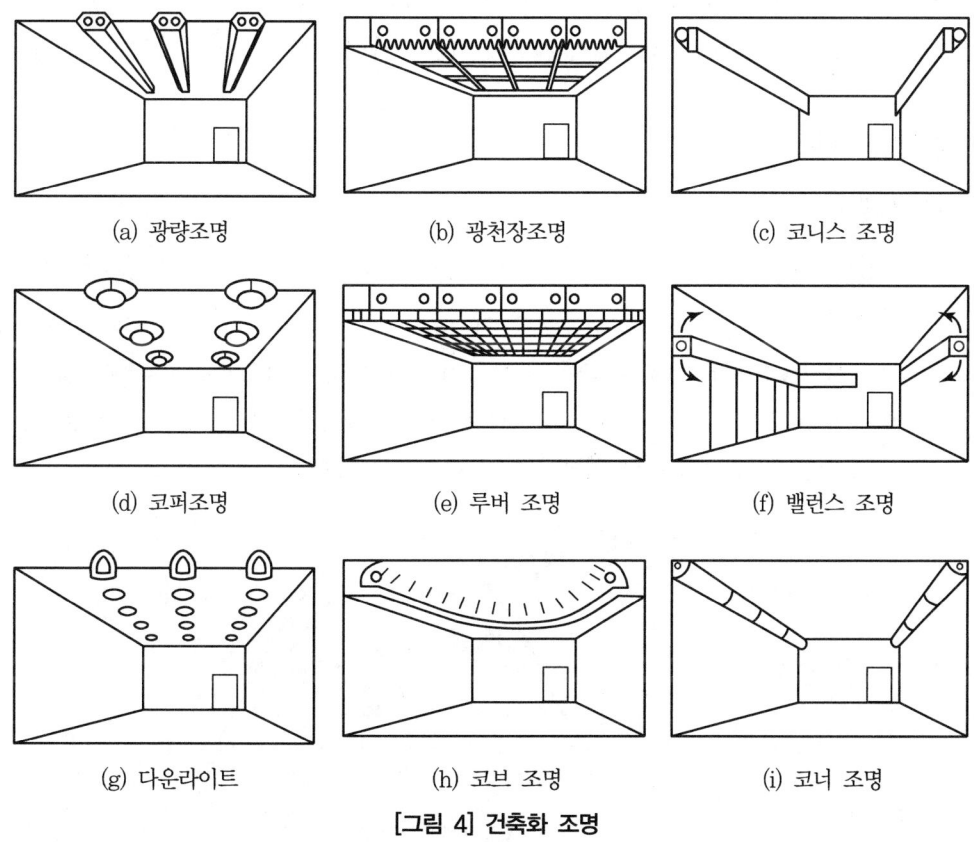

(a) 광량조명   (b) 광천장조명   (c) 코니스 조명

(d) 코퍼조명   (e) 루버 조명   (f) 밸런스 조명

(g) 다운라이트   (h) 코브 조명   (i) 코너 조명

[그림 4] 건축화 조명

4.2 실내상시보조인공조명(PSALI)

PSALI(Permanent Supplementary Artificial Lighting in Interior)는 실내상시보조인공조명의 약자로 CIE에 의하면 자연채광만으로 실내조명이 불충분하거나 또는 유쾌하지 않는 실내환경이 조성될 경우 실내의 자연채광을 보완하기 위해 설치하는 인공조명이라 정의된다.

■ 최신 조명환경이론, 최신 조명공학, 정기간행물

1. 조명의 목적

인공조명이란 낮 동안 실내에서 태양에 의한 조명을 보조하기 위해 항상 점등하는 인공조명을 말하며 창문을 통한 주광과 실내인공조명을 조화시켜 좋은 조명환경을 만드는 것이 목적이다.

가. PSALI 조명은 채광에 의한 부족 조도를 보충하는 것이다.

나. 인공조명으로 실내 휘도를 높여 채광에 의한 글레어를 방지하는 목적으로 설계한다.

2. 주광과 채광

가. 주광

주광은 직사일광(Sunlight)과 천공광(Skylight) 그리고 지면이나 주변 건물에 의한 반사광이 있다.

1) 직사일광 : 태양으로부터 빛이 구름 등의 차폐물 없이 지표면에 도달하는 것
2) 천공광 : 천공의 빛 또는 구름의 반사광, 투과광 등을 의미한다. 맑은 날의 천공광의 에너지는 직사일광에 의한 에너지의 약 25%를 차지한다.

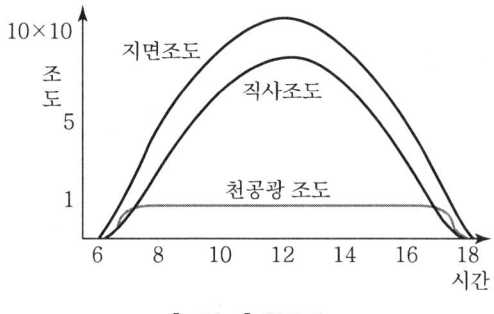

[그림 1] 천공광

나. 채광의 종류

1) 측광채광 : 수직 외벽면의 창으로부터 채광하는 가장 일반적인 채광방법이며 편측채광, 양측채광, 기타 다면채광이 있다.

2) 천창채광 : 지붕 또는 천장면에 있는 천창(天窓)으로부터의 채광으로 톱라이팅(Top Lighting)이라고도 한다. 천창채광에서는 창면적에 비하여 높은 조도가 얻어지며, 균제도가 우수하다.

3) 정측채광 : 천창의 채광효과를 얻기 위하여 천창의 위치에 설치된 수직창인 정측창에 의한 채광, 넓은 작업면에 높은 균제도의 조도분포를 얻을 수 있다.

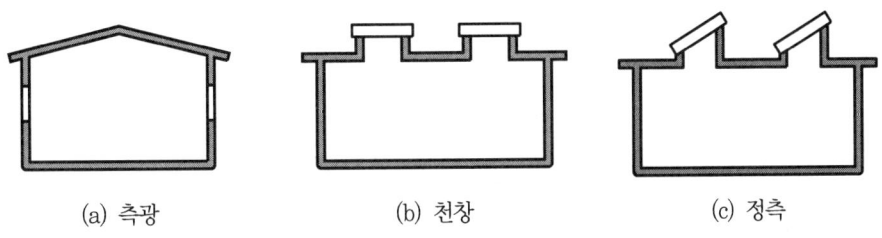

(a) 측광　　　　　　(b) 천창　　　　　　(c) 정측

[그림 2] 스카이 라이트에 의한 채광(천창채광)

3. PSALI 조명

PSALI 조명은 주간의 옥내조명에서는 창으로부터의 채광과 실내의 인공조명을 합리적으로 병용하여 쾌적한 실내환경을 형성하는 것이 목적이다.

가. 조명의 특징(요점)

1) 실내조도 수준의 적정설계에 적합하다.
2) 조도 및 휘도 밸런스를 배려하여 설계하여야 한다.
3) 창에 의한 눈부심을 처리하여야 한다.
4) 주광과 인공광원의 광색이 조화를 이루어야 한다.

나. 조명의 필요성

주간 실내에서 창의 휘도수준이 높아지면 창을 배경으로 한 인물이나 물체는 실루엣 현상이 나타난다. 이것을 방지하기 위하여 인공조명을 창의 휘도와 조화시켜 조명설계를 한다.

1) 주광에 인공조명을 보조로 사용하여 질 좋은 조명을 확보한다.
2) 주광과 함께 좋은 균형을 이루기 위하여 인공조명을 보조로 사용한다.
3) 기존의 보조인공조명과 반대개념이다.

다. 설계 시 고려사항

1) 창측 채광과 인공조명의 조도 차이를 적절히 조화시킬 것
2) 창측에서 주광의 수평방향의 빛으로 인한 작업자의 그림자를 완화시킬 것

3) 적절한 감광방법의 채택
   ① 주광만으로 실내의 설계조도를 얻을 수 있는 경우 창측의 인공조명은 소등 또는 감광한다.
   ② 창측의 실루엣 현상을 방지하기 위한 얼굴에 충분한 조도를 제공한다.

4. 주광 조명설계

가. 조도기준

주광에 의한 조도는 항상 변화하므로 채광설계에서는 현휘의 문제가 되는 직사일광이 없고 시간에 따른 조도의 변화가 적은 담천광을 기준으로 한다.

나. 주광률

청공 휘도와는 무관하게 창의 크기, 위치, 투과율 등으로 정해지는 실내의 조도와 청공조도와의 비를 주광률이라고 한다. 주광률에서 천공의 밝기는 계절이나 시각, 날씨에 따라 달라지므로 실내의 밝기도 변화한다. 따라서 전천공 수평면조도에 비해 주광에 의한 실내작업면의 조도가 얼마나 되는지를 백분율로 표시 산정주광의 유입 정도를 주광률 채광계획 지표로 사용한다.

$$주광률\ D = \frac{실내\ 조도}{전청공조도} \times 100[\%]$$

다. 실내조도

청공조도에 주광률을 곱한 것이 주광에 의한 실내조도가 된다. 기준 주광률과 청공조도는 다음 표와 같다.

기준 주광률		설계용 청공조도	
방의 종류	주광률[%]	날씨	청공조도[lux]
주광만의 수술실	10	특히 맑은 날	50,000
정밀제도, 정밀공작	5	맑은 날	30,000
도서실, 사무실	2	보통 날	15,000
회의실, 강당, 체육관	1.5	흐린 날	5,000
복도, 계단	0.5	매우 어두운 날	2,000
창고	0.2	맑은 날의 청공	10,000

5. 주광 이용에 의한 에너지 절감량의 계산

작업면에 필요한 평균조도를 만들어내기 위해서 주광과 인공광을 병용하는 경우 어느 정도의 조명에너지가 절감될 것인지 계산하는 과정은 다음과 같다.

- 1단계 : 인공조명에 대한 조도계산법을 이용하여 방에 대하여 주어진 조도 설계하고 이 인공광원이 사용하는 전력량을 계산한다.
- 2단계 : 청공광[42]에 대한 조도계산법을 사용하여 작업면에 필요한 조도의 전천공[43] 조도를 계산한다. 예 전천공 조도는 담천공과 청천공+직사일광을 의미한다.
- 3단계 : 담천공과 청천공+직사일광의 두 가지의 경우 태양고도가 얼마인지 계산한다.
- 4단계 : 이 태양고도를 만족시키는 하루 중의 시간을 계산한다.(매달 21일 기준)
- 5단계 : 그 지방에서 1년 중 매달 담천공과 청천공이 차지하는 날의 수를 구한다.

---

[42] 청공광이란 자연광 중에서 태양 직사광 이외의 빛, 즉 맑은 하늘 빛, 운천 빛, 우천 빛, 응달 빛, 일몰 전·후의 천공의 밝기를 말하며, 천공광은 흐린 날의 담천공, 즉 구름의 반사에 의해 발생되는 광(천공에 구름이 차지한 비율이 80% 이상)과 맑은날의 청천공, 즉 직사일광에 의한 에너지의 약 25%일 때 광으로 구분된다.
[43] 전천공이란 직사일광과 천공광의 조도를 합친 것

CHAPTER 02 조명설계

SECTION 01 조명설계 계획

1.1 우수한 조명요건(좋은 조명요건)

조명설계는 주어진 공간의 사용목적에 가장 알맞은 쾌적한 광환경과 시작업에 적합하도록 조명의 양과 질 및 방향 등을 고려하여 광원과 조명기구의 크기와 위치를 선정 배치하는 것이다.

■ 최신 조명환경이론, 최신 조명공학, 정기간행물

1. 조명목적의 구분

좋은 조명의 조건은 조명목적을 고려하여 실리적 조명과 장식적 조명 두 가지로 구분하지만 항상 일치한다고 할 수 없다.

가. 실리적 조명(명시적 조명)

동작과 작업 때문에 사람은 직접 물체를 보는 것이 필요하므로 물체가 명확히 보여야 하고 물체를 보고 있어도 피로를 될 수 있는 대로 적게 하는 효과를 내야 한다.

나. 장식적 조명(분위기 조명)

사람의 심리를 움직이게 하는 기분이나 분위기를 그때의 생활행동에 알맞도록 하는 것이다.

2. 명시조명의 조건

조명시설의 실제 조건으로는 적당한 조도, 휘도분포, 눈부심, 그늘, 분광분포, 기분, 조명기구의 위치와 의장 및 경제성을 고려하고 있다.

가. 조도(Illumination)

물체를 보거나 작업을 하는 데 필요한 밝음이 있으며, 그 이상은 밝을수록 시력이 좋아지기는 하나 경제성 측면에서는 한도가 있다.

1) 일반적으로 조도가 높을수록 좋은 조명이 되지만 작업 목적에 적합한 충분한 조도가 필요하다.

2) 고조도를 요구하는 경우에는 작업의 종류, 형태, 중요도 등을 고려하여 경제적인 조도를 선정한다.

나. 휘도분포

1) 시야 내에 조도나 휘도의 차이가 심하면 물체의 보임이 나빠지며 이러한 조건에서 작업을 하면 피로가 빨라진다.
2) 시야 내의 균일한 밝음이 눈에 좋으므로 휘도분포가 허용되는 한도를 적용한다.

[표 1] 시야 내의 휘도분포가 허용되는 한도

내용	사무실, 학교	공장
작업대상물과 그 주위의 사이(책과 책상면)	3 : 1	5 : 1
작업대상물과 그것으로부터 떨어진 면(책과 바닥)	10 : 1	20 : 1
조명기구 또는 창과 그 부근 면의 사이(천장, 벽면)	20 : 1	40 : 1
통로 내 각부(밝은 부분과 어두운 부분)	40 : 1	80 : 1

다. 눈부심(Glare)

눈부심은 불쾌, 고통, 눈의 피로 또는 시력의 일시적인 감퇴를 초래하므로 광원으로부터의 직접적인 눈부심이나 반사에 의한 눈부심은 없어야 한다. 눈부심의 최대원인은 다음과 같다.

1) 휘도가 높은 광원이 직접 보일 경우
2) 반사면이나 광택이 있는 것으로부터 반사된 광원의 모양이 눈에 들어올 경우
3) 시야 내에 휘도의 차이가 심한 경우

라. 그늘(그림자)

광원과 사람 또는 물체와 작업면과의 관계에서 위치가 나쁘면 작업면에 그늘이 발생한다.

1) 일반 작업에서는 시선에 가까운 위치에 10% 이상의 어두운 부분이 생기지 않는 것이 좋다.
2) 입체표면 작업에서는 입체 표면이 균일한 조도로 비칠 경우 입체감이 얕아 보이므로 실체대로 보기 위하여 밝은 부분과 어두운 부분의 밝음의 비는 보통 3 : 1이 적당하다.

마. 분광분포

색의 지각을 결정하는 요인은 대상물이 가진 분광방사 특성, 대상물 조명광의 분광분포, 관찰자 눈의 색 순응 상태이다. 사람의 눈은 밝기를 지각할 때 대개 색깔의 지각을 동반하므로 자연히 주광에 적응되어 왔기 때문에 주광색이 가장 좋고, 물체색의 분별도 조명광의 분광분포를 기준으로 하고 있다.

1) 자연주광색은 파장에너지가 거의 같으며 백색광을 이루므로 분광분포는 각 파장에너지가 같은 것이 바람직하다.
2) 조명광원이 갖는 분광분포는 실내 전반의 보임에 관계되므로 이 점을 고려하여 설계한다.

바. 기분(심리적 효과)

기분은 광원만의 문제가 아니고 실내의 마감도 포함한 조명으로 생각하여야 한다. 또한 명시에 좋은 조명은 대체로 기분이 좋은 것이지만 그렇지 않은 경우도 간혹 있다.

1) 실내의 연출에서(천장, 벽, 바닥 등)각 부의 색과 그 밝음에 대하여 광원의 종류와 채광법에 따라 실내로부터 받는 기분은 달라진다.
2) 일반적으로 작업에 대한 조명의 경우는 천장·벽의 위쪽이 밝고, 벽 아래 바닥으로 갈수록 어둡게 보이는 것이 맑은 날의 옥외환경에 가까우며 기분이 좋아진다.

사. 조명기구의 위치와 의장(미적 효과)

1) 기구의 형체는 장식이 없는 단순한 것으로 하고, 조명설비 전체도 단순한 기하학적 배열로 하는 것이 좋다.
2) 실내의 배색도 조화를 이루도록 색채조절의 입장에서 고려되어야 한다.

아. 경제성

우수한 조명은 경제면에서도 합리적이어야 한다.

1) 생산조명에서는 제품의 단가구성으로서의 조명비, 상업조명에서는 판매의 증가와 비교한 조명비를 고려하여야 한다.
2) 경제적 조명의 실시에서 조명설계자는 조명기구의 효율을 75% 이상으로 하여 빛의 이용을 높이고 실내면 및 가구의 반사율을 높이는 것을 고려하여야 한다.

3. 분위기조명의 조건

가. 조도는 보임이 확실하지 않으면 불쾌하나 어떤 경우는 낮은 조도가 좋고, 어떤 경우는 보임에 충분한 조도보다 더 고조도가 좋을 때도 있다.
나. 휘도분포는 계획된 밝음과 어두움의 배분이 쾌적한 분위기를 줄 경우가 많다.
다. 그늘은 실체의 보임보다는 입체적인 감각, 원근감의 강조를 위하여 극단적인 밝음과 어두움의 비가 요구되는 경우가 있다.
라. 분광분포는 장파장으로 따스한 기분을 주거나, 단파장으로 깨끗하고 위생적인 느낌을 만들도록 요구된다.
마. 경제성은 비용이 조명효율의 중심이어야 하고 이 경우 비용을 조명효과로 생각한다.

4. 좋은 조명의 조건(우수한 조명의 조건)

우수한 조명의 조건은 주로 물체를 보고 작업을 하는 장소에 한해 고려한 조건으로 실제조명시설에 대하여 평가할 경우 다음 표의 가중치로 표시한다.

[표 2] 우수한 조명의 요건분류

우수한 조명의 요건	실리적 조명		장식적 조명	
	물체의 보임, 장시간의 작업에 피로를 적게 주는 목적	점수	심리적 분야의 경우, 단시간의 작업, 오락의 미적 효과	점수
조도(충분한 밝음)	필요한 밝음이 있고, 그 이상은 밝을수록 좋으나 경제성의 한계가 있다.	25	필요한 밝음이 있으며 그 이상은 다른 것과 비교하여 상한이 있다.	5
광속발산도 분포 (밝음의 얼룩이 없을 것)	밝음의 차가 없을수록 좋다. 주변 3 : 1, 작업면 10 : 1이다.	25	계획에 따라 명암의 조도배분을 고려한다.	20
정반사 (눈부심 제거)	직접적인 광원에 의한 것이나 반사에 의한 눈부심이 있어서는 안 된다.	10	의도적 눈부심이 가장 사람의 눈길을 끈다.	0
그늘 (적당한 그늘)	방해되는 그림자가 있으면 안 된다. 실체감은 조도비 3 : 1이 좋다.	10	입체감, 원근감 때문에 2 : 1 또는 7 : 1 그 이상 극단적인 그림자비가 사용된다.	0
분광분포 (광색이 좋고, 방사열이 적을 것)	자연주광이 좋고 열, 자외선이 없는 것이 좋다.	5	심리적으로 난색, 한색, 색의 미화 색광이 이용된다.	5
심리적 효과 (기분이 좋을 것)	맑은 날 옥외환경과 비슷한 감각이 좋다.	5	목적에 따라 다른 감각이 필요하다.	20
미적 효과 (등기구 배치, 기구의 의장)	단순한 형태 것으로 간단한 기하도형 배열이 좋다.	10	가장 중요하며 계획된 미의 배치, 조합이 필요하다.	40
경제 (효율적인 경제설계와 보수비)	광속과 설치비를 고려하여 1W당 광속이 많아야 한다.	10	광속, 조도 수치의 대소보다도 미적 효과의 달성도를 고려한다.	10
완전한 설계 총점		100		100

1.2 옥내조명의 전반조명 설계

- 조명은 빛(광)을 사람의 생활, 활동에 도움을 주기 위한 목적으로 설치하며, 옥내에서 좋은 조명은 작업 공간의 사용목적에 가장 알맞은 광환경과 시작업에 적합하도록 빛의 양, 질 및 방향 등을 고려하여 광원과 조명기구의 크기와 위치를 선정·배치하는 것이다.
- 전반조명이란 하나의 실내 공간 전반을 확산성이 좋은 조명기구를 사용하여 균일한 조도로 조명하는 조명방식을 말한다. 주로 사무실, 교실, 공장 등의 실내조명에 사용한다.
- ■ 조도기준(KS A 3011), 건설설계기준(옥내조명설비 KDS 32 30 10), 최신 조명환경이론

1. 옥내조명의 설계순서 및 요건(KDS 건설설계기준)

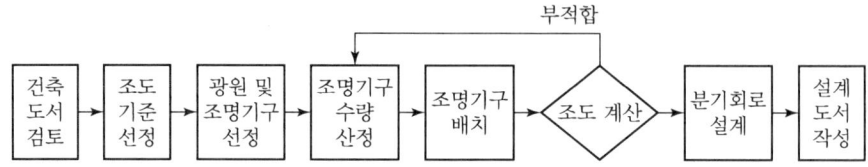

가. 건축도서 검토

옥내조명설비의 용도, 구조, 규모 등을 파악한다.

나. 조도기준 선정

1) 조도기준은 KS A 3011(조도기준)에 의한 조도 범위에서 선정한다.
2) 조도기준은 시 대상 작업면에서 수평면 조도를 나타내며, 작업 내용에 따라 수직면 또는 경사면 조도를 나타낸다.
3) 조도기준은 시작업 면의 높이가 정해지지 않은 경우 바닥 위 0.85m를 기준으로 하고, 바닥에 앉아서 하는 일인 경우 바닥 위 0.4m 복도 또는 바닥 면을 기준한다.

다. 광원 선정

1) 광원은 효율, 광색, 색온도, 연색성, 휘도, 동적 정특성[44], 수명, 플리커, 시동 및 재시동 시간 등을 고려하여 작업공간의 특성에 적합한 제품을 선정하여야 한다.
2) 광원 선정은 「건축물의 에너지절약설계기준」, 「고효율에너지기자재 보급촉진에 관한 규정」, 「공공기관 에너지이용 합리화 추진에 관한 규정」 등에 따른다.

라. 조명기구 선정

조명방식은 조명 대상 및 장소에 따른 설치 광원, 조명기구 설치, 조명기구 배광, 조명기구 배치, 건축화 조명 등으로 구분한다.

1) 조명기구 설치방식

   천장형 조명, 벽부형 조명, 플로어(Floor)형 조명방식 등으로 구분한다.

2) 조명기구 배광방식

   직접조명, 반직접조명, 전반확산조명, 반간접조명, 간접조명 등으로 구분한다.

3) 조명기구 배치방식

   전반조명, 국부조명, 국부적 전반조명(TAL, Task & Ambient Lighting) 등으로 구분한다.

---

[44] 정특성이란 소자(素子) 또는 회로의 정상 상태에서의 여러 특성. 스위치의 개폐 특성, 스위칭 회로의 입출력 특성, 부하 특성, 논리 회로의 논리 특성 등을 말한다.

4) 건축화 조명방식

건축물을 조명기구로 사용하는 것으로서 천장 건축화 조명, 벽 건축화 조명 등으로 구분한다.

5) 조명기구의 선정

「건축물의 에너지절약설계기준」, 「고효율에너지기자재 보급촉진에 관한 규정」, 「공공기관 에너지이용 합리화 추진에 관한 규정」 등에 따른다.

마. 스마트 조명시스템

스마트 조명시스템의 적용 대상과 적용 여부를 검토한다.

바. 조명기구 수량 산정

작업 공간의 특성을 고려한 광원 배광특성을 참조하여 조명률을 산정하고, 청소 주기와 형태 등을 반영, 보수율을 결정한 후 기준 조도에 적합한 조명기구 수량을 산정한다.

사. 조명기구 배치

산정된 조명기구 수량을 기준하여 조명기구를 배치하고, 조도 분포를 확인한다.

아. 조도 계산

1) 평균조도를 구하는 광속법과 측정조도법에 의해 계산한다. 조명 계산 소프트웨어를 사용할 경우 입력사항은 건축설계자, 건축전기설비기술자와 협력하여 결정한다.
2) 광속법은 광원에서 나온 전 광속이 작업면에 비춰지는 조명률에 의해 평균조도를 구하는 것을 말한다.
3) 축점법은 조명기구에서 빛이 특정점(축점)에 도달하는 경로에 따라 조도값을 산출하는 것으로 광속법에 비해 많은 계산을 필요로 하므로 국부조명이나 특정공간의 조도 계산(경기장, 체육관, 비상조명)에 적용한다.
4) 조도 계산에 소프트웨어를 사용하는 경우, 건축설계도면의 반영 및 각 벽면의 반사율, 조도기준 계산을 위한 측정점의 위치 및 개수 등을 고려하여 적용한다.

자. 분기회로 설계

1) 산정된 등기구 수량 및 배열에 따른 분기회로를 설계한다.
2) 분기회로의 도체 단면적 및 차단기 정격 산정은 KDS 건설설계기준(간선 및 배선설비 KDS 32 25 10)에 따른다.

차. 설계도서 작성

최종 설계 결과를 확인하고 설계도서(전력기술관리법 제2조)를 작성한다.

2. 광속법에 의한 전반조명 설계

광속법은 작업면 위의 필요한 총광속을 구하여 수평면 평균조도에 대한 램프나 기구의 수를 계산하는 방법으로 실내조명을 설계하는 경우에 주로 사용한다.

가. 전반조명의 특징

1) 작업의 위치가 변동하여도 기구의 배치를 변경시킬 필요가 없다.
2) 기구나 전등의 종류를 적게 하여 큰 용량의 전등을 사용한다.
3) 그림자가 부드럽고 편리하다.

나. 전반조명설계 순서

1) 광원의 선택
2) 조명기구의 선택
3) 조명기구의 간격과 배치
4) 필요한 조도의 결정
5) 방지수 또는 실공간비율 결정
6) 조명률 또는 이용률의 결정
7) 감광보상률(유지율)의 결정
8) 램프의 크기 계산

다. 전반조명설계

전반조명설계는 건축물의 특징을 충분히 검토 후 광속법을 이용하여 실내 전체조도에 대하여 균일한 조명을 얻기 위한 조명방식으로 사무실, 교실, 공장 등에 많이 채용된다.

1) 광원의 선택

   연색성과 눈부심을 고려한 광색, 광질과 밝음, 유지보수를 감안한 수명, 경제 면에서의 효율 등이 조명의 목적에 적합하도록 선택한다.
   ① 사용장소에 따른 선정
      ㉠ 색채를 우선하여 연색성을 고려한 장소 : 양복점, 양품점, 식료품점 및 염색실
      ㉡ 유지보수와 경제면을 우선하여 효율과 수명을 중시한 장소 : 높은 천장, 도로
   ② 조명목적에 적합한 광원의 선택
      ㉠ 실내조명용 광원 : 백열전구, 형광램프, LED 램프 등
      ㉡ 실외조명용 광원 : 고압 나트륨램프, 고압 수은램프, 메탈헬라이드램프 등

2) 조명기구의 선택

   ① 선택 시 고려사항
      설치장소의 특징, 조명기구의 배광, 반사 눈부심, 기구효율, 유지보수, 기구의장을

고려하여 선정한다.
② 설치장소에 따른 기구 선정
   ㉠ 형광램프용 조명기구 : 천장높이가 5m 미만인 공장에 적합하다.
   ㉡ HID 램프용 조명기구 : 천장높이가 5m 이상인 공장, 옥외조명에 적합하다.
③ 눈부심 방지를 위한 고려사항
   ㉠ 반사갓으로 휘도 크기를 축소시키는 조명기구를 선정한다.
   ㉡ 기구와 주변의 휘도 대비(균제도)가 3 : 1 이하이어야 한다.
   ㉢ 항상 시야 내에 있는 광원은 $0.2cd/cm^2$ 이하, 때때로 시야 내에 있는 광원은 $0.5cd/cm^2$ 이하이어야 한다.

3) 조명기구의 간격과 배치

전반조명에서 균일한 조도분포를 얻기 위한 조명기구의 설치간격은 다음과 같다.
① 조명기구의 간격
   ㉠ 직접조명 : $S \leq H$ 이내로 조명기구를 등간격으로 배치한다.
   ㉡ 간접 및 반간접 조명 : $S \leq 1.5H$ 이내로 조명기구를 등간격으로 배치한다.
   ㉢ 등과 벽과의 간격 $S_0 \leq \dfrac{H}{2}$(벽을 이용하지 않음), $S_0 \leq \dfrac{H}{3}$(벽측을 사용할 경우)
   여기서, S : 광원의 최대간격, H : 작업면에서 광원까지의 높이

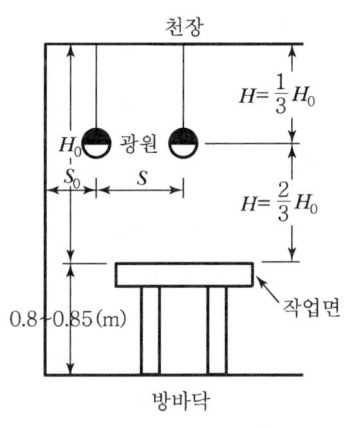

(a) 직접조명　　　　　(b) 간접 및 반간접조명

[그림 1] 조명방식에서의 전등의 높이 및 간격

② 조명기구의 높이
   ㉠ 직접조명 : $H = \dfrac{2}{3}H_0$
   ㉡ 간접 및 반간접 조명 : $H = H_0$
   여기서, H_0 : 작업면에서 천장까지의 높이

4) 필요한 조도의 결정

작업의 종류에 따라 표의 조도기준(KS A3011)에 의한 적당한 조도를 결정한다.

기준조도 작업등급	최저허용조도	표준기준조도	최고허용조도
초정밀(aaa)	600	1,000	1,500
정밀(aa)	300	400	600
보통(a)	150	200	300
거친(b)	60	100	150

5) 방지수 또는 실 공간비율 결정(실지수)

① 방지수는 빛의 이용에 대한 방의 크기와 치수로 표시한다. 따라서 방의 크기와 형태는 빛의 이용에 많은 영향을 미치게 된다.

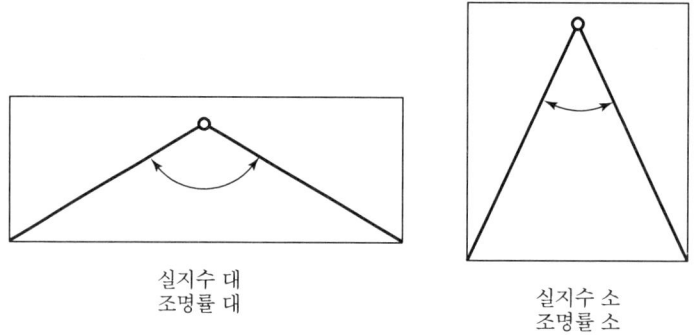

실지수 대
조명률 대

실지수 소
조명률 소

[그림 2] 실지수

② 넓고 천장이 낮은 방이 좁고 천장이 높은 방에 비하여 빛의 이용률이 좋다. 그 이유는 빛을 흡수하는 벽의 면적이 작아지기 때문이다.

③ 방지수(K)

$$K = \frac{\text{천장면적} + \text{바닥면적}}{\text{벽면적}} = \frac{X \times Y}{H(X+Y)}$$

여기서, X, Y는 방의 폭과 길이, H : 작업면위의 광원높이

6) 조명률

조명률의 기구의 배광·효율·간격, 방지수, 실내반사율은 기존 배광으로부터 구해진다.

① 조명률의 정의 : 광원의 전광속에 대한 작업면에 입사하는 광속의 비

$$U = \frac{\text{작업면에 입사하는 빛의 양}(F)}{\text{조명기구로부터 방사되는 빛의 양}(F_0)} \times 100 \, [\%]$$

② 조명률에 영향을 주는 요소
  ㉠ 조명기구의 배광 : 협조형 기구가 광조형 기구에 비하여 직접비가 크고 고유 조명률이 높아져 조명률이 높다.
  ㉡ 조명기구의 효율 : 배광형이 같은 조명기구에서는 기구효율이 높은 조명기구 일수록 일반 조명률도 높아진다.
  ㉢ 조명기구의 간격 : 고정간격(S)과 고정높이(H)의 비(S/H)가 높을수록 조명률이 높아진다.
  ㉣ 방지수(K) : 방지수는 방의 크기와 형태에 따라 결정되며, 방지수가 높을수록 조명률이 높아진다.

$$K = \frac{X \times Y}{H(X+Y)}$$

  ㉤ 실내 반사율
    • 실내표면의 반사율이 높을수록 조명률이 높아진다.
    • 좋은 광환경의 실내 반사율은 천장 80% 이상, 벽면 50~60%, 바닥 15~30%
    • 고천장 조명기구에는 배광제어가 용이한 고휘도 광원의 대형 방전램프를 사용한다.

7) 감광보상률(D)

감광보상률이란 조도의 감소를 예상하여 소요 전광속에 여유를 주는 것을 말한다.
① 광속감소의 주요 원인
  ㉠ (램프의 동정특성) 필라멘트의 증발, 전극의 소모, 발광관 특성의 열화 등 : D_1
  ㉡ (램프의 교체방법) 개별교체방식, 집단교체방식, 복합방식 : D_2
  ㉢ (조명기구의 오손특성) 기구의 표면오염, 먼지 등에 의한 흡수율 증가 : D_3
  ㉣ (조명기구의 경년열화) 반사면의 변퇴색, 투광재료의 투과율 저하 : D_4
  ㉤ (램프의 오손특성) 램프 상반면의 부착먼지에 의한 광속의 감소 : D_5
  ㉥ (실내 주요 반사면의 오손) 조명기구 및 천장, 벽, 바닥 등 실내반사면의 오손에 의한 반사율 감소 : D_6

② 감광보상률의 영향 : 광원의 수명, 관리, 반사면의 변색, 반사율의 저하, 먼지 부착
$D_f = D_1 + D_2 + D_3 + D_4 + D_5$ (D 적용 : 직접조명 1.3, 간접조명 1.5~2.0)

③ 보수율($M = 1/D$) : 초기조도(E_i)와 실제로 그 설비에서 확보해야 할 필요조도(E_e)와의 비 E_e/E_i를 보수율 "M"이라 한다. 보수율의 구성요인은 다음과 같다.
  ㉠ 램프 사용시간에 따른 효율의 저하(M_l) = $M_1 \times M_2$
  ㉡ 조명기구 사용시간에 따르는 효율의 저하(M_f) = M_4

ⓒ 램프·조명기구의 오손에 의한 효율의 저하$(M_d) = M_3 \times M_5$

8) 광원의 크기 결정(램프의 크기 계산)

평균조도 E[lx]를 얻기 위한 광원의 총소요광속 NF[lm]은 다음 식으로 계산한다.

$$\text{총소요광속 } NF = \frac{EAD}{U} [\text{lm}]$$

여기서, A : 방의 면적[m²], N : 광원의 수, E : 평균수평면조도[lx]
D : 감광보상률, U : 조명률, F : 광원 1개당의 광속[lm]

9) 실제조도의 계산

적절한 조명기구의 배치가 끝난 후 실제의 배치 수량을 계산 수량으로 나누고 요구조도를 곱하여 계산하며, 일반적으로 요구 조도의 ±15%를 초과하지 않는 범위에서 적용한다.

>> 참고 실내조도 계산법 비교표 및 향후 조명의 발전방향

1. 실내조도 계산법
   1) 구역공간법(ZCM)은 천장, 벽, 바닥의 반사율을 고려하여 실내공간을 천장, 실(방), 바닥공간으로 분할하여 유효반사율을 적용하는 계산법으로 다음과 같다.

   $$\text{공간비율 } CR = \frac{5H(X+Y)}{X \cdot Y}$$

   여기서, H : 광원서 작업면까지의 높이[m]
   X : 실의 가로길이[m], Y : 실의 세로길이[m]

   2) 광속법은 작업면 위의 필요한 총광속을 구하여 수평면 평균조도에 대한 램프나 기구의 수를 계산하는 방법으로 실내조명을 설계하는 경우 사용한다. 조명률을 구하는 Factor로서 실지수는 K로 나타낸다.

   $$\text{실지수(방지수) } K = \frac{X \cdot Y}{H(X+Y)}$$

[표 1] 실지수표

기호	A	B	C	D	E	F	G	H	I	J
실지수(K)	5	4	3	2.5	2	1.5	1.25	1	0.8	0.6
범위	4.5 이상	4.4~3.5	3.5~2.75	2.75~2.25	2.25~1.75	1.75~1.38	1.38~1.12	1.12~0.9	0.9~0.7	0.7 이하

〈조도계산식 비교〉

구분	광속법(3배광법)	구역공간법(ZCM법)
조도 계산	$E = \dfrac{F \cdot U \cdot M \cdot N}{A} = \dfrac{F \cdot U \cdot N}{AD}$ E : 조도[lx], F : 광원 한 개의 광속[lm] U : 조명률, N : 광원의 수 A : 실의 면적[m²] D : 감광보상률(M : 보수율, 유지율)	$E = \dfrac{F(CU)N \cdot LLF}{A} = \dfrac{\phi(CU) \cdot LLF}{A}$ LLF (Light Loss Factor) : 광손실률 CU (Coefficient of Utilization) : 이용률

구분	광속법(3배광법)	구역공간법(ZCM법)
조명률	$U = \dfrac{F_s}{F}$ 여기서, F_s : 작업면 도달광속[lm] F : 광원의 전광속[lm]	CU(이용률) : 광원으로부터 나온 총광속 ϕ가 작업면에 입사한 비율 F(총광속) : CU를 사용 작업면을 균등하게 조명하는 데 필요한 총광속
반사율	천장 · 벽 · 바닥	유효공간반사율 : 실내면 반사율과 Cavity와의 관계에서 산출(ρ_{cc}, ρ_{fc})
실지수	조명률을 구하기 위한 Factor $K = \dfrac{X \cdot Y}{H(X+Y)}$ 여기서, H : 광원서 작업면까지의 높이[m] X : 실의 가로길이[m] Y : 실의 세로길이[m]	$CR = \dfrac{5H(X+Y)}{X \cdot Y}$; Cavity Ratio(공간비율) CCR : 천장공간비율(Ceiling Cavity Ratio) RCR : 방공간비율(Room Cavity Ratio) FCR : 바닥공간비율(Floor Cavity Ratio) 천장공간(CC) — HCC 방공간(RC) — HRC 작업면 바닥면 — 바닥공간(FC) — HFC H는 HCC : CCR 계산 시 적용 HRC : RCR 계산 시 적용 HFC : FCR 계산 시 적용
보수율	$M = \dfrac{E_e}{E_i}$ (E_e : 교체직전조도, E_i : 초기조도) $M = M_l \times M_f \times M_d$ $M_l = \dfrac{F_e}{F_i}$ (광속비) $M_f = \dfrac{\eta_e}{\eta_i}$ (Lamp의 효율비) $M_d = \dfrac{\eta_e}{\eta_i}$ (조명기구의 효율비)	LLF(광손실률) = 회복 가능요인 × 회복 불가능요인 = ($LLD \cdot LDD \cdot RSDD \cdot LBO$) × ($LAT \cdot LV \cdot BF \cdot LSD$) 여기서, LLD : 램프의 광출력 감소 LDD : 등기구 오염에 의한 감소 $RSDD$: 실내면 오염감소 LBO : 램프수명 LAT : 등기구 주위 온도 LV : 등기구 전압 BF : 안정기 Factor LSD : 등기구 표면감소(표면열화)

2. 향후 조명의 발전방향

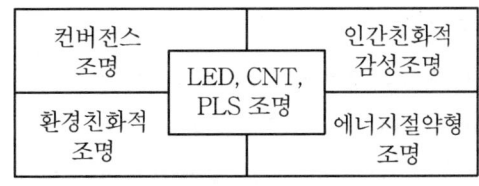

1.3 조명제어시스템의 설계

- 최근 건축물이 고층화, 대형화, IB화 되어감에 따라 컴퓨터 및 OA기기의 사용증가, 냉방부하의 증가 등으로 건물부분의 에너지 수요가 크게 증가하고 있다.
- 업무용 빌딩의 경우 조명전력이 전체전력의 약 30%를 차지하고 있어 조명전력의 효율적 사용과 에너지의 절감, 유지관리비 절감, 정보화시대의 고기능화 등을 위하여 전체 조명시설을 감시 및 제어하여 보다 쾌적하고 편리한 사무환경을 조성하는 데 있다.

■ 정기간행물, 최신 조명환경이론, 최신 조명공학

1. 조명제어시스템의 구성

가. 구성도

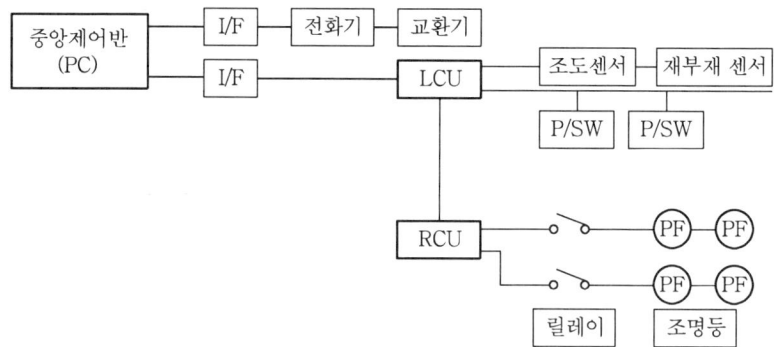

[그림 1] 조명제어시스템의 구조도

나. 구성요소

1) 중앙제어장치(CCMS ; Central Control & Monitoring System)
2) 분산제어장치(LCU ; Lighting Control Unit)
3) 릴레이 구동장치(RCU ; Relay Control Unit)
4) 릴레이(Relay) 및 프로그램 스위치(개별·그룹으로 패턴을 변경할 수 있다.)

2. 조명제어시스템의 주요 기능

가. 제어시스템의 주요 기능

1) 중앙제어장치(CCMS ; Central Control Monitoring System)
   ① CPU, Monitor, Printer로 구성된다.
   ② 프로그램에 의해 개별 제어, 그룹 제어, 패턴별 제어, 시간별 제어가 가능하다.
   ③ 조명부하의 사용상태, 고장상태를 CRT 화면에 표시한다.

④ 각종 제어자료의 요약, 적산과 월보 등 보고서 작성이 가능하다.

2) 분산제어장치(LCU ; Lighting Control Unit)
① 중앙제어장치로부터 지령을 받아 RCU에 송신하고 RCU에서 수집한 데이터를 보관하고 중앙제어장치로 전송한다.
② CPU가 내장되어 있어 중앙제어장치 고장에도 자체 프로그램에 의해 정상 동작한다.

3) 릴레이 구동장치(RCU ; Relay Control Unit)
① LCU에서 지령을 받아 조명제어 릴레이를 구동시키고 릴레이 동작상태를 LCU로 전송한다.
② 릴레이는 RCU의 지령에 의해 조명회로를 점·소등한다. 접점용량은 20A가 사용된다.

4) 프로그램 스위치
① Full 2-Wire 방식으로 2심전용의 신호선에 병렬 연결되며, 각 스위치에 고유번호를 부여하여 제어범위(개별, 그룹, 패턴)를 설정하여 동작범위를 지정한다.
② 조명등 점·소등에 관한 신호를 LCU로 전송한다.

나. 조명제어별 주요 기능

1) Time Schedule 조명제어
사무실의 사용 상태에 따라 전체점등, 전체소등, 부분소등으로 구분한 시간스케줄과 조명기구의 자동 점등·소등으로 조명을 제어한다.
① Time Switch에 의한 조명제어
② 마이크로컴퓨터를 이용한 프로그램 제어방식

2) 조광 조명제어(조도센서에 의한 조명제어)
① 조광 조명제어방식에는 연속조광방식과 단조광방식이 있다.
② 조광제어의 특징은 조도센서에 설정된 입력을 근거로 각 Zone의 조도를 계속 제어하는 방법이다.
예 창측 회로는 외부 주광의 밝기에 따라 조도센서에 의해 점등·소등 제어한다.

3) 조명패턴 제어
각 사무실의 용도와 시간대에 따라 최적의 조명 점멸패턴을 설정하여 시간스케줄 프로그램과 연동하여 자동 제어한다.

4) 재실감지기를 이용한 조명제어
사무실 내 출입자 유무를 초음파 센서 또는 열선센서로 감지하여 조명스위치 조작 없이 조명등을 자동 점등·소등한다.

5) 전화기에 의한 제어

　　전화교환기와 인터페이스 장치를 통해 각 조명등마다 고유번호를 부여하고 조명제어시스템과 연동하여 지정된 조명회로를 점등·소등한다.

6) ID카드에 의한 제어

　　근무자의 ID카드 정보를 이용하여 해당 회로를 점등·소등한다.

3. 설계 시 고려사항

가. 제어회로 구성

조명하려는 장소의 용도, 사용시간대, 조도레벨, 자연채광 상태 등을 고려하여 필요에 따라 효율적인 조명제어가 되도록 회로구성을 한다.

나. 중앙 및 현장 제어의 유연성 확보

중앙제어와 별도로 현장제어가 가능하도록 개별 스위치를 설치하여 제어의 유연성을 확보하여 조명에너지 절감의 극대화를 추구한다.

다. 입주자의 편리성 도모

1) 제어시스템의 조작이 편리하고 감시가 용이하도록 구성해야 한다.
2) 타임스케줄제어, 창측제어 이외에 재실감지제어, 전화기제어, ID카드 연동제어 등의 기능을 부가하여 입주자의 편리성을 도모한다.

라. 보안성능 확보

1) 제어시스템의 조작 편리성에 의하여 보안이 훼손되지 않아야 한다.
2) 제어회로에 Surge나 Noise에 의하여 오동작되지 않아야 한다.

SECTION 02 조명설계 사례

2.1 OA 사무실의 VDT 조명설계

사무작업의 OA화와 정보화 건물로 인해 시(視) 작업대상물이 과거와 달리 변화되어 일반적인 사무작업 공간에서도 VDT(Visual Display Terminal) 작업이 주종을 이루고 있다. 따라서 최근의 사무실 조명설계는 OA기기를 중심으로 한 조명계획으로 CRT 화면에 조명기구가 비치지 않도록 하는 VDT 작업 조명배치가 중요하다.

■ KS조도기준, 정기간행물, 최신 조명환경이론

1. OA 사무실의 조명요건

가. 조도레벨

1) OA 사무실의 원고나 키보드면의 수평면 조도는 500~1,000lx를 적용한다.
2) CRT 디스플레이면의 수직면 조도는 100~500lx를 적용한다.

나. 휘도분포

1) 불쾌감이나 눈부심이 없도록 설계하고, 눈부심이 적은 형광등을 사용한다.
2) 서류와 책상면의 휘도대비는 3 : 1, 서류와 그것으로부터 떨어진 면은 10 : 1을 적용한다.

[표 1] 조명기구의 휘도제한

등급	휘도 제한	사용장소
1등급	50cd/m^2 이하	VDT 작업을 전문으로 하는 OA 전용실
2등급	200cd/m^2 이하	VDT 작업과 일반사무가 병존하는 사무실
3등급	1,500cd/m^2 이하	반사방지 처리를 한 CRT 사용의 경우와 VDT 작업에 적절한 조명기구일 때 사용

다. 광막반사와 광원의 영상방지

1) CRT 표시화면, 키보드, 원고의 조도레벨을 확보하여 광막현상을 축소하여야 한다.
2) 조명기구 차광각을 30° 이상 확보하고 반사면 휘도는 CRT 표시면에 들어가지 않도록 저휘도를 유지한다.
3) CRT 작업에 대한 천장 광원 및 외광의 영상을 고려하여 OA 조명기구를 선정한다.

2. VDT(Visual Display Terminal) 조명의 특징

VDT 조명에서는 서류 또는 키보드 등 작업면의 수평면 조도와 표시면(CRT, LCD 등)의 수직면 조도의 적절한 휘도대비가 가장 중요하다.

가. VDT 화면에 나타나는 반사상

1) 표시면 문자는 스스로 발광하여, 실내 조명광의 확산에 따라 반사휘도에 영향을 준다.
2) 표시문자의 휘도와 표시면의 수직면 조도에 비례하는 배경휘도가 생긴다.
   ① 배경휘도와 문자휘도가 같은 경우 문자를 보기 어렵다.
   ② 배경휘도보다 문자휘도가 클 경우 문자가 반짝거려 보기 어렵다.
3) 고휘도면이 표시화면에 비춰서 표시문자가 중첩되어 보이는 반사영상휘도가 생긴다.

나. VDT 화면의 반사상의 휘도

1) 표시면 위 반사상의 주관적인 허용휘도는 양화표시의 방법이 음화표시보다 약 3배 높다.
2) 표시면의 발광휘도가 높아지면 반사상의 주관적인 허용 휘도가 높아진다.
3) 표시면의 외광에 의한 확산 반사휘도가 높아지면 반사상의 허용 휘도가 높아진다.
4) 표시면의 표시문자 밀도가 큰 편이 낮은 경우보다 반사상의 주관적인 허용휘도가 높다.

3. VDT 조명의 계획 시 고려사항

가. VDT 작업의 시각적인 문제

[표 2] 일반 사무실과 VDT 작업의 차이점

구분	일반 사무실	VDT 작업실
시야	책상, 그 주위의 수평면	VDT 화면, 키보드, 입력용 서류
자세	신체의 자세에 맞추어 대상물을 작업하기 쉽게 자유이동이 가능하다.	시대상물의 위치에 신체의 자세를 맞춘다.
눈의 피로해소	• 시선을 자유로이 주위로 돌려 눈의 피로 감소 • 시거리의 자유로운 이동으로 눈의 피로 감소	휴식을 위한 시선의 방해로 눈의 피로가 생기기 쉽다.

나. VDT 화면의 휘도특성과 조명요건

1) 확산반사 휘도계수는 VDT 화면의 휘도와 VDT 화면의 확산반사 휘도의 비
2) 경면반사 휘도계수는 조명기구들의 휘도와 VDT 화면의 경면반사 휘도의 비
3) 문자와 배경 사이의 적절한 휘도 대비는 0.8이고 최저 0.5 이상 필요(0.5~0.8)

다. VDT 작업 시 조명의 고려

작업면과 그 주변의 휘도차를 적절한 한계 이내에서 조명기구 휘도제한[45]을 하여야 한다.

1) 키보드 입력용 서류면에 대해서 필요한 수평면 조도를 확보한다.
2) 표시면 화면의 글자나 도형 등이 잘 보이도록 화면 위의 수직면 조도를 제한한다.
3) 고휘도 조명기구에 의한 표시면에 반사상이 생기므로 조명기구의 휘도를 제한한다.

라. VDT 화면에서 고휘도체의 반사방지

1) VDT 화면에 적당한 후드를 씌워 고휘도 확산 영향을 제한한다.
2) VDT 화면에 적당한 필터 등을 씌워 반사상을 방지한다.
3) VDT 화면을 직접 화학 에칭처리를 하여 휘도를 제한한다.

마. 조명기구의 배치

1) 넓은 사무실의 경우 일반적인 전반조명방식으로 조명기구나 VDT 화면에 비치는 반사상을 파악할 수 있다.
2) VDT에 비치는 조명기구의 수직각 범위는 $\alpha = 60°$ 이상이 된다. ($\alpha \geq 60°$)
3) VDT 화면에 창이 비치지 않도록 기기와 작업장소를 배치한다.

바. VDT 조명방식

구분	전반조명방식	국부조명방식	전반적 국부조명방식	TAL 조명방식
조명방법	천장에 조명기구를 균등 배치하여 실 전체의 작업면에 같은 조도를 주는 방식	작업 대상에만 조명하는 방식	조명기구를 작업 대상, 작업 장소에 따라 배치하여 열전체의 조명을 겸하는 방식	전반조명의 조도는 국부조명보다는 낮고 동시에 국부조명을 보조하는 방식
특징	• 조명기구를 VDT 화면에 교차하도록 배치하여 수평작업면을 균등하게 한다. • 글레어 없는 조명기구를 사용하여 적절한 조도가 되도록 조정한다.	높은 조도를 필요로 하는 작업 대상 및 작업자에게 보조 조명으로 사용되는 경우가 많다.	빛을 활용하여 그림자, 글레어, 광막반사 등의 영향을 최소화하는 것이 바람직하다.	실 전체의 느낌을 음울하지 않도록 천정과 벽의 휘도가 동시에 과도하게 높아지지 않도록 주의한다.

---

[45] 조명기구의 휘도제한(일본조명학회)은 글레어를 완전히 제한하는 경우는 별도로 분류(권장 300~500lx)하고 있으며 VDT 전용실의 조명기구 글레어 제어는 반드시 고려해야 한다.

구분	반사방지 처리가 되지 않은 VDT	반사방지 처리된 VDT
VDT 전용실	30[cd/m^2] 이하	300[cd/m^2] 이하
일반 사무실	200[cd/m^2] 이하	2,000[cd/m^2] 이하

4. VDT 조명 시설방법

가. 키보드나 입력원고에 대한 수평면 조도는 500~1,000lx로 한다.

나. VDT 작업면 화면의 수직면 조도는 100~200lx 내외로 한다.

다. 조도의 균제도(최소조도/최대조도)는 0.7 이상 유지한다.

라. 조명기구의 휘도는 수직각 범위는 α=60° 이상에서 200cd/m² 이하로 한다.

마. 눈부심 제어형 조명기구의 설치

1) 매립형 하면개방형은 형광램프에서 빛을 제어해서 연직각 60° 이상의 방향에서 기구를 볼 때 눈부심이 없어야 한다.

2) 커버부착형은 머리 뒤 조명기구에서 연직각 60° 위쪽으로 빛이 VDT에 반사되기 때문에 차광각을 60° 이상으로 한다.

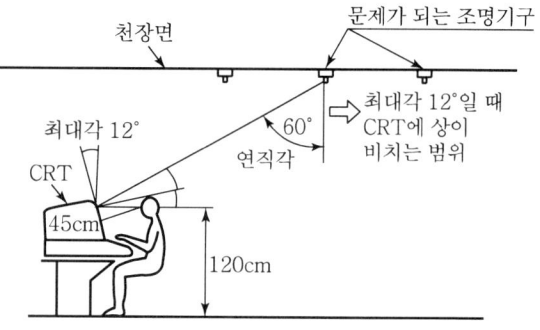

[그림 1] VDT 작업조명 배치

> **참고 사무실 조명계획 개요**
>
> 1. 사무실의 조명요건
>   가. 작업면의 조도
>   1) 세밀한 작업이나 휘도대비가 낮은 작업은 추천조도보다 1.5배 정도 증가한다.
>   2) 단순작업으로 작업시간이 짧은 경우 작업면 조도의 0.7배까지 감소가 가능하다.
>   나. 조도의 연속성 : 인접되는 방과 방, 방과 통로의 조도는 조도가 낮은 쪽의 평균조도가 높은 쪽의 20% 이상인 것이 바람직하다.
>   다. 광원의 광색 : 전반조명에 사용되는 광원의 색온도는 3,500~6,000K 범위이다.
>   라. 광원의 연색성 : 사무실의 평균 연색평가수 Ra를 60 이상으로 한다. 연색성이 중요한 구역 또는 설계실은 80 이상으로 하고 작업대상물의 표면은 500lx 이상의 조도로 한다.
>
> 2. 사무실의 조명방식
>   가. 타스크 앤드 엠비엔트 조명(전반국부조명)
>   1) 시작업 대상인 타스크(Task)와 시환경인 엠비엔트(Ambient)의 양쪽을 적절히 조명하기 위해서 각각 전용특성을 갖는 조명설비를 조합하여 조명하는 방식이다.
>   2) 특징 : 시작업 대상의 전용조명 방식(타스크 조명)을 채택하여 시환경에 필요한 밝기만을 확보하여 보임이 향상되며 에너지 절감이 된다.
>   나. 건축화 조명방식
>   1) 천장, 벽, 기둥 등 건축물의 일부에 광원을 만들어 건축물과 일체가 되도록 함으로써 건축물 일부를 광원화하는 조명방식이다.
>   2) 반간접 방식(루버)은 디스플레이 면에 수평배치하는 방법으로 글레어 영향이 적다.
>   3) 간접조명방식은 광원의 빛을 반사체를 통하여 간접으로 조명하는 방식으로 광원효율이 저하된다.

3. 사무실 조명계획 시 고려사항
   가. 작업면의 시인성 확보 : 시환경 조명의 조도는 500~1,000lx 정도를 확보한다.
   나. 눈부심이 없을 것
      1) 글레어 존은 시선을 중심으로 상방향의 30° 범위로서 조명기구 선정 시 주의한다.
      2) 광원은 휘도가 높을수록 글레어 상이 클수록 영향이 크다. 따라서 휘도가 높은 광원에 의한 글레어는 절대로 피한다.
      3) 글레어 존의 대책으로 조명기구를 가급적 높게 설치한다.
      4) 천장면을 밝게 하는 조명방식을 채택하여 휘도를 줄인다.
   다. 쾌적하고 균일한 휘도분포를 가질 것 : 균제도는 0.7 이상을 확보할 것
   라. 시대상물의 변화
      1) 과거의 시대상물은 조도를 높일수록 시환경이 향상되고 수평면 조도 유지 시 만족한다.
      2) 최근의 시대상물은 수평면과 수직면 조도의 적정 유지가 필요하고 조도를 너무 높이면 휘도 대비 저하로 VDT를 보기가 어렵다.
   마. 조명기구의 방열에 의한 실온상승
      램프에서 방사하는 열이 실내공조에 영향을 미치므로 발생열이 적은 형광등, 공조용 조명기구의 채택을 고려한다. 예 단일셀형, 이중셀형, 삼중셀형, 측면덕트형

2.2 전시조명(박물관, 미술관)의 조명설계

전시실의 전반조명은 연색성이 높고 색온도가 낮은 광원으로 눈부심 등에 의한 시각상의 손상이 없도록 조명하는 것이 좋다. 전시조명설계에 있어서는 광방사 에너지의 흡수에 기인하는 광화학 손상이나 온도상승 등의 작용효과에 따른 전시의 관상효과 측면과 전시품의 보존 측면을 고려하는 것이 기본이다.

■ KS조도기준, 정기간행물, 최신 조명환경이론, 최신 조명공학

1. 전시조명의 목적(요건)

가. 전시품을 손상시키지 않고 조명한다.
나. 심리적 불쾌감을 주지 않도록 한다.
다. 주광에 근접한 색채 감각을 재현한다.

2. 전시조명의 특징

전시조명의 광원 종류는 반사형 전구, 할로겐 전구, 퇴색 방지형 형광램프, 형광램프, 메탈헬라이드램프 등이 있다. 전시조명은 전시자료가 가지고 있는 고유의 아름다움을 보여주는 시각적인 전달이 필요하다. 따라서 단순한 형상파악, 색상의 구별, 묘사된 모양의 식별만으로 불충분하다.

가. 전시조명용 광원특성

1) 가시방사 비율이 높고 적외선방사, 자외선방사, 열복사가 적어야 한다.
2) 색온도가 낮고 연색성이 높아야 한다.
3) 광원은 장시간 사용해도 색온도의 변화가 없어야 한다.
4) 근자외선을 포함한 400nm 이하의 방사에너지를 차단한다.
5) 장시간 사용이나 정격상태가 아닌 경우에도 가급적 안정성을 갖는다.

나. 조명기구

1) 외관이 단순하고 색상이 화려하지 않아야 한다.
2) 직접 현휘나 반사에 의한 눈부심이 생기지 않아야 한다.
3) Lamp 교체가 용이하고 등기구 보수 시 전시물을 옮기거나 손상이 생기지 않도록 한다.
4) 광원에서 발생하는 열의 확산이 용이해야 한다.

다. 방사에너지의 여러 가지 열화, 손상요인 등 작용효과의 형태

1) 열, 습기, 먼지, 미생물, 대기 중의 반응성 가스 등에 의한 손상
2) 광원의 방사에너지에 의한 열화
3) 활성화 에너지에 의한 화학반응 열화(조명의 광방사에 의한 열, 가시광선, 자외선)

3. 전시조명 계획 시 고려사항

가. 조도

1) 조도가 높을수록 눈의 피로는 적지만 지나친 조도는 광화학작용에 의한 변퇴색이나 물리적 변화에 의한 건조, 이탈, 박리 등 기계적 열화가 생기게 된다.
2) 전시공간 내부에서 눈의 순응상태를 이용해서 밝음의 정도를 향상시킨다.
   ① 시야 내의 고휘도 부분을 없애고 적정한 휘도대비가 되도록 실내 반사율에 주의한다.
   ② 관람객의 보행로를 따라서 서서히 조도를 낮추어 순응이 되도록 조도를 적용한다.
3) 전시장 전반조명의 밝음은 보행과 메모가 가능한 30~50lx 조도를 사용한다.
4) 전시품에 얼룩이 생기지 않는 전시면의 균제도(수평면상 최소조도/수평면상 최대조도) 비는 0.75 이상으로 선정한다.

[표 1] 미술관 · 박물관의 전시조명 추천조도

규격 \ 대상	빛에 매우 민감한 것	빛에 비교적 민감한 것	빛에 민감하지 않은 것
KS	75~300	300~700	700~1,500
IES(미)	50	75	(일×8h×300일=lx · h)
일본	150~300	300~750	750~1,500

나. 휘도분포

1) 시야 내 고휘도 광원이나 주광 창을 설치하지 않는다.

2) 전시물 주변배경이나 휘도분포는 1/2~1/3 정도가 되도록 하고 반사율을 줄인다.
3) 전시순서는 낮은 조도와 휘도에서 점점 조도에 민감한 전시물로 순응시켜 조명한다.

다. 연색성

미술품의 전시는 평균 연색평가수(Ra)가 90 이상인 것을 사용한다.

라. 눈부심

1) 높은 휘도의 광원이 시야에 위치하지 않도록 한다.
2) 액자, 진열장의 유리를 통해 광원이 반사되지 않도록 한다.
3) 진열장에 빛이나 외부 자연주광이 진열장에 투과되지 않도록 한다.
4) 휘도대비가 높은 부분이 시야에 들어오지 않도록 한다.

마. 지향성 광원과 확산광의 적정한 휘도비

1) 자연광은 밝기와 색온도가 급변하여 쾌적한 상태 유지가 어려워서 도입이 곤란하다.
2) 전시물 음영효과를 위해 광원의 확산광과 집광을 병용하는 경우 휘도비는 6 : 1 이내로 유지하면 바람직한 시각정보를 표현할 수 있다.
3) 밝은 부분과 어두운 부분의 휘도비가 2 : 1 이하의 경우 단조로운 느낌이 든다. 휘도비가 10 : 1의 경우는 강한 느낌이 든다.

바. 색온도에 따른 광색

1) 전시조명에서는 색온도가 낮은(3,000~4,000K) 따스한 느낌의 광색을 많이 사용한다.
2) 자연광의 영향을 강하게 받는 곳은 색온도가 높은 광원을 사용한다.
3) 자연광의 영향이 없거나 야간에 사용하는 경우 색온도가 낮은 광원을 사용한다.

4. 전시품 손상방지대책

광원에 의한 물체의 손상은 전방사 에너지의 분광분포, 물질에 흡수되는 정도, 재질의 화학적 결합상태에 따라 다르며 광량 [lx · h]에 비례한다.

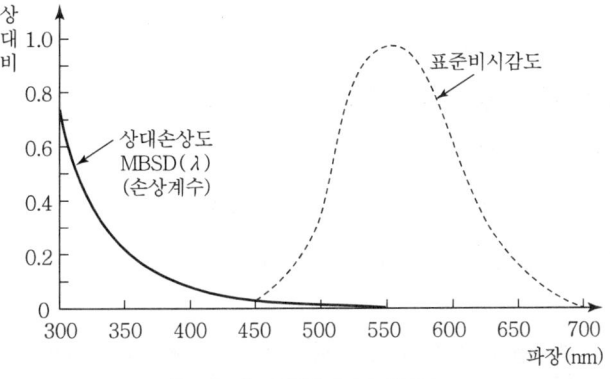

[그림 1] 광손상의 분광특성

가. 전시에 따른 환경조건

1) 온도 20±2℃, 습도나 습기 50±5%를 유지한다.
2) 전시물의 보존 측면에서 빛, 자외선, 적외선 및 습기 등에 의한 손상방지를 고려한다.

나. 노화방지대책

1) 광량제한

   조도가 높아지면 전시기간이나 횟수를 조정하여 총량을 제한한다.
   ① 빛에 대단히 민감한 물질 : 연간 120,000[lx·h] (=50lx×8h×300일)
   ② 빛에 비교적 민감한 물질 : 연간 480,000[lx·h] (=200lx×8h×300일)
   ③ 빛이 민감하지 않는 전시물 : 1,000lx

2) 온도제한

   ① 발열에 의한 손상방지를 위하여 열선을 투과시키는 반사경이 부착된 Cool-beam형 할로겐 전구, Par Lamp 등을 사용한다.
   ② 안정기, 변압기 등 발열 부분은 진열장 외부에 설치하고 통풍용 Fan을 설치한다.

3) 차단필터

   광원의 400nm 이하의 단파장의 자외선을 차단하는 UV필터 또는 퇴색을 방지하기 위한 퇴색방지용 필터를 사용한다.

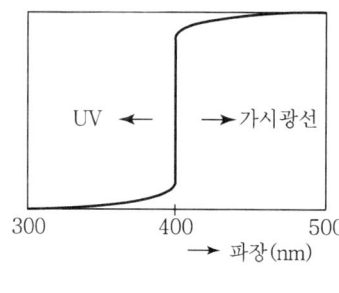
(a) 이상적인 Filter

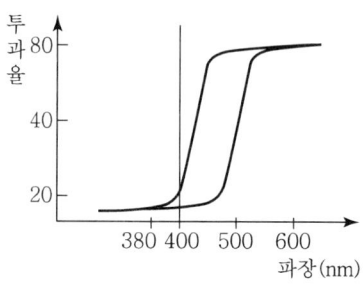
(b) 일반적인 Filter

[그림 2] 차단 필터

다. 광방사 에너지에 의한 손상방지(퇴색·황변색)

1) 광화학적 손상대책[46]

   ① 광화학적 손상계수가 적은 광원을 선택한다.
   ② 단파장 광방사를 흡수하는 투광재를 사용한다.

---

[46] 광화학적 손상 : 광화학 작용의 일반적인 반응 진행은 방사에너지의 흡수 → 활성화 → (분자의 활성화 에너지가 산소로 전달되어) 활성화된 산소분자의 발생 → 활성화된 산소분자의 물분자와 결합하여 H_2O_2 생성 → 광화학적 산화발생 순으로 진행한다.

2) 열방사적 손상대책

① 방사조도의 광량을 제한한다.
② 백열전구, 할로겐전구에는 적외선방사 흡수필터를 사용한다.
③ 형광램프에는 유리 또는 플라스틱 필터를 전면에 장착한다.

5. 전시조명 시설방법

가. 전시물의 광원 위치와 시선의 한계

1) 평균시각거리는 회화길이 L의 1.5배이다.
2) 동양인의 평균 눈높이는 약 1.5m이다.
3) 광원과 시선의 위치관계는 화면상단에서 정반사가 일어나지 않는 위치로부터 10° 여유를 두고, 액자그늘을 방지하기 위하여 하단으로부터 20° 이상에 시설한다.
4) 경사도 $\left(\dfrac{t}{L}\right)$는 소형 회화는 0.15~0.03, 대형 회화는 0.03 이하를 유지한다.

나. 회화 등 벽면 전시물의 조명

1) 전시물의 재질에 따른 조도를 균일하게 한다.
   예 조도 균제도 70% 이상, 대형전시물은 30% 이상
2) 시야 내 고휘도 광원은 없게 한다.
3) 실루엣 현상이 일어나지 않도록 한다.
4) 광원의 정반사가 시선에 들어오지 않게 한다.

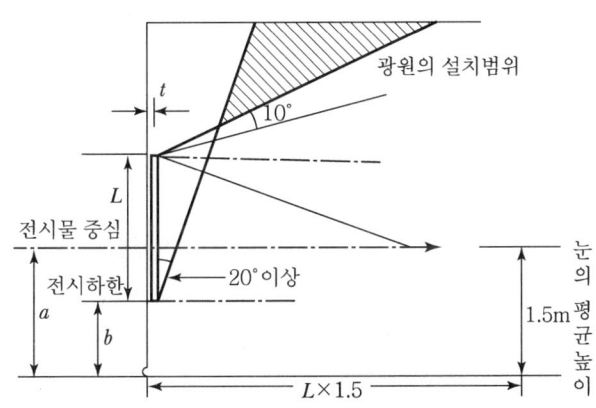

주) a : 전시의 중심높이
   높이 1.4m 이하의 회화의 경우는 전시의 중심을 바닥($G.L$)으로부터 1.6m 높이로 한다.
   b : 전시의 하한높이
   높이 1.4m보다 큰 회화의 경우는 회화하단을 바닥($G.L$)에서 0.9m 높이로 한다.

[그림 3] 광원의 위치와 시선과의 관계

다. 조각조형물의 조명

1) 입체감을 주기 위해 전반조명과 국부조명을 조화시켜 입체적 조명이 되도록 한다.
   예 전반조명 : 60~100lx, 국부조명 : 700lx
2) 국부조명에 의한 관람자의 그림자가 전시물 위에 생기지 않도록 한다.
3) 전시물의 위치 변화를 예상하여 Lighting Duct를 설치한다.

라. 진열장의 조명

1) 진열장 내부의 Lamp가 관람객의 시선에 들어오지 않도록 한다.
2) 진열장 내부로 열방사나 자외선 방사를 차단하는 시설을 한다.
3) 조명기구 위치와 전시품이 놓이는 공간은 별도 작업동선이 되도록 한다.
4) 진열장 외부로 빛이 새어나가지 않도록 한다.
5) 고효율 반사판을 사용하여 광원의 수량을 가급적 줄인다.

2.3 경관조명의 조명설계

- 경관조명이란 Light(빛)과 Space(경관)을 합성한 말로 빛에 의해 경관을 밝고, 아름답고, 이해하기 쉽게하는 조명으로 과학적인 조명기술의 기초 위에 예술적인 아름다움이 조화를 이루는 것이 중요하다. **예** 도심환경개선(도심하천, 주상복합건물)
- 경관조명의 목적은 역사적인 건조물, 도로, 교량, 광장, 공원에 야간 도시경관의 연출효과를 극대화하며, 사람과 차량 등의 안전확보 및 상업활동 조성에 있다.
  ■ 정기간행물, 최신 조명환경이론, 최신 조명공학

1. 경관조명 계획

가. 기본적 고려사항

1) 주변의 지역 특성 및 조명시설 상태를 고려하여 아름다움과 친밀감을 표현해야 한다.
2) 도시의 형태, 기능, 활동, 역사 등의 도시 전체와의 조화를 고려하는 것이 필요하다.
3) 주간의 태양광하에서 감상하지 못한 조형미, 입체감 등 아름다운 분위기를 창출한다.
4) 자연환경, 자연생태계에서 빛의 영향이나 에너지 절약방법을 고려하여 계획한다.

나. 경관조명의 종류

1) 가로의 조명

건축물의 색상, 보행자의 복장·안색 등이 자연에 가까운 상태로 보일 수 있도록 조명한다.
① 적절한 조명 밝기를 확보한다.

② 연색성이 좋은 광원을 사용한다.

③ 조명기구, 등주가 거리의 경관과 조화를 이루도록 한다.

2) 건조물의 투광조명

광원을 여러 종류 조합하여 입체감 있는 조명효과를 연출한다.

3) 광장의 조명

① 높은 등주조명을 주체로 하고 5m 정도의 보조 등주조명을 실시한다.

② 조형물 화단 등은 악센트 조명을 실시하여 활기참과 풍요로움을 조성한다.

4) 공원의 조명

① 수목을 아름답게 보이기 위한 연색성을 검토한다.

② 휴게시설, 조형물 등은 악센트 조명을 한다.

③ 주간 미관이 손상되지 않도록 주위환경 분위기를 고려하여 조명기구를 선정한다.

다. 조명계획순서

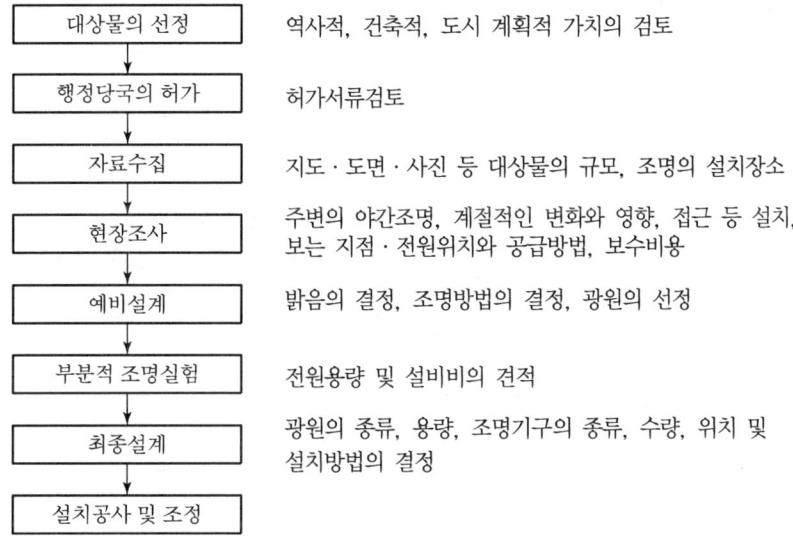

2. 경관조명 계획 시 고려사항

가. 대상물의 조사 및 검토사항

1) 주변 환경의 밝기
2) 보는 사람, 대상물, 조명기구와의 위치관계
3) 조명대상물의 형상, 크기 및 표면 질과 색
4) 기대효과, 장해광 발생 여부

나. 조도의 결정

1) 필요 조도는 조명대상물의 표면의 마감상태(재료 반사율)와 주위 배경의 밝기에 따라 설정된다.
2) 대상물을 조명으로 부각시키기 위해 주위보다 밝게 하는 것이 필요하다.
   ① 주위가 밝음 : 150~500lx 범위
   ② 주위가 보통 : 100~300lx 범위

[표 1] 경관조명의 조도

표면재	명도	반사율 [%]	주위의 밝기 [lx]		
			밝음 [cd/m²]	보통 [cd/m²]	어둡다 [cd/m²]
흰 대리석	희다.	80	150	100	50
콘크리트	밝다.	60	200	150	100
석회석	보통	35	300	200	150
암회색 벽돌	어둡다.	15	500	300	200

다. 광원의 선정

1) 선정방법

광속, 효율, 수명, 동정특성, 연색성 및 색채효과 등을 고려하고, 특히 대상물의 색채에 따른 적합한 광원을 선정한다.

[표 2] 투광조명의 주요 광원의 특성

광원	효율	연색성	색온도	수명
할로겐 전구	낮다.	우수	낮다.	짧다.
수은램프	높다.	약간 낮다.	낮다.~높다.	매우 길다.
메탈램프	나트륨보다 낮다.	높다.	높다.	길다.
고압 나트륨램프	매우 높다.	낮다.	높다.	매우 길다.

2) 표면색과 광원

벽면의 마감색	광원	
백, 적, 오렌지 계통	백열전구, 할로겐 전구, 고압 나트륨램프	크세논램프 메탈헬라이드램프
백, 청, 녹색 계통	수은램프, 형광수은램프	

[주] 백색의 경우 건조물에 기대하는 분위기에 따라 광원을 선정하는 것이 바람직하다.

3) 램프의 적용범위

   ① 할로겐 전구 : 황색, 적색은 눈에 띄므로 휴식광장, 산책로, 간판조명에 적합하다.
   ② 고압 수은램프 : 수목, 잔디 등 녹색을 선명하게 하는 데 적합하다.

③ 메탈헬라이드램프 : 효율과 연색성이 우수하므로 사람이 많이 왕래하는 광장, 도로, 유원지 등에 적당하다.

④ 고압 나트륨램프 : 투과력이 좋아 차량교통이 많은 광장, 도로 등에 적당하다.

라. 조명기구 선정

일반적으로 투광기가 선정되며 주위환경과 충분한 조화를 이루도록 한다.

1) 투광기의 종류

① 투광기의 선정은 설치장소, 피조면과의 거리, 피조면의 형상 및 크기, 설계조도 등에 따라서 적절한 배광특성의 것을 선정해야 한다.

② 넓은 범위를 비교적 낮은 조도로 조명할 경우와 근거리에서 조명하는 경우는 광각형 투광기를 사용한다.

③ 넓은 범위를 비교적 높은 조도로 조명할 경우와 원거리에서 조명하는 경우는 협각형 투광기를 사용한다.

④ 투광기의 배광구분은 축대칭 배광과 양면대칭 배광으로 대별된다.

2) 조명기구 배치상의 유의점

① 주간의 경관 : 조명기구와 배선이 가능한 보이지 않도록 주간의 경관을 고려한다.

② 눈부심 : 주변의 건물, 거주자, 보행자, 자동차의 운전자 등에 눈부심을 주지 않게 한다.

③ 보수관리 : 보수 시 작업성과 낙엽, 적설 등에 대한 대책을 고려한다.

마. 조명기법

대상물의 각 면을 적당히 밝고·어둡게 하고, 그림자를 만들어 대상물의 입체감을 얻을 수 있도록 조명방법을 검토한다.

1) 경관조명의 기법

① 대상물의 배경이 밝은 경우와 어두운 경우 조명기법

㉠ 밝은 경우에는 대상물의 바깥둘레를 약간 어둡게 한다. 예 실루엣

㉡ 그림자로 윤곽을 만들고 배경과의 대비로 입체적으로 보이게 한다.

예 역 실루엣

② 대상물의 양감을 내기 위한 조명기법

대상물의 각 면에 적당한 명암, 음영을 주어 조형적 양상이나 입체감을 얻도록 하는 조명기법이 필요하다.

㉠ 대상물의 요철이 적은 경우 : 대상물 주요 시선방향과 각도 45° 이상

㉡ 대상물의 요철이 큰 경우 : 주조명과 약한 빛의 조사방향과 각도는 90°

③ 조명시설 간 조도, 색상, 광원의 조화기법
   ㉠ 조도는 대상물 표면마감과 배경의 조명환경에 따라 설정한다.
   ㉡ 색상은 대상물의 모양과 외부 마감재에 어울리는 색상과 조도를 설정한다.
   ㉢ 광원은 연색성, 색채효과, 수명, 효율 등을 고려하여 선정한다.

2) 조명방법

① 직접투광방식 : 투광기로 대상물을 직접 투광하는 방법으로 건축물, 역사적 건물, 탑, 교량 등의 형태, 전체모습 및 음영을 강조한다.
② 발광방식(일루미네이션) : 일루미네이션 장식조명 또는 광섬유로 조명하는 방법으로 건조물, 탑, 교량 등의 외형, 구조를 강조한다.
③ 투과광 : 건물의 실내조명으로 창밖의 야경을 연출하는 방법으로 고층건물의 높이와 위용감을 표현한다.

바. 조명효과의 예측(연출)

1) 조명효과의 예측이나 조명기법의 검토는 Computer Graphics에 의한 조명시뮬레이션을 이용한다.
2) 조명의 연출효과[47]는 투광의 위치에 따라 여러 가지 연출방법이 있다.
   예 지면에서 투광, 기둥 뒤에서 투광, 건조물에서 투광, 옆 건조물에서 투광 등

사. 에너지 절약에 대한 고려

1) 고효율의 에너지 절약형 광원 및 기구의 사용
2) 효과적인 조명제어시스템의 적용
3) 자연채광을 이용한 주광 조명제어의 활용

3. 경관조명의 장해광 및 변퇴색

가. 장해광에 대한 영향 및 대책

주거, 도로이용자, 동·식물 자연생태계, 천문관측 등은 빛의 영향 문제가 발생하고 있다.

1) 일반적인 고려사항

① 광원의 제한 : 가능한 투광등의 사용을 최소화한다.
   예 밝기의 환경, 구역의 등급에 따른 조도의 최대치를 추천한다.

---

[47] 조명방법의 구분(조명의 연출효과)
- Up Light : 빛을 위로 비추어 대상물 상부를 강조하는 기법
- Down Light : 빛을 아래로 비추어 대상물 하부를 강조하는 기법
- Wall Washing : 벽면을 아래로 물 흐르듯이 조명하는 기법
- Spot Light : 대상물의 특정부분을 강조하기 위한 기법
- Line Light : 대상물의 곡면, 선등을 강조하기 위한 기법

② 조명기구의 제한 : 옥외조명기구는 수평 이상으로 빛이 새지 않도록 설계한 조명기구를 사용한다.
   > 예 조명기법, 조명기구 배광의 선정, 조사방향 등을 고려하여 누설되는 빛을 최소한으로 한다.
③ 사용시간의 제한 : 경관조명의 점등시간을 가능한 한 짧게 한다.
   > 예 벼, 야채, 식물의 특성에 따라 광원의 파장, 배광곡선, 지향방향에 유의한다.

2) 주거환경에 대한 영향 및 대책
   ① 빛의 누설로 주변 거주자에게 눈부심과 불쾌감을 초래한다.
   ② 교통안전에 장해를 주고, 주변의 경관을 저해한다.
   ③ 대책은 후드나 루버 설치로 글레어 저감, 조명기구의 노출이 없게 은폐 설치한다.

3) 동식물에 대한 영향 및 대책
   ① 시금치, 옥수수, 벼 등의 농작물의 성장에 장해를 준다. 특히 벼의 경우 개화시기가 늦어 생산량의 감소 등의 영향을 준다.
   ② 야행성 동물은 활동이 단축되거나 제한된다.
   ③ 빛을 싫어하는 배광성 곤충과 빛에 유인되는 주광성 곤충도 영향을 많이 받는다.
   ④ 장해광 대책
      ㉠ 점등시간의 제한 : 심야 12시 이후 소등조치, 개화시기에 점등을 제한한다.
      ㉡ 비산광의 차단 : 등기구에 후드나 루버를 부착하여 빛의 누설을 차단한다.

4) 천공에 미치는 영향 및 대책
   ① Up Light의 경우 누설광 손실, 효율이 낮은 광원 사용은 에너지를 낭비한다.
   ② 조명기구의 제한 : 상향 투광각도를 축소 또는 누설광이 적은 투광기 사용한다.
   ③ 광원의 제한 : 광케이블 및 LED 램프를 사용하거나 효율이 높은 광원을 사용한다.

나. 변퇴색에 대한 대책

역사적 건조물 및 전시물의 장기 조광에 의한 변색으로 보존가치를 상실하는 문제가 있다.

1) 광학적 손상대책
   ① 광학적 손상계수가 작은 것을 선택한다.
   ② 단파장 광반사를 흡수하는 투광재를 사용한다.

2) 열방사적 손상대책
   ① 단위조도당 방사조도가 적은 것을 선택한다.
   ② 적외선 방사·흡수필터, 유리 또는 플라스틱 필터(400nm 이하)를 사용한다.
   ③ 발열 원인을 외부로 격리하여 시설한다. > 예 안정기, 변압기

2.4 터널의 조명설계

도로터널 및 지하도로의 조명에 관한 질적 기준은 터널에 접근·진입하고 통과하는 자동차 운전자의 시각에 일어나는 복잡한 지각특성의 변화 및 심리적 반응과 터널 고유의 환경조건을 고려하여 자동차를 안전하게 운전하기 위하여 터널 내 및 터널 전후 접속 도로의 조명설계를 목적으로 한다.(☞ 참고 : KS C 3703 터널조명기준)

■ KS 터널조명기준, 정기간행물, 최신 조명환경이론

1. 조명 요건

가. 운전자의 보는 방법

터널 및 터널 전후 접속도로에는 사고의 위험으로부터 방지를 위하여 충분한 시각 인지성을 주는 조명을 설치한다.

나. 운전자의 쾌적성

1) 운전자에게 안심감을 주기 위해 터널 내 노면이나 벽면이 밝고 균일한 상태로 조명한다.
2) 운전자에게 불쾌감이 생길 만한 눈부심이 없도록 하는 동시에 주행 중인 자동차 내로 입사하는 빛은 운전자에게 불쾌한 플리커가 발생하지 않도록 한다.

다. 유도성 확보와 조명조건

터널 내의 조명기구 배치는 터널 내의 노면·벽면을 충분한 휘도가 되도록 조명하고, 부착 높이는 운전자가 전방도로의 선형변화를 정확하게 판단할 수 있도록 한다.

라. 시각과 교통

1) 장애물과 정지거리는 통상 각 변의 길이 20cm의 정육면체인 반사율 0.2의 표준 장애물을 이용하여 정지거리를 선정한다.
2) 교통 흐름을 감안할 때 설계속도와 조명 조건은 터널 진입구역의 속도와 통과 시의 속도를 동일하게 하는 것이 바람직하다.

2. 조명 계획 시 고려사항

가. 입구 부근의 시야상황 : 터널에 근접하고 있는 자동차 운전자의 기준점에서의 20° 시야 내의 천공, 노면 등의 인공구조물, 입구 부근의 지물·경사면 등의 휘도와 그들이 시야 내에 차지하는 비율
나. 구조조건 : 터널의 단면모양, 전체길이, 터널 내 도로의 평면 등

다. 교통상황 : 설계속도, 교통량, 통행방식, 대형차의 혼입률 등
라. 환기상황 : 환기방식, 배기설비 유무, 터널 내 공기의 투과율 등
마. 유지관리계획 : 청소 방법 및 빈도 등
바. 부대시설의 상황 : 교통안전표지, 도로표지, 소화전 등

3. 조명설계의 일반원칙

가. 터널조명의 구성

1) 터널조명은 그림과 같이 터널 내에 설치하는 조명과 터널 전후의 접속노로에 설치하는 조명에 따라 구성한다.
2) 터널 내에 설치하는 조명은 기능에 따라 기본조명, 입구조명 및 출구조명으로 구성한다.
   ① 기본부 조명 : 주·야간에 터널 내에서 운전자의 시각 인지성을 확보하기 위하여 터널 전체길이에 거의 균일한 휘도를 확보하는 조명이다.
   ② 입구부 조명 : 주간에 터널 입구 부근에서의 시각적 문제를 해결할 목적으로 기본조명에 부가하여 설치하는 조명으로 경계부, 이행부 조명으로 구성된다.
   ③ 출구부 조명 : 주간에 터널출구를 통해 보이는 야외의 높은 휘도에 의하여 일어나는 눈부심 등 시각적 문제를 해결하기 위하여 기본조명에 부가하여 설치하는 조명이다.
3) 터널 전후의 접속도로에 설치하는 조명은 그 기능에 따라 입구부 접속도로의 조명과 출구부 접속도로의 조명으로 구성한다.

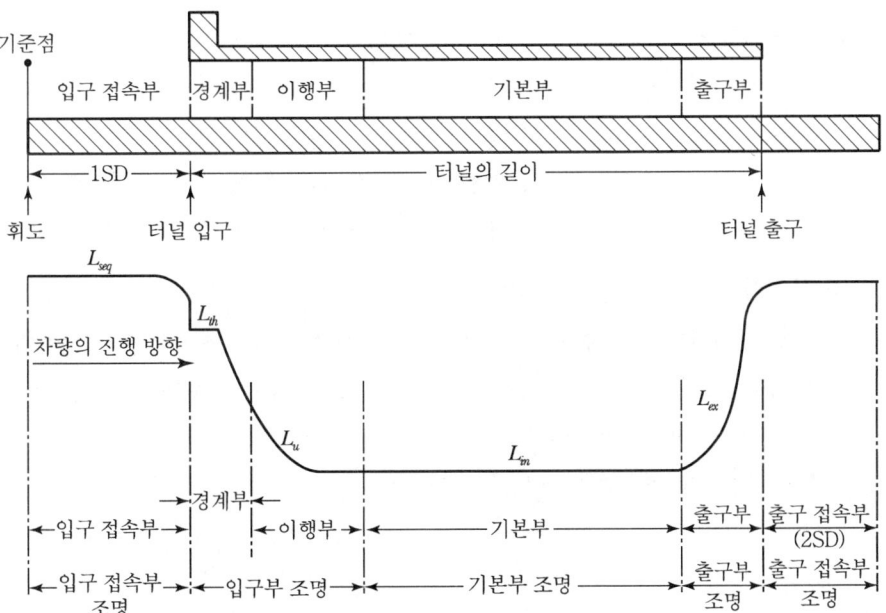

[그림 1] 터널조명의 구성(터널의 세로 단면도)

① 입구부 접속도로 조명 : 야간에 터널 입구 부근의 상황, 터널 앞에서 도로 폭의 변화 등을 자동차 운전자가 알 수 있도록 터널 입구부의 접속도로에 설치하는 조명이다.

② 출구부 접속도로 조명 : 야간에 터널 출구에 접근하고 있는 자동차 운전자가 밝은 터널 내부에서 터널에 접속하는 어두운 도로의 선형변화 등을 충분히 전방에서 알 수 있도록 터널 출구부의 접속도로에 설치하는 조명이다.

나. 광원·조명기구

1) 광원은 효율, 광색, 연색성, 동정특성, 주위온도 특성, 수명 등이 터널조명에 적합할 것
2) 조명기구는 배광, 눈부심 제어, 조명률, 구조 등이 터널조명에 적합할 것

다. 조명기구의 배치 및 배열

1) 조명기구의 배치 및 배열은 건축한계에 저촉되지 않는 위치에 부착한다.
2) 도로노면 및 터널벽면의 휘도분포가 균일하도록 배치한다.
3) 자동차 운전자에게 불쾌한 반짝임이 발생하지 않도록 한다.

라. 조명방식

1) 대칭조명(Symmetric Lighting)

교통의 진행방향과 동일 방향 및 반대방향으로 같은 크기의 빛이 투사되는 조명방식으로 양 방향으로 대칭적인 광도분포를 보이는 조명기구를 사용한 것이며, 표준 장해물에서의 휘도대비계수가 0.2 이하이다.

2) 카운터빔 조명(Counter-Beam Lighting)

교통의 진행과 반대되는 방향으로 빛이 물체에 투사되는 조명방식으로 이 방향으로 큰 배광을 갖도록 비대칭적으로 빛을 발산하는 조명기구를 사용하는 것이며, 이 경우 노면 휘도는 높아지고 장해물은 노면을 배경으로 검은 실루엣으로 나타나며 표준 장해물에서의 휘도대비계수가 0.6 이상이다. 예 터널의 입구부 조명 : 주간의 블랙홀

3) 프로빔 조명(Pro-Beam Lighting)

교통의 진행과 같은 방향으로 빛이 물체를 향해 비치는 조명방식으로 이 방향으로 큰 배광을 갖도록 비대칭적으로 빛을 발산하는 조명기구를 사용하는 것이며, 이 경우 노면에 수직인 차량의 배면이나 물체의 휘도는 높아지게 된다.
예 터널의 출구부 조명 : 야간의 암순응

4. 터널의 조명설계기준

가. 설계속도와 정지거리

움직이는 상태에서는 눈의 순응속도가 상대적으로 느리기 때문에 설계속도는 경계부에서 필요한 휘도값을 결정하는 데 대단히 중요하다.

1) 설계속도란 터널 설계시에 고려하는 속도로서 차량이 진입구역에 접근하는 최대속도이며 터널 전방에 이 속도를 명시해야 한다.
2) 정지거리는 운전자, 차량의 속도, 도로의 경사도 등에 따라 달라지며, 운전자의 반응시간 및 브레이크 조작시간을 포함한 거리이며, 설계속도에 대응하는 정지거리 [표 1]과 같다.

[표 1] 설계속도와 정지거리

설계속도	정지거리(SD)
60km/h	60m
80km/h	100m
100km/h	160m
120km/h	220m

나. 경계부 조명

주간의 자동차 터널도로의 경계부 조명기준은 다음에 따른다.

1) 경계부의 노면휘도(L_{th}) 값 선정

   ① 터널의 설계속도와 주행방향을 결정한다.
   ② 경계부 휘도에 대한 조절계수로부터 경계부 휘도 값에 곱하는 비율을 결정한다.
   ③ 설계하고자 하는 터널에 가장 유사한 경관을 적용하여 하늘의 비율을 구한다.
   ④ 적당한 휘도 값을 읽고 경계부 노면 휘도에 대한 조절계수 비율[%]을 곱한다.

2) 경계부의 길이

   경계부 전체의 길이는 정지거리와 같거나 이보다 길어야 한다.

3) 경계부의 조명 수준

   경계부 처음부터 중간지점까지의 조명수준은 경계구역의 초반에서의 값과 같아야 하며 조명수준은 점차 선형적으로 감소하여 경계부 종단에서는 $0.4L_{th}$까지 감소되도록 한다.

다. 이행부 조명

1) 이행부는 경계부($t = 0$)가 끝나는 지점에서 시작된다.
2) 이행부에서의 단계별 휘도값 계산
   ① 곡선 형태로 휘도를 감소시킬 경우 모든 위치에서의 휘도는 곡선상의 수치 이하로

떨어져서는 안 된다.

② 계단식으로 감소하는 경우 다음 단계의 최대 휘도비는 3이며, 이행부 최종 단계의 휘도는 기본부 휘도의 2배 이상으로 되어서는 안 된다.

라. 기본부 조명

1) 터널 기본부는 운전자의 시각이 낮은 휘도에 순응되는 구간이며, 기본부에서의 평균 노면휘도(L_{in})는 정지거리와 교통량과 함수관계에 있다. 기본부 평균 노면휘도는 설계속도에 따라 [표 2]와 같이 한다.

2) 기본부가 없는 터널 연장

터널 길이가 짧아서 기본부가 없는 경우에는 출구부 조명 구간이 확보될 수 있도록 해당 터널의 길이에 맞추어 이행부의 거리를 조절하여 적용한다.

[표 2] 주간의 자동차 터널도로의 기본부 평균 노면휘도 L_{in}[cd/m²]

정지거리(설계속도)	터널의 교통량		
	적음	보통	많음
160m(100km/h)	7	9	11
100m(80km/h)	5	6.5	8
60m(60km/h)	3	4.5	6

마. 출구부 조명

1) 출구부 조명에 의한 주간 휘도를 정지거리 이상의 구간에 걸쳐 점차 증가시킨다.
2) 출구 접속부 전방 20m 지점의 휘도가 기본부 휘도의 5배가 되도록 단계적으로 상승시킨다.

바. 입구 접속부 및 출구 접속부의 조명

1) 터널조명이 없는 도로의 일부이고 운행 속도가 50km/h 이상일 때 입구 접속부 및 출구 접속부의 야간 조명을 설치하는 경우
2) 터널 내 야간 조명수준이 1cd/m² 이상인 경우
3) 터널 출구에서 각기 다른 기상 상태가 나타나는 경우

사. 터널 내 조명

터널 내부는 포장도로, 벽면, 천장으로 구성되어 있으며, 특히 터널 내부의 벽면은 터널 내 장애물 식별을 위한 배경으로서 기능을 하고, 밝기 변화에 따른 운전자의 시력 적응에 영향을 주는 등 터널조명의 중요한 요소가 된다.

1) 천장 및 벽체 조명

① 터널 내부 표면의 휘도가 높은 경우 블랙홀 효과가 감소하고 대비에 의한 장애물 식별력과 빛에 대한 감지력을 높여준다.

② 터널 벽의 휘도는 노면으로부터 최소 2m 높이까지의 평균치가 해당 지점 평균 노면 휘도의 100% 이상으로 되어야 한다.

2) 휘도 균제도

① 터널 내 노면의 휘도와 벽면 2m 높이까지의 휘도는 좋은 균제도를 유지해야 한다.
② 터널의 청결 조건하에서 노면의 2m 높이까지 벽면의 종합 균제도는 최소 0.4 이상이어야 한다.
③ 운전자의 눈이 터널 휘도에 적절히 순응하기 위해서는 터널 내부 표면의 휘도가 균등할 필요가 있다.

3) 야간조명

입구 접속부의 길이는 정지거리 이상, 출구 접속부의 길이는 정지거리의 2배 이상으로 200m 이상일 필요는 없다.

① 터널조명이 설치된 도로와 연결되어 있을 때 접근도로의 균제도 및 글레어 수준과 최소한 같아야 한다.
② 터널조명이 없는 도로의 일부인 경우, 야간에 터널 내부의 평균 노면휘도는 $1cd/m^2$ 이하로 되어서는 안 된다.

4) 글레어 제한

운전자의 쾌적성과 안전성을 확보하기 위해 적절한 글레어 제한이 필요하다. 임계치 증분은 주간과 야간에 터널의 기본부에서 15% 미만이 되어야 한다.

5) 플리커 효과의 규제

플리커 현상은 운전자가 차광막이나 별개로 설치된 조명기구에 의해 생성된 휘도가 공간적으로 주기적인 변화를 하는 구역을 운행할 때 나타난다.

① 플리커 주파수 : 플리커의 주기는 주행속도(m/s 단위)를 조명기구의 설치 간격으로 나누면 구할 수 있다.

　예 속력이 60km/h(=16.6m/s)이고 조명기구 간격이 4m일 때, 플리커 주파수는 16.6/4=4.2Hz

② 플리커 대책

㉠ 4~11Hz 사이에 있는 주파수가 20초 이상 지속되는 경우, 별개의 대책이 마련되어 있지 않으면 불안감이 일어날 수 있다.
㉡ 고압방전등과 같은 소형 광원을 사용하는 경우 지속시간이 20초 이상인 설비 상태에서 4~11Hz 내의 주파수 범위는 피할 것을 권장한다.

아. 비상조명

1) 조명시스템에 정전 사태가 발생한 경우에는 무정전 비상 전원의 운용을 권장한다.
2) 터널 길이가 200m 이상인 경우에는 모든 위치에서 평균 10lux(최소 2lux)수 준 을 유지할 것을 권장한다.

자. 유지관리

터널조명설비는 사용에 따라 램프 및 조명기구 특성의 노화, 오손, 수명, 파손 등에 따라 기능정지 등이 생기지 않도록 다음 사항에 유의하여 유지관리하는 것이 바람직하다.

1) 조명의 점등상태
2) 조명기구의 오염상태
3) 조명기구 및 자동조광장치의 부착상태
4) 노면 및 벽면의 휘도 또는 조도

CHAPTER 03 동력설비

SECTION 01 전동기

1.1 전동기의 종류

전동기는 전기적 에너지를 기계적 에너지로 변환시키는 회전기계장치를 말하며 전원(電源)의 종별에 따라 직류전동기와 교류전동기로 분류되고 교류전동기는 유도전동기, 동기전동기, 정류자 전동기 등으로 구분된다.

■ 전기기기, 정기간행물

1. 직류전동기

직류전동기는 속도제어를 비교적 간단하게 할 수 있고, 기동토크가 크고, 고도의 속도제어가 요구되는 장소(엘리베이터, 전동차)에 적용하나 교류 전원을 직류로 바꾸는 장치가 필요하고 가격이 높은 것이 결점이다.

가. 구조 및 원리

1) 직류전동기의 구조는 계자와 전기자, 브러시 등으로 되어 있다.
2) 브러시 사이에 직류전압 V를 가하면 전기자 도체에는 전기자 전류 I_a가 흘러 도체와 자극에 의해 생긴 자속과의 사이에는 플레밍의 왼손법칙에 의한 코일변 화살방향으로 전자력이 생겨서 회전한다. 전동기가 회전하면 전기자 도체가 자속을 자르게 되므로 플레밍의 오른손법칙에 의한 역기전력이 발생한다.([그림 1] 참조)

① 유기기전력 $E[V]$: $E = K_1 \phi N[V]$

여기서, E : 역기전력 크기[V], ϕ : 자극의 자속[Wb], N : 회전수[rpm][48]

② 전기자전류 $I_a[A]$: $V = E + I_a R_a[V]$에서 $I_a = \dfrac{V-E}{R_a}[A]$

---

[48] 회전속도는 $n = \dfrac{1}{T} = f[\text{rps}]$, $N = f \times 60[\text{rpm}]$, 회전자 속도와 극수의 관계에서 교류파형 1주기는 $T = \dfrac{2}{P}$, 즉 회전자의 회전속도 n은 f배이므로 $n = \dfrac{2}{p}f[\text{rps}]$가 된다. ∴ $N_S = \dfrac{120 \cdot f}{p}[\text{rpm}]$

③ 회전속도 $N[\text{rpm}]$: $N = K\dfrac{V - I_a R_a}{\phi}[\text{rpm}]$

나. 전동기의 특성과 종류

1) **속도특성(Speed Characteristic)**

   전동기 단자전압 V와 계자전류 I_f를 일정하게 유지하고 부하전류 변화에 따른 회전수와의 관계를 표시한다.

2) **토크특성**

   단자전압 V와 계자저항 R_f를 일정하게 유지하고 부하전류 변화에 따른 토크와의 관계를 표시한다.

3) **직류전동기의 종류**

   ① 타여자 전동기 : 속도를 넓은 범위로 세밀한 속도조정이 가능하다.
   ② 분권 전동기 : 속도가 거의 일정한 전동기이므로 정속도 전동기이다.
   ③ 직권 전동기 : 토크가 증가하면 속도가 저하한다.
   ④ 복권 전동기 : 가동복권과 차동복권 전동기가 있으며 가동복권 전동기는 직권과 분권전동기 특성과 비슷하다.

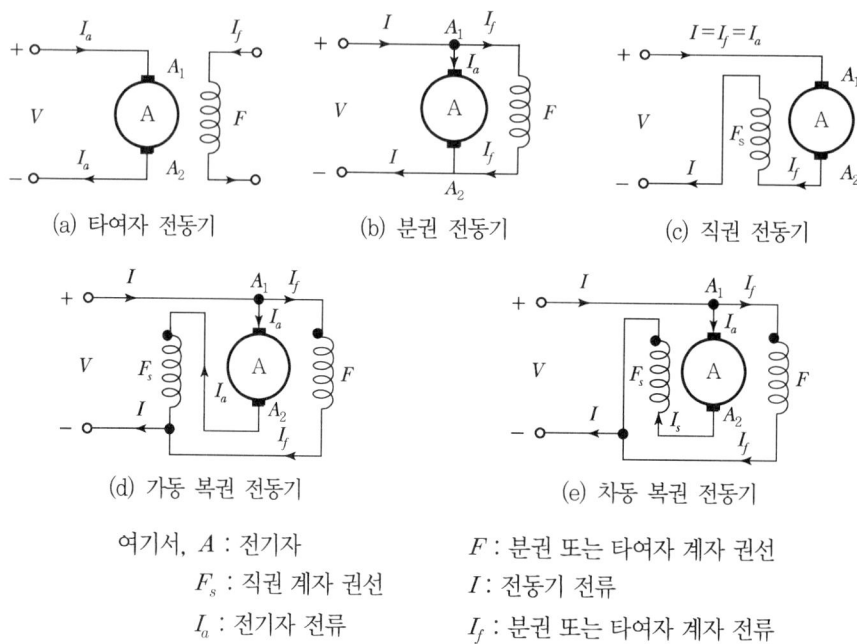

여기서, A : 전기자　　　　　　F : 분권 또는 타여자 계자 권선
　　　　F_s : 직권 계자 권선　　I : 전동기 전류
　　　　I_a : 전기자 전류　　　　I_f : 분권 또는 타여자 계자 전류

[그림 1] 직류전동기의 종류

2. 동기전동기

동기기란 전원 주파수 f의 교류를 전기자에 공급하면 계자권선을 통한 자극을 만들며 항상 같은 방향의 동기속도로 회전한다. 속도가 항상 일정하고 역률을 조정할 수 있어 좋으나 직류 공급장치인 여자기[49]가 필요하며 구조가 복잡하다.

가. 구조 및 원리

1) 3상 고정자 권선과 자극 NS로 구성된 회전자로 되어 있다. 회전자의 구조에 따라 원통형과 돌극형으로 구분된다.
2) 3상 교류를 고정자 권선에 공급하면 중앙 회전자계에서 계자극을 만들어 흡입 반발하므로 시계방향의 토크를 발생하며 회전자의 자극과 고정자의 회전자계가 적당한 위치관계를 유지하며 동기속도로 회전한다. 고정자에 대해서는 유도전동기와 같으나, 회전자는 [그림 2]에서 표시하는 바와 같은 돌극형 회전자가 많이 사용된다.

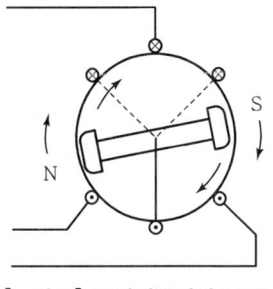

[그림 2] 동기전동기의 구조

나. 특성과 용도

1) 일정한 동기속도로 회전하며, 전부하 효율이 유도전동기보다 좋다.
2) 유도전동기에 비해 고정자와 회전자의 갭이 크므로 고장의 원인이 되지 않는다.
3) 여자용 직류 전원이 필요하고 소·중 용량 기기에서는 설비비가 많이 든다.
4) 구조와 취급이 복잡하여 시동·정지가 빈번한 용도에는 부적당하다.

3. 유도전동기(Induction Motor)

유도전동기는 구조가 간단하고 취급이 간편하여 가장 많이 사용되는 전동기로서 큰 기계동력이 필요한 장소에는 3상 유도전동기를 작은 기계동력이 필요한 곳에는 단상 유도전동기가 사용된다.

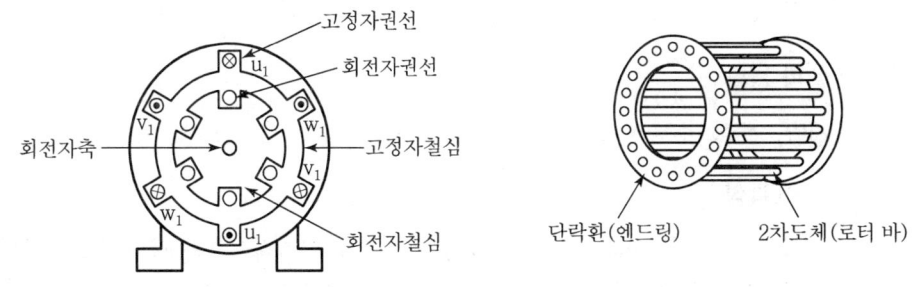

(a) 3상 유도전동기권선(2극기의 경우) (b) 농형 회전자의 도체

[그림 3] 유도전동기의 구조

---

49) 동기 발전기의 계자권선에 여자 전류를 공급하는 직류전원공급장치를 말한다.

가. 구조 및 원리

1) 유도전동기는 회전자계를 만드는 고정자 권선과 도체에 유도전류가 흘러서 회전토크가 생기는 회전자권선으로 되어 있다.
2) 구리원판 외부에 고정자석을 한 방향으로 회전시키면 플레밍의 오른손법칙에 따라 기전력이 유도되어 맴돌이 전류가 원판에 흐르게 된다. 맴돌이 전류와 회전자계자속 사이에 플레밍의 왼손법칙에 의한 원판은 회전자계의 방향(전자력)으로 회전한다.

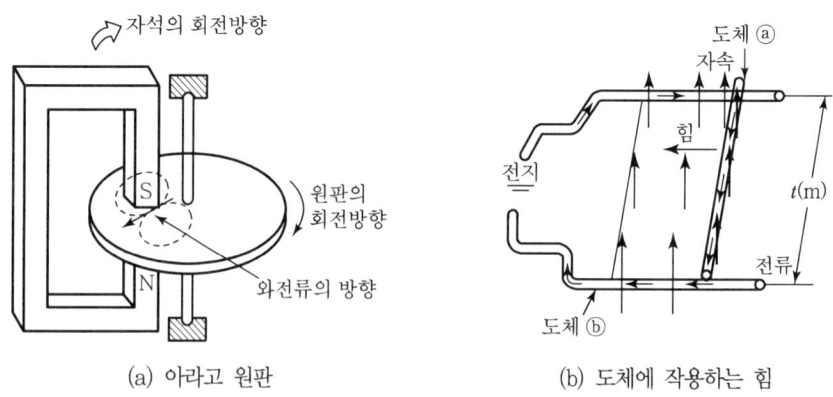

(a) 아라고 원판 (b) 도체에 작용하는 힘

[그림 4] 유도전동기의 원리

나. 유도전동기의 장점

1) 손쉽게 전원을 얻을 수 있다.
2) 구조가 간단하고 튼튼하다.
3) 타 전동기에 비하여 가격이 저렴하다.
4) 취급이 간편하고 운전이 쉽다.
5) 부하가 변하더라도 속도의 변동이 적어 정속도 운전이 가능하다.

다. 특성과 용도

정전압, 정주파수로 운전되는 유도전동기의 특성은 슬립 s만으로 결정된다.

1) 속도특성

1차 전압을 일정하게 유지하고 슬립 또는 속도에 따라서 1차 전류, 토크, 출력, 역률, 효율 값들이 어떻게 변화하는가를 표시하는 곡선을 속도특성곡선이라고 한다.

2) 출력특성

유도전동기에 기계적 부하를 인가하였을 때에 그 출력에 의한 전류, 토크, 속도, 효율, 역률 등의 변화를 나타내는 곡선을 출력특성곡선이라 한다.

3) 비례추이

① 최대토크는 2차 저항 r_2와 슬립에 관계없이 일정한데 회전자에 저항을 접속하여 가변시킬 경우 2차 저항에 비례하여 최대토크가 생기는 슬립 s_m이 이동하는데 이것을 비례추이라고 한다.

  예 외부저항을 2배, 3배로 증가시키면 기동토크는 증가하고 기동전류 및 속도는 감소하나, 전동기의 운전토크는 일정하지만 속도가 낮은 쪽으로 이동한다.

② 슬립과 기계출력(P_0), 2차동손(P_{c2}), 동기 와트(P)와의 관계

$$P_0 : P_{c2} : P = 1 : S : (1-S)$$

③ 슬립과 토크 및 전류의 관계는 모두 슬립에 비례한다. **예** $T ≒ \dfrac{sV_1^2}{n_0 r'_2}$, $I_1 ≒ \dfrac{sV_1}{r'_2}$

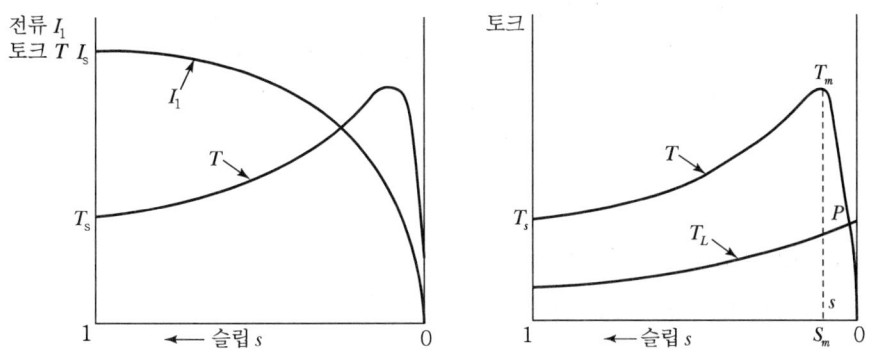

[그림 5] 3상 유도전동기의 특성 및 토크 곡선

4) 유도전동기가 빌딩설비의 동력원으로 적합한 이유

① 구조가 간단하고 취급보수가 용이하며, 가격이 싸다.
② 주위환경, 부하조건에 적합한 특성의 것을 쉽게 선정할 수 있다.
③ 복잡한 기동장치나 운전제어장치가 불필요하고 3상 상용전원으로 쉽게 사용한다.
④ 효율이 좋고 신뢰성과 안전도가 높다.

4. 교류 정류자 전동기(AC Commutator Motor)

- 정류자 전동기는 직류전동기에 교류를 인가하면 전기자 전류는 전원 주파수에 반응하는 방향으로 반전하고 계자권선도 동시에 방향 전환하여 전기자의 회전방향은 변하지 않는다.
- 교류 정류자 전동기 구조는 직류전동기 회전자와 유도전동기 고정자를 합친 것과 같아 교류전원으로 운전해도 직류전동기와 같은 특성을 가진다. 따라서 정류자 브러시의 간단한 이동으로 광범위하고 효율이 높게 그리고 연속적으로 속도를 제어할 수 있고, 역률을 개선할 수 있다.

1.2 전동기의 정격 선정

- 건축설비용 전동기는 비교적 좋은 환경조건에서 사용하는 관계로 개방형이 사용된다. 전동기를 합리적으로 사용하기 위해서는 용도 및 형식, 보호방식에 맞는 전동기를 선택하여야 한다.
- 전기기기의 정격이란 지정된 조건(정격 전압, 정격 전류, 정격 주파수)하에 그 기기가 사용할 수 있는 한도를 말하며 유도전동기의 정격 종류에는 연속정격, 단시간정격, 반복정격 등이 있다.

■ 전기기기, 정기간행물

1. 전동기 선정

가. 전동기 선정방법

1) 부하의 토크 및 속도에 적합한 특성의 것을 선정한다.
2) 운전형식에 적당한 정격 또는 냉각방식에 따라 선정한다.
3) 사용 장소상황에 알맞은 보호방식의 것을 선정한다.
4) 용도에 적합한 기계적 형식을 선정한다.
5) 가급적 표준출력의 것을 선정한다.

나. 전동기 선정 시 고려사항

1) 부하기기의 특성에 적합할 것
2) 전동기의 사용조건을 고려할 것
3) 설치장소의 환경조건을 고려할 것
4) 신뢰도 및 유지, 보수의 난이도에 따라 고려할 것

다. 사용 장소에 따른 보호방식

1) 방수형 : 옥외용, 선박 갑판용 등 전동기 방수가 필요한 장소
2) 방습형 : 공동구, 지하실 등 습기가 많은 장소
3) 방폭형 : 탄광, 정유공장 등 폭발사고 위험장소
4) 방식형 : 화공약품공장, 화학공장 등 부식성 가스가 많은 장소
5) 수중형 : 수중 펌프용, 선박용 등 수중 장소

2. 전동기의 정격 및 종류

가. 정격 선정 시 고려사항

1) 전동기 제작한계와 경제성
2) 수전전압 및 부하전류 등 공급현황
3) 기존설비와의 관계검토

나. 명판에 표시하는 정격사항

1) 정격 출력[kW & W] 또는 정격 용량[A]
2) 정격 전압[V]
3) 정격 전류[A]
4) 상수[ϕ]
5) 정격 주파수[Hz]
6) 정격 회전속도[rps]
7) 기타 정격의 종류, 형식, 제조번호

다. 정격의 종류

1) 연속 정격 : 지정 조건하에서 연속(24시간 계속) 사용할 경우 규격에 정해져 있는 온도 상승, 기타의 제한을 초과하지 않는 정격
2) 단시간 정격 : 지정 조건하에서 기기를 냉한 상태에서 시작하여 일정 단시간을 사용할 경우 규격에 정해진 온도상승, 기타의 제한을 초과하지 않는 정격
3) 반복 정격 : 지정 조건하에서 일정부하와 정지를 주기적으로 반복하여 사용할 경우 규격에 정해진 온도상승, 기타의 제한을 초과하지 않는 정격
4) 공칭 정격 : 제시한 정격 용량보다 2배 정도의 부하를 증가해도 무리 없이 운전될 수 있는 여유 있는 정격, 일반적으로 자동차 전동기 등에 사용하는 정격

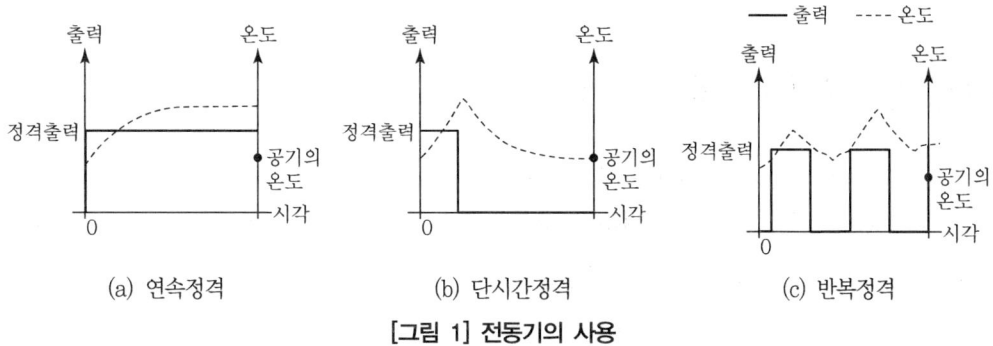

[그림 1] 전동기의 사용

3. 온도상승과 절연

가. 전동기의 온도상승

전기기기 각부의 손실이 완전히 열로 바뀌어 기기의 온도를 상승시키는데 온도상승이 지나치면 절연물의 열화를 초래하고 철심이 변질하여 권선의 소손·단락이 발생하여 전동기 수명을 짧게 한다.

나. 온도측정방법

1) 온도계법 : 회전기가 완성된 후에 외부에서 접근할 수 있는 표면에서 온도가 최고라 생각되는 개소에 온도계를 부착하여 온도를 측정하는 방법
   예 봉상온도계, 다이얼온도계, 저항온도계 등
2) 저항법 : 권선의 저항 증가를 측정하여 권선의 온도상승을 산출하는 방법
3) 매입온도계법 : 회전기가 완성된 후에 접근할 수 없는 개소에 저항 온도계 소자 등을 미리 매입하여 온도상승을 측정하는 방법

다. 전동기의 절연 등급

종별	허용온도 상승한도[℃]	절연물 종류	용도
Y종	90	면, 견, 종이 등	저전압 기기
A종	105	Y종 재료를 바니시 또는 기름에 채운 것	보통 회전기, 변압기
E종	120	폴리에스테르계의 재료로 구성, 와니스류를 채운 것	대용량 및 보통 기기
B종	130	운모, 석면, 유리섬유 등으로 접착제와 함께 사용	고전압 기기
F종	155	B종 재료를 실리콘알키드수지의 접착제와 함께 사용	고전압 기기
H종	180	B종 재료를 실리콘수지의 접착제와 함께 사용	건식 변압기
	200, 220, 250	운모, 석면, 유리 등을 단독 또는 접착제와 함께 사용	특수한 기기

1.3 전동기의 진동과 소음

전동기의 기동 또는 운전, 정지 시에 생기는 진동은 기계적 원인과 전자적 원인이 있다. 전동기에 발생하는 소음은 원인별로 나누면 기계적 소음, 전자적 소음, 통풍 소음으로 나눈다.

■ 전기기기, 제조사 기술자료, 정기간행물

1. 전동기의 진동

가. 기계적 원인

1) 회전자의 정적 · 동적 불평형
2) 베어링의 불평형
3) 상대 기기와의 연결불량 및 설치불량

나. 전자적 원인

1) 회전자의 편심

2) 에어갭의 회전 시 변동
3) 회전자 철심에 의한 자기적 성질의 불평등
4) 고주파 자계에 의한 자기력의 불평형

2. 전동기의 소음(Noise)

가. 기계적 소음 : 진동, 브러시의 습동, 롤러베어링 등에 의한 소음
나. 전자적 소음 : 철심의 주기적인 자력·전자력 때문에 진동하여 소음
다. 통풍 소음 : 팬, 회전자의 Air Duct 등의 회진작용으로 일어나는 소음

3. 보수와 관리

전동기 및 제어장치의 유지관리, 보수점검의 목적은 인건비를 절감하고 사고 파급을 방지하여 생산성을 향상시키고 전력요금 절감 및 전동기의 능률적 운영을 위해서이다.

가. 점검 구분

점검에는 일상점검, 정기점검, 정밀점검 등이 있다.

나. 보수와 관리

1) 절연저항 : 정격 750V 이상의 권선은 1,000V 시험전압, 정격 750V 미만의 권선은 500V 시험전압의 절연저항계를 사용하여 절연저항을 측정한다.

$$절연저항 = \frac{정격전압[V]}{정격출력[kW] \text{ or } [kVA]+1,000}$$
$$= \frac{정격전압 + 1/3(매분회전수)}{정격출력[kW] \text{ or } [kVA]+2,000} + 0.5[M\Omega]$$

2) 감각기관에 의한 점검 : 감각기관을 이용한 정량적 측정으로 오손, 기계적 결합의 풀림, 균열, 진동, 접촉부 과열, 변색 등을 점검한다.

3) 정밀점검
   ① 전동기의 공극을 측정하여 최대와 최소차가 20%를 넘으면 베어링을 교체한다.
   ② 슬립링의 편심은 5×10^{-2}mm 이하를 유지한다.
   ③ 슬립링과 브러시 및 정류자와 브러시는 다같이 접촉되어야 한다.
   ④ 브러시 분말이 슬립링 사이나 정류자편 사이에 있으면 제거한다.
   ⑤ 베어링의 급유상태에서 이상이 없는지 오일 게이지나 오일링을 점검한다.

1.4 전동기의 고장보호

전동기의 고장에는 전기적인 원인과 기계적인 원인으로 구분되며 전기적인 원인에는 과부하, 결상, 역상, 지락(권선지락), 층간단락, 순간 과전압의 유입 등이 있고, 기계적인 원인에는 구속, 회전자와 고정자의 접촉, 베어링의 마모 및 윤활유 부족 등으로 열이 발생한다.

■ 전기기기, 제조사 기술자료, 정기간행물

1. 유도전동기의 보호방법

가. 전기적 방식 : 과부하, 결상, 역상, 지락, 단락, 구속, 과전압 및 부족전압보호
나. 온도검지 방식 : 서모 스타트(권선온도 검출)

2. 보호방식 선정 시 주의사항

가. MCCB나 퓨즈는 전동기 단락보호에는 적합하지만 과부하 보호는 부적합하므로 열동계전기와 조합해서 사용한다.
나. 배선용 차단기는 전동기용 차단기를 선정하는 것이 좋다.
다. 열동계전기의 동작전류는 전동기 정격 전류와 같이 정정한다.
라. 간헐 운전하는 전동기의 과열은 열동계전기로 보호할 수 없어 서모스타트, 온도퓨즈를 사용한다.
마. 진상용 콘덴서를 설치하는 경우 OCR 및 전류계의 전원 측에서 분기하여 설치한다.
바. 과부하보호는 전동기 열특성 이내에서 동작하도록 계전기의 정정값을 설정한다.

3. 보호기기의 종류

가. 열동형 계전기(THR)

1) 온도상승에 의한 바이메탈의 만곡특성을 이용한 것이다.
2) 크기가 소형이며 취급이 용이하고, 가격이 저렴하다.
3) 종류에는 과부하보호, 과부하 및 결상보호방식이 있다.

나. 전자식 과전류 계전기(정지형 계전기)

1) CT, 반도체, CPU 등을 몰드케이스 내에 수납한 것이다.
2) 전류치 설정, 동작시간의 설정 및 전류치 표시가 가능하다.
3) 종류에는 1E(과전류), 2E(과전류·결상), 3E(과전류·결상·역상), 4E(과전류·결상·역상·지락) 등이 있다.

다. 전동기용 MCCB

열동계전기와 MCCB 기능을 조합한 차단기로서 과부하, 구속, 단락보호가 가능하다.

라. 디지털 전동기 보호장치

마이크로컴퓨터를 내장한 디지털방식의 전동기 보호, 제어 및 표시기능을 통합한 장치이다.

1) 보호기능 : 과부하, 구속, 결상, 지락, 불평형, 부족전류 등을 보호한다.
2) 제어기능 : 원격제어, 통신기능 등을 적용한다.

마. 부족전압계전기

1) 전동기 발생토크는 전압에 비례하므로 전압이 저하되면 전동기는 과부하 운전된다. UVR를 별도로 설치한다.
2) UVR은 리크로저 재투입 시(약 2초) 동작하지 않도록 설정하고, 동작탭을 70% 전압으로 한다.

4. 전동기의 보호방식

가. 과전류 계전기(OCR)에 의한 보호방식 : [그림 1] (a)

1) 단락 및 과부하 보호는 OCR에 의해 검출하여 CB를 차단한다.
2) 고압전동기 보호에 사용한다.

나. MCCB+MC+계전기(열동계전기, EOCR)방식 : [그림 1] (b)·(d)

1) MCCB는 단락 보호, MC는 과부하 보호에 적용한다.
2) 열동계전기는 과부하 및 결상보호에 적용한다.
3) 저압전동기 보호에 사용한다.

다. PF+MC+계전기(열동계전기, EOCR)방식 : [그림 1] (c)·(d)

1) PF는 단락 보호, MC는 과부하 보호에 적용한다.
2) 전자계전기는 과전류·결상·역상·지락 등에 적용한다.
3) 고압전동기 보호에 사용한다.

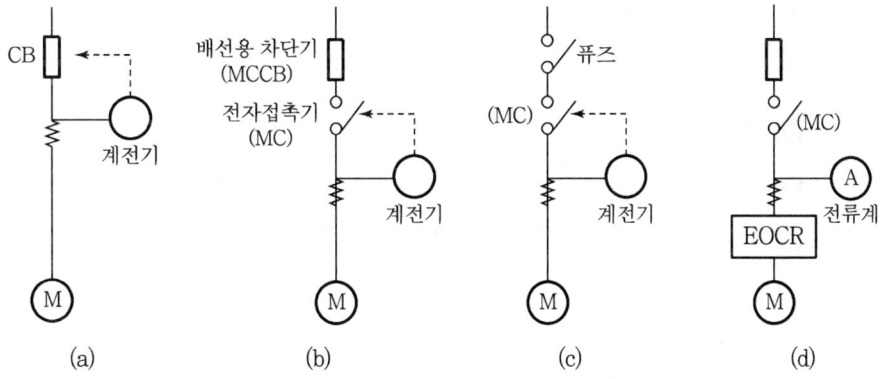

[그림 1] 전동기 전류차단방식의 종류

5. 보호계전기의 적용

가. 과전류보호

1) 열동계전기의 한시특성은 전동기 열특성과 시동전류 사이에 설정한다.
2) 과전류계전기의 한시탭은 정격 전류의 500%에서 40초 정도, 순시탭은 20ms로 동작하나 기동전류를 고려해서 정정한다.

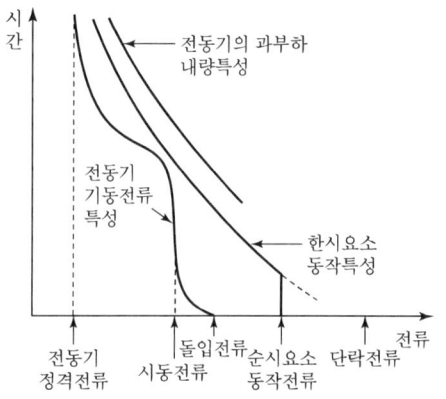

[그림 2] 전동기 보호계전기 보호협조   [그림 3] 배선용 차단기 사용 시 보호협조

나. 결상보호/역상보호

1) 모터 결상 시 단상 운전이 되어 과부하 운전이 되므로 과전류가 흐른다.
2) 결상 시 일반적으로 과부하는 열동계전기로 보호하고, 경부하 운전 시는 결상계전기를 사용하나 일반적으로 3E Relay를 사용한다.
3) 내부 또는 배선 원인으로 결상이 발생할 경우 역상전류에 의한 과부하를 보호한다.

다. 지락보호

1) 비접지계(6.6kV, 3.3kV)의 지락보호는 지락방향계전기를 사용한다.
2) 저항접지계는 CT 잔류회로 또는 3차 영상분로접속을 하여 지락과전류계전기를 사용한다.

라. 단락보호

1) 단락사고 시 고압전동기에는 OCR, PF를 저압전동기에는 MCCB를 사용한다.
2) 5,000kW 이상의 대형전동기는 단락보호에 비율차동계전기를 사용한다.

1.5 전동기의 제동법과 역전법

- 기계부하의 종류와 상태에 따라 과속방지 또는 신속정지가 필요한 경우 회전체가 가지고 있는 운동에너지를 신속하게 방출하여 속도를 저하시키는 것이 필요한데 이것을 제동(Braking)이라 하며, 구동상태를 정지상태로 변환시키는 과정이다.
- 제동방법에는 기계적 제동과 전기적인 제동이 있는데 전자는 수동, 유압 등 제동기로 작동하는 방법, 후자는 발전제동, 회생제동, 역전제동 등 부하특성에 따라 정지하는 방법이 있다.

■ 전기기기, 제조사 기술자료, 정기간행물

1. 전동기의 제동법

제동에는 전원 측으로 에너지를 흡수하면서 운전상태의 속도를 조정하는 감속제동과 제동시키면서 일정속도로 운전하는 운전제동이 있으며 제동속도에 따라 고속제동(발전제동, 역전제동, 회생제동)과 저속제동(마찰제동)이 있다.

가. 역전제동(Plugging)

1) 원리
   ① 직류 전동기에서 신속하게 정지시키는 방법은 정상 운전 상태에서 전기자 양단의 극성을 반대로 하여 회전방향에 역토크를 발생시켜 정지시키는 방법으로 이 경우 전기자 양단의 극성을 변환하는 순간 과대한 전류로 불꽃 발생이 우려된다.
   ② 또한 전동기를 정지시키고자 할 때는 시한계전기나 영회전 검출계전기(플러깅 릴레이)에 의해서도 전원에서 분리하여 정지시키는 제동법이다.
   ③ 유도 전동기를 급속하게 정지시키고자 하는 경우에는 역상 제동 시 큰 전류가 흐르고 토크가 크므로 이를 억제하기 위하여 저항이나 리액터를 삽입한다.

2) 적용
   ① 직류전동기 : 전기자 회로의 접속을 반대로 함으로써 제동한다.
   ② 유도전동기 : 전동기 1차 권선의 3단자 중 임의의 2 단자의 접속을 바꾸면 상회전 순서가 반대로 되어 제동한다.

나. 발전제동(Dynamic Braking)

1) 원리
   ① 직류 전동기의 경우 운전 중에 있는 전동기의 전원 단자를 분리하고 발전기로 동작시켜 회전자의 운동에너지를 전기적 에너지로 변환하여 이것을 저항기에 접속 열에너지로 소비시켜 제동하는 방법이다.

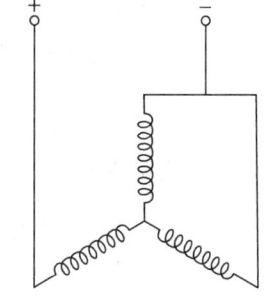

[그림 1] 발전제동

② 유도전동기의 경우 운전 중 전동기의 전원을 끊고 1차 측에 직류전압을 가하여 여자하면 전동기는 교류발전기가 된다. 이때 발생한 교류전력은 권선형에서는 저항기로 소비시키고, 농형에서는 권선 내에서 소비시켜서 제동한다.

2) 적용
① 직류전동기 : 계자를 가한상태로 전기자 권선에 저항기를 접속하여 제동한다.
② 권선형 유도전동기 : 1차 측을 교류전원에서 분리하여 직류전원에 접속하고 2차 단자 간에 접속한 저항기를 통하여 발생 교류전력을 소비시켜서 제동한다.

다. 회생제동(Regenerative Braking)

1) 원리
① 직류전동기의 회생제동은 권상기, 크레인 등으로 중량물을 하강시키는 경우 또는 전동차가 경사로를 내려가는 경우 등 가속을 받는 곳에 유효하게 활용되는 방식으로 전동기에 전원전압 이상으로 역기전력이 증가하면 전동기는 발전특성으로 동작하여 제동한다. 분권전동기는 계자전류만 증대시키면 발전기로 동작되고 직권 전동기는 계자권선의 접속을 바꾼다.
② 유도전동기는 동기 속도 이상의 속도(슬립이 부의 값)로 운전하면 유도발전기의 영역이 되어 그 발생전력을 전원에 반환하면서 제동하는 방법으로 기계적 제동과 같은 마찰에 의한 마모나 발열이 없이 전력 회수가 되는 양호한 방법이다.

2) 적용
① 직류전동기 : 회전체에서 방출되는 운동에너지를 흡수해서 전기에너지로 바꾸고 이것을 다시 전원으로 되돌려 보내 제동하는 경제적인 방법이다.
② 유도전동기 : 동기각속도 $\omega_0 = \dfrac{2\pi f}{P}$ [rad/sec]가 어떤 운동상태에서 갑자기 주파수를 낮추면 동기속도가 회전속도에 비해 낮아지므로 슬립은 마이너스가 된다. 회생제동은 제동할 때 손실이 가장 적고 효율이 높은 제동이다.

라. 와(渦)전류 제동

발전제동과 같은 원리지만 전동기축 끝에 구리판 또는 철판을 붙이고 이것을 직류 전자석의 극 사이에서 회전하도록 하여 전자석을 여자하면 금속판 중에 와류(Eddy Current)가 유기되어 제동력이 발생하도록 하는 방식이다.

마. 마찰 제동

슈형 마찰브레이크는 회전하고 있는 브레이크 휠과 정지하고 있는 브레이크 슈를 접속시켜 제동을 거는 것으로 마찰부분에서 에너지를 흡수하여 제동한다.

2. 전동기의 역전법

가. 직류전동기의 역전법
계자 또는 전기자회로 중 한쪽의 극성을 반대로 결선하여 역전시킨다.

나. 유도전동기의 역전법
3상 유도전동기의 경우 3상 중 2상의 접속을 바꾸어 결선하여 역전시킨다.

SECTION 02 유도전동기

2.1 유도전동기의 원리 및 특성

■ 전기기기, 제조사 기술자료, 정기간행물

1. 동작원리

가. 아라고 원판

1) 유도전동기의 기본원리는 Arago's Disk이다. 원판을 수직으로 지지하고 그 원둘레에서 자극 N → S가 화살표의 방향으로 움직이면 원판은 자석보다 늦은 속도로 같은 방향으로 움직인다.
2) [그림 1]의 자극 내에서 원판이 반시계방향으로 운동하는 것과 같으므로 플레밍의 오른손 법칙을 적용하면 원판 속에 생기는 기전력의 방향은 원판 중심으로 향한다.

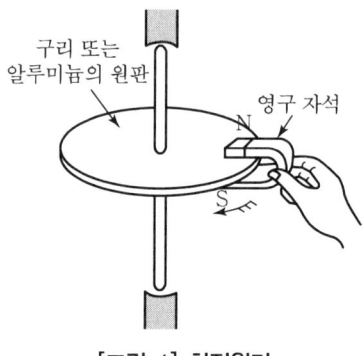

[그림 1] 회전원리

3) 판의 기전력에 의해 생기는 와전류와 자극 자기장에 플레밍의 왼손법칙을 적용하면 힘은 시계방향, 즉 자석이 움직이는 방향과 같다는 것을 알 수 있다. 즉 원판은 자석이 움직이는 방향과 같은 방향으로 약간 늦게 회전하게 된다.

나. 전자유도현상

1) 유도전동기는 도체와 자기장 사이에서 발생되는 전자유도(Induction of Electromagnet)작용[50]을 이용한 것이며 플레밍의 오른손 법칙으로 기전력이 발생되고 왼손법칙으로 전동력이 발생되는 원리이다.
2) [그림 2]에서 길이 $l[m]$인 도체(Coil)의 영구자석 N→S극 내에 전기각 $\omega t_0 = 0$인 위치에서 전류 $i = 0$, 기전력 $e = 0$이다.

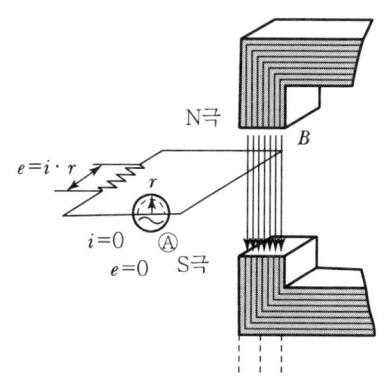

[그림 2] 유도기전력 발생원리

---

[50] 전자유도현상(=전자기 유도현상)은 자기장과의 상호작용에 의해 회로에 전류가 생겨나는 현상, 즉 전자기 작용은 전기장과 자기장이 서로 연쇄적으로 만들어 내면서 전달되는 전자기파에 의해 매개된다.

3) 코일이 $\omega t_1 = 90°$ 위치에서 코일은 영구 자기력선속의 자기력선속밀도 B를 수직교차하여 최대가 된다.

4) 수직 자기력선속밀도 내에서 코일을 v의 속도로 $\omega t_2 = 0 \sim 2\pi$로 수평 왕복운동시킴으로써 코일에는 $e = Blv\sin\omega t[V]$, $i = I_m\sin\omega t[A]$의 기전력과 전류가 흐르고, 교류 사인파는 전자유도현상과 플레밍의 오른손 법칙으로 기전력의 방향이 결정된다.

다. 유도 전동기의 회전원리

1) 영구자석을 설치하여 N → S에 의한 자기력선속 ϕ_1을 만든다.

2) [그림 3]과 같이 폐회로로 구성된 한 변의 길이가 l인 4각 도체를 설치하여 ①의 자기력선 ϕ_1을 끊게 한다.

3) 자극 N, S를 시계방향으로 회전시켜서 회전자기장으로 하면 길이가 l인 내측의 도체 ②는 자기력선 ϕ_1을 끊게 된다.

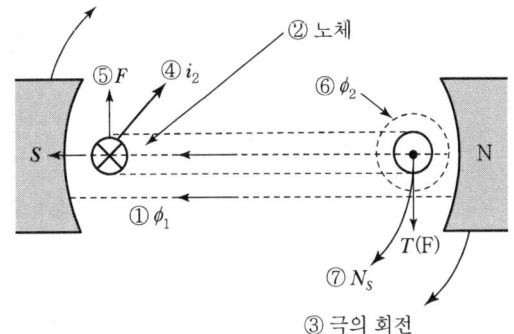

[그림 3] 유도전류에 의한 회전원리

4) 도체에는 렌츠법칙에 의해서 유도전류 i_2가 N극 앞에서는 ⊙방향으로 또한 S극 앞에서 ⊗방향으로 각각 생기고, 도체에는 플레밍의 왼손법칙에 따르는 전자력 F가 생긴다.

$$F = B \cdot I \cdot l \cdot \sin\theta [N]$$

5) 이때, 단락순환전류 i_2는 도체 자신의 자기력선속 ϕ_2를 발생시키고 ϕ_1과 ϕ_2 두 자기력선속 사이에는 토크 T가 발생된다.

$$T \propto \phi_1 \cdot \phi_2 \cdot \sin\theta [N \cdot m]$$

따라서 자기력선속 내의 도체는 자극의 회전과 같은 방향으로 회전에 추종하여 동일속도 N_S로 회전한다.

2. 유도전동기의 슬립 토크 특성

가. 유도전동기의 동기속도

1) 동기속도(Synchronous)란 각 상의 극수에 의해서 발생되는 회전 자기장의 분당 회전수 N_S를 전원 주파수 f와 같은 주기로 회전하는 것을 말한다.

2) $N_S = \dfrac{120 \cdot f}{p}[\text{rpm}]$

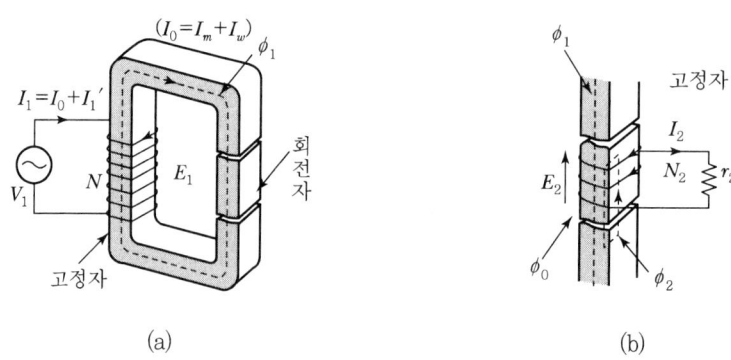

[그림 4] 전자유도와 유도기전력

나. 전기적 출력과 슬립

1) [그림 4]에서 출력저항 r_2에 의해서 전기적인 출력 $P_2 ≒ I_2{}^2 r_2$이 출력된다. 또한 공극을 통해서 기계적 회전출력 토크 T가 ω의 각속도로 출력된다.

$$T = k\phi_1 \cdot \phi_2 \cdot \sin\theta \, [\text{N} \cdot \text{m}]$$

2) 회전자의 회전속도가 $N[\text{rpm}]$일 때

① 정격 기계적 출력 $P_{0m} = \omega T = 2\pi \dfrac{N}{60} T \, [\text{W}]$

② 위 식에서 회전자의 실제속도 $N = f \times 60 [\text{rpm}]$과 같으며, 회전 자기장 속도인 동기속도 N_S에 대해서 늦어진 속도 $N = (1-s)N_S$로 회전한다.

3) 슬립 s는 위와 같이 미끄러져 늦게 회전하는 비율을 말한다. $s = \dfrac{N_S - N}{N_S}$

① $s = 1$, $N = 0$인 경우 회전자가 정지 시는 회전 자기력선속과는 완전한 슬립상태가 된다.

② $s < 1$인 경우 회전자가 기동하는 상태이다.

㉠ 2차 측의 N_2권선의 회전자 속도 기전력 전압 E_2가 감소된 sE_2로, 이때 2차 운전전류 I_{2S}가 흐른다.

$$I_{2S} = \dfrac{sE_2}{\sqrt{r_2^2 + (sx_2)^2}} \, [\text{A}], \; 역률 \; \cos\theta = \dfrac{r_2}{\sqrt{r_2^2 + (sx_2)^2}}$$

㉡ 기동 시에는 $r_2 \ll x_2$이므로 기동전류는 역률이 불량한 대전류가 된다.

③ $s = 0$인 경우 슬립이 전혀 없는 무부하 상태로 회전자와 회전 자기장이 같은 속도로 동기 회전하는 상태가 된다.

>> 참고 슬립의 표현

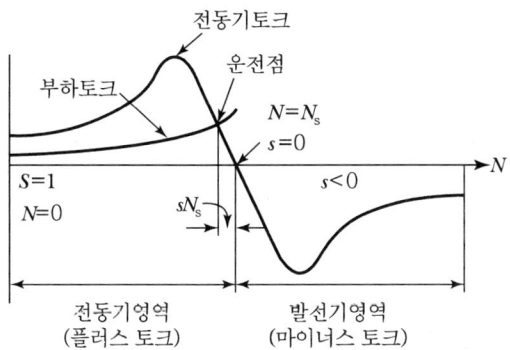

슬립 $s = \dfrac{N_s - N}{N_s}$. 이때 회전자계에 대한 회전자의 상대속도 $N = (1-s)N_s$

1) $0 < s < 1$인 경우는 전동기 영역
   $s = 0$에서는 전동기가 동기속도의 회전 상태이거나 또는 무부하 시
   $s = 1$에서는 전동기가 정지 상태이거나 또는 기동 시
2) $s < 0$인 경우는 외부에서 주어진 에너지에 의해서 발전기로 동작

   회전자계의 동기속도 $N_s = \dfrac{120f}{p}$[rpm]이므로 슬립이 s인 경우 유도전동기의 회전속도 $N = N_s(1-s) = \dfrac{120f}{P}(1-s)$[rpm]이다.

다. 유도전동기의 기계적 출력

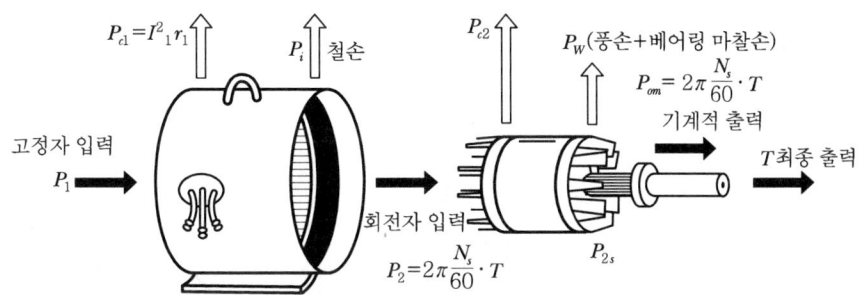

[그림 5] 기계적 에너지 변환흐름도

1) 고정자 입력 P_1은 1차 전류 I_1에 의한 고정자 동손 $P_{C1} = I_1^2 r_1$과 고정자 철심에서 자기적인 철손 P_i가 소모되고 유효한 입력 $P_2 = I_2^2 r_2$는 회전자에 저장된다.
2) 회전자 입력은 2차 회전자 동손 P_{C2}와 풍손 P_W의 손실을 뺀 후 슬립부하 쪽에 P_{2S}의 입력으로 작용된다.
   ① 회전자에서 2차 전류 I_2에 의해서 2차 회전자 동손 $P_{C2} = I_2^2 r_2$[W]

② 출력 슬립부하 쪽에 주는 전기적 출력 $P_{2S} = I_2^2 \cdot \dfrac{r_2}{s}$[W]이다.

③ 전동기의 기계적 출력 $P_{om} = P_{2S} - P_{C_2} = I_2^2 \left(\dfrac{r_2}{s} - r_2 \right) = I_2^2 R_2$[W]

여기서, I_2 : 2차 전류 실횻값, P_{om} : 슬립저항 $R_2 = \dfrac{r_2(1-s)}{s}$ 인 부하에서 소비되는 출력전력(P_{om}의 에너지가 기계적 동력으로 실제 변환된다.)

4) 유도전동기의 기계적 출력 $P_{om} = \omega T$이고 $\omega = \dfrac{2\pi}{60} N$일 경우

① 출력토크 $T = \dfrac{60 P_{om}}{2\pi N}$ [N·m]이다.

② 전기적 토크 $T = \dfrac{P_{2S}}{2\pi N_S}$ [N·m]이다. 전기적 토크를 동기와트 토크라고도 한다.

③ 결과적으로 전기적 출력과 슬립관계에서 슬립 운전되는 전동기 토크

$T = \dfrac{60}{2\pi N_S} \cdot \dfrac{s E_2^2 r_2}{r_2^2 + (s x_2)^2}$ [N·m]이 된다.

5) 위 식에서 운전 중의 토크 특성은 토크는 E_2^2에 비례하고 [그림 4]에서 V_1이 가변되면 I_1과 ϕ_1이 가변되어 $E_2 = -N_2 \dfrac{d\phi_1}{dt}$에서 E_2가 가변되는 특성이 있다.

3. 슬립과 속도-토크 출력특성

가. 속도-토크 특성곡선

1) [그림 6]의 ①에서 기동토크 T_S는 $s=1$일 때이다.
2) T곡선 ②에서 기동이 끝나기까지는 $(sx_2)^2 \gg r_2^2$이므로 r_2^2을 무시하면 토크는 슬립에 반비례한다.
3) 회전 속도가 증가하여 s가 매우 작게 되면 $(sx_2)^2 \ll r_2^2$이 되므로 $(sx_2)^2$을 무시하면 T는 슬립 s에 비례한다.

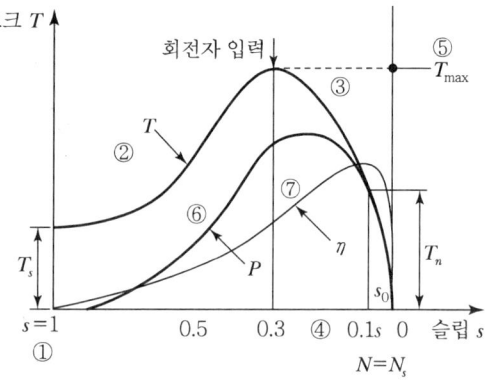

[그림 6] 슬립 속도와 토크 특성곡선

4) 안전 운전영역은 $s = 0.3 \sim 0.1$ 근처의 정격 토크 범위 $T_{\max} \sim T_n$ 주변이다.

5) 위 전동기토크식에서 $\dfrac{r_2^{\,2}}{s^2} = x_2^{\,2}$이 될 때 최대토크 $T_{\max}$가 구해진다.

$$T = \dfrac{60}{2\pi N_S} \cdot \dfrac{E_2^{\,2}}{2x_2}[\text{N} \cdot \text{m}],\ s = 0.3\ \text{부근}$$

6) 곡선 ⑥ P_{om}은 기계적 출력 곡선이다.

7) 곡선 ⑦ η은 P_1과 P_{om}의 비로 전동기의 효율 곡선이다.

나. 2차 저항증가에 따른 비례적 토크추이 특성

유도전동기의 회전자의 권선저항 r_2에 가변저항기 R_2를 연결하여 회전자 회로의 저항을 증가시키면서 속도-토크 특성을 살펴본다.([그림 8] 참조)

1) [그림 7]의 속도-토크 곡선에서 r_2를 2.5배 증가시키면 기동전류는 100A에서 감소하고 기동토크는 $T_{S1} = 100[\text{N} \cdot \text{m}]$로부터 $T_{S2} = 200[\text{N} \cdot \text{m}]$으로 증가된다. 또한, 회전속도는 r_2일 때 800rpm에서 r_2를 2.5배로 증가시키면 500rpm으로 감소되어도 최대토크는 $T_{\max}$로 일정하여 작은 기동전류에서도 기동이 된다.

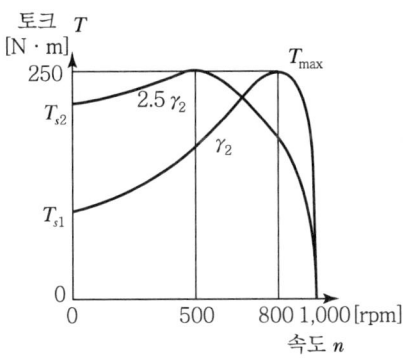 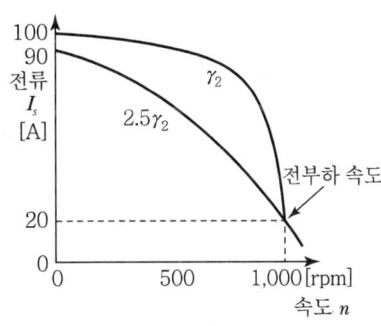

[그림 7] 2차 저항 가변에 대한 기동 토크와 기동 전류 특성

2) 이와 같이 외부 저항 r_2의 증가에 비례하여 전동기의 최대토크가 낮은 속도 쪽으로 이동하는 것을 토크의 비례추이(Proportional Shift)라고 한다.

3) 운전 중 2차 단락전류 $I_{2S} = \dfrac{sE_2}{\sqrt{r_2^{\,2} + (sx_2)^2}} = \dfrac{E_2}{\sqrt{\left(\dfrac{r_2}{s}\right)^2 + x_2^{\,2}}}[\text{A}]$

역률은 $\cos\theta = \dfrac{r_2}{\sqrt{r_2^{\,2} + (sx_2)^2}}$ 운전 중에는 부하가 걸리게 되어 슬립 s로 감속되어 운전된다. 즉, 슬립부하 $\dfrac{r_2}{s}$이 커지면 2차 전류 I_2가 증가하게 된다.

4) 위 식에서 $\dfrac{r_2}{s} = \dfrac{r_2}{s} - r_2 + r_2$로 고쳐 쓰면,

$\dfrac{r_2}{s} = \dfrac{(1-s)r_2}{s} + r_2 = \dfrac{1-s}{s}r_2 + r_2 = R_2 + r_2$로부터 $R_2 = r_2\left(\dfrac{1-s}{s}\right)$의 슬립 부하 성분을 분리시킬 수 있다.

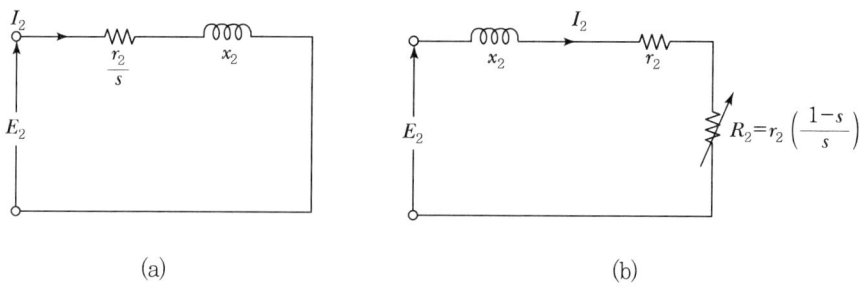

[그림 8] 슬립 출력 등가회로(비례추이)

2.2 유도전동기의 기동방식

기동이란 정지하고 있는 부하를 전동기에 의해서 전동력을 이용 가속하는 것을 말한다. 일반적으로 정지 시의 전동기 토크를 기동토크라 말하며, 3상 유도전동기의 농형전동기는 기동전류를 줄이기 위해 감압기동을 하고, 권선형 전동기는 기동전류보다 기동토크를 줄일 목적으로 기동방법을 사용하고 있다.

■ 전기기기, 제조사 기술자료

1. 유도전동기의 특징

가. 전동기별 특징

1) 농형 유도전동기 : 구조가 간단하고 취급이 용이하며 가격이 저렴한 반면 기동전류가 크고 속도제어가 곤란하다.
2) 권선형 유도전동기 : 농형에 비해 기동전류가 적고 속도제어 가능하나 슬립링과 브러시가 있어 취급이 복잡하고 고가이다.

나. 전동기 기동법의 종류

1) 농형 : 직입 기동법, Y-Δ 기동법, 기동보상기법, 리액터 기동법, 1차 저항 및 쿠사기동
2) 권선형 : 2차 저항법, 2차 임피던스법

2. 전동기 기동방식 선정 시 고려사항

전동기 기동방식은 전압강하, 부하토크, 시간내량 등을 검토하여 선정하여야 한다.

가. 기동 시의 전압강하 확인

1) 기동 시 전압강하 허용범위는 10~15% 정도를 허용한다.(기동 시 10%, 정상 시 5%)
2) 기동 시 전압강하 허용치를 초과할 경우
   ① 감전압 기동방식을 채용한다. 예 Y-Δ 기동, 기동보상기법, 리액터 기동
   ② 뱅크분리(계통분리)
   ③ 임피던스를 조사하여 케이블 굵기를 검토한다.
      ㉠ 전원 측 케이블이 짧은 경우 : 케이블 임피던스를 무시한다.
      ㉡ 전원 측 케이블이 긴 경우 : $E = \dfrac{\varepsilon}{100+\varepsilon} \times \dfrac{P_M}{P_O} \times 100 [\%]$
      여기서, P_M : 전동기입력, P_O : 변압기 용량, $\varepsilon = \%R\cos\theta + \%X\sin\theta$

나. 전동기토크와 부하토크의 관계

1) 전동기토크가 부하토크에 비하여 충분한 가속토크를 갖고 있어야 한다.
2) 부하의 GD^2은 전동기 부하의 Fly Wheel 효과값 kg·m²으로 부하의 GD^2을 알지 못하고 전동기를 적용시켰을 경우 기동 중 회전자에 이상과열이 생긴다.
3) 부하소요토크에 대한 전동기토크는 전압저감률의 제곱으로 감소하므로 감압으로 전압을 너무 저하시키면 기동불능 상태가 된다.($\tau \propto V^2$)
   ① 기동토크가 작을 경우 탭 변경으로 토크를 조정한다. 예 콘도르퍼, 리액터
   ② 부하토크보다 큰 기동토크를 가진 기동방식으로 선정한다.

다. 기동기의 시간내량 확인

전동기의 기동기는 시간내량을 갖고 있으므로 기동시간이 기동내량 이내인지 검토한다.

1) 직입기동, Y-Δ 기동 : 15초 정도(전자접촉기 기동시간 내량)
2) 리액터, 콘도르퍼 기동
   ① 1분 정격의 리액터 또는 단권변압기를 사용한다.

   $$\text{시동시간}(T) = 2 + 4\sqrt{P}\,[\text{초}]$$

   여기서, P : 전동기용량[kW]

   ② 기동간격은 2시간 이상 필요하고, 2시간 이내일 경우 리액터, 단권변압기의 열시정수와 발열량 등 열용량 검토가 필요하다.

> **참고** 전동기 시간내량

가속시간은 가속토크가 속도에 관계없이 일정하면 n_1에서 n_2까지 가속하는 데 소요되는 시간을 말한다.

$$t = \frac{GD^2(n_2-n_1)}{375(\beta T_M - T_L)} [\text{초}]$$

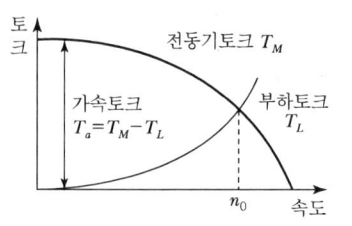
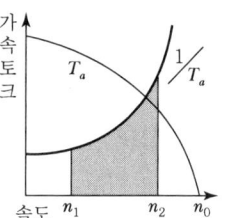

여기서, GD^2 : 플라이휠 효과[kg·m²], n_1 : 기동 시작 회전수, n_2 : 기동 전 회전수
 β : 토크 저감률, T_M : 전동기 토크[kg·m], T_L : 부하토크[kg·m]

$$T_M = \frac{\%T_S + \%T_m}{200} \cdot \frac{974P}{n} [\text{kg·m}]$$

여기서, $\%T_S$: 전동기의 기동토크[%], $\%T_m$: 전동기의 정격토크[%]
 P : 전동기 출력, n : 전동기 정격회전수

$T_a = 375(\beta T_M - T_L)[\text{kgf·m}] = 38.2(\beta T_M - T_L)[\text{N·m}]$

여기서, T_a : 가속토크(1N·m ≒ 0.102kgf·m)

3. 전동기 직입기동이 곤란한 경우

가. 선로의 전압강하가 큰 경우

1) 정상상태에서의 전압강하는 수전전압의 강하와 구내 배전전압의 송전거리가 길고 전압이 낮을 때 발생한다.
2) 순시전압강하는 중부하기기 등의 운전으로 인한 일시적인 전압변동이 발생한다.

나. 전원용 변압기 용량이 부족한 경우

다. 전원용 케이블 굵기가 적은 경우

4. 단상 유도전동기의 기동법

가. 분상 기동형(Split Phase Type)

1) 구조 : 주권선과 기동권선(보조권선)을 전기각 90°로 배치하고 주권선은 작은 저항과 큰 리액턴스를 가지고 기동권선은 주권선보다 권수를 1/2로 감아 큰 저항과 작은 인덕턴스를 가진다.

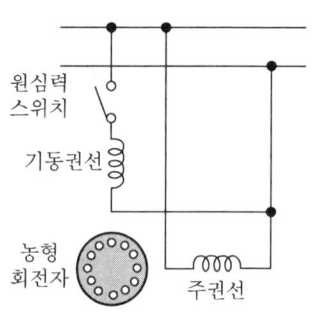

[그림 1] 분상 기동형

2) 원리 : 주권선과 기동권선의 두 전류 사이에 위상각 α는 30~45°이며, 기동권선에서 주권선 쪽으로 회전자계가 생겨 토크가 발생하여 기동하고 회전자가 일정속도(회전자 정격속도의 약 75%)에 도달하면 원심력 스위치가 동작하고 회로로부터 기동권선이 개방된다.
3) 용도 : 팬, 송풍기 등의 응용에 사용한다.

나. 반발 기동형(Repulsion Start Type)

1) 구조 : 고정자는 단상 주권선으로 회전자는 직류 전동기와 같은 권선과 정류자로 되어 있다.
2) 원리 : 전동기는 기동할 때 반발 전동기로 되어 직류 직권 전동기와 같은 큰 기동 토크를 내다 속도가 동기속도의 70~80% 정도가 되면 원심력장치로 정류자를 단락하게 된다.

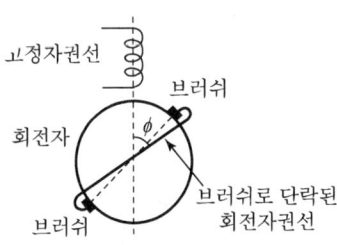

[그림 2] 반발 기동형

3) 용도 : 200~600[W] 소용량의 양수 펌프, 공기 압축기 등에 사용되며 정류자의 보수 등 문제 및 가격이 비싼 것이 단점이다.

다. 콘덴서 기동형(Capacitor Start Type)

1) 구조 : 전동기는 주권선과 기동 권선 사이를 90°에 가까운 상차각이 되도록 배치하여 완전한 2상식의 회전자계가 되도록 한다. 콘덴서 C는 단순기동을 도와주고 일정속도에 도달하면 원심력 스위치에 의하여 차단된다.
2) 원리 : 기동권선과 직렬콘덴서 접속에 따라 위상각 α가 증감되어 큰 기동 토크가 발생되는데, 정격토크의 거의 4배가 되는 기동토크를 낼 수 있다. 이때 단자전압에 대해서 주권선 전류는 뒤진 위상이 되며 기동권선 전류는 앞선 위상이 되므로 기동권선 쪽이 주권선보다 위상이 앞선다.

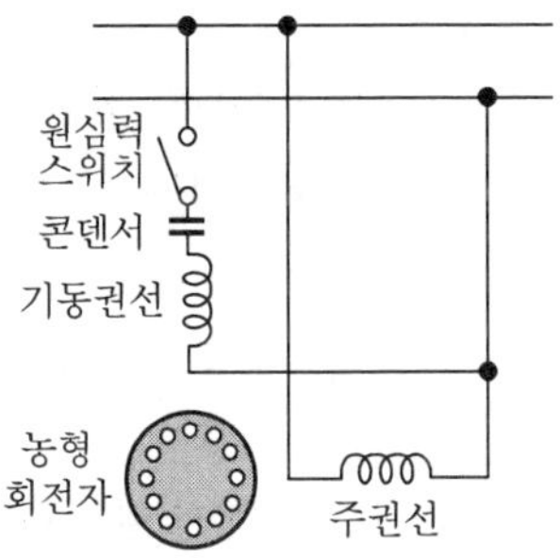

[그림 3] 콘덴서 기동형

라. 셰이딩 코일형(Shading Coil Type)

1) 구조 : 회전자는 농형이고 고정자 슬롯에는 셰이딩 코일(단락코일)을 사용하였다.
2) 원리 : 1차 권선에 전압을 가하면 셰이딩 코일에 2차 단락전류 I_2가 흐른다. I_2는 B부분의 자속 ϕ_B를 방해하여 B부분의 자속은 A부분의 변화에 따라 시

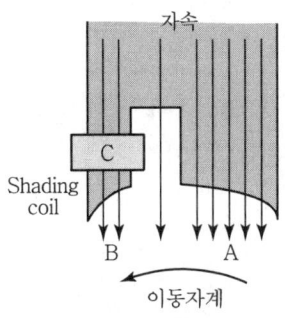

[그림 4] 셰이딩 코일형

간적으로 뒤져 회전자 주변에는 B로 이동자계가 발생하여 기동토크가 발생한다.

3) 특징 : 구조상 회전방향을 바꿀 수 없는 결점이 있다. 운전 중에도 셰이딩 코일에 전류가 흘러 효율, 역률이 낮고 속도 변동률이 크다. 소형 선풍기에 널리 사용한다.

5. 농형 유도전동기 기동법

가. 직입기동법(전전압기동법)

1) 원리 : 전동기 단자에 정격 전압을 직접 인가하여 기동하는 방법이다.
   ① 기동전류 : 정격전류의 500~700% 순간전류가 흐른다.
   ② 기동토크 : 정격토크의 100~200% 기동토크가 흐른다.

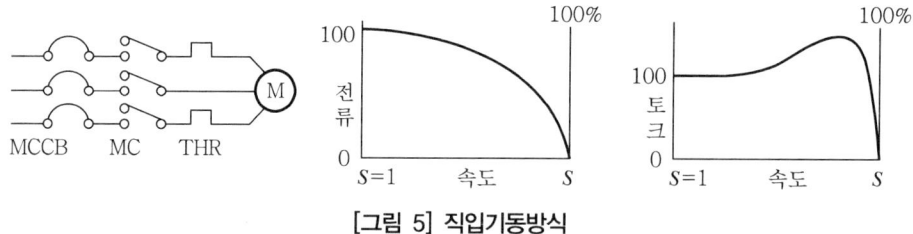

[그림 5] 직입기동방식

2) 특징
   ① 가속토크가 최대이므로 기동쇼크에 유의한다.
   ② 유도전동기에서 기동전류가 가장 크다.
   ③ 기동시간이 오래 걸리며 빈번한 기동 경우 코일이 과열되는 수가 있다.

3) 적용 : 정격 용량 7.5~11[kW] 정도의 전동기에 많이 사용한다.

나. Y-Δ 기동법(Star-Delta Starting)

1) 원리 : 기동전류를 제한할 필요가 있는 대용량 전동기에 적용, 기동 시는 기동전류를 1/3배로 경감하여 Y 접속으로 감전압 기동하고, 운전상태에서는 Δ 접속으로 기동하는 방식이다.

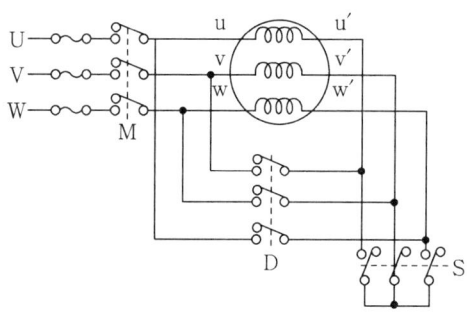

구분	S	D	M	접속
기동 시	ON	OFF	ON	Y접속
운전 시	OFF	ON	ON	Δ접속

[그림 6] Y-Δ 기동법

2) 특징
　① 농형 유도전동기에 적용하며, 기동전류는 정격전류의 약 2배 정도이다.
　② 기동토크의 증가가 매우 적고 기동토크에 문제가 없는 기기에 적용한다.
　③ 기동시간은 기동전류가 정격전류의 0.7~1.0배에 도달하기까지의 시간이다.
　④ 일반적으로 무통전 여유시간은 500ms 정도이다.
　⑤ Y에서 Δ로 절환 시의 투입설정시간은 보통 15sec 이내이어야 한다.
3) 적용 : 정격 용량 5~15[kW] 정도의 전동기에 많이 사용한다.

다. 기동보상기법(콘도르퍼 방식)

1) 원리 : $Y-\Delta$방식은 기동 전류의 토크가 고정되어 있어 조정할 수 없는 점을 개선한 것으로 단권변압기를 설치하여 감전압으로 기동하고 가속 후 전원전압으로 절체하는 방식이다.

구분	C	S	M
기동보상기	ON	ON	OFF
리액터	ON	OFF	OFF
운전	OFF	OFF	ON

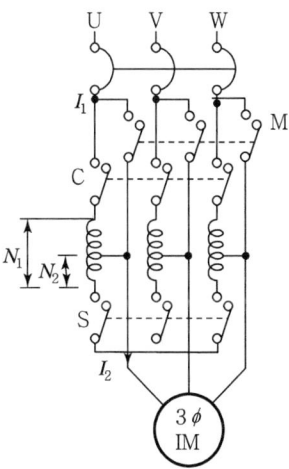

[그림 7] 기동보상기에 의한 시동회로

2) 특징
　① 동일 기동입력에 대하여 기동손실이 적고 전압을 가감할 수 있다.
　② 기동시간이 긴 모터의 과부하 구속에 따른 소손보호가 가능하다.
　③ 전자접촉기와 조합 또는 단독 사용이 가능하다.
　④ 감전압 탭에서 전원에 접속을 바꿀 때 큰 과도전류가 생긴다.
3) 적용 : 정격용량 15[kW] 정도의 전동기에 많이 사용한다.

라. 리액터(Reactor) 기동법

1) 원리 : 전동기 전원 측에 직렬로 직렬 리액터를 넣어 리액터로 전압강하를 시켜서 감압 기동하고 기동 후에는 단락시키는 방법으로 기동보상기에 의한 기동에 비하여 기동조작이 간단하다.

2) 특징
   ① 리액터의 탭은 50-60-70-80-90%의 Tap 방식이다.
   ② 선로전류는 탭에 따라 직입 기동 시에 비해 50-60-70-80-90%이다.
   ③ 토크변화는 탭에 따라 직입 기동 시에 비해 25-36-49-64-81%이다.
   ④ 가속성은 토크의 증가추세가 비교적 크게 일어나며 최대토크를 얻을 수 있어 원활한 가속이 가능하다.
   ⑤ 적용 장소는 가압되지 않은 상태에서 기동되며 부하토크의 증가가 요구되는 부하에 적당하다.

3) 적용 : 분쇄기 등 고압전동기에 주로 사용한다.

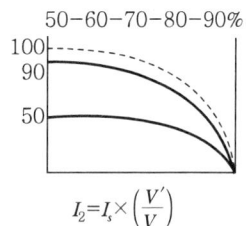

$I_2 = I_s \times \left(\dfrac{V'}{V}\right)$

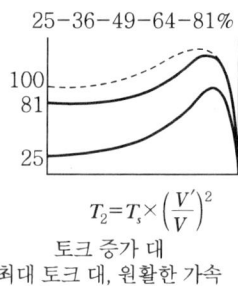

$T_2 = T_s \times \left(\dfrac{V'}{V}\right)^2$
토크 증가 대
최대 토크 대, 원활한 가속

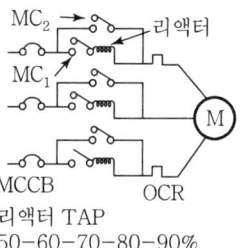

[그림 8] 리액터 기동방식

마. 1차 저항기동법

1) 원리 : 리액터 기동방식에 리액터 대신 저항기를 사용한 것 전동기의 전원 측에 직렬로 저항을 접속하고 전원전압을 낮게 감압하여 기동한 후 저항을 감소시켜 가속하고 전속도에 도달하는 경우 이를 단락하는 방법이다.

2) 종류 : 직렬임피던스기동, 쿠사결선, 변형쿠사(사이리스터형)

3) 특징
   ① 소용량 전동기를 기동할 경우 기계적 충격 완화를 위하여 사용한다.
   ② 다른 방식에 비하여 기동효율이 떨어진다.
   ③ 기동토크의 감소비가 커 무부하 또는 경부하 기동에 사용한다.

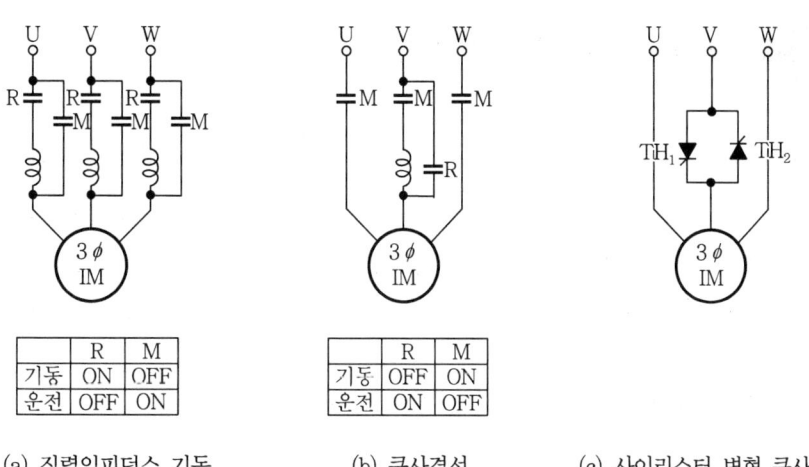

(a) 직렬임피던스 기동　　　(b) 쿠사결선　　　(c) 사이리스터 변형 쿠사결선

[그림 9] 1차 저항기동방식

6. 권선형 유도전동기 기동법

가. 2차 저항기동법

유도전동기의 비례추이 특성을 이용하여 회전자 회로에 슬립링을 통하여 가변저항을 접속하고 그의 저항값을 속도의 상승과 더불어 순차적으로 절환하여 작게 하면서 최종에 가서는 단락하면서 기동하는 방법이다.

나. 2차 임피던스기동법

회전자 회로에 고정저항 R_2와 리액터 또는 가포화리액터 L_2를 병렬로 접속하여 기동초기의 슬립이 큰 범위에서는 회전자 주파수가 높아서 리액턴스가 크므로 대부분의 2차 전류가 저항에 흘러서 2차 저항기동 상태로 기동하는 방식이다.

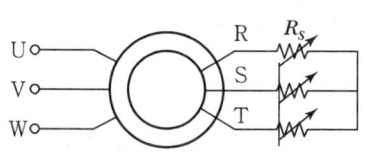

[그림 10] 2차 저항 기동방식

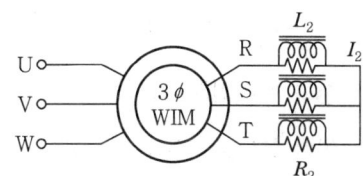

[그림 11] 2차 임피던스 기동방식

2.3 유도전동기의 속도제어

- 유도전동기의 회전속도는 $N = N_s(1-s) = \dfrac{120f}{p}(1-s)[\text{rpm}]$으로 표시된다. 따라서 전동기의 속도를 변화시키려면 전동기의 극수 P, 전원주파수 f, 슬립 s를 변경하는 방법을 사용한다.
- 유도전동기의 토크는 전압의 제곱에 비례하므로 1차에 가해지는 전압의 크기를 조절하면 속도가 가변되며, 권선형 유도전동기의 경우는 2차 저항을 변화시켜 비례추이에 의한 속도를 제어한다.

■ 전기기기, 제조사 기술자료, 정기간행물

1. 속도제어법의 구분

가. 농형 전동기
극수변환, 주파수제어, 전압제어, 전자 카프링제어

나. 권선형 전동기
2차 저항제어, 2차 여자제어

2. 농형 유도전동기의 속도제어

가. 극수변환제어
1) 전동기의 회전수 : 극수에 반비례하므로 고정자 권선의 접속을 변경하여 극수변환으로 속도를 제어하는 방법이다.
2) 극수 변환방식 : 결선방법상 8극 → 4극, 12극 → 6극 등과 같이 1 : 2의 변속비로 한다.
3) 특징 : 간단하고 고효율이며, 2~4단의 속도변환이 가능하다.
4) 적용 : 엘리베이터, 공작기계, 송풍기 등에 사용한다.

나. 주파수 제어(VVVF)
인버터로 주파수를 변환하여 전동기의 회전속도를 제어하는 방법이다.

1) 제어원리

   전동기의 속도는 주파수에 비례하므로 AC전압을 Converter에 의해 DC로 변환하고 Inverter를 사용하여 주파수 AC전압으로 변환시켜 속도제어를 하는 방식으로 구성되어 V/f 일정제어를 한다.

   ① $V ≒ k\phi N ≒ k\phi \dfrac{120f}{P}$ (여기서, P : 극수, ϕ : 자속)

   위 식에서 극수 P를 고정하여 전동기를 운전하는 경우 회전자계의 자속 ϕ는 $V/f = K\phi$의 관계가 있다.

㉠ 전압 V를 일정하게 하고 주파수 f를 변화시키면 주파수가 감소할수록 ϕ가 증가하여 토크가 증가하게 된다.([그림 1] 참조)

㉡ ϕ를 일정하게 유지하기 위해서는 주파수와 전압을 동시에 변화시켜 V/f를 일정하게 하여 속도제어를 함으로써 일정한 크기의 토크를 가지고 속도제어를 하는 것이다.([그림 2] 참조)

㉢ 결국 주파수 변환에 의한 속도제어를 원활하게 하기 위해서는 주파수와 전압을 동시에 변화시키는데 이것을 VVVF제어라 한다.

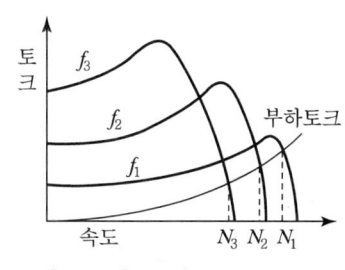

[그림 1] 속도-토크 특성

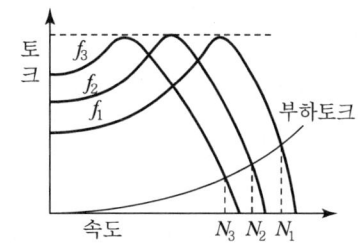

[그림 2] V/f 일정 속도-토크 특성

2) 속도-토크 특성

주파수 감소에 따라 토크는 $T_1 \sim T_3$로 변화한다. 부하의 속도-토크 특성이 T_L이라면 회전속도는 N_1, N_2, N_3 점에 대응하는 속도가 된다.

3) 특징

① 속도제어를 광범위하게 조절할 수 있다.
② 고효율 및 고속운전이 가능하다.
③ 속도제어를 자동화할 수 있다.
④ 제곱저감토크 부하인 펌프, 송풍기 등에 적용된다.

다. 1차 전압제어(VVCF)

1) 제어원리

유도전동기의 슬립이 일정하다면 토크는 1차 전압의 제곱에 비례하기 때문에 1차 전압을 제어하여 속도를 제어한다.

$$T \propto s V_1^2 \left(T ≒ \frac{s V_1^2}{n_0 r_2'} \right)$$

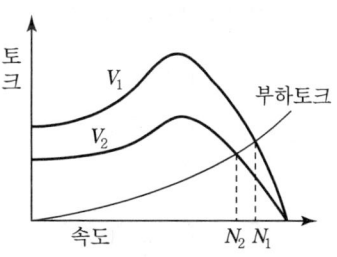

[그림 3] 속도-토크 특성

2) 속도-토크 특성

1차 전압을 변화시키면 [그림 3]과 같이 토크-슬립 곡선이 변하므로 인가전압을 V_1에서 V_2로 제어(감소)하면 부하토크가 T일 때 속도는 N_1에서 N_2로 변화(감소)된다.

3) 특징

전압제어는 사이리스터 교류스위치가 사용된다. 따라서 제어범위는 좁지만 간단하여 소형 전동기에 사용된다.

3. 권선형 유도전동기의 속도제어

가. 2차 저항제어(비례추이)

1) 제어원리

① 유도전동기의 비례추이 특성을 이용하여 2차 회로에 저항을 삽입하여 저항을 변화시켜 속도를 제어하는 방법이다.

② 비례추이 특성 : [그림 4] 유도전동기에서 2차 저항 r_2를 m배 하면 슬립 ms에서 동일한 토크가 발생하게 되어 $\dfrac{r_2}{s} = \dfrac{mr_2}{ms}$ 가 성립하는 것을 말한다.

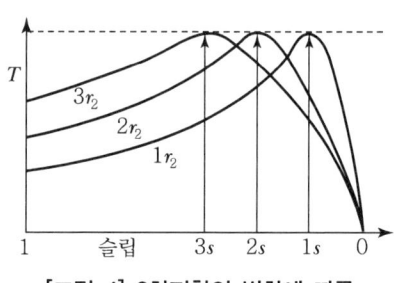

[그림 4] 2차저항의 변화에 따른 토크-속도 특성

2) 속도-토크 특성

부하의 토크특성이 T_L이면 2차 저항의 변화에 따라 속도가 $3s$, $2s$, s로 변한다.

3) 특징

① 2차 회로에 가변저항을 삽입하여 제어하므로 2차 저항손실이 발생한다.
② 조작이 간단하고, 속도제어가 원활하여 권상기·기중기 등에 사용한다.

나. 2차 여자제어방식

1) 제어원리

유도전동기의 2차 회로에 전압 V를 가하여 2차 회로에 걸리는 전압을 $(sE_2 - V)$로 하여 속도를 제어하는 방법이다.

2) 속도-토크특성

① 유도전동기의 2차 전류는 $I_{2S} = \dfrac{sE_2}{\sqrt{r_2^{\,2} + (sx_2)^2}}$ 의 관계에서 2차 기전력에 전압 V를 가하고 극성을 바꿔가며 속도를 제어하는 방식이다.

② 2차기전력에 전압 V를 sE_2와 반대방향으로 가하면 2차 전류는 $I_2 = \dfrac{sE_2 - V}{r_2}$의 관계에서 $(sE_2 - V)$도 일정하게 된다. 따라서 전압 V를 크게 하면 sE_2의 값이 커야 하므로 슬립 s가 증가하여 속도는 감소하고, 반대로 전압 V를 적게 하면 속도는 증가하게 된다.

③ 2차기전력에 전압 V를 sE_2와 같은 방향으로 가하면 $(sE_2 + V)$가 되어 전압 V만으로 부하토크에 상당하는 I_2를 흘릴 수 있어 $sE_2 = 0$이 되므로 동기속도로 회전하고, 전압 V를 더욱 증가시키면 s는 $(-)$값이 되고 동기속도보다 높아지게 된다.

3) 특징

① 인가전압에 따라 동기속도의 상하로 광범위하게 속도제어가 가능하다.
② 전동기의 고역률, 고효율 속도제어가 가능하다.
③ 2차 여자방법에는 크레이머 방식과 셀비우스 방식이 있다.
④ 압연기, 펌프, 송풍기 등 대용량에 사용된다.

다. 유도전동기의 인버터 제어(☞ 참고 : 유도전동기 벡터 제어)

>> 참고 직류 전동기의 속도제어

가. 직류 타여자 전동기와 분권 전동기의 속도, 토크(Torque) 특성은 다음 식과 같다.

$N = \dfrac{V - I_a R_a}{K_a \phi} = \dfrac{V}{K_a \phi} - \dfrac{R_a}{(K_a \phi)^2} T$ [rpm]. 따라서 ϕ, R_a, V를 변화시켜 속도를 제어한다.

1) 계자 제어법(Field Control) : 단자전압을 일정하게 하고 계자전류를 제어하여 자속 ϕ[wb]를 변화시켜서 속도를 제어하는 방식이다.
2) 저항 제어법(Armature Resistance Control) : 계자자속을 일정하게 하고 전기자 회로에 직렬로 가변저항을 접속하여 전기자에 걸리는 전압을 변화시켜 속도를 제어하는 방법으로 속도를 정격속도보다 낮은 범위에서 제어한다.
3) 전압 제어법(Armature Terminal Voltage Control) : 계자전류를 일정하게 하고 전기자에 인가하는 전압을 변화시켜 속도를 제어하는 방법으로 가변전압전원으로는 직류발전기, 사이리스터 위상제어 정류기, 직류초퍼회로 및 승압기 등이 있다.
   ① 워드레오나드 방식(Ward Leonard System) : 직류전동기의 전압제어법의 대표적인 것으로 전동기의 계자자속을 최대로 하여 일정하게 유지하고 전기자 전압을 전전압까지 증가시키면서 속도제어를 하고 다시 속도를 상승시키기 위해 전기자 전류를 일정히 하고 전동기의 계자저항을 조정하여 약자계 제어를 한다. 그러므로 전압제어 범위에서는 정토크 구동, 계자제어 범위에서는 정출력 구동을 한다.
   ② 직류초퍼제어 방식(DC Chopper Control System) : 사이리스터 초퍼에 의해 회로를 개폐하여 ON기간 T_{ON}과 OFF 기간 T_{OFF}를 조정하여 전동기에 걸리는 평균 전압을 조정하는 전압제어법이다. $V_{MA} = \dfrac{T_{ON}}{T_{ON} + T_{OFF}} V$

※ 초퍼(Chopper)는 주기적인 단속기로서 ⓐ 아주 적은 직류신호를 증폭하기 위하여 교류로 변환하는 경우, ⓑ 미약한 빛을 계측하기 위하여 광학적으로 단속하는 경우, ⓒ 일정전압의 직류전원을 단속하여 직류평균전압을 제어하는 경우에 적용한다.

③ 승압기 방식(Booster System) : 직류전원과 직렬로 전압 조정용 발전기 B를 접속해서 전원전압 $V[V]$와 발전기의 단자전압 $V_B[V]$를 합성한 전압 $V_M = V \pm V_B[V]$ 전동기의 전기자에 인가하여 속도를 조정하는 방식이다.

나. 직권 전동기의 속도제어

$$N = \frac{V - I_a(R_a + R_f)}{K_a \phi I_a} = \frac{V}{K_a \phi I_a} - \frac{R_a + R_f}{(K_a \phi I_a)^2} T \text{[rpm]} \quad \text{여기서, } R_f[\Omega] : 계자저항$$

따라서 ϕ, $R_a + R_f$, V를 변화시켜서 속도를 제어한다.

1) 계자제어법 : 직권전동기의 계자제어에는 계자권선의 탭절환방식, 계자권선과의 병렬저항 제어방식, 초퍼에 의한 도통기간의 제어방식 등이 있다.
2) 저항제어법 : 직렬로 접속한 가변저항 $R_s[\Omega]$를 변화시켜 속도제어를 용이하게 할 수 있다.

이 방식의 속도-토크 특성식은 다음과 같다. $N = \frac{V}{K_a \phi} - \frac{R_a + R_f + Rs}{(K_a \phi)^2} T \text{[rpm]}$

3) 전압제어법 : 단자전압 V를 변화시켜 속도제어를 용이하게 할 수 있다. 이 경우의 속도-토크 특성은 토크의 증감에 반대하여 심하게 속도가 변화한다.

2.4 유도전동기의 인버터 제어(Vector Control)

- 유도전동기는 직류기에 비해 구조가 간단하고, 가격이 저렴하며, 유지보수가 용이한 장점이 있으나, 토크 및 속도제어가 어려운 점이 있어 가변속 운전을 위해서 인버터 등과 같은 제어장치를 설치하여 속도제어를 하고 있다.
- 유도전동기 인버터 제어방식으로 V/f 제어, 슬립주파수 제어, 벡터 제어방식이 있으며 벡터제어는 직류기와 같은 성능을 발휘하여 고정밀, 고성능 부하에 적용되고 있다.

■ 전기기기, 제조사 기술자료, 정기간행물

1. 인버터 제어방식의 종류(☞ 참고 : 동력에너지 절약방안)

인버터 제어방식은 파워일렉트로닉스, 마이크로일렉트로닉스의 발달에 따라 교류전동기를 직류전동기와 동일하게 속도를 제어할 수 있다.

가. V/f 일정제어

V/f 일정제어는 부하의 특성에 따라 주파수에 대한 전압의 비를 임의로 선정하여 제어하므로 간단히 가변속 운전을 할 수 있다.(고조파의 영향이 크다.)

나. 슬립주파수 제어

속도검출기에 의해서 모터의 슬립을 검출한다. 운전하고 싶은 속도로 모터 슬립을 가산하고 주파수를 인버터로써 속도제어를 행하는 방식이다.

다. Vector 제어

Vector 제어는 유도전동기의 출력전류를 각 상의 전류위상으로부터 여자 전류와 토크전류로 벡터연산 분할하여 독립적으로 분리 제어하는 방식으로 특히 고조파의 영향이 거의 없다. 따라서 제어성능을 크게 향상시켜 앞으로 속도제어에 많이 적용될 것이다.

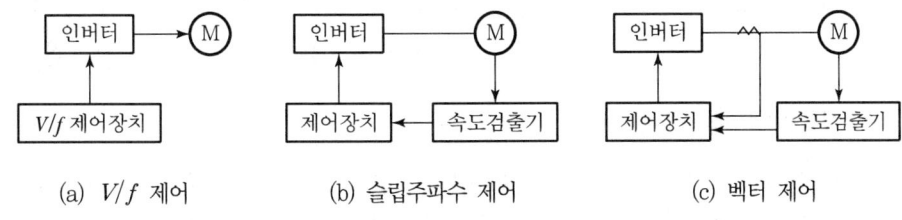

(a) V/f 제어　　(b) 슬립주파수 제어　　(c) 벡터 제어

[그림 1] 인버터 제어방식에 의한 분류

2. 벡터 제어방식

가. 원리

1) 벡터 제어는 교류전동기의 전류를 직류분권전동기와 유사하게 자속을 발생하는 여자 전류성분과 토크전류성분으로 분해하여 각각 독립적으로 제어하는 방식이다.
2) 토크변화 시 전류벡터 원리는 [그림 2]와 같이 필요한 토크변화에 대하여 2차 전류를 I_2에서 I_2'로 변화함과 동시에 위상각을 θ_1에서 θ_2로 변화시켜 전류제어를 하면 여자 전류 I_0를 변화시키지 않고 2차 전류성분을 발생하여 토크의 발생을 빠르게 할 수 있다.

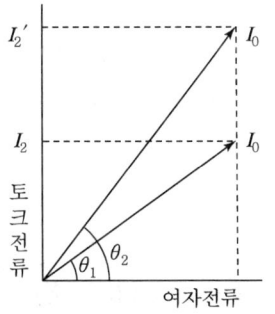

[그림 2] 토크 변화 시 전류벡터도

나. 벡터 제어시스템의 구성

1) 제어장치(속도 제어부, 전류 제어부, 벡터 연산), 전력 증폭부(인버터), 유도전동기로 구성한다.
2) 속도검출기에 의해 전동기 슬립을 검출하고 부하토크를 연산해서 제어한다.

다. 특징

1) 고정밀도, 고응답이 가능하므로 직류기와 같은 성능을 발휘한다.
2) 저속에서 고속까지 전동기를 정격에 가까운 토크로 운전이 가능하다.
3) 모터의 제 특성을 기초로 연산에 의해 제어하기 때문에 전용모터가 필요하다.

4) 속도검출기가 필요하는 등 구성이 복잡하여 범용성이 부족하다.
5) 속도검출기를 설치하지 않고 전압, 전류, 주파수 등에서 모터의 슬립을 추정하여 제어하는 Sensor less Vector 제어방법도 있다.

3. 벡터 제어의 분류

가. 벡터 제어방식의 구분

벡터 제어방식은 자속각을 알아내는 방법에 따라 다음과 같이 분류한다.
1) 직접벡터 제어 : 전동기 공극의 자속을 검출하여 전류와 전압을 제어한다.
2) 간접벡터 제어 : 토크성분 전류와 자속의 위치를 추정하는 방식(슬립 검출)이다.

나. 직접벡터 제어방식

직접벡터 제어는 자속센서로부터 자속을 직접 측정하거나 전압·전류와 속도의 정보로부터 자속을 측정하여 이로부터 자속의 위치를 검출하는 방식이다.

다. 간접벡터 제어방식

간접벡터 제어는 유도기의 상수와 전류로부터 슬립주파수를 계산하고 이를 속도와 더하여 자속의 위치를 검출하는 방식으로 응답속도가 빨라 교류 서브모터에 적용한다.

1) 저속에서 고속까지 전동기를 정격에 가까운 토크로 응답속도를 빠르게 할 수 있다.
2) 유도전동기의 장점과 효과를 극대화시킬 수 있다.
3) 부하의 변화에 따른 순서토크제어가 가능하고 과도변화 등에 대하여 우수한 응답특성이 있다.
4) 고정밀 속도제어 성능을 발휘하며, 현재 가장 많이 사용하는 방식이다.

4. 제어방식에 따른 비교

구분	V/f 제어	슬립주파수 제어	벡터 제어
제어대상	전압, 주파수 크기만 제어	주파수 제어	전동기 전류를 계자 및 토크전류로 분리하여 제어
가속특성	급가·감속에 한계가 있음	V/f 제어보다 좋다.	급가·감속 제어 가능
속도제어범위	1 : 10	V/f와 벡터 제어의 중간	1 : 100
속도검출	검출하지 않음	검출	속도 및 위치 검출
토크제어	불가능	일반적이지 않다.	적용 가능
범용성	모든 전동기에 적용 가능	V/f와 벡터 제어의 중간	전동기 특성별로 계자 및 토크분 전류, 슬립주파수 등 조정 필요(전용모터에 적용)

2.5 VVVF 시스템

VVVF(Variable Voltage Variable Frequency) 시스템이란 가변전압, 가변주파수 제어장치 또는 인버터 제어장치라고 하며 유도전동기의 가변속 구동장치로 유도전동기를 임의 속도로 운전하기 위하여 주파수를 가변시킬 수 있는 전력변환기이다.

■ 전기기기, 제조사 기술자료, 정기간행물

1. VVVF 시스템의 원리와 구성

가. 유도전동기의 회전속도

1) 유도전동기의 회전속도는 극수 P, 전원주파수 f, 슬립 s에 의해 결정된다.

$$회전속도\ n = \frac{120f}{p}(1-s)[\text{rpm}]$$

2) VVVF는 인버터 제어장치로 주파수를 변화시켜 속도를 제어한다.
3) 주파수 변환은 컨버터로 AC전압을 DC전압으로 변환하고 인버터로 원하는 주파수의 AC전압으로 변환한다.

나. V/f 일정제어

1) 전동기에서 회전자계의 자속 ϕ, 전압 V, 주파수 f와는 $V/f ≒ k\phi$의 관계가 있으므로 전압 V를 일정하게 하고 주파수 f를 변화시키면 저주파시 ϕ가 크게 되어 철심포화로 큰 전류가 흘러 전동기가 소손된다. 따라서 ϕ를 일정한 값으로 하여 속도제어를 하기 때문에 V/f 일정제어를 한다.
2) 전동기의 입력 주파수와 전압을 동시에 변화시켜 전동기 속도제어를 하는 장치를 VVVF 제어라 한다. 범용전동기에는 전압형 인버터가 주로 사용된다.

다. VVVF 구성

1) 컨버터부 : 전력전자소자(3상 전파정류회로와 평활회로)를 이용 AC를 DC로 변환시킨다.
2) 인버터부 : Converter부의 DC를 AC로 역변환시킨다.
3) 제어회로부 : 연산, 검출, 구동회로로 구성되며 인버터의 출력, 주파수 및 전압제어 등 각종 보호기능이 동작한다.

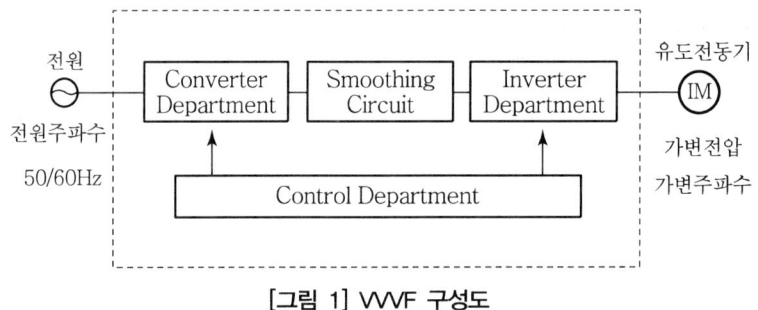

[그림 1] VVVF 구성도

2. VVVF의 종류 및 특징

가. 인버터의 종류

1) 주회로 방식에 의한 분류

① 전압형 VVVF

㉠ 상용전원을 컨버터부에서 직류전압으로 변환하여 콘덴서에서 평활된 전압을 인버터부에서는 전압의 주파수를 교류출력으로 변환하여 전동기의 회전수를 제어방식이다.

㉡ 전압원의 주파수를 직류부에서 교류로 변환 제어성이 우수하고, 전압원으로 직류를 공통으로 사용할 수 있어 범용성이 좋다. 예 PAM 방식, PWM 방식

② 전류형 VVVF

㉠ 공급전류를 컨버터부에서 직류전류로 변환하여 리액터에서 평활한 전류를 인버터부에서 전류의 주파수를 교류출력으로 변환하여 전동기의 회전수를 제어방식이다.

㉡ 전류원의 주파수를 직류부에서 교류로 변환 적응성이 우수하다.

예 자여자 전류, 타여자 전류

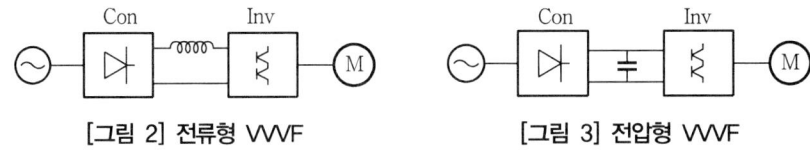

[그림 2] 전류형 VVVF   [그림 3] 전압형 VVVF

2) 변조방식에 의한 분류

① PWM방식

㉠ Converter 출력을 일정하게 하고 Inverter 출력을 V/f 일정비율로 제어한다.

㉡ 인버터부에서 주파수와 전압을 동시에 제어할 수 있으며 이 변조는 정현파에 가까우므로 고조파가 거의 없다. 따라서 중소용량의 인버터에 폭넓게 사용된다.

② PAM방식 : 고조파 영향으로 최근에 사용하지 않는다.(방향파 방식)

3) 인버터 제어방식에 의한 분류

① V/f 제어
② 슬립주파수 제어
③ 벡터 제어

나. VVVF 장치의 특징

1) 범용모터를 그대로 사용할 수 있다.(V/f 제어)
2) 속도제어범위가 넓다.(1 : 20 이상)
3) 각종 자동제어가 용이하다.
4) 에너지 절약효과가 높다.
5) 고속운전이 가능하다.
6) 전기적으로 회생제동을 할 수 있다.
7) 높은 빈도의 운전 및 정지가 가능하다.
8) 정토크, 정출력 특성을 얻을 수 있다.

3. VVVF의 응용과 에너지 활용

가. VVVF의 적용으로 인한 에너지 절약

1) 에너지절약 대상부하

부하특성이 유량의 변화에 따라 제곱저감 Torque 특성을 갖는 부하로 Fan, Blower, Pump 등이 있다.

2) 제곱저감토크 부하의 제어방식

① 일정속도 모터에 의한 단순 On/Off 제어
② Valve나 Damper에 의한 제어
③ VVVF 제어

나. Fan, Blower, Pump 관계식[51]

1) 유량 : $Q = R_1 \cdot N$
2) 압력(양정) : $H = R_2 \cdot N^2$
3) 축동력 : $P = R_3 \cdot N^3$

---

[51] 상사법칙(Law of Similarity) : 펌프의 경우 원형과 모형 사이의 상사성(Similarity)을 적용하여 모형에 대한 데이터를 활용 원형의 성능을 추정하는 실험방법

유량 $\dfrac{Q_2}{Q_1} = \left(\dfrac{N_2}{N_1}\right)\left(\dfrac{D_2}{D_1}\right)^2$, 양정 $\dfrac{H_2}{H_1} = \left(\dfrac{N_2}{N_1}\right)^2\left(\dfrac{D_2}{D_1}\right)^2$, 동력 $\dfrac{P_2}{P_1} = \left(\dfrac{N_2}{N_1}\right)^3\left(\dfrac{D_2}{D_1}\right)^5$

다. 제어방식과 소비전력의 비교

[그림 4]에서 ①은 정격속도 출력 Damper 제어, ②는 정격속도 입력 Damper 제어, ③은 VVVF 제어이다.

1) 소비전력의 크기 : ① > ② > ③
2) ②의 곡선과 ③의 곡선 사이공간이 입력 Damper 제어방식과 VVVF 방식의 에너지절약을 표시하는 공간이다.

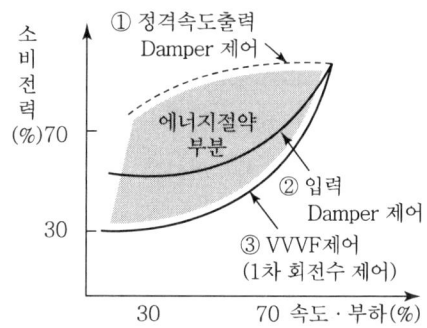

[그림 4] VVVF 제어방식의 소비전력 비교

4. VVVF 방식 채용 시 문제점과 대책

가. 원심동력의 반복에 따른 피로 누적 문제

부하특성이 유량의 변화에 따라 제곱으로 저감하는 토크특성에 의하여 반복 변속에 의한 피로 누적에 견디게 하기 위하여 기계 Shaft의 기계적 강도를 높인다.

나. 온도상승 문제

1) 전동기 저속 운전 시 냉각 Fan의 풍량 저하로 냉각효과가 감소한다.
2) 특히 정격속도 20% 이하로 장시간 운전할 경우 별도로 전동기 냉각대책을 고려하여 별도 전원에 의한 냉각 Fan을 설치한다.

다. 고조파 및 Noise의 영향

1) 원인 : Thyristor 등에서 유출된 고조파 전원 측 영향에 대하여 검토한다.
2) 영향 : 통신장해, 소음·진동, 병렬콘덴서의 소손
3) 대책 : PWM 방식 VVVF 사용, 고조파 Filter 설치, 계통분리방식을 채용한다.

라. 전동기 Torque의 맥동 및 소음

1) 원인 : 전동기 회전력의 맥동 또는 소음은 고조파에 의한다.
2) 대책 : 공진주파수 By-pass, VVVF와 Moter 사이에 소음방지용 리액터를 설치한다.

마. 역률개선용 콘덴서 삽입 금지

1) 컨버터의 교류 측 또는 직류 측에 리액터를 설치해서 전류를 평활하게 하는 방법을 채택한다.
2) 진상용 콘덴서를 입력 측에 설치해도 역률이 개선되지 않으며 출력 측에 설치하면 고조파 전류 유입으로 콘덴서가 파괴된다.

바. 전동기 축에 진동과 공진의 발생

1) 설계 시 사용속도 범위에서 기계공진이 발생하지 않도록 설계한다.
2) 공진점 부근에서 연속운전을 금지한다.
3) 전동기 구동전류의 고조파 차수를 올리고 고조파 토크를 작게 한다.

PART **03**

전원설비

CHAPTER 01 수·변전설비   217
CHAPTER 02 수·변전기기   277
CHAPTER 03 예비전원설비   471

기출문제 경향분석 및 학습전략

PART | 03   전원설비

❶ 기출경향분석

1. **전원설비**는 1권 [전원]에서 가장 중요한 부문으로 수·변전설비의 계획과 환경개선, 수·변전기기의 변압기(변압기 임피던스, 특수변압기), 고장전류, 차단기, 전력퓨즈, 계기용 변성기, 콘덴서, 피뢰기, 절연협조, 변전설비, 예비전원설비의 발전기, 축전지, 무정전전원장치 등으로 구성되어 있습니다.

2. **수·변전설비**의 계획에서 수전방식(Spot Network), 초고층 전기설비, 수변전설비의 구성(GIS, IBS 빌딩, IDC 센터, 지하공간), 전력계통 설계, 변전실의 계획, 환경개선에서 환경대책 등이 출제되었습니다.

3. **수·변전기기**의 변압기(종류·원리, 용량 산정, 병렬운전, 임피던스 전압, 결선방식, 손실·효율, 냉각방식, 시험방법, 이행전압), 고장전류(대칭좌표법, 단락전류 계산, 단락전류 억제대책), 차단기(개폐 시 현상, 선정 시 검토사항, TRV, 직류 차단기), 퓨즈의 특징 및 비교, 계기용 변성기(CT의 구조, 정격·특징, 포화현상, 변류비 계산, 중성점 불안정 현상, ZCT의 정격과 영상전류 검출), 콘덴서(정격, 역률개선, 직렬리액터, 개폐현상), 피뢰기(정격, 절연협조) 등이 출제되었습니다.

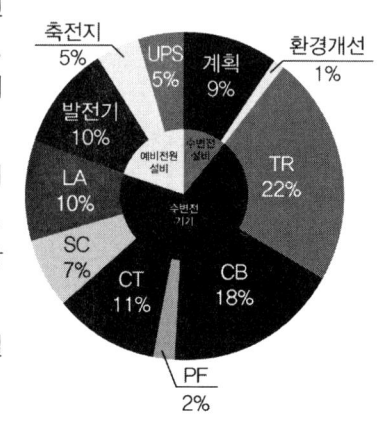

4. **예비전원설비**의 발전기에서 용량 산정, 예비전원 계획, 발전기실 설계, 병렬운전, 가스터빈 발전기, 축전지에서 용량 산정, 충전방식, 이상현상, 축전지실, UPS에서 용량 산정, 운전방식, 보호시스템 등이 출제되었습니다.

5. **출제되는 문제의 경우** 동일한 문제는 거의 없으나, 방향의 동일성 또는 용어의 다중성 등 응용문제가 출제되고 있습니다.

❷ 학습전략

1. **전원설비**는 전체 문제 중 출제 비중이 26%이며, 수·변전설비 26번, 수·변전기기 170번, 예비전원설비 47번 출제되었습니다. 출제율이 높은 편으로 가장 중요한 단원입니다. 〈수·변전기기, UPS 설비의 최신용어 등〉의 기초학습과 〈변전실 환경개선, 변압기·차단기·UPS 설비의 이상현상 등〉의 심화학습 전략이 필요합니다.

2. **출제경향**은 일정한 방향성 또는 최신 경향의 용어, 정책, 전기업계에서 새롭게 부상되는 설비(초고층 수·변전설비, UPS 관제설비) 등을 암기식 비밀노트로 정리하기 바랍니다.

3. **학습전략 중 암기방법**은 자기만의 그림·주제 및 환경을 이용한 연상기억법 또는 기존 자기만의 암기방법과 병행하여 암기식 비밀노트를 만들기 바랍니다.

CHAPTER 01 수·변전설비

SECTION 01 자가용 수·변전설비의 계획

1.1 자가용 전기설비

전기설비란 발전, 송전, 배전 또는 전기 사용을 위하여 설치하는 기계, 기구, 전선로, 보안통신선로 기타의 설비로서 다음의 것을 말한다.

■ 전기사업법, 한국전기설비규정(KEC)

1. 전기설비의 종류

가. 전기사업용 전기설비

전기설비 중 전기사업자가 전기사업에 사용하는 전기설비

나. 일반용 전기설비

소규모의 전기설비로서 한정된 구역에서 전기를 사용하기 위하여 설치하는 전기설비

1) 저압(1kV 이하)에 해당하는 용량 75kW 미만의 전력을 타인으로부터 수전하여 그 수전 장소에서 그 전기를 사용하기 위한 전기설비
2) 저압(1kV 이하)에 해당하는 용량 10kW 이하인 발전기

다. 자가용 전기설비

전기사업용 전기설비 및 일반용 전기설비 외의 전기설비로서 사용자가 전기안전관리담당자를 선임하여 유지·관리하는 전기설비

2. 자가용 전기설비의 특징

가. 자가용 전기설비는 건축물의(용도, 규모, 업종, 입지조건 등) 형식과 수전방식에 따라 달라지며 전력공급지역은 구내에 한정된다.
나. 최근의 수전방식은 소규모 설비를 제외하고는 2회선 수전방식을 많이 사용한다.

3. 자가용 전기설비의 구비조건

열거한 구비조건은 서로 모순되는 것이 있으므로 건물의 중요도, 특수성, 경제성을 고려하여 어디에 중점을 둘 것인가를 계획단계에서 결정한다.

가. 건물용도별 사용목적에 적합할 것
나. 화재위험, 정전 등 사고가 없는 안전한 설비일 것
다. 기기의 성능이 우수하며, 운전이 간편한 신뢰도 높은 설비일 것
라. 건설비가 저렴하고, 운전유지비를 절감할 수 있는 경제적 설비일 것
마. 기기 배치가 합리적이고 기기 반·출입이 용이한 설비일 것
바. 소형·경량으로 정비·보수가 간편한 설비일 것
사. 장래 부하증가에 대한 확장계획을 고려할 것
아. 에너지절감효과를 고려한 설비일 것
자. 주변 환경과 조화를 이룰 것

4. 자가용 전기설비의 분류

가. 시설 장소에 의한 분류

옥외 변전설비, 옥내 변전설비

나. 변전전압에 의한 분류

1) 특·고압 변전설비 : 수전전압이 22~154kV인 특고전압 수전설비에 사용한다.
2) 고압 변전설비 : 대규모 빌딩, 초고층 빌딩, 대규모 공장 등의 Sub Station용으로 사용한다.

다. 변전기기의 형식에 의한 분류

1) 기름을 사용한 변전설비 : 유입차단기, 유입변압기등 유입기기를 적용한 변전설비
2) 기름을 사용하지 않은 변전설비 : 차단기, 변압기 등에 건식 기기를 적용한 변전설비
   예 인텔리전트 빌딩
3) 병용설비 : 기름을 사용한 변전설비와 사용하지 않는 변전설비의 병용설비

라. 배전반 구조에 따른 분류

1) 개방형 변전설비 : 조립식 파이프 프레임 구조에 개방하여 시설한 변전설비
2) 폐쇄형 변전설비 : 배전반, 차단기, 변압기, 모선, 애자류 등을 전부 금속제함에 넣은 변전설비
3) 병용 변전설비 : 개방형과 폐쇄형을 병용한 변전설비

마. 제어방식에 의한 분류

수동제어방식 변전설비, 자동제어방식 변전설비, 원방감시제어식 변전설비

바. 기타 분류

1) 수전방식에 의한 분류 : 1회선 수전방식, 2회선 수전방식, 3회전 수전방식
2) 보호방식에 의한 분류 : PF-S형, PF-CB형, CB형

1.2 건축전기설비의 계획 및 설계

건축전기설비설계란 건축물의 전기설비와 관련된 공사를 시행하는 데 있어서 계획 및 설계단계에서 개념 정립, 규격, 품질 및 성능 확보 등에 대한 표준적 설계방법을 제공하여 건설공사의 기술성·환경성 향상 및 품질확보 등의 효율성을 제고하는 데 목적이 있다.

■ 설계코드(KDS : Korean Design Standard) & 시방코드(KCS : Korean Construction Specification)

1. 전기설비 설계기준

설계기준은 건축물 전기설비와 관련한 공사를 시행하는 데 있어서 계획 및 설계단계에서 개념 정립, 규격, 품질 및 성능 확보 등 설계조건의 최저한계를 규정에 대한 표준적 설계방법을 제공하여 건축전기설비설계의 효율성을 제고하는 데 목적이 있다.

가. 적용범위

1) 건축법령에서 정하는 건축물 등의 설계에 대해 적용한다.
2) 건축물의 전원설비, 배선 및 부하설비, 조명설비, 제어 및 정보통신설비(전기분야), 건축물 방재설비, 시설물별 전기설비 등의 설계에 적용한다.
3) 설계시방서의 구분
    ① 표준시방서 : 시설물의 안전 및 공사시행의 적정성과 품질확보 등을 위하여 시설물별로 정한 표준적인 시공기준
    ② 전문시방서 : 시설물별 표준시방서를 기본으로 모든 공종을 대상으로 하여 특정한 공사의 시공 또는 공사시방서의 작성에 활용하기 위한 발주기관의 시공기준
    ③ 공사시방서 : 표준시방서와 전문시방서를 기본으로 작성한 것으로, 공사의 특수성, 지역여건, 공사방법 등을 고려하여 기본설계 및 실시설계 도면에 구체적으로 표시할 수 없는 내용과 공사수행을 위한 시공방법, 자재의 성능·규격 및 공법, 품질시험 및 검사 등 품질관리, 안전관리, 환경관리 등에 관한 사항을 기술한 시방서

나. 설계원칙

1) 적합성

건축전기설비는 건축공간의 쾌적성과 편리성을 고려하여 설계되어야 하며, 설치목적과 적합하여야 한다.

2) 안전성

건축전기설비는 자연재해, 내진 등에 안전하게 설치, 유지보수할 수 있게 설계되어야 한다.

3) 관리성

건축전기설비는 유지보수, 수명 등의 효율적인 기능 발휘를 위해 적절한 관리가 필요하다.

4) 경제성

설치공사비 및 유지관리, 보수에 따른 유지관리비가 중요한 요소이고, 설치공사비는 관리성과 안전성에 따른 요소를 고려하여 경제적인 균형이 맞아야 한다.

5) 미관

건축물 미관이 주위 경관과 조화되도록 시설하고, 전기설비의 설치로 인한 건축물의 미관이 훼손되지 않도록 고려하여야 한다.

다. 설계 고려사항

설계단계는 일반적으로 계획단계, 기본설계 및 실시설계를 시행하는 설계단계로 구분되며, 일반적인 설계단계는 [표 1]과 같다.

[표 1] 계획 및 설계단계 시 고려사항

계획	기본구상	• 여러 가지 주변조건 정리	• 설계조건의 설정
	기본계획	• 설비등급 결정	• 계획도서 작성
설계	기본설계	• 기본설계도서의 작성	• 개략공사비의 산출
	실시설계	• 실시설계도서의 작성	• 공사비의 적산

2. 기본계획

가. 건축물의 명칭, 용도, 규모 등 건축설계의 요청에 따라 여러 가지 조건을 검토하여 설계조건을 설정하고 기본계획을 구성한다.

나. 건축전기설비의 종류 및 방식을 선정해 건축설계의 초안 작성 이전에 건축전기설비 공사비의 면적당 개략값을 건축설계자에게 제시한다.

다. 건축설계의 초안을 기본으로 연면적, 업무내용, 공기조화방식 등을 기초로 하여 주요 건축전기설비 기기의 용량을 추정하여 산정한다.

3. 기본설계

기본계획으로 완성된 건축물의 개요(용도, 구조, 규모, 형상 등), 구조계획 등을 설비기능면에서 재검토하는 것이다.

가. 기본설계 순서

1) 건축설계자와 협의

   주요 건축전기설비 및 기기의 형식, 방식 등을 정하고, 시설장소의 위치, 면적, 유효높이, 바닥하중, 장비 반입경로 등을 검토·협의한다.

2) 기본도면(계통도, 단선결선도 등)을 작성

   건축계획에 주요 건축전기설비 기기의 개략적인 배치를 반영하고, 건축전기설비 면적의 재확인과 추정공사비의 산출 등을 한 도면

3) 주요 건축전기설비 기기의 검토

   추정용량, 시설면적, 종류, 방식, 건축주의 요망사항 등을 기본으로 하여 안전성, 신뢰성, 기능성, 유지보수성, 확장성, 경제성 등을 검토

4) 건축주와 협의

   공사비의 예산, 건축전기설비의 등급과 종류의 결정, 공사범위, 공사기간 등을 확인하여 협의한다.

5) 발주자에게 제출

   기본설계의 내용은 기본설계의 성과물로서 기본설계도서를 정리하고 발주자에게 제출하여 승인을 받는다.

나. 기본설계도서에 포함할 내용

1) 건축물의 개요

   명칭, 용도, 구조, 규모, 연면적, 예정 공사기간 등을 기재한다.

2) 공사종목 및 개요

   건축물의 전원설비, 배선 및 부하설비, 조명설비, 제어 및 정보통신설비, 방재설비 등 설계하는 공사의 개요를 기재한다.

3) 기본설계도면은 다음 조건을 만족하도록 간결하게 작성한다.

   ① 공사비의 추정
   ② 기본계획의 전체 이해
   ③ 설계종목, 다른 분야와의 중요 관련사항 명시

④ 기타 필요한 실시설계 준비사항

4) 추정공사비

기본설계도면을 기초로 개략적인 추정공사비를 공사종목별로 산출한다.

5) 관계 관공서 등과의 협의사항

건축담당관청, 소방서, 전력회사, 통신회사 등과 기본설계단계에서 협의한 내용과 설계자문 등의 관련사항

6) 기타 사항

① 건축주, 건축설계자, 건축전기설비기술사 또는 설계자에 대한 자료 첨부
② 제조업자의 견적서 등 추정공사비 산출자료를 첨부
③ 기본설계단계에서 결론으로 정해지지 않은 사항, 실시설계를 할 때 재검토를 필요로 하는 사항 등을 기재한다.

4. 실시설계

기본설계도서에 따라 상세하게 설계하여 도면, 공사시방서 및 공사비 예산서를 작성한다. 이때 기본설계도면에서 결정한 사항에 대해 구체적으로 상세한 부분에 걸쳐 건축사 및 건축구조, 건축기계설비 등의 관련 기술사(자), 담당자 등과 긴밀하게 협조하여 상세한 내용을 결정해야 한다.

가. 실시설계 진행

1) 검토 비교항목을 설정

건축전기설비 기기는 수시로 새로운 것들이 개발되어 각각 독자적으로 뛰어난 기능과 특성을 제공하므로 기본설계에서 결정되지 않은 것은 물론 주요 기기의 용량 등 이미 결정되어 있는 것에 대해서도 검토한다.

2) 예산범위 결정

실시설계단계에서는 기본설계 추정공사비를 기초로 예산범위를 정한다. 따라서 설정된 예산범위에서 설계를 진행 및 설계에 따른 공사의 진행사항을 정리한다.

3) 설계도서 완료 및 공사비 예산서를 작성

공사비 예산서는 건축주(시행사 포함)가 공사업자를 선정하기 위한 중요한 요소가 되기 때문에 적정한 예산 내에서 설계가 이루어졌는지, 다른 공사와의 균형이 맞는지 등을 면밀히 검토한다.

나. 일반적인 설계도서의 구성

1) 표지

설계도서의 체계상 작성하는 것으로 공사명칭, 설계자명 및 도면매수 등을 기재한다.

2) 목록

설계도서의 순서대로 도면번호와 도면명칭을 기재한다. 규모에 따라 생략하거나 표지에 기재하는 경우도 있다.

3) 배치도

설계대상 건축물, 대지상황, 인접건물, 통로, 구내도로를 기입하며, 전력 인입선로, 전화 인입선로, 외등 등의 구내배선도 포함하여 기입한다.

4) 건물단면도

단면도에는 기준 지반면, 각층 바닥면, 천장높이, 처마높이 등을 기입하며, 피뢰침, TV 안테나 등도 포함하여 기입하는 것이 일반적이다.

5) 단선결선도

분전반, 동력제어반, 수변전, 자가발전설비 등의 주회로 전기 접속도를 단선으로 표시해 중요 기기의 전기적 위치와 계통을 명확하게 한다.

6) 계통도

건축전기설비 종목별로 기능을 계통적으로 도시하며 건축전기설비의 개요를 이해할 수 있도록 한다.

7) 배선도

조명, 콘센트, 동력, 약전 및 구내통신, 전기방재설비 등으로 구분하여 각 층마다 평면도로 표시한다.

8) 기기 시방 및 기기 배치도

기기명칭, 정격, 동작설명, 개략도, 마무리, 재질 등을 표시하고 기기 주변의 배선은 필요에 따라 상세도, 설치도 등으로 표현한다.

9) 공사시방서

① 공사시방서는 설계도면에서 표현이 곤란한 설계내용 및 세부공사방법 등을 기술한다. 그 내용은 공사개요, 지시사항, 주의사항, 사용자재의 지정, 공사범위 등이다. 공사비견적을 정확히 할 수 있고, 공사에 대한 의문점, 도급계약상 문제점이 생기지 않도록 작성한다.

② 공사시방서는 표준시방서를 기본으로 하고, 공사의 특수성, 지역여건, 공사방법 등을 고려하여 설계도면에 구체적으로 표시할 수 없는 내용과 공사수행을 위한 공사수행을 위한 공사방법, 자재의 성능, 규격 및 공법, 품질관리(품질 시험 및 검사)에 관한 사항을 기술한다.

다. 설계 성과물

설계의 성과물은 기본설계도서와 실시설계도서로 구분한다.

1) 기본설계 성과물

기본설계 성과물은 설계계획서, 기본설계도면, 개략공사비 내역 및 기타의 용량 계획서, 시스템선정 검토서, 협의기록서 등으로 이루어지며 다음 [표 2]와 같다.

[표 2] 기본설계 성과물

기본설계 성과물		
	기본설계 계획서	
	기본설계 도면	
	공사비 내역서	
	기타 사항	• 용량계획서(추정 계산식) • 시스템선정 검토서 • 협의기록서(협의, 자문 등)

2) 실시설계 성과물

실시설계 성과물은 설계도면, 시방서, 공사비견적서, 각종계산서 기타 협의기록 등으로 이루어지며, 일반적으로 다음 [표 3]과 같다.

[표 3] 실시설계 성과물

실시설계 성과물		
	실시설계도서	• 설계설명서 • 설계도면 • 공사시방서
	공사비적산서	• 내역서 • 산출서 • 견적서
	설계계산서	• 조도계산서 • 부하계산서 • 간선계산서 • 용량계산서(변압기, 발전기 등) • 기타 계산서
	기타 사항	• 관공서 협의기록 • 관계자 협의기록 • 기타 기록(설계자문, 심의 등)

라. 에너지절약 방안

건축전기설비의 에너지절약에 관한 사항은 건축물의 에너지절약 설계기준을 따른다.

5. 신공법·특수공법 적용

신공법·특수공법을 적용하여 시행하는 공사에 관한 것은 전력기술관리법령 등에 따라 설계도서가 작성되어야 하며, 발주자와 협의하여 시행하여야 한다.

6. 설계도서 간 상충사항

설계도서 상호 간에 상충되는 사항이 발생하는 경우 계약으로 그 적용의 우선순위를 정하지 아니할 때는 일반적인 적용 우선순위에 따른다.

가. 일반적인 적용 우선순위

공사시방서 > 설계도면 > 내역서 > 기타 도서

나. 특별한 사유조정

사전계약 등에 특별한 사유가 있는 경우에는 발주자, 감리자 및 설계자의 의견에 따라 적용 우선순위를 조정할 수 있다.

1.3 수·변전설비의 계획 및 설계

건축물 전기설비의 수·변전설비는 수전점에서 변압기 1차 측까지의 기기 구성을 수전설비, 변압기에서 전력부하설비의 배전반까지를 변전설비라 한다. 즉, 전력회사의 전력공급에 대하여 구내에 전력을 수전하고, 변전하는 설비를 시설하여 구내에만 배전하고 구외로 전송하지 않는 설비를 말한다.

■ 건축전기설비설계기준(KDS), 신전기설비기술계산 핸드북

1. 수·변전설비의 기본기능

가. 기기의 운전, 정지, 개폐의 상태를 표시하고 이상 발생 시 경보를 울려주는 감시기능
나. 기기운전을 수동·자동 변환시키면서 운전시킬 수 있으며 이상 발생 시 차단하는 제어기능
다. 부하 또는 기기의 계기상태를 파악하고 측정하는 계측기능
라. 측정값을 자동기록하며, 데이터를 집계하여 사용량을 기록하는 기록기능

2. 수·변전설비 계획 시 고려사항

수·변전설비 계획의 기본원칙은 건축물의 사용목적에 적합하고 사람과 재산의 안전을 보장하는 안전성, 부하가 요구하는 전기의 품질을 만족하는 신뢰도, 건설비, 운영경비 및 유지관리비 등을 고려한 경제성 있는 설비로서 장래 확장계획을 고려하여야 한다.

가. (적합성) 건축물의 사용목적에 적합할 것
나. (안전성) 화재위험, 정전·감전 등 사고가 없는 안전한 설비일 것
다. (신뢰성) 기기의 성능이 우수하며, 운전이 간편한 신뢰도 높은 설비일 것
라. (경제성) 건설비가 저렴하고, 운전유지비를 절감할 수 있는 경제적 설비일 것
마. (설비의 관리) 기기배치가 합리적이고 기기 반·출입이 용이한 설비일 것
바. (설비의 운용) 소형·경량으로 정비·보수가 간편한 설비일 것
사. (설비의 보안) 감시, 경보설비가 확보된 보안성 있는 설비일 것
아. (설비의 확장) 부하증가에 대한 확장계획을 고려한 미래지향적 설비일 것
자. (설비의 에너지절약 및 환경) 에너지절약 및 주변 환경과 조화를 이룰 것

3. 수·변전설비의 설계순서

가. 설계 Flow Chart

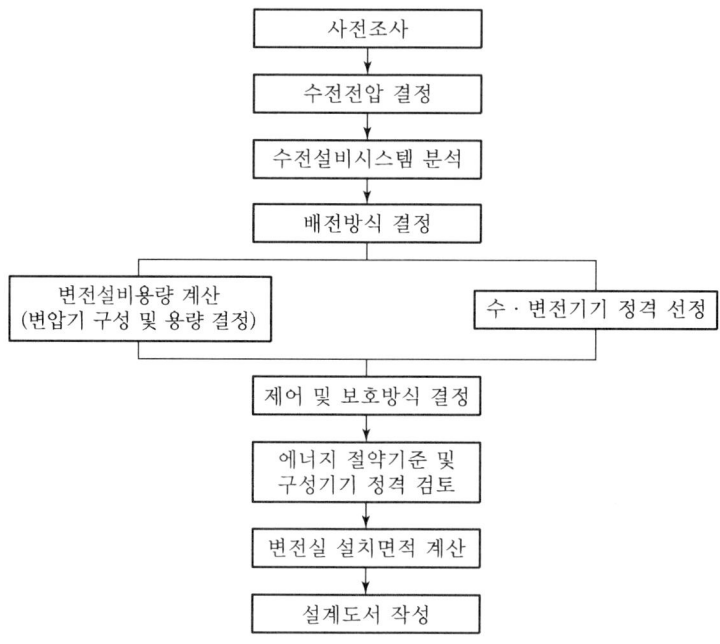

나. 자가용 수·변전설비의 계획순서(일반절차)

건물의 특징파악(환경영향 평가) → 부하설비용량의 산출(변압기 용량의 결정) → 수전설비 용량 및 수전전압의 결정(한전공급 규정) → 수전방식의 결정 → 수변전실 계획 → 모선 및 제어방식 선정 → 수·변전기기의 선정(에너지절약 검토) → 설계도서의 작성 → 공사 발주

4. 수·변전설비의 설계 시 고려사항

가. 사전조사

1) 대지위치, 배치계획, 건축물의 관련법규 검토 등 건축물의 특징을 파악한다.
2) 에너지 절약에 대한 계획 및 유지·보수 등의 안전에 대한 대책을 고려한다.
3) 설치장소의 환경조건(소음, 진동, 내진, 염해 등)을 조사하여 설비대책을 검토한다.
   ① 부하설비용량 및 최대수요전력 추정
   ② 환경조건에 적합한 전력사용기기 추정

나. 수전전압의 결정

1) 수전전압

   계약전력과 전력회사의 전기공급약관에 의하여 결정하지만 수용장소의 지리적 조건, 장래수용전력의 증가 정도에 따라 전력회사와 협의하여 결정한다.

2) 계약전력에 따른 공급전압

   ① 계약전력 10MW 미만은 3상 22.9kV 수전가능
   ② 계약전력 10MW 이상은 3상 154kV 수전가능

다. 수전·변전설비 시스템 결정

1) 수전설비 시스템 선정(☞ 참고 : 수전·배전방식의 구성)

   ① 수전설비 시스템은 건물의 용도와 부하의 중요도, 예비전원설비의 유무, 전원의 공급신뢰도 및 경제성을 고려하여 결정한다.
   ② 수전방식의 종류에는 1회선 수전, 2회선 수전(평행2회선, 본선예비선, 루프), Spot Network 수전방식 등이 있다.
   ③ 일반적으로 1회선 수전이 기본이고 전원 신뢰도를 고려하여 2회선 수전을 한다.

2) 변전설비 시스템 선정

   배전방식의 결정은 부하의 종류 및 크기, 배전거리, 전압변동 등 경제성을 고려하여 정하고 부변전소가 있거나 대용량 모터가 있는 경우 고압으로 배전한다.

① 변압기 변압방식

변압기 설비는 직강압방식, 2단 강압방식 중 부하의 용량·특성·전압강하 등을 고려하여 변압방식을 선정한다.

② 변압기 뱅크 구성(변압기의 회로구성)
  ㉠ 뱅크수가 적으면 간단하고 경제적이지만, 뱅크수가 많으면 단락용량이 커서 차단용량이 증가하고 사고 발생 시 정전범위가 커진다.
  ㉡ 뱅크구성은 부하 특성·용량·종류 및 계절부하 등을 고려하여 결정한다.

③ 변압기 모선방식
  ㉠ 단일모선, 전환가능 단일모선, 이중모선, 루프모선방식 등이 있으며 부하의 중요도·설비용량·운용형태를 고려하여 선정한다.
  ㉡ 계통운용 및 경제성 측면에서 전환가능 단일모선방식이 많이 채용된다.

라. 변전설비 용량의 산출

1) 부하설비용량의 추정

① 부하설비용량을 알고 있을 경우 부하설비별 입력환산에 의한 용량을 선정한다.
② 부하설비용량을 모르고 있을 경우 건물 용도별 등급 또는 시설규모에 따른 과거실적을 참고하여 용량을 추정한다.

2) 최대수용전력의 계산

① 전등, 동력, 공조, 전산부하 등의 추정 부하설비용량의 최대수용전력을 구한다.
② 최대수용전력을 적용하여 수용률, 부등률, 부하율을 산정한다.

3) 변압기 용량의 결정

최대수용전력에 의하여 조명·동력부하 변압기의 부하설비용량을 결정하며, 변압기 2단 강압방식의 경우 주변압기에는 부등률을 추가 적용한다.
① 부하종류별 변압기 용량 산정
② 변압기 강압방식에 의한 용량 산정

마. 사용기기의 선정

1) 사용기기의 선정은 난연성, 방재형, 저손실형 기기를 중심으로 채용한다.
2) 변압기는 몰드 변압기, 가스절연 변압기, 아몰퍼스 변압기 등 방재형을 선택한다.
3) 차단기는 VCB, GCB 등 불연성 차단기를 선정한다.
4) 배전반은 운전이 간편하고 신뢰성 있는 전자화 배전반을 검토한다.
5) 154kV 이상의 경우 가스절연장치(GIS)를 검토한다.

바. 보호방식의 결정(☞ 참고 : 수전설비 보호방식 및 보호계전기 정정)

1) 수전회로, 변압기, 모선, 배전선에 대하여 과전류 및 지락보호방식을 결정한다.
2) PF-S형, PF-CB형, CB형의 주 보호장치를 선정한다.

형식	수전설비용량	주차단기	고압 콘덴서 총용량
PF-S형	300kVA 이하	PF와 고압개폐기를 조합해서 사용하는 것	100kVA 이하
PF-CB형	500kVA 이하	한류형 PF와 CB를 조합해서 사용한 것	300kVA 이하
CB형	500kVA 이상	CB를 사용할 것	

사. 변전실 계획

1) 변전실은 부하의 중심, 배전이 용이한 장소로 계획한다.(전기적)
2) 기기의 배치가 점검보수에 충분한 면적과 높이를 확보하여야 한다.(건축적)
   ① 중량물을 견디는 기초($200 \sim 500 kg/cm^2$)를 할 수 있는 장소
   ② 천장높이(저압 3m 이상, 고압·특고압 4.5m 이상)가 충분한 장소
3) 수해, 누수, 가연성가스 및 분진 등의 발생 우려가 없는 곳(환경적)

>> 참고 특고압 수전설비 표준결선도

1. 22.9 kV-Y 1,000kVA 이하를 시설하는 경우

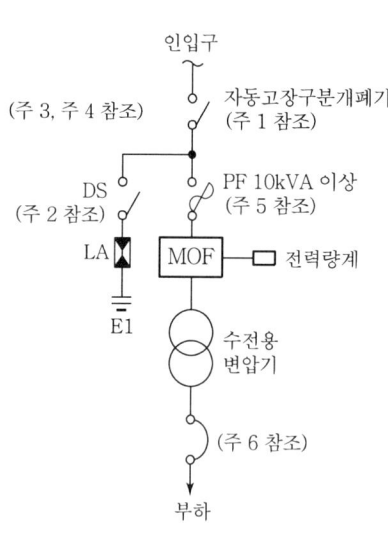

[그림 1] 특고압 간이수전설비 결선도

2. CB 1차 측에 VT를 CB 2차 측에 CT를 시설하는 경우

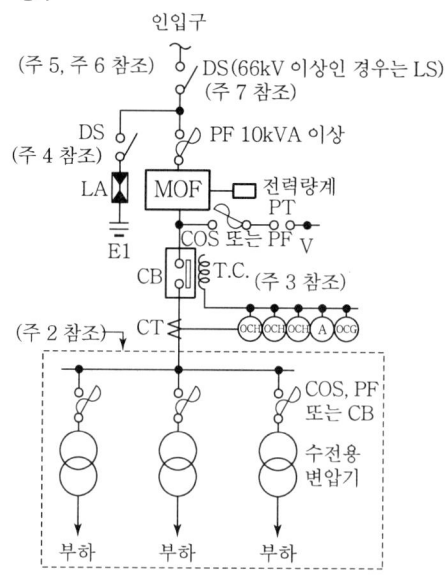

[그림 2] 특고압 수전설비 결선도

주 1) 300kVA 이하의 경우에는 자동고장 구분 개폐기 대신 INT. Sw를 사용할 수 있다.
주 2) LA용 DS는 생략할 수 있으며 22.9kV-Y용의 LA는 Disconnector (또는 Isolator) 붙임형을 사용하여야 한다.
주 3) 인입선을 지중선으로 시설하는 경우로서 공동주택 등 고장 시 정전피해가 큰 경우는 예비 지중선을 포함하여 2회선으로 시설하는 것이 바람직하다.
주 4) 지중인입선의 경우에 22.9kV-Y 계통은 CN CV-W케이블(수밀형) 또는 TR CNCV-W(트리억제형) 케이블을 사용하여야 한다. 다만, 전력구·공동구·덕트·건물구 내 등 화재의 우려가 있는 장소에서는 FR CNCO-W(난연)케이블을 사용하는 것이 바람직하다.
주 5) 300kVA 이하인 경우에는 PF 대신 COS(비대칭 차단전류 10kV 이상의 것)을 사용할 수 있다.
주 6) 특별고압 간이수전설비는 PF의 용단 등의 결상사고에 대한 대책이 없으므로 변압기 2차 측에 설치되는 주차단기에는 결상계전기 등을 설치하여 결상사고에 대한 보호능력이 있도록 함이 바람직하다.

주 1) 22.9kV-Y 1,000kVA 이하인 경우에는 [그림 2]에 의할 수 있다.
주 2) 결선도중 점선 내의 부분은 참고용 예시이다.
주 3) 차단기의 트립전원은 직류(DC) 또는 콘덴서방식(CTD)이 바람직하며 66kV 이상의 수전설비에는 직류(DC)이어야 한다.
주 4) LA용 DS는 생략할 수 있으며 22.9kV-Y용의 LA는 Disconnector(또는 Isolator) 붙임형을 사용하여야 한다.
주 5) 인입선을 지중선으로 시설하는 경우에 공동주택 등 고장 시 정전피해가 큰 경우는 예비 지중선을 포함하여 2회선으로 시설하는 것이 바람직하다.
주 6) 지중인입선의 경우에 22.9kV-Y 계통은 CNCV-W 케이블(수밀형) 또는 TR CNCV-W(트리억제형) 케이블을 사용하여야 한다. 다만, 전력구·공동구·덕트·건물 구내 등 화재의 우려가 있는 장소에서는 FR CNCO-W(난연)케이블을 사용하는 것이 바람직하다.
주 7) DS 대신 자동고장 구분 개폐기(7,000kVA 초과 시에는 Sectionalizer)를 사용할 수 있으며 66kV 이상의 경우에는 LS를 사용하여야 한다.

1.4 수·배전방식의 구성

최근 건축물이 초고층, 인텔리전트화되어 컴퓨터 및 각종 정보통신기기 등의 사용이 증가하는 고도의 정보화 사회로 전환되고 있다. 이러한 기기들은 고품질의 전력을 요구하고 있어 전원공급의 신뢰도 측면에서 수전·배전방식의 선정은 매우 중요하다.

■ 건축전기설비설계기준(KDS), 최신전기설비, 전력사용시설물 설비 및 설계

1. 수전설비의 구분

수·변전설비는 형태에 따라 크게 철구 형식과 큐비클 형식으로 구분되며 설치장소, 사용전압, 회선수 및 수전용량 등에 따라 다양하게 분류하고 있다.

가. 설치장소에 의한 분류

수전설비의 위치에 따라 옥내 수전설비, 옥외 수전설비로 구분한다.

나. 공급전압에 의한 분류

전기사업자의 공급전압에 따라 저압, 고압, 특고압으로 분류한다.

다. 공급방식에 의한 분류

전기설비 수전방식 구성에 따라 1회선, 2회선, 3회선으로 구분한다.

라. 수전용량에 의한 분류

전기사업자의 전기 공급규정에 의한 계약전력 1,000kW를 중심으로 표와 같이 구분한다.

[표 1] 전기사업자의 전기 공급규정에 의한 수전용량과 수전전압

구분	전기 공급방식 및 공급전압
계약전력 1,000kW 미만	교류 단상 220V 또는 교류 삼상 380V 중 한전이 정한 전기 공급방식 및 공급전압(단, 고객이 희망할 경우 상위전압으로 공급할 수 있다.)
계약전력 1,000kW 이상	교류 3상 3,300V~345,000V 중 한전에서 결정한 전기공급방식 및 공급전압(10,000kW 이하 22.9kV, 400,000kW 이하 154kV, 400,000kW 초과 345kV 이상) 단, 고객이 희망할 경우 세부기준의 세칙에서 정하는 바에 따라 공급전압을 달리 적용할 수 있다.

2. 수전방식의 구성과 특징

수전방식을 선정할 경우 건물의 용도와 부하의 중요도, 예비전원의 유무, 전원의 공급신뢰도 및 경제성 등을 감안하여 수·배전방식의 특징을 비교하여 선정한다.

가. 수전방식의 구성

방식구분 내용	1회선 수전방식	2회선 수전방식		스폿네트워크 방식
		예비선방식	루프 수전방식	
수전 설비	(전원, 차단기 CB, 수용가 수변전설비)	(평행 2회선, 예비회선)		(NWTR, N, P·f) NWTR : 네트워크 변압기 N : 네트워크 프로텍터 P·f : 프로텍터 퓨즈
지중선 방식의 케이블	CNCV 케이블 1줄 (예비선이 있는 경우 1줄 추가)	CNCV 케이블 2줄 (예비선이 있는 경우 1줄 추가)	CNCV 케이블 2줄 (예비선이 있는 경우 1줄 추가)	수전횟수와 동일 (예비선이 있는 경우 1줄 추가)
정전 시간	길다.	단시간	순시	없다.
공급 신뢰도	가장 나쁘다.	좋다.	좋다.	가장 좋다.
초기 투자비	가장 경제적이다.	비싸다.	비싸다.	가장 비싸다.

나. 수전방식의 특징

명칭		장점	단점
1회선 수전방식		• 간단하며 경제적이다. • 공사가 용이하다. • 저압방식에 많이 적용하고 있다. • 특고압에서도 소용량이 적정하다.	• 주로 소규모 용량에 많이 쓰인다. • 선로 및 수전용 차단기 사고에 대비책이 없으며 신뢰도가 낮다.
2회선 수전방식	평행 2회선 수전	• 어느 한쪽의 수전사고에 대해서도 무정전 수전이 가능하다. • 단독 수전이 가능하다. • 2회선 중 경제적이며, 국내에서 가장 많이 적용하고 있다.	• 수전선 보호장치와 2회선 평행 수전장치가 필요하다. • 1회선 수전방식에 비해 시설비가 많이 든다.
	예비선 수전	• 선로사고에 대비할 수 있다. • 단독수전이 가능하다.	• 실질적으로 2회선 수전이라 할 수 있으며 무정전 절체가 필요한 경우 절체용 차단기가 필요하다. • 1회선분에 대한 시설비가 더 증가한다.
	루프 수전	• 임의의 배전선 또는 타 건물 사고에 의하여 LOOP가 개로 되지만 정전은 되지 않는다. • 전압 변동률이 적다.	• LOOP 회로에 걸리는 용량은 전부하(타 건물 포함)을 고려하여야 한다. • 수전방식이 다소 복잡하다. • 회로상의 사고복귀에 시간이 걸린다.
스폿 네트워크 수전		• 무정전 공급이 가능하다. • 효율 운전이 가능하다. • 전압 변동률이 적다. • 전력손실을 감소할 수 있다. • 부하 증가에 대한 적응성이 크다. • 기기의 이용률이 향상된다. • 2차 변전소를 감소시킬 수 있다. • 전등, 동력의 일원화가 가능하다.	• 시설 투자비가 많이 든다. • 보호장치를 수입에 의존하며, 유지보수비가 많이 든다. • 국내에는 아직 많은 실적이 없다.

3. 배전방식

가. 배전계통의 선정 조건

변압기 용량에 따라 배전전압, 배전방식, 모선방식, 뱅크구성이 결정된다.

1) 배전전압은 부하의 종류와 용량, 배전거리, 전압변동 등 경제성을 고려하여 결정한다.
2) 배전방식은 부하설비용량, 배전전압, 공급신뢰도, 경제성 등을 고려하여 결정한다. 일반적인 고압배전선의 구성은 수지식, 환상식 및 망상식이 있으며 저압 배전선로의 구성은 대부분 방사상 방식을 사용하지만 저압 뱅킹방식, 저압 네트워크 방식 등도 있다.
   예) 배전선로의 전기방식은 저압의 단상3선식과 고압의 3상3선식, 3상4선식
3) 모선방식에는 단일모선과 이중모선방식이 있으며 모선도체의 굵기를 결정할 때는 허용전류, 단락전류에 의한 전자력에 견딜 수 있는 기계적 강도와 코로나 방전에 대한 것을 고려하여 결정한다.
4) 변압기 뱅크구성은 설계 시 부하의 중요도, 설비용량, 운용방법에 따라 선정한다.

나. 배전계통의 구성

방식	주회로 결선	특징
단일모선		• 실용적이고 신뢰성이 있다. • 조작 자유도가 있다.
단일모선 (모선연락용 CB 있음)		• 실용적이고 신뢰성이 있다. • 조작 자유도가 단일모선방식보다 크다. • 평상시에는 병렬운전, 사고 시에는 당해 배전선을 계통에서 제거하므로 배전선의 단락차단용량을 줄일 수 있다. • 평상시에 병렬운전을 하므로 균등부하 공급이 가능하다.
단일모선 피크컷식		• 실용적이고 신뢰성이 있다. • 조작 자유도가 단일모선방식보다 크다. • 부하가 피크인 때에 계약전력 초과분을 자가발전설비에서 공급할 수 있다.
이중모선		• 조작 자유도가 크다. • 설비구성이 복잡하다. • 설비비가 증대된다. • 설치면적이 많이 소요된다.
이중모선 (모선연락용 CB 있음)		
보조모선부		• 차단기 점검 시 정전 없이 전력공급이 가능하다. • 설비구성이 복잡하다. • 설비비가 증대된다. • 설치면적이 많이 소요된다.

1.5 변전설비 시스템 선정

변전설비 시스템 선정은 변전전압과 보호장치, 감시제어 등의 변전설비방식을 결정하는 것으로 이 중 변전설비 계통구성은 변압기를 중심으로 변압기 용량, 뱅크수, 변환전압의 종류를 결정하고 시스템의 신뢰성, 안전성, 확장성을 고려하여 최종 결정하여야 한다.

■ 건축전기설비설계기준(KDS), 최신전기설비, 전력사용시설물 설비 및 설계

1. 변압기 강압방식의 선정(변압기 변압방식의 선정)

가. 1단 강압방식(22.9kV/380V~220V)

1) 장점
   ① 강압방식이 간단하다.
   ② 변전실의 면적 및 공사비가 감소한다.
   ③ 변압기의 무부하 손실이 감소한다.

2) 단점
   ① 부하증설 및 변동에 따른 대처가 곤란하다.
   ② 비상전원장치는 저압으로 설치해야 한다.
   ③ 여러 종류의 전압 요구 시 변압기 종류가 많아진다.
   ④ 2단 강압에 비하여 단락전류가 증가한다.

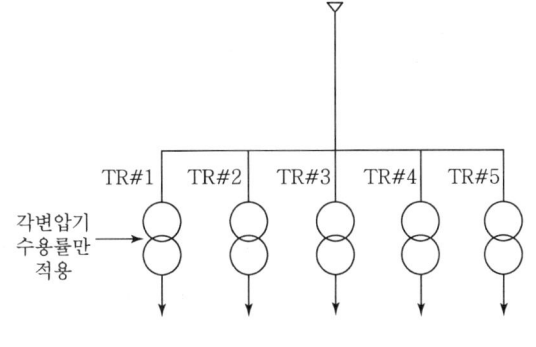

[그림 1] 1단 직강압방식

3) 적용 : 소규모 수용가에 적용한다.

나. 2단 강압방식
(22.9kV/6,600V/380V~220V)

1) 장점
   ① 부하증설 및 변동에 따른 대처가 용이하다.
   ② 비상전원장치에 전원공급을 원활하게 할 수 있다.
   ③ 여러 종류의 전압(고압/저압) 요구에 대처가 용이하다.
   ④ 단락전류가 감소한다.

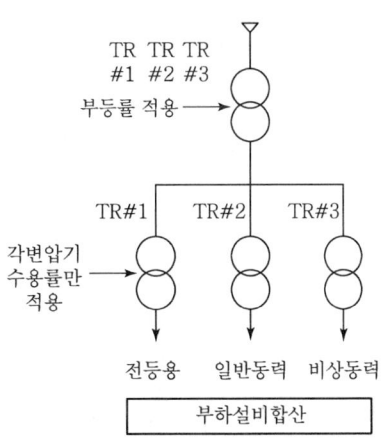

[그림 2] 2단 강압방식

2) 단점
   ① 강압방식이 복잡하다.
   ② 변전실의 면적 및 공사비가 증가한다.
   ③ 변압기의 무부하 손실이 직강압방식보다 크다.

3) 적용 : 대규모 수용가에 적용한다.

2. 변압기 뱅크의 구성(변압기 회로의 결선방식)

변압기 뱅크(변압기의 상수·회로수·결선)은 부하의 특성, 용량, 종류 및 계절부하 등을 종합적으로 검토하여 변압기의 운전대수 제어가 가능하도록 회로의 결선방식을 선정하여야 한다.

가. 뱅크 구성 시 고려사항

1) 특고압 수전설비에서 500[kVA]를 초과할 경우 부하운전 특성을 고려하여 2개 뱅크 이상으로 변압기 군을 조절할 수 있도록 한다.
2) 변압기 사고 시 예비운전 및 계절성 부하가 있는 경우 별도의 변압기 뱅크를 구성하여 운전대수 제어가 가능한 효율운전방식으로 변압기 손실을 줄인다.
3) 고조파 발생부하 및 비상부하 용도의 비상발전기와 연계하는 변압기 뱅크는 분리한다.
4) 첨두부하 피크컷용, 뱅크분리 또는 상용발전기를 도입하는 경우 기존 변압기 뱅크와 다른 구성방법을 검토한다.

나. 뱅크 수 선정기준(변압기 군의 구분기준)

부하의 특성, 용량, 종류 및 계절부하 등을 종합적으로 고려하여 변압기의 운전대수 제어가 가능하도록 구성한다.

1) 1,500kVA 미만 : 1뱅크
2) 1,500~3,000kVA : 1~2뱅크
3) 3,000kVA 초과 : 2뱅크 이상으로 한다.

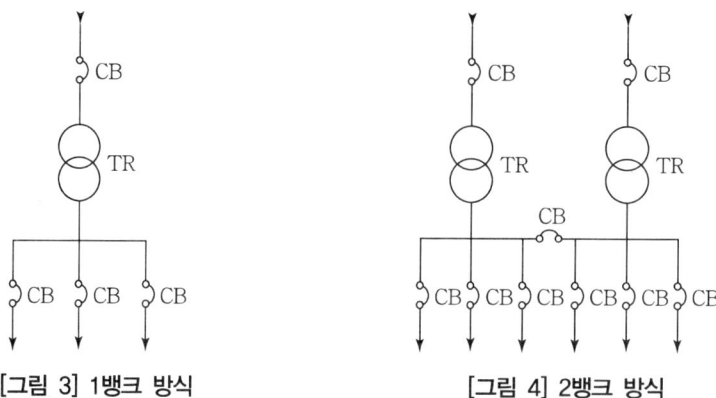

[그림 3] 1뱅크 방식   [그림 4] 2뱅크 방식

다. 뱅크구성의 특징(회로의 결선)

1) 1뱅크 방식

① 가장 간단하고 경제적이므로 소규모 설비에 많이 채용한다.
② 변압기 사고 시 정전시간이 길어진다.

2) 2뱅크 방식

① 단독운전 및 병렬운전이 가능하다.
② 계통의 운용 및 급전 신뢰도가 향상된다.
③ 변압기 부하율을 1/2로 하면 변압기 고장 시 1대로 급전이 가능하다.
④ 변압기의 단시간 과부하용량을 고려한 부하율에서 변압기 용량을 결정한다.

3) 3뱅크 방식(Spot Network 방식)

① 무정전 전원공급이 가능하다.
② 2차 단락전류는 전체 변압기 대수의 곱과 같다.
③ 시설비가 비싸서 중요부하에 채용한다.

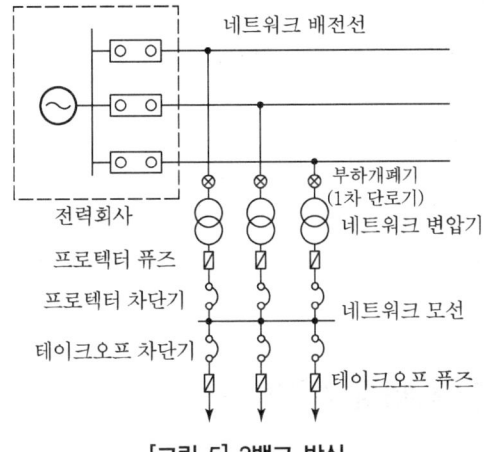

[그림 5] 3뱅크 방식

라. 변압기 결선

1) 변압기 결선의 종류 : $\Delta-\Delta$, $Y-Y$, $\Delta-Y$, $Y-\Delta$
2) 변압기 결선의 선정 : 수전방식, 병렬운전방식, 접지방식 등과 부하전압에 따라 결정한다.

3. 변압기 모선방식의 선정

변압기 모선방식은 단일모선, 전환가능 단일모선 방식, 이중모선으로 구분되며 설계 시 부하의 중요도, 설비용량, 운용방법에 따라 선정한다.

가. 단일모선

1) 가장 간단하며 경제적이다.
2) 모선사고 및 점검 시 정전시간이 길어지므로 폐쇄형 절연모선을 사용하여 사고확률을 감소한다.

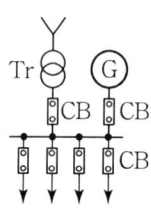

[그림 6] 단일모선

나. 전환가능 단일모선

1) 간단하고 급전에 융통성이 있다.
2) 한쪽 뱅크 모선 사고 시 모선 연락 차단기를 개방하면 건전한 뱅크 측에서 부하공급이 가능하다.
3) 소·중규모에 적용한다.

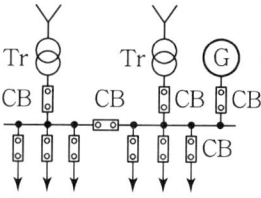

[그림 7] 전환가능 단일모선

다. 이중모선

1) 모선사고 또는 점검 시 정전 없이 송전이 가능하다.
2) 운용방법에 예비성이 있으며 공급 신뢰도가 높다.
3) 구성이 복잡하고 설치면적이 증가하며 시설비가 많이 소요된다.
4) 중요부하, 대규모 시설에 적용한다.

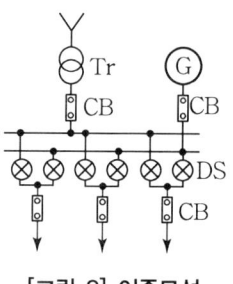

[그림 8] 이중모선

4. 변전설비의 보호방식

가. CB형, PF-CB형, PF-S형의 보호방식 결정에 따라 주회로 보호장치를 선정한다.
나. 주회로의 보호차단기 종류 및 구간 개폐기를 선정한다.

1.6 Spot Network 수전방식

SNW 수전방식이란 전력회사로부터 배전선 3회선 이상을 수전하여 수용가 측 변압기를 병렬운전하는 방식으로 Network Protect에 의해 배전선, 변압기의 고장과 회복 시 자동으로 차단·투입된다.

■ 정기간행물, 최신전기설비, 전력사용시설물 설비 및 설계

1. SNW 수전방식 특징

가. 무정전 전원공급이 가능하고 전압 변동률 및 전력손실이 감소되며 고신뢰성이 요구되는 중요부하에 적용한다.
나. 초기투자비용이 많이 들고, 보호장치는 수입에 의존하는 단점이 있다.

2. SNW 구성 및 주요 기기

가. SNW의 구성

1) SNW 수전설비는 수전용 단로기, Network 변압기, Protect 반(퓨즈, 차단기 수납), Network 모선, Take-off 차단기 및 퓨즈 등으로 구성된다.
2) SNW 수전방식은 특고압 수전 측에 차단기를 설치하지 않고 변압기 여자 전류만 개폐 가능한 수전용 단로기를 설치하고 변압기 2차 측에는 변압기마다 Protect가 설치되며 부하 측은 Network 모선에서 Take-off 장치를 통해 간선으로 공급된다.

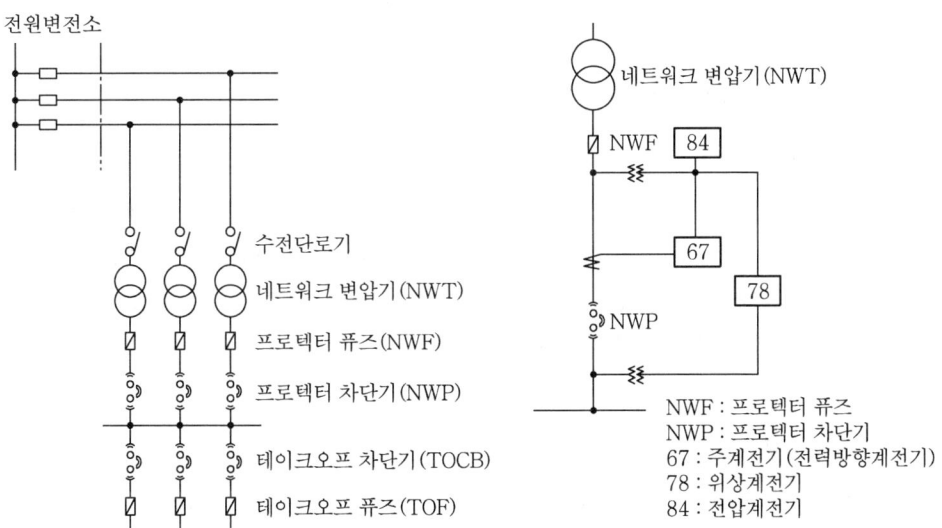

[그림 1] Spot-Network 수전방식

[그림 2] Network Protect 결선도

나. 주요 기기

1) Network 변압기

    ① 여자특성 : 변압기 2차 측 역여자 특성은 Network 계전기에서 역전력차단을 시키는 값 이상이어야 한다.
    ② 임피던스 전압 : Network 변압기는 병렬운전하기 때문에 각 변압기의 임피던스 차를 최소화해야 한다.
    ③ 과부하내량 : 130% 과부하에서 8시간 연 3회 운전해도 수명에 지장이 없어야 한다.
    ④ Network 변압기 용량

    ㉠ 변압기 용량 $= \dfrac{\text{최대수용전력}[kVA]}{(\text{수전회선수}-1)} \times \dfrac{1}{\text{과부하율}} [kVA]$

    ㉡ 3회선 수전에서 과부하율은 130%를 적용한다.

2) Network Protect

Network protect는 변압기 2차에서 Network 모선에 이르는 부분을 말하며 Protect 퓨즈 · 차단기 · 계전기로 구성되어 수전회로의 운전 및 보호하는 기능이 있다.

① Protect 퓨즈

㉠ 변압기 2차 측에서 Relay용 CT 사이의 모선 고장보호용으로 사용한다.

㉡ Protect 퓨즈는 후비보호(PF)기능을 한다.

② Protect 차단기(Pro CB)

배전선 측 정지 · 단락 · 지락의 경우 계전기[52]에 의한 역전력 차단과 복전 시에 자동 투입된다.

3. Network Protect의 기능(동작특성)

가. 역전력 차단

1) 배전선, 변압기의 사고 및 정전 발생으로 공급변전소의 CB가 차단된 경우 건전회선으로부터 Pro CB를 통하여 사고지점으로 역류하는 전력을 전력계전기가 검출하여 CB를 차단 · 분리시킨다. Network 모선에서의 고장에 대해서는 동작하지 않는다.

2) 역 전력차단은 전력방향계전기(67)가 TR 2차 전압을 기준으로 전류의 방향을 판별하여 동작한다.

나. 차전압 투입

전원이 복전되어 TR이 충전된 경우 Network 변압기 2차 전압과 Network 모선의 전압과 위상을 비교하여 2차 전압이 Network 모선전압보다 크고 위상이 앞선 상태에서 위상계전기(78)에 의해 자동으로 차단기가 투입되어 부하전력을 공급한다.

다. 무전압 투입

Network 모선이 무전압 상태에서 Network 변압기가 충전되는 경우 전압계전기(84)에 의해 Pro CB는 자동으로 투입되어 부하에 전력을 공급한다.

라. 차단기 펌핑현상 방지

1) 차단기가 투입과 차단을 반복하는 현상을 차단기의 펌핑현상이라 한다. 이를 방지하기 위해 Anti Pumping Relay를 설치하여 차단기를 한 번 트립하면 Lock Out되어 수동으로 Reset하기 전에는 투입신호가 와도 투입되지 않는다.

---

[52] 계전기(Relay)란 정해진 전기량이나 물리량에 응동하여 전기회로를 제어하는 전기기기이다. 종류 : 27(부족전압계전기), 32Q(무효전력계전기), 32P(전력방향계전기＝역전력계전기), 37(부족전류계전기), 50(단락 · 지락 선택계전기), 51(과전류계전기), 51G(지락과전류계전기), 59(과전압계전기), 64(지락과전압계전기), 67(전력방향계전기＝단락방향계전기), 67G(지락방향계전기), 78(위상계전기), 81(주파수계전기), 84(전압계전기), 87(차동계전기)

2) 펌핑현상의 발생은 Network 모선의 영구고장, 배전선 고장 시 다른 수용가 차단기의 비정상적 투입상태 등이 있다.

4. Network Protect의 오동작과 방지대책

가. 병렬발전기에 의한 것

1) 발전기를 Network 모선과 병렬 연결하여 운전하다 수전선 사고 또는 전압변동이 발생할 경우 발전기 전력이 전원 측으로 역류되어 Protect 차단기가 역전력 차단될 우려가 있다.
2) 대책으로 수전전력과 발전기는 병렬운전하지 않도록 인터록 장치를 한다.

나. 진상콘덴서에 의한 것

1) 진상콘덴서로 Network 측이 과보상되면 전원 측보다 Network측 전압이 높아 차전압 투입이 불가능하다.
2) 대책으로 콘덴서를 부하에 개별로 설치하여 부하와 함께 개폐되도록 설치한다.

다. 회생전력에 의한 것

1) 승강기가 감속 운전할 경우 전동기가 발전기로 작용해서 회생전력이 발생하여 전원 측으로 회생전력이 흘러 역전력 차단의 우려가 있다.
2) 대책으로 회생제동방식 채용과 전 뱅크에서 역전력이 검출될 경우 트립회로를 Lock시킨다.

라. 전동기 기여전류(전동기 순환전류에 의한 오동작)

1) 전동기 부하가 많을 경우 외부 단락 사고 시 전동기 기여전류가 사고점으로 흘러들어 전 뱅크 차단기가 동작할 우려가 있다.
2) 대책으로 전 뱅크에서 역전력이 검출될 경우 차단기를 Lock시킨다.

5. Spot Network 배전설비의 보호협조

가. Protector Fuse와 Protect 차단기간의 보호협조

1) Network 배전선의 단락사고 : 배전선 단락 시 2차 전류의 크기가 Protect 차단기의 전류-시간곡선과 퓨즈의 허용시간-전류특성곡선 교점의 전류치 미만을 선정한다.
2) Network 변압기와 Protect 퓨즈 간의 단락사고 : Protect 차단기와 Protect 퓨즈의 차단능력을 상회하는 고장전류영역에서는 Protect 퓨즈가 먼저 차단되도록 한다.
3) Protect 퓨즈와 차단기 간의 단락사고
   ① Protect 차단기의 정격차단전류를 상회하는 영역에서는 Network 계전기의 지령을 Lock한다.

② Protect 퓨즈에 흐르는 전류는 동일하므로 보호협조가 불가능하다.
③ 모선의 절연 신뢰도를 높여 사고발생 확률을 낮추는 것이 필요하다.

나. Protector Fuse와 전력회사 계전기의 보호협조

Network 수전설비에서 사고가 발생하여 Protect 퓨즈가 차단된 경우 전력회사의 과전류 계전기는 동작되지 않아야 한다.

다. Protector Fuse와 Take-off 장치의 보호협조

1) 수전설비 2차 측에서 사고가 발생한 경우 Take-off 장치가 먼저 차단 완료해야 한다.
2) 보호협조 조건은 동작 시간차에 의한 직렬협조 조건을 만족하면 된다.

1.7 변전실의 계획

- 수·변전실은 전력회사로부터 수전한 전력을 부하설비에 적합한 전력으로 변성, 분배, 중계 역할을 하는 장소로 기능성, 관리성, 안전성, 확장성 등을 고려해서 계획하여야 한다.
- 건축물 설계 시 변전실의 위치와 구조, 면적, 기기배치를 고려하여 시설하고 건축 및 기계설비와 관계도 고려하여 계획을 수립하여야 한다.

■ 건축전기설비설계기준, 신전기설비기술계산 핸드북, 한국전기설비규정(KEC), 정기간행물

1. 변전실의 위치 선정 시 고려사항

가. 부하의 중심에 가깝고 배전이 편리할 것
나. 기기를 반입·반출 시 지장이 없을 것
다. 천장을 4m 이상으로 할 것
라. 습기나 먼지 발생이 적은 곳
마. 주위에 화재, 폭발 등의 위험성이 적은 장소일 것
바. 경제적이고 환기 및 채광이 용이할 것
사. 장래 부하증설을 고려할 것
아. 외부에서 전원 인입이 편리할 것
자. 지반이 좋고 침수 등 재해의 염려가 없을 것
차. 발전기실, 축전지실에 인접한 장소일 것
카. 염해, 유독가스의 발생이 적은 장소일 것

2. 변전실의 구조

가. 방화구조나 내화구조로서 불연재료로 구획한다.

나. 출입구, 창문은 방화문을 설치한다.

다. 창문의 파손으로 빗물이나 조류, 짐승이 들어오지 않도록 고려한다.

라. 견고한 기초이고 충분한 내진 조치를 한 구조이어야 한다.

3. 변전실의 형식 결정

가. 변전실을 구성하는 방식에는 노출형과 큐비클형이 있고, 위치에 따라 옥외·옥내형으로 구분하기도 한다.

나. 빌딩의 경우는 옥내형으로 하고 부지에 제한이 적은 공장 등에서는 옥외형으로 하는 것이 일반적이다.

다. 옥외식은 옥내식에 비해 건물비가 적게 들고 유지보수가 용이한 장점이 있다.

라. 염해가 우려되는 해안지대, 부식성 가스가 다량 발생하는 곳에는 부적합하다.

마. 근래에는 재해방지, 시설면적의 최소화, 설치기간 단축 등의 측면에서 수·변전기기를 큐비클에 내장하는 방식이 많이 채용되는 추세이다.

4. 변전실의 면적산출

가. 변전실의 면적에 영향을 주는 요소

1) 수전전압 및 수전방식의 종류
2) 변전설비 시스템 방식의 선정
3) 설치기기와 변전실 배치 방법
4) 건축물의 구조적 여건
5) 기기의 유지보수에 필요한 면적 등

나. 면적산정방법

1) 변전실 면적(m^2) = $K \times (TR용량[kVA])^{0.7}$

   K값(전압별 계수) : 특고압 → 고압 1.7, 특고압 → 저압 1.4, 고압 → 저압 0.98

2) 변전실 면적(m^2) = $2.15 \times (TR용량)^{0.52}$

3) 변전실 면적(m^2) = $3.3\sqrt{TR용량 \times a}$

   a값(면적별 계수) : 6,000m^2 미만 2.66, 10,000m^2 미만 3.55, 10,000m^2 이상인 경우 큐비클식 4.3(무형식 5.5)

4) 변전실 면적(m^2) = $5.5\sqrt{TR용량}$ ※ 일반적으로 1) 방법을 많이 사용함

5. 변전실의 배치

가. 기기 배치 시 고려사항

1) 한국전기설비규정(KEC)에 적합할 것
2) 기기 반·출입 및 보수, 점검에 지장 없을 것
3) 전기의 흐름 및 인입개소를 확인할 것
4) 간선루트에 대한 배선방향을 확인할 것
5) 장래 부하증설을 고려할 것
6) 전력간선 등 배선이 경제적일 것

나. 빌딩의 경우

집중식(중·소규모), 중간식(중·대규모), 분산식(초고층 이상)을 주로 배치한다.

다. 공장의 경우

1차루프식, 1차단독식, 나뭇가지형 1차식을 주로 배치한다.

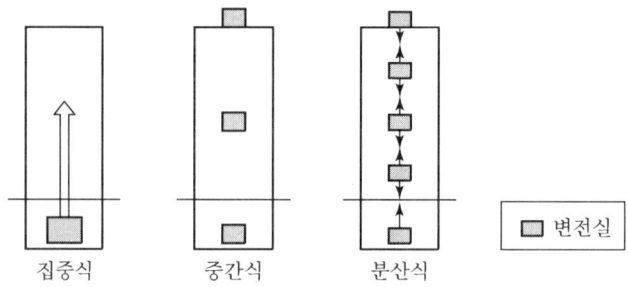

[그림 1] 빌딩의 변전실 배치

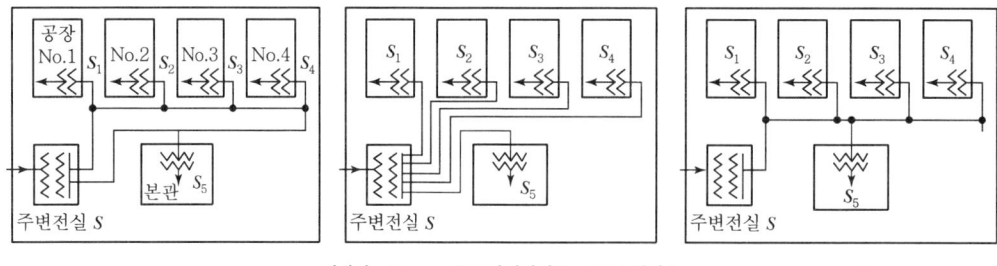

여기서, $S_1, \cdots, S_5$: 단위변전소, S : 주변전소

(a) 1차 루프   (b) 1차 단독식   (c) 나뭇가지형 1차식

[그림 2] 공장의 변전실 배치

6. 변전실의 타 공정과 고려사항

가. 건축 및 기계설비와 협의사항

1) 기기설치 및 유지보수를 위하여 충분한 천장높이(고압 이상 4m 이상)를 선정한다.
2) 변압기 등 전기기기 설치에 따른 변전실 바닥의 단위면적당 중량(약 200~500kg/m^2)을 협의한다.
3) 배전반 위치에 따른 케이블 트렌치의 위치, 폭 산정 등을 협의한다.
4) 배관 배선의 경우 맨홀의 위치, 천장, 벽, 바닥 등의 관통 위치를 협의한다.
5) 완전한 방화구역으로 하며 출입구의 문은 방화문으로 한다.
6) 바닥면적 합계 300m^2 이상의 전기실, 발전실, 전산실 등은 청정소화약제 가스계 소화설비를 한다.
7) 수·변전실은 실온 40℃ 이하가 되도록 강제 또는 자연 순환식의 환기시설을 한다.
8) 지하층에 변전실을 설치하는 경우 침수에 대비하여 배수설비를 한다.

나. 건축설계 시 고려사항

실명	고려사항
변압기실	• 유입변압기의 경우는 타실과 격리한다.(단 소화설비를 갖춘 경우는 예외) • 자랭식 변압기에 대해서는 충분한 배기공을 설치한다. • 벽, 문, 창 등은 방음·방화구조로 한다. • 비도전성 가스계 소화설비를 고려한다.(청정소화약제 가스계 소화설비 등) • 기기 반입구, 배열 등에 충분한 넓이와 높이를 취한다. (벽과는 0.6m 이상, 천장과의 간격은 1~1.5m 정도) • 견고한 기초의 내진장치를 실시한다. • 층고는 Cubicle의 상부에 설치되는 공조설비, Bus Duct, Cable Tray 및 조명기구 등을 Cross Check 후 결정한다.

배전반실 및 차단기실	• 될 수 있는 대로 다른 시설과 격리한 방으로 한다.
	• 기기 반출 및 유지보수 관리에 충분한 공간을 설치한다.
	• 적당한 격벽을 모선 또는 기기 간에 설치한다.
	• Bus Duct 설치 시는 단락사고를 대비하여 견고한 Bracket을 설치한다.
	• 분출유의 배기구를 설치한다.
	※ 배전반과 벽과의 이격거리
	  전면 : 3~4m(최소 1.5m), 측면 : 1~2m(최소 1.2m, 단, 장래증설계획 고려)
	  배면 : 1.5~2.0m(최소 문을 열 수 있는 거리 확보 0.9m)

감시제어실 (방재센터)	• 감시 제어실 바닥은 Access Floor를 설치한다. • 공기조절, 조명, 음향 등은 쾌적한 환경을 만든다. • 운전조작, 감시제어에 지장이 없는 충분한 공간을 갖는다.

실명	고려사항

축전지실	• 변압기에서 이격하여 배전반실에 가까운 곳에 설치한다.
	• 실내 마감은 어느 정도 내산성으로 한다.
	• 일광의 직사를 피하여 시설한다.
	• 배수, 환기에 주의한다.
	※ 축전지와 벽과의 이격거리
	   - 축전지와 벽과의 이격거리 : 1m 이상
	   - 천장 높이 : 2.6m 이상
	   - 축전지와 비보수 측 벽과의 이격거리 : 0.1m 이상
	   - 축전지와 부속기기와의 이격거리 : 1m 이상

1.8 가스절연개폐장치(GIS ; Gas Insulated Switchgear)

GIS란 옥내·외 발전소 및 변전소에서 정해진 사용조건하에서 정상상태의 부하전류 개폐뿐만 아니라 사고, 단락전류 등의 이상상태에서도 선로를 안전하게 개폐하여 154[kV] 전력계통을 적절히 보호하는 SF_6가스로 절연하여 축소된 설비의 가스절연개폐장치이다.

■ 신전기설비기술계산 핸드북, 정기간행물, 제조사 기술자료집

1. SF_6 가스 특성

SF_6 Gas란 6불화 유황가스로서 안정도가 매우 높은 불활성기체이며 물리적, 전기적, 화학적 특성이 우수하고 고전압 대전류 차단에 적합하여 가스절연 전력용 기기에 널리 사용한다.

가. 물리적 특성

1) 열전달성이 뛰어나다.(공기의 16배)
2) 공기보다 무겁다.(비중이 공기의 4~5배)
3) 열적으로 안전성이 뛰어나다.(폭발, 화재 등)

나. 화학적 특성

1) 불활성의 안정된 가스이다.
2) 무독·무취·무해의 불활성이며 부식성 없는 Gas이다.

다. 전기적 특성

1) 절연내력이 높다.
2) 소호능력이 뛰어나다.(공기의 100배)
3) 아크가 안정되고 절연회복이 빠르다.

2. GIS 특징

가. 설치면적의 축소(부지 조건)
1) 종래의 옥외 철구형 변전설비에 비하여 설치면적을 25%까지 축소가 가능하다.
2) 사용 장소에 제한이 없어 염해·공해지역에도 설치가 가능하다.
3) 토지 이용의 유연성으로 도심지, 번화가 옥내에도 설치가 가능하다.

나. 안전성
1) 모든 충전부를 접지된 탱크에 내장하여 SF_6가스로 격리되어 감전위험이 없다.
2) SF_6가스는 비중이 공기의 약 5.5배 정도 되는 불연성으로 화재의 위험성이 적다.
3) 전체가 밀폐 금속용기에 내장되어 운전원과 충전부가 격리되어 있어 관리위험이 적다.
4) Unit별 구획으로 파급사고를 방지하고 작업용 접지 개폐기를 시설하여 사고를 방지한다.

다. 신뢰성
1) 염해, 먼지 등에 의한 오손 또는 기후의 영향을 받지 않도록 완전히 밀폐되어야 한다.
2) 주회로 마모·열화가 적고, 정전 없는 외부작업이 가능하며 차단기 점검주기가 길다.
3) 내부사고 시 가스 구획이 구분되어 사고확대를 방지하므로 신뢰성이 높다.

라. 경제성
1) 설치가 간단하여 공기를 단축(기존의 20~40%)한다.
2) BAY의 추가가 많을수록 가격차가 적다.
3) 비용절감효과가 있다.

마. 보수점검 용이
1) 열화마모가 적고 정전 없이 외관 점검이 가능하다.
2) 전자파 장해, 소음발생, 염해·공해 등 환경에 의한 민원발생 요인이 적다.

바. GIS의 단점
1) 밀폐구조로 내부를 직접 볼 수 없다.
2) 내부점검 및 부품교환이 번거롭다.
3) 가스압력, 수분 등을 엄중하게 감시해야 한다.
4) 기기 가격이 고가이다.
5) 한랭지, 산악지방에서는 액화방지대책이 필요하다.

3. GIS의 구조 및 기기별 특성

가. 구조

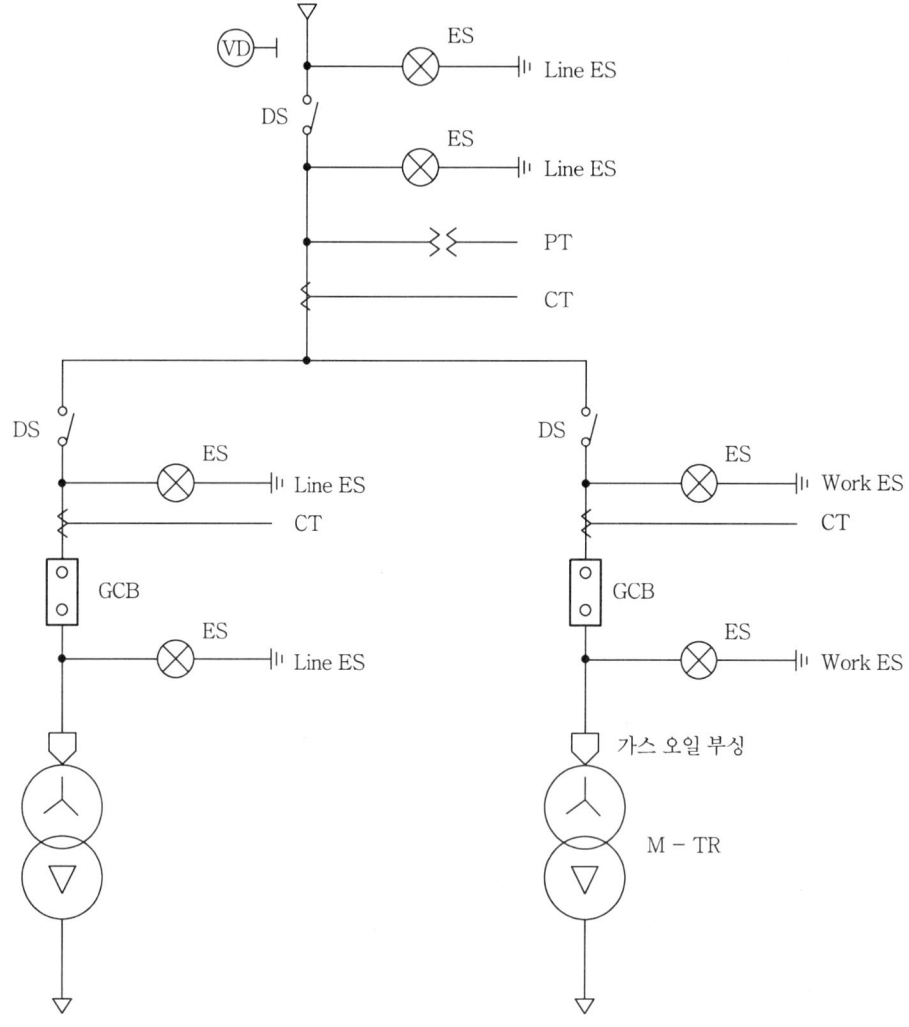

[그림 1] GIS의 계통도

나. 기기별 특징

1) 차단기

① SF_6가스를 봉입한 탱크 내 조작장치에 연결된 절연조작봉을 통하여 조작한다.
② 차단동작을 행할 때 Buffer 실린더가 동작 내부의 SF_6가스를 압축한다.
③ 접촉자 간 발생한 아크는 압축된 SF_6가스와 함께 불어나오며 소호한다.
④ 트립 동작은 압축공기, 투입은 스프링에 의하여 동작한다.

2) 단로기

　① 단로기 동작은 가동접촉자를 수평방향으로 작동하여 개폐한다.

　② 모선이나 다른 기기에 직접연결이 가능하며 압축공기 및 수동으로 조작한다.

3) 접지 개폐기

　① 보수·점검 시 외부에서 접지시킬 수 있도록 접지개폐기를 설치한다.

　② 접지개폐기와 단로기 차단기는 인터록으로 설치한다.

4) 피뢰기

　① 갭레스형 피뢰기를 사용한다.

　② 대지 간 절연을 위해 SF_6가스로 밀봉, 가스계통 제어는 차단기와 같다.

　③ 아크가 없고 뇌 임펄스에 즉각 반응하며 개폐 서지에 탁월하다.

5) 모선

　① 모선 내부 Gas 압력은 $5kg/cm^2$, SF_6가스압이 대기압으로 떨어져도 견딜 수 있도록 설계한다.

　② 도체 연결은 튤립형 접촉자로 조립 연결하고 외함 조립의 경우 자동 연결된다.

　③ 튤립형 접촉자는 실드로 쌓여 코로나 발생을 방지한다.

6) 계기용 변성기 및 변류기

　① VT는 소형으로 격리되어 있어 절연 필요성이 없는 고신뢰성의 가스절연 권선형을 사용한다.

　② CT는 케이스에 도전성 물질을 놓거나 CT를 둘러싼 부분을 폐로할 경우 전압이 유기된다.

7) Cable Sealing End 및 Bushing

　① Cable Sealing End의 케이블 단말장치는 에폭시 콘을 사용한다.

　② 송전선 연결 시 SF_6가스가 채워진 부싱을 사용한다.

　③ 가스절연모선과 변압기 연결은 관통 부싱으로 가스와 변압기 절연유가 격리되도록 시설한다.

4. GIS 감시장치

GIS설비 SF_6관리는 가스 중의 수분량, 가스밀도 및 가스의 순도관리가 주 감시대상이 된다.

가. 수분관리

1) 수분관리의 기준값은 최저사용온도에서 결로되지 않는 값이다.

2) 수분발생 원인으로는 가스 중에 포함되어 있는 수분, 조립 시 침입하는 수분, 유기 절연 재료에서 석출하는 수분, 패킹에서 투과되는 수분 등이 있다.

3) 수분과 분해가스를 모두 흡착할 수 있는 흡착제를 기기 내에 봉입하여 사용한다.

나. 가스밀도 관리(압력 관리)

1) GIS의 기본성능인 절연성능, 소호성능, 통전성능 등은 SF_6가스의 밀도에 큰 영향을 받는다.

2) 정격압력이 0.3~0.6MPa 범위 GIS의 경우 경보압력은 정격압력의 0.05MPa, 쇄정압력은 정격압력의 0.1MPa로 하고 있다.

3) 가스압 저하경보장치는 표준 SF_6가스용기와 감시 SF_6가스의 압력차를 측정하여 경보한다.

다. 가스의 순도(90% 이상 유지)

1) SF_6가스 중의 공기 또는 질소 함유율이 20%가 되어도 절연에는 거의 영향이 없으나 차단기 소호성능에 영향을 준다.

2) 압축공기를 사용하는 차단기, 단로기, 접지개폐기 등의 조작공기압을 감시한다.

[표 1] 감시장치

기기	종류
공통	부분 방전, 내부 고장 검출, 가스 밀도 감시
GCB	유압 장치, 개폐 특성, 누적 차단전류
DS, ES	개폐 특성, 누적 개폐전류
피뢰기	누설 전류, 동작 특성 감시

5. 시공 및 운전 시 고려사항

가. 시공

1) 기초는 구조물 부동침하와 내진대책을 고려한다.
2) 접지는 큰 고장 전류에 대하여 운전원 안전대책으로 메시(Mesh) 접지를 사용한다.
3) 수분 발생은 300ppm 이하를 유지한다.
4) 가스압 저압, 액화방지를 고려한다.
5) GIS 장치의 수평도를 유지한다.

나. 유지관리

1) 변전실 실내에서 비산 먼지 발생을 억제한다.
2) 가스압은 저압경보와 밀도관리를 철저히 하여 가스 유출을 방지한다.

6. GIS Type과 Conventional S/S 비교

구분	Conventional Type	GIS Type
공사비	공사비가 저렴하다.	공사비가 고가이나 면적, 유지보수 비용 등 감가상각을 고려하면 효과가 크다.
공사기간	공사기간이 장시간이다.	Unit별로 완전 조립품이므로 기간 단축
S/S 부지	넓은 면적이 필요하다.	비교적 면적이 적다.
신뢰성	충전부의 노출로 안전사고 예방책이 필요하다.	SF_6가스로 충전부가 충진, 완전밀폐 접지되어 안전성이 우수하다.
유지보수	• 정기적 · 비정기적으로 청소한다. • 정전 없이 유지보수가 곤란하다.	• 외부 유지보수는 운전상태에서 가능하다. • 유지 보수 인원이 비교적 적다.
특징	• 조작에 대한 육안감시가 가능하다. • 해안, 공단 등 공해지역 염진해대책이 필요하다.	• 설치면적 및 용적의 축소로 어느 장소나 설치가 가능하다. • SF_6가스 사용하므로 화재 및 인체에 영향 없다.

1.9 변전설비 용량 산정 계획

- 수 · 변전설비 계획은 기본적으로 안전성, 신뢰도, 경제성에 기초하여 건물의 용도, 규모, 위치, 사용목적 등에 적합한 설비가 되어야 하며 수전전압, 수전방식, 전력회사 공급규정, 변전실 크기 등을 검토하여 사전협의하여야 한다.
- 변전설비 용량은 수 · 변전 계획의 핵심으로 다양한 수전방식에 대하여 일률적 적용은 어려우며 장래전망 · 유지보수 · 경제성 등을 고려하여 최대수용전력에 의한 적정용량 선정이 중요하다.

■ 건축전기설비설계기준(KDS), 전력사용시설물 설비 및 설계, 정기간행물

1. 변전설비 용량 결정 시 고려사항

가. 장래의 전망

경제성 추구관점에서 10년 정도의 장기 부하증설 등 장래 전망을 고려하여야 한다.

나. 계통의 운용

보수점검, 사고 발생 시에도 계통을 변환해서 부하에 급전이 가능하도록 계통운영의 일상점검 및 사고 · 비상상태를 대비한 부하급전 등 계통운영의 안전성을 확보한다.

다. 단락전류의 크기

단락전류의 크기는 차단기 용량 결정에 영향을 주며 변압기, CT 및 케이블 모선 등 주요 기기 과전류 내량 결정과 절연협조에 관계한다.

라. 전압변동

정상전압변동과 단락사고 및 모터 기동 시 순시전압변동을 고려한 안전성을 확보한다.

2. 변전설비 용량 선정

가. 부하설비용량 추정

1) 부하설비용량을 알고 있을 경우 부하설비별 입력환산에 의한 설비용량을 계산한다.
   ① 조명 및 전동기 등은 전기공급 약관에서 정하는 해당 입력환산율을 적용한다.
   ② 전동기 부하의 산정은 명판에 표시된 정격전류를 기준으로 적용한다.
   ③ 엘리베이터, 에어컨디셔너 등 특수부하의 용량은 제조사 산정기준을 참고한다.

[표 1] 조명부하의 입력환산표

부하설비	입력 환산 용량
형광등	전구 Watt수×1.25배
백열등	전구 Watt수×1배
HID	전구 Watt수×1.15배

[표 2] 전동기 등 입력 환산표

사용 설비별		출력표시	입력[kW]환산율
소형기기 · 전열기		W · kW	100%
특수기기(전기로 등)		kW[kVA]	100%
전동기	저압 단상	kW	133%
	저압 3상	kW	125%
	고압, 특고압	kW	118%

2) 부하설비용량을 모르고 있을 경우 건물용도별 등급 또는 설비의 규모에 의한 설비용량을 추정한다.
   ① 인텔리전트빌딩의 경우 IB 등급별 부하밀도에 의한 표준부하 산정

$$부하설비용량\ 산정 = 단위면적당\ 표준부하밀도[VA/m^2] \times 연면적[m^2]$$

[표 3] 인텔리전트 빌딩의 부하밀도[VA/m²]

0등급	1등급	2등급	3등급
일반적인 사무자동화된 건물	인텔리전트 빌딩이라 칭할 수 있는 최소의 건물	IB로서 표준 건축물	실현 가능한 대부분의 설비를 갖춘 정보화 건물
110	125	157	250

② 건물용도별 설비의 규모에 의한 과거실적을 참고한 표준부하 산정

[표 4] 건축물의 용도별 부하밀도[VA/m²]

학교	주택	공공건물	호텔	종합병원	백화점	전산센터	연구소
60	70	100	120	160	170	185	220

③ 집합주택 및 전전화 주택의 부하 산정

㉠ 공동주택은 전용면적 60m² 이하는 3kW가 원칙

$$P[\text{kVA}] = 3 + 0.5 \times \frac{A-60}{10}$$

※ 종합수용률 50~100세대 : 40%, 400~550세대 : 37%, 850세대 초과 : 35%

㉡ 전전화 주택은 7kVA가 원칙, P[VA]=60[VA/m²]×바닥면적[m²]+4,000[VA]

※ 11~20세대 일반전력 수용률 : 48%, 21세대 이상 일반전력 수용률 : 46%

나. 최대수용전력의 산정

건축물의 배전설비 적정용량 산정은 전등, 동력, 전산부하 등 부하설비의 최대수용전력을 산정하고 수용률, 부등률, 부하율 등을 고려하여 부하설비의 주 변압기 용량을 산정한다.

1) 수용률(Demand Factor)

① 수용가의 부하설비가 동시에 사용되는 정도를 나타내는 것이 수용률이며, 수용장소의 총 전기설비용량에 대한 수용전력의 비율을 백분율로 표시한다. 따라서 각 부하의 설비용량에 수용률을 곱해서 최대수용전력을 계산한다.

② 수용률은 부하의 종류, 건물의 용도, 업종에 따라 모두 다르게 적용된다.

③ 수용률 = $\frac{최대수용전력}{총설비용량} \times 100[\%]$

[표 5] 건축물의 종류별 수용률[%]

구분 \ 건축물 종류	사무소용 빌딩		백화점용 빌딩		종합병원용 빌딩		호텔용 빌딩	
	범위	평균값	범위	평균값	범위	평균값	범위	평균값
일반전등·전열부하	65~83	70	58~92	75	45~75	60	49~71	60
일반 동력부하	38~72	55	47~83	65	40~70	55	42~68	55
OA기기(비상전등전열)	42~78	75	—	—	(45~75)	60	—	—
냉방동력부하	59~91	75	65~95	80	70~100	85	64~96	85

2) 부등률(Diversity Factor)

① 수용가의 사용부하에 따라 부하특성이 변동하므로 수용가 상호 간, 변압기 상호 간, 배전선 상호 간에서 각개의 최대부하가 생기는 시각이 각각 다르다. 이와 같이 부하설비가 동시에 최대가 되지 않는 정도를 표시한다.

② 수용률만 적용하면 변압기의 용량이 과대하므로 부등률을 적용하여 변압기를 적정용량으로 산정한다. 부등률은 2단 강압방식의 주변압기에만 적용하며 직강압 방식에는 수용률만 적용한다.

③ 부등률 = $\dfrac{\text{각 부하군의 최대수용전력의 합}}{\text{합성최대수용전력}} \geq 1$

[표 6] 변압기 용량 산출 시의 적용 부등률

공급점	구분	부등률
배전간선 (고압)	조명수용가	1.35
	동력수용가	1.15
	조명 TR 간	1.18
	동력 TR 간	1.36

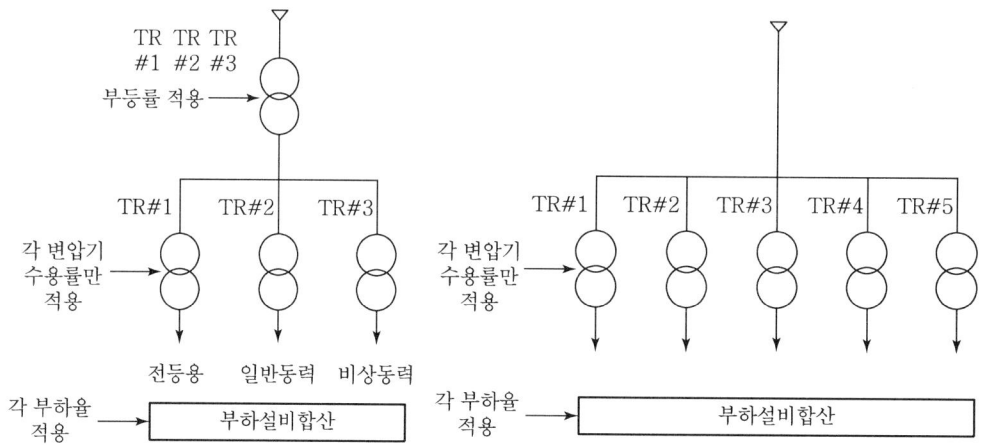

[그림 1] 수용률, 부등률 적용 예

3) 부하율(Load Factor)

① 전기설비가 어느 정도 유효하게 사용되는가를 나타내며, 수전설비 또는 전력공급설비의 이용률을 표시하는 지표가 된다. 따라서 부하율이 높을수록 설비가 효율적으로 사용되는 것이다.

② 전력의 사용은 시간에 따라 항상 변동하며 부하율은 일 · 월 · 년 부하율로 구분하고 기간이 길수록 그 값은 낮아진다.

③ 부하율 = $\dfrac{\text{부하의 평균전력}(1\text{시간 평균})}{\text{최대수용전력}(1\text{시간 평균})} \times 100 [\%]$

4) 수용률, 부등률, 부하율과의 관계

- 최대부하 = 부하의 설비합계 $\times \dfrac{수용률}{부등률}$ [kW] (변압기 용량 산정)

- 부하율 = $\dfrac{부하평균전력(1시간\ 평균)}{최대수용전력(1시간\ 평균)} \times 100$[%]

  $= \dfrac{부하평균전력}{총설비용량} \times \dfrac{부등률}{수용률}$

- 수용률 = $\dfrac{최대수용전력}{총설비용량[kW]} \times 100$[%]

- 부등률 = $\dfrac{각 개의 최대수용전력합}{합성최대수용전력} \geq 1$

  $\left[합성최대수용전력 = \dfrac{최대수용전력의 합}{부등률} \right.$ (단, 각 수용가의 수용률이 같다면)

  $\left. \rightarrow 합성최대수용전력 = \dfrac{총설비용량 \times 수용률}{부등률} \right]$

다. 주 변압기 용량의 결정

최대수용전력과 수전전압, 배전전압이 결정되면 최대수용전력에 의하여 부하변압기의 부하 설비용량을 결정하며 변압기 2단 강압방식의 경우 주 변압기에는 부등률을 추가 적용한다.

1) 부하종류별 변압기 용량 산정

   ① 전등용 변압기 : $P = \dfrac{전등\ 출력합계[kW]}{역률}$ [kVA]

   ② 전동기용 변압기 : $P = \dfrac{전동기\ 출력합계[kW]}{효율 \times 역률}$ [kVA]

   전동기가 여러 대 동시 기동할 경우 : $P = \dfrac{전동기\ 출력합계}{효율 \times 역률} \times \dfrac{\%Z \cdot N}{\varepsilon}$ [kVA]

   여기서, $\%Z$: 변압기 % 임피던스
   N : 정격 전류와 기동전류 비
   ε : 전동기 기동 시 허용전압강하[%]

   ③ 부하설비용량이 불명확한 경우

   월간 최대소비 전력량을 산출하여 단위 생산량당의 소요 전력량을 추정하는 방법

   $P = \dfrac{P_L}{T} \cdot \dfrac{1}{L} \times 100$ [kW]

   여기서, P : 최대수용전력[kW], P_L : 월간 최대소비 전력량[kWh]
   T : 월간 사용시간[h], L : 월부하율[%]

2) 변압기 강압방식에 의한 용량 산정

① 변압기 용량 : $P_r = \dfrac{P}{\eta \times \cos\phi}$ [kVA]

여기서, P : 최대수용전력[kW], η : 변압기의 종합효율[%]
$\cos\phi$: 전부하의 종합역률

② 직강압 방식일 때 : P_r[kVA] ≥ 부하설비용량의 합[kVA] × 수용률[%]

③ 2단강압 방식일 때 : P_r[kVA] ≥ 총설비용량 × $\dfrac{\text{수용률}}{\text{부등률}}$ [kVA]

3) 주 변압기 용량 산정(Main TR 용량 산정)

주 변압기 용량 = $\dfrac{\text{각 부하설비용량의 총합계} \times \text{수용률}}{\text{부등률}} \times \text{여유율}$ [kVA]

① 장래 증설에 대한 20% 여유분을 감안하여 용량을 결정하고 표준변압기를 선정한다.
② 보안상 책임분계점은 자가용 전기설비 설치자의 구내에 설치한다.

1.10 수·변전설비의 신기술 동향

- 최근에는 인텔리전트 빌딩, 지능형 아파트의 보급에 의해 정보처리시스템, 오피스오토메이션시스템(OA), 빌딩오토메이션시스템(BA), 시큐리티시스템이 구축되고 있다. 이에 따라 수용가의 단위 면적당 부하밀도가 150~160[VA/m^2]로서 종래에 비해 크게 증가하고 있다.
- 컴퓨터 및 정보통신기기와 같은 순간적인 전압의 저하도 허용하지 않는 부하기기의 급증으로 신뢰도가 높고, 소형화, 자동화, 에너지절약형의 수·변전시스템이 검토되고 있다.

■ 건축전기설비설계기준, 신전기설비기술계산 핸드북, 정기간행물

1. 공급신뢰도 및 안전성 확보

수전방식은 건물의 용도, 부하의 중요도, 전원의 공급신뢰도, 예비전원설비의 유무 및 경제성을 고려하여 결정한다. 1회선 수전, 2회선 수전(평행2회선, 본선예비선, 루프), Spot Network 수전방식 중 공급신뢰도 및 전기품질 확보를 고려하여 2회선 수전방식 이상을 선정한다.

가. 모선의 이중화

1) 모선방식 종류에는 단일모선, 섹션구분 단일모선, 이중모선방식 등이 있으며, 모선방식을 선정할 경우에는 부하의 중요도, 설비용량, 운용형태를 고려하여 선정한다.
2) 계통운용 및 경제성 측면에서 섹션구분 단일모선방식이 많이 채용된다.

나. 자가용 발전설비(☞ 참고 : 자가용 발전설비의 설계 검토)

다. 무정전 전원공급장치(UPS)의 병렬운전(☞ 참고 : 무정전전원장치)

라. 에너지 저장장치(☞ 참고 : 에너지 저장장치)

2. 수·변전기기의 콤팩트화(소형화)

가. 종래의 방식

1) 폐쇄형 수·변전설비로 배전반, 차단기, 변압기 모선, 애자류 등을 전부 또는 일부를 금속함 내부에 조립하는 방식이다.
2) 노출형 수·변전설비에 비하여 충전부분에 직접 접촉할 우려가 없고 수·변전기기로 인한 소요면적을 최소화하면서 경제성, 공급신뢰성, 운용 용이성 등으로 많이 사용한다.

나. 최근의 추세

1) SF_6 가스로 충진된 밀폐 내장형의 C-GIS[53] 또는 GIS설비 사용(☞ 참고 : GIS)
2) 디지털형 집중감시제어장치를 사용하는 전자화 배전반(스마트 배전반)의 사용증가
   ① 배전반에 감시, 제어, 계측, 보호, 통신기능을 일체화시킨 전자화 배전반의 적용
   ② 보호기능을 제외한 표시, 제어, 계측, 통신기능을 가진 일반형과 보호계전기능의 내장형이 있다.

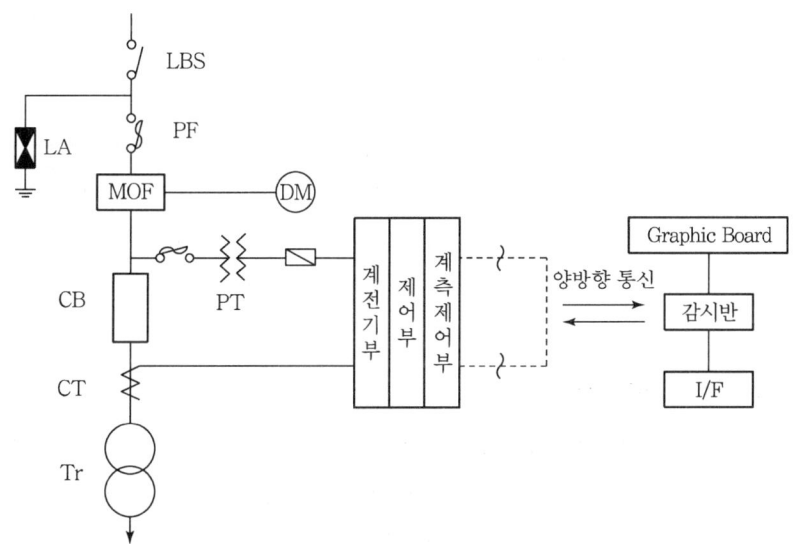

[그림 1] 전자화 배전반(스마트 배전반)

---

[53] C-GIS란 배전반의 Compact화를 위하여 절연이 우수한 SF_6 Gas를 주입하여 차단기, 단로기, 접지개폐기 등을 일체화시킨 무보수지향의 고기능 가스절연배전반이다. 도심 초고층 빌딩에서 수·변전설비의 필요면적 확보가 어려운 장소, 환경오염, 신뢰성, 안전성이 고려되는 장소에 적용한다. 최근에 22.9[kV]까지 사용이 확대되고 있다.

3. 원격검침 및 자동화 기술(자동화)

가. 전력선 통신의 원격검침

1) 계량기 : 사용량에 대해 펄스신호를 발생하는 것이고 전자식 계량기 또는 원격식 계량기를 사용한다.
2) 원격검침단말기(HCU) : MIU(계량기 저항장치)와 CM(통신모듈)로 구성되어 계량기로부터 펄스신호를 받아 적산·표시하고 통신기능을 내장하여 검침데이터를 CCU로 보내준다.
3) 중앙제어장치(CCU) : PC에서 원격검침단말기를 지정하여 호출하면 CCU는 해당 원격검침단말기와 통신을 하여 HCU는 저장되어 있는 데이터를 읽어서 CCU에 전송한다.
4) 전송매체
   ① 전력선방식은 세대로 공급되는 전원선을 이용한다.
   ② 전용선방식은 통신케이블 2선을 시설하여 RS-485통신방식을 사용한다.

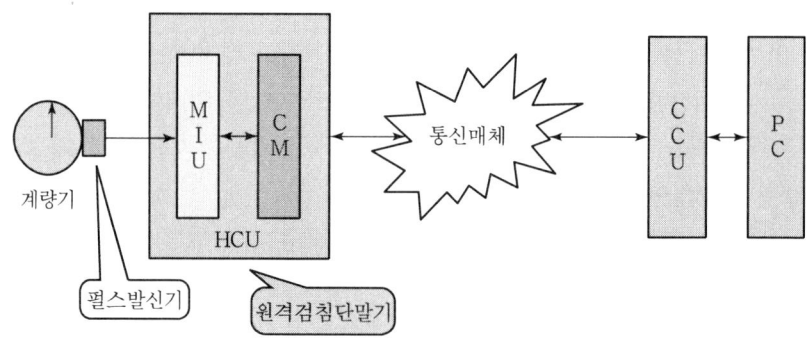

[그림 2] 원격 검침 개념도

나. 설비의 자동화 기술

1) 종래에는 관리 및 제어의 중앙집중처리방식이었으나 최근에는 관리의 집중, 제어의 분산을 기본이념으로 한 분산처리방식을 채용한다.
2) 최근의 국내 수·변전기기의 디지털화로 디지털전력기기, 인터넷과 휴대폰을 이용한 모바일 전기 안전서비스, DB축척으로 최적의 운전서비스, 에너지 절감설비 시스템인 PLC(고속 전력선 통신)을 이용한 원격검침 서비스 등 첨단기능이 보급되고 있다.

4. 관리의 자동화 및 예방진단기술

가. 예방진단시스템(☞ 참고 : 전력설비의 예방보전)

예방진단시스템은 전력을 끊고 점검하는 것이 곤란한 전원설비를 사용 중인 마이크로컴퓨터를 사용하여 내용연수의 향상, 사고 및 기능저하 손실을 예방하며, 항상 안전하고 고신뢰성를 가지게 하기 위하여 온라인에 의한 자동점검과 예방진단에 유효한 시스템이다.

나. 온라인 진단법(☞ 참고 : 변전설비 열화요인 및 온라인 진단법)

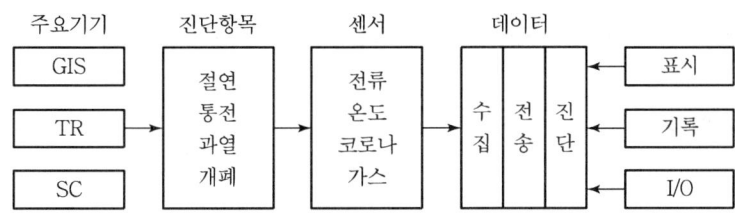

[그림 3] 예방진단시스템 개념도

5. 에너지의 절약화(☞ 참고 : 공공기관의 각종 에너지 절약제도)

가. 공공에너지 절약방안

GEF 운동 및 에너지 절약기준에 의하면 고효율 변압기 사용, 변압기 대수제어기능 구성, 직강압방식 변전시스템, 역률자동제어설비, 최대수요전력제어 등과 같은 에너지 절약방안을 제시하고 있다.

나. 신기술 이용

1) 수·변전설비의 최신기술은 IC를 바탕으로 하는 디지털화와 USN[54]을 기반으로 하는 정보통신기술과 Combine(결합)되어 빠르게 변화하고 있으며 기본방향은 경비절감과 관리인원의 최소화로 시설관리의 효율화를 지향하고 있다.
2) 최근에는 고효율 변압기를 장착한 복합기능형 수·배전시스템[55]이 고효율 기자재 품목으로 지정되어 사용되고 있다.

---

54) USN ; Ubiquitous Sensor Network란 사물에 전자태그 및 센서를 부착하고, 이를 통하여 사물의 고유정보와 주변 환경정보를 탐지함으로써 실시간으로 광대역 통신망에 연결하여 정보를 관리하는 것
55) 복합기능형 수·배전시스템이란 고효율변압기, 최대수요전력제어장치, 자동역률제어장치 등을 탑재하여 에너지 절감효과가 뚜렷한 수·배전반을 의미한다.

1.11 초고층 빌딩의 설비계획

- 최근 우리나라에서 경제성장에 따라 초고층, 대규모 및 복합용도에 대한 관심이 고조되고 있다. 이러한 초고층 빌딩의 경향은 랜드마크 경향, 복고경향, 구조적 조형화 경향으로 크게 구분된다.
- 초고층 빌딩에서의 전기설비의 특징은 건축물의 높이에 대한 것, 에너지 및 장비의 수송, 사람의 편리한 이동, 천재와 인재에 대한 추가적인 검토가 반드시 필요하다.
■ 정기간행물, 초고층 및 지하연계 복합건축물 재난관리에 관한 특별법

1. 건축적 계획요소

가. 건물의 구조적 개념

초고층 빌딩의 다기능성은 건축물의 기능적인 효율증대와 이용 극대화에 중점을 두어야 한다.

1) 단순성(Simplicity) : 응력의 흐름이 균형적이고 조화된 방법이 되어야 한다.
2) 통합성(Integral action) : 총체적이고 유기적인 결합체로 설정한다.
3) 호환성(Compatibility) : 표준적인 부재들의 사용이 많도록 한다.
4) 기타 초고층이라는 수직적인 부담으로 인하여 경량화 자재 사용, 경제성, 구조적인 안전성 및 강성 그리고 미적으로 세련된 형상으로 구현한다.

나. 건물의 형태적인 개념

1) 곡선적인 구성은 원형, 타원형, 화환형, 크로버형 및 복합형태가 주류를 이룬다.
2) 직선적인 구성은 직사각형, 다각형, 스커트형, 병렬형, 십자형 H자형 및 복합형태가 주류이다.
3) 복합적인 구성은 설계자의 구상에 따라 곡선형과 직선형의 조화로운 구성으로 디자인한다.

2. 전기·기계 설비적 계획요소

가. 모듈 계획

모듈은 초고층 빌딩에서 계획 및 시공의 최소단위 계획으로 공간단위의 균일화, 최대사용비율, 설비적인 기계기구(전기, 공조, 통신, 소방)와 관련한 격자시스템을 설정하는 것이다.

나. 코어의 구성

1) 건축적인 디자인 이외에 인력 및 장비의 이동, 서비스 및 피난적인 요소, 기계설비용 횡적인 덕트 시스템의 길이, 전기적인 수평배선거리에 따른 사항들을 집합하여 코어를 구성한다.
2) 전기·기계적인 수직샤프트와 수직적인 동선(계단, 엘리베이터)의 관계, 테넌트의 경우 공용면적의 최소성 및 반송설비가 중요한 구성요소이며 유지관리, 보수 및 리뉴얼 요소도 계획 시 검토한다.

[표 1] 코어의 형식

구분	특징	적용
편 코어형	• 바닥면적이 커지고 피난시설에 불리하다. • 고층 구조계획에 불리하다.	바닥면적이 크지 않은 경우에 사용한다.
독립 코어형	• 설비관계가 제약되고 방재상 불리하다. • 접합부로 인하여 초고층 구조에 불리하다.	편 코어와 거의 비슷
중심 코어형	• 가장 일반적인 형으로 유효율이 높다. • 고층·초고층에 가장 유리한 구조이다.	바닥면적이 큰 경우에 많이 사용한다.
양측 코어형	• 융통성에 유리하고 방재에 유리하다. • 외주코어로 인한 구조에 불리하다.	대규모 공간이 필요할 경우 채용한다.

다. 반송설비

1) 조닝 방식

조닝은 엘리베이터 뱅크가 담당하는 구역에 따라 설치하는 방식에 적용한다.
① 건물별로 몇 개의 존으로 하고 각 존별로 운행하는 방식이다.
② 1개 존에서 뱅크의 담당은 10~15층 정도이다.

2) 스카이로비 방식

스카이로비는 초고층은 층수가 높아짐에 따라 코어면적이 넓어지게 되며, 이에 따른 임대면적의 비효율성을 해결하기 위한 방식으로 적용한다.
① 2개 이상의 수직으로 연결 동선시스템을 만들어, 각각 독립적인 엘리베이터 시스템으로 주행거리를 단축함으로써 운송효율을 높이고, 승강로 면적을 줄인다.
② 복합건물에서 용도가 구분되는 경우 또는 단면 형상이 변화되는 지점에 스카이로비를 설치한다. 일반적으로 70층 이상 규모에서 사용한다.
③ 1개 존에서 뱅크의 담당은 10~15층 정도이다.

3. 초고층 빌딩 설비의 특징(고려사항)

가. 건축설비

1) 초고층 빌딩[56]의 특징적으로 검토되고 고려되는 사항은 공급 길이에 관련된 것과 수직적 높이에 따른 기상의 변화에 대한 사항이다.
2) 초고층 빌딩의 설비층은 건물의 일정한 층에 공조, 급배수, 전기, 통신, 엘리베이터 등의 장비 및 기기가 설치되는 층을 말한다. 초고층 빌딩의 중간부 층이나 최상층에 집합되어 설치된다.
   ① 중간 설비층의 위치설정은 전기설비, 엘리베이터 조닝(Zoning), 급배수설비의 성능과 조닝(Zoning), 장비기기의 분산성능 및 유지관리, 에너지 등에 사용되는 비용 등을 종합적으로 검토하여 설치한다.
   ② 중간 설비층은 공조설비의 성능과 반송설비의 조닝(Zoning)으로 정해지는 경우가 일반적이며 공조실, 물탱크실, 전기실, 통신실, 엘리베이터 기계실 등이 집합되어 설치된다.

[표 2] 초고층 건축설비(전기 · 기계)의 주요 특징

구분	항목	내용 및 대책
기상	풍속	지상에서 상공에 이르는 것에 따라 연속적으로 증대한다. 고층부는 바깥공기 유입량이 증대하여 냉 · 난방 부하가 증가하고 실내온도 분포가 불안정, 불균일해진다.
	복사량	외벽면의 천공에 대한 형태계수가 커져 천공복사를 받는 양이 많아지고 열부하가 증가한다. 전면 또는 건축의 지붕에도 복사열을 받는다.
설비층	전기 · 기계	• 냉난방, 환기 및 전기설비의 경제성과 기기, 덕트, 배관류의 합리성을 충족하기 위해 필요한 층을 말한다. • 설비층 분산위치는 건물의 높이, 평면, 용도, 설비방식, 비용, 유지관리, 건물 전체의 비율을 종합적으로 검토한다.
	냉 · 난방	환절기에 방향별 외부부하의 현저한 변동에 대응할 수 있는 방식으로 한다.
전력	조명	주간 인공조명(PSALI)과 모듈을 고려한 설계이어야 한다.
	배선	케이블 및 배선은 내진에 대한 성능 평가와 수직적인 장력을 검토한다.
	비상	전기에너지 사용에 대한 검토 및 내 · 외부 전원 확보 및 비상성능을 확립한다.
승강기	분할	조닝을 시행하고 목적지를 명확히 한다.
	수량 · 속도	대수, 뱅크수와 설치장소는 초고층 건물의 평면계획, 코어계획상 중요한 요소이다. 고층용 급행 240m/min, 초고층용 급행 300m/min 이상이 요구된다.
	굴뚝효과	굴뚝이 높아지면 드래프트가 늘어나고, 기계통풍식은 송풍기 선정을 고려한다.
방재	소방	대피, 소화 및 연락에 문제가 많으므로 강화된 기준을 검토한다.
	피뢰	낙뢰의 증가, 측격뢰에 대한 대책과 내부의 영향에 대한 검토가 필요하다.

---

[56] 초고층 건축물이란 층수가 50층 이상 또는 높이가 200m 이상인 건축물을 말하며, 고층 건축물이란 층수가 30층 이상 또는 높이가 120m 이상인 건축물을 말한다.

나. 전기설비

1) 전기 공급루트는 천장, 바닥 구조는 물론 코어의 사용에 이르기까지 넓은 영향을 준다. 따라서 건축바닥의 형식과 천장의 모듈플랜에 대하여 고려해야 한다.
2) 조명시스템은 내부에 거주하는 사람에 대한 쾌적성을 목표로 한다. 따라서 천장 모듈플랜, 조명기구 및 반사로부터의 글레어, VDT 환경문제, 고층부 창문으로부터 과다한 일조 등을 고려한 종합적인 검토를 해야 한다.
3) 전기에너지 사용에 대한 여러 성능은 매우 중요하다. 안전하고 확실한 전력공급에 대한 사항은 수전에서 사용 부하에 이르는 구간에 대한 검토를 반복적으로 수행하여 최적의 모델을 개발해야 한다.

다. 방재설비

초고층 빌딩이 내·외부로 미치는 영향은 규모에 따른 사람의 밀집도, 대내외 관광효과에 이르기까지 대단하다. 특히 화재에 대한 영향평가는 필수적이며 건축·소방·전기·가스 등 안전관리 및 방범·보안·테러 등 재난관리를 포함하는 종합방재실을 운영하여야 한다.

1) 건축적인 방화계획

① 불연화, 난연화 재료의 전면적인 도입이 요구된다.
② 거주자의 피난행동 예측에 의한 피난안전구역(Refuge Floors)을 구상한다.
③ 화재 성상에 따른 차단 대책을 비상안전장치(Fail Safe) 및 공동안전구역(Pool Safe) 면에서 고려해야 한다.

2) 기계적 소화설비

① 전기적 경보와 연계한 전반적인 자동화로 검토되어야 한다.
② 정확한 소화설비 기동 및 확실한 소화효과가 있도록 해야 한다.

3) 전기적 경보 및 피난설비

① 조기발견, 조기통보, 조기피난, 조기소화에 확실하게 동작하여야 한다.
② 소방설비에 사용하는 비상전원은 확실하고 충분한 준비로 소화설비 가동에 문제가 없도록 한다.
③ 주변 및 도시 전체에 미치는 영향이 매우 크므로 도시방재시스템 인프라와 연계하도록 한다.
④ 직격뢰에 대한 방호대책을 수립하여야 하며, 뇌 서지에 대한 내부의 전기·정보통신기기의 영향을 평가하여 이에 대한 보호대책(SPD, 접지강화)을 수립하여야 한다.

1.12 공동주택(500세대)의 전기설비 계획

- 아파트 전기설비는 세대 내 전력의 안정적 공급과 공용설비의 원활한 운용에 중점을 두어 일반 주거용의 아파트(85m²)를 계획하여야 한다.
- 설계 기본방향은 전력공급계통을 세대용 전력과 공용부 전력뱅크로 분리하고 복수의 뱅크를 구성하여 변압기 사고 또는 계획 정전 시 계통전환으로 공급의 융통성을 확보한다. 비상발전기를 설치하여 상용전원의 정전 및 사고에 대비하는 공급신뢰도 있는 계획을 수립한다.

■ 주택건설기준에 관한 규정, 건축전기설비설계기준(KDS), 과년도 문제풀이

1. 수·변전설비의 계획

가. 부하설비용량의 산정

1) 아파트 20세대 이상을 건설하는 경우의 주택의 전기시설은 "주택건설기준에 관한 규정"을 적용하여 산정한다.
2) 세대당 전용면적이 60m²까지는 원칙 3kW, 60m² 초과 시는 10m²마다 0.5kW를 더한 값 이상의 용량 선정을 규정하고 있다.

예 세대당 전용면적이 85m²의 경우 부하설비용량 $P = 3 + 0.5 \times \dfrac{85-60}{10} = 4[\text{kVA}]$

나. 변압기 용량 결정

1) 세대전력용 변압기

   적용부하는 세대전력당 500세대의 수용률을 37%로 적용하면(850세대 이상은 35%)
   ① 4[kVA] × 500[세대] × 0.37(수용률) = 740[kVA]
   ② 고장 시 신뢰성 제고 및 대수제어를 위해 표준변압기 500kVA 2대를 선정한다.

2) 공용부 변압기

   적용부하는 공용부 전등 및 전열, 소방용 부하, 승강기, 급배수 동력 등
   ① 500[세대] × 1.5[kVA] × 70%(수용률) = 525[kVA]
   ② 표준변압기 500[kVA] 1대로 결정한다.

다. 수전전압 및 수전방식

1) 수전용량이 1,500kVA이므로 수전전압은 3상 22.9[kV-Y]로 한다.
2) 1회선 수전 방식으로 지중인입(FR-CNCO-W, 3-60/1C)하고 분기점에서 수전단까지 예비회선을 포설한다.

라. 변전설비 시스템 구성

1) 변압방식은 안전관리, 유지보수 측면에서 직강압방식으로 한다.
2) 배전전압은 세대용, 공용부 모두 3상4선식 380/220V로 한다.
3) 세대전력용 변압기의 모선방식은 섹션구분 단일모선방식으로 한다.
4) 변압기 뱅크 수[57]는 세대전력용 2뱅크와 공용부 전력용 1뱅크로 구분한다.

2. 사용기기의 선정

가. LBS(Load Breaker Switch)

1) 수 · 변전설비의 인입구 개폐기로서 부하전류를 개폐할 수 있으나 고장전류를 차단할 수 없으므로 전력퓨즈와 조합하여 사용한다.[Fuse용량=In(사용최대전류) × 2배]
2) 퓨즈 용단 시 3상을 동시에 개로하여 결상을 방지한다.

나. MOF(Metering Out Fit)

1) 전력거래용 계기용 변성기로 CT비 20~60/5A 이하인 경우는 과전류 강도를 75배로 하고 계산값이 그 이상인 경우는 계산값 이상으로 한다.
2) 계급은 0.5급, 정격부담은 변류기 2차 측 단자 간 접속부하 전력값으로 한다.

다. LA(Lightning Arrester)

1) 배전선로에서 유입되는 뇌 서지, 개폐 서지 등의 이상전압으로부터 기기를 보호하기 위한 것으로 주 보호대상은 변압기이다.
2) 직렬갭이 없는 산화아연 피뢰기(ZnO 소자)를 채택하고 22.9kV 수전설비에는 정격 전압 18kV, 공칭방전전류 2.5kA를 사용한다.

라. CB(Circuit Breaker)

1) 차단기는 정상상태에서는 부하전류를 개폐하고 고장 시에는 선로를 차단하여 차단기 이후에 설치된 전기기기를 보호하는 기능을 한다.
2) 차단기는 소형, 경량, 불연성, 유지보수가 편리한 진공차단기를 선정한다.

마. CT(Current Transformer)

1) 주회로의 고전압, 대전류와 절연하고 계기, 계전기 입력에 적합한 전류로 변성한다.
2) CT비는 사용최대전류에 1.25~1.5배 여유를 두고 선정한다.

---

[57] 공동주택에서 변압기 뱅크구분은 전등 · 전열용과 동력용 구분 없이 동일 용량의 복수(2대, 4대) 뱅크로 구성하여 변압기 사고 시 예비운전 및 계절부하에 의한 운전대수제어로 효율적인 운전이 가능하게 하여야 한다.(☞ 참고 : 건축전기설비설계기준)

바. VT(Voltage Transformer)

1) VT 지시계기는 전원공급용 TR의 전압을 표시할 목적으로 사용한다.
2) 1차 퓨즈는 VT고장보호, 2차 퓨즈는 2차 사고에 의한 파급방지를 목적으로 한다.
3) 최근에는 저손실에 안전성이 있는 Epoxy Mold Type의 VT를 사용한다.

사. PF(Power Fuse)

1) 회로 단락사고를 신속히 차단하여 전기기기를 보호하기 위한 목적으로 사용한다.
2) 전력퓨즈 종류는 한류형과 비한류형이 있으며, 수전설비에서 단락사고 후비보호용으로 주로 한류형 PF를 사용한다.

아. SA(Surge Absorber)

1) VCB는 차단성능이 우수하나 차단 시 고전압을 발생시키는 단점이 있다.
2) 몰드 변압기는 과전압 내성이 낮아 몰드 변압기 전단에 VCB를 사용하는 경우는 SA를 설치하여 차단 시 서지로부터 변압기를 보호한다. 예 18kV / 5kA를 사용

자. TR(Transformer)

1) 변압기는 22.9kV로 수전한 전압을 380/220V의 사용전압으로 강압하기 위한 기기이다.
2) 변압기는 난연성, 소형경량, 절연내력우수, 유지보수가 용이한 저손실형 몰드 변압기를 선정한다.

차. SC(Static Capacitor)

1) 진상콘덴서는 변압기 및 배전선의 손실경감, 변압기 전압강하의 경감, 설비용량의 여유도 증가, 전력요금 절감 등 설비 이용률 향상 등을 위한 목적으로 사용한다.
2) 부하가 일정하지 않고 변동하는 경우에는 역률 자동제어시스템을 적용한다.

3. 비상발전기

가. 비상발전기 공급부하

1) 비상동력 부하는 급수·배수펌프 및 소화펌프 전동기, 승강기 등
2) 비상전열 부하는 비상조명등, 유도등, 비상콘센트 등으로 사고·정전 시 전원공급

나. 발전기 용량 산정

1) 공용부 변압기 용량 500kW를 발전기 용량으로 산정한다.
2) 비상용 발전기의 경우 경제성을 감안하여 라디에이터 타입의 디젤발전기를 선정한다.

4. 기타

가. 사고·계획 정전 시 비상발전기가 자동 기동할 경우 ATS를 설치 자동절체되도록 한다.
나. 공용부의 옥외 가로등, 경관조명, 계단조명과 방범설비 등은 에너지 절약형으로 한다.

5. 기기용량 산정

기기명	정격전압	산출식	선정	비고
PF (한류형)	25.8kV	$I = \dfrac{1{,}500}{\sqrt{3} \times 22.9} \times (1.5{\sim}2) = 75.6A$	200AF (F : 75~100A)	비한류형 (180%)
MOF	22.9kV-Y	$I = \dfrac{1{,}500}{\sqrt{3} \times 22.9} \times (1.5{\sim}2) = 75A$ 과전류 강도는 배전계통의 선로길이에 따라 300, 150, 75, 40배수 적용	22.9kV-Y 13.2kV/110 CT 40/5A	정격용량 (5~750)/5A
CT	25.8kV	수전 측 전류($I = 1.25I_n$) $37.8A \times 1.25 = 47.25A$	50/5A	VCB 1차 측 ( )/5A
진공차단기 (VCB)	25.8kV 520MVA	$3\phi\ 1{,}500kVA = \dfrac{1{,}500}{\sqrt{3} \times 22.9} = 37.8A$	3P 630A	정격용량 630~2,000A
TR 보호 C.O.S	25.8kV	$3\phi\ 250kVA (I = 1.5I_n)$ $250/\sqrt{3} \times 22.9 = 6.3A \times 1.5 = 9.45A$	100AF (8~10A Fuse)	정격용량 100AF (1~100A)
		$3\phi\ 500kVA\ 25.8$ $500/\sqrt{3} \times 22.9 = 12.6A \times 1.5 = 18.9A$	100AF (15~20A Fuse)	정격용량 200AF (1~140A)
TR 보호 P.F (비한류)		$3\phi\ 750kVA$ $750/\sqrt{3} \times 22.9 = 12.6A \times 1.5 = 18.9A$	100AF (25~30A Fuse)	
LA	18kV	5,000kVA 이상 5kV 적용	18kV(2.5kV)	정격용량 2.5kA
기중차단기 (ACB)	600V	TRI : $3\phi\ 250kVA$ $= 250/\sqrt{3} \times 0.38 = 379.8A$	ABC1 : 4P 630A	정격용량 630~3,150A
		TRI : $3\phi\ 500kVA$ $= 500/\sqrt{3} \times 0.38 = 759.6A$	ABC1 : 4P 800A	
		TRI : $3\phi\ 750kVA$ $= 750/\sqrt{3} \times 0.38 = 1{,}139.5A$	ABC1 : 4P 1,250A	
CT	460/230V	TRI : $3\phi\ 250kVA (I = 1.25I_n)$ $= 379.8 \times 1.25 = 474.7A$	CT1 : 500/5A	VCB 2차 측 ( )/5A
		TRI : $3\phi\ 500kVA$ $= 759.6 \times 1.25 = 949.5A$	CT2 : 1,000/5A	
		TRI : $3\phi\ 750kVA$ $= 1{,}139.5 \times 1.25 = 1{,}424.4A$	CT3 : 1,500/5A	
무부하 커패시터	$3\phi\ 380V$	TRI : $3\phi\ 500kVA$ 무부하손 5% $= 500kVA \times 0.5 = 25kVA$	SC1 : 25kVA	• 커패시터 용량 500kVA 이하 2,000kVA 이하 2,000kVA 초과 • 커패시터용 MCCB 정격×2
		TRI : $3\phi\ 1{,}000kVA$ 무부하손 4% $= 1{,}000kVA \times 0.04 = 40kVA$	SC1 : 40kVA	
		TRI : $3\phi\ 2{,}500kVA$ 무부하손 3% $= 2{,}500kVA \times 0.03 = 75kVA$	SC1 : 75kVA	
CTTS/ATS	$3\phi\ 380V$	※ CTTS : ACB×2대, 위상 3°	ACB 용량과 동일	

6. Skeleton 작성

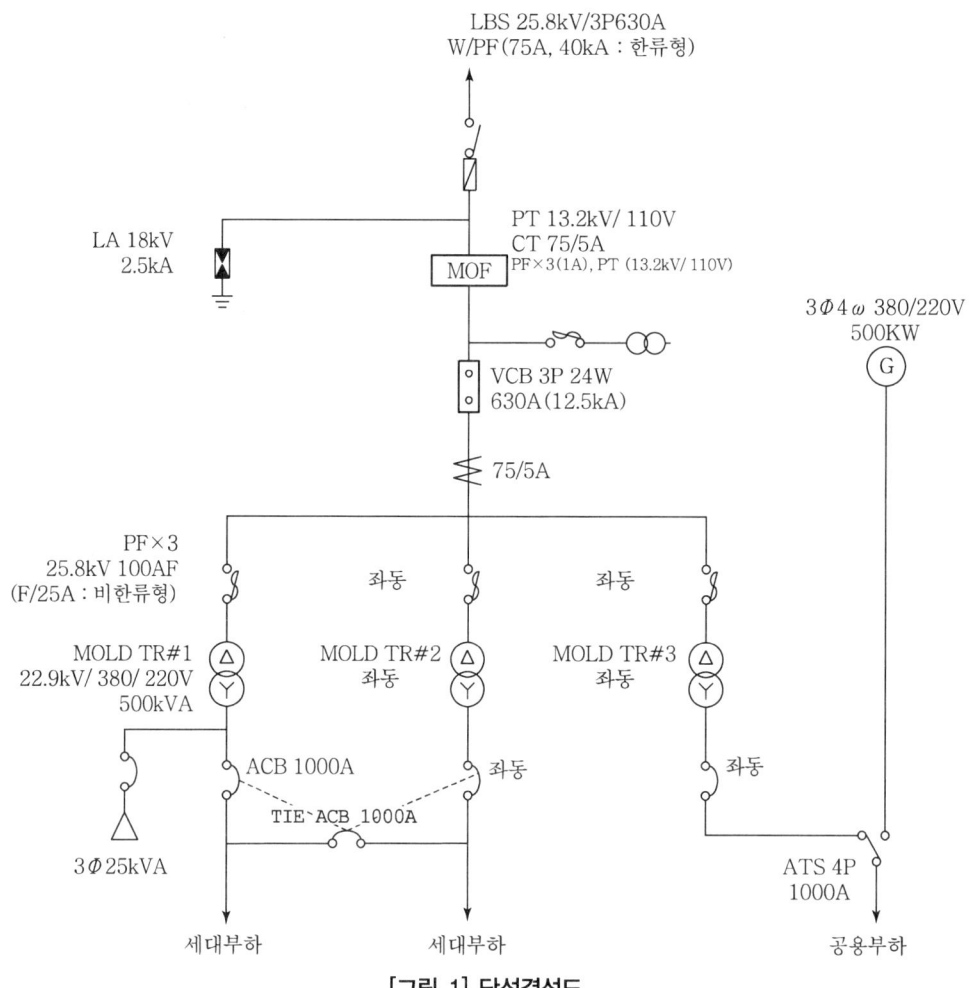

[그림 1] 단선결선도

※ 수·변전설비의 인입구 개폐기 : 간이수전설비(ASS, Int Sw), 중요수전설비(ALTS)

SECTION 02 환경개선

2.1 수·변전설비의 설계 시 환경대책

수·변전설비의 환경대책은 설치장소 주변의 환경에 영향을 많이 받음으로 도심지역에서 수·변전설비를 계획할 경우 전기기기에 의한 기계적·전자기적 환경요인을 중심으로 고려하여야 한다.

■ 한국전기설비규정(KEC), 정기간행물, 신전기설비기술계산 핸드북

1. 수·변전설비 환경영향 요소

가. 소음

나. 진동

다. 고조파에 의한 장해

라. 통신선에 대한 유도장애

마. 코로나에 의한 잡음 및 유도장애

바. 절연유의 누출에 의한 대지오염

사. 미관 및 풍치 훼손, 화재대책, 내진대책 등

2. 수·변전설비 설계 시 환경대책

가. 소음에 대한 대책

1) 저소음 기기의 채용한다.
   예 저자속밀도 변압기, 진공차단기, 가스차단기 사용 등 저소음 기기를 사용한다.
2) 소음기를 설치한다.
   ① 소음이 많이 나는 공기차단기(ABB), 비상발전기 등은 소음장치를 설치한다.
   ② Mold TR 1,500kVA 이상의 경우 별도의 소음대책이 필요하다.
3) 방음 및 흡음장치를 설치한다.
   큐비클, 건축구조상 방음처리, 흡음재를 설치하여 소음을 흡수한다.

나. 진동에 대한 대책

1) 변압기, 발전기 등 진동을 발생하는 기기에 진동방지설비를 사용하여 진동이 외부에 전달되는 것을 방지한다. 예 방진고무, 방진스프링, 방진매트 등
2) 발전기를 선정할 경우 저진동 기기인 가스 터빈발전기 사용을 고려한다.

다. 고조파장해에 대한 대책(☞ 참고 : 고조파의 원인, 영향, 대책)

1) 고조파 발생 억제대책

　① 인버터, 컨버터 등 전력변환기의 Pulse 수를 크게 한다. 예 다펄스화
　② 전원 측에 리액터를 설치한다. 예 ACL, DCL
　③ 필터를 설치한다. 예 수동필터, Active Filter

2) 피해기기의 대책

　장해 기기의 고조파 내량을 강화한다. 예 UPS, 차단기, 변압기, 간선용량 등

3) 계통 측의 대책

　① 계통의 분리, 즉 공급배전선의 전용선로를 설치한다. 예 임피던스 분류
　② 전원단락용량을 증대시킨다.

라. 통신선에 대한 유도장애의 대책(☞ 참고 : 유도장애)

1) 전력선과 통신선의 이격거리를 크게 한다.
2) 전력선과 통신선 사이에 차폐선을 설치한다.
3) 중성점을 저항접지할 경우 저항을 가능한 크게 한다.
4) 절연변압기를 삽입하여 구간을 분할한다.
5) 통신선을 연피케이블을 사용하여 접지 또는 전력선의 연가를 실시한다.
6) 통신선을 직접 접지하여 유도전류를 대지로 흘린다.
7) 통신선에 피뢰기를 설치하여 유도전압을 경감시킨다.

마. 코로나에 의한 잡음 및 방지 대책(특고압 전선로 대책)

코로나 방전은 공기의 절연성이 부분적으로 파괴되어서 낮은 소리나 엷은 빛을 내면서 방전하게 되는 현상을 말한다.

1) 코로나 임계전압

$$E_0 = 24.3 m_0 m_1 \delta d \log_{10} \frac{D}{r} [\text{kV}]$$

　여기서, m_0 : 전선표면계수
　　　　　m_1 : 기후에 관한 계수
　　　　　δ : 상대공기밀도
　　　　　$d(=2r)$: 전선의 지름[cm]
　　　　　D : 선간거리

2) 코로나 장해 영향

① 코로나 손실발생으로 송전효율이 저하한다.
② 코로나 잡음으로 반송통신설비에 잡음방해가 발생한다.
③ 통신선에 유도장애를 발생한다.
④ 화학작용으로 전선의 부식을 촉진한다.

3) 코로나 방지대책

① 굵은 전선을 사용한다.
② 가선금구를 개량한다.
③ 복도체 또는 다도체를 사용하며 선간거리를 크게 한다.

바. 절연유의 누출에 의한 대지오염대책

1) 유입변압기보다는 건식 또는 몰드 변압기를 사용한다.
2) 분출유 유출방지대책으로 10만V 이상의 옥외변압기 설비에는 유수유출방지턱, 옥내변압기 설비에는 배유수조를 시설하여 절연유가 누출되어도 대지에 스며들지 않도록 한다.

사. 미관 및 풍치 훼손에 대한 대책

1) 가급적 지중전선로로 설계한다.
2) 개방형 수전설비보다는 큐비클형 또는 메탈클래드형, GIS형으로 시설한다.
3) 지상변전소보다는 지하변전소를 택한다.

아. 화재대책

1) 변전실은 방화구역으로 구획한다.
   ① 변전실은 방화구역으로 구획하고 마감자재는 내화재료 사용한다.
   ② 출입문은 방화문을 설치한다.
2) 기기는 Oilless Type을 적용한다.
   GIS, 가스절연변압기를 채용하여 오일레스화한다.
3) 난연성 케이블을 사용한다.
   전력케이블, 제어케이블은 난연성의 것을 사용한다.
4) 옥내 전기실(300m² 이상)에는 CO_2, 청정소화약제 등 가스계 소화설비를 시설한다.

자. 내진대책(☞ 참고 : 전기설비의 내진대책)

1) 건축법의 3층 이상 연면적 1,000m² 이상 건축물에는 내진설계기준을 적용하고 있다.
2) 건축전기설비의 내진설계는 동적해석법에 의한 설계 지진력을 결정하여 적용한다.

2.2 변전실 전기설비의 환경개선

최근에 공장, 사무실의 수·변전설비 경우 전력수요의 증대 및 도심의 시가지에 시설됨에 따라 실내·외 변전실을 중심으로 전기설비 주요 기기에서 발생되는 소음, 환기, 염해 등 환경대책을 고려하여야 한다.

■ 소음·진동관리법 시행규칙, 건축법, 근로기준법, 내선규정, 신전기설비기술계산 핸드북

1. 소음대책

가. 환경기준

1) 국제법의 일반적인 소음 관리는 산업현장 이외의 원인으로부터 발생하는 소음을 정의한다. 예 ISO(국제표준화기구) 및 WHO

[표 1] 소음에 관련된 환경기준

(단위 : 폰)

특정지역	주간	중간	야간
주거전용 지역	45	40	35

2) 국내 생활소음·진동의 규제기준

[표 2] 생활소음 규제기준

(단위 : dB)

시간대별 대상(소음원)	낮 (06~18)	저녁 (18~24)	밤 (24~06)
전용주거지역	50 이하	45 이하	40 이하
일반주거지역	55 이하	50 이하	45 이하

[표 3] 생활진동 규제기준

(단위 : dB)

시간대별 대상구분	주간	심야 (22~06:00)
주거지역 등	65 이하	60 이하
그 밖의 지역	70 이하	65 이하

나. 소음레벨

1) 소음레벨의 단위는 phon 또는 dB로 표시하며, 인간이 느끼는 음의 크기는 1,000Hz의 음압레벨을 기준으로 한다.

2) 음압레벨 = $20\log\dfrac{P}{P_0}$ [dB]   여기서, P : 음압의 측정값, P_0 : 1,000Hz에서의 최소가청음압

2. 변전실의 소음

변전실의 소음 발생원으로 상시적인 소음의 변압기와 일시적인 소음의 차단기, 공기압축기·송풍기 및 비상용 발전설비 등이 있으며 상시소음에서 변압기 소음대책이 중요하다.

가. 변압기 소음

1) 발생원인

① 철심의 자왜현상에 의한 진동
② 철심의 이음새 및 성층 간에 작용하는 자기력에 의한 진동
③ 권선의 전자력에 의한 진동
④ 냉각용 Fan, 송유펌프 등에 의해 발생하는 소음

2) 소음저하 대책

구분	대책	효과
자속밀도 저감	• 가장 본질적인 소음저감방식이다. • 자속밀도 저감 시 90% 정도가 경제적이다.	1,000가우스에 2~3phon
철심과 탱크 간 방진처리	철심에서 탱크로 직접 전해지는 소리를 차단한다.	약 3phon
철판 방음벽	소음재를 붙인 차폐판으로 탱크의 전면을 차단(1차)	약 10phon
	철판제 차폐판을 이중으로 흡음재를 충진한 구조	약 20phon
콘크리트 방음벽	변압기 둘레와 위를 둘러쌓고 변압기에 부착되는 부싱 및 방압밸브를 방음벽의 외부로 돌출시킨다.	약 30phon

나. 차단기의 소음

1) 투입 또는 트래핑(Trapping)할 경우 기계가 발생하는 기계음
2) 공기차단 등 배기에 의한 소음 특히 공기차단기 배기음은 충격적인 소리가 문제된다.
3) 변압기 소음이 연속적인 데 반하여 차단기는 개폐빈도가 적고 간헐적이어서 문제가 적다.
   예 소음레벨은 10m 위치에서 대략 몰드 변압기(65dB), 공기차단기(110phon) 정도이다.

다. 공기압축기 · 송풍기의 소음

1) 변전실의 공기압축기와 송풍기 등 조작음
2) 송풍기의 경우 덕트 내 및 환기구에서 방음처리 시 거의 문제가 되지 않는다.

라. 비상용 디젤엔진의 소음

1) 엔진 배기음과 기계 회전음
2) 배기 Fan, 공기압축기의 동작 소음
3) 콘크리트 방음벽, 차음벽, 진동방지장치 등으로 소음차단이 가능하다.

마. 기타 변압기 소음 감쇄

주변압기는 옥외 설치하는 경우가 많다. 이때 부지 경계선에서 허용 소음값에 대해 거리에 의한 감쇄량만으로 대처할 수 없을 때 그 대책은 다음과 같다.

1) 변압기의 차음울타리를 설치한다.(울타리 높이가 높을수록 또는 음원에 가까울수록 차음 울타리 효과는 크다.)
2) 이격거리에 의한 변압기 소음 감쇄방법이 있다.

3. 변전실 등 환기

가. 실내환기량 결정 시 고려사항

1) 실내의 온도상승을 억제한 경우 환기량
2) 공기흡입구 면적(풍속 2~3[m/sec]) ※ 발전기실 급기구의 풍속 3.0m/s 설정 경우
3) 송풍기 선정 시 풍량은 필요환기량의 110[%]로 한다.
4) 통풍경로의 풍손 개략값
5) 기기의 개략 발열량 등을 참고하여 산출한다.

나. 전기실의 환기량 계산

전기실 환기는 기기 발열량과 급기·배기 온도가 주어진 경우 필요 환기량(Q) 계산식은

$$Q = K\frac{P}{t_1 - t_2}[\text{m}^3/\text{min}]$$

여기서, P : 기기발열량[kW], t_1 : 냉각풍 흡입온도[℃], t_2 : 냉각풍 토출온도[℃],
K : 온도에 의해 정해지는 정수(30° : 53, 40° : 54.5)

1) 건축기본법에 의한 환기량(면적기준)

바닥면적 1m²당 필요한 최저 표준 환기량 10[m³/m²h]로 하고 1분간 환기량

$$Q = \frac{10[\text{m}^3/\text{m}^2\text{h}] \times 바닥면적[\text{m}^2]}{60[\text{min}]}[\text{m}^3/\text{min}]$$

2) 근로기준법에 의한 환기량(환기횟수 기준)

매시간당 환기횟수 10~15회로 할 경우 1분간 환기량

$$Q = \frac{(10 \sim 15) \times 사용면적[\text{m}^2]}{60[\text{min}]}[\text{m}^3/\text{min}]$$

다. 비상용 디젤 발전기실의 환기량(☞ 참고 : 발전기실 계획 시 고려사항)

발전기실의 환기는 실온을 내리기 위해 필요한 환기와 엔진의 연소에 필요한 공기를 확보하기 위한 환기가 필요하다.

1) 실내 온도상승을 억제하기 위한 환기량

발전기실에 필요한 총 공기량 Q = 발전기실 환기량(Q_c) + 연소에 필요한 공기량(Q_d)

① 발전기실 환기량($Q_c = Q_a + Q_b$)

㉠ 기관의 복사열에 의한 실내온도상승을 억제하기 위한 공기량(Q_a)

㉡ 발전기 방열에 의한 실내온도상승을 억제하기 위한 공기량(Q_b)

② 엔진의 연소에 필요한 공기량

$$Q_d = \frac{14.2 \times \lambda \times b_e \times L_e}{60\,r}\,[\text{m}^3/\text{min}]$$

여기서, λ : 공기과잉률, b_e : 연료소비량[kg/PS · h]
L_e : 기관출력[PS], r : 공기의 밀도[kg/m³]

2) 총 공기량

① 발전기실 유입공기량(발전기실에 필요 총 공기량)

② 발전기실 배출공기량

4. 염해대책

옥외 변전소에 설치되는 전기기기에 사용되는 애자는 직접 대기에 노출되어 있어서 입지조건, 기상조건, 보호조건에 따라 오손 정도가 다르다. 애자표면이 오손될 경우 건조상태에서는 이상이 없으나 표면이 습윤(안개, 이슬, 비 등)하게 되면 절연내력이 저하하여 플래시오버 사고를 일으킬 뿐 아니라 피뢰기나 콘덴서형 계기용 변압기 특성에 악영향을 미친다.

가. 염해 대상기기

1) 피뢰기

① 피뢰기 애관 표면이 오손 습윤하면 표면누설로가 형성되고 이것과 방진캡, 특성요소 혹은 병렬저항과 사이에 정전결합으로 애자표면의 전압분포에 영향을 준다.

② 방진캡의 전압분담 균형이 깨져 방전개시전압, 속류차단전압이 저하하여 피뢰기가 폭발한다.

2) 콘덴서형 계기용 변압기

154kV 이상에서 상하애관이 불평등 오손되면 전압분포가 나빠지고 오차가 커져서 극단적인 경우 계전기 오동작을 초래한다.

나. 염해대책의 종류와 방법

염해대책은 변전소의 중요도, 입지조건, 보수능력, 경제성 등을 고려하여 적절한 방법을 채택하는 것이 바람직하다.

1) 염해대책의 내전압 목표값

1선 지락 시의 건전상 전압 혹은 상규대지전압 최댓값에 안전을 상정한 값을 대상으로 한다.

① 비유효접지계 $V_0 = V \times \dfrac{1.15}{1.1}$ (여기서, V : 공칭전압)

② 유효접지계 $V_0 = V \times \dfrac{1.3}{\sqrt{3}} \times \dfrac{1.15}{1.1}$

③ 상규대지전압 최댓값 $V_0 = V \times \dfrac{1}{\sqrt{3}} \times \dfrac{1.15}{1.1}$

2) 대책의 종류 및 방법

① 과절연 설계 : 애자는 오손 습윤 시에 상용주파내전압이 저하하므로 절연을 강화하여 염진해 사고를 방지한다. **예** 내오손성능[58]이 좋은 애자를 사용한다.

② 애자의 세정
  ㉠ 사람 손에 의한 세정
  ㉡ 주수활선 세정(가장 많이 사용한다.)
  ㉢ 활선애자 세정기에 의한 방법

③ 발수성 물질의 도포 : 실리콘 콤파운드나 석유계 그리스를 애자 표면에 바른다.

④ 차폐방법 : 외부절연을 노출시키지 않는 방법
  ㉠ 변전소를 실내에 시설한다.
  ㉡ 배전반에 설치한다.
  ㉢ 엘레펀트 부싱을 사용한다.
  ㉣ 절연모선을 사용한다.

---

[58] 내오손성능 양부의 판정요소 : 소요누설거리가 짧을 것, 누설거리 애자길이에 대한 비가 클 것, 세척효과가 좋을 것, 세정하기 쉬울 것, 염분이 부착하기 힘들 것, 표면이 습윤되기 힘들 것

CHAPTER 02 수 · 변전기기

SECTION 01 변압기

1.1 변압기의 원리 등

변압기란 전자유도작용을 이용하여 1차 권선에 공급된 교류전력을 2차 권선에 동일한 주파수의 교류전력으로 변성하는 일종의 정지유도장치(靜止誘導裝置)이다. 변압기 구조는 2개 이상의 전기회로가 1개의 공통된 자기회로에 쇄교하도록 되어 있다.

- 전기기기, 최신전기설비, 전력사용시설물 설비 및 설계

1. 변압기의 원리

가. 무부하의 경우

변압기의 2차 측을 개방하고 1차 측에 사인파 교류전압을 인가하였을 때 1차 측 권선에는 작은 무부하전류 I_o가 흐른다.

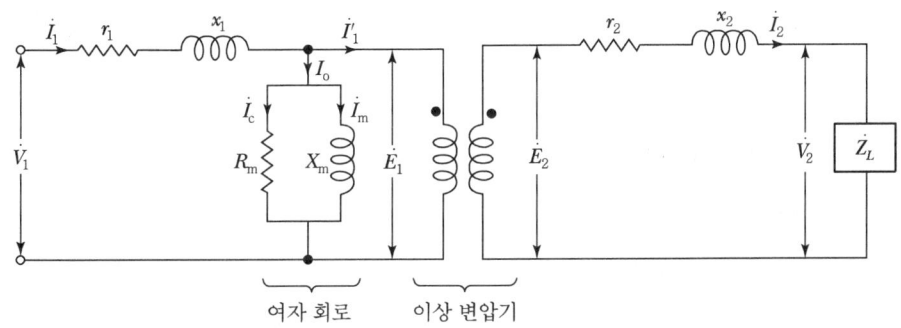

[그림 1] 변압기 회로

1) 여자 전류 I_0[59]는 철심에 무부하 상태에서 흐르는 전류로서 철심에 자속을 발생시키는 자화전류 I_m과 철심 안의 와전류손과 히스테리시스손을 발생시키는 철손전류 I_c 성분의 합으로 구성되는 병렬회로를 변압기 여자회로라 한다.

2) 유기기전력이란 자속 ϕ의 변화에 의하여 1차 권선에 유기되는 역기전력으로 패러데이의 법칙에 따라 표현하면 $e_1 = -N_1\dfrac{d\phi}{dt} = -V_{1m}\sin\omega t$이다. 즉, 유기기전력 e_1은 공급전압 ($V_1 = V_{1m}\sin\omega t$)과 크기와 파형이 같고 방향이 반대되는 기전력이 유기되어 V_1과 평형을 이룬다. 따라서 1차 유기기전력 실횻값은 $e_1 = \dfrac{1}{\sqrt{2}} \cdot 2\pi f N_1 \phi_m = 4.44 f N_1 \phi_m$

나. 부하가 있는 경우

[그림 1]의 2차 단자에 Z_L부하를 접속하면 이상변압기 2차 권선에 흐르는 전류는 $I_2 = \dfrac{E_2}{Z_L}$이다. 따라서 I_2 전류에 의한 기자력 $N_2 I_2$가 발생하여 자속을 변화시키므로 이에 따라 주자속 ϕ의 평형을 유지하기 위하여 새로운 I_1의 전류가 철심 내에 $N_1 I_1$의 기자력으로 $N_2 I_2$를 상쇄시키고 부하전류와 기자력의 평형을 유지한다.

예 $N_1 \dot{I_1} = -N_2 \dot{I_2}$가 되어 $N_1 \dot{I_1} + N_2 \dot{I_2} = 0$이 된다.

2. 변압기 정격

변압기 정격이란 정해진 규격에 적합한 범위 내에서 사용할 수 있는 한도로서 정격부하가 접속된 상태에서 정격 용량, 정격 전압, 정격 전류, 정격 주파수 및 정격 역률 상수, 변압비, %임피던스 전압강하 등을 의미한다.

가. 변압기 정격의 종류

1) 연속 정격, 단시간 정격, 연속 여자 단시간 정격, 공칭 정격 등이 있는데 변압기의 정격이라 하면 보통 연속 정격을 말한다.
2) 시험용 변압기는 단시간 정격, 접지 변압기는 연속 여자 단시간 정격 그리고 전철용 변압기는 공칭 정격의 변압기가 사용된다.

---

[59] 변압기의 여자 전류와 자속의 관계는 여자 전류 $I_0\left(=\dfrac{\text{1차에 가해진 전압}}{\text{1차코일의 임피던스}}\right)$에 의하여 철심 속에 교번자속이 발생하는데 이 자속의 크기는 $\phi = \phi_m \sin\left(\omega t - \dfrac{\pi}{2}\right)$[wb]이다.

나. 변압기의 정격 용량

정격 2차 전압, 정격 2차 전류, 정격 주파수 및 정격 역률에서 2차 단자 간 피상전력으로 표시하고 이것을 [VA], [kVA], [MVA]로 표시한다.

1) 정격 용량[kVA]=정격 2차 전압[V]×정격 2차 전류[A]×10^{-3}
2) 정격 1차 전압이란 정격 2차 전압 시의 권수비를 환산한 것으로 2차 측에 정격 2차 전압과 정격 용량을 걸었을 때를 말한다.

3. 변압기 결선의 비교(변압 방식)

변압기 결선은 수전방식, 병렬운전방식, 접지방식 등과 부하의 전압에 따라 결정되며 결선의 종류에는 단상 결선(단상 2선식, 단상 3선식), 3상 결선($\Delta-\Delta$, Y-Y, Y-Δ, Δ-Y, V-V)과 상수의 변환(스코트결선, 역 V 결선)결선이 있다.

가. 변압기의 극성

1) 어느 순간에 1차와 2차 양단자에 나타나는 유기기전력의 방향을 나타내는 것이다.
2) 극성시험 : A, a단자를 연결하고 B, b단자에 전압계를 연결하여 측정한다.
   ① 전압계 지시가 $V = V_1 - V_2$이면 감극성, $V = V_1 + V_2$이면 가극성이다.
   ② 우리나라에서는 감극성을 표준으로 하고 있다.

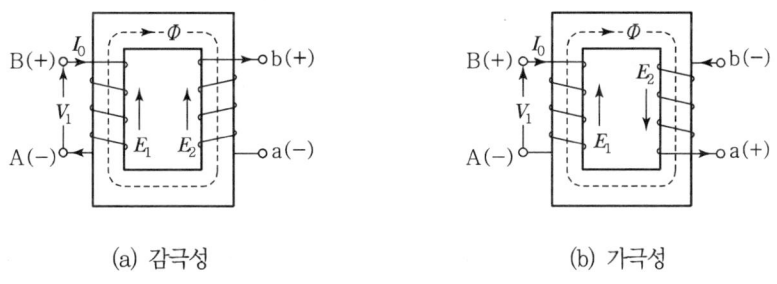

(a) 감극성   (b) 가극성

[그림 2] 변압기의 극성시험

나. 변압기의 각 변위

각 변위란 전압 벡터도에서 고압 측을 기준으로 저압 측과의 위상차를 말한다. 고압을 기준으로 해서 저압이 시계방향이면 지상, 반시계방향이면 진상이라 한다.

1) 표준 각 변위

   ① 1, 2차 결선이 모두 성형 결선이거나 삼각 결선인 경우 : 0°
   ② 1, 2차 결선이 성형 결선과 삼각 결선의 조합인 경우 : 30°

2) 기호 표기
   ① 전압이 높은 쪽을 대문자, 전압이 낮은 쪽을 소문자로 표기한다. 예 ①②-③
   ② 결선기호
      ㉠ ① 고압 권선 : 성형 결선 Y, 삼각 결선 D로 표기한다. 예 대문자
      ㉡ ② 저압 권선 : 성형 결선 y, 삼각 결선 d로 표기한다. 예 소문자
      ㉢ ③ 각 변위 : 시계방향으로 표시한다. 예 지상 '1', 진상 '11', 동상 '0'

3) 변압기 결선의 벡터기호

3상 변압기의 경우 1, 2차 결선이 삼각 결선과 성형 결선의 조합일 때 30° 또는 30°의 배수 위상차를 갖게 된다. 따라서 3상 변압기의 병렬운전에서 위상이 맞지 않으면 위상차만큼 국부순환전류가 생기게 되므로 변압기에 해로운 영향을 주게 되는 것이다.

예 Y-△ 결선에서 1차 선간전압을 기준벡터로 할 경우 2차 선간전압은 시계방향으로 -30° 회전

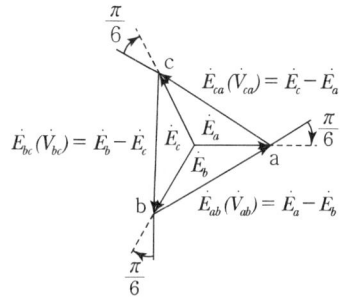

[그림 3] Y-△ 기전력 벡터도

전압의 결선형태		결선도	적용
고압	저압		
Y	y	(결선도)	대부분 50kVA 이하로 중성점이 필요한 곳 예 기호 Yy0
Y	d (30°)	(결선도)	75kVA 이상으로 중성점이 필요 없는 곳 예 기호 Yd1
D	d	(결선도)	75kVA 이상으로 저전압 대전류 장소로 중성점이 필요 없는 곳 예 Dd0
D	y (30°)	(결선도)	저압 측에 중성점이 필요한 곳 예 Dy11(Y 결선이 θ만큼 앞섬)

다. 3상 결선방식의 특징

결선방식	장점	단점

$\Delta-\Delta$	• 1, 2차의 선간전압이 동상이다.
	• 각 변압기의 상전류가 선전류의 $1/\sqrt{3}$이 되어 대전류에 적합하다.
	• 제3고조파의 환류통로를 갖고 있어 통신선에 유도장애의 영향이 없다.
	• 1상분이 고장이 생겨도 나머지 2대를 V결선(57.7%)으로 사용할 수 있다.
		• 중성점이 접지되지 않으므로
		  −지락전류의 검출이 곤란하다.
		  −이상전압이 발생하기 쉽다.(배전용)
		  −지락보호를 위한 접지변압기가 필요하다.
		• 변압비가 다른 것을 결선하면 순환전류가 흐른다.
		• 각 상의 권선 임피던스가 다르면 변압기의 부하전류도 불평형이 된다.

Y−Y	• 상전압이 선간전압의 $1/\sqrt{3}$이 되어 고전압의 결선에 적합하다. • 절연이 용이하여 단절연 방식을 채택할 수 있다. • 변압비, 임피던스가 서로 틀려도 순환전류가 흐르지 않는다.	• 제3고조파 여자 전류의 통로가 없으므로 제3고조파를 포함한 왜형파가 된다. • 여자 전류 통로가 없어 접지선을 통하여 제3고조파에 의한 통신선에 유도장애를 준다. • 부하 불평형에 의하여 중성점 전위가 변동하므로 송·배전계통에 거의 사용하지 않는다.
Y−Δ 또는 Δ−Y	• $\Delta-\Delta$ 또는 Y−Y 결선의 장점을 갖는다. • Y 측의 중성점을 접지하여 이상전압을 저감시킬 수 있다. • Δ 결선에 제3고조파 여자통로가 있으므로 정현파 전압의 유도가 가능하다. • 중성점을 부하 시 탭변환기로 쓸 수 있다. • 3상의 변압비 또는 임피던스에 약간의 차가 있어도 순환전류가 흐르지 않는다.	• 1, 2차 간에 30°의 상차가 생긴다. • 1상 또는 1대의 변압기에 고장이 생기면 송전을 계속할 수 없다. • 중성점 접지로 인한 유도장애를 초래한다. • 1상의 단락이 타상을 과여자하는 결과가 된다.
V−V	• 장래의 부하증가가 예상되는 경우 또는 Δ−Δ의 1상 고장 시 응급처치로 사용할 수 있다. • 변압기 2대로 3상을 얻을 수 있다.	• 출력(57.7%)이 감소한다. • 이용률(86.6%)로 낮아지며 부하 2차 측 전압강하가 불평형이 생기게 된다. • $\Delta-\Delta$ 결선을 V 결선으로 한 경우 더욱 나쁘다.
Y−지그재그결선	지그재그 결선을 통해 제3고조파를 제거할 수 있음	순환전류가 발생

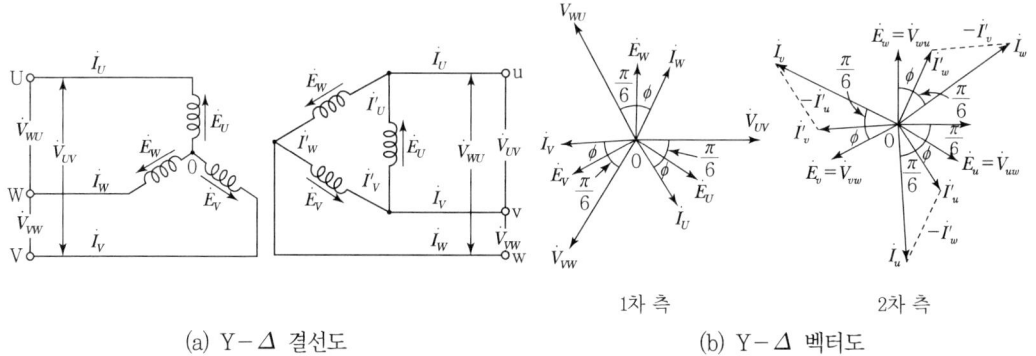

(a) Y-Δ 결선도 (b) Y-Δ 벡터도

[그림 4] Y-Δ 결선의 벡터도

라. 상수의 변환 결선

3상에서 2상 변환방법은 Scott 결선, Meyer 결선, Wood Bridge 결선이 있으나 대표적이며 실용되고 있는 것은 Scott 결선이다.

1) Scott 결선

① T좌 변압기의 1차 권선 0.866점에 탭을 내고 M좌 변압기 중앙지점을 연결하여 평형 3상을 공급하면 2차 측 단자에 평형 2선 전압을 얻는다.

② 최대출력은 $2\left(V_2 \times \dfrac{\sqrt{3}}{2}\right)I_2 = \sqrt{3}\,V_2 I_2$가 되어 이용률은

$$\dfrac{\sqrt{3}\,V_2 I_2}{2\,V_2 I_2} = \dfrac{\sqrt{3}}{2} = 0.867$$

③ 전기로, 철도용 변압기에 사용한다.

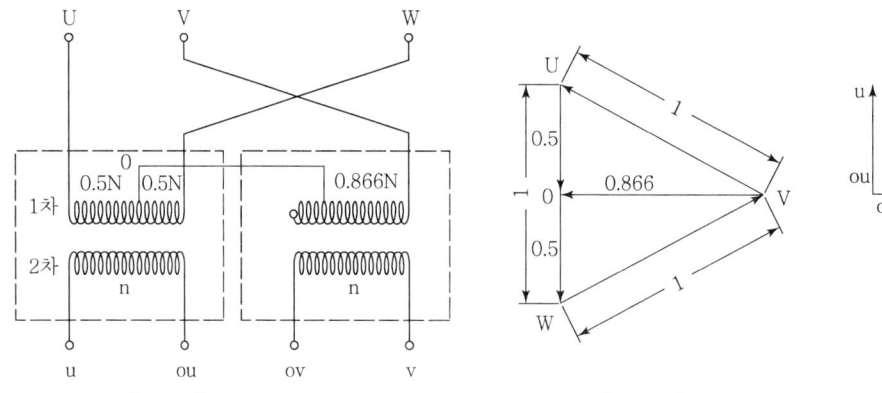

[그림 5] Scott 결선도   [그림 6] Scott 전압 Vector도

2) 역 V결선

① 2대 변압기로 3상 전원에서 단상을 얻는다.
② 2차 전압은 $\sqrt{3}$ 배이다.

마. 단상 변압기와 3상 변압기의 비교

단상 변압기 3대를 사용하는 것과 3상 변압기 1대를 사용하는 것에 대해 비교하면

1) 3상 변압기의 장점

① 철심재료, 유량 및 부피가 적어 경제적이고 효율이 높다.
② 냉각방식, 재료, 구조 개선으로 소형화되어 운반 및 설치장소에 유리하다.
③ 뱅크가 늘어 결선이 용이하고 회로가 간결하다.

2) 3상 변압기의 단점

① $\Delta-\Delta$ 방식은 1대 고장 시 3상 변압기에서는 운전이 불가능하다.
② 예비 변압기를 한 뱅크 설치할 때는 비경제적이다.
③ 단상 변압기에 비해 3상 변압기의 수송이 난이하다.

바. 변압기 결선의 적용 예

1) 빌딩의 경우(수전용량 3,000kVA 이하)

① 단상 부하용 변압기와 3상 부하용 변압기를 분리한다.
② 조명부하는 $\Delta-Y$ 결선, 동력부하는 $\Delta-\Delta$ 결선으로 한다.

2) 공장의 경우

① 주변압기 용량 22.9kV 5,000kVA 이하는 충전전류를 고려할 필요가 없어 $\Delta-\Delta$ 결선으로 한다.
② 주변압기 용량 154kV 10,000kVA 이상은 2차 케이블 충전전류 및 지락전류를 고려하여 $\Delta-Y$ 결선하고 중성점은 저항접지로 하는 것이 유리하다.

3) 단상 변압기 3대로 3상 결선의 경우

① $\Delta-Y$ 결선 또는 $\Delta-\Delta$ 결선으로 한다.
② V-V 결선으로 하면 변압기 이용률은 86.6% $\left(\dfrac{V\, 결선\, 변압기용량}{변압기\, 설비용량}=\dfrac{\sqrt{3}\,P}{2P}\right)$, 변압기 출력은 57.7% $\left[\dfrac{P_V(V\, 결선\, 용량)}{P_\Delta(\Delta\, 결선\, 용량)}=\dfrac{\sqrt{3}\,P}{3P}\right]$ 로 낮아진다.

1.2 V-V 결선 변압기

■ 전기기기, 최신전기설비, 전력사용시설물 설비 및 설계

1. 개요

V-V 결선은 2차 측에 평형 3상 부하를 연결하고 1차 측에 평형 3상 전압 V_{BA}, V_{CB}, V_{AC}를 공급할 경우 변압기의 선간전압과 전류와 위상은 다음과 같다.

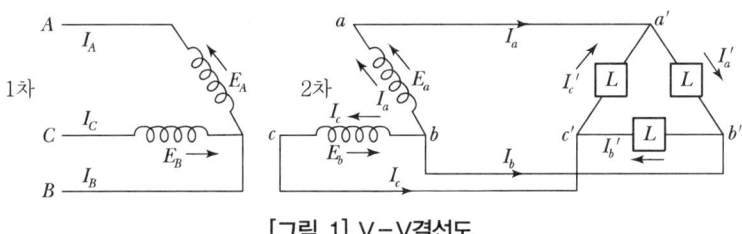

[그림 1] V-V결선도

가. 선간전압

변압기의 선간전압은 여자 전류 및 누설 임피던스를 무시하면 1차 기전력 $\dot{E}_A$와 $\dot{E}_B$는 $\dot{E}_A = V_{BA}$, $\dot{E}_B = V_{CB}$, $V_{AC} = -(\dot{E}_A + \dot{E}_B)$이다. 따라서 2차 측의 선간전압 $V_{ba} = E_a$, $V_{cb} = E_b$, $V_{ac}(E_c) = -(E_a + E_b)$가 된다.

나. 위상

2차 권선에는 선전류 I_a 및 I_c가 그대로 흐르므로 이에 대응하는 1차 전류 $I_A\left(=\dfrac{I_a}{a}\right)$ 및 $I_C\left(=\dfrac{I_c}{a}\right)$가 선전류 $I_B[=-(I_A+I_C)]$가 된다. 그런데 I_a, I_c, 즉 I_A, I_C의 크기는 서로 같고 120°의 상차가 있으므로 1차 측의 선전류 I_A, I_B, I_C는 평형 3상 전류이며 그 위상은 선간전압 V_{BA}, V_{CB}, V_{AC}보다 각각 $(30°+\phi)$ 만큼 뒤진다.(V-V 벡터도 참조)

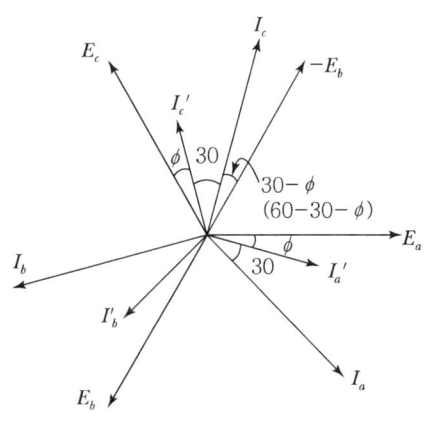

[그림 2] V-V 벡터도

다. 선전류

2차 측 선간전압 V_{ba}, V_{cb}, V_{ac} 및 선전류 I_a, I_b, I_c는 평형 3상 전압 및 전류이므로 $V_{ba} = V_{cb} = V_{ac} = V$, $I_a = I_b = I_c = I$가 된다.

2. 출력비와 이용률

가. 변압기 출력비

[그림 2] 벡터도에서 보는 바와 같이 2차 측의 선간전압 V_{ba}, V_{cb}, V_{ac} 및 선전류 I_a, I_b, I_c는 평형 3상 전압 및 전류이므로 $V_{ba} = V_{cb} = V_{ac} = V$, $I_a = I_b = I_c = I$가 된다.

1) V결선 변압기의 용량은 ab 간의 변압기 용량과 bc 간의 변압기 용량의 합이다.
   ① ab 간의 변압기 용량은
   $$P_{ab} = E_a I_a \cos(30° + \phi) = V_{ba} I_a \cos(30° + \phi) = VI\cos(30° + \phi)$$
   ② bc 간의 변압기 용량은
   $$P_{bc} = -E_b I_c \cos(30° - \phi) = V_{bc} I_c \cos(30° - \phi) = VI\cos(30° - \phi)$$
   ③ V결선의 변압기 용량
   $$P = P_{ab} + P_{bc} = VI\cos(30° + \phi) + VI\cos(30° - \phi)$$
   $$= VI(\cos 30° \cos\phi - \sin 30° \sin\phi + \cos 30° \cos\phi + \sin 30° \sin\phi)$$
   $$= VI(0.866\cos\phi + 0.866\cos\phi) = \sqrt{3}\, VI\cos\phi$$

2) V결선의 출력비

   Δ 결선일 때의 출력은 $3VI\cos\phi$이므로 출력비는 $\dfrac{P_V}{P_\Delta} = \dfrac{\sqrt{3}\, VI\cos\phi}{3VI\cos\phi} = 0.577$

나. 변압기 이용률

변압기 2대의 출력은 $2VI\cos\phi$이므로 이용률은 $\dfrac{P_V}{P_2} = \dfrac{\sqrt{3}\, VI\cos\phi}{2VI\cos\phi} = 0.866$

3. V-V 결선의 영향

가. 전압 변동률과 역률 관계

1차 측에 평형 전압을 공급하고 2차 측에 평형 3상 부하를 걸어도 실제로 A, B상에는 누설전류가 있고 C상에는 전압강하가 없기 때문에 2차 측의 3상 전압에는 불평형이 생기게 된다. 즉, 불평형 전압강하에 의한 전압변동이 발생하게 되고 이에 따른 역률저하현상이 발생한다.

나. 유도전동기에 미치는 영향

1) V 결선 변압기 각 상의 전압강하가 다르기 때문에 유도전동기에는 불평형 3상 전압이 가해진다.
2) 유도전동기에는 불평형 3상 전압이 인가되면 전류도 불평형이 되어 정상전류 이외에 역상 및 영상전류가 흐르게 된다.
3) 역상전류는 전동기에 역방향 토크를 발생시키고, 전동기 코일에 Joule 열을 발생시켜 전동기 온도를 상승시키기 때문에 전동기 용량은 감소한다.

1.3 변압기의 전압변동률 및 손실

■ 전기기기, 최신전기설비, 신전기설비기술계산 핸드북

1. 전압변동률

가. 정의

1) 변압기의 전압변동률은 전부하 시와 무부하 시의 2차 단자전압의 변동 정도를 나타내 주는 것으로 이 값이 크면 부하의 증감에 따라 2차 전압의 변동이 큰 것을 의미한다.
2) 변압기 2차 단자전압은 정격부하를 접속하면 무부하일 때에 비해 다소 감소한다.

나. 전압변동률의 계산

1) 변압기의 2차 단자에 정격 전압 V_{2n}이 되도록 정격부하를 유지하다가 변압기를 무부하로 하는 경우 단자전압 V_{20}와의 변동값을 백분율로 표시한다.

전압 변동률 $\varepsilon = \dfrac{V_{20} - V_{2n}}{V_{2n}} \times 100[\%]$ 여기서, V_{20} : 무부하전압, V_{2n} : 정격 전압

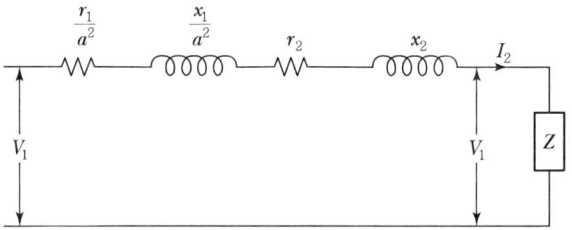

[그림 1] 변압기 2차환산 등가회로

2) 전압 변동률의 계산유도

① [그림 1] 변압기 2차 환산등가회로에서 정격 전류 I_2, 저항 $R = \dfrac{r_1}{a^2} + r_2$, 리액턴스 $X = \dfrac{x_1}{a^2} + x_2$이라 놓고, V_{20}, V_{2n}을 2차 전류 I_2 기준으로 벡터도를 그리면 [그림 2]와 같이 된다.

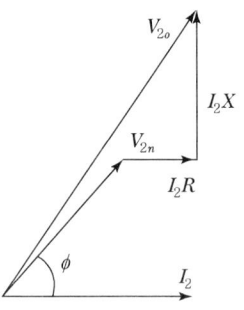

[그림 2] 변압기 벡터도

② 여기서, 전압 변동률을 계산하면

㉠ $V_{20} = V_{2n} + I_2 Z$
$= V_{2n} + I_2(\cos\phi - j\sin\phi)(R + jX)$
$= V_{2n} + I_2(R\cos\phi + X\sin\phi)$
$+ jI_2(X\cos\phi - R\sin\phi)$ 양변을 제곱하면

ⓒ $(V_{20})^2 = (V_{2n} + I_2 R\cos\phi + I_2 X\sin\phi)^2 + (I_2 X\cos\phi - I_2 R\sin\phi)^2$ ········ ⓐ

ⓒ 식 ⓐ를 V_{2n}으로 양변을 나누면

$$\left(\frac{V_{20}}{V_{2n}}\right)^2 = \left(1 + \frac{I_2 R}{V_{2n}}\cos\phi + \frac{I_2 X}{V_{2n}}\sin\phi\right)^2 + \left(\frac{I_2 X}{V_{2n}}\cos\phi - \frac{I_2 R}{V_{2n}}\sin\phi\right)^2$$ ······ ⓑ

③ 정격 전류 I_n에 의한 저항강하, 리액턴스 강하 및 임피던스 강하를 정격전압 V_{2n}에 대한 백분율로 표시하면(Z를 %임피던스 강하 $Z = \sqrt{p^2 + q^2}$)

㉠ p를 %저항강하 $p = \frac{I_2 R}{V_{2n}} \times 100[\%]$, q를 %리액턴스 강하 $q = \frac{I_2 X}{V_{2n}} \times 100[\%]$

라 하여 조건을 식 ⓑ에 대입하면

$$\left(\frac{V_{20}}{V_{2n}}\right)^2 = \left(1 + \frac{p}{100}\cos\phi + \frac{q}{100}\sin\phi\right)^2 + \left(\frac{q}{100}\cos\phi - \frac{p}{100}\sin\phi\right)^2$$ ······ ⓒ

$\varepsilon = \left(\frac{V_{20}}{V_{2n}} - 1\right) \times 100[\%]$에 식 ⓒ를 대입하면

㉡ 위 식을 치환방법과 2항의 정리, 즉 $\sqrt{1+x} \fallingdotseq 1 + \frac{x}{2}$를 이용하여 정리하면

$\varepsilon = p\cos\phi + q\sin\phi + \frac{1}{200}(q\cos\phi - p\sin\phi)^2$

3항의 값이 매우 작으므로 $\frac{1}{200}(q\cos\phi - p\sin\phi)^2$을 생략하면

∴ $\varepsilon = p\cos\phi + q\sin\phi$ ··· ⓓ

3) 일반적으로 전압 변동률은 부하율 $m = 1$, 역률이 100%일 때를 말하므로

① $\cos\phi = 1$일 때 $\varepsilon = p + \frac{1}{200}q^2$이 된다.

여기서, 제2항을 무시하면 $\varepsilon \fallingdotseq p = \frac{I_{2n} \cdot R}{V_{2n}} = \frac{I_{2n}^2 \cdot R}{V_{2n} \cdot I_{2n}} = \frac{\text{전부하동손}}{\text{정격용량}} \times 100$

최대전압 변동률 값은 $\varepsilon_{\max} = \sqrt{p^2 + q^2}$이다.

② 보통 변압기는 용량이 클수록 p(%저항강하)보다 q(%리액턴스 강하)가 몇 배 크다. 따라서 부하 역률이 나쁘면 전압 변동률이 커지고 앞선 역률의 경우 역률 각은 마이너스가 되고 전압이 상승하게 된다.

다. 전압변동의 영향 및 대책(☞ 참고 : 전압변동 계산법 및 전압변동의 영향과 대책)

1) 전압변동의 영향

선로손실의 증가, 조명부하에 Flicker 발생, 전기기기의 오동작 및 정지 등의 영향을 받는다.

2) 전압변동의 대책

전압변동은 주로 부하의 무효전력 변동에 기인하는 것으로, 전원 측 리액턴스를 X_s로 하고 무효전력 변동분을 ΔQ로 하면 전압변동 ΔV는

① 수식 : $\Delta V = X_s \cdot \Delta Q / E$

② 대책 : X_s의 감소, 전압 E를 직접 조정, ΔQ의 감소(무효전력의 보상), 발생 측의 대책에 의해 변동무효전력을 줄인다. 일반 부하 측에서 대책을 세운다.

2. 변압기의 손실

가. 변압기의 손실 분류

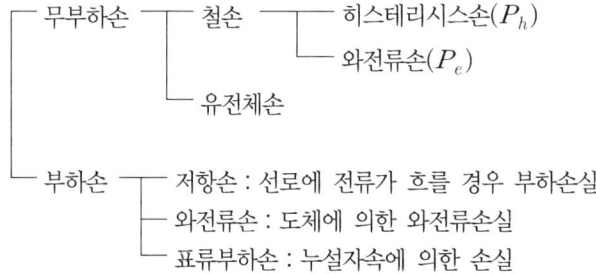

나. 무부하손의 발생원리

철심이 자화되면서 발생하는 여자 전류에 의한 손실은 권선의 저항손과 절연물 중의 유전체손이며, 이 중 유전체손을 무시하면 무부하손은 철손(히스테리시스손과 와전류손)뿐이다.

1) 히스테리시스손(Hysteresis Loss)

① [그림 3] 히스테리시스 곡선의 경우 0점 상태에서 출발하여 H를 증가시키면 자속밀도 B는 자화곡선을 그리다 A점에 이르러 포화상태가 되어 모든 자기영역이 정렬된다. 이후 자계 H를 역으로 감소시키면 자계 H값이 0이 되는 b점에서 자기유도가 잔류하여 자속밀도 B_r을 잔류자기라고 한다. 더욱 역방향으로 증가하면 자속밀도 B의 값이 0이 되는데, 이 c점에 해당하는 자계세기를 H_c 보자력이라 한다. 이후 A'점을 출발하여 b'와 c'점을 거쳐 원점인 A점 루프를 형성하는데 이를 히스테리시스 곡선이라 한다.

② 히스테리시스손이란 히스테리시스 곡선에서 철심이 자화하면서 자속밀도 B_1에서 B_2까지 변화하는 데 필요한 에너지를 말한다. 즉, [그림 4]의 $B-H$ 곡선에서 자속밀도축의 폐면적이 철손이다. 히스테리시스 손실은 자속변화에 따라 철심에 교번자장이 유도되었을 경우 열이 발생하며 소멸된다.

③ 히스테리시스손

$$P_h = k_h \cdot f \cdot B_m^{1.6}[\text{W/m}^3]$$

여기서, k_h : 재료의 종류에 따른 정수(규소강판 1.6~2.0), B_m : 최대자속밀도[wb/m²]

2) 와전류손(Eddy Current Loss)

① 와전류손은 철 등의 금속 내부를 지나는 자속이 변화하면 철 내부에서는 자속의 변화를 방해하려는 방향으로 유도기전력이 발생하여 와전류가 흐른다. 따라서 와전류손은 철심강판 두께의 제곱에 비례하여 발생하며 무부하 손실의 20%를 점유한다.

※ 와전류 I가 흐르면 금속의 저항 R에 의한 I^2R의 줄열이 발생 전력손실이 된다.

② 와전류손

$$P_e = k_e(t \cdot f \cdot k_f \cdot B_m)^2[\text{W/m}^3]$$

여기서, k_e : 재료의 종류에 따른 정수, t : 강판두께, k_f : 파형률

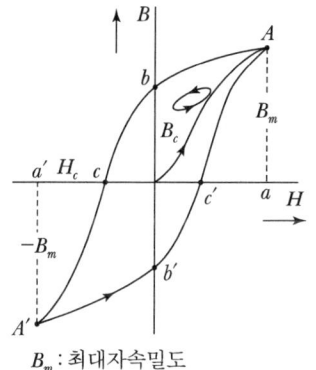
B_m : 최대자속밀도
B_c : 최대자속밀도
H_c : 최대자속밀도

[그림 3] 히스테리시스 곡선

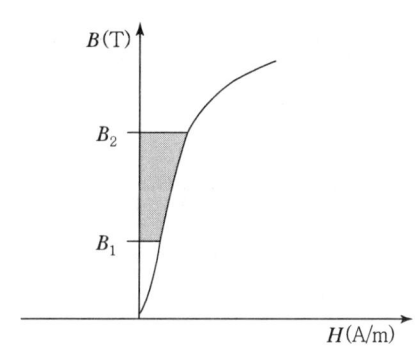

[그림 4] 자화에너지($B-H$ 곡선)

다. 변압기 손실대책

1) 무부하손

① 히스테리시스 손실은 투자율($\mu = B/H$)과 포화자속밀도가 높고, H_c 보자력이 낮은 철심소재를 사용한다.
② 와전류손은 얇은 철판을 겹쳐서 사용하면 맴돌이(와류) 전류의 통로가 좁아지게 되어 저항이 증가함으로써 와전류손은 작아진다.

2) 부하손

① 부하손은 동손이라고 하며 부하전류(I^2R)에 의한 손실이다.
② 동손의 감소대책은 권선수의 저감, 권선의 단면적 증가 등이 있다.

1.4 변압기의 냉각방식

■ IEC 규격, 전기기기, 정기간행물, 전력사용시설물 설비 및 설계

1. 냉각방식의 표기원칙(IEC 규격)

가. 첫 번째 글자 : 내부 냉각매체의 물질

A(Air) : 공기, O(Oil) : 광유(절연유로 인화점이 300℃ 이하인 것), G : Gas(가스)
K : 난연성 절연유로서 인화점이 300℃를 초과하는 경우

나. 두 번째 글자 : 내부 냉각매체의 순환방식

N(Natural) : 자연순환방식, F(Forced) : 강제순환방식
D(Direct Forced) : 직접강제순환방식

다. 세 번째 글자 : 외부 냉각매체의 물질

A(Air) : 공기, W(Water) : 물

라. 네 번째 글자 : 외부 냉각매체의 순환방식

N(Natural) : 자연순환방식, F(Forced) : 강제순환방식

2. 변압기의 냉각방식

변압기 용량은 온도상승으로 제한되므로 같은 변압기라도 냉각장치의 성능에 따라서 사용 가능한 용량이 약 20% 정도 증감되어 사용할 수 있다.

가. 냉각방식의 분류

1) 권선 및 철심을 냉각하는 냉각매체의 종류(공기, Oil, 물)에 의하여 분류한다.
2) 권선 및 철심을 냉각하는 냉각매체의 순환방식에 의하여 분류한다.
3) 권선과 철심을 내부 및 외부의 냉각매체와 순환방식에 의하여 분류한다.

나. 냉각방식의 종류

1) 건식 자랭식(AN)

① 권선 및 철심을 공기 중에서 냉각하는 방식이다.
② B종, H종 등 내열성이 좋은 절연물을 사용, 일반적으로 소용량 변압기에 채용된다.

2) 건식 풍냉식(AF)

① 권선하부에 풍도를 마련하여 송풍기로 강제로 냉각시키는 방식이다.

② 500kVA 이상의 대용량에 적합하다.

3) 유입 자랭식(ONAN)

① 권선, 철심의 발생열은 대류에 의해서 기름에 전해지고 다시 외함 및 방열기에 전달되어 공기 중에 방산시키는 방식으로 배전용 변압기에서 가장 널리 쓰인다.
② 30MVA 이상의 대용량에는 소요 방열기가 많아지므로 강제냉각방식이 유리하다.

4) 유입 풍냉식(ONAF)

① 유입 자랭식 변압기의 방열기에 송풍기로 바람을 불어 냉각효과를 증가시키는 방식이다.
② 부하율이 낮을 때 송풍기를 멈추고 자랭식으로 운전할 수도 있다.
③ 자랭식 변압기를 풍냉식으로 개조하면 20~30% 정도의 용량증가가 가능하다.

5) 유입 수랭식(ONWF)

① 외함 내부에 설치된 냉각관에 물을 순환시켜 기름을 냉각하는 방식이다.
② 충분한 냉각수가 필요하며 관의 부식발생 등으로 이 방식은 잘 사용하지 않는다.

6) 송유 자랭식(OFAN)

① 외함과 방열기 사이의 관로 도중에 송유펌프를 설치하여 기름을 강제적으로 순환시켜 방열시키는 방식이다.
② 변압기 본체는 옥내에 설치하고 방열기는 옥외에 설치하는 경우에 쓰인다.

7) 송유 풍냉식(OFAF)

① 송유 자랭식의 방열기 뱅크에 송풍기를 설치한 것
② 가장 널리 쓰이고 있는 것은 탱크 주위에 송유 풍냉식 유닛 쿨러를 설치하는 방식이다.
③ 유입풍냉식보다 크기를 작게 할 수 있고 대용량(30MVA 이상)에 채용한다.

8) 송유 수랭식(OFWF)

① 송유 풍냉식과 냉각기가 다를 뿐 송유 수랭식 유닛 쿨러를 탱크 주위에 설치하는 방식이다.
② 기름을 송유펌프로 강제 순환시켜 수랭식 유닛 쿨러로 보내어 냉각하는 방식이다.
③ 소음문제가 있는 도시주변지역의 변압기에 채용한다.

다. 변압기 냉각방식의 최신기술

변압기 폐열을 이용하여 냉각하는 방식인 냉매냉각장치는 냉매순환에 추가적인 에너지를 사용하지 않는 매우 경제적인 최신방법이다.

> **참고** 냉각방식의 분류

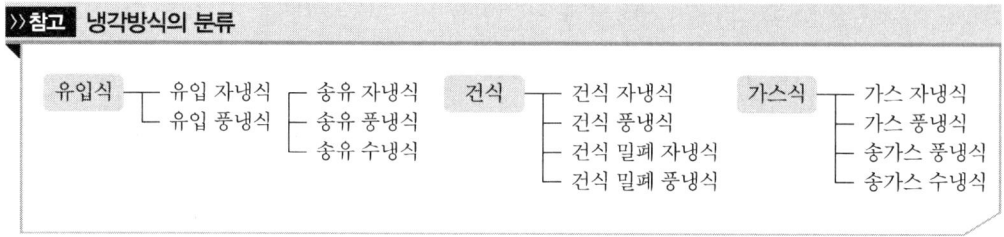

1.5 변압기의 시험

■ 국제규격(IEEE, ANSI, IEC), 전기기기, 전력사용시설물 설비 및 설계, 정기간행물

1. 변압기 완성시험 종류

가. 극성시험

1) 직류전압계를 사용하는 방법

[그림 1]과 같이 변압기의 저압 측에 전지 E와 개폐기 K를 접속하고 고압 측에 직류전압계 V를 접속하여 전압계의 극성을 그림과 같이 접속한다. 개폐기 K를 닫는 순간 V의 지침이 정방향으로 움직이면 감극성이 된다.

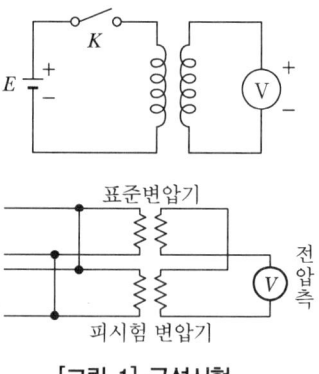

[그림 1] 극성시험

2) 표준변압기를 사용하는 방법

그림과 같이 권수비가 동일한 표준변압기를 고압 측에 병렬로 접속하고 저압 측은 서로 반대로 접속하여 전압계를 접속한다. 고압 측 정격값보다 낮은 전압을 인가하여 전압계의 지시가 0이 되면 감극성이다.

나. 상회전시험

상회전계를 이용 고압 측 단자에 접속하고 저압 측에 저전압을 가해 R, S, T 회전방향을 확인한다. R, S, T 회전방향이 동일한 방향이면 극성이 맞는다고 본다.

다. 온도상승시험

절연재료의 허용 온도에 따른 제한 범위를 두는데, 이를 온도상승 한도라 칭한다.
"온도상승 한도＝최고허용온도−기준온도(주위온도)" 부하법에 따라 구분하면

1) 실 부하법 : 소용량기에 해당하는 것으로 물 저항, 금속 저항기, 전등 상자 등을 부하로 하는데 전력 손실이 큰 것에는 별로 사용하지 않는다.

2) 변환 부하법 : 2대 이상의 동일 정격 변압기가 있는 경우에 사용하는 것으로 전원 측으로부터 손실분을 공급받는 방법이 있다.
3) 등가 부하법 : 임피던스 시험과 동일한 것인데 1차 권선에 전압을 가하여 2차 권선을 단락시키고 전류를 흘려 부하 손실분을 공급하는 방법 등이 있다.

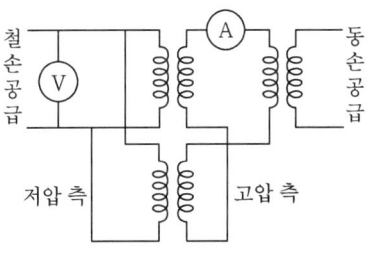

[그림 2] 온도상승시험(변환부하법)

라. 절연내력시험

변압기의 외함과 대지 간, 대지와 권선 간 충전 부분 상호 간 등의 절연 강도를 보안하기 위한 시험으로 가압시험, 유도시험, 충격전압시험 등 세 가지가 있다.

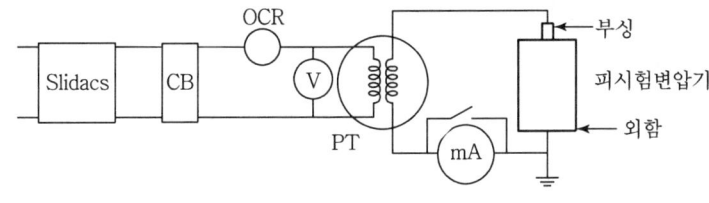

[그림 3] 절연내력시험

마. 무부하시험(No Load Test)

변압기의 2차를 개방하고 1차 단자에 정격 주파수의 정격 전압을 가하여 여자 전류 I_0와 전력 P_0를 산출하여 무부하 손실인 철손과 유전체손을 측정한다.

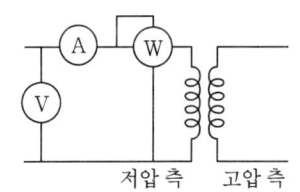

[그림 4] 무부하시험

바. 단락시험

그림과 같이 회로를 구성하고 변압기 2차 측을 단락하여 1차 측에 정격 주파수의 전압을 가하고 이것을 유도 전압조정기에 의해 서서히 증감하여 1차 전류와 입력을 측정한다.

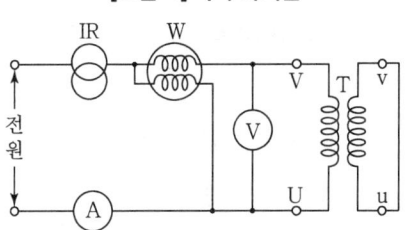

[그림 5] 단락시험

사. 권수비 측정

권수비 측정기(1 : 1에서 1 : 150 정도)로 변압기 1차와 2차 간의 권수비를 측정한다.

$$권수비\ a = \frac{V_1}{V_2} = \frac{n_1(1차\ 권수)}{n_2(2차\ 권수)}$$

아. 유도시험

유도시험은 변압기의 층간 절연내력을 시험하는 것이다. 보통 정격 전압의 2배를 유지시켜서 시험하며 이때 자로의 자기포화를 방지하기 위해서 정격 주파수보다 높은 주파수를 사용한다.

시험시간은 $T = 120 \times \dfrac{\text{정격 주파수}}{\text{시험 주파수}}$ [sec]로 하고 최단시간은 15초로 한다.

자. 충격파시험

충격파시험은 변압기의 내충격 전압 특성을 확인하기 위해서 실시한다. 충격시험 시의 충격파형은 $1.2 \times 50 \mu s$이며, 피시험 변압기의 표준 충격절연강도와 같은 파고치를 가진 표준 충격파형의 충격파를 인가해서 시험한다.

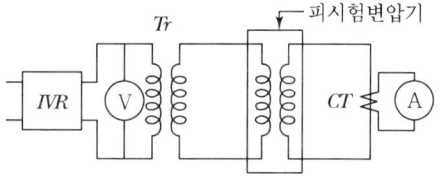

[그림 6] 충격파시험

차. 특수시험

소음 측정, 돌입 전류의 측정, 전위 분포 측정, 여자 전압 및 전류 파형의 측정 등

2. 변압기 단락강도 시험

가. 단락시험 조건

1) 리액턴스 측정은 반복적으로 수행하며 측정값이 ±0.2% 이내가 되어야 한다.
2) 시험을 시작할 때 권선의 평균온도는 10~40℃ 사이에 있어야 한다.
3) 시험전류를 흐르도록 하기 위한 전압은 정격 전압의 1.15배를 초과하지 않도록 한다.
4) 주파수는 변압기의 정격 주파수를 사용함을 원칙으로 한다.
5) 100MVA 미만 단상 변압기에 대한 시험은 3번 실시한다.
   가장 높은 전압 탭 위치에서 1회, 기본 탭에서 1회, 가장 낮은 전압 탭 위치에서 1회
6) 100MVA 미만 3상 변압기의 시험은 각각의 상에서 단상 변압기의 경우와 같이 시험해야 하므로 총 9회 시험을 해야 한다.

나. IEEE/ANSI에 의한 시험방법

1) 시험전류

   ① 변압기 대칭단락 시험전류는 변압기 정격 전류, 일정 Tab에서의 변압기 임피던스 Z_T, 변압기가 결선된 계통의 임피던스 Z_s를 기준으로 다음과 같이 계산된다.

   ② 시험전류 $I_{test} = \dfrac{I_r}{Z_T + Z_S}$

   여기서, I_r : 변압기 Tap전류[A], Z_T : 탭에서의 변압기 임피던스(pu)
   Z_S : 계통임피던스(일반적으로 무시함)

2) 시험지속시간

① 시험시간은 0.25초로 하되 장시간 전류시험 1회는 다음 식으로 계산된 시간으로 한다.

② $t = \dfrac{1{,}250}{I^2}[\sec]\left(I = \dfrac{I_{test}}{I_r}\right)$

여기서, t : 장시간 대칭 단락전류 시험시간[sec]

3) 시험방법

위 식에 의해서 계산된 시험전류로 각 상에 2회씩 총 6회를 시험한다. 시험시간은 0.25초로 하고 이 중에서 1회는 대칭 장시간 전류시험을 실시한다.

다. IEC에 의한 시험방법

1) 시험전류

① IEC에서도 대칭단락 시험전류는 변압기 정격 전류, 일정 Tab에서의 변압기 임피던스 Z_T, 변압기가 결선된 계통의 임피던스 Z_s를 기준으로 다음과 같이 계산된다.

② 시험전류 $I = \dfrac{U}{\sqrt{3} \times (Z_T + Z_S)}[A]$

여기서, I : 대칭단락전류(실효치)
U : 시험되는 탭과 권선의 정격 전압[V]
Z_T : 변압기 시험되는 탭과 권선의 단락 임피던스[Ω/상]
Z_S : 계통 단락 임피던스[Ω]

③ $Z_T = \dfrac{z_t \times U_r^2}{100 S_r}$

여기서, z_t : 기준온도에서의 임피던스
S_r : 변압기 정격 용량[kVA]
U_r : 탭의 정격 전압

2) 시험지속시간

단락회로가 견딜 수 있는 열적능력시험을 위한 전류지속시간은 2초이다.

3) 시험방법

시험횟수는 각 상에 3회씩 총 9회로 하고 시험시간은 변압기 정격출력이 2,500kVA이하인 경우에는 0.5초, 정격출력이 2,500kVA를 초과하는 경우에는 0.25초로 한다.

1.6 전력용 변압기 종류

최근 건축물의 고층화, 고밀집화, 다양화에 따라 수·변전설비도 안전성, 고신뢰성이 요구되고 있다. 이에 따라 현대화된 건물의 선정 변압기도 몰드화되어 가고 있다.

■ 전기기기, 전력사용시설물 설비 및 설계, 신전기설비기술계산 핸드북, 정기간행물

1. 변압기의 분류

가. 구조상 분류 : 내철형, 외철형, 적철심, 권철심
나. 절연상 분류 : 유입, 건식, 몰드, 가스, 초전도
다. 사용용도에 따른 분류 : 주상변압기, 지상변압기(PAD형), 접지형 변압기 등
라. 상수에 의한 분류 : 단상, 3상
마. 권선수에 의한 분류 : 단권, 2권선, 다권선
바. 탭 절환방식에 따른 분류 : OLTC, NLTC

따라서 변압기는 주로 절연상태에 따라 유입변압기, 건식변압기, 몰드 변압기, 가스변압기로 분류하여 특성을 구분한다.

2. 몰드 변압기

몰드 변압기란 변압기 코일을 직접 에폭시(Epoxy) 수지로 몰드하는 고체 절연방식의 변압기를 말한다.

가. 몰드 변압기의 특징

1) 난연성 및 절연에 신뢰성이 있다.
2) 소형·경량화가 가능하다.
3) 고효율·저손실 기기이다.
4) 내습성, 내진성이 좋다.
5) 절연내력이 향상되었다.
6) 단시간 과부하내량이 크다.
7) 유지보수 및 점검이 유리하다.

나. 몰드 변압기의 단점

1) 500kVA급 이상 몰드 변압기는 잔류응력이나 집중응력이 발생하기 쉽다.
2) 1,500kVA 초과 몰드 변압기는 소음방지에 별도대책이 필요하다.
3) 내전압 성능이 낮으므로 VCB차단기의 경우 서지 흡수기를 사용해야 한다.

4) Epoxy 수지 표면의 전위가 거의 상규대지전압(≒13,200V)으로 접촉에 주의한다.
5) 옥외 설치 및 대용량 제작이 곤란하고 유입변압기에 비하여 가격이 비싸다.

다. 몰드 변압기의 절연방식의 분류

방식	방법	내용
금형방식 2MVA 이하 (주형몰드)	주형법	충진제를 배합한 수지를 금형 내에 진공 주입하는 것
	함침법	코일과 금형 간에 유리섬유를 충진하고 저점도 수지와 진공 함침하는 것
	함침주형법	함침과 주형을 조합시킨 것
	FRP 주형법	FRP층을 절연층으로 설계하고 고압 및 저압 권선을 일체로 하여 몰드하는 주형법
무금형방식 (함침몰드)	후리-후레그 법	당초부터 수지를 함침해서 반경화시킨 유리섬유 테이프를 누출되지 않도록 경화시키는 것
	디핑법	코일 주면을 유리 테이프류로 덮은 후 수지를 함침하고 수지가 누출되지 않도록 경화시킨 것
	필라멘트와인딩법	필라멘트 와인딩 기술을 응용한 것
	부유경화법	코일 주면을 유리섬유로 덮은 후 수지 함침해서 반 용융액 속에 침척해서 경화시키는 것
	기타	코일 주면에 고정형 절연물로 싸서 그것을 금형으로 대신 이용하는 여러 가지 방법의 것

3. 아몰퍼스 변압기

가. 변압기 철심소재의 요구사항

1) 보자력(H_c)이 낮을 것
2) 투자율(B/H)이 높을 것
   ($B = \mu H$)
3) 포화자속밀도가 높을 것
4) 소재 두께가 얇을 것

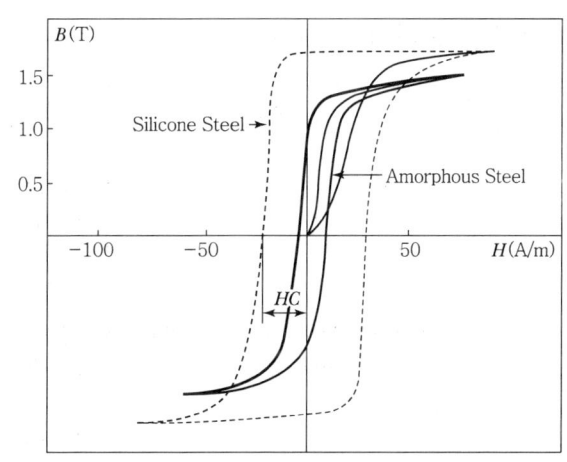

[그림 1] 아몰퍼스 변압기의 $B-H$ 곡선

나. 비정질 자성재료 특징

1) 비정질 철심은 Fe(철), B(붕소), Si(규소) 등 혼합물은 용융 후 급속 냉동시켜 불규칙한 원자배열을 갖도록 한 얇은 박판 철심이다.
2) 소재의 특성상 투자율이 높고 보자력이 적다.

3) 불규칙한 비정질 구조로 자속변화에 대응이 쉬워 히스테리시스손을 감소시킨다.
4) 규소강판 철심의 1/10 두께이며, 와전류손이 적다.
5) 규소강판 철심에 비해 손실이 1/5 수준에 불과하다.

[표 1] 철심 소재의 특성비교

특성	비정질 자성재료	전기강판	비고
철심손실	0.23	1.72	전자기적 성질
여자특성	0.37	5.2	
두께	20~30	250~300	물리적 성질
경도	900	210	
온도	400	780~820	열처리

다. 아몰퍼스 변압기의 특징

1) 비정질 구조 및 초박판 철심소재에 의한 무부하 손실(80%)이 절감된다.
2) 변압기 운전보수비 저감 및 변압기 수명연장이 가능하다.
3) 전력 절감효과로 발전소 증설억제 및 환경오염 방지효과가 있다.
4) 고주파 대역에서 우수한 자기적 특성에 의한 고효율화 및 Compact화가 가능하다.
5) 아몰퍼스 소재의 높은 경도 및 나쁜 취성으로 제작상 어려움이 있다.
6) 낮은 자속밀도 및 점적률로 고가이다.

4. 전력용 변압기 비교검토

종류 구분	유입변압기	몰드 변압기	건식 변압기
특성	• 가연성이다. • 절연강도가 강하다. • 유입자랭식 및 강제공랭식 • 폭발성이다.	• 난연성이다. • 절연강도가 대단히 강하다. • 강제공랭식 및 자연통풍식 • 비폭발성이다.	• 난연성이다. • 절연강도가 약하다. • 강제공랭식 및 자연통풍식 • 비폭발성이다.
장점	• 타 변압기에 비해 가격이 싸다. • 소음이 적다.	• 안전성이 우수하다. • 흡수성이 거의 없다. • 소형, 경량이다. • 전기·기계적 신뢰도가 높다. • 전력손실이 적다. • 보수점검이 간단하다.	• 비폭발성이다. • 난연성이다.
단점	• 가연성, 폭발성이다. • 전력손실이 타 변압기보다 크다. • 타 변압기에 비해 크고, 무겁다. • 보수점검이 복잡하다.	• 가격이 비싸다. • 보호장치가 필요하다. (서지 흡수기) • 고장점검이 어렵다.	• 절연환경이 주위 환경의 영향을 받는다. • 소음이 크다. • 유입변압기보다 비싸다.

> **참고** 기기 절연의 정의(☞ 참고 : 전동기 선정 및 정격에 대하여)

1. Y종 절연(허용최고온도 90℃)
   1) Y종 절연이란 Y종의 허용온도에 충분히 견디는 재료로 구성된 절연
   2) 목, 면, 비단, 종이 등의 재료로 구성되어 Varnish류를 함침하지 않은 또는 유중에 담그지도 않은 절연
2. A종 절연(허용최고온도 105℃)
   1) A종 절연이란 A종의 허용온도에 충분히 견디는 재료로 구성된 절연
   2) 목, 면, 비단, 종이 등의 재료로 구성되어 Varnish류로 함침시켰거나, 유중에 담근 절연
3. E종 절연(허용최고온도 120℃)
   1) E종 절연이란 E종의 허용온도에 충분히 견디는 재료로 구성된 절연
   2) 폴리에스테르계의 재료로 구성되어 와니스류를 채운 절연
4. B종 절연(허용최고온도 130℃)
   1) B종 절연이란 B종의 허용온도에 충분히 견디는 재료로 구성된 절연
   2) 마이카, 석면, 유리섬유 등의 재료를 접착재료와 같이 사용한 절연
5. F종 절연(허용최고온도 155℃)
   1) F종 절연이란 F종의 허용온도에 충분히 견디는 재료로 구성된 절연
   2) 마이카, 석면, 유리섬유 등의 재료를 실리콘알키드수지 등의 비접착 재료와 같이 사용된 절연
6. H종 절연(허용최고온도 180℃)
   1) H종 절연이란 H종의 허용최고온도에 충분히 견디는 재료로 구성된 절연
   2) 마이카, 석면, 유리섬유 등의 재료를 실리콘 수지 또는 동등의 특성 이상의 접착재료와 같이 사용한 것, 폴리아미드페이퍼, 폴리아미드에나멜 성질을 가진 재료 등도 포함한다.
7. 200, 220, 250℃ 허용최고온도
   1) 허용최고온도에 충분히 견디는 재료로 구성된 절연
   2) 생 마이카, 석면, 자기 등을 단독으로 사용한 것이든가 접착재료와 함께 사용된 절연

1.7 변압기 용량의 선정

- 수·변전설비 계획 또는 기본 설계 시는 부하가 불분명하므로 변압기 용량의 선정은 건물용도나 규모에 따른 부하밀도로 산정하고 실시 설계 시에는 실부하용량으로 산정한다.
- 변압기 용량을 결정하려면 변압기 권선온도에서 결정되는 열적 조건을 만족하고 부하설비의 크기와 종류, 운전조건 및 공급방식 등을 검토해야 한다.
- ■ 주택건설기준 등에 관한 규칙, 전력사용시설물 설비 및 설계, 정기간행물

1. 변압기 용량의 선정

가. 일반적인 변압기 용량의 선정요인

1) 부하의 용량, 종류 등 부하 측 요인 : 사무실, 병원, 학교 등
2) 변압기가 설치되는 설치환경 요인 : 부하율, 주위온도, 환기시설 등
3) 변압기의 사용방법 요인 : 단독운전, 병렬운전, 예비용 등
4) 기타 요인 : 권선방식, 전압범위, 환경조건 등에 따라 정격사항, 구조 등 결정

나. 변압기 용량의 선정 시 검토사항

1) 부하조사
2) 배전방식과 변압기 대수
3) 전압변동과 전압강하 및 순시정전시대책
4) 주위온도와 발열량 파악, 냉각방식
5) 단락보호방식
6) 단락전류 추정과 차단기의 선정
7) 부하의 밸런스, 시간정격
8) 기타 사항 : 고조파 함유율 검토, 서지보호, 여자돌입전류 등 검토

2. 변압기 용량 선정 시 고려사항

가. 부하조사

1) 부하밀도에 의한 부하산정

   ① 기본계획 및 설계의 경우 건축물 용도별 등급 또는 시설규모에 따른 과거의 실적을 참고하여 건물 단위면적당 부하밀도를 추정한다.
   ② 부하설비용량 P[VA]=단위면적당 부하밀도[VA/m^2]×연면적[m^2]

   [표 1] 인텔리전트 등급별 전력부하밀도[VA/m^2]

0등급	1등급	2등급	3등급
일반적인 사무자동화된 건물	인텔리전트 빌딩이라 칭할 수 있는 최소의 건물	IB로서 표준 건축물	실현 가능한 대부분의 설비를 갖춘 정보화 건물
110	125	157	250

   [표 2] 건축물 용도별 전력부하밀도[VA/m^2]

학교	주택	공공건물	호텔	종합병원	백화점	전산센터	연구소
60	70	100	120	160	170	185	220

2) 설계도서에 의한 부하산정

   실시설계도서의 부하조사표에 의한 실부하 입력용량으로 산정한다.

3) 공동주택 등의 부하산정[60]

   ① 공동 주택 : 전용면적 60m^2 이하는 3kW가 원칙, $P[kVA] = 3 + 0.5 \times \dfrac{A-60}{10}$

   ② 전전화 주택 : 7kVA가 원칙, $P[VA] = 60[VA/m^2] \times$ 바닥면적(m^2)$+ 4,000[VA]$

---

[60] 주택건설기준 등에 관한 규칙(전기시설)

나. 배전방식과 변압기 대수의 검토

1) 변압기 1대에 의한 배전방식(단일 급전방식)

① 소규모 빌딩, 공장 등에 가장 일반적으로 채용하고 있다.
② 가장 경제적이나 변압기 고장의 경우 정전시간이 길어지는 결점이 있다.

2) 변압기 2대에 의한 배전방식

① 단독운전과 병렬운전 방식의 두가지 운전방식이 채택되고 있다.
② 병렬운전 시 과부하율 및 단락전류는 단독운전에 비해 2배가 된다.
③ 변압기 용량을 결정하는 방법
　㉠ 변압기 부하율을 약 1/2로 하여 변압기 1대로도 공급이 가능하다.
　㉡ 1대 변압기에 고장이 생겼을 경우 변압기의 단시간 과부하용량을 고려한 부하율에 의하여 변압기 부하를 제한하여 다른 1대로 공급한다.
　㉢ 변압기에 고장이 생겼을 경우 변압기는 부하와 동 용량의 것을 사용한다.

3) 2대 이상의 변압기에 의한 급전방식

① 일반적으로 Spot Network 시스템으로 무정전 전원공급이 가능하다.
② 설비용량이 고가이며, 2차 단락전류는 변압기 1대분×대수와 같이 커진다.
③ 변압기 용량 $= \dfrac{\text{최대수용전력}}{\text{변압기대수}-1} \times \dfrac{1}{\text{과부하율}}$ [kVA] 변압기를 선정한다.

다. 전압변동과 전압강하

1) 전압변동과 전압강하는 변압기 % 임피던스 전압에 의해 결정된다.
2) % 임피던스 전압 %IZ는 % 저항 전압과 % 리액턴스 전압의 벡터 합으로 표시한다.
3) 변압기의 % 임피던스 전압이 클 경우 전압 변동률, 변압기손실, 전압강하 및 단락 시 전자기계력은 증가하나 단락용량은 감소하므로 적정한 % 임피던스의 선정이 중요하다.
4) 선로의 전압강하는 간략식 $\Delta E = K \cdot I(R\cos\phi + X\sin\phi)$[V]에 의하여 산정할 수 있고, 구내 전용변압기에 의한 전기공급을 할 경우 허용전압강하는 7% 이내가 되도록 변압기 용량을 선정한다.

라. 주위온도와 발열량의 파악

1) 변압기 철심과 권선의 온도는 변압기 용량 결정에 직접적인 변수인 무부하손과 부하손에 영향을 준다.
2) 주위온도가 저하할 경우 변압기의 과부하 운전은 주위온도 30℃에서 1℃ 강하할 때마다 0.8%씩 과부하가 가능하다.
3) 변압기 냉각방식을 자랭식에서 풍냉식으로 변경하면 20% 과부하 운전이 가능하다.

마. 단락보호방식

1) 단락전류는 변압기의 % 임피던스, 즉 변압기 용량에 의해 결정된다.

$$I_s = \frac{100}{\%Z} \times I_n [A], \ I_n = \frac{P_n}{\sqrt{3}\,V}[A] 이므로 \ \therefore \ I_s = \frac{100}{\%Z} \times \frac{P_n}{\sqrt{3}\,V}[A]$$

여기서, I_n : 기준전류, P_n : 기준변압기 용량

2) 변압기 용량이 큰 경우 단락전류 억제대책을 고려해야 한다.
   ① 고압회로 : 배전전압의 승압, 주변압기 용량의 분할, 한류퓨즈에 의한 Back up 차단방식을 적용한다.
   ② 저압회로 : 계통분리방식, 변압기 % 임피던스 제어, 한류리액터 설치, 캐스케이드 보호 방식, 계통연계기 설치를 적용한다.

바. 단락전류 추정과 차단기 선정

1) 단락전류의 산정순서
   ① % 임피던스에 의한 각 기기의 임피던스를 산정한다.
   ② 각 기기의 % 임피던스를 기준용량으로 변경한다.
   ③ 고장점에서 본 % 임피던스를 합성한다.
   ④ 단락전류를 계산한다.

2) 차단기 선정 : $P_S[\text{MVA}] = \sqrt{3} \times V_n \times I_s$
   ① 고장전류는 3상 단락과 같은 평형고장은 드물고 1선 지락과 같은 불평형 고장의 비대칭 단락전류가 주를 이룬다. 따라서 차단기 단락전류는 비대칭 계수를 고려한다.
   ② 3상 비대칭 단락전류=3상 대칭단락전류×α(비대칭 계수)
   ③ 부하설치장소에 적합한 차단기를 선정한다. 주로 밀폐형의 VCB, GCB를 사용한다.

사. 부하의 밸런스 및 시간정격

1) 부하의 불평형률
   ① 저압수전 단상 3선식에서 불평형부하의 한도는 40% 이하

   $$설비불평형률 = \frac{중성선과\ 각\ 전압\ 측\ 선\ 간에\ 접촉되는\ 부하설비용량의\ 차}{총부하설비용량의\ 1/2}$$

   ② 저압, 고압 및 특고압수전의 3상 3선식, 3상 4선식에서 불평형부하의 한도는 30% 이하

   $$설비불평형률 = \frac{각\ 선\ 간에\ 접속된\ 단상부하\ 총설비용량의\ 최대와\ 최소의\ 차}{총부하설비용량의\ 1/3}$$

2) 단시간 정격검토

계전기 또는 전력용 개폐장치에서 계전기가 손상 없이 지정된 단시간 동안 견딜 수 있는 전류, 전압, 전력 중 최고값을 정한다.

아. 고조파

1) 부하의 고조파 함유율을 검토하여 변압기 용량에 여유를 두어 선정한다.
2) 변압기 출력감소율(THDF)을 고려한다.

   예 TR 용량=합성최대수용전력 $\times \dfrac{100}{\text{THDF}}$ [kVA]

자. 기타

접지보호, 서지보호, 여자돌입전류, Flicker 등을 검토한다.

1.8 변압기의 과부하 운전

- 변압기 용량결정에 가장 직접적인 변수는 무부하손과 부하손에 의한 변압기 철심과 권선의 온도상승이다. 따라서 변압기는 특정조건하에서는 부하정격을 초과해도 수명을 저하시키지 않고 운전할 수 있고, 반대로 부하를 저감하여 운전할 필요가 있다.
- 과부하운전을 하는 경우 변압기회로에 포함되는 차단기나 단로기의 전류용량을 충분히 검토하여야 하며, 수명을 약간 희생하는 경우 과부하운전과 정규수명을 기대할 수 있다.

■ 신전기설비기술계산 핸드북, 전력사용시설물 설비 및 설계, 정기간행물

1. 과부하운전이 가능한 경우

가. 주위온도 저하로 인한 과부하

1) 냉각공기의 1일 최고온도가 30℃에서 1℃ 내려갈 때마다 [표 1]의 값 약 1%의 과부하가 가능하고 30℃ 이상에서는 1℃ 올라갈 때마다 2%를 감소하는 것이 가능하다.

   예 주위온도가 10℃인 경우, 변압기는 몇 %의 과부하운전이 가능한가?
   0.8×(30℃−10℃)=16%

2) 수랭식의 경우 냉각공기의 1일 최고온도가 25℃에서 1℃ 내려갈 때마다 약 1%의 과부하가 가능하다.

[표 1] 주위온도 저하에 의한 변압기의 과부하운전

냉각방식	정격출력에 대한 과부하의 비율[%]
유입변압기	0.8

[표 2] 온도상승시험기록에 따른 과부하

냉각방식	정격출력에 대한 과부하의 비율[%]
유입변압기	1.0

나. 온도상승시험기록에 의한 과부하

규정의 온도상승한도(가령 55deg)에서 시험치가 5deg 이상 낮은 경우는 그 차이 1deg마다 [표 2]의 값 약 1%씩 과부하 운전이 가능하다.

다. 단시간의 과부하

24시간 이내에 일어나는 1회의 단시간과부하에 대해서 변압기는 [표 3]의 수치만큼 과부하할 수 있다.

[표 3] 단시간의 과부하

냉각방식		자랭식 및 수랭식			송유식 및 송풍식		
과부하전의 부하[%]		90	70	50	90	70	50
시간	1/2	1.47	1.50	1.50	1.39	1.45	1.50
	1	1.33	1.39	1.45	1.26	1.30	1.32
	2	1.20	1.25	1.29	1.16	1.18	1.21
	4	1.10	1.14	1.15	1.08	1.10	1.12

라. 부하율 저하로 인한 과부하

24시간 이내의 시간주기를 가진 부하의 부하율이 90%보다 낮은 경우 90%와의 차이 1%마다 [표 4]의 수치만큼 과부하시킬 수 있다.

[표 4] 부하율 저하에 따른 과부하

냉각방식	정격출력에 대한 증가의 비율[%]	최고[%]
자랭식·수랭식	0.5	20
송풍식·송유식	0.4	16

마. 냉각방식 변경에 의한 과부하

기설 자랭식 변압기에 송풍기를 부착하여 풍냉식으로 개조하면 20~30% 정도의 용량이 증가하여 과부하 운전이 가능하다.

2. 조건이 중복된 경우의 과부하

가. 허용과부하

주위온도의 저하로 인한 과부하, 온도상승 시험기록에 의한 과부하 및 부하율 저하로 인한 과부하는 그 과부하율(%)을 가산할 수 있다.

[표 5] 중복조건에 따른 과부하

냉각방식	최고허용부하
자랭식 · 송풍식 · 송유풍냉식	125%
수랭식 · 송유수랭식	120%

나. 과부하 중복조건의 제한

연속적으로 과부하로 하는 경우에는 [표 5] 값 이상 과부하로 해서는 안 된다. 단시간 과부하의 경우는 [표 3] 값과 같이 150% 이상 과부하로 해서는 안 된다.

1.9 변압기의 탭전압 선정

한전의 전력은 정전압, 정주파수에 의하여 공급되고 있으나 부하단에서 전압, 주파수를 유지하기 위한 수단으로 수전용 변압기에 탭을 두고 변압비를 변경하여 입력전압이 변화하여도 부하전압을 일정하게 유지하고 있다.

■ 신전기설비기술계산 핸드북, 전기기기, 전력사용시설물 설비 및 설계, 정기간행물

1. 변압기의 탭전환 목적

가. 전력의 경제적 운영을 위한 조류제어
나. 전력기기의 작업량 제어를 위한 전류조정
다. 배전선 전압의 정전압 유지

2. 탭전압을 조정하는 방식 구분

가. 무전압 탭 절환기(NLTC)

1) 변압기를 여자하지 않은 상태에서 탭을 절환하는 장치를 말한다.
2) 탭 절환 요구가 있을 때마다 정전작업을 해야 하는 단점이 있다.

나. 부하 시 탭 절환기(OLTC = ULTC)

1) 변압기를 정지하지 않고 부하 사용 상태에서 탭 절환이 가능한 장치이다.
2) 이 장치는 변압기와 조합되어 부하 시 탭 절환변압기로서 이용되고 있다.
   ① 부하 시 탭 절환 변압기는 보통 변압기처럼 독립된 1, 2차 권선이 있고 전압변성을 목적으로 하여 변성된 전압조정을 한다.

② 부하 시 전압조정기는 전기 주회로에 조정회로를 삽입하여 선로전압 조정만을 목적으로 한다.

3. 부하 시 탭 절환 결선방식

가. 직접식

1) 주권선에 직접 탭을 두고 이것을 절환하여 전압조정을 한다.
2) 구조가 간단하고, 손실을 최소화하는 장점이 있다.
3) 선로 절연계급, 탭 전압, 전류에 대응한 절환기가 필요한 단점이 있다.

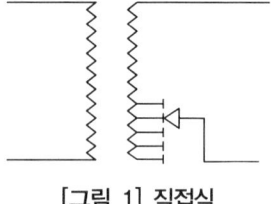

[그림 1] 직접식

나. 간접식(탭 권선공용)

1) 직렬변압기식으로 주권선에서 탭을 취하여 여기서 얻은 조정전압을 직렬변압기를 거쳐 선로에 삽입한다.
2) 선로전류보다 저감된 전류의 탭 절환기를 사용할 수 있는 장점이 있다.
3) 선로 절연계급에 대응한 절환기가 필요하고 구조가 대형으로 되는 단점이 있다.

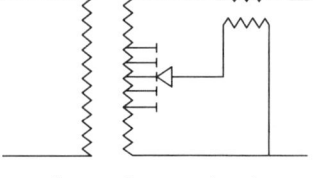

[그림 2] 간접식(공용)

다. 간접식(독립회로)

1) 직렬변압기식으로 주권선과는 별개로 탭 권선을 두고 여기서 얻은 조정전압을 직렬변압기를 거쳐 선로에 삽입한다.
2) 선로 절연계급, 전류에 관계없는 탭 절환기를 사용하여 최적 조건으로 선정할 수 있는 장점이 있다.
3) 구조가 대형화되고, 손실이 증대하는 단점이 있다.

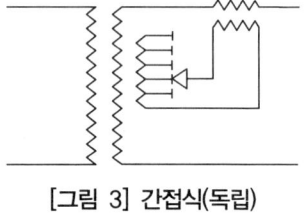

[그림 3] 간접식(독립)

1.10 변압기의 이행전압

변압기의 이행전압이란 변압기의 1차 측에 서지전압(차단기 결상 투입 등 비대칭전류)이 가해졌을 때 이 서지가 정전적 또는 전자적으로 2차 측에 이행되는 현상을 말한다. 특히 변압기의 권수비가 큰 경우에는 이행전압이 2차 측의 LIWL을 상회하는 경우가 있으므로 검토가 필요하다.

■ 신전기설비기술계산 핸드북, 전력사용시설물 설비 및 설계, 정기간행물

1. 이행전압의 종류

가. 정전 이행전압

변압기 1차 측에 가해지는 서지전압이 1·2차 권선 간 및 대지 간의 정전용량으로 인하여 이행되는 전압을 말한다.

나. 전자 이행전압

고압·저압 권선 간 서지전류의 전자적 결합에 의해 이행되는 전압을 말한다.

다. 저압 권선 고유진동 전압

전압의 정전 이행과 전자 이행의 과정을 거쳐 저압 측으로 이행한 전압이 원인이 되어 생기는 저압 권선의 고유진동 전압을 말하며 불규칙적이고 작으므로 보통 무시해도 지장이 없다.

2. 정전 이행

정전 이행전압의 억제대책으로 변압기 1, 2차 사이에 콘덴서를 설치하여 대지정전용량이 증가하는 경우, 전자적 이행전압의 가감대책으로 NCT(Noise Cut Transformer) 또는 저압 측에 SPD(Surge Protection Device) 설치를 검토할 필요가 있다.

가. 정전 이행

1) 변압기의 1차·2차 권선 간 및 대지 간의 정전용량으로 인하여 이행되는 전압을 말한다. 여기서, 변압기 권선 1차와 2차 간의 정전용량을 C_{12}, 2차 권선과 대지 간의 정전용량을 C_{2e}라 할 때

2) 정전 이행전압 $e_2 = \dfrac{\alpha C_{12}}{C_{12} + C_{2e}} \cdot E$

여기서, E : 인가서지전압
α : 변압기 구조에 따른 계수(1.3~1.5)

나. 정전 이행전압의 억제대책

1) 위 식의 정전 이행전압에서 C_{2e}(2차 권선과 대지 간의 정전용량)를 크게 하면 된다.
2) 변압기 1차와 2차 사이의 상호정전용량(C_{12})은 $10^{-2}\,\mu\mathrm{F}$를 넘지 않으므로 변압기 2차 측과 대지 간에 $0.02\mu\mathrm{F}$ 이상의 콘덴서를 설치하여 대지정전용량을 증가시킨다.
3) 변압기 2차 측 선로가 케이블의 경우 케이블의 커패시턴스가 상호정전용량을 충분히 커버할 수 있는지를 검토할 필요가 있다.

3. 전자 이행

가. 전자 이행의 발생

변압기 1차 권선에 흐르는 서지전류에 의하여 2차 권선에 유기되는 이행전압을 말한다.

1) 전자 이행전압은 Y-Δ 결선에서 저압 측 Δ권선의 정격 전압이 높은 경우에 문제가 된다.
2) 전압이 인가된 권선에 흐르는 준정상분 전류가 자속을 만들고 이것이 다른 권선과 쇄교하여 각 권선에 전압을 유기하기 때문에 발생한다.

나. 전자 이행의 영향

서지전류에 의한 전자 이행전압은 정전 이행전압과 달라서 저압 측에 커패시턴스를 접속해도 파고값은 그다지 저감되지 않으므로 저압 측의 절연을 강화할 필요가 있다.

다. 준정상분 전류가 흐르지 않는 조건

Y-Δ 결선에서 Y 결선의 3단자에 동시 임펄스파가 인가된 경우 Δ 결선처럼 유기전압이 단락되는 조건에서는 전자 이행이 없다.

SECTION 02 변압기 임피던스 등

2.1 임피던스와 % 임피던스

수·변전 계통은 수전선로를 거쳐 변압기와 배전선로를 통하여 부하에 연결된다. 이때 수전선로 변압기와 배전선로에서 각각 임피던스에 의한 전압강하가 발생한다. 이 임피던스 $Z[\Omega]$에 의한 전압강하가 % 임피던스의 기초가 된다.

■ 신전기설비기술계산 핸드북, 전기기기, 전력사용시설물 설비 및 설계, 정기간행물

1. 임피던스

임피던스란 교류회로의 전압 V와 그 회로에 흐르는 교류전류 I와의 비로 표시되며 정지대칭기기와 회전기기에 따라 임피던스의 활용이 다르다.

가. 정지대칭기기의 경우

1) 정상 임피던스(Z_1)와 역상 임피던스(Z_2)는 서로 같으며, 정상과 역상 임피던스가 불균형이 되면 역상전류가 흐르면서 기기 및 권선의 온도상승 원인이 된다.
2) 정지대칭기기의 종류에는 변압기, 리액터, 송전선로 등이 있다.

나. 회전기의 경우

1) 영상 임피던스(Z_0)는 영상회로에서 단락전류를 제한하는 임피던스를 말한다. 따라서 계통접지와 관련하여 계통지락전류에 직접영향을 준다.
2) 회전기기의 종류에는 전동기, 발전기 등이 있다.

다. 영상 임피던스

1) 영상회로란 3상 선로에서 단자 a, b, c를 일괄하고 이것과 대지 사이에 단상전원을 넣어 이 회로망에 단상교류를 흘릴 때 단상교류가 흘러가는 범위를 영상회로라 하며, 이때 단락전류를 제한하는 임피던스를 영상 임피던스라 한다.
2) 회전기에 있어서는 역상전류가 흐르면 회전자 온도상승의 원인이 되지만 변압기와 같은 정지기기에서는 영향이 없다. 그러나 영상 임피던스는 계통접지와 관련하여 계통지락전류에 직접적인 영향을 준다.

2. 임피던스 종류

가. 임피던스의 구분

1) 영상 임피던스(Z_0) : 영상전류인 동상의 전류가 각 상에 흘렸을 경우의 임피던스
2) 정상 임피던스(Z_1) : 각 상에 정상의 3상 평형전류가 흘렸을 경우의 임피던스
3) 역상 임피던스(Z_2) : 각 상에 역상의 3상 평형전류가 흘렸을 경우의 임피던스

나. 변압기의 임피던스

1) 변압기의 임피던스는 변압기 권선의 저항과 리액턴스에 관련되나 거의 1차, 2차 권선의 상호간격에 따른 누설 임피던스 크기에 의해 결정된다.
2) 영상 임피던스도 누설 리액턴스를 무시하면 정상 임피던스와 같다. 결국 변압기는 누설 임피던스에 의해 정상·역상·영상 임피던스가 결정된다.

다. 발전기의 임피던스

1) 영상 임피던스(Z_0) : 발전기의 각 상 권선에 위상이 같은 단상교류를 흘렸을 경우 임피던스 **예** 단상전류 억제성분
2) 정상 임피던스(Z_1) : 발전기에 상회전이 정상적인 평상 3상전류를 흘렸을 경우 작용하는 임피던스 **예** 동기임피던스와 같다.
3) 역상 임피던스(Z_2) : 발전기에 상회전이 반대인 평형 3상전류를 흘렸을 경우 작용하는 임피던스 **예** 회전자 온도상승의 원인이 된다.

라. 선로의 임피던스

저압계통에서는 특히 케이블의 임피던스가 단락전류를 억제하는 데 큰 역할을 한다.

1) 선로의 임피던스는 정지대칭 상태로 정상 임피던스와 역상 임피던스 값이 서로 같다.
2) 선로의 영상 임피던스는 대전류가 흐를 때의 값으로 인덕턴스와 정전용량 값을 사용하여야 한다. **예** 가공선로 $Z_1 ≒ Z_2 < Z_0$, 지중선로 $Z_1 ≒ Z_2 > Z_0$

3. % 임피던스

가. % 임피던스의 의미

[그림 1] 회로에서 임피던스 Z에 정격 전압 E가 인가되어 정격 전류 I가 흐르면 임피던스에 의한 전압강하가 발생한다. 이때 전압강하분($Z \cdot I$)과 회로의 정격 전압(E)의 비를 백분율로 표시한 것을 % 임피던스라고 한다.

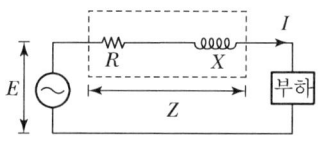

[그림 1] % 임피던스 개념도

$$\%Z = \frac{Z[\Omega] \cdot I[\mathrm{A}]}{E[\mathrm{V}]} \times 100[\%]$$

1) % 임피던스가 작을 경우

① 단락전류가 반비례하여 증가하므로 계통의 안정성에 직접적인 영향을 준다. 특히 전압 변동률, 무부하손과 동손의 비, 계통의 단락용량, 변압기의 병렬운전, 단락 시 전자기계력에 직접적인 관련이 있다.

② 단락전류가 증가하면 저압 배전반 Bus 및 MCCB의 단락용량이 증대하고, 케이블의 굵기도 굵어져야 하므로 경제적 부담을 가중시킨다.

2) % 임피던스 값이 증가할 경우

단락전류가 감소하므로 계통의 안정도 저하, 전압강하율 및 전압 변동률이 커져서 전동기의 기동시간이 길게 되므로 전동기와 케이블을 과열하게 하여 계전기의 오동작을 초래하는 경우가 생긴다.

나. % 임피던스와 Ω 임피던스의 관계

% 임피던스는 선로의 전압강하분과 정격 전압의 비를 백분율로 표시한 것으로 인가전압 $E[\mathrm{V}]$를 $E[\mathrm{kV}]$의 단위로 나타낼 경우(단, 3상 용량은 $P_3 = \sqrt{3}\,V \cdot I[\mathrm{kVA}]$이다.)

1) $\%Z = \dfrac{Z \cdot I}{1{,}000E} \times 100[\%] = \dfrac{Z \cdot I}{10E}[\%]$ ← 양변에 E를 곱하면 $\left(\%Z = \dfrac{Z \cdot I}{V/\sqrt{3}} \times 100\right)$

2) $\%Z = \dfrac{Z \times EI}{10E^2} = \dfrac{Z \times P[\mathrm{kVA}]}{10E^2}[\%]$

여기서, P : 변압기의 정격 용량 [kVA]

전력계통의 %Z를 역으로 Ω 임피던스 Z로 환산하면 $Z = \dfrac{\%Z \times 10E^2}{P[\mathrm{kVA}]}[\Omega]$

3) 선간전압[kV]에 의한 3상 접속 시의 변압기 임피던스 $Z = \dfrac{\%Z \times 10\,V^2}{P_3[\mathrm{kVA}]}[\Omega]$

[표 1] 전력용 변압기의 임피던스 표준값

공칭전압[kV]	% 임피던스
22.9	6.0
154	11
345	15

다. % 임피던스법이나 단위법을 사용하는 이유

1) 임피던스 $Z[\Omega]$는 사용하는 전압에 따라 그 값이 달라지기 때문에 계통전압의 기준값을 정하고 각 부분의 임피던스를 기준전압으로 환산해야 한다.
2) %Z법은 단위를 가지지 않는 무명수로 표시되므로 기준전압으로 단위를 환산할 필요 없이 그대로 적용할 수 있다.
3) 변압기의 임피던스를 %Z로 표시하면 고압 측이나 저압 측에서 그 값이 같아 계산식이 간단해진다. 여기서 권수비 $a = \dfrac{n_1}{n_2} = \dfrac{E_1}{E_2} = \dfrac{I_2}{I_1}$ 일 경우

$$\%Z_1 = \frac{Z_1 \cdot I_1}{E_1} \times 100 = \frac{a^2 Z_2 \cdot \dfrac{I_2}{a}}{aE_2} \times 100 = \frac{Z_2 \cdot I_2}{E_2} \times 100 = \%Z_2$$

4. % 임피던스의 종류

가. 선로의 % 임피던스

1) 전선로에 흐르는 전류를 i 선로의 임피던스를 Z라고 할 때 선로의 전압강하는 $e = Z \cdot i$ 이며, 정격인가 전압이 E일 경우 선로의 % 임피던스는 아래와 같이 표시한다.

$$\%Z = \frac{e}{E} \times 100 [\%]$$

2) % 임피던스는 선로의 전압강하량과 정격 전압의 비를 백분율로 표시한 것이다.

$$\%Z = \frac{Z \cdot i}{E} \times 100 [\%]$$

나. 변압기의 % 임피던스

변압기의 2차를 단락한 상태에서 변압기에 정격 전류가 흐르게 하는 1차 측 인가전압을 E라 하면 % 임피던스는 아래와 같이 표시한다.

$$\%Z = \frac{e}{E} \times 100 [\%]$$

여기서, E : 정격 1차 전압, e : 변압기의 임피던스 전압($Z \cdot I$)

다. 전동기의 % 임피던스

1) 전동기는 회전자를 구속한 상태에서 고정자에 정격 전류를 흐르게 하는 전압과 정격 전압의 비를 백분율로 표시한 것이 % 임피던스와 같다.
2) 이때 % 임피던스는 한 상의 정상 임피던스를 말한다.

> **참고** 변압기 결선방법에 의한 영상 임피던스

변압기, 리액터, 송전선로와 같이 정지 대칭기기에서는 정상 임피던스와 역상 임피던스는 서로가 같다. 그러나 영상 임피던스는 계통접지와 관련하여 계통지락전류에 직접적인 영향을 준다.

1. $\Delta-Y$ 결선(비접지) : Y의 중성점이 접지가 되어있지 않아 영상전류의 귀로가 없으므로 $\Delta-\Delta$ 결선과 동일하게 영상 임피던스가 무한대가 된다.
2. $\Delta-\Delta$ 결선(비접지) : 각 선에 흐르는 영상전류의 귀로가 없으므로 등가회로는 개방회로가 되며, 영상 임피던스는 무한대가 된다.
3. $\Delta-Y\neg$ 결선(중성점 접지)
   1) 지락전류는 접지된 중성점을 통하여 순환하게 된다. 이때 1차에는 이에 대응하는 영상전류가 Δ 결선 내를 순환하여 흐르고 선로 밖으로는 나가지 않는다.
   2) 각 상에 흐르는 영상전류는 I_0이므로 중성점에 흐르는 전류는 $3I_0$이다. 따라서 Z_N에서의 전압강하는 $3I_0 \times Z_N$이므로 등가회로는 $3Z_N$으로 표시된다.
   3) Δ 결선 측에서 여자하는 경우에 정상·역상·영상 임피던스가 모두 Z_{AB}와 같다.
4. $Y-\Delta-Y\neg$ 결선 : 좌측 Y 결선 측은 영상전류가 흐르지 않으므로 $\Delta-Y$ 결선과 같다. 우측 Y 결선 측은 직접접지이므로 $Z_N = 0$이고 $\Delta-Y\neg$ 권선 간의 임피던스 Z_{AC}가 곧 영상 임피던스와 같다.
5. $Y\neg-\Delta-Y\neg$ 결선 : 변압기의 중성점이 접지되어 있어 계통의 전 영상 임피던스 Z_B'가 Z_B에 직렬로 연결된다. 따라서 B 계통의 영상 임피던스($Z_B' + Z_B$)가 C변압기의 영상 임피던스와 병렬이 된다.
6. 결국 변압기는 누설 리액턴스에 의하여 정상·영상 임피던스가 결정되며, 중성점의 접지방법에 따라 영상회로의 상태가 여러 가지로 달라진다.

[예시] 비접지의 경우 영상회로가 끊어지고 $Z_0 = \infty$, 접지된 경우 영상회로가 $Z_0 = Z_{ab} + 3Z_N$ 존재한다. 즉, 변압기가 임피던스 Z_N으로 접지되어 있는 경우는 영상전류의 3배가 통과함으로써 영상회로로 나타낼 때는 $3Z_N$의 임피던스로 접지한 것처럼 해야 한다.

[표 2] 변압기 영상 임피던스

No	결선도(A측에 지락발생 시)	영상 등가회로	영상 임피던스
1			$Z_{AO} = \infty$
2			$Z_{AO} = \infty$
3			$Z_{AO} = Z_{AB} + 3Z_N$
4			$Z_{AO} = Z_A + Z_C = Z_{AC}$
5			$Z_{AO} = Z_A + \dfrac{(Z_B + Z_B')(Z_C)}{Z_B + Z_B' + Z_C}$

2.2 임피던스 전압이 전기설비에 미치는 영향

- 변압기 임피던스는 변압기의 저항분과 권선의 리액턴스에 관련되나 거의 1차와 2차 상호간격에 따른 누설 임피던스의 크기에 의하여 결정된다.
- 변압기 임피던스 전압은 정격 전류가 흐를 때 변압기 자체의 내부 임피던스에 의해서 발생하는 전압강하의 크기를 말한다. 즉, 임피던스 전압을 측정하기 위해서는 변압기 양측의 권선가운데 한쪽을 단락시키고 단락권선에 정격 전류를 흐르게 하기 위하여 반대 측 권선에 인가하는 전압을 말한다.(단락시험)
- ■ 신전기설비기술계산 핸드북, 전력사용시설물 설비 및 설계, 정기간행물

1. % 임피던스

변압기의 % 임피던스는 정격 전압, 정격 전류 및 정격 주파수에서 변압기 저항과 리액턴스에 의한 전압 강하분이 회로의 정격 전압에 대하여 몇 %에 해당하는지를 나타낸 것

가. 임피던스 전압

변압기의 임피던스 전압이란 변압기 2차 측(저압 측)을 단락하여 1차 측에서 정격 주파수의 저전압을 인가하여 정격 전류를 흘려보냈을 때의 1차 측 전압을 말한다.

1) 1차 측으로 환산한 임피던스 $Z = (r_1 + a^2 r_2) + j(x_1 + a^2 x_2)$

2) 1차 전류에 대한 전압강하 $IR = I_1(r_1 + a^2 r_2)$, $IX = I_1(x_1 + a^2 x_2)$

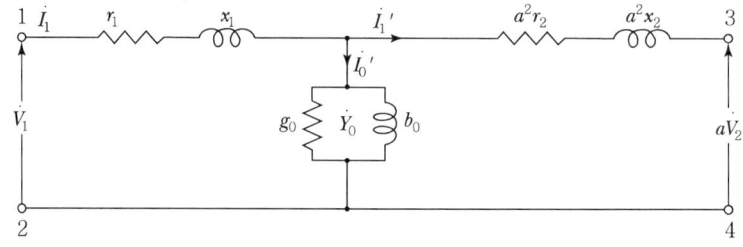

[그림 1] 변압기의 등가회로

나. % 임피던스 전압

임피던스 전압을 권선의 정격 전압 단위값 또는 퍼센트로 나타낸 전압을 말한다.

1) 1차전압에 대한 백분율로 표시한 % 저항 전압 $\%IR$, % 리액턴스 전압 $\%IX$를 표시하면

- $\%IR = \dfrac{IR}{V_1} \times 100 = \dfrac{I_1(r_1 + a^2 r_2)}{V_1} \times 100$

- $\%IX = \dfrac{IX}{V_1} \times 100 = \dfrac{I_1(x_1 + a^2 x_2)}{V_1} \times 100$

2) % 임피던스 전압 %IZ는 % 저항 전압과 % 리액턴스 전압의 벡터 합으로 표시한다.
$$\%IZ = \sqrt{(\%IR)^2 + (\%IX)^2}$$

2. 임피던스 전압에 의한 영향 종류

변압기에서 임피던스 전압이 적으면 전압변동은 작지만 단락전류가 증가하고 차단기 용량이 커지며 손실비가 작아진다.

가. 전압 변동률
나. 무부하손과 부하손의 손실비
다. 계통의 단락용량
라. 변압기 병렬운전
마. 단락 시 권선에 작용하는 전자기계력에 관계된다.

3. 임피던스 전압에 의한 변압기의 영향

가. 전압 변동률

1) 변압기를 전부하 상태에서 무부하로 하면 2차 단자전압은 상승한다. 이때 전압의 변동치와 정격 2차 전압과의 비를 전압 변동률이라 한다.

$$전압\ 변동률\ \varepsilon = \frac{무부하전압 - 2차\ 측\ 정격전압}{2차\ 측\ 정격\ 전압} \times 100 = \frac{V_{20} - V_{2n}}{V_{2n}} \times 100[\%]$$

2) 전압변동의 원인은 선로임피던스, 부하전류, 역률에 의하여 결정되는데 전압변동값(무부하전압-2차 측 정격 전압)이 크면 전압 변동률도 커지게 된다.
3) 전압변동의 영향은 선로손실의 증가, 조명부하에 Flicker 발생, 전기기기의 오동작과 정지 등에 영향을 준다.
4) 전압변동의 대책은 전원 측 리액턴스의 감소, 전압의 조정, 무효전력의 보상이 있다.

나. 변압기의 손실비(부하손/무부하손)

1) 변압기 손실에서 무부하손은 변압기의 리액턴스 성분과 관계되며, 부하손은 부하전류에 의한 저항손이 대부분으로 부하율의 크기에 따라 결정된다. 따라서 % 임피던스 전압은 저항 성분과 리액턴스 성분으로 구성되므로 변압기 무부하손과 부하손의 비에 관계됨을 알 수 있다.

$$효율\ \eta = \frac{mP\cos\theta}{mP\cos\theta + P_i + m^2 P_c} \times 100[\%]$$

여기서, m : 부하율, $P_i + m^2 P_c$: 전손실, $m = \sqrt{\frac{P_i}{P_c}}$: 최대효율 조건

2) 임피던스 전압이 작으면 부하손이 작아져 손실비는 작아지고 임피던스 전압이 클 경우는 반대로 손실비는 커지게 된다.

다. 계통의 단락용량

1) % 임피던스법에 의한 단락전류계산식은 $I_s = \dfrac{100}{\%Z} \times I$[A]이다. 따라서 % 임피던스 계통선로의 단락전류는 변압기의 % 임피던스 전압에 반비례한다.
2) 변압기의 임피던스 전압은 전압 변동률을 작게 하기 위해서는 낮은 편이 좋지만 계통의 단락용량 면에서는 높은 편이 차단기용량 산정 및 절연협조에 좋다.
3) 정격 차단기용량 $P_s = \sqrt{3} \cdot V \cdot I_s$에서 $I_s = \dfrac{100}{\%Z}I$를 대입하면 $P_s = \dfrac{100}{\%Z}P_n$이므로 단락용량은 단락전류에 비례하고 변압기의 %Z 전압에 반비례한다.

라. 변압기의 병렬운전

1) 임피던스 전압이 다른 변압기를 병렬운전하게 되면 용량에 비례한 부하가 분담되지 않고 임피던스 전압이 낮은 변압기가 과부하된다.
2) 병렬운전 시 부하분담
   ① 2대 변압기 TR_1, TR_2 변압기 임피던스를 Z_1, $Z_2(Z_1 < Z_2)$, 부하용량 합을 P라 하면

   $$TR_1\text{의 부하분담} = \dfrac{Z_2}{Z_1 + Z_2} \times P, \quad TR_2\text{의 부하분담} = \dfrac{Z_1}{Z_1 + Z_2} \times P$$

   ② 임피던스 전압이 작은 변압기(TR_1)의 부하분담이 커지게 된다. 따라서 임피던스 전압의 차가 큰 변압기는 병렬운전을 피해야 한다.
3) 과부하 운전을 방지하기 위한 부하제한 : 임피던스 전압이 낮은 변압기의 부하분담이 커져 과부하되므로 그 변압기의 용량 이하가 되도록 부하용량 P를 낮게 해야 한다.

마. 단락 시 권선에 작용하는 전자기계력

1) 임피던스 전압이 너무 낮으면 단락전류가 커지고 이때 변압기 권선 상호 간, 권선과 철심 간에 생기는 전자기계력에 영향을 준다.
2) 단락전자력은 $F = k \times 2.04 \times 10^{-8} \times \dfrac{I_m^2}{D}$[kg/m]

   여기서, k : 케이블 배열에 따른 상수
   I_m : 전류파고값[A]
   D : 케이블 중심거리[m] $D = \sqrt[3]{D_{ab} \cdot D_{bc} \cdot D_{ca}}$

2.3 변압기의 병렬운전

- 부하가 증가하여 변압기를 증설하는 경우 또는 대용량에 의한 부하변동 등에 대응하여 운전 효율을 높이고자 경제적인 측면을 고려하는 불가피한 병렬운전은 병렬운전 조건을 적용하여야 변압기의 과열·소손을 방지할 수 있다.
- 이상적인 병렬운전은 각 변압기가 용량에 비례하여 부하분담하며, 변압기 상호 간에 순환전류가 없고, 각 변압기 전류의 대수합은 부하전류와 같아야 한다.
- ■ 신전기설비기술계산 핸드북, 전기기기, 최신전기설비, 전력사용시설물 설비 및 설계, 정기간행물

1. 변압기의 병렬운전 조건

가. 각 변압기의 1차 및 2차의 정격 전압이 같고 권수비도 같을 것
나. 단상은 극성이 3상에서는 상회전 방향 및 위상변위(각 변위)가 같을 것
다. 변압기 % 임피던스 값이 같을 것
라. %저항과 %리액턴스의 비가 같을 것
마. 정격 용량비가 1 : 3 이하일 것

병렬운전 조건	단상 Tr	3상 Tr
극성이 맞을 것	○	○
권선비가 같을 것	○	○
% 임피던스가 같을 것	○	○
상회전 방향 및 위상변위가 같을 것	–	○

2. 병렬운전에 적합하지 않은 경우

가. 부하의 합계가 변압기 정격용량보다 큰 경우
나. 병렬운전 중 변압기 무부하 순환전류가 정격 전류 10%를 초과하는 경우
다. 순환전류와 부하전류치의 합이 정격부하의 110%를 넘는 경우

[표 1] 3상 변압기의 병렬운전 결선

병렬운전 가능 결선		불가능한 결선	
A 변압기	B 변압기	A 변압기	B 변압기
$\Delta-\Delta$	$\Delta-\Delta$	$\Delta-\Delta$	$\Delta-Y$
$Y-Y$	$Y-Y$	$\Delta-Y$	$Y-Y$
$Y-\Delta$	$Y-\Delta$	–	–
$\Delta-Y$	$\Delta-Y$	–	–
$\Delta-\Delta$	$Y-Y$	–	–
$\Delta-Y$	$Y-\Delta$	–	–

3. 병렬운전의 부하분담

가. 부하전류의 분류

1) 각 변압기의 1차 측과 2차 측이 동일 모선에 접속되어 있으므로 두 변압기의 단자전압은
$$V_1 = Z_a I_a + V_2, \ V_1 = Z_b I_b + V_2 \quad \cdots \cdots ①$$

2) 여자 전류를 무시할 경우 1차 전류 $I_1 = I_a + I_b$이다.

따라서 $Z_a I_a = Z_b I_b = Z_1 I_1 \left(여기서, \ Z_1 = \dfrac{Z_a Z_b}{Z_a + Z_b} \right) \quad \cdots \cdots ②$

식 ②로부터 각 변압기의 부하전류 분담 $I_a = \dfrac{Z_1}{Z_a} I_1, \ I_b = \dfrac{Z_1}{Z_b} I_1 \quad \cdots \cdots ③$

3) 결론은 각 변압기의 부하전류는 내부임피던스에 반비례하여 분류한다.

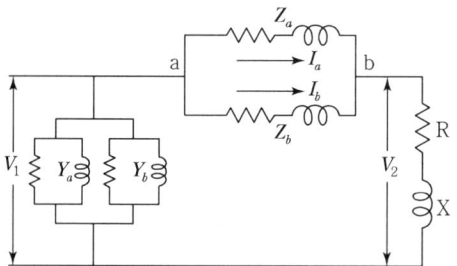

[그림 1] 병렬운전변압기의 등가회로

나. 백분율 임피던스의 부하분담

1) A, B 2대 변압기의 전 부하전류를 각각 $I_A, \ I_B$라 하고 1차 정격 전압을 V라면, % 임피던스를 $(\%z_a), (\%z_b)$로 표시하면
$$(\%z_a) = \dfrac{Z_a I_A}{V} \times 100[\%], \ (\%z_b) = \dfrac{Z_b I_B}{V} \times 100[\%] \quad \cdots \cdots ④$$

2) 식 ③으로부터 $\dfrac{I_a}{I_b} = \dfrac{Z_b}{Z_a} = \dfrac{(\%z_b) V}{I_B} \times \dfrac{I_A}{(\%z_a) V} = \dfrac{(KVA)_A (\%z_b)}{(KVA)_B (\%z_a)}$ 이 된다.

여기서 $(KVA)_A = m \cdot (KVA)_B$이라면 $\dfrac{(KVA)_a}{(KVA)_b} = \dfrac{VI_a}{VI_b} = m \dfrac{(\%z_b)}{(\%z_a)} \quad \cdots \cdots ⑤$

여기서, $(KVA)_A, (KVA)_B$: 변압기 A, B의 정격 용량
$(KVA)_a, (KVA)_b$: 각 변압기의 부하용량

3) 어떤 부하에 대해서도 각 변압기의 부담전류가 정격 용량에 비례하여 $I_a/I_b = m$이 되기 위해서는 백분율 임피던스 강하 $(\%z_a)$와 $(\%z_b)$가 같아야 한다.

다. 다수의 변압기가 병렬로 결선된 경우 변압기에 흐르는 전류

$$I_1 = \frac{\frac{KVA}{\%IZ_1}}{\frac{KVA}{\%IZ_1 + \%IZ_2 \cdots}} \times I_L, \ I_2 = \frac{\frac{KVA}{\%IZ_2}}{\frac{KVA}{\%IZ_1 + \%IZ_2 \cdots}} \times I_L$$

여기서, I_L : 병렬변압기에서 선로로 흘러나가는 선전류

4. 병렬운전 조건이 다를 경우

가. 각 변압기의 1, 2차 정격 전압과 권수비

1) 1, 2차 전압이 같지 않으면 순환전류(I_c)가 흘러 동손을 증가시키고 출력감소 및 과열에 의한 소손이 우려된다.

2) 순환전류

$$I_C = \frac{\text{기전력의 차}}{\text{임피던스 벡터 합}} = \frac{E_A' - E_B'}{Z_A + Z_B}$$

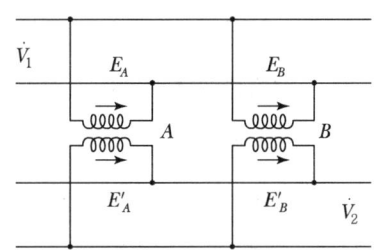

[그림 2] 병렬운전 결선

여기서, E_A', E_B' : A, B 변압기 2차 유도기전력
$Z_A : r_a + jx_a$ A변압기 임피던스, $Z_B : r_b + jx_b$ B변압기 임피던스

나. 변압기 % 임피던스값

임피던스 전압이 다른 변압기를 병렬운전하게 되면 용량에 비례한 부하가 분담되지 않고 임피던스 전압이 낮은 쪽이 과부하가 된다.

1) 용량이 같고 임피던스가 다른 변압기의 부하분담

① 2대 변압기 T_1, T_2의 임피던스를 Z_1, Z_2라고 하면 변압기 각각의 부하분담은

$$P_{T1} = \frac{Z_2}{Z_1 + Z_2}P, \ P_{T2} = \frac{Z_1}{Z_1 + Z_2}P \ (단, \ P = P_1 + P_2)$$

또는 P_{T1}, P_{T2}의 % 임피던스를 $\%Z_1$, $\%Z_2$라고 하면 변압기 각각의 부하분담은

$$P_{T1} = \frac{\%Z_2}{\%Z_1 + \%Z_2} \times P, \ P_{T2} = \frac{\%Z_1}{\%Z_1 + \%Z_2} \times P$$

② 결론적으로 임피던스 전압이 작은 변압기의 부하분담이 커지게 되므로 임피던스 전압의 차가 큰 변압기는 병렬운전을 피해야 한다. 일반적으로 두 변압기의 정격 용량의 비가 3 : 1 미만이고 백분율 임피던스 차이가 10% 이내인 경우 병렬운전하여도 무방하다.

2) 용량과 %Z가 모두 다른 경우의 합성최대부하

① 정격 용량과 % 임피던스가 서로 다른 변압기를 여러 대 병렬운전할 때 걸 수 있는 합성최대부하의 간단한 계산법은 다음과 같다.

② 변압기 용량이 P_a, P_b, P_c이고, 각각 자기용량의 % 임피던스가 Z_a, Z_b, Z_c인 경우

㉠ Z_a, Z_b, Z_c 중에서 Z_a가 가장 작은 경우 $P_{\max} \leq Z_a \left(\dfrac{P_a}{Z_a} + \dfrac{P_b}{Z_b} + \dfrac{P_c}{Z_c} \right)$

㉡ Z_a, Z_b, Z_c 중에서 Z_b가 가장 작은 경우 $P_{\max} \leq Z_b \left(\dfrac{P_a}{Z_a} + \dfrac{P_b}{Z_b} + \dfrac{P_c}{Z_c} \right)$

㉢ Z_a, Z_b, Z_c 중에서 Z_c가 가장 작은 경우 $P_{\max} \leq Z_c \left(\dfrac{P_a}{Z_a} + \dfrac{P_b}{Z_b} + \dfrac{P_c}{Z_c} \right)$

다. %저항과 %리액턴스의 비(각 변압기의 전류와 위상이 다를 경우)

1) 각 변압기 I_a, I_b의 위상이 다를 경우는 전전류 I_1는 I_a, I_b의 벡터합이 된다.
2) 따라서 일정전류 I_1에 대하여 I_a, I_b를 최소로 사용하는 것이 동손을 줄이고, 변압기의 출력 감소를 방지할 수 있다.

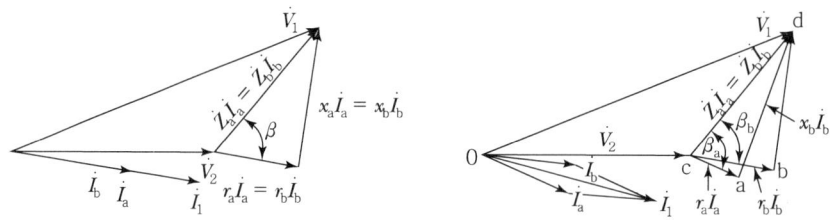

[그림 3] 변압기의 저항과 리액턴스의 비

라. 단상 변압기 극성, 3상 상회전 방향 및 각 변위

1) 단상 변압기의 극성이 반대로 되는 경우 2대의 변압기를 연결하면 순환전류에 의하여 2차에 기전력의 합이 가해져 변압기 권선이 소손할 염려가 있다.
2) 각 변위는 고압 권선과 저압 권선에 유기되는 전압의 위상차이며 상회전 방향이 다를 경우 2차가 단락된다.
3) Y−Δ와 Δ−Y의 결선도 2차 위상이 일치하면 병렬운전이 가능하나 Δ−Δ와 Y−Δ는 병렬운전이 불가능하다.

5. 병렬운전의 특징

가. 변동부하에 대한 대응 및 대수제어가 용이하며 효율적인 운전이 가능하다.
나. 부하에 무정전 공급이 가능하다.
다. 변압기의 전압 변동률이 저감된다.
라. 2차 측 단락전류가 커서 차단용량이 증가한다.
마. 1대 사고 시 연대사고로 파급될 수 있어 보호장치가 필요하다.
바. 단상 변압기 3대를 Δ 결선하는 경우 변압기의 병렬운전조건과 똑같다.

SECTION 03 특수 변압기

3.1 단권변압기

단권변압기는 한 권선의 중간에 탭을 만들어 사용하는 변압기로 1차와 2차의 전기회로가 절연되지 않고 권선의 일부를 공통으로 사용하는 변압기이다. 345kV 변전소에서 사용하고 있는 주변압기는 단권변압기이다.

■ 전기기기, 신전기설비기술계산 핸드북, 전력사용시설물 설비 및 설계, 정기간행물

1. 단권변압기의 구조

1차, 2차 권선의 어느 하나가 반드시 공통으로 되어 있으며 공통으로 사용되는 권선 B~C를 분로 권선, 공통이 아닌 A~B 부분을 직렬 권선이라 하며 원리는 전력용 변압기와 같다.

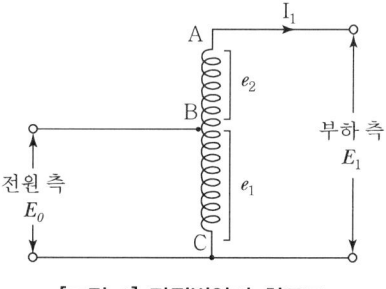

[그림 1] 단권변압기 회로도

2. 자기용량과 부하용량

가. 단권변압기는 분로 권선을 1차 권선, 직렬 권선을 2차 권선으로 하는 보통 변압기로 동작한다.

나. 변압기 자신용량은 직렬 권선의 출력 $(E_1 - E_0) \cdot I_1$과 같고 자기용량 또는 등가용량이라 한다. 그리고 이 변압기를 통하여 공급되는 출력 $E_1 I_1$를 부하용량 또는 선로 출력이라 한다. 수식으로 표시하면

$$\text{자기용량} = (E_1 - E_0) \cdot I_1 = \left(1 - \frac{E_0}{E_1}\right) E_1 I_1 = (1-a) E_1 I_1 = (1-a) \cdot \text{부하용량}$$

3. 특징

가. 변압비가 1의 근처에서 가장 경제적이고 특성이 좋다.
나. 권선의 일부를 공통으로 사용하기 때문에 동량을 줄일 수 있다.
다. 동량 감소로 동손이 감소하여 효율이 좋아지고 온도상승이 저하된다.
라. 일반 변압기에 비하여 전압 변동률이 작아 계통의 안정도가 증가한다.
마. 누설 임피던스가 작기 때문에 단락전류가 커서 열적·기계적 강도가 커야 한다.
바. 충격전압이 대부분 직렬 권선에 가해지므로 이에 대한 적절한 절연설계가 필요하다.
사. 1차, 2차 측이 절연되어 있지 않으므로 직접접지계통이어야 절연문제가 발생하지 않는다.
아. 권선을 공통으로 사용하여 1차 측 이상전압이 발생하면 2차 측에 영향을 준다.

4. 용도

승압기, 기동 보상기, 실험실 슬라이 닥스

3.2 고효율 전력용 변압기

- 최근 변압기의 제조기술은 환경 보전형, 에너지 절약형, 유지보수 용이, 화재에 대한 안전성 및 Oilless화된 변압기 개발이 계속되고 있다.
- 근래에 방향성 전기강판 표면에 물리적 또는 화학적 특수처리를 가해 강판 내의 자구폭을 줄여 철손을 대폭 감소시킨 고효율의 신소재 자구미세화 변압기가 개발 보급되고 있다.
- ■ 고효율 기자재 보급촉진에 관한 규정, 정기간행물, 전기기기, 전력사용시설물 설비 및 설계

1. 고효율 변압기 제도

전력용 변압기는 "고효율 기자재 보급촉진에 관한 규정"에 의하여 고효율 인증기술기준에 포함되어 있다.

가. 고효율 변압기의 정의

1) 고효율 변압기란 정격 용량에서 정해진 각 기준 부하율 중 하나 이상의 동일한 기준 부하율에서의 총 손실값 이하의 특성을 만족하는 변압기를 말한다.
   예 건식 3상 22.9kV/저압 TR 500kVA의 경우 50% 기준 부하율에서 1,931W 이하, 40% 기준 부하율에서 1,377W 이하를 유지하여야 한다.
2) 일반적으로 공동주택의 고효율 인증 전력용 변압기의 기준 부하율을 40%로 적용하고 있다.

나. 적용범위

1) 유입변압기 : 일단접지 변압기 100kVA 이하, 3상 변압기 3,000kVA 이하
2) 건식변압기 : 3상 변압기 3,000kVA 이하

2. 고효율 변압기의 종류

고효율 변압기의 종류에는 아몰퍼스 변압기, 자구미세화 변압기가 있다.

가. 비정질 자성 철심의 특징(☞ 참고 : 몰드 변압기)

1) 비정질 철심은 Fe(철), B(붕소), Si(규소)등 혼합물은 용융 후 급속 냉동시켜 불규칙한 원자배열을 갖도록 한 얇은 박판 철심이다.
2) 소재의 특성상 투자율이 높고 보자력이 적다.

3) 불규칙한 비정질 구조로 자속변화에 대응이 쉬워 히스테리시스손을 감소시킨다.

4) 규소강판 철심의 1/10 두께이며, 와전류손이 적고, 손실이 1/5 수준에 불과하다.

나. 자구미세화 철심의 특징

1) 자구미세화 철심은 방향성 규소강판을 레이저빔으로 가공하여 분자구조인 자구를 미세하게 분할함으로써 손실을 개선한 강판을 말한다.

2) 자구(Domain)를 강제적으로 분할시켜 철손을 개선한 것

3) 레이저 처리의 경우 500℃ 이상에서 열처리했을 때 철손의 열화로 손실이 개선된다.

4) 소음이 적고 가공이 용이하여 1,250kVA 이상의 변압기 제작이 가능하다.

다. 변압기 효율의 개선방안

1) 변압기 효율의 특징 : 일반적으로 변압기 손실은 100% 부하기준에서 부하 손실과 무부하 손실의 비율이 8 : 2로 구성된다.

2) 평균 부하율과 용량의 관계 : 변압기 효율은 평균 부하율이 낮으면 무부하 손실에 의해 좌우되며 반면에 평균 부하율이 높으면 부하 손실이 효율에 큰 영향을 미친다.

3) 무부하 손실을 줄이는 방법
   ① 철심의 자속밀도를 낮추는 방법
   ② 철심의 재료를 개량하는 방법
   ③ 가공방법을 개선하는 방법
   ④ 철심두께를 얇게 하여 와전류손을 줄이는 방법

4) 부하 손실을 개선하는 방법
   ① 도체의 길이를 짧게 하는 방법
   ② 단면이 굵은 도체를 채택하는 방법
   ③ 변압기 소형화를 통하여 코일의 크기를 작게 하는 방법
   ④ 도전율이 우수한 도체를 선정하는 방법 예 초전도체

3. 기대효과

가. 전기요금 절감

고효율 변압기 사용 확대를 통한 전기요금절감으로 고유가에 따른 정부에너지 절감정책에 부응한다.

나. 변압기 선정(업계전문가 의견)

1) 부하율 40% 이상일 때 자구미세화 변압기가 유리하다.
2) 부하율 30% 이하일 때 아몰퍼스 변압기가 유리하다.

> **참고** 전력용 변압기의 기술개발 방향
>
> 가. 환경규제 관리강화 : 전력용 변압기의 절연유에 PCBs(폴리염화비페닐)를 친환경의 광유, 실리콘유로 대처했으며, 건식변압기의 VPI(진공압력합침)을 친환경 제품으로 등록
> 나. 저탄소 성장을 위한 고효율화 : 변압기의 주요 손실은 철손과 동손이며 손실률을 줄이기 위한 저소음 고효율 변압기 개발이 지속될 것이다.
> 다. 친환경의 제품개발 : 변압기는 전력손실뿐만 아니라 고조파 발생부하의 대응 CO_2, SO_2, NO_2 등 유해가스배출 등 문제도 야기되고 있으므로 이와 같은 여러 문제점에 대응할 수 있는 기술개발이 필요하다.

3.3 K-Factor 변압기

■ 국제규격(IEEE), 신전기설비기술계산 핸드북, 전기기기, 정기간행물

1. K-Factor TR

부하전류에 포함된 고조파 전류의 영향을 고려하여 IEEE(ANSI/IEEE C57)에 의한 K-Factor를 계산한 후 권선 및 철심의 내구성, 절연내력 등을 보강하여 설계한 변압기를 말한다.
예 정류기용 변압기(=K-Factor TR)

2. K-Factor TR의 특징

가. 손실과 권선온도 보상

1) 권선의 도체에서 발생되는 와전류손은 전류 주파수의 제곱에 비례하여 증가한다.
2) 고조파 전류에 따라 변압기의 최대 정격 용량이 감소되는 비율만큼 변압기의 온도상승 내량을 증가시켜 설계하여야 한다.

나. 절연내력 증가

1) 정류회로에서 방향전환 순간에 변압기의 단자전압은 매우 심한 Notching 및 Oscillation(진동)이 발생하게 되어 펄스가 발생한다.
2) 펄스에 의한 피크치는 변압기의 저압 권선절연에 손상을 줄 수 있으므로 이에 맞도록 절연을 보강하여야 한다.

다. 철손과 이상소음 억제

1) 부하단에서 발생되는 고조파 전류는 변압기 철심 자속파형을 왜곡하며, 소음의 증가와 철심 내부의 와전류손을 증가시킨다.

2) 선형 부하에 의한 정현파전류는 철심에는 누설 리액턴스가 존재하지 않아 권선의 누설 리액턴스만 고려하면 되지만 K-Factor TR에서는 철심 내부에 잔류 리액턴스가 존재하게 되어 변압기 철심 내부의 자속밀도가 증가하게 된다.
3) 일반 변압기(몰드)의 경우 최대 16,500Gauss로 제작되나 K-Factor TR변압기의 경우 최대 14,000Gauss 이하로 설계한다.

3. K-Factor TR과 몰드 TR 비교

구분	몰드 TR	K-Factor TR
철심의 발열 및 소음	코아의 자속밀도, 손실이 크다.	성능이 개선된 코어 적용
코일의 과열	도체 권선온도로 용량이 저감	상위 기종의 금형을 적용
동손	Eddy Current Loss가 크다.	얇은 도체, 고가의 재료 사용
전자장애	누설전류가 크다.	정전차폐판 설치

3.4 기타 특수 변압기

■ 신전기설비기술계산 핸드북, 전기기기, 제조사 기술자료, 정기간행물

1. 누설 변압기(Leakage Transformer)

가. 개요

일반적으로 전력용 변압기는 누설 리액턴스를 적게 하여 전압 변동률을 줄이고 효율을 향상시키는 데 주력하지만 부하변화에 관계없이 2차 전류가 일정해야 할 필요가 있는데 이러한 특성을 갖도록 누설 자속을 특히 크게 만든 변압기를 정전류 변압기 또는 누설 변압기라 한다.

나. 용도

아크등, 네온관등, 전기용접기 등

다. 종류

1) 자기 누설 변압기 : 자속의 통로가 있으므로 2차 전류가 증가하려면 1차 및 2차 누설자속이 증가하여 2차 유기기전력이 감소할 때, 전압강하가 증대되면 2차 전류는 감소한다.
2) 용접용 변압기 : 고정된 2차 코일에 대하여 가동 1차 코일을 이동시키는 방법과 누설 자기 회로의 가동철심을 이동시키는 방법으로 전류를 조정한다.

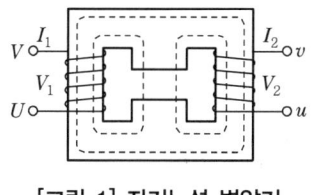 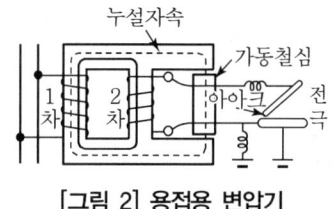

[그림 1] 자기누설 변압기   [그림 2] 용접용 변압기

2. 계기용 변성기(Instrument Transformer)

가. 개요

교류 고전압 대전류 등의 전기량을 측정하려는 경우 전압계나 전류계를 직접 단자에 접속하여 측정하면 대단히 위험하다. 이 경우 안전하게 전기량을 측정하기 위해서는 부하 접속용이 아닌 계기 전용 변압기를 사용하는데 이러한 변압기를 계기용 변성기라 한다.

나. 종류

계기용 변압기와 변류기

3. 시험용 변압기(Testing Transformer)

가. 개요

시험용 변압기는 주로 전기기계기구의 절연내력시험, 고전압 현상의 실험 등에 사용하는 고전압 발생용 변압기이다.

나. 특징

보통의 전력용 변압기에 비해 권수비가 대단히 크기 때문에 권선의 절연과 외부 전극의 형상 등에 대해 특별한 주의가 필요하다.
시험용 변압기는 전압은 높고 전류 용량은 작아도 되므로 전압에 비하여 용량이 작다.

다. 종류

1대의 대지전압이 1,000[kV] 정도, 500[kV] 이상이 되면 권선을 종속 접속시켜 사용한다.

SECTION 04 고장전류

4.1 발전기 기본식을 이용한 고장전류 계산

계통의 고장해석 방법에는 대칭좌표법, 클라크 좌표법, 임피던스법이 사용되는데 불평형 고장해석을 위해 대칭좌표법을 사용하여 발전기 기본식을 유도하고, 계통고장의 대부분을 차지하는 1선 지락전류를 산출하여 고장전류를 전력계통의 안전도 향상에 활용한다.

■ 신전기설비기술계산 핸드북, 최신 송배전공학, 정기간행물

1. 대칭좌표법

대칭좌표법이란 불평형 전류나 전압을 직접 산출하지 않고 그 전압이나 전류를 각각 3개의 대칭성분으로 나누어 구하고 이것을 중첩하여 실제의 불평형 값을 구한다.

가. 대칭성분의 정의

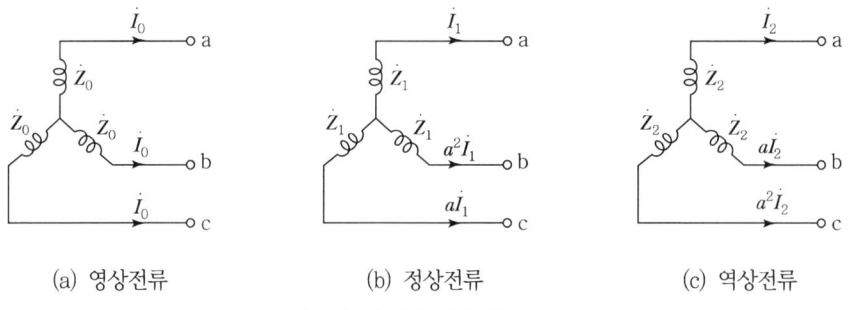

(a) 영상전류   (b) 정상전류   (c) 역상전류

[그림 1] 대칭성분 개요도

[그림 1]과 같이 불평형 3상전류 I_a, I_b, I_c가 있을 때 대칭성분 영상, 정상, 역상전류를 각각 I_0, I_1, I_2라 하면

1) 대칭분전류 $I_0 = \dfrac{1}{3}(I_a + I_b + I_c)$

$I_1 = \dfrac{1}{3}(I_a + aI_b + a^2 I_c)$ ┈┈┈┈┈┈ ㉠

$I_2 = \dfrac{1}{3}(I_a + a^2 I_b + aI_c)$

여기서, 벡터연산자 a는 $1 + a + a^2 = 0$, $a^3 = 1$이 된다. 식 ㉠을 연립하여 풀면

2) 불평형 전류 $I_a = I_0 + I_1 + I_2$
$I_b = I_0 + a^2 I_1 + a I_2$ ················· ㉡
$I_c = I_0 + a I_1 + a^2 I_2$

를 얻을 수 있고 대칭분 전압은 I를 V로 바꾸면 구할 수 있다.

나. 대칭성분의 의미

1) 영상전류(I_0) : I_0는 크기와 위상이 같은 평형 단상전류로 지락고장 시 접지계전기를 동작시키거나, 통신선 유도장애를 일으키는 요소를 갖고 있다. 예 고장분
2) 정상전류(I_1) : I_1은 평형 3상전류로 전원과 동일한 상회전 방향성분으로 전동기에서는 회전토크를 발생한다. 예 전동기 등 회전토크 발생
3) 역상전류(I_2) : I_2는 정상전류와 상회전 방향이 반대인 평형 3상전류로 전동기의 경우 제동 작용을 해서 전동기의 출력을 감소시킨다.

2. 발전기 기본식

가. 발전기 기본식의 성립조건

1) 발전기의 무부하 유도기전력은 대칭을 유지한다. 발전기의 내부 유도기전력은 언제나 각 상의 크기가 같고 120° 위상차를 유지한다.
2) 각 대칭성분 전류에 의한 전압강하는 각 대칭분 임피던스에 의해서만 발생한다. 즉, 영상분 전류는 영상 임피던스에 의해서만 전압강하를 발생하고, 정상분 전류는 정상 임피던스에 의해서만, 역상분 전류는 역상 임피던스에 의해서만 전압강하를 발생한다는 것이다.

나. 발전기의 기본식 산출

각 상의 단자전압(불평형 단자전압) $\dot{V}_a$, $\dot{V}_b$, $\dot{V}_c$는 다음과 같이 표현할 수 있다.

1) 발전기 기전력 $\dot{E}_a$, $\dot{E}_b$, $\dot{E}_c$(상전압=대지전압)가 대칭인 조건에서 불평형 전류 $\dot{I}_a$, $\dot{I}_b$, $\dot{I}_c$가 흘렀을 때 각 상의 전압강하를 $\dot{v}_a, \dot{v}_b, \dot{v}_c$라 하면 a, b, c 각 상의 단자전압 $\dot{V}_a$, $\dot{V}_b$, $\dot{V}_c$는

$\dot{V}_a = \dot{E}_a - \dot{v}_a$
$\dot{V}_b = \dot{E}_b - \dot{v}_b = a^2 \dot{E}_a - \dot{v}_b$ ······ ㉢
$\dot{V}_c = \dot{E}_c - \dot{v}_c = a \dot{E}_a - \dot{v}_c$

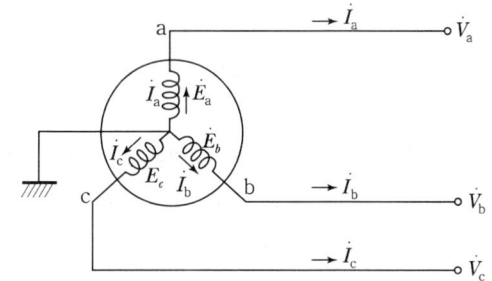

[그림 2] 발전기에 불평형 전류가 흘렀을 때

2) 각 상의 단자전압을 대칭성분으로 분해하면($1+a+a^2=0$, $a^3=1$ 관계를 이용)

$$\left.\begin{aligned}\dot{V}_0 &= \frac{1}{3}(\dot{V}_a + \dot{V}_b + \dot{V}_c) = -\frac{1}{3}(\dot{v}_a + \dot{v}_b + \dot{v}_c) \\ \dot{V}_1 &= \frac{1}{3}(\dot{V}_a + a\dot{V}_b + a^2\dot{V}_c) = E_a - \frac{1}{3}(\dot{v}_a + a\dot{v}_b + a^2\dot{v}_c) \\ \dot{V}_2 &= \frac{1}{3}(\dot{V}_a + a^2\dot{V}_b + a\dot{V}_c) = -\frac{1}{3}(\dot{v}_a + a^2\dot{v}_b + a\dot{v}_c)\end{aligned}\right\} \quad \cdots\cdots ㄹ$$

3) 대칭성분 전류 I_0, I_1, I_2를 각각 흘렸을 경우의 임피던스 Z_0, Z_1, Z_2를 영상 임피던스, 정상 임피던스, 역상 임피던스라 하면 내부임피던스, 즉 전기자의 전압강하는

① 영상전류 I_0만 흘렸을 경우 각 상의 전압강하는 $\dot{Z}_0\dot{I}_0$로 발전기 영상 임피던스이다.

② 각 상에 정상의 3상 평형전류($\dot{I}_1$, $a^2\dot{I}_1$, $a\dot{I}_1$)를 흘렸을 경우 전압강하는 $\dot{Z}_1\dot{I}_1$, $a^2\dot{Z}_1\dot{I}_1$, $a\dot{Z}_1\dot{I}_1$으로 발전기의 정상 임피던스, 즉 발전기 명판의 동기임피던스이다.

③ 각 상에 역상의 3상 평형전류($\dot{I}_2$, $a\dot{I}_2$, $a^2\dot{I}_2$)를 흘렸을 경우 전압강하는 $\dot{Z}_2\dot{I}_2$, $a\dot{Z}_2\dot{I}_2$, $a^2\dot{Z}_2\dot{I}_2$로 발전기의 역상 임피던스라 한다.

4) 실제의 전압강하는 각 대칭성분 전류가 흘렀을 경우 각 상분의 전압강하(임피던스와 대칭분 전류의 곱)를 중첩하여 표시하면

$$\left.\begin{aligned}① \ \dot{v}_a &= \dot{Z}_0\dot{I}_0 + \dot{Z}_1\dot{I}_1 + \dot{Z}_2\dot{I}_2 \\ ② \ \dot{v}_b &= \dot{Z}_0\dot{I}_0 + a^2\dot{Z}_1\dot{I}_1 + a\dot{Z}_2\dot{I}_2 \\ ③ \ \dot{v}_c &= \dot{Z}_0\dot{I}_0 + a\dot{Z}_1\dot{I}_1 + a^2\dot{Z}_2\dot{I}_2\end{aligned}\right\} \quad \cdots\cdots ㅁ$$

5) 위 식을 이용하여 대칭성분 전압강하를 구하면

$$\left.\begin{aligned}①+②+③ \text{에서} \ & \frac{1}{3}(\dot{v}_a + \dot{v}_b + \dot{v}_c) = \dot{Z}_0\dot{I}_0 \\ ①+②\times a+③\times a^2 \text{에서} \ & \frac{1}{3}(\dot{v}_a + a\dot{v}_b + a^2\dot{v}_c) = \dot{Z}_1\dot{I}_1 \\ ①+②\times a^2+③\times a \text{에서} \ & \frac{1}{3}(\dot{v}_a + a^2\dot{v}_b + a\dot{v}_c) = \dot{Z}_2\dot{I}_2\end{aligned}\right\} \quad \cdots\cdots ㅂ$$

6) 식 ㅂ을 식 ㄹ에 대입하여 단자전압의 대칭성분, 즉 발전기 기본식을 구할 수 있다.

$$\therefore \ \dot{V}_0 = -\dot{Z}_0\dot{I}_0, \ \dot{V}_1 = \dot{E}_a - \dot{Z}_1\dot{I}_1, \ \dot{V}_2 = -\dot{Z}_2\dot{I}_2$$

3. 전력계통의 고장계산

가. 고장계산 순서

대칭좌표법을 이용한 고장계산법의 흐름도 및 1선 지락고장의 계산식을 유도한다.

1) 전력계통의 고장조건을 파악한다.
2) 불평형 성분에 고장조건을 적용하여 대칭분을 계산한다. 예 $\dot{I}_0, \dot{I}_1, \dot{I}_2$
3) 발전기 기본식과 연립하여 발전기 단자에 나타나는 대칭분 및 고장조건을 대입시켜 계산한다.
4) 각각의 대칭분을 중첩시켜 실제로 알고자 하는 각 단자에서의 고장전류값을 구한다.
   예 $\dot{I}_a, \dot{I}_b, \dot{I}_c$

[그림 3] 대칭좌표법에 의한 고장계산의 개요도

나. 전력계통의 고장 종류

3상 발전기에서 발전기가 임의의 불평형 전류를 흘리고 있을 경우 단자 전압과 전류의 관계를 이용하여 구하면 다음과 같다.

구분	등가회로	고장전류
1선 지락 (a상지락)	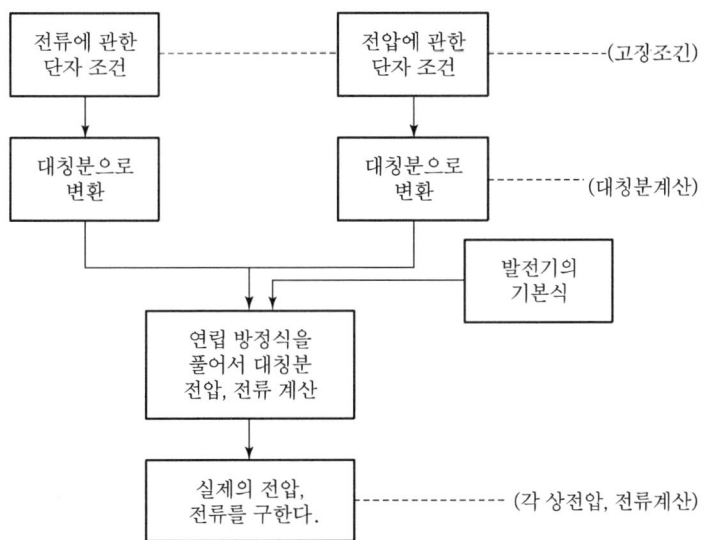 조건 $V_a = 0, I_b = I_c = 0$	$I_0 = I_1 = I_2 = \dfrac{E_a}{Z_0 + Z_1 + Z_2}$ $I_a = I_0 + I_1 + I_2 = \dfrac{3E_a}{Z_0 + Z_1 + Z_2} = 3I_0$

구분	등가회로	고장전류
2선 지락	조건 $I_a = 0$, $V_b = V_c = 0$	$I_1 = \dfrac{E_a}{Z_1 + \dfrac{Z_0 Z_2}{Z_2 + Z_0}}$, $I_2 = -I_1 \times \dfrac{Z_0}{Z_0 + Z_2}$
선간 단락 (b, c상)	조건 $V_b = V_c$, $I_a = 0$, $I_b + I_c = 0$	$I_1 = -I_2 = \dfrac{E_a}{Z_1 + Z_2}$, $I_a = 0$ $I_b = a^2 I_1 + a I_2 = a^2 I_1 - a I_1$ $= \dfrac{(a^2 - a) E_a}{Z_1 + Z_2}$
3상 단락	조건 $V_a = V_b = V_c$, $I_a + I_b + I_c = 0$	$I_1 = \dfrac{E_a}{Z_1}$, $I_0 = I_2 = 0$, $I_a = I_1 = \dfrac{E_a}{Z_1}$

4. 1선 지락 고장전류의 계산

계통고장의 70~80%가 1선 지락사고이며 가장 대표적인 고장사고이다. 주로 지락고장, 단선 등에 의해 발생하는 지락 시 이상전압은 단시간 과전압 형태를 띤다.

가. 무부하 상태의 발전기 a상이 접지되었을 경우

1) 1선 지락 고장조건

   $I_b = I_c = 0$, $V_a = 0$

   a상에 흐르는 전류가 지락전류 I_g이므로
   따라서 $I_a = I_g$이다.

2) 대칭분 전류 계산(불평형 성분에 고장조건을 대입)

   $I_0 = \dfrac{1}{3}(\dot{I}_a + \dot{I}_b + \dot{I}_c) = \dfrac{1}{3}(\dot{I}_a + 0 + 0) = \dfrac{1}{3}\dot{I}_a$

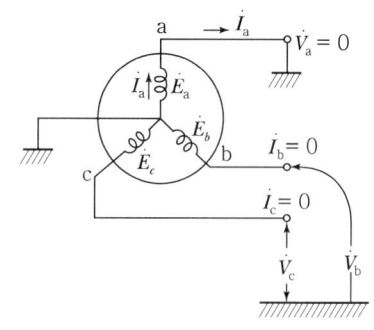

[그림 4] 1선 지락고장

$$I_1 = \frac{1}{3}(\dot{I}_a + a\dot{I}_b + a^2\dot{I}_c) = \frac{1}{3}(\dot{I}_a + a \times 0 + a^2 \times 0) = \frac{1}{3}\dot{I}_a$$

$$I_2 = \frac{1}{3}(\dot{I}_a + a^2\dot{I}_b + a\dot{I}_c) = \frac{1}{3}(\dot{I}_a + a^2 \times 0 + a \times 0) = \frac{1}{3}\dot{I}_a$$

$$I_0 = I_1 = I_2 = \frac{1}{3}I_a \text{이므로} \quad \therefore I_a = 3I_0$$

3) 발전기 기본식에 대입 영상전류 산출

고장조건에서 a상의 전압 $\dot{V}_a = \dot{V}_0 + \dot{V}_1 + \dot{V}_2 = 0$에서

발전기 기본식 $\dot{V}_0 = -\dot{Z}_0\dot{I}_0$, $\dot{V}_1 = \dot{E}_a - \dot{Z}_1\dot{I}_1$, $\dot{V}_2 = -\dot{Z}_2\dot{I}_2$을 대입하면

$$\dot{V}_a = \dot{V}_0 + \dot{V}_1 + \dot{V}_2 = -\dot{Z}_0\dot{I}_0 + \dot{E}_a - \dot{Z}_1\dot{I}_1 - \dot{Z}_2\dot{I}_2$$
$$= \dot{E}_a - (\dot{Z}_0\dot{I}_0 + \dot{Z}_1\dot{I}_1 + \dot{Z}_2\dot{I}_2) = \dot{E}_a - (\dot{Z}_0 + \dot{Z}_1 + \dot{Z}_2)\dot{I}_0 = 0$$

$$\dot{E}_a = (\dot{Z}_0 + \dot{Z}_1 + \dot{Z}_2)I_0$$

$$\therefore I_0 = \frac{\dot{E}_a}{\dot{Z}_0 + \dot{Z}_1 + \dot{Z}_2} = \frac{1}{3}\dot{I}_a \text{(여기서, } I_0 = I_1 = I_2\text{)}$$

4) 1선 지락 고장전류

$$\dot{I}_a = \dot{I}_0 + \dot{I}_1 + \dot{I}_2 \text{ 에서 } \dot{I}_a = 3\dot{I}_0 = \frac{3\dot{E}_a}{\dot{Z}_0 + \dot{Z}_1 + \dot{Z}_2}$$

직접접지가 아닌 경우 $Z_0 \gg Z_1, Z_2$이므로 지락전류는 $I_g \fallingdotseq \frac{3\dot{E}_a}{Z_0}$

나. 중성선에 접지저항 R_g가 있을 경우

1) 중성점의 대지전위 E는 1선 지락 시 영상전류가 접지저항에 흘러서 a상의 대지전위는 0이 아니라 $V_a = R_g I_a$이다.

$$\dot{V}_a = \dot{V}_0 + \dot{V}_1 + \dot{V}_2 = \dot{E}_a - (\dot{Z}_0 + \dot{Z}_1 + \dot{Z}_2)I_0 = R_g I_a \text{에서 } I_a = 3I_0\text{이므로,}$$

$$\dot{E}_a = (\dot{Z}_0 + \dot{Z}_1 + \dot{Z}_2 + 3R_g)I_0$$

$$\therefore I_0 = \frac{\dot{E}_a}{\dot{Z}_0 + \dot{Z}_1 + \dot{Z}_2 + 3R_g}$$

여기서, $I_0 = I_1 = I_2 = \frac{1}{3}I_a$

2) 따라서 1선 지락 고장전류는 다음과 같다.

$$\dot{I}_a = \dot{I}_0 + \dot{I}_1 + \dot{I}_2 \text{에서 } \dot{I}_a = 3\dot{I}_0 = \frac{3\dot{E}_a}{\dot{Z}_0 + \dot{Z}_1 + \dot{Z}_2 + 3R_g}$$

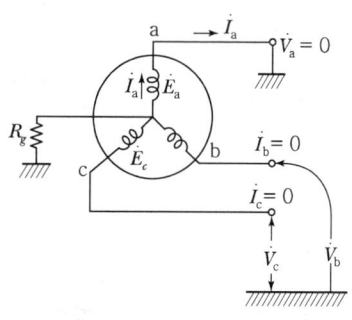

[그림 5] 1선 지락고장(접지저항 R_g)

다. 건전상의 전위상승

1) 건전상의 전압 V_b, V_c의 값

   발전기 기본식에 대입해서 $V_b = V_0 + a^2 V_1 + a V_2$를 구하면

   ① $V_b = V_0 + a^2 V_1 + a V_2 = -Z_0 I_0 + a^2 (E_a - Z_1 I_1) + a(-Z_2 I_2)$

   $\quad = -I_0 (Z_0 + a^2 Z_1 + a Z_2) + a^2 E_a$

   $\quad = -\dfrac{E_a}{Z_0 + Z_1 + Z_2}(Z_0 + a^2 Z_1 + a Z_2) + a^2 E_a$

   $\quad = \left(-\dfrac{Z_0 + a^2 Z_1 + a Z_2}{Z_0 + Z_1 + Z_2} + a^2\right) E_a = \dfrac{(a^2 - 1)Z_0 + (a^2 - a)Z_2}{Z_0 + Z_1 + Z_2} \times E_a$

   ② $V_c = -Z_0 I_0 + a(E_a - Z_1 I_1) + a^2 (-Z_2 I_2) = \dfrac{(a-1)Z_0 + (a-a^2)Z_2}{Z_0 + Z_1 + Z_2} \times E_a$

2) 직접접지의 경우(유효접지계통)

   ① 변압기에서 $Z_0 = Z_1 = Z_2$이고 $a^2 = -\dfrac{1}{2} - j\dfrac{\sqrt{3}}{2}$ 대입하면 $V_b \fallingdotseq 1.3 E_a$

   ② 유효접지의 조건[61]은 계통의 영상리액턴스와 정상리액턴스의 비가 3 이하이고, 영상저항과 정상리액턴스의 비가 1 이하일 때이다.

   유효접지 조건 : $0 \leq \dfrac{R_0}{X_1} \leq 1$, $0 \leq \dfrac{X_0}{X_1} \leq 3$

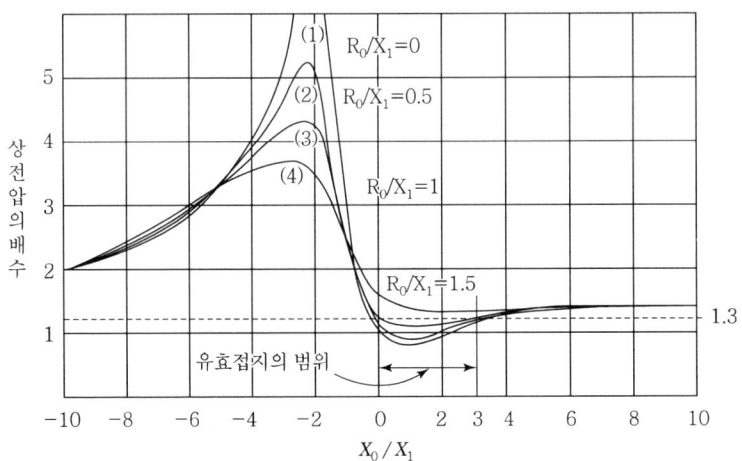

[그림 6] 유효접지의 조건

---

61) 유효접지의 조건은 3상 1회선 선로에서 a상이 1선 지락의 경우 건전상 전압과 각종 임피던스와의 관계를 횡축에 $\dfrac{X_0}{X_1}$를 잡고 $\dfrac{R_0}{X_1}$를 파라미터로 표시한 것은 1선 지락 시의 건전상 전압상승곡선이다. 이상전압은 $\dfrac{R_0}{X_1}$가 클수록 작아진다. 이것은 저항분 R_0가 이상전압을 억제하기 때문이다.

3) 비접지의 경우(비접지계통)

① $Z_0 \gg Z_1$, Z_2이므로 Z_1, Z_2를 무시하면($Z_0 = \infty$)

② $V_b = \dfrac{(a^2-1)Z_0}{Z_0} \times E_a = (a^2-1)E_a$ $\qquad \therefore |V_b| = \sqrt{3}\, E_a$

③ 비접지계통에서 대지정전용량을 통해서 중성점이 형성되고 각 상의 대지전위는 선간전압의 $1/\sqrt{3}$로 되어 있으나, 1선 지락이 되면 지락점에 흐르는 I_g와 지락임피던스 Z_g의 곱, 즉 $E = I_g \times Z_g$ 만큼 상승하므로 건전상의 대지전위도 상승하여 결국 상전압의 $\sqrt{3}$배 이상 상승한다.

4.2 고장전류의 형태 및 계산법

- 전력계통(배전선로)에서 사고를 일으키지 않고 운전한다는 것은 불가능한 일이다. 전력계통에서 발생하는 사고 중 가장 많이 발생하는 것은 1선 지락이지만 이 밖에 선간단락, 3선 단락까지 발생한다.
- 전력계통에서 발생하는 사고전류의 크기를 아는 것은 매우 중요하다. 왜냐하면 차단기의 용량 결정, 전력기기의 기계적 강도, 보호계전기의 정정 및 지락전류에 의한 통신선의 유도장애 등 전력계통을 계획하는 데 있어서 시스템의 경제성은 단락전류에 의하여 좌우되기 때문이다.
- ■ 신전기설비기술계산 핸드북, 최신 송배전공학, 전력사용시설물 설비 및 설계, 정기간행물

1. 고장전류계산의 목적

가. 차단기의 차단용량 결정
나. 전력기기의 기계적 강도 및 정격 결정
다. 케이블의 사이즈 선정 검토
라. 보호계전기의 정정 및 보호협조 검토
마. 통신유도장애 및 유효접지 조건의 검토
바. 순시전압강하 등 계통의 구성검토 등

2. 고장전류의 형태

일반적으로 계통에서는 3상 단락과 같은 평형고장은 극히 드물고 대부분 1선 지락, 2선 지락, 선간단락과 같은 불평형 고장이 되기 때문에 각 계통에는 비대칭 전류가 흐른다.

가. 고장전류의 성분

1) 고장전류는 [그림 1]과 같이 횡축에 대하여 비대칭인 전류가 흐르며 이 전류는 횡축에 대하여 대칭(Symmetrical)인 교류성분과 비대칭(Asymmetrical)인 직류성분으로 구분한다.
2) 고장전류 속에 포함되어 있는 직류분은 회로정수(X/R비)에 따라 크기가 결정되고 시간과 함께 감소한다.

나. 고장전류의 형태

1) 대칭전류

   ① 대칭단락전류 실효치란 고장전류 가운데 교류분만의 실효치를 말한다.
   ② ACB, MCCB, Fuse 선정 시 이 전류값에 의하여 선정한다.

2) 비대칭전류

   ① 비대칭단락전류 실효치란 고장전류에 포함되어 있는 직류분을 포함한 전류의 실효치를 말하며 최대비대칭단락전류 실효치[62], 최대비대칭단락전류 순시치[63], 3상 평균비대칭단락전류 실효치[64]로 구분한다.
   ② 전선, CT 등의 열적 강도 및 직렬기기의 기계적 강도 검토 시 활용한다.

3. 고장전류의 종류

가. First Cycle Fault Current(초기과도전류)

1) 고장전류는 초기 1/2 Cycle에서 가장 크며, 이때의 고장전류를 초기과도전류라 한다.
2) 발전기, 전동기, 한전계통 등 모든 단락전류에 대하여 고려한다.
3) 모든 회전기는 차과도 리액턴스(xd'')를 적용한다.
4) 케이블의 굵기 검토, 변성기 정격 검토, 보호계전기 순시 Tap Setting, 저압차단기 차단용량 선정, 고압 Fuse 차단용량 선정 등에 적용한다.

나. Interrupting Fault Current(과도전류)

1) 차단기 접점이 개시되는 시점(3~8 Cycle)의 고장전류를 과도 리액턴스라 한다.
2) 발전기, 전동기, 한전계통 등 모든 단락전류에 대하여 고려한다.

---

[62] 비대칭단락전류 실횻값(I_{rms})이 최대가 되는 투입 위상값으로 전선이나 CT 등의 열적 강도 검토 시 사용한다.
[63] 비대칭단락전류 순시값이 최대가 되는 투입 위상값으로 직렬기기 기계적 강도 검토 시 사용한다.
　　예 보통 단락 발생 후 1/2 Cycle에서 최대가 된다.
[64] 각 상 비대칭단락전류 실효치의 평균값을 취한다.

3) 발전기는 차과도 리액턴스(xd''), 기타 회전기기는 과도 리액턴스(xd')를 적용한다.
4) 고압 및 특별고압용 차단기 차단용량 선정에 적용한다.

다. Steady State Fault Current(정상상태전류)

1) 전력계통의 임피던스 변화가 안정된 시점의 고장전류를 정상상태전류 또는 보호계전기 동작시험에 30 Cycle Fault Current라 한다.
2) 발전기, 한전계통의 단락전류에 대하여 고려하며 전동기는 적용하지 않는다.
3) 발전기는 과도 리액턴스(xd')를 적용한다.
4) 보호계전기 한시 Tap Setting에 적용한다.

구분	정의 및 특징	적용
First Cycle Fault Current (초기 과도전류)	• 1/2 Cycle에서의 고장전류 • 모든 단락전류에 대하여 고려 • 모든 회전기는 차과도 리액턴스 적용	• 케이블의 굵기 선정 • 순시치 탭(IIT)[65] 정정 • PF용량 선정
Interrupting Fault Current(과도전류)	• 3~8 Cycle 시점의 고장전류 • 모든 단락전류에 대하여 고려 • 발전기는 초기 과도 리액턴스 적용	차단기 차단용량 선정
Steady State Fault Current(정상상태전류)	• 계통 임피던스의 변화가 안정된 시점의 고장전류 • 발전기는 과도 리액턴스 적용	보호계전기의 한시탭(ICS) 정정

4. 차단시점의 단락전류 크기

일반적으로 단락전류는 단락순간 전압의 위상과 회로의 역률에 의해 정해지는 직류전류가 중첩된 전류이다.

가. 대칭단락전류(I_s)

$$I_{대칭} = \frac{X}{\sqrt{2}}$$

나. 비대칭단락전류(I_{as})

$$I_{비대칭} = \sqrt{\left(\frac{X}{\sqrt{2}}\right)^2 + Y^2}$$

여기서, X : 차단전류의 발호순시에서 교류분의 진폭, Y : 직류분 진폭

---

65) IIT(Indicating Instantaneous Trip Unit), ICS(Indicating Contact Switch Unit)

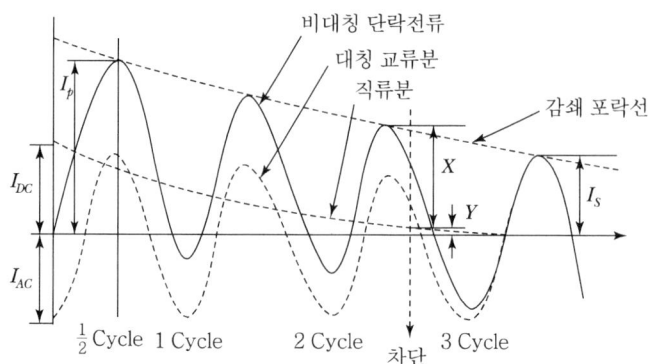

[그림 1] 단락전류의 구성

다. 차단기 차단용량 선정을 위한 고장전류의 계산

1) 3상 대칭단락전류 $I_s = \dfrac{100}{\%Z} \times I_n = \dfrac{100}{\%Z} \times \dfrac{P_n}{\sqrt{3}\,V}$ $\left(\text{여기서, } I_n = \dfrac{P_n}{\sqrt{3}\,V}\right)$

2) 3상 비대칭단락전류[66] I_{as} = 3상 대칭단락전류 × 비대칭계수[67](MF)

3) 차단기 차단용량 선정 시 계산된 고장전류값에 1.5~2배 정도의 여유를 두는 것이 바람직하다.

5. 고장전류 계산방법

가. 대칭좌표법

3상 불평형 전압, 전류를 해석하기 위해서 대칭분 회로가 3상 평형조건에서 정상, 역상, 영상으로 구분하고 독립된 3개의 단상회로인 대칭분 회로를 중첩시켜 계산한다.

나. 클라크좌표법

3상 불평형 전류를 분해하여 "a상에서 유출하여 b 및 c상으로 등분되어 돌아오는 전류를 α회로전류, a상에서 유출하여 b상과 c상간을 환류하는 전류를 β회로전류, 각 상전류를

---

[66] 비대칭분은 정현파의 대칭분과 전류의 크기가 시간축(x)을 중심으로 상하가 대칭이 되지 않고 그림처럼 비대칭이 되는 직류분 파형이 합으로 이루어진 파형이다.

[67] 비대칭계수(M.F ; Multiplying Factor)는 DC분이 포함된 비대칭파의 전류 실효치를 대칭AC분의 교류값으로 바꾸는 계수로 대칭단락전류의 실효치 I_s와 비대칭단락전류의 실효치 I_{as}의 비로 나타낸다. 여기서 $\dfrac{1}{2}$[Hz] 시점의 대칭분 단락전류의 최대치를 I_P라 두면 $I_P = (\gamma I_s) < 2\sqrt{2}\,I_s = 2.828 I_s$이다. 일반적으로 직류분 감쇄를 고려하여 $f = 60$[Hz] 계통에서는 $I_P = 2.6 I_s$로 간주한다.

비대칭계수 $K = \dfrac{I_{as}(\text{비대칭전류의 실효치})}{I_s(\text{대칭전류의 실효치})} = 1.6 \sim 2.5$ 실효치의 경우 $I_{as} = K I_s$로 표현할 때 K_1은 단상 최대 비대칭계수, K_3은 3상 평균 비대칭계수이다.

합을 0회로전류 등" 3가지 전류성분(α, β, 0 성분)으로 각 상전류를 분해하여서 3상 불평형 전압, 전류를 해석한다.

다. 임피던스법(Ω법, pu법, % 임피던스법)

1) % 임피던스법

% 임피던스는 선로의 전압강하량과 정격 전압의 비를 백분율로 표시하여 기기나 선로 등의 임피던스 크기를 옴값 대신에 %로 표시하는 데 이용한다.

$I_s = \dfrac{E}{Z[\Omega]} = \dfrac{E}{\dfrac{\%Z \times E}{100 I_n}} = \dfrac{100}{\%Z} \times I_n$[A]에서 3상 단락전류 크기를 정격 전류의 몇 배

가 단락전류로 흐르게 되는가를 쉽게 알 수 있다.

① 적용 : 주로 보호계전기 정정에 사용한다.

② 수식 : $\%Z = \dfrac{Z \cdot I_n}{E} \times 100$[%] $\left(\text{3상 접속 } E[\text{kV}]\text{로 표시할 경우 } \%Z = \dfrac{Z \times P_3}{10 V^2}\right)$

2) Ω법

[V]를 [Ω]로 나누어 단락전류 [A]를 구하는 계산방법 $\left(I_s = \dfrac{E}{Z}[\text{A}]\right)$으로 고장점에서 본 전계통의 임피던스 $Z[\Omega]$를 구하는 것에 적용한다. 회로 전압별 임피던스 환산이 불편하여 잘 쓰지 않는다.

① 적용 : 주로 열적, 기계적 강도 및 정격 결정에 사용한다.

② 수식 : $Z = \dfrac{\%Z \times 10 V^2}{P_3}$(% 임피던스를 Ω 임피던스로 환산)

3) pu법

%Z를 per unit(pu=%Z/100)로 표시 후 기준용량으로 계산한다.

① 적용 : 주로 통신유도장해 검토에 사용한다.

② 수식 : $Z_P = \dfrac{\%Z}{100}$

6. 저압회로 단락전류계산의 전제조건

가. 모든 계산은 약(About)를 전제로 한다.

나. 2차 Feeder를 단락 Zero Impedance로 본다.

다. 부하전류는 없는 것으로 무시한다.

라. 3상 단락사고를 의례적으로 가정한다.(최대사고전류 계산을 전제로 한다.)

마. 변압기 % 임피던스 값은 가장 나쁜 값을 가정한다.

바. 전력회사와 발전기 전원의 전압을 무부하 시의 명목상 전압과 같다고 가정한다.
사. 전동기나 각종 유도기는 정격으로 운전한다고 가정하고 기여전류[68]는 없는 것으로 가정한다.
아. X/R비가 클수록 과도현상이 커지고 단락전류가 커진다. 따라서 X/R비를 모를 경우 상대적으로 높은 값을 가정한다.
자. Switch Board & Panel Board의 모선임피던스는 무시한다.
차. 과도상태는 초기과도·과도·동기리액턴스로 구분되나 1/2~3Cycle 이내이다.

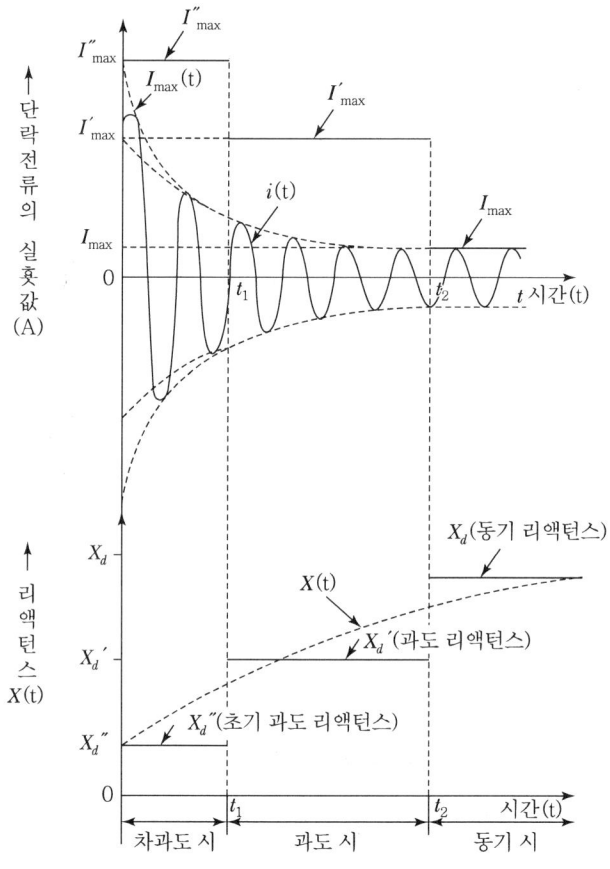

[그림 2] 동기기의 단락전류 시간적 변화

회전기 임피던스의 시간에 따른 변화
고장전류 공급원이 회전기인 경우 회전기 임피던스는 일정하지 않고 시간에 따라 [그림 2]와 같이 변화되기 때문에 고장전류도 이에 따라 변화된다.

---

68) 기여전류란 계통의 단락고장 시 전동기가 발전기 작용으로 공급하는 전류를 말한다.

- X_d'' : 차과도 리액턴스(Subtransient Reactance)
  고장이 일어난 첫번째 사이클(First Cycle) 동안의 전류를 결정하는 임피던스로 0.1초 이내에 리액턴스는 증가한다.
- X_d' : 과도 리액턴스(Transient Reactance)
  고장이 일어난 수 사이클 후의 고장전류를 결정하는 것으로 1/2~2초 이내에 리액턴스는 증가한다.
- X_d : 동기 리액턴스(Synchronous Reactance)
  안정된 상태에 도달한 후에 흐르는 전류를 결정하는 값이다.
  예 동기기의 리액턴스 : 제동 권선부 발전기 또는 전동기 $X_d''(13~35)$, $X_d'(20~50)$ 유도전동기 리액턴스 (저압) : $X_d''(20)$

>> 참고 직류분 회로정수(X/R)의 %Z

$\dfrac{X}{R}$의 %Z로 표현하면

1) %Z는 $\%Z = \dfrac{Z \cdot I}{E} \times 100$에서 $\dfrac{I}{E} \times 100 = \dfrac{\%Z}{Z} \left(= \dfrac{\%Z}{\sqrt{R^2 + X^2}} \right)$로 변환되고

2) %R의 정리식은 $\%R = \dfrac{R \cdot I}{E} \times 100 = \dfrac{\%Z}{\sqrt{R^2 + X^2}} \cdot R \left(= \dfrac{R}{\sqrt{R^2 + X^2}} \cdot \%Z \right)$인데

   분자와 분모를 각 R로 나누면 $\%R = \dfrac{\%Z}{\sqrt{1 + \left(\dfrac{X}{R}\right)^2}}$ 또는 $\dfrac{I}{E} \times 100 = \dfrac{\%R}{R}$로 변화된다.

4.3 % 임피던스법에 의한 고장전류 계산

- 전력계통의 단락전류 계산에는 % 임피던스, 단위법(pu법), Ω법(옴법) 계산법이 있으나 규모가 작은 건축물 전기설비는 일반적으로 % 임피던스법이 사용되고 있다.
- % 임피던스란 회로의 임피던스(Z)에 정격 전류(I_n)가 흘렀을 때 임피던스에 의한 전압강하 ($Z \cdot I_n$)과 회로전압(E)이 백분율로 나타낸 것을 말한다.
- ■ 신전기설비기술계산 핸드북, 최신 송배전공학, 국제규격, 정기간행물

1. 단락전류의 계산 적용

가. 차단기의 차단용량 결정
나. 전력기기의 열적 · 기계적 강도 및 정격 결정
다. 케이블의 사이즈 선정 검토
라. 보호계전기의 정정 및 보호협조 검토
마. 통신유도장애 및 유효 접지 조건의 검토
바. 순시전압강하 등 계통의 구성검토 등

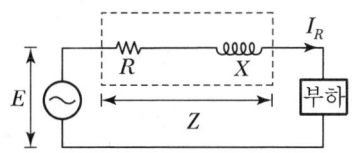

[그림 1] % 임피던스 개념도

2. 단락전류의 계산 Flow

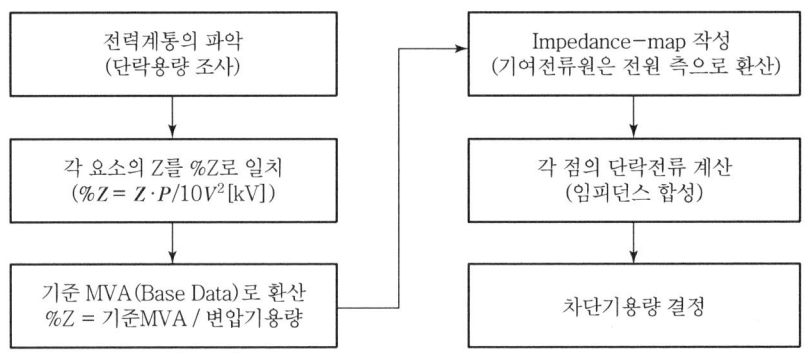

3. % 임피던스에 의한 단락전류 산출

가. 전력계통의 파악

단선결선도를 준비하고 계통구성, 변압기 운전방법, 발전기·전동기 등의 계통운영방법과 결선 등 계통을 파악한다.

나. 고장전류에 이용되는 계통임피던스 결정

1) 전원(한전) 측 임피던스($\%Z_S$) : 수전점에서 본 전원 측 임피던스

① 22.9kV로 수전받는 수용가는 한전 154kV 변전소의 변압기 표준용량이 45/60MVA ($\%Z=14.5\%$)이므로 이것으로부터 계산하거나 개략 500MVA(X/R비 : 10) 정도로 하면 실용적으로 문제가 없다.

② 기준용량은 한전에서 제시되는 임피던스는 100MVA를 기준용량으로 환산할 경우 kVA_{B1}의 Z_{puB1}을 kVA_{B2}의 Z_{puB2}로 환산하면

$$Z_{puB2} = \frac{kVA_{B2}}{kVA_{B1}} \times Z_{puB1}$$

③ 22.9kV 수용가 예시

㉠ 전원 측 단락용량을 500MVA로 할 경우 이를 기준용량 1,000kVA로 환산하면

$$X_{pu} = \frac{1,000kVA}{500MVA} = 0.002_{pu}\,[0.2\%]$$

㉡ 한전제시 $\%Z = 0.14 + j1.24$(100MVA)일 경우 이를 기준용량 10MVA로 환산하면

$$\%Z = \frac{10MVA}{100MVA} \times (0.14 + j1.24) = 1.4 + j12.4\,[\%]$$

2) 케이블 및 전선 임피던스(%Z_l)

① 일반적으로 케이블은 [Ω/km]로 주어지므로 이를 %Z나 Z_{pu}로 환산하여야 한다.

② 용량환산 : %$Z = \dfrac{kVA_{기준} \cdot Z[\Omega]}{10kV^2}$[%]을 $Z_{PU} = \dfrac{kVA_{기준} \times Z[\Omega]}{1,000 \times kV^2}$

$\left(\therefore Z_{PU} = \dfrac{\%Z}{100}\right)$로 변환

③ 22.9kV CV Cable의 예시 ※ 선로가 4조일 경우 %Z/4

22.9kV 60mm² CV Cable의 선로정수가 $0.389 + j0.175$[Ω/km]로 주어지고 선로의 길이가 1.5km라 하면 %Z의 값은?(단, 기준용량을 1,000kVA로 한다.)

$$\%Z = \dfrac{kVA \times Z[\Omega]}{10 \times kV^2} = \dfrac{1,000(0.389 + j0.175) \times 1.5}{10 \times 22.9^2} = 0.113 + j0.05[\%]$$

3) 변압기 임피던스(%Z_B)

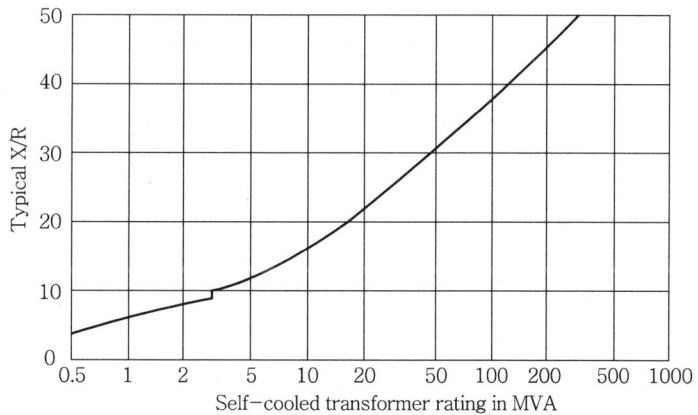

[그림 2] X/R Ratio of Transformers(Based on ANSI/IEEE)

① 변압기 임피던스는 일반적으로 % 임피던스로 표시되며 기준용량으로 환산할 경우 변압기 명판 표시를 활용하거나 제작사에 문의하여 산정한다.(단, X/R비는 표 참조)

② 용량환산 : $R_{PU} = \dfrac{P_B}{P_A} \times \left(\dfrac{\%R}{100}\right)$, $X_{PU} = \dfrac{P_B}{P_A} \times \left(\dfrac{\%X}{100}\right) \left[\%Z_B = \dfrac{P_B}{P_A} \times \%Z_A\right]$

여기서, P_B : 기준용량, P_A : 시설용량

%Z_B : 기준용량의 환산 %Z, %Z_A : 시설용량의 %Z

③ 2,000kVA 변압기의 예시

변압기 % 임피던스가 $j6\%$라고 할 때 기준용량 100MVA로 변환하면

$$X_{PU} = \dfrac{100 \times 10^3}{2,000} \times \dfrac{6}{100} = 3.0_{pu} = j300\%$$

4) 회전기의 임피던스($\%X_m$)

① 회전기의 임피던스는 전동기의 임피던스와 X/R비를 참고하여 조합한 Data를 일반적으로 적용한다.

② 보통 회전기의 과도 리액턴스는 동기발전기 9%, 동기전동기 10%, 유도전동기 25% 일반적으로 적용한다.

③ 5,000kVA 발전기의 예시

$\%X$를 17%라 하고 X/R비를 30이라 할 때 10MVA 임피던스로 환산하면

- $X_{PU} = \dfrac{kVA_{기준} \times \%X/100}{kVA} = \dfrac{(10 \times 1,000) \times 17/100}{5,000} = 0.34$

- $R_{PU} = \dfrac{X_{PU}}{X/R} = \dfrac{0.34}{30} = 0.0113$

∴ $Z_{PU} = 0.0113 + j0.34 (\%Z = 1.13 + j34)$

④ 고압유도전동기 예시

250kVA, 역률 80%인 3.3kV 고압 유도전동기가 3.45kV 모선에 접속되어 있을 경우 임피던스를 10MVA로 환산하면[단, 유도전동기 차과도 리액턴스 X는 17%, DF(Demand Factor)는 95%, X/R비는 14이다.]

- $X_{PU} = \dfrac{kVA_{base} \times \%X/100 \times (MV/SV)^2}{kVA \times DF/100}$

$= \dfrac{(10 \times 1,000) \times 0.17 \times (3.3/3.45)^2}{250 \times 95/100} = 6.549$

- $R_{PU} = \dfrac{X_{PU}}{X/R} = \dfrac{6.549}{14} = 0.468$ 따라서 $Z_{PU} = 0.468 + j6.549$

[표 1] Typical X/R, X″ and Multiplying Factor(MF) for Fault Calculation(Based On ANSI/IEEE)

Motor Type		1st Cycle Fault			Interrupting Duty			Minimum Fault		
		X/R	X″	MF	X/R	X″	MF	X/R	X″	MF
Synchronous Motors	S	30	20	1	30	20	1.5	30	20	−
Generator	G	29/45	9	1	29/45	9	1	29/45	9	
Induction Motors less than 50HP	I<50HP	9	17	1.67	9	17	−	9	17	−
Induction Motors of 50 to 150HP	I=50~150HP	9	17	1.2	9	17	3	9	17	−
Induction Motors of over 250HP	I>250HP	9	17	1	9	17	1.5	9	17	−
Induction Motors of over 1,000HP	I>1,000HP	30	17	1	30	17	1.5	30	17	−

다. 임피던스맵의 작성 및 임피던스 합성

1) 각 기기나 선로의 임피던스에 따라 임피던스도를 작성한다.
2) 발전기, 전동기 등 단락전류 공급원은 무한대 모선으로 간주하여 한전전원과 병렬 연결한다.
3) 다음에 사고점에서 본 전원 측의 임피던스를 합성한다.
4) 고장점까지의 사이에 있는 임피던스는 직·병렬에 주의하여 임피던스도를 작성한다.

라. 단락전류 산출

1) 3상 대칭 단락전류 : $I_s = \dfrac{100}{\%Z} \times \dfrac{P_n}{\sqrt{3} \times V}$ [A] (22.9kV 100MVA의 경우 $I=2{,}521$A)
2) 3상 비대칭 단락전류 : $I_{as} = I_s$(3상 대칭 단락전류 실횻값)$\times \alpha$(비대칭계수)

마. 차단기용량 산정

1) 용량 : 3상 대칭 단락전류를 적용하고 장래 증설을 감안 1.5~2.0 정도 여유를 둔다.
2) 표준 차단기 용량 : 차단용량[MVA] = $\sqrt{3}$ × 정격 전압[kV] × 정격 차단전류[kV]
   ① 정격 전압 및 정격 차단전류
      7.2kV(12.5kA/20kA/31.5kA/40kA), 24kV(12.5kA/20kA/25kA/40kA)
   ② 22.9kV 선로의 최소차단용량 예 $\sqrt{3} \times 24\text{kV} \times 12.5\text{kV} = 520$[MVA]

4.4 단락전류 억제대책(단락 용량 경감대책)

단락전류란 전로의 절연파괴로 인하여 회로의 두 점 사이가 임피던스를 무시할 수 있는 정도로 접속될 때 흐르는 전류이다. 계통 내부 기기에서 단락 전류에 대하여 가장 영향을 받는 것은 차단기이지만 계통의 단락 용량이 증가하면 차단기뿐만 아니라 모든 직렬기기에 대하여 단락전류 경감대책이 필요하다.

■ 신전기설비기술계산 핸드북, 최신 송배전공학, 정기간행물

1. 단락전류 억제요인

플랜트 설비 등에서 변압기 또는 배전선의 증설 등으로 계통의 단락용량이 증가하면 사고 시 단락·지락전류가 증가하여 기기손상이 크고, 통신선의 유도장애는 물론 2차적 재해를 유발하게 된다. 또한, 배전전압에 비해 변압기 용량이 너무 크면 2차 측 단락전류가 커서 CB, CT 등 직렬기기의 선정이 어렵게 되므로 이러한 경우 단락전류의 경감대책을 강구하여야 한다.

가. 단락전류(I_s)

$$I_S = \frac{100}{\%Z} \times \frac{P_n}{\sqrt{3}\,V}\,[\text{A}]$$

나. 단락용량(P_S)

$$P_S = \sqrt{3}\,V \cdot I_S = \sqrt{3}\,V \cdot \left(\frac{100}{\%Z} \times \frac{P_n}{\sqrt{3}\,V}\right) = \frac{100}{\%Z} \cdot P_n\,[\text{kVA}]$$

따라서 단락전류를 억제하기 위해서는 % 임피던스 또는 배전전압 V를 크게 하거나 변압기 용량 P_n을 작게 하여야 한다.

2. 단락전류 억제 시 고려사항

가. 전압별 단락전류의 억제대책

1) 고압회로 : 배전전압을 높일 것, 주변압기를 분할하여 뱅크 수를 늘리고 한류형 퓨즈를 적용한다.
2) 저압회로 : 계통분리(변압기 용량을 작게 한다.), 변압기의 % 임피던스제어, 한류리액터 설치, 일괄 공정의 경우 Cascade 보호방식으로 후비보호 및 계통연계기 사용 등을 적용한다.

나. 단락전류에 수반되는 문제점

1) 단락전류 증가는 건설비의 증가를 유발하고, 통신선에 전자유도장애 증가, 철탑 부근의 접촉전압 및 보폭전압이 증가한다.
2) 가공선 도체의 온도상승, 클램프 부분의 과열, 고장지점의 손상 증대에 영향을 미쳐 보호협조가 복잡해져서 문제가 된다.

3. 단락전류 억제대책

가. 배전전압의 승압

단락전류 $I_S = \frac{100}{\%Z} \times \frac{P_n}{\sqrt{3} \cdot V}$[A]이므로 단락전류가 매우 클 때 배전전압[V]을 3.3kV → 6.6kV, 6.6kV → 22kV로 승압하면 단락전류를 감소시킬 수 있다.

나. 주변압기의 분할

1) 변압기 단락전류 $I_S = \dfrac{100}{\%Z} \times \dfrac{P_n}{\sqrt{3}\,V}$[A]는 변압기 용량 P_n[kVA]에 비례한다.

2) 변압기 용량(P_n)을 분할하면 단락전류$\left(I_S = \dfrac{100}{\%Z} \times \dfrac{P_n}{\sqrt{3}\,V}\right)$와 단락용량$\left(P_s = \dfrac{100}{\%Z} \times P_n\right)$을 감소시킬 수 있다.

다. 한류퓨즈에 의한 Back Up 차단방식

전력퓨즈의 특징인 차단시간이 빠르고, 한류차단의 특징을 적용한 방식이다.

1) 원리 : 한류퓨즈는 고장전류를 차단할 때 고장전류가 파고치에 이르기 전에 차단하여 통과전류를 크게 제한하는 고속한류 차단성능을 적용하여 회로에 연결된 직렬기기의 열적, 기계적 강도를 줄일 수 있다.

2) 문제점 : 한류퓨즈는 차단 시 과전압이 발생하고 소전류 차단이 곤란한 점 등의 결점이 있다.

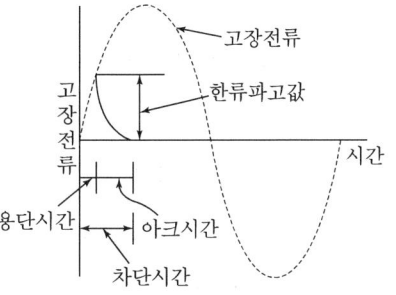

[그림 1] 한류퓨즈 백업차단

라. 계통분리방식

수전변압기가 2대 이상 또는 자가발전기와 병렬운전하여 단락용량이 커진 경우 경제적 목적으로 사용된다.

1) 원리 : A점 또는 B점 사고 시 신속히 CB_3를 차단하여 계통을 분리한 후 CB_4를 차단한다.

2) 특징 : 설비비용이 저렴하고 단락용량이 커진 경우에도 경제적인 설비로 할 경우 사용한다.

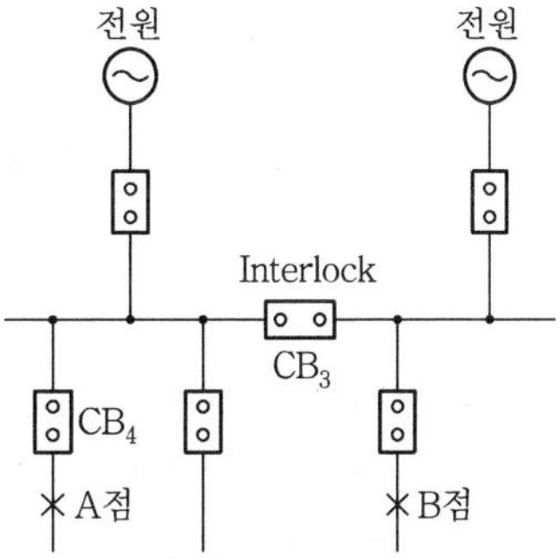

3) 문제점
   ① 모선연결 차단기 차단 후 재병렬 투입이 필요하다.
   ② 보호계전기의 동작협조, 인터록 등 회로가 복잡하다.
   ③ 계통분리가 끝날 때까지 과대한 단락전류가 흘러 직렬기기에 손상을 준다.

4) 적용 : 변압기 또는 발전기 병렬운전 시 배전선에 단락용량이 큰 경우 채용한다.

[그림 2] 계통분리방식 구성도

마. 변압기의 % 임피던스 제어

1) 원리 : 계획시점에서 표준변압기 임피던스에 의한 단락전류 계산값이 차단기의 차단용량을 약간 상회하는 경우 변압기의 임피던스를 높여 차단기 선정을 쉽게 하는 방법으로 변압기가 표준품이 아니므로 변압기의 주문 제작이 필요하다.

2) 특징 : 전력계통이 비용 면에서 케이블, 변압기, 차단기 등 계통에 직렬로 쓰이는 기기류의 비용 증가, 소요면적 등을 종합적으로 판단하여 경제적일 때 적용한다.

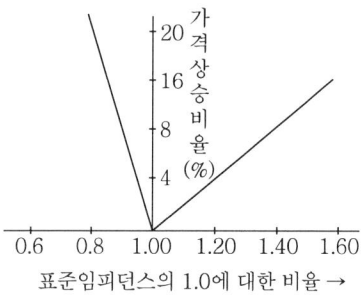

[그림 3] 변압기의 임피던스와 코스트

3) 문제점 : 무효전력손실이 증대하고, 계통의 안정도 저하 및 전압 변동률이 증가한다.
4) 적용 : 용량이 큰 플랜트 공장 등에 주로 적용한다.

바. 한류리액터 설치

1) 원리 : 수전설비의 용량증설에 의해 전원 측의 단락용량이 기설 개폐기를 상회할 때 한류리액터를 추가 설치하여 단락전류를 억제하는 방법이다.
2) 특징 : 계통 전체보다 분기회로(모선·선로 도중)에 직렬로 리액턴스를 설치하여 개폐기 선정자유도를 확보한다.
   ① 퓨즈를 사용하지 않아 결상사고를 방지하고, MCCB 사용 시 조작 및 보수가 편하다.
   ② 계통에서의 전력공급이 연속성과 안전성이 퓨즈의 경우보다 좋다.
   ③ 큰 전원까지 사용할 수 있고 MCCB와 선택성이 있는 보호협조[69]를 얻을 수 있다.
3) 종류 : 직렬리액터 방식, 분로리액터 방식 중에서 주로 분로리액터 방식을 사용한다.
   ① 직렬리액터 방식 : 송전선에 직렬로 삽입하여 상시 선로에 전력을 공급하는 방식
   ② 분로리액터 방식 : 직렬리액터 방식에 비해 소용량에 적용하는 방식
4) 문제점 : 전압변동, 전력손실 및 무효전력의 증가로 전구의 수명저하, 전동기 기동불가 등 문제가 발생하며, 안정도 및 계통보호방식 등도 검토하여야 한다.
5) 적용 : 고압회로보다 저압회로에 채용하는 것이 바람직하다.

---

[69] 보호협조 조건
- 한류리액터 설치점의 단락전류는 한류리액터를 포함하지 않는 값이다.
- 리액터 단락전류는 분기회로에 사용하는 MCCB의 정격차단용량 이하로 선정한다.
- 정상 시의 전압강하, 전동기 기동 시의 전압강하를 검토한다.

사. Cascade 보호방식(후비보호방식)

1) 원리

분기회로 차단기(CB_2) 설치점의 단락용량이 분기 차단기의 차단용량을 초과할 경우 주회로 차단기(CB_1)와 협조하여 후비보호하는 방식이다. 개폐기의 차단협조를 결정하기가 어렵기 때문에 주로 저압에 적용한다.

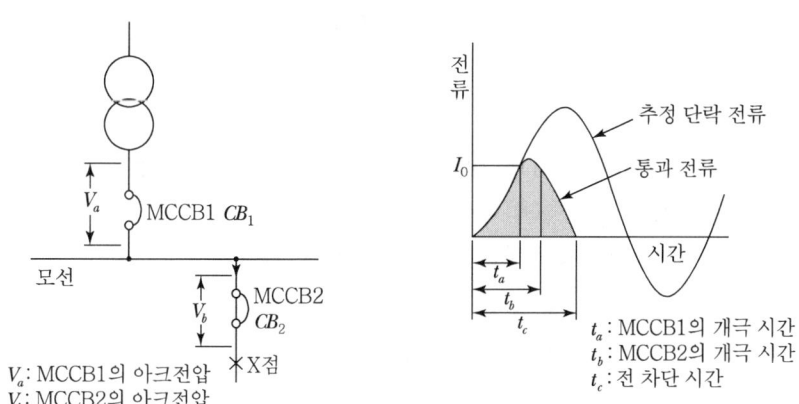

[그림 4] 캐스케이드 방식

2) 캐스케이드 방식 보호조건

① CB_1 통과에너지 I^2t 가 CB_2의 허용값 이하일 것(열적 강도)
② CB_1 통과전류 파고값 I_P 가 CB_2의 허용값 이하일 것(기계적 강도)
③ 아크에너지가 CB_2의 허용값 이하일 것

3) 적용시 주의사항(10kA 이상일 때 적용)

① CB_1의 차단시간이 CB_2보다 빠르거나 같고, 일괄공정일 경우에 적용한다.
② 적용할 차단기가 캐스케이드 보호가 가능한지 제조 메이커의 협조를 구할 것

아. 계통연계기 설치

가변임피던스 소자(L, C)를 계통에 직렬로 삽입하여 차단기를 교체하지 않고 계통용량을 증가시킬 수 있고 한류리액터처럼 전압 변동률을 증가시키지 않고 단락전류를 억제한다.

1) 원리

① 평상시는 L과 C가 직렬공진 형태가 되어 L을 C로 상쇄함으로써 저 임피던스가 되어 전류를 자유로이 통과시킨다.(자유연계기능)
② 사고 시는 L과 C가 병렬공진 형태가 되어 전체로는 고임피던스가 되어 단락전류를 억제한다.(한류기능)

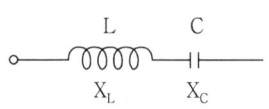
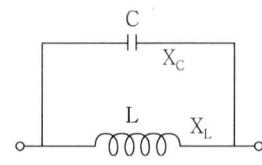

(a) 평상시 임피던스 $X_N = (X_L + X_C)$ (b) 한류 시 임피던스 $X_N = \dfrac{X_L \cdot X_C}{X_L + X_C}$

[그림 5] 계통연계기의 원리

2) 문제점

대표적인 계통분리 및 직렬리액터의 경우 단락전류 억제방식의 문제점은 다음과 같다.
① 계통의 구성을 약화시킨다.
② 리액터에 의한 전압강하가 발생한다.
③ 정전범위가 넓다.
④ 보호협조 설정이 복잡하다.

3) 특징

① 단락사고가 발생하면 단락전류를 억제하여 계통의 단락용량을 억제한다. → 현재 설치된 차단기를 교체하지 않아도 계통용량 증가, 정전범위 등을 제한시킬 수 있다.
② 정전의 기회가 적고 예비발전력에 여유가 있어 공급안전성이 향상된다. → 계통 내 단락사고가 발생해도 정전의 범위가 제한되므로 전력공급 신뢰도를 높이고 공장의 생산성을 향상시킨다.
③ 한류리액터와 달리 평상시에는 전력조류를 자유롭게 통과시킨다. → 계통분할에 따른 공급 신뢰도 저하, 전압변동 및 예비발전기를 증설할 필요도 없다.
④ 평상시에는 무효전력을 자유롭게 통과시키므로 한류리액터를 사용한 경우처럼 전압변동의 문제가 없다.
⑤ 자가용 발전기를 최대로 활용하여 전력공급회사에서 수전전력을 절약할 수 있다.

4) 설치장소

① 전력회사와의 수전 연계점
② 급전 피더에 직렬로 삽입
③ 모선과 모선 사이에 설치
④ 변압기 2차 측에 직렬로 삽입

① 전력회사와 수전 연계점　　　② 급전 Feeder에 직렬로 삽입

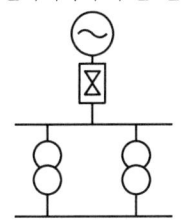
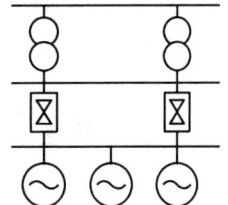

③ 모선과 모선 사이에 설치　　　④ 변압기 2차 측에 직렬로 삽입

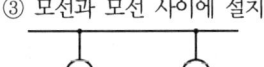
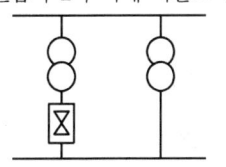

[그림 6] 계통연계기 설치장소

>> 참고 　계통연계기 동작원리(사이리스터 이용)

계통연계기는 계통의 연계점에 그림과 같은 사이리스터 스위칭 회로와 한류리액터를 설치하여, 정상적인 운전 상태에서는 사이리스터 A를 Turn On시켜서 전류가 자유롭게 흐를 수 있도록 하고, 고장 상태에서는 사이리스터 A를 Turn Off시키고 사이리스터 B를 Turn On시켜 한류리액터로 흐르게 함으로써 높은 임피던스로 작용하도록 한 것. 영국의 경우 SCL(Short Circuit Limiting Coupling)이라 한다.

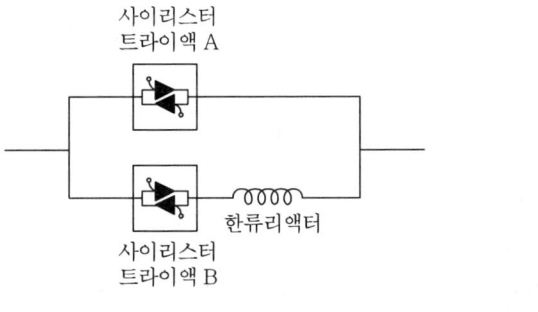

SECTION 05 차단기

5.1 차단기의 종류

- 차단기란 정상상태에서 부하전류를 개폐함과 동시에 단락 및 지락사고 등 이상상태 발생 시 계전기와 조합으로 신속히 고장회로를 차단하여 기기 및 전선을 보호하는 장치이다.
- 차단기의 종류는 개·폐시 발생하는 아크의 소호매질에 따라 GCB, VCB, OCB, ABB, MBB 등으로 분류된다. 수전설비에 사용되는 차단기는 주로 GCB, VCB, OCB가 사용되고 있다.

■ 신전기설비기술계산 핸드북, 최신 송배전공학, 전력사용시설물 설비 및 설계, 정기간행물

1. 차단기의 선정조건

가. 부하전류를 안전하게 통전할 수 있을 것
나. 사고전류 차단이 가능한 차단용량을 갖추어야 할 것
다. 사고전류 이외의 경우는 불필요하게 동작하지 않을 것
라. 차단을 목적으로 하는 보호가 가능할 것
마. 차단기의 정격 전류는 부하전류 이상의 것을 선정할 것
바. 회로전압에 적합한 정격의 차단기를 선정할 것
사. 과부하, 단락 겸용 차단기는 단락전류값 이상의 정격차단용량을 가지는 것을 선정할 것

2. 차단기 선정 시 유의사항(장소별)

가. 송전선로

송전선로에 사용하는 차단기는 선로고장 시에 계통안정도 및 지락고장 시의 유도장애 방지의 관점에서 고속도 차단성능을 가지고 단상, 3상, 다상 고속도 재투입이 가능한 것이 요구된다. 가공 송전선용의 차단기에 대해서는 근거리 선로고장(SLF) 차단성능이 요구되고, 지중 송전선용의 차단기에 대해서는 케이블 충전전류 차단 시의 회복전압에 견딜 수 있는 성능이 요구된다.

나. 전력용 변압기

무부하 시의 여자 전류 차단은 이상전압을 발생하므로 적용에 있어서 주의가 필요하다. 전력용 변압기 3차 측은 단락전류가 크고 과도회복전압이 가혹하므로, 회로 조건의 검토와 적용 차단기의 성능에 대하여 제작사와 충분한 협의가 필요하다. 또, 조상설비인 전력용 콘덴서와 분로 리액터가 병설된 곳이 많으므로 진상 소전류 및 지상 소전류 차단성능이 필요하다.

다. 조상설비

개폐빈도가 많은 점에 유의하고, 높은 과도회복전압에 의한 재점호가 발생하지 않도록 선정하여야 한다.

3. 차단기의 조작방식

차단기의 조작방식은 전압, 소호방식, 제작사에 따라 서로 다른 트리핑 프리방식[70]을 갖추고 있으며 그 종류는 다음과 같다.

가. 솔레노이드(Solenoid) 조작방식

차단기의 투입 또는 차단 조작에 직접 필요한 구동력을 전자 솔레노이드 등의 전기적인 에너지에 의하여 조작하는 방식

나. 압축공기 조작방식

차단기의 투입 또는 차단 조작에 직접 필요한 구동력을 압축 공기에 의하여 조작하는 방식

다. 유압 조작방식

차단기의 투입 또는 차단 조작에 직접 필요한 구동력을 유압에 의하여 조작하는 방식

라. 스프링 조작방식

차단기의 투입 또는 차단 조작에 직접 필요한 구동력을 스프링에 의하여 조작하는 방식

[표 1] 차단기 조작방식의 특징

장치 및 기구별		정격값	허용범위
조작 장치	솔레노이드 조작	DC 125V	정격치의 85~110%
	Magnetic Actuator 조작	DC 125V	정격치의 85~110%
	압축공기 조작	제작사 사양	정격치의 85~110%
	유압조작	DC125V/AC220V	제작사 사양
	진동스프링 조작	DC125V/AC220V	정격치의 85~110%
제어 장치	정격제어전압	DC125V/AC220V	• 투입 : 정격치 85~110% • 개방 : 정격치 60~110%

---

[70] 트리핑 프리란 접촉자의 접촉자 간의 주회로가 통전상태가 되면 투입지령 중이라 할지라도 트리핑 장치의 동작에 의해 차단을 벗어날 수 있으며, 또 트리핑 완료 후에 계속 투입지령에 재차 투입동작하지 않고 투입지령 해제 후 투입동작이 행하여지는 것을 말한다.

4. 차단기의 종류 및 특징

가. 가스차단기(GCB ; Gas Circuit Breaker)

1) 소호원리 : 차단기 개방 시 발생 아크를 공기 대신에 절연내력과 소호능력이 뛰어난 불활성가스인 SF_6(육불화황) 압축가스를 불어넣어 소호시킨다.

   ※ SF_6 압축가스는 열화학 작용과 전기적 부특성에 의한 소호작용을 이용한다.

2) SF_6 가스의 특징
   ① 절연내력은 공기의 3배 정도이다.
   ② 소호능력은 공기의 100배 정도이다.
   ③ 열 안전성은 SF_6 단독으로는 500℃, 동철과 공존 시 200℃까지 분해되지 않는다.
   ④ 비중은 공기의 5배 정도이다.
   ⑤ 불활성가스, 불연성, 무독, 무취이다.

3) 특징
   ① 차단성능이 뛰어나고, 소음은 적다.
   ② 차단 시 접촉자의 소모가 적고 전류재단 현상이 없다.
   ③ 불활성가스를 사용하여 화재위험(방재형)이 없다.
   ④ 가스압력만 관리하면 되므로 유지관리가 용이하다.
   ⑤ 타 기기에 비하여 고가이다.

4) 용도
   ① 초고압 계통(12~800kV)에 사용한다.
   ② 방재성능이 요구되는 화학공장, 선박, 지하철, 빌딩 등에 적합하다.

나. 진공차단기(VCB ; Vacuum Circuit Breaker)

1) 소호원리 : 진공에서의 높은 절연내력과 아크 생성물이 진공 중의 급속한 확산을 이용하여 소호시킨다.

   ※ 진공도가 10^{-2}Torr 이하로 되면 압력에 관계없이 큰 절연내력을 가진다. 진공차단기는 10^{-4}Torr 이하에서 고 진공도를 유지한다.

2) 특징
   ① 고속도(3~5Cycle)로 차단한다.
   ② 아크가 적고 접촉부 소모가 적어서 개폐수명이 길다.
   ③ 불연성이며 화재나 폭발의 위험이 적다.
   ④ 소형 경량이며, 콤팩트하다.
   ⑤ 유지점검이 용이하다.
   ⑥ 소전류 차단의 경우 이상전압이 발생하는 수가 있어 서지대책이 필요하다.

3) 용도
   ① 22.9kV 이하 계통의 빌딩에 많이 사용한다.
   ② 콘덴서의 특이현상 개폐기로 적합하다.

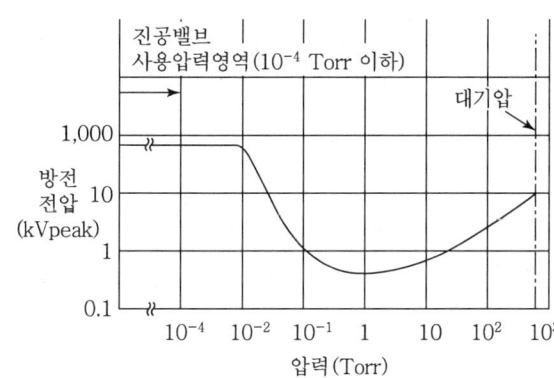

[그림 1] 대기압 이하의 압력과 방전전압

다. 유입차단기(OCB ; Oil Circuit Breaker)

1) 소호원리 : 차단기 개방 시 발생하는 아크를 절연유의 냉각작용을 이용하여 소호시킨다.
   ① 소전류 영역에서는 피스톤에 의하여 유류를 뿜어서 소호시킨다.
   ② 대전류 영역에서는 발생한 아크에 의해 기름이 분해되어 소호실 내 높은 압력을 만들고 아크에 강력한 가스를 뿜어서 소호한다.

2) 특징
   ① 가격이 저렴하고 사용범위(3.6~300kV)가 넓다.
   ② 기름을 사용하여 화재위험이 있으며 설치면적이 커진다.
   ③ 절연유의 점검 및 보수가 필요하다.

라. 공기차단기(ABB ; Air Blast Circuit Breaker)

1) 소호원리 : 차단기 개방 시 발생되는 아크를 압축공기 $10\sim30kg/m^2$로 차단기 주접점에 불어넣어 소호한다.

2) 특징
   ① 기름을 사용하지 않아 화재위험이 적다.
   ② 대전류 차단용으로 개폐 빈도가 많은 곳에 사용된다.
   ③ 보수 점검이 간단하고 경제적이다.
   ④ 차단 시 이상전압이 발생한다.
   ⑤ 동작 시 폭발음이 발생하므로 소음기가 필수이다.

⑥ 압축공기를 만들기 위한 부대설비(Compressor)가 필요하다.
⑦ 12~362kV까지 사용이 가능하다.

마. 자기차단기(MBB ; Magnetic Blast Circuit Breaker)

1) 소호원리 : 차단기 개방 시 발생 Arc에 직각방향으로 자계를 주어 발생 Arc를 소호실 안에서 차단하는 구조이다. 따라서 자기차단기는 Arc를 아크슈트와 같은 이온소멸장치를 구동시킬 자기회로를 가지고 있어 대기 중에서 전로를 자기 차단한다.

2) 특징
   ① 기름을 사용하지 않아 화재위험이 없고 보수가 간단하다.
   ② 전류차단에 의한 과전압이 발생하지 않아서 직류차단도 가능하다.
   ③ 차단기 투입 시 소음이 발생한다.
   ④ 소호능력 면에서 고전압에는 적당하지 않아 7.2kV 이하에 적용한다.

[표 2] 고압차단기의 정격 및 성능 비교

구분		유입차단기(OCB)	가스차단기(GCB)	진공차단기(VCB)	자기차단기(MBB)
전류[A]		400~1,250	630~4,000	630~3,150	630~3,150
차단전류[kA]		8~40	20~25	8~40	12.5~50
서지전압		약간 높다.	매우 낮다.	매우 높다.	낮다.
차단성능	단락전류	대전류 차단에 적합	대전류 차단에 적합	대전류 차단에 적합	중전류 차단에 적합
	콘덴서 전류	재점호가 거의 없다.	최적	최적	재점호 1회 정도
	유도성 소전류	이상전압이 발생하는 수도 있다.	이상전압은 발생하지 않는다.	이상전압이 발생하여 보호가 필요하다.	이상전압이 발생하는 수도 있다.
	이상지락 고장	가능	가능	가능	가능
	차단시간	3(Cycle)	3(Cycle)	3(Cycle)	5(Cycle)
화재 위험도		가연성	불연성(가장 안전)	불연성(가장 안전)	난연성
차단 시 소음		크다.	매우 작다.	가장 작다.	크다.
보수 · 점검		번잡	용이(가스점검)	용이	약간 번잡
기계적 수명		10,000회	10,000회	20,000회	10,000회
외기의 영향		습기의 영향을 받음	영향을 받지 않음	전혀 받지 않음	영향을 받지 않음
부하의 적용		일반용에 적용	개폐 서지 관계없이 적용	Condenser 개폐용에 적용	개폐 서지를 고려하여 적용

5.2 차단기 정격의 선정기준

■ 배전규정, 신전기설비기술계산 핸드북, 정기간행물

1. 차단기의 조건
가. 투입상태에서 양호한 도체이어야 한다.
나. 개방상태에서 양호한 절연체이어야 한다.
다. 차단기의 동작
   1) 투입 시에는 이상전압 발생없이 안전하게 투입할 수 있어야 한다.
   2) 개방 시에는 아크에 의한 접촉자의 손상없이 신속하고 안전하게 회로를 분리하여야 한다.

2. 차단기 정격의 선정기준

가. 정격 전압(Rated voltage)
차단기의 정격 전압은 회로의 사용전압에 따라 정해지며 차단기에 인가될 수 있는 계통최고전압을 말한다. 그리고 3상 정격 전압은 선간전압의 실효치로 표시한다.
   예 정격 전압＝공칭전압×1.2/1.1

나. 정격 전류(Rated normal current)
1) 정격 전류는 정격 전압 및 정격 주파수에서 차단기 각 부분의 규정된 온도상승 한도를 초과하지 않고 그 회로에 접속하여 연속적으로 흘릴 수 있는 전류의 한도를 말한다.

$$정격\ 전류(I_n) = \frac{P}{\sqrt{3} \times V \times \cos\theta}[A]$$

2) 부하종류별 정격 전류의 여유도
   ① 일반 회로＝부하전류×1.2배
   ② 전동기 회로＝부하전류×3배
   ③ 콘덴서 회로＝부하전류×1.5배

다. 정격차단전류(Rated Short-circuit Breaking Current)
1) 차단기의 정격 전압[71]에 해당하는 회복전압 및 정격재기전압을 갖는 회로조건에서 규정된 표준 동작책무 및 동작상태에 따라 차단기가 차단할 수 있는 차단전류의 최대한도를 말한다. 차단시간은 정격차단시간 이내, 차단전류는 교류분 실횻값으로 표시한다.

---

[71] 정격최고내전류(Rated Peak with Stand Current)란 차단기에 정격 전압을 가할 때 차단전류의 첫 주파의 파고치를 말한다. 따라서 정격 주파수에 따라 다르다. 예 50Hz 이하 경우 정격차단전류의 2.5배, 60Hz 전력계통의 경우 정격차단전류의 2.6배

2) 정격차단전류(I_s) = $\dfrac{100}{\%Z} I_n$[kA]

여기서, $I_n = \dfrac{P}{\sqrt{3} \times V}$[kA]

라. 정격투입전류(Rated Short-circuit Making Current)

1) 회로가 고장으로 차단된 후에 고장이 회복되었는지 확인되지 않은 상태에서 재투입하여 강제송전을 시도하는 경우가 많다. 이때 접촉자는 폐로 중의 전자적 반발력을 이겨 투입이 완료되어야 하므로 전류가 흐르지 않는 경우보다 큰 힘이 필요하다.
2) 따라서 정격투입전류는 모든 정격 및 규정된 회로조건에서 표준동작책무에 따라 투입할 수 있는 투입전류의 한도이며 투입전류 최초 파형의 순시 최대치로 표시한다.
3) 일반적으로 정격투입전류는 정격차단전류의 2.5배를 선정한다.

마. 정격단시간전류(Rated Short-time Withstand Current)

1) 차단기의 정격단시간전류는 전류를 1초 동안(800kV의 경우 2초 동안)차단기에 고장전류가 흘렀을 때 이상이 발생하지 않는 전류의 최대한도를 말한다.
2) 단락전류보다 큰 값의 차단기를 시설하여야 3상 단락 시 사고를 구간 내에서 효율적으로 차단할 수 있고 차단시간 전까지 차단기 및 기타설비가 순간적인 대전류에 견딜 수 있도록 하기 위해 정격 전류의 2.5배로 한다.

바. 정격절연강도(Rated Insulation Level)

차단기의 정격절연강도는 상용주파내전압, 충격파(뇌충격 내전압)및 개폐임펄스내전압의 절연내력으로 표시하며, 계통전압이 단시간 동안 가해지는 이상전압 및 충격성 이상전압 등에 대하여 견뎌야 한다.

1) 상용주파내전압(Power-frequency Withstand Voltage)은 차단기가 견디어야 하는 상용주파전압 최댓값/$\sqrt{2}$(실횻값)을 말한다.
2) 뇌임펄스내전압(LIWV ; Lightning Impulse Withstand Voltage)은 차단기가 견디어야 하는 뇌임펄스전압의 최대치를 말한다.
3) 개폐임펄스내전압(SIWV ; Switching Impulse Withstand Voltage)은 차단기가 견디어야 하는 개폐임펄스전압의 최대치를 말한다.

[표 1] 차단기의 절연강도(한전기준)

정격 전압 (kV, rms)	상용주파내전압 (kV, rms)		뇌충격내전압 (kV, peak, 12/50μs)		개폐임펄스내전압 (kV, peak, 250/2,500μs)	
	도전부와 대지	동상극간	도전부와 대지	동상극간	도전부와 대지	동상극간
25.8	70(60)	70(60)	150	150	–	–
170	325	325	750	750	–	–
362	450	520	1,175	1,175	950	800

사. 과도회복전압(TRV ; Transient Recovery Voltage)

1) 과도회복전압은 정격차단전류 또는 그 이하의 전류를 차단할 때 차단기 극간에 나타나는 전압을 말하며, 차단기는 이 전압에 견딜 수 있는 절연성능을 가져야 한다.
   정격 전압 72.5kV 이하 차단기의 과도회복전압은 2-Parameter를 72.5kV를 초과하는 차단기는 4-Parameter를 적용한다.

2) 고유과도회복전압(Prospective TRV)이란 과도회복전압의 형태를 결정하는 주요 요인에는 계통의 특성, 고장 형태, 차단기의 특성이 있다. 이 중 고장 형태 및 차단기의 특성을 일정하게 유지하고 순수한 계통 특성에만 의해 결정되는 과도회복전압을 말한다.

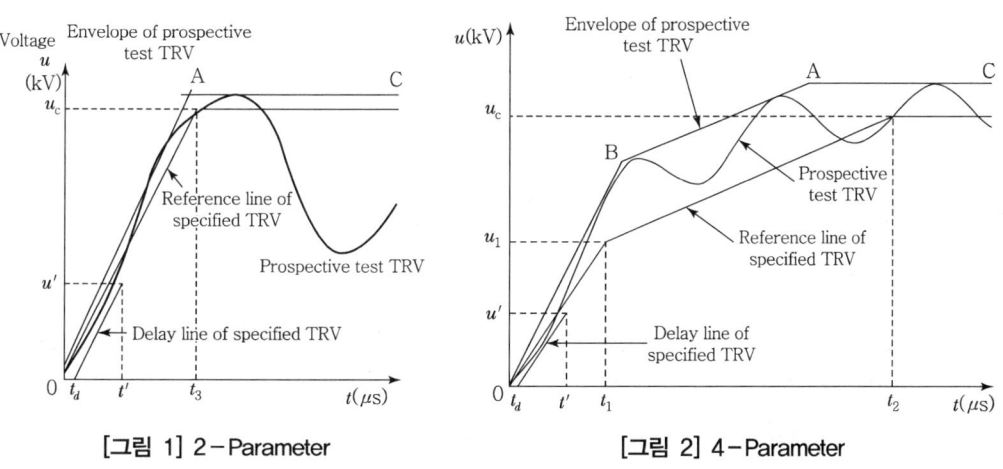

[그림 1] 2-Parameter   [그림 2] 4-Parameter

아. 정격차단시간(Rated Break-time)

정격차단시간은 개극시간과 아크시간의 합으로 정격차단시간을 표시한다.

1) 정격차단시간이란 정격차단전류를 정격 전압, 정격 주파수 등 규정된 회로조건에서 표준동작책무에 따라 차단할 경우 차단시간의 한도를 의미한다.
   예 정격차단시간=개극시간+아크시간(Arc가 소호되는 최종소호까지의 시간)

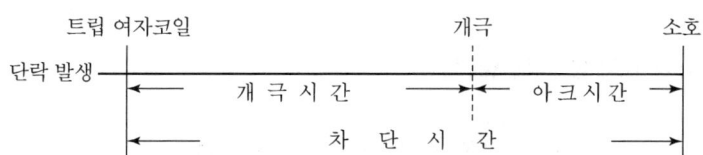

2) 개극시간(Opening Time)이란 폐로상태에서 차단기의 트립제어장치에 정격이 인가된 순간부터 접촉자가 개리(開離)할 때까지의 시간을 말하며, 정격값에서 트립시키는 경우의 개극시간을 정격개극시간이라 한다.(Fuse의 경우 용단시간)

자. 표준 동작책무(Rated Operating Sequence)

1) 차단기의 표준 동작책무는 정격 전압에서 차단기의 투입, 차단 또는 투입차단을 정해진 시간 간격으로 행하는 일련의 동작을 말한다.
2) 차단기의 표준 동작책무(C 투입동작, O 차단동작, CO 일련의 단위동작)
   ① 일반용 CO-15초-CO 차단기에 적용
   ② 고속도 재투입용 O-0.3초-CO-3분-CO 차단기(25.8kV급 15초)

[표 2] 차단기의 정격(24[kV]용)

정격 전압[kV]	정격차단전류[kA]	차단시간[Cycle]	투입전류[kA]	차단용량[MVA]
24	12.5	5	31.5	520
	20	5	50	830
	25	5	63	1,000
	40	5	100	1,700

3. 차단기 차단용량 선정

가. 차단용량

1) 정격차단용량이란 계통의 3상 단락전류 용량의 한도를 말하며 차단기의 정격 전압과 정격차단전류를 곱하고 여기에 $\sqrt{3}$ 배를 한 값이다.
2) 정격차단용량 $P_s[\text{MVA}] = \sqrt{3} \times V[\text{kV}] \times I_s[\text{kA}]$

차단용량$(P_s) = \dfrac{100}{\%Z_n} \times P[\text{kVA}]$, 유도 산술식 $\dfrac{P_s}{P} = \dfrac{\sqrt{3}\,VI_s}{\sqrt{3}\,VI_n} = \dfrac{\dfrac{100}{\%Z}I_n}{I_n} = \dfrac{100}{\%Z}$

나. 고장전류의 계산

1) 3상 대칭단락전류(I_s)

$$I_s = \dfrac{100}{\%Z} \times I_n = \dfrac{100}{\%Z} \times \dfrac{P}{\sqrt{3}\,V}$$

2) 3상 비대칭단락전류(I_{as})

$$I_{as} = (3상\ 대칭단락전류) \times \alpha(비대칭계수)$$

차단기 차단용량 선정 시 계산된 고장전류 값에 1.5~2배 정도의 여유를 두어 선정한다.

>> 참고 **과도회복전압(TRV ; Transient Recovery Voltage)**

1. TRV의 개념
   회복전압이란 차단 직후 차단기 극간 또는 차단점 간에서 발생하는 상용주파수 전압을 말한다.

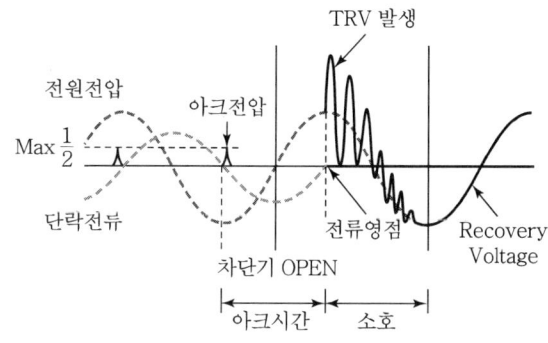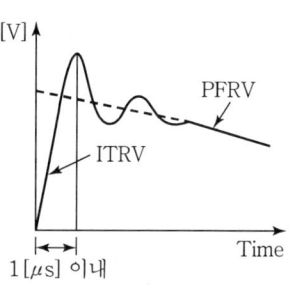

2. 회복전압의 종류
   가. 과도회복전압(TRV)이란 고장전류 및 전류 차단 시 차단기 극간에 나타나는 과도진동전압
   나. 순시과도회복전압(ITRV)이란 차단기와 고장점 간 전압진동에 의하여 정해지는 회복전압
   다. 상용주파회복전압(PFRV)이란 TRV 진동이 진정된 후 상용주파수와 같이 진동하는 회복전압

3. 회복전압의 특징
   가. 과도회복전압(TRV ; Transient Recovery Voltage)
      1) TRV는 단일 주파수 또는 다중 주파수를 가지며 차단기 차단능력에 직접인 영향을 준다.
      2) 접촉자 사이에 걸리는 전압은 과도진동을 일으키며 과도진동 주파수는 회로의 LC에 의하여 정해지는 고유 주파수이다. $f = 1/2\pi\sqrt{LC}$ [Hz]
      3) 접촉자 간 절연이 과도회복전압에 견디지 못하면 절연이 파괴되고 재점호가 발생된다.
      4) 무부하 송전선로에서 콘덴서의 충전전류를 차단할 때 가장 크게 나타난다.
   나. 순시과도회복전압(ITRV ; Instantaneous Transient Recovery Voltage)
      1) 전류 0점으로부터 최댓값에 이르는 시간은 $1\mu s$ 이내이다.
      2) 차단기 종류에 따른 차단능력에 특별한 영향을 주며 특히, 열적파괴특성에 영향을 준다.
   다. 상용주파회복전압(PFRV ; Power Frequency Recovery Voltage)
      1) 회로조건과 고장조건에 따라 다르며 TRV진동의 중심을 결정하기 때문에 중요하다.
      2) 차단기의 단락시험의 조건으로서 규정된다.

≫ Basic core point

차단기의 차단전류 종류별 메커니즘 연계성은 다음과 같이 구분한다.
① 단락전류의 차단(☞ 참고 : 고장전류차단)
② 충전전류의 차단(☞ 참고 : 무부하 선로차단)
③ 무부하 여자전류의 차단(☞ 참고 : 유도성 소전류 차단)
④ 직류차단

5.3 차단기의 개폐 서지

- 개폐 서지[72]는 뇌 서지에 비해 파고값은 높지 않으나 그 계속시간이 수[ms]로 비교적 길기 때문에 기기의 절연에 주는 영향을 무시할 수 없다.
- 무부하 선로의 개폐 서지, 유도성 소전류 차단 서지는 개폐 서지의 대표적인 것으로 피뢰기 등의 보호대상이 되는 서지이며 고장전류 차단 서지, 3상의 비동기 투입 서지는 파고값도 낮고 절연상 문제가 적다.

■ 신전기설비기술계산 핸드북, 최신 송배전공학, 정기간행물

1. 개폐 서지의 종류

가. 무부하 선로의 개폐 서지 : 투입 서지, 재점호 서지(충전전류 차단) 및 단로기 개폐 서지
나. 유도성 소전류 차단 서지 : 전류절단 서지(재단서지), 반복 재점호(재발호), 유발재단
다. 고장전류 차단 서지
라. 3상의 비동기 투입 서지

2. 개폐 서지의 특징

가. 배전선로의 개폐 서지

1) 개폐 서지는 차단기를 투입할 때 발생하는 투입 서지와 차단할 때 발생하는 개방서지로 구분되며 모두 선로전압에 급격한 변화와 큰 이상전압을 일으킨다.
2) 서지의 크기는 회로를 투입할 때보다 개방할 때 서지가 크며 부하가 있는 회로를 개방할 때보다 무부하 회로를 개방하는 경우 더 큰 이상전압을 발생한다.
3) 이상전압이 가장 큰 경우는 무부하 배전선로의 충전전류를 차단할 때인데 이는 충전전류가 전압보다 90° 위상이 앞서 전류영점에서 전압이 최대로 되어 재점호를 발생하기 때문이다.
4) 무부하 배전선의 이상전압 크기는 투입할 때는 정격 전압의 2배 정도이고 개방할 때는 4배 정도이다.

---

[72] 낙뢰나 차단기 등의 개폐로 발생하는 과도과전압(transient overvoltages ; TOVs)은 전원공급신뢰성에 대한 최대 외란이며 기기소손과 데이터 손실의 주요 원인이다. 측정된 TOVs의 최댓값은 92.9 kV($60/100\mu s$)로 피뢰기와 서지흡수기의 방전내량과 일부 특고압기기의 내전압을 초과한다. 1년간 실측파형을 표준임펄스전압파형과 비교하면 파두시간은 83배, 파미는 3.4배가 길고 양극성이며 파두준도가 완만하다. 그러므로 '개폐서지는 뇌서지에 비해 파고값은 높지 않으나 지속시간은 길다'라는 개폐서지의 특징이 모든 경우 해당되는 것이 아님을 알 수 있다. 참고논문) 22.9kV 수전설비에서 과도과전압에 대한 리스크 평가(심해섭외1)

나. 수 · 변전설비의 개폐 서지

수 · 변전설비에서 진공차단기 또는 가스차단기를 이용하여 회로를 차단할 경우는 과도현상으로 이상전압이 발생하고 유도성의 경우 지상전류에 의한 재기전압, 전류절단 서지 그리고 콘덴서 회로를 차단할 경우는 재점호 현상이 발생한다.

3. 무부하 선로의 개폐 서지

가. 투입 서지

1) 무부하 선로에 교류전압의 최댓값 E_m일 때 전원을 투입하면 투입순간 파고값 E_m'의 투입 서지가 진행파가 되어 선로말단에 도달한다.
2) 서지임피던스는 기기가 접속된 선로말단에서 반사하여 2배 이상전압이 발생한다. 즉 투입 서지는 선로종단에서 정반사하여 최대 $2E_m$이 된다.

$$\text{반사파의 크기 } E_r = \frac{Z_2 - Z_1}{Z_2 + Z_1} E_i$$

여기서, Z_1 : 선로 특성임피던스, Z_2 : 선로종단 특성임피던스

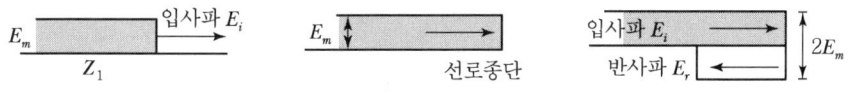

[그림 1] 입사파 및 반사파

3) 이때 선로종단이 개방되어 있으면 $Z_1 \ll Z_2$이므로 $E_r = E_i$가 되어 선로의 정전용량이 커서 선로에 역극성의 전하가 남아있는 경우에는 선로 종단에서 정반사해서 서지값은 최대 $2E_m$이 된다.

나. 재점호 서지(충전전류 차단)

무부하 선로에서 충전전류를 차단할 때, 차단기 극간절연이 재기전압을 견디지 못할 때 재점호가 발생된다.

1) 재점호 현상은 무부하 선로의 충전전류를 차단기로 차단하는 경우 극간의 절연회복이 충분하지 못하면 재점호되고 잔류전압은 급격히 전원전압으로 되돌아가려고 진동을 일으켜서 최대 $3E_m$에 이르는 서지를 발생한다.
2) 재점호 메커니즘
① 충전전류는 전압보다 90° 위상이 앞서 있고 차단 시 충전전류가 0이 되는 순간에 전압은 최댓값 E_m이므로 누설전하가 없다면 선로 측은 E_m으로 충전되어 있다. 차단기가 차단된 순간 E_m이지만 반 사이클 후에 차단기 극간은 $-E_m$으로 차단기의 접점 양단 간에는 $E_m - (-E_m) = 2E_m$의 전압이 걸리게 된다.

② 이때 선로 측과 전원 측 전압이 같아야 하므로 선로 측 전압은 E_m에서 $-E_m$으로 급변하는데 이 순간 계통의 R, L, C에 의한 과도진동이 일어난다. 즉, $-E_m$을 중심으로 $2E_m$을 진폭으로 하는 잔류전압이 급격히 전원전압으로 되돌아가려는 진동(고주파 진동)이 일어나서 최대 $-3E_m$인 이상전압이 발생한다.
③ 개방서지의 크기는 선로길이, 차단기, 중성점 접지방식에 따라 약간의 차이는 있으나 대부분 상규대지전압의 3.5~4배 이하이고 그 지속시간은 상용주파수의 반 사이클을 넘지 않아 차단기로 차단이 가능하다.

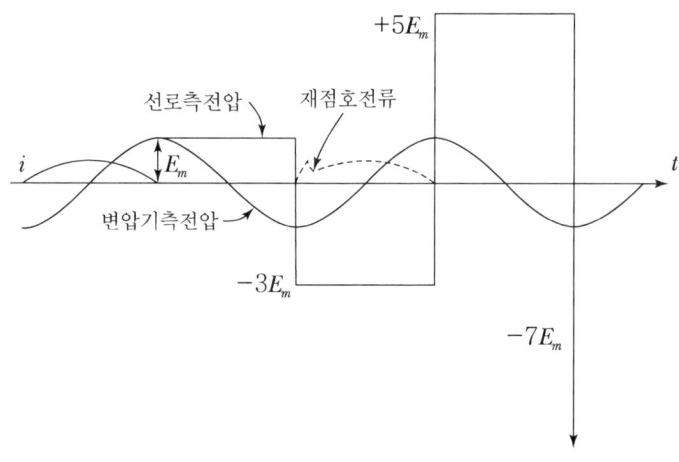

[그림 2] 재점호 메커니즘

다. 단로기 개폐 서지

1) 단로기로 무부하 선로 또는 콘덴서형 계기용 변압기에서 충전전류를 차단하면 재점호 및 차단이 반복되어 이른바 단로기 서지가 발생한다.
2) 단로기의 개극속도는 차단기에 비해 매우 느려 많은 재점호와 서지발생 횟수가 많아진다. 그러나 대개 서지배수는 2배 이하로 기기절연에 영향이 적다.

4. 유도성 소전류 차단 서지

유도성 소전류 서지는 차단성능이 좋은 공기차단기, 진공차단기 및 소유량 차단기를 사용해서 변압기의 무부하 여자 전류, 소용량 전동기의 지연위상 소전류를 차단할 때 발생한다.

가. 전류재단 서지(전류절단 서지)

1) 전류재단이란 지연 소전류 차단에서 전류의 자연영점을 기다리지 않고 강제 차단하는 현상을 말한다. 즉, 무부하 변압기의 여자 전류와 같은 유도성 소전류를 차단 능력이 큰 차단기로 차단할 경우 전류영점 이전에 차단 소호된다. 이때 무부하 변압기의 큰 인

덕턴스(L)와 큰 전류변화율 $\left(\dfrac{di}{dt}\right)$에 의해서 계통의 상규전압을 능가하는 이상전압 $\left(e = L\dfrac{di}{dt}\right)$이 과도적으로 나타날 수 있다.

2) 전류재단 값은 회로조건과 차단기의 차단성능에 의해 정해지며 차단성능이 좋은 공기

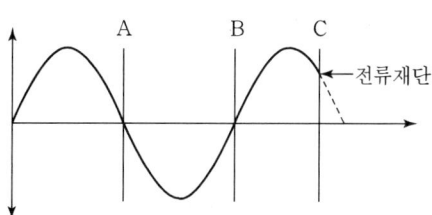

[그림 3] 전류 절단 서지현상(차단위치)

차단기, 진공차단기, 소유량 차단기 등을 사용하거나 유도성 소전류 차단 시 발생된다.

3) [그림 3]의 A점이나 B점과 같이 전류가 0인 상태에서 차단이 되면 회로에 이상전압이 발생하지 않으나 C점과 같이 전류가 0이 아닌 점에서 차단되는 것을 전류절단 또는 전류재단이라고 한다.

나. 반복 재발호(반복 재점호)

1) 발호(發弧)와 소호(消弧)가 짧은 시간에 여러 번 반복될 때 이것을 반복 재발호라 한다.
2) 재발호 시 회로에 흐르는 고주파전류가 강제적으로 전류영 값을 만들기 때문에 생기는 현상으로 반복 재발호는 고주파 소호가 원인이다.

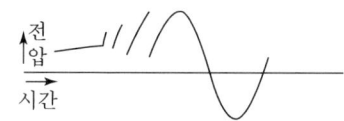

[그림 4] 반복 재발호 현상

3) 반복 재발호는 전류절단 서지가 차단기 극간절연의 회복특성을 상회하여 재발호와 고주파 소호를 반복하는 현상이다.

다. 유발재단(誘發載斷)

유발재단이란 1상이 전류영점에서 차단되면 거의 동시에 2상, 3상도 차단되어 큰 전류를 절단하는 현상으로 큰 서지전압이 발생한다.

5. 기타 서지

가. 고장전류 차단 시의 Surge(단락전류 차단 서지)

중성점을 리액터 접지시킨 영상 임피던스가 큰 계통에 있어서는 고장전류는 90°에 가까운 지상전류이다. 이것을 전류 영점에서 차단하면 차단기의 전원 측 전압이 차단 직전의 최대 아크전압에서 전원전압으로 옮아가는 과정에서 과도진동에 의하여 이상전압이 나타나게 되는데, 이때 전압크기는 상규대지전압 파고치의 2배 이하이다.

나. 3상의 비동기 투입 서지

차단기의 각 상 전극은 정확히 동일한 시각에 투입되지 않고 근소한 시간적 차이가 있는 것이 보통이다. 이 차이가 심한 경우에는 상규대지전압 파고치의 3배를 전후해서 서지가 발생할 수 있다.

6. 서지의 억제방법

서지는 충전전류와 경부하 시 용량성 회로에서 주로 발생하며, 서지억제는 서지전압의 준도 완화 및 진폭제한, LA와 SA의 적정한 적용에 있다.

가. 재점호 방지대책

1) 차단기의 차단속도를 빠르게 하여 차단한다.
2) 개폐기 또는 차단기의 용량이 충분히 큰 것을 사용한다.
3) 콘덴서 회로용 개폐기는 기중차단기보다는 진공차단기를 사용하여 90° 진상전류에 의하여 재점호를 방지한다.

나. 서지억제기구 사용

1) 피뢰기를 사용하여 개폐 서지의 파고치를 감소시킨다.
2) 진공차단기와 몰드 변압기 사이에 서지흡수기를 설치한다.
3) 개폐 이상전압을 억제하기 위하여 중성점을 직접 접지한다.
4) 각종 전력전자기기에서 정지형 동기조상기 SVC 또는 SVG 등을 활용한다.

다. 개방서지 방지대책

1) 경부하 시에는 역률 개선용 콘덴서를 모두 개방하여 용량성 회로가 되지 않도록 한다.
2) 수전단에 병렬 리액터를 접속해서 진상 충전용량의 일부를 상쇄시킨다.
3) 단로기로도 끊을 수 있는 정도의 소전류인 경우에는 차단기 대신 단로기로 차단한다.

SECTION 06 전력 퓨즈(PF)

6.1 전력퓨즈(PF)의 단점 보완대책

- 전력퓨즈는 차단기 대용으로 생각하기 쉬우나, Fuse의 기능은 차단기뿐만 아니고 차단기, 릴레이, 변성기의 3기기의 역할을 할 수 있는 경제적인 기기로서 확실한 동작특성을 가지고 있는 훌륭한 개폐기로 소형·염가일 뿐만 아니라 오동작 없는 차단기이다.
- 전력퓨즈는 소호방식에 따라 한류·비한류형으로 구분되어 고압·특고압 기기의 단락전류 차단을 목적으로 사용된다.
- ■ 제조사 기술자료집, 신전기설비기술계산 핸드북, 정기간행물

1. 전력퓨즈의 구조

가. 퓨즈 엘리먼트
도전율이 크고 화학적으로 안정된다.

나. 퓨즈 통
자기 또는 유리섬유강화 합성수지를 사용한다.

다. 소호제
무기질 절연재료의 열전도율 융점이 높은 구조이다.

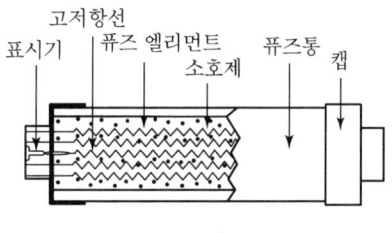

[그림 1] 퓨즈링크의 구조

2. 퓨즈의 기능과 역할

가. 퓨즈의 기능
1) 퓨즈는 부하전류를 안전하게 통전한다.(과도전류나 전부하 전류에서 동작하지 않는다.)
2) 퓨즈는 일정치 이상의 과전류를 차단하여 전로나 기기를 보호한다. 과전류의 종류에는 단락전류, 전부하 전류, 과도전류가 있다.
   ① 단락전류란 전로가 혼촉할 때에 흐르는 전류로 정상치보다 아주 큰 전류이다.
   ② 전부하전류란 정상전류에 대해 수배 이하의 것이 많으며 부하변동의 원인이 된다.
   ③ 과도전류란 변압기의 투입전류, 전동기의 시동전류 등 아주 짧은 시간만 존재하나 자연히 감쇄하여 없어지는 전류를 말한다.

나. 퓨즈의 역할(특성)

1) 퓨즈는 차단기뿐만 아니라 차단기, 릴레이, 변성기의 3기기의 역할을 할 수 있는 편리한 기기이다.
2) 전력퓨즈의 특성을 생각할 때 차단기 역할의 차단특성뿐 아니라 릴레이+변성기의 역할에 대응하는 전류−시간 특성도 검토하여야 한다.

다. 타 보호기기와의 협조

1) 퓨즈를 옥내에 시설하는 경우 소음기를 부착하여 사용한다.
2) 한류형 퓨즈를 사용할 경우 차단기와 조합하여 후비보호용으로 사용할 수 있으며, 퓨즈의 정격 전류는 전부하 전류의 4~5배로 하는 것이 적당하다.

[표 1] 퓨즈와 타 개폐기의 비교

종류 \ 기능	회로 분리		사고 차단	
	무부하	부하	과부하	단락
퓨즈	○	−	−	○
차단기	○	○	○	○
개폐기	○	○	○	−
단로기	○	−	−	−
전자접촉기	○	○	○	−

3. 퓨즈의 용도

가. 변압기의 보호 및 그 변압기 회로의 고장전류를 차단한다.
나. 콘덴서 단락 시의 케이스 파괴보호 및 콘덴서회로의 고장전류를 차단한다.
다. 차단용량이 부족한 차단기 또는 개폐기의 Back Up 보호 및 차단기를 대용한다.
라. 케이블의 단락전류로부터 소손을 보호한다.
마. 전동기, 제어장치회로의 고장전류를 차단한다.
바. 그 외 계통, 장치, 기기, 회로의 단락사고를 보호한다.

4. 퓨즈의 특징

장점	단점
• 가격이 저렴하고 소형·경량이다. • 릴레이나 변성기가 불필요하다. • 한류형 퓨즈는 차단 시 무소음, 무방출 • 소형으로 큰 차단용량을 가진다. • 보수가 간단하고, 고속도 차단한다. • 현저한 한류특성을 가졌다. • 스페이스가 작아 장치 전체가 소형이다. • 후비보호에 적합하다.	• 재투입이 불가하다. • 과전류에서 용단될 수도 있다. • 동작시간−전류특성을 계전기처럼 조절할 수 없다. • 한류형 퓨즈는 용단해도 차단되지 않는 전류범위를 가진 것이 있다.(비보호 영역) • 사용 중에 열화하여 동작하면 결상 우려가 있다. • 한류형은 차단 시에 과전압을 발생한다. • 고임피던스 접지계통의 지락보호는 불가능하다.

5. 단점을 보완하기 위한 대책

가. 용도를 한정한다.
   1) 단락사고 경우에만 동작하도록 정격을 선정한다.
   2) 상시 · 전부하 전류를 차단하거나 재투입이 필요한 곳은 사용하지 않는다.

나. 과도전류가 안전통전특성 내에 들어가도록 큰 정격 전류를 선정한다.

다. 전류−시간 특성을 비교하여 적절한 정격 전류를 사용한다.

라. 과소정격을 배제한다.
   1) 최소 차단전류 이하에서 퓨즈가 동작하지 않도록 큰 정격 전류를 사용한다.
   2) 최소 차단전류 이하는 다른 기기로 보호한다.

마. 퓨즈가 동작하는 경우 전상을 신품으로 교체한다.
   1) 퓨즈는 비보호 영역에서 동작 또는 열화하지 않도록 여유있는 정격 전류를 선정한다.
   2) 과부하는 가능한 다른 기기로 보호 차단한다.
   3) 퓨즈 동작 시는 전상퓨즈를 신품으로 교체한다.

바. 절연강도를 협조한다.
   회로의 절연강도가 퓨즈의 과전압치보다 높은 것을 확인한다.

사. 전원 측 차단기에 지락 릴레이를 붙여 검출 제거한다.
   지락전류가 아주 작으므로 퓨즈는 일반적으로 동작하지 않는다.

6.2 전력퓨즈의 차단 및 동작 특성

Fuse가 경제적인 기기라고 일컬어지는 것은 소형이며, 가격이 저렴할 뿐만 아니라 Fuse를 사용하면 릴레이와 변성기가 생략되는 이점이 있기 때문이다. Fuse의 특성을 생각할 경우 차단기에 상당하는 차단특성과 릴레이와 변성기의 기능에 대응하는 '전류−시간 특성'도 검토해야 한다.

■ 제조사 기술자료집, 신전기설비기술계산 핸드북, 전력사용시설물 설비 및 설계, 정기간행물

1. 전력퓨즈의 종류

가. 한류형

Arc 전압을 높여 단락전류를 한류억제 차단한다.

나. 비한류형

Arc에 소호가스를 불어서 단자 간 극간절연내력을 재기전압 이상으로 높게 하여 차단한다.

다. 한류형과 비한류형의 비교

구분	한류형 퓨즈	비한류형 퓨즈
소호방법	높은 아크저항을 발생시켜 고장전류를 강제적으로 한류 차단한다.	소호가스를 발생하여 극간 절연내력을 재기전압 이상으로 높여 차단한다.
차단시점	전압 0점에서 차단한다.	전류 0점에서 차단한다.
장점	• 소형이며 차단용량이 크다. • 한류효과가 크다.(백업용에 적당)	• 과전압 발생이 없다. • 녹으면 반드시 차단한다.(과부하 보호)
단점	과전압 발생, 소전류 차단이 곤란하다. (최소차단전류가 있다.)	한류효과가 적다.

2. 전력퓨즈의 특성

가. 전류-시간 특성($I-t$ 특성)

1) 단시간 허용 특성

   ① 퓨즈에 전류를 통전한 경우 퓨즈소자가 열화하지 않는 '전류-시간 특성'을 말한다.
   ② 적용부하에 대한 퓨즈의 정격 전류 선정 시 필요하다.

2) 용단 특성

   ① 퓨즈에 과전류를 흘려서 용단시킨 경우의 '전류-시간 특성'을 말한다.
   ② 변압기용, 전동기용, 콘덴서용에 적합한 용단종별 표시에 적용한다.
   ③ 용단 특성의 종류에는 최소 용단 특성, 평균 용단 특성, 최대 용단 특성이 있다.

3) 차단 특성

   ① 사고전류가 흘러 퓨즈소자가 용단, 소호하여 차단을 완료하기까지의 '전류-시간 특성'을 말한다.
   ② 상위 차단기와 동작협조를 검토할 경우에 사용한다.

나. 한류 특성

1) 한류형 퓨즈는 고장전류를 차단할 때 최초의 반파에서 차단하여 전류파고치를 낮게 하는 특성으로 최대통과전류를 크게 한류하기 때문에 회로에 연결된 직렬기기의 열적, 기계적 강도를 줄일 수 있다.
2) 한류형 퓨즈의 한류치와 규약차단전류는 보통 다음 식으로 산출한다.

   최대통과전류(I_P), 즉 한류치는 고장전류의 1/3승에 비례한 크기로 제한

   $$I_P = k^3 \sqrt{F \times I_S}$$

   여기서, k : 상수, F : 퓨즈 엘리멘트의 최소단면적[mm^2], I_S : 규약차단전류[A]

3. 전력퓨즈 및 차단기의 차단 특성 비교

가. 전류파형 비교

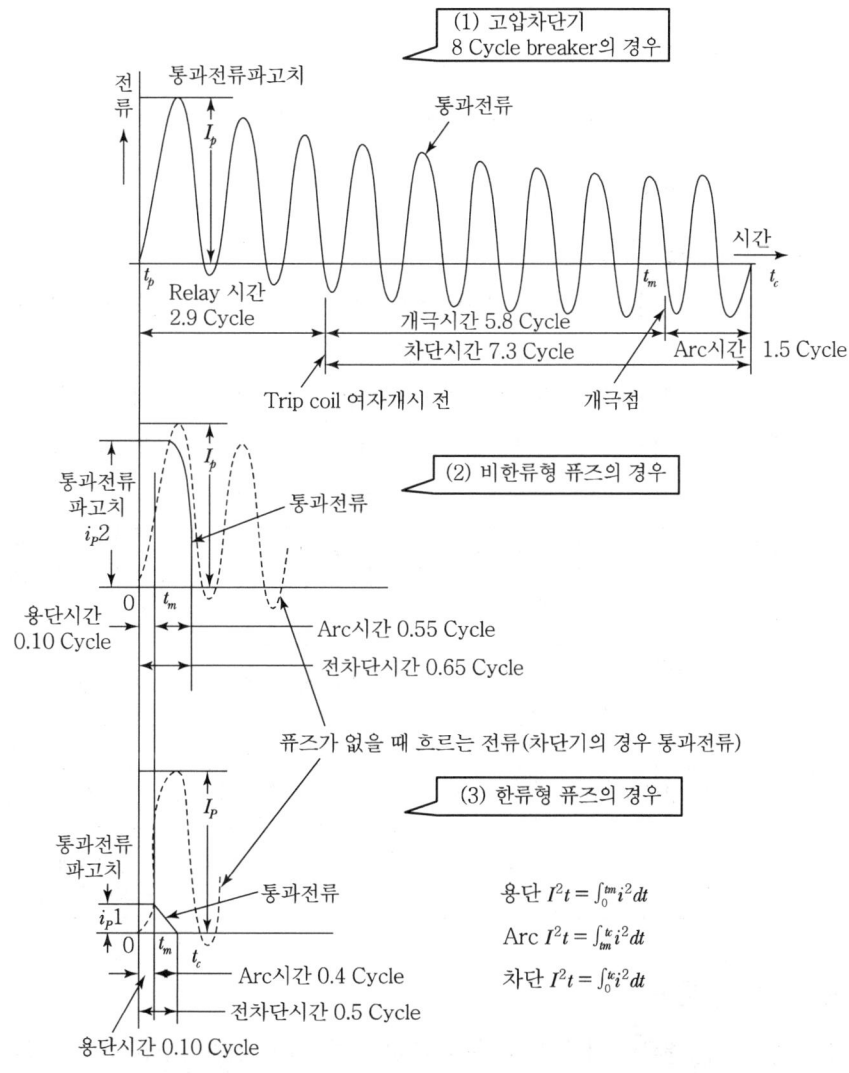

[그림 1] 각종 단락보호장치의 차단 시 전류파형 비교도(동일조건 차단의 경우)

차단기는 릴레이 시간을 포함한 전차단시간이 10 Cycle 정도로 길어 차단 시까지는 단락 전류가 계속 흐르지만 전력퓨즈에서는 최초 반파로 차단하여 그 전류파고치를 낮게 억제하는 한류작용을 한다.

나. 차단기 특성 비교

한류작용은 퓨즈의 정격 전류나 단락전류의 크기에 따라 변해 다음에 설명할 최대통과전류와 차단 I^2t로 표시된다.

1) 최대통과전류

    단락전류와 최대통과전류와의 관계는 한류 특성으로 불리며 단락전류에 의한 전자력 등 피보호 기기와의 협조를 검토하는 것에 사용한다.

2) 차단 $I^2 t$

    $\int_0^{tc} i^2 dt$로 회로에 유입하는 열에너지의 크기를 나타내는 것이다. 피보호기기와의 열적협조 검토에 사용한다.

3) 소전류 차단 특성

    차단기나 비한류 퓨즈는 정격차단전류 이하에서 동작하면 반드시 차단되나 한류퓨즈는 큰 고장전류의 한류차단은 쉬워도 용단시간이 긴 소전류영역은 차단하기 어려워 최소용단전류 가까이에서는 용단해도 차단되지 않고 어느 정도 전류치가 크게 되어야만 차단할 수 있는 영역이 있다. 따라서 보통 과부하영역의 한류퓨즈에 의한 보호는 주의를 요한다.

[표 1] 차단기 특성 비교

특성	차단기	비한류형 퓨즈	한류형 퓨즈
전차단 시간	10 Cycle	0.65 Cycle	0.5 Cycle
최대 통과 전류	단락전류 파고치(최대단락전류 실효치의 $2\sqrt{2}$ 배)	단락전류 파고치의 80%	단락전류 파고치의 10%
차단 $I^2 t$	단락전류와 같이 증가	단락전류와 같이 증가	크게 증가하지 않음
소전류 차단기능	• 정격차단전류 이하에서 동작하면 반드시 차단된다. • 과부하 보호가능하다.	• 정격차단전류 이하에서 동작하면 반드시 차단된다. • 과부하 보호 가능하다.	• 용단시간이 긴 소전류 영역에서 차단되지 않고 큰 고장전류에 차단 용이하다. • 과부하 보호에 사용 곤란

4. Fuse의 동작 특성

퓨즈가 동작하는 전류와 시간의 관계에는 전류가 커질수록 시간이 짧아지는 특성이 있어 1/2사이클 이하 전류영역에서는 한류작용이 크게 나타난다.

가. 동작시간 0.01초 이상의 동작 특성

1) 안전통전영역(a)

    부하전류를 안전하게 통전 가능한 영역. 안전부하 전류통전영역 + 안전과부하통전영역

2) 보호영역(b)

    ① 최소차단전류 이상 정격차단전류까지의 영역으로 이 영역의 전류는 확실하게 차단한다.

② 퓨즈는 열동적으로 동작하여 대전류, 즉 단락전류는 확실하게 차단하나 과부하보호에는 부적합하다.

3) 비보호영역(c)

① 안전통전영역과 보호영역 사이의 영역으로 이 영역의 사고전류는 보호되지 않고 용단되지 않아도 손상 열화할 우려가 있다.

② 이것이 퓨즈의 단점이며 퓨즈의 본질상 이 영역은 없앨 수 없으므로 이 영역에는 전류를 흘리지 않는다.

③ 대책으로 큰 정격 전류를 선정하거나 다른 보호장치로 보호한다.

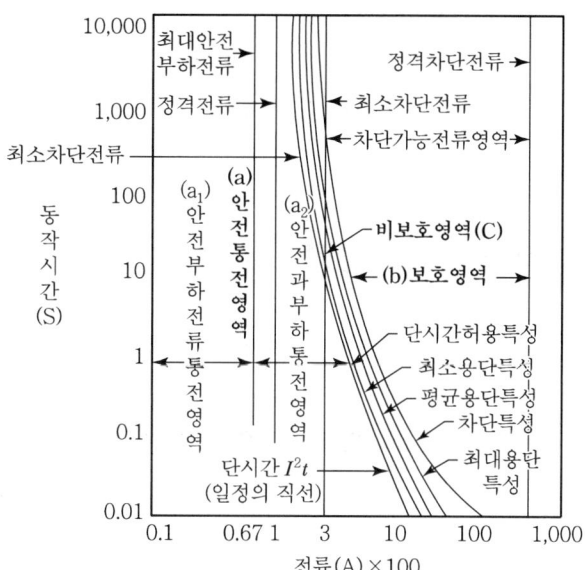

[그림 2] 전력퓨즈의 전류-시간 특성곡선

나. 동작시간 0.01초 이하의 동작 특성

차단기는 동작되지 않으나 퓨즈는 동작하므로 주의해야 하며 한류작용의 특징적인 기능을 발휘한다.

1) 단시간 허용 I^2t

① 단시간전류(I_S)와 허용시간(t_S)의 관계는 "$I_S^2 \times t_S =$일정"하다. 즉, 단시간 전류는 제곱에 비례하여 증가하므로 허용시간은 짧게 된다.

② 단시간허용 I^2t가 일정한 것은 퓨즈의 단점으로 순간적인 과도전류에도 퓨즈가 용단 또는 열화되므로 주의해야 한다. 예 "허용열에너지=단시간 허용 I^2t"는 일정

2) 차단 I^2t

① 퓨즈가 차단 완료할 때까지 회로에 유입하는 열에너지의 크기로서 이 값이 피보호기기의 열적 강도(I^2t)보다 작은 퓨즈를 사용해야 한다.

② 퓨즈는 한류작용과 고속 동작으로 차단기에 비하면 차단 I^2t는 매우 적어 큰 보호특성을 가지고 있다.

③ 다른 기기와 열적 강도 검토의 경우 사용한다.

3) 통과전류 파고치

단락전류와 통과전류 파고치와 관계는 한류특성으로 나타나며 단락전류에 의한 전자력 등 피보호기기와 기계적 강도 검토의 경우 사용된다.

6.3 PF의 선정

전력퓨즈는 소형으로 릴레이와 변성기를 생략할 수 있어 경제적인 기기로서 확실한 동작특성을 가지고 있고 소형 염가일 뿐만 아니라 오동작 없는 완전한 차단기이다. 따라서 고압·특고압 기기의 단락전류 차단을 목적으로 사용되는 전력퓨즈의 선정기준에 대하여 설명하면 다음과 같다.

■ 제조사 기술자료집, 신전기설비기술계산 핸드북, 전력사용시설물 설비 및 설계, 정기간행물

1. 전력퓨즈의 선정 시 고려사항

가. 정격 전압의 선정

1) 사용회로의 최고 선간전압 이상의 것을 선정한다.
   예) 정격 전압=공칭전압×1.2/1.1
2) 한류형 퓨즈는 차단 시 과전압 발생으로 회로전압보다 한 단계 높은 것은 피할 것

나. 정격 전류의 선정

1) 정격 전류란 전력퓨즈가 온도상승 한도를 넘지 않고 연속적으로 흘려보낼 수 있는 전류 값이며 실횻값으로 표시한다.
2) 퓨즈의 정격 전류는 상시통전전류의 전부하 전류, 과부하, 반복부하 및 과도돌입전류의 단시간 특성을 고려한다.
3) 다른 기기와 회로의 보호협조 및 전부하 전류보다 큰 정격 전류치의 퓨즈를 선정한다.
4) 허용 전부하 전류보다 퓨즈의 단시간 전류치가 커야 한다.
5) 전력퓨즈의 "차단시간−전류 특성"이 전류 측 보호기기의 동작특성보다 빠르고 "단시간 허용전류−시간 특성"이 부하 측 보호기기의 "차단시간−전류 특성"보다 늦어지도록 선정한다.

다. 차단용량의 선정

1) 퓨즈 설치개소의 대칭단락용량(최대단락전류)을 구하여 그 이상의 정격차단용량을 선정한다.
2) 퓨즈의 차단전류에는 과도현상에서 발생하는 직류분이 포함되는데 차단용량은 교류분만의 대칭 실효치로 표시하므로 회로의 역률이 나쁠 경우 비대칭계수 1.6을 적용한다.

2. 일반적인 선정기준

가. 상시유통전류의 안전통전

1) 부하전류를 안전하게 통전하여야 한다.
2) 과부하 및 과도돌입전류는 단시간 허용 특성 이하여야 한다.
3) 반복부하에는 충분한 여유를 가져야 한다.

나. 다른 회로기기와 보호협조

1) 손상보호(절연협조)

   피보호 기기 회로의 단시간내량보다 퓨즈 차단 특성 I^2t 및 한류 특성(통과전류 파고값 및 I^2t)이 아래에 있을 것

2) 선택차단(동작협조)

   ① 전원 측 차단기의 릴레이 시간은 퓨즈의 차단 특성 이상일 것
   ② 부하 측 차단기의 릴레이 시간을 포함한 차단 특성은 퓨즈의 단시간 허용 특성 이하일 것

3. 전력기기별 PF의 선정기준

가. 변압기 보호

1) 일반적인 변압기의 경우

   ① 변압기 허용 전부하 전류에 퓨즈가 손상하지 않을 것
   ② 변압기 여자돌입전류로 퓨즈가 손상되지 않을 것
   　예 변압기 전부하 전류의 10배, 0.1초가 퓨즈의 단시간 허용 특성 이하일 것
   ③ 2차 단락 시 변압기를 보호할 것
   　예 퓨즈의 차단 특성은 TR 2차 전부하 전류의 25배 2초 이내 차단할 것
   　※ 일반 변압기용은 전부하 전류의 150~200%의 정격 전류를 선정하면 된다.

2) 3상, 단상 일괄보호의 경우

   ① 각 상마다 전부하 전류, 여자돌입전류를 계산하여 그것을 안전 통전하는 정격치로 하는데 각 상마다 최대정격의 것으로 통일하여 결상을 방지한다.
   ② 2차 측 단락보호에 각 변압기마다 퓨즈를 사용한다.

3) 계기용변압기 경우

   부하전류에서 VT 손상방지용으로 1A 정격 퓨즈를 사용한다.

4) 변압기 · 콘덴서 일괄보호의 경우
　① 변압기와 병렬로 역률개선용 콘덴서가 들어가고 공용보호에 퓨즈가 사용되는 경우 변압기 단독일 때의 표준정격과 동일정격을 사용한다.
　② 콘덴서 용량이 변압기 용량의 1/3 이상일 때는 콘덴서 돌입전류를 고려한다.

나. 전동기 보호

1) 일반적인 경우
　① 전동기 허용 과부하를 안전하게 통전할 것
　② 전동기 기동전류로 퓨즈가 손상되지 않을 것
　　예 전동기 전부하 전류의 5배, 10초가 퓨즈의 단시간 허용특성 이하일 것
　③ 빈번한 개폐나 역전에 따른 반복전류에 손상하지 않을 것
2) 전동기 시동전류-시간 특성을 검토한다.
3) 고압 전자접촉기와 조합할 경우 주의한다.

다. 콘덴서 보호

1) 콘덴서 돌입전류로 퓨즈가 손상되지 않을 것, 즉 돌입전류에 의한 I^2t가 단시간허용 I^2t 이하일 것
2) 콘덴서의 연속 최대 전부하 전류를 안전하게 통전할 것
3) 퓨즈의 차단특성이 콘덴서 10% 케이스 파손특성(Case 내 I^2t) 아래에 있을 것
4) 빈번한 개폐 경우에는 한 단계 위의 정격을 선정할 것
　※ 퓨즈 정격 전류는 고조파 전류 등을 고려하여 콘덴서 정격 전류의 150% 정도로 선정하면 된다.

라. 케이블 보호

1) Cable 허용전류 이내 정격 전류를 선정한다.
2) Cable 단락 시 허용전류 : $I_S = \left(\dfrac{k}{\sqrt{t}}\right) \cdot S$

　　여기서, k : 도체의 종류 및 주위 온도에 따른 계수
　　　　　 t : 동작시간[초]
　　　　　 S : cable 단면적[mm^2]

4. 전력퓨즈의 정격 선정 시 고려사항

가. 사용 장소
옥내, 옥외를 구분하여 선정한다.

나. 극수
3극 각각, 2극 각각을 선정한다.

다. 정격 전압

1) 3상 회로에서 사용가능한 전압한도를 표시한다. **예** 정격 전압 = 공칭전압×1.2/1.1
2) 회로의 절연강도가 퓨즈동작 과전압보다 크게 선정한다.

라. 최소차단전류

최소차단전류 이하에서 퓨즈가 동작되지 않도록 큰 정격 전류의 퓨즈를 사용한다.
1) 광역퓨즈 : 소전류에서 장시간까지 차단한다.
2) 후비보호퓨즈 : 최소차단전류로부터 정격차단전류까지 전류를 차단하는 퓨즈를 말한다.

마. 차단용량

1) 퓨즈 차단용량 부족은 퓨즈의 폭발원인이 된다.
2) 회로의 대칭단락용량 이상 퓨즈를 선정한다.

6.4 고압 부하 개폐기의 종류

고압전로를 개폐하는 개폐 기구에는 많은 종류가 있지만 기능·특성에 따라 분류된다. 최근에는 이러한 각종 기능을 조합한 개폐 기구도 많이 출현하고 있지만 그 정의나 분류가 까다롭고, 또한 선정에 있어서는 개폐 기구의 기능·특성을 충분히 이해한 후에 용도에 따른 개폐기를 선택해야 한다.

■ 제조사 기술자료집, 전기설비기술기준, 신전기설비기술계산 핸드북, 배전규정

1. 수·변전설비의 부하 개폐기

가. 부하 개폐기의 종류

1) LBS(Load Breaker Switch) : 수·변전설비의 인입 개폐기에 적용한다.
2) ALTS : 22.9[kV] 3상 4선식 지중인입선로의 인입 개폐기에 적용한다.
3) ASS : 22.9[kV] 3상 4선식 300[kVA] 이상 1,000[kVA] 이하 수전설비에 의무 적용한다. 22.9[kV] 3상 4선식 300[kVA] 이하 수전설비 Int Sw → ASS 〈규정변경〉
4) LS : 66[kV] 이상 인입선로에 적용한다.
5) DS : 고압 이상 개폐기에 적용한다.

나. 인입구 시설

1) 인입구 장치

① 고압 수전 : OS, ASS 등

② 특고압 수전 : 3,000[kW] 이하의 경우 COS, 7,000[kW] 이하의 경우 IS, 14,000[kW] 이하의 경우 Sectionalize를 적용한다.

2) 인입선의 시설

전선의 종류	전선의 굵기
고압 및 특고압 절연전선	5.0[mm²] 이상
고압 케이블, 특고압 케이블	기계적 강도면의 제한은 없음

3) 인입선 취부높이

① 저압인입선 : 도로 횡단 5[m] 이상
② 고압인입선 : 도로 횡단 6[m], 철도 또는 궤도 횡단 6.5[m] 이상

2. 부하 개폐기(LBS ; Load Breaker Switch)

가. 개요

LBS는 수·변전설비의 인입 개폐기로 부하전류를 개폐할 수 있으나 고장전류를 차단할 수 없으므로 한류퓨즈와 직렬로 사용한다.

1) LBS의 종류에는 한류퓨즈가 있는 것과 한류퓨즈가 없는 것이 있다.
2) PF를 겸용한 LBS는 과전류, 단락전류를 보호하며 부하전류의 개폐에 사용한다.
3) LBS의 동작은 3상을 동시에 개로하여 결상을 방지한다.

나. LBS 특징

1) 한류퓨즈가 고속도 차단이 되므로 사고피해의 범위가 작다.
2) 3상이 동시에 개로되어 결상 우려가 없다.

다. 설계 및 시공 시 유의사항

1) LBS 정격은 사용회로의 정격보다 큰 것을 적용한다.
2) LBS 설치 위치는 MOF 전단에 설치하는 것이 이상적이다.
3) 한류퓨즈는 3상 중 한 상만 단락 사고의 경우에도 전상을 모두 교체한다.

3. 자동부하 전환 개폐기(ALTS ; Automatic Load Transfer Switch)

가. ALTS는 22.9[kV] 접지계통의 지중배전선로에 사용하는 개폐기이다.
나. ALTS의 사용목적은 중요시설 정전 시에 큰 피해가 예상되는 수용가에 이중전원을 확보하여 주전원의 정전 또는 기준전압 이하로 떨어진 경우 예비전원으로 순간 자동 전환되어 무정전 전원공급을 수행하는 3회로 2스위치 개폐기이다.

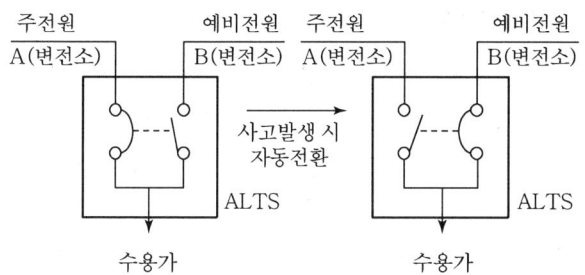

[그림 1] ALTS 동작

4. 자동고장 구분 개폐기(ASS ; Automatic Section Switch)

ASS는 우리나라 배전전압은 22.9kV-Y 3상4선식 다중접지방식으로 단점 중 하나가 지락의 경우 지락전류가 너무 커서 한전 배전선로의 리클로저나 차단기를 동작시켜서 많은 수용가에 피해를 유발시킴에 따라 건전 수용가의 피해를 최소화하기 위한 방안으로 300kVA 이상~ 1,000kVA 이하 특고수전설비에 설치가 의무화되어 있다.

가. ASS의 사용목적 및 적용범위

1) ASS는 수용가 인입구에 설치되어 과부하 또는 고장전류가 발생할 경우 고장구간을 신속히 자동 분리하여 고장이 계통에 파급되는 것을 방지하기 위한 목적으로 사용한다.
2) 적용범위 : 22.9kV-Y 특별고압 수용가의 책임분계점 구분개폐기 및 수전설비 보호장치로서 300kVA 초과(이하 Int. Sw)~1,000kVA 이하에 설치한다.

나. 정격 전류의 특성

1) 정격 전류 200A

   ① 배전계통에서 부하용량 4,000kVA 이하의 분기점
   ② 배전계통에서 부하용량 7,000kVA 이하의 수전실 인입구

2) 정격 전류 400A

   ① 배전계통에서 부하용량 8,000kVA 이하의 분기점 또는 수전실 인입구
   ② 배전계통에서 특수부하 4,000kVA 이하의 분기점 또는 수전실 인입구

다. 동작특성

1) 고장구간 자동분리

   배전선로에 설치된 Recloser나 공급 변전소에 설치된 CB와 협조하여, 1회 순간 정전 후 고장구간을 자동 분리한다.

2) 과부하 및 고장전류 검출

① 900A의 차단능력을 가지고 있으며, 800A 미만의 과부하 및 이상전류에 대하여는 자동 차단되어 과부하 보호기능을 가지고 있다.

② 900A 이상의 고장전류가 검출되면 제어함에 의하여 개폐기는 Lock되고 제어함의 기억장치로서 전원 측의 보호차단기, 변전소 차단기 또는 선로 Recloser가 1회 순시 동작하여 선로가 정전될 때 ASS는 무전압상태에서 개방되어 고장점을 자동분리 한다.

라. 동작협조

1) 배전계통 Recloser와의 협조

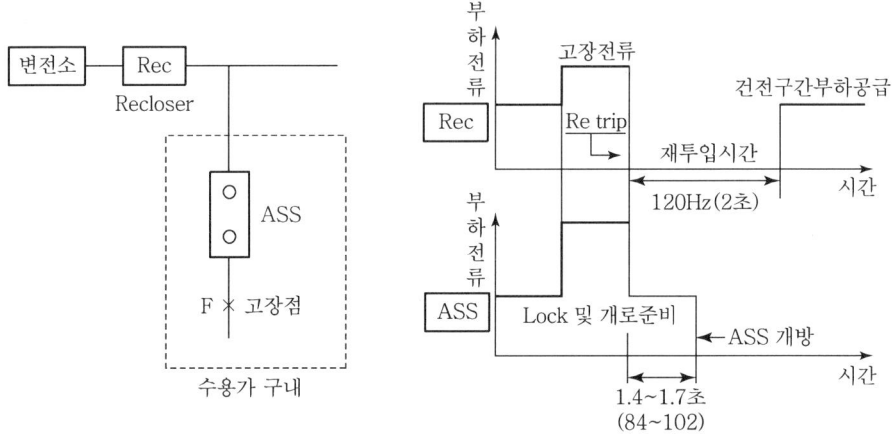

[그림 2] Recloser와 ASS의 동작협조

2) 공급변전소 CB와의 협조

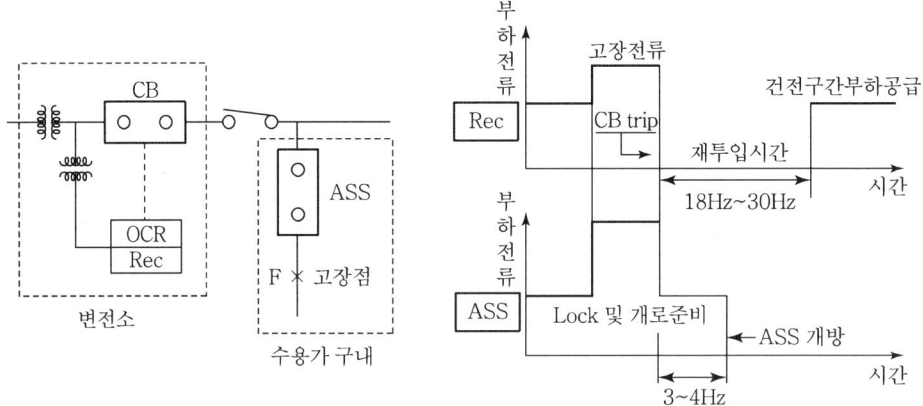

[그림 3] CB와 ASS의 동작협조

마. 최소동작전류의 산정(Tap 정정)

1) 상회로동작전류(I_s)의 정정

$$최대부하전류(I) = \frac{설비용량}{\sqrt{3} \times 22.9}$$

최소동작전류(I_s) 정정치 = 최대부하전류(I) × 1.5배

2) 지락최소동작전류(I_g)의 정정

지락최소동작전류 정정치 = 최소동작전류 정정치 × 0.5배

5. 자동재폐로장치

가. 리클로저(R/C ; Recloser)

가공배전선로의 영구사고를 줄이고 고장범위를 최소화하는 목적으로 사용한다.

1) 조류 및 수목에 의한 접촉사고 시 고장구간을 차단하고 사고점의 Arc를 소멸시킨 후 즉시 재투입이 가능하다.
2) R/C의 동작책무는 CO-15sec-CO이며 R/C는 재폐로 동작을 2~3회 반복하며, 투입·차단동작 2~3회 개폐 시 영구사고로 구분하여 완전 차단한다.

나. 자동고장구간 개폐기(S/E ; Sectionalize)

자동재폐로 차단기의 부하 측에 설치하고 R/C 차단기 동작횟수보다 1회 이상 작은 동작횟수와 차단고장전류 값을 설정해야 한다.

1) 부하 측 선로사고가 발생하면 사고횟수를 감지하여 자동재폐로 차단기를 동작시키고, 선로를 무전압 상태에서 접점을 개방하고 고장구간을 분리하는 기능을 가진다.
2) 단독으로 사용하지 못하고(R/C)와 조합하여 사용한다. 이유는 기기 자체가 고장전류 차단능력을 갖지 못하고 부하전류 개폐능력만 갖고 있기 때문이다.
3) 동작 Sequence([그림 4] 참조)

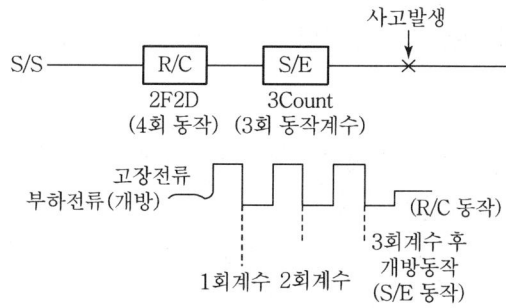

[그림 4] 자동고장구간 개폐기

6. 선로 개폐기(LS ; Line Switch)

가. 책임 분계점에 보수·점검 시 전로를 개폐하기 위하여 사용한다. 개폐 동작은 반드시 무부하 상태의 개폐에 사용한다.

나. 66kV 이상의 경우 사용한다.(300kVA 이하의 경우 ASS를 사용한다.)

7. 단로기(DS ; Disconnecting Switch)

가. 목적

고압 이상전로에서 단독으로 전로의 접속 또는 분리하는 것을 목적으로 무전류 상태의 전로를 안전하게 개폐에 사용한다.

나. 단로기의 종류

1) 사용 회로수에 의한 분류 : 단투형, 쌍투형
2) 부착방식에 의한 분류 : 하향 붙임 단로기, 수직 붙임 단로기
3) 접속방식에 의한 분류 : F-F(표면접속형), B-B(이면 접속형)

다. 단로기 정격

정격 전압=공칭전압×1.2/1.1

8. 컷아웃 스위치(COS ; Cut Out Switch)

변압기의 과전류에 의한 보호와 선로의 개폐를 위하여 설치한다.

가. 퓨즈의 종류

고압 및 특고압의 2종류가 있다.

나. 퓨즈용량의 선정

1) 선로용 퓨즈의 연속정격 전류는 정격 전류 1.5배, 최소동작전류는 정격 전류 2배이다.
2) 변압기 1차 측은 정격 전류의 1.5~2배로 선정한다.

다. 설치장소

1) 6.6kV(3.3kV) 변압기 용량 300kVA 이하
2) 22.9kV-Y 300kVA 이하
3) 차단용량 10,000A 이상의 것을 사용할 것

SECTION 07 계기용 변성기

7.1 계기용 변성기

계기용 변성기란 고전압, 대전류를 계측하거나 보호용 계전기를 직접 제어할 수 없으므로 저전압, 소전류로 강하시켜 계측하거나 제어를 해야 한다. 사용목적은 측정범위의 확대, 절연유지, 계기 및 계전기의 소형화, 원격계측, 정밀도 유지를 위하여 사용되며 보호시스템 검출단에 사용하는 VT, GVT, CT, ZCT, MOF 등을 총칭하여 계기용 변성기라 한다.

■ 전기설비기술기준, 신전기설비기술계산 핸드북, 제조사 기술자료집, 정기간행물

1. 절연구조에 의한 분류

가. 유입형 : 광유(절연유) 속에 코일을 넣어 사용하는 것으로 애자형, 탱크형 등이 있으며 주로 옥외용으로 22.9~345kV에 많이 사용된다.

나. 몰드형 : 합성수지, 부틸 고무 또는 에폭시 수지로 권선을 몰드화한 것으로 22.9kV 이하의 전압에 사용된다.

다. 건식형 : 종이, 면 등을 절연 바니시(Varnish)에 진공 함침한 절연방식으로 옥내용 저압에 주로 사용된다.

라. 가스형 : SF_6가스탱크 속에 권선을 넣은 것으로 근래에는 GIS(Gas Insulated Switch gear & Gas Insulated Substation)용으로 많이 사용되고 있다.

2. 계기용 변성기의 종류

가. 계기용 변압기(VT)

1) 종류

① 절연구조에 따른 분류 : 유입형, 몰드형, 건식형, 가스형
② 권선형태에 따른 분류 : 권선형 VT, CCPD형[73]

2) VT의 정격

① 변압비란 1차 전압에 대한 2차 전압크기의 비를 말한다.
② 비오차 = $\dfrac{공칭변압비 - 측정변압비}{측정변압비} \times 100[\%]$

---

[73] CCPD(Coupling Capacitance Potential Device ; 콘덴서형 계기용 변압기)형은 고전압 측을 권선 대신 Capaci-tance를 사용하여 1차 전압을 분압시킨 후 사용하기 적당한 Tap을 만들어 권선형 VT로 필요한 2차 전압을 얻는 방식

③ 비보정 계수(TCF ; Transformer Correction Factor) : $T.C.F = \dfrac{측정변압비}{공칭변압비}$

미국 ANSI의 비오차 표시법

3) 특징

① 2차 부담 : 2차 회로에서 오차범위를 유지할 수 있는 부하임피던스 VA표시한다.
VT의 정격부담≥계기부담+계전기부담+2차 회로소비부담
② 극성 : 1차 전압방향에 대하여 2차 전압방향을 나타내는 특성을 말한다.
③ 계기용 변압기의 퓨즈 : 1차 퓨즈는 VT 자체고장 보호, 2차 퓨즈는 2차 측 오결선, 과부하 시 1차 측 보호에 적용한다.

나. 접지형 계기용 변압기(GVT)

1) 개요

3차 권선용 VT를 사용하여 계기 및 계전기에 필요한 전압으로 강하시켜 계측 및 제어를 한다. 접속은 1차 Y접속(중성점을 접지), 2차 Y접속(계기 등에 접속), 3차 오픈델타(영상전압을 검출) 형태로 접속한다.

2) 정격

① 6,600V회로의 정격1차 전압 $\dfrac{6,600}{\sqrt{3}} V$, 정격2차 전압 $\dfrac{110}{\sqrt{3}} V$, 정격3차 전압 $\dfrac{190}{3} V$

② 1선이 완전히 지락상태일 때 오픈델타 개방전압의 최대회로는 190V이다.

예 $V_0 = 2 \times \dfrac{190}{\sqrt{3}} \times \cos 30° = 190 V$

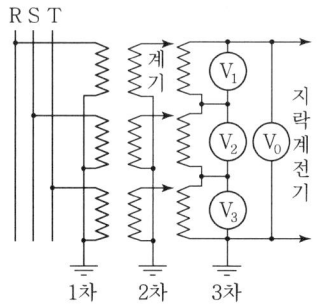

[그림 1] 3차 권선부 VT의 접속

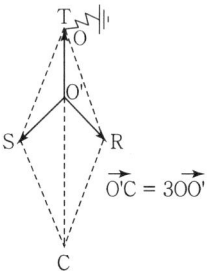

[그림 2] 지락 시 벡터도

> **참고** VT & GVT의 중성점 불안정현상(☞ 참고 : 특수철공진 이상전압)

1. 기본파 철공진의 불안정 현상
   주로 변압기 철심의 자기포화 및 계통의 대지정전용량에 기인한다.
   가. 변압기 유도성 리액턴스를 X_L, 선로의 용량성 리액턴스를 X_C라고
   할 때 a상이 단선된 경우

   a상의 전압 $|V_a| = \dfrac{X_C/X_L}{3-2(X_C/X_L)} \cdot E_a$

   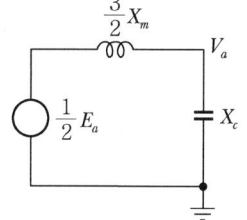

   위 식에서 $X_C/X_L = 3/2$에 접근하면 직렬공진이 발생한다.
   나. 철공진 이상전압 발생 시 1선 대지전압은 정상치의 2~3배까지 상승하고, GVT에는 상시여자 전류의 수십배에 달하는 이상전류가 흐른다.

2. 중성점 불안정의 원인
   가. 전력계통이 비접지계일 때 계기용 변압기를 접지한 경우
   나. 전력계통이 접지계일 때 일시적으로 계통분리에 의하여 비접지계로 되는 경우
   다. 계기용 변성기의 2차 부담이 극히 적을 경우
   라. 전력계통에 갑자기 전압이 인가되거나 1선 지락사고의 복구와 같은 전기적인 충격에 의하여 전력계통에 혼란이 생기게 되는 경우
   마. 차단기, 개폐기, 단로기 등의 개방 또는 퓨즈용단과 같은 전력계통이 단선으로 변압기의 여자 임피던스와 선로의 정전용량이 공진되어 기본파 철공진을 일으키는 경우

3. 중성점 불안정의 영향
   가. 중성점에 과도진동현상이 발생한다.
   나. 철심포화로 인한 돌입전류 때문에 다른 상의 대지전압을 상승시킨다.
   다. VT의 대지전압이 높아져서 철심이 포화된다.

4. 중성점 불안정의 대책
   가. 비접지 계통 계기용 변성기의 2차 부담을 적정하게 선정한다.
   나. GVT의 개방단에 적정한 CLR(저항)를 삽입한다.
   예 3.3kV 계통 : 50Ω, 6.6kV 계통 : 25Ω

다. 계기용 전압 · 전류 변성기(MOF)

1) 개요

고전압 대전류를 전력량계로 적산하기는 곤란하므로 3상4선식의 경우 한 용기 안에 계기용 변압기 3대, 변류기 3대를 조합하여 고전압과 대전류를 저전압 소전류로 비례 변성하여 최대수용전력량계에 전달하여 주는 장치이다.

2) 과전류 강도(22.9kV급)

[표 1] 지정전류 영역에서의 과전류 강도

거리 CT	1km	~3km	~5km	~7km	~8km	~20km	20km 이상
5/5A	$300I_n$	$150I_n$	$150I_n$	$150I_n$	$75I_n$	$75I_n$	$40I_n$
10/5A	$150I_n$	$150I_n$	$75I_n$	$75I_n$	$40I_n$	$40I_n$	$40I_n$
15/5A	$150I_n$	$75I_n$	$75I_n$	$40I_n$	$40I_n$	$40I_n$	$40I_n$
20/5A	$75I_n$	$75I_n$	$40I_n$	$40I_n$	$40I_n$	$40I_n$	$40I_n$
50/5A	$75I_n$	$75I_n$	$75I_n$	$75I_n$	$75I_n$	$75I_n$	$75I_n$
75/5A 이상	$40I_n$	$40I_n$	$40I_n$	$40I_n$	$40I_n$	$40I_n$	$40I_n$

라. 변류기(CT)

변류기란 정상적인 사용 상태에서 여자 전류와 철심의 포화를 무시하면 CT의 2차 측 전류가 1차 전류에 현저히 비례하고 그 위상각 오차가 거의 없는 계기용 변류기를 말한다. 이같은 특성으로 CT는 계기, 계전기를 고전압 대전류로부터 절연하고 계기, 계전기 입력에 적합한 전류로 변성하는 역할을 한다.

구분	CT	PT
구조	승압 TR	강압 TR
2차 특성	정전류원[74]	정전압원[75]
부하	I^2Z	$\dfrac{V^2}{Z}$
1차 전류	부하와 무관하게 일정	부하와 비례하여 변동
2차 개방	고전압 유기	변동없음
안전대책	단락(CTT)시킴	1차, 2차 Fuse를 사용

마. 영상변류기(ZCT)

비접지 또는 GVT에 의한 중성점 접지 시 지락전류가 극히 미세하므로 mA 단위의 영상전류를 검출하여 지락보호협조에 사용한다.

---

74) 정전류원이란 출력 전류가 부하저항의 크기에 관계없이 일정하게 유지되는 회로
75) 정전압원이란 출력 단자전압이 부하전류에 관계없이 일정하게 유지되는 회로

7.2 계기용 변류기의 원리 및 종류

변류기란 정상적인 사용 상태에서 여자 전류와 철심의 포화를 무시하면 CT의 2차 측 전류가 1차 전류에 비례하고 그 위상각 오차가 없는 계기용 변류기를 말한다. 변류비는 원리적으로 권수비의 역수로 정해지는 것이나 실제로는 여자 전류, 손실전류 등이 있어서 오차의 원인이 되므로 2차 측에 접속하는 부하에 따라 적절한 용량의 CT를 사용하여야 한다.

■ 제조사 기술자료집, 정기간행물, 신전기설비기술계산 핸드북

1. 변류기의 동작원리

가. 정상상태의 변류기

1) 변류기 1차에 그림과 같이 계통의 부하전류 I_1이 흐르면 이 전류가 자속 ϕ_1을 만들어 자로(철심)을 따라 흐른다. 자속 ϕ_1이 2차 코일과 쇄교하여 2차 코일에 전압이 유기되고 이 전압에 의해서 2차 회로에 전류 I_2가 흐른다.

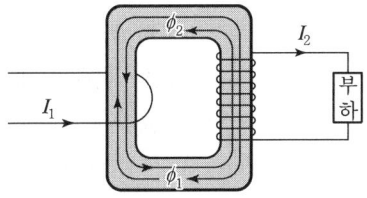

[그림 1] CT 회로

2) 2차 코일에 흐르는 전류 I_2도 자속을 만드는데, 이 자속 ϕ_2는 ϕ_1과 방향이 반대이고 크기는 같아 서로 상쇄된다. 즉, $\phi = \phi_1 - \phi_2$[wb]로 이 자속이 여자자속이고 이 자속을 만드는 전류가 여자 전류이다.

3) 2차를 1차로 환산한 CT의 등가회로 [그림 2]에서

① 등가회로를 수식으로 표현하면 $I_1 = \dfrac{I_2}{a} + I_0 = \dfrac{I_2}{a} + I_i + I_\phi$

여기서, I_0 : 여자 전류($I_i + I_\phi$), a : 권수비, r_1, r_2 : 1 · 2차 저항
x_1, x_2 : 1 · 2차 리액턴스, Y_0 : 여자 어드미턴스
E_1, E_2 : 1 · 2차 전압, R, X : 2차 부담 저항, 리액턴스

② 변류기에는 여자 전류 I_0만큼의 오차가 발생하는데 이를 보정하는 방법은 2차 권선을 약간 적게 감아준다.

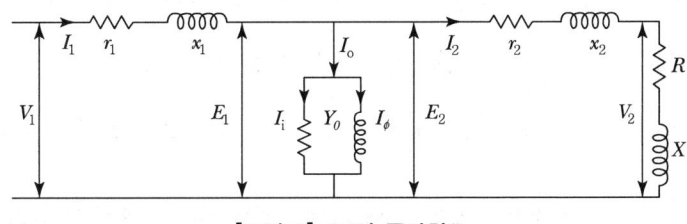

[그림 2] CT의 등가회로

나. 고장전류가 흐를 때 변류기

1) 철심에 감긴 1차 코일에 전류가 흐르면 철심에는 자속이 흐르게 되는데 전류가 자속과 같이 증가하다가 어느 한도를 넘어서면 자속이 증가할 수 없는 상태가 되는데 이것을 철심의 포화라 한다.

2) 변류기 1차에 적당한 크기의 전류가 흐르면 [그림 3] 하단과 같이 포화되지 않고 2차에 그림과 같은 파형의 전압이 유기되어 2차 부하에 전류가 흐른다.

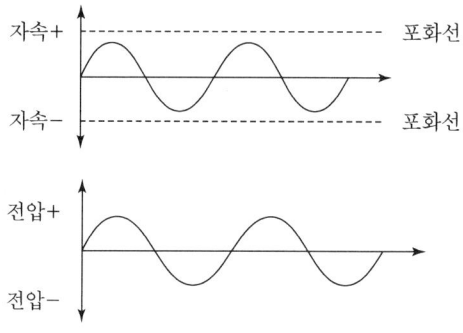

[그림 3] CT 비포화 대전류

3) 고장 등으로 변류기 1차에 큰 전류가 흐르면 철심이 포화에 이르고 [그림 4] 상단의 포화선 이상부분에서는 자속변화가 없으므로 $d\phi/dt = 0$이 된다.

이때 변류기 2차에 유기되는 전압은 $e = n \cdot \dfrac{d\phi}{dt}$에서 $d\phi/dt = 0$이 되면 유기 전압도 0이 되므로 변류기 2차에 전류가 흐르지 못한다.

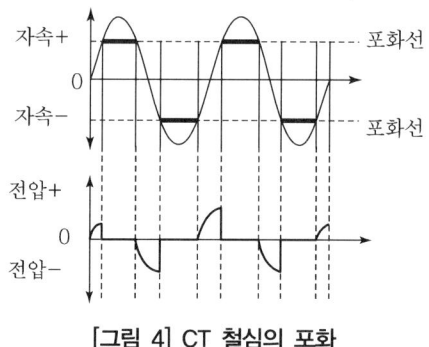

[그림 4] CT 철심의 포화

4) [그림 4] 하단과 같은 파형전압이 유기되므로 전체적인 2차 전류는 감소하게 된다. 이와 같이 CT에서 전류가 감소하는 정도를 나타내는 것은 변류기의 과전류 정수이다.

다. 2차가 개방되었을 때 변류기

1) CT의 철심에 흐르는 자속은 $\phi = \phi_1 - \phi_2$[wb]인데 2차가 개방되면 $\phi_2 = 0$이고 ϕ_1 전체가 여자 전류로 된다.

2) 1차 전류가 모두 여자 전류로 되면 CT철심은 [그림 5] 상단과 같이 포화된다. 그러나 자속이 포화되는 것은 자속이 철심포화선보다 더 클 때이며 철심포화선 범위 이내의 부분에서는 포화된 것이 아니다.

3) 철심의 포화선 이내 부분의 경우 $e = n \cdot \dfrac{d\phi}{dt}$에서 $d\phi/dt$가 매우 커서 유기기전력도 매우 커지게 되며 이 전압은 임펄스 형태 파형이 된다.

4) 변류기에서 $E_1 I_1 = E_2 I_2$이므로 E_1, I_1이 변함이 없는데 $I_2 = 0$이면 $E_2 = \dfrac{E_1 I_1}{I_2} = \dfrac{E_1 I_1}{0} = \infty$가 된다. 또한 I_1은 변함이 없으므로 이 전류가 모두 여자 전류 I_0가 되어 여자 전류가 매우 커진다.

5) 여자 전류 I_0의 증가에 비례해서 철손전류 I_i와 자화전류 I_ϕ도 커지게 되어 철손전류 I_i에 의한 과열이 발생하고, 자화전류 I_ϕ의 증가는 CT에 여자되어 고전압이 발생한다.

라. 변류기 2차 개방 시 이상현상 대책

1) 2차 부담을 설치하지 않을 때는 2차를 항상 단락시켜 둔다.
2) CT 2차 개방 보호장치(CTOD ; Current Transformer Secondary Open Detector)를 설치하여 2차가 개방되면 자동으로 2차 회로를 폐로시키고 경보를 울리도록 한다.
3) CT의 절연강도를 크게 해서 2차가 개방되어도 최소한 1분 이상 견딜 수 있도록 한다.

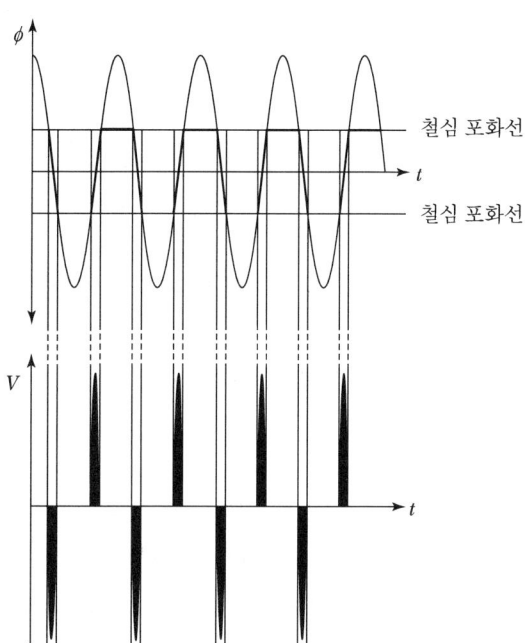

[그림 5] 철심의 자기포화 현상

> **참고** 변류기와 변압기의 비교

변압기	변류기
변압기는 부하임피던스의 크기에 관계없이 2차 측 단자전압이 일정한 정전압으로 본다.	변류기는 부하임피던스의 크기에 관계없이 2차 측 전류의 크기가 일정한 정전류로 본다.
손실과 내부임피던스를 무시할 때 정전압원	손실과 내부임피던스를 무시할 때 정전류원
• 변압기의 경우 2차 측 부하임피던스가 작을수록 큰 부하가 걸린다. • 부하임피던스 Z_T의 경우 변압기의 kVA = $\dfrac{V_2^2}{Z_T}$가 되는데, 여기서, V_2가 일정하다고 보면 임피던스가 작을수록 부하용량은 커진다.	• 변류기의 경우 2차 측 부하임피던스가 클수록 큰 부하가 걸린다. • 부하임피던스 Z_C의 경우 변류기의 VA = $I_2^2 Z_C$가 되는데, 여기서, I_2가 일정하므로 임피던스가 클수록 큰 부하가 걸린다.
• 변압기의 1차 전류는 2차 측에 걸린 부하의 크기에 따라 변화한다. • 2차에 부하 접속은 모두 병렬로 연결한다.	• 변류기의 1차 전류는 선로에 흐르는 부하전류로 2차 측에 걸린 부하의 크기에 관계없이 일정하다. • 2차 부담은 모두 직렬로 연결한다.

2. 변압기의 종류

가. 변류기의 분류

1) 절연구조에 따른 구분 : 유입형 CT, Mold형 CT, 건식 CT, 가스형 CT
2) 권선형태에 의한 구분 : 권선형 CT, 관통형 CT, Bushing CT, 다중비 CT
3) 철심형태에 의한 구분 : 다중철심형 CT, 공심변류기
4) 사용특성에 따른 구분 : 계측용 CT, 계전기용 CT, C형 CT[76], T형 CT

나. 권선 및 철심에 따른 분류

1) 권선형 변류기(Wound Type CT)

   ① 권선형은 가장 기본적인 구조로 1차 권선이 2 Turn 이상이 되며 일반적으로 750A 이하에 사용하며 다른 구조에 비해 필요한 특성을 쉽게 얻을 수 있다. 고저항 접지계에서는 정격 1차 전류가 400A 이상인 CT에서는 3차 권선부로 하는 3차 권선형 변류기를 사용한다.
   ② 권선형 변류기는 건식과 유입식으로 나눌 수 있다.
      ㉠ 20kV 미만의 옥내형에는 주로 몰드형이 사용된다.
      ㉡ 20kV 이상 및 옥외용에는 유입식이 사용되고 있다.
      ㉢ 유입식은 다시 탱크형(80kV 이하)과 애자형(11kV 이상)으로 나뉜다.
   ③ 최근에는 부틸고무나 에폭시레진을 사용한 몰드형으로 절연을 향상하고 있으며 오차계급은 보통 1.0급이다.

2) 관통형 변류기(Through Type CT)

   케이블, 모선, 부싱 등을 변류기 1차 권선으로 사용하여 2차 권선이 감겨진 환상철심의 중심부를 통과하도록 되어 있다. 또한 1차 권선이 1턴이므로 봉형 변류기와 동일하게 1차 전류가 작은 범위에서 좋은 오차특성을 얻기가 어렵다.

3) 부싱형 변류기(Bushing Type CT)

   ① 환형철심에 2차 권선을 솔레노이드식으로 감고 1차 권선이 환상철심의 중심부를 통하게 한 것이다. 1차 권선은 부싱 내의 도체로 이루어지며 변압기나 유입차단기의 부싱 바깥쪽에 설치하며 대지절연을 부싱이 하도록 한 것이다.
   ② 부싱의 내부도체를 1차로 이용하게 되므로 철심 안지름이 크게 되고 자속통로의 길이가 다른 변류기보다 길게 되는데 이를 보상하기 위해 철심의 단면적을 크게 한다.

---

[76] C200이란 사고발생 시의 CT 포화지점의 2단자전압을 말하며 C200에서 2의 의미는 변류기의 정격임피던스[Ω]를 의미한다.
- 변로기의 부하임피던스[Ω]×CT 2차 정격 전류×과전류정수=200[V]에서 과전류정수=20
- CT 2차 정격 전류=5A, Z_b(부하임피던스)=2 ∴ 사용부담 $VA = I_2^2 \cdot Z_b = 5^2 \times 2 = 50[VA]$

③ 유입 권선형에 비해서 가격은 싸지만 부싱의 좁은 공간에 설치되므로 철심의 단면적이 제약되어 특성은 떨어지고 오차계급은 3.0이 된다.

4) 봉형 변류기(Bar Type CT)

2차 권선을 감은 철심에 1차 전체를 넣어서 일체구조로 한 것이며 1차 권선이 1 Turn이므로 절연이 용이하고 과부하에도 견딜 수 있으므로 1차 전류가 큰 변류기에 적합한 구조이다.

5) 이중비 CT(다중비 CT)

① 이중비 CT에는 관통형과 권선형이 있고, [그림 6]처럼 $k_1 - l$ 사이의 전류정격은 $k_2 - l$ 사이의 전류정격의 2배이다. 예 100/5A, 50/5A

② 이중비 CT는 하나의 CT를 계전기용과 계기용에 겸용으로 쓰고자 할 때 사용한다.

③ 이중비 CT의 과전류정수는 가장 높은 변류비를 기준으로 선정한다.

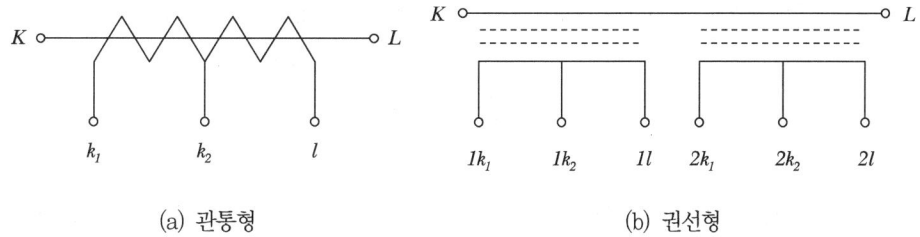

(a) 관통형　　　　　　　　(b) 권선형

[그림 6] 이중비 CT결선도

6) 다중 철심형 변류기

실제 전력계통에서 광범위하게 사용할 수 있도록 [그림 7]처럼 변류기가 2개 이상인 CT로 공통의 1차 권선을 2개로 결선하고 각 철심에는 각각 개별의 2차 및 3차 권선을 결선함으로써 변류비를 변경하는 방식이다.

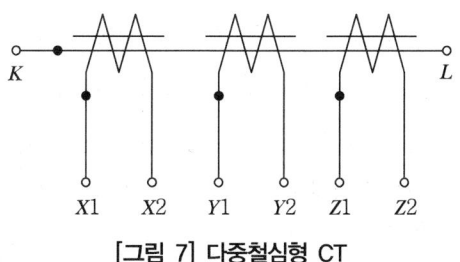

[그림 7] 다중철심형 CT

7) 공심(Air Core) 변류기

① 관통형 변류기의 일종이나 철심이 없는 것이 특징이다. 즉, 공심 상호리액터이다.

② 특성은 철심이 없기 때문에 철심포화에 의한 오차가 없다. 1차 전류에 대하여 2차 측에는 전압이 발생되도록 제작되어 있다. 2차 측이 개방되어도 작은 전압이 발생하여 안전하다. 이 CT는 주로 모선보호방식에 사용된다.

다. 사용특성에 따른 분류

1) 계측용 CT

   계측용은 평상시 정상 부하상태에서 사용되므로 정격 이내에 정확해야 하며 사고 시(대전류 영역)에는 포화되어 계측기 및 회로를 보호하는 특성이어야 한다.

2) 계전기용 CT

   계전기는 사고 시(대전류 영역)에 응동해야 하므로 상당한 대전류에서 포화하지 않아야 한다. 미국 ANSI 규격에서는 계전기용 CT는 정격의 20배 전류에 포화되지 않고 비오차가 −10% 이내로 유지하도록 정해져 있다. 즉, 포화특성이 중요하다.

3) C형 CT

   미국 ANSI 규격에서 정한 특성으로 철심의 누설자속이 규정치 이내이고 권선이 균일하게 감겨져 있어 표시된 수치에서 특성을 계산에 의하여 구할 수 있는 CT이다.

   예 C800 표시특성은 ① 부하저항 : 800V/100A = 8[Ω]
   ② 부담 : 5A × 5A × 8Ω = 200[VA]

4) T형 CT

   미국 ANSI 규격에서 정한 특성으로 철심의 누설자속이 커서 변류비 영향을 줄일 수 있어 계산에 의해 특성을 구할 수 없고 시험에 의해서만 구할 수 있다. 권선형 CT 중 일부가 이 특성이다.

> **참고** 보호용 변류기의 단락보호검토 예시
>
> [예시] 회로조건은 계통전압 6.6kV, 부하전류 61.2A, 최대고장전류 10kA, 부담 15VA일 경우
> (조건, CT정격이 정격 전압 7.2kV, 정격 1차 전류 150A, 정격 2차 전류 5A, 3차 전류(없음))
>
> 1. 변류기 선정
>   1) 임피던스의 산출 예) 6.6kV의 경우 변압기와 선로 임피던스는 약 10% 이내
>   2) 최대고장전류(I_S) : 10kA $\left(I_S = \frac{P_S}{\sqrt{3}\,V} \times \frac{100}{\%Z}\right)$, 최대부하전류($I_L$) : 61.2A $\left(I_L = \frac{P_N}{\sqrt{3}\,V}\right)$
>   3) CT 1차 정격 전류(I_1) : $I_1 = I_L \times 1.5 = 61.2 \times 1.5 = 91[A] ≒ 100[A]$
>   4) 정격부담(VA) : 사용부담이 15VA이므로 정격부담은 40VA로 선정
>   5) 정격 내전류 : $\frac{I_S}{I_1} = \frac{10 \times 1,000}{100} = 100$, 과부하내량 : $\beta = 40 I_n = 40 \times 100 = 4.0[kA]$
>   6) 과전류 정수(n) = $\frac{최대사고전류}{정격 1차전류} = \frac{I_S'}{I_1} = \frac{10,000}{150} = 66$ (과다하므로 $n = 20$으로 조정)
> 2. CT의 과부담도 $\alpha = \frac{최대고장전류}{CT 정격 1차 전류 \times 과전류정수} < \beta$ 조건에서 $\alpha = \frac{10 \times 10^3}{150 \times 20} < 4.0$
>
> ∴ 최종 CT의 정격은 과전류 정수 20, 과전류강도 12.5kA, 정격부담 40VA, 오차계급 10P

7.3 CT(Current Transformer)의 정격과 특성

변류기란 정상적인 사용 상태에서 여자 전류와 철심의 포화를 무시하면 CT의 2차 측 전류가 1차 전류에 비례하고 그 위상각 오차가 없는 계기용 변류기를 말한다. 이 같은 특성으로 CT는 계기, 계전기를 고전압 대전류로부터 절연하고 계기, 계전기 입력에 적합한 전류로 변성하는 역할을 한다.

■ 신전기설비기술계산 핸드북, 제조사 기술자료집, 정기간행물

1. 변류기의 원리

가. 변류기는 1차 권선, 2차 권선 및 철심으로 구성되어 있으며 철심을 지나는 자속을 매개로 하여 1차 전류를 이것에 비례하는 2차 전류로 변성하는 것이다.

나. [그림 1]의 등가회로에서 이상적인 변류기에서는 $I_p = I_s$가 되지만, 실제의 변류기에서는 1차 전류(I_p)에는 여자 전류(I_e)가 추가하여 흐르며 철심이 여자로 소비되고 남은 전류가 (I_s)가 된다. 즉, 1차 전류(I_p)와 2차 전류(I_s)의 크기와 위상차가 오차가 된다. 따라서 변류기에는 여자 전류(I_e) 만큼의 오차가 발생되는데 이를 보정하기 위하여 2차 권수를 약 1% 정도 적게 감는 일이 있다.

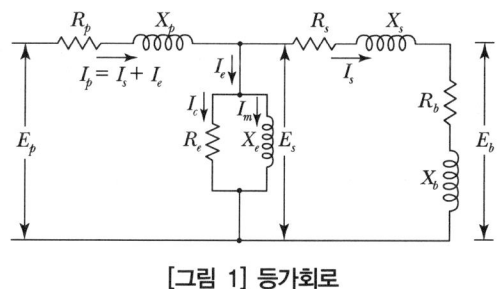

[그림 1] 등가회로

※ 1차 정격 전류 I_p가 증가하여 한계를 초과하면 철심이 포화되어 여자 전류 I_e가 급증하고 2차 전류 I_s에는 전류가 흐르지 않게 되고 비오차가 음으로 증가한다.

2. 변류기의 일반정격

가. 변류비

1) 1차 전류에 대한 2차 전류 크기의 비를 변류비라 한다.
2) 표시방법은 철심 CT에서 1차 전류가 1,200A일 때 2차 전류가 5A이면 1,200/5A로 표시한다.

나. 정격 전류

1) 정격 1차 전류 : 회로를 연속해서 흐를 수 있는 최대부하전류에 여유를 주어 결정한다.
   ① 수배전회로, 변압기회로 : 최대부하전류의 125~150%를 적용
   ② 전동기회로 : 최대부하전류의 200~250%를 적용

2) 정격 2차 전류 : 접속되는 부하의 정격입력전류를 고려하여 결정하며 일반적으로 5A가 표준이다.
   ① 일반표준치 계기 또는 계전기는 5A, 원방제어 디지털계기는 0.1~1A
   ② 다중비 CT일 때는 명판에 표시된 변류비만 사용해야 한다.

3) 정격 3차 전류 : 접지계 영상전류 검출에 이용한다.
   ① 3권선 영상분로 회로는 CT비가 400/5A 이상일 때 사용하며, 1차와 3차 변류비는 100/5A이다.
   ② 영상전류 검출
      ㉠ 접지계 : CT Y 결선 잔류회로(300A 이하), 3권선 영상분로회로(300A 초과)
      ㉡ 비접지계 : ZCT, 접지콘덴서와 ELB

다. 정격 전압 분류

1) 공칭전압 : 정격 주파수에서 전로를 대표하는 선간전압
2) 최고전압 : 전로에 발생하는 최고의 선간전압으로 공칭전압의 1.1/1배 또는 1.15배

   예 최고전압(제작회사 기기 설계 시 적용)＝공칭전압×1.15~1.2/1.1

공칭전압[kV]	3.3	6.6	22	154
최고전압[kV]	3.45	6.9	23	161

라. 극성(Polarity)

1차 전류의 방향에 대하여 2차 전류의 방향을 나타내는 특성이며 감극성과 가극성의 2가지가 있으며 우리나라에서는 감극성을 표준으로 하고 있다.

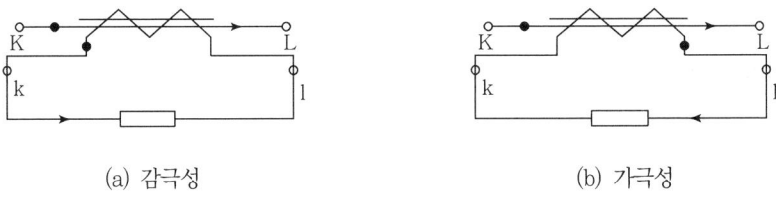

(a) 감극성   (b) 가극성

[그림 2] 극성의 종류

마. 정격 부담[VA]

1) 변류기 부담이란 변류기의 2차 단자 간 또는 3차 단자 간에 접속되는 부하를 말하며, 정격 주파수에서 2차 정격 전류가 흘렀을 때 소비되는 피상전력과 그 부하의 역률로 나타낸다.

   예 변류기의 선정조건 "정격 부담 ≥ 사용 부담", 정격 부담[VA] $= I^2 Z$

   CT 정격 2차 부담[VA] $= I_2^2 (CT\ 2차\ 정격\ 전류) \times Z(부하임피던스)$

2) 정격 부담은 변류기 오차범위를 유지할 수 있는 부하 임피던스로서 2차 전류 또는 3차 전류의 제곱과 부하임피던스의 곱으로 표시한다. **예** 일반적으로 40[VA]가 사용

[표 1] 변류기 정격 2차 부담

용도	계급	정격 2차 부담	역률
계기용	0.5급	15, 25, 40, 100	0.8
	1.0~3.0급	5, 10, 15, 25, 40, 60, 100	0.8

3) 실부담(사용 부담)은 부하 구성요소의 임피던스로 정격 전류(동작전류 값)에서의 소비 VA로 표시되며, 변류기 사용 부담 산출은 직렬로 접속되어 있는 계기, 계전기, 접속전선 등 개개부담[VA]의 산출 합으로 정격 부담 이하여야 한다.

   예 사용부담[VA] $= I_2^2 \cdot Z_b$

   여기서, I_2 : 2차 정격 전류

   Z_b : CT 2차회로 임피던스(계전기, 계기 및 2차 케이블 등)

바. 오차 계급(Accuracy Class)

1) 변류비 오차 또는 위상각 오차 등에 대하여 계급별로 허용범위를 정한 규정으로 우리나라는 계전기용, 계기용으로 구분되어 있다.
2) 계전기용은 대전류 영역에서 비오차를 중요시하며 과전류 정수 n에서 10% 이내, 계기용은 평상시 100% 부하 부근에서 정밀도를 중요시하고 있으며 ±1~2%이다.

3. 변류기의 특성

가. 변류기의 포화특성

1) 포화특성

   ① CT는 1차 전류가 증가하면 2차 전류도 변류비에 비례하여 증가한다. 그러나 어느 한계에 도달하면 1차 전류는 증가하여도 2차 전류는 포화하여 증가하지 않는다.
   ② 곡선의 포화가 시작되면 여자전압이 10% 증가할 때 여자 전류가 50%씩 증가하는데 이점을 포화점(Knee Point)이라 하며 곡선이 45° 절선과 만난다.

③ CT의 포화 개시점에서의 전압을 정격포화개시전압(Knee Point Voltage : V_K)이라 하며 이 값이 충분히 커야 고장전류 영역에서 오차가 적어서 확실한 보호가 가능하다.

2) 변류기 등가회로

① CT의 2차 전류는 저역률의 지상부하로서 I_2는 I_0와 거의 동상이다.

즉, $|I_2'| \fallingdotseq |I_2|+|I_0|$에서 여자임피던스 Z_f 값이 매우 크므로 I_0는 아주 적다. 그러나 V_2가 높아지면 철심이 포화하게 되고 여자임피던스는 단락상태 정도로 작아지므로 I_0는 급증하여 I_2는 거의 0이 된다.

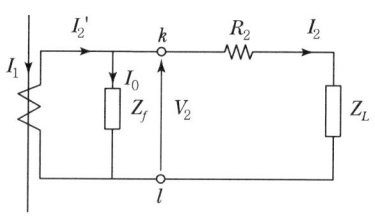

[그림 3] 변류기 등가회로

여기서, Z_f : 여자임피던스, R_2 : 2차 케이블 및 CT 2차 저항
Z_L : CT 2차 부하임피던스, I_1 : 1차 전류
I_2' : 1차 전류를 공칭 변류비에 의하여 2차 측으로 환산한 값
I_0 : 여자 전류, I_2 : CT의 2차 전류

나. 변류기 비오차

1) 비오차(ε)

실제변류비가 공칭변류비와 얼마만큼 다른지 백분율로 표시한 것을 말한다.

① $\varepsilon = \dfrac{\text{공칭변류비} - \text{실제변류비}}{\text{실제변류비}} \times 100 = \dfrac{\dfrac{I_1}{I_2} - \dfrac{I_P}{I_S}}{\dfrac{I_P}{I_S}} \times 100 = \dfrac{K_n - K}{K} \times 100$

$= \dfrac{K \cdot I_s - I_P}{I_P} \times 100 [\%]$

여기서, K_n : 공칭전류비, K : 실제전류비, I_p : 실제 1차 전류(측정 1차 전류)
I_S : 측정에서 실제 1차 전류가 흐를 때의 실제 2차 전류

> **예** 100/5 변류기 1차에 100A가 흐를 때 2차에 4.95A 흐를 경우 변류기 비오차
> ① $K = \dfrac{100}{5}$ ∴ $\varepsilon = \dfrac{20 \times 4.95 - 100}{100} \times 100 \fallingdotseq -1[\%]$
> ② $\varepsilon = \dfrac{100/5 - 100/4.95}{100/4.95} \times 100 \fallingdotseq -1[\%]$

② 변류기의 1차 전류 증가 시 어떤 한도를 넘어서면 자속밀도가 포화하여 여자 전류가 급증하므로 비오차가 부(−)가 되고 CT 2차 회로 측으로는 전류가 흐르지 않게 된다. 이런 경향은 2차 부담이 클수록 심하여진다.

2) 합성오차

$$\varepsilon_P(\%) = \frac{1}{I_P}\sqrt{\frac{1}{T}\int_0^T (K_n \cdot i_s - i_P)^2 dt}$$

여기서, I_p : 실제 1차 전류, K_n : 공칭전류비
i_P : 1차 전류의 순시치, i_s : 2차 전류의 순시치

① 합성오차 개념에서 가장 중요한 것은 여자 전류와 2차 전류에서 비선형 상태이다. 이것이 높은 고조파를 유도하기 때문에 올바른 동작을 위하여는 고조파 양을 제한해야 한다.
② 합성오차는 전류오차와 위상차의 벡터 합으로 표시하며 전류오차와 위상차의 벡터 합보다 적어서는 안 된다.
③ 전류오차는 과전류계전기의 동작, 위상차는 위상감도계수에 관계된다.

3) 비보정 계수(Ratio Correction Factor)

① 미국 ANSI 규격에서 정하고 있는 변류기의 비오차 표시방법 중 한 가지이다.
② $R.C.F = \dfrac{측정변류비}{공칭변류비}$ 또는 측정전류비 = 공칭변류비 × $R.C.F$

다. 과전류 정수

1) 과전류 정수의 정의

CT의 철심이 포화되면 마이너스 오차가 발생하는데 이 과전류 범위에서의 비오차 특성을 과전류 정수라 한다. 즉, 정격부담에서 변류비 오차가 −10%가 되는 때의 1차 전류와 정격 1차 전류와의 비를 말한다.
표준 과전류 정수(n)는 $n > 5$, $n > 10$, $n > 20$ 등으로 표시한다.

$$과전류\ 정수(n) = \frac{비오차가\ -10\%\ 되는\ 때의\ 1차\ 전류}{정격\ 1차\ 전류}$$

2) 과전류 정수의 특징

변류기의 포화는 철심의 특성 및 단면적이 같으면 [그림 3] 변류기 등가회로의 2차 유기전압(V_2)에 의해 정해진다.
① n값이 작다는 것은 CT 철심의 포화값이 작으므로 CT 1차 측에 과대한 전류가 흐를 때 그에 비례한 값을 얻을 수 없다는 것을 의미한다.
② n값이 크다는 것은 정격 과전류 정수가 큰 변류기의 2차 회로에는 사고전류에 비례한 큰 전류(계전기의 단시간 허용치인 200A 이상의 전류)가 흘러 계기, 계전기의 열적·기계적 내량이 문제가 될 수 있다.

③ 일반적으로 과전류정수(n)×2차 부담(VA)=일정

3) CT 2차 전류의 포화현상을 줄이기 위한 방법

① 정격부담 VA가 큰 것 혹은 과전류 정수가 큰 것을 사용한다.

② CT의 리드저항을 낮추기 위하여 케이블은 굵은 것을 사용한다.

　예 $1.5\text{mm}^2 \rightarrow 4\text{mm}^2$

③ 다수 계기류를 한 개의 CT에 접속할 경우 계기용과 계전기용으로 분리한다.

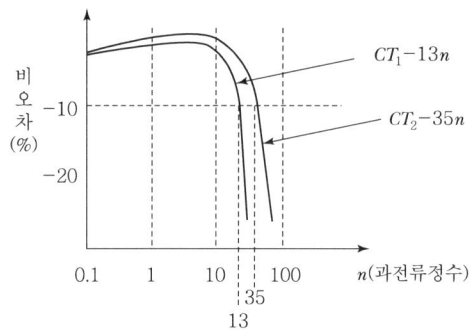

- 과전류정수가 클수록 비오차는 작다.
- 철심 포화 시 비오차가 급격히 커진다.

[그림 4] 과전류 특성

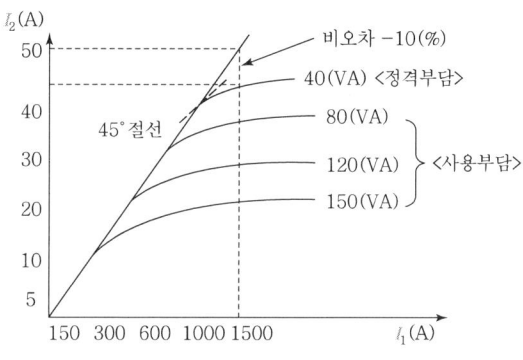

(6.9kV, 150/5A, 40VA, $n > 10$)

[그림 5] 과전류 정수

4) 과전류 정수 선정 시 유의사항

① 과전류 정수는 고장전류에 대해 CT가 포화하지 않도록 $n \geq \dfrac{\text{최대사고전류}}{\text{정격 1차 전류}}$가 되도록 선정하여야 한다.

② 고장전류가 흘렀을 때 보호할 수 있는 범위 내에서 되도록 작은 값을 선정하는 것이 계기, 계전기로 유입하는 전류가 적어서 안전하다.

③ 겉보기 과전류 정수(n')는 사용부담에 따라 다음과 같이 달라진다.

$$n' = n \times \dfrac{CT\text{ 정격부담} + CT\text{ 정격 내부손실}}{CT\text{ 사용부담} + CT\text{ 내부손실}}$$

라. 과전류 강도

1) 과전류 강도

변류기의 정격1차 전류 값에 열적, 기계적, 전기적 손상 없이 몇 배의 고장전류에 견딜 수 있는가를 정한 것으로 CT의 과전류 강도는 열적 과전류 강도와 기계적 과전류 강도로 나누어 정의된다.(정격 과전류 강도는 정격 내전류를 정격 1차 전류로 나눈 값)

$$CT\text{의 표준 과전류 강도 } S_n = \dfrac{\text{단락전류}}{\text{정격 1차 전류}}$$

2) 열적 과전류 강도

① CT의 과전류에 대한 권선의 온도상승에 의한 용단강도로서 CT에 손상을 주지 않고 1초간 1차 측에 흘릴 수 있는 최대전류(kA_{rms})를 말한다.

  예 과전류강도 40이란 정격 1차 전류의 40배 순간전류에 견디는 것을 의미한다.

② 통전시간 t[s]에 있어서의 과전류 강도 $S = \dfrac{S_n}{\sqrt{t}}$ [A]

  여기서, S_n : 정격 과전류 강도[A]
  t : 시간(통전시간 t는 0.25~5.0초 정도까지 성립)

3) 기계적 과전류 강도

① 단락 시 전자력에 의한 권선의 변형에 견디는 강도로서 CT가 사고전류 최댓값에 의한 전자력에 손상되지 않은 1차 측 전류의 파고치(kA peak)를 말한다.

② 열적과전류강도(열적전류)의 2.5배로 되어 있다.

  예 KS의 기계적 강도=열적 과전류 강도×2.5배

4) 선정 시 유의사항

① CT의 과전류 강도는 표준 과전류 강도(S_n)값 이상으로 설정한다.

② 한전거래용 MOF 과전류 강도 10~15/5A는 $150I_n$, 20~60/5A는 $75I_n$, 75/5A 이상은 $40I_n$ 이상

》참고 정격 내전류

1. CT의 정격 내전류 표시방법에는 정격과전류 강도 또는 정격과전류의 두 가지 방법이 있다.

2. 정격 내전류란 변류기의 3차 권선을 개방한 상태에서 정격 2차 부담의 25% 부담하에서 1차 권선에 1초간 흘렸을 경우(충전) 열적 및 기계적으로 규격에 정한 성능을 보증할 수 있는 과전류 한도를 말한다.

3. 정격 내전류의 종류
   ① 열적 내전류(1초간 충전한 후의 최종온도가 허용절연온도를 초과하지 않는 전류한도)
   ② 기계적 내전류(직류분을 포함한 사고전류 최댓값에 의한 전자력에 대한 내력)
   예 JIS 계기용 변성기 표준 과전류 강도는 정격과전류 강도로서 정격 1차 전류의 배수에 40, 75, 150, 300배 등이 있다.(JIS 과전류의 한도는 정격 내전류 또는 정격과전류 강도로 표시한다.)

정격과전류 강도	보증 과전류
40	정격 1차 전류의 40배
75	정격 1차 전류의 75배
150	정격 1차 전류의 150배
300	정격 1차 전류의 300배

마. IPL과 FS(IEC에서만 계측기용 CT에 정의)

1) IPL(Rated Instrument Limit Primary Current)

① CT 2차 부담이 정격부담일 때 계측기용 CT의 합성오차(Composite Error)가 10% 또는 그 이상일 때의 1차 전류의 최솟값을 말한다.

② 계통고장으로 인한 높은 전류로부터 계측용 CT에 연결된 계측기 또는 이와 유사한 장치를 보호하기 위하여 합성오차는 10%보다 커야 한다.

2) FS(Factor Security)

정격 1차 전류와 IPL과의 비를 말하며, CT의 1차 측에 계통고장전류가 흐를 경우 계측용 CT의 2차 측에 연결된 계측기 또는 이와 유사한 장치는 FS값이 적을수록 안전하다. FS값은 계측용일 경우 5 또는 10 이하가 된다.

[표 2] 계측기용 CT와 보호용 CT의 차이

항목	계측기용	보호용
오차계급	0.1, 0.2, 0.5, 1, 3, 5	5P, 10P
정격 전류	전류비 오차	전류비 오차
과전류에 대한 1차정격	IPL	정격오차 1차 전류
과전류에 대한 규정	FS(규정은 없으나 적을수록 좋다.)	$n=5, 10, 15, 20, 30$
과전류 강도(열적)	계통고장전류(대칭실효치)	계통고장전류(대칭실효치)
과전류 강도(기계적)	계통고장전류의 파고치	계통고장전류의 파고치

> **참고** CT의 정격포화 개시전압

1. Knee Point Voltage(정격포화 개시전압)

가. 그림은 CT의 일반적인 여자특성곡선으로 ANSI에서는 이 곡선이 45°절선과 만나는 점에서의 2차 여자전압을 정격포화 개시전압이라 하고 계전기 정정에 활용한다.

나. CT의 1차 전류가 정격 전류를 크게 증가하면 철심의 특징(포화특성)으로 인해 철심이 포화하게 된다.

다. Knee Point Voltage는 CT의 포화 개시점으로 Knee Point Voltage를 이용하여 정정에 활용되는 계전기는 전압차동형 계전기이며 모선, 선로, 전동기 보호에 사용한다.

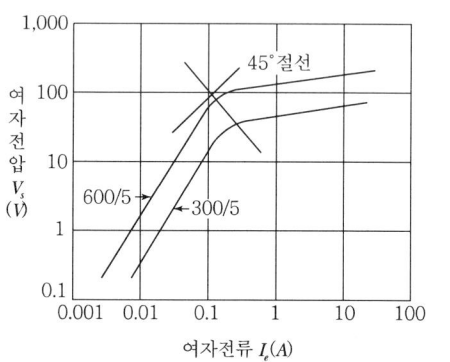

(권선저항 : 600/5에서 0.296Ω, 300/5에서 0.168Ω)

1) ANSI 정의 : 여자특성곡선이 45° 절선과 만나는 점에서의 2차 여자전압을 정격포화 개시전압(Knee Point Voltage)으로 정의한다.

2) 포화특성시험에서 포화점의 인가전압을 포화전압이라 하고 이것이 충분히 높아야 대전류 영역에서 확실한 보호가 가능하다. 보호방식 중 차동계전방식 또는 Pilot Wire 방식에서는 사용한 양단의 CT 포화특성 일치가 매우 중요한 요소가 된다.

2. Knee Point Voltage의 전압(V_K)

 가. Knee Point Voltage가 CT에 명시되어 있지 않을 때에는 다음 식에서 구한 값을 Knee Point Voltage로 간주하여 사용하여도 지장이 없다.

 나. $V_K = \dfrac{VA}{I} \times n$

   여기서, VA : CT의 2차용량(부담), I : 2차 측 정격 전류(5A or 1A), n : 과전류 정수

   예 2차 부담이 25VA, 과전류정수가 20일 경우 정격포화 개시전압

   $V_K = \dfrac{25}{5} \times 20 = 100[\text{V}]$

7.4 CT 선정 시 고려사항

■ 제조사 기술자료집, 정기간행물, 신전기설비기술계산 핸드북

1. 개요

계측기용 CT가 1차 정격 전류의 5~120%를 대상으로 하며, 보호용 CT는 회로의 정상상태를 대상으로 하지 않고 회로의 고장상태 또는 비정상적인 과도상태를 대상으로 하기 때문에 1차 정격 전류의 50% 이하는 그 대상으로 하지 않는다.

2. CT 선정 시 고려사항

가. 정격 1차 전류 및 변류비

1) 수전인입회로와 변압기 회로는 최대부하전류의 125~150%, 전동기 회로는 최대부하전류의 200~250% 이상을 회로의 최대부하전류에 여유를 두어 선정한다.

2) 회로의 중성점이 비유효 접지계통의 경우
  ① GVT 접지계통 : 영상 ZCT 선정이 성립되어야 한다.
  ② 고저항접지 또는 저항접지 : 300/5A까지는 CT잔류회로, 300/5A를 초과 시에는 3차 권선 CT를 선정하여 영상분로 접속한다.

3) CT 2차 및 3차 전류는 5A를 원칙으로 하고, 계측을 원방을 하는 등 CT와 계전기 사이가 길어지거나 특별한 경우 보조 CT를 두어 0.1~1[A] 정도로 저감하여 사용한다.

나. 정격부담

1) CT 2차에 연결된 계전기의 총 부담 VA_1이라 할 때 CT의 정격부담이 VA라면 $VA > VA_1$이어야 한다.
2) "과전류 정수×부담≒일정"하므로 과전류 정수가 부족한 경우 정격부담을 증가시키는 방향으로 CT의 부담을 수정한다.

다. 과전류 정수

1) 과전류 정수는 계통의 사고 최대전류에서 CT가 포화하지 않도록 표에 추천되는 값으로 한다.

$$\therefore n \geq \frac{최대사고전류}{1차\ 정격\ 전류}$$

[표 1] 계전방식에 따른 과전류 정수

보호 대상	계전 방식	과전류 정수	
		표준	특수
발전기	차동	10	20
2권선 변압기	차동	10	20
3권선 변압기		20	40
송전선	차동	10	20
	거리	20	40
	과전류	10	20
배전선	과전류	5	10
전동기	과전류	10	20

2) 과전류 정수 n이 작다는 것은 CT 1차 측에 과대한 전류가 흐를 때 그에 비례한 값을 얻을 수 없다는 것을 의미하며 n이 지나치게 크면 고장 시 2차기기에 유입전류가 커서 위험할 수 있다.

예 JEC 규정에 CT 2차의 계전기 내 전류 $40I_n$($40\times5=200$[A])이다.

3) 과전류 정수는 CT 2차 부담에 따라 변하며 보호계전기의 정격 내전류(1초간 흘릴 수 있는 최대 실효치 전류)에 의하여 수정되어야 한다.

① 과부담도 $\alpha = \dfrac{최대고장전류}{CT정격\ 1차\ 전류\ \times\ 과전류정수}$

② 과부하 내량 β는 정격을 초과하는 부하전력에 대한 과부하전력의 비와 허용할 수 있는 시간으로 표시한다.(JEC 계전기 내전류)

$$\beta = 40 I_n \left(I_n = \frac{I_s}{I_1} \quad I_s : 최대고장전류, \ I_1 : 정격\ 1차\ 전류 \right)$$

보호계전기의 경우 $\alpha < \beta$가 성립되어야 한다. 만약 $\alpha > \beta$일 때 CT의 1차 전류 혹은 과전류정수를 큰 쪽으로 수정해야 한다.

라. 과전류 강도

1) 계통 고장전류가 열적 과전류 강도가 되며 기계적 과전류 강도는 열적 과전류의 2.5배가 된다.
2) CT의 전류비가 적어서 이 과전류 강도에 이르지 못하면 CT의 비율을 조정한다.

마. 허용오차

5P와 10P에서 선택하며 JEC[77], ANSI 모두가 전류비 오차 10%일 때의 1차 전류배수로 과전류 정수를 정의하고 있다.(P ; Protection)

계급	정격 1차 전류에서의 전류비 오차	정격1차 오차한도전류에 있어서의 합성오차(%)	VA[%] PF
5P	±1	5	100%
10P	±3	10	0.8

바. CT의 정격 표시

정격표시는 정격부담, 허용오차계급, 과전류 정수의 순서로 기입한다.

예 25VA 10P 20

7.5 영상변류기(ZCT)의 원리 및 정격

영상변류기는 3상 전류를 1차 전류로 하여 영상전류 검출에 사용하는 변류기로 비접지 또는 GVT에 의한 중성점 접지계통의 경우 지락전류가 극히 미세하므로 mA 단위의 영상전류를 검출하여 지락보호협조에 사용한다.

■ 신전기설비기술계산 핸드북, 제조사 기술자료집, 정기간행물

---

[77] JEC와 IEC의 비교
- JEC의 과전류 정수는 전류비 오차가 −10% 되는 때의 1차 전류와 정격 1차 전류비를 말한다.
- IEC의 과전류 정수는 정격 오차한도 1차 전류와 정격 1차 전류의 비를 말하며 표준과전류 정수는 5, 10, 15, 20, 30, 허용오차는 5%와 10%에서 선택하고 있다.

1. 원리

정상시에는 자속의 평형으로 2차 전류가 흐르지 않으나 지락 발생 시에는 각 상의 전류가 불평형되어 철심에 자속이 발생되어 2차 측에 전류가 흐른다.

가. 영상변류기의 검출

ZCT의 1차 전류를 I_R, I_S, I_T할 경우 철심에 생기는 자속은 ϕ_R, ϕ_S, ϕ_T이며 2차 전류를 i_R, i_S, i_T라 하면

1) 1차 전류에 영상전류 미포함 시 1차 전류는 $I_R + I_S + I_T = 0$가 되며, 자속은 $\phi_R + \phi_S + \phi_T = 0$가 생기고, 2차 전류는 $i_R + i_S + i_T = 0$가 된다.

2) 1차 전류에 영상전류 포함 시
1차 전류는 $I_R + I_S + I_T = 3I_0$가 되며, 자속은 $\phi_R + \phi_S + \phi_T = 3\phi_0$가 생기고, 2차 전류는 $i_R + i_S + i_T = 3i_0$가 흐른다.

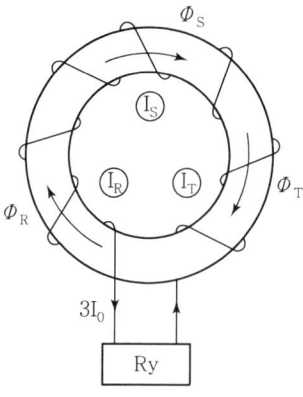

[그림 1] 영상변류기

나. 영상변류기의 원리

각 상의 정상 및 역상전류의 영향을 받지 않고 2차 측에 영상전류를 얻을 수 있다.

2. 종류

권선형, 관통형, 분할형

3. 영상변류기의 정격

가. 정격 전류

1) 정격 영상 1차 전류(표준값 200[mA]) 및 이것에 대응하는 정격 영상 2차 전류(표준값 1.5[mA])가 정해져 있다.
2) 비접지 계통은 지락전류 및 지락계전기의 강도를 참고하여 결정한다.

나. 정격부담 및 역률

1) 정격부담 : 10Ω
2) 역률 : 0.5

다. 영상 2차 전류의 허용오차

1) 영상변류기의 정격여자임피던스

계급	정격여자임피던스	영상2차 전류	적용
H급	$Z_o > 40\Omega$, $Z_o > 20\Omega$	$1.5mA \pm 0.3$	정밀도 요구
L급	$Z_o > 10\Omega$, $Z_o > 5\Omega$	$1.5mA \pm 0.5$	과전류배수가 큰 것

① 과전류 배수보다 정밀도 요구 시 : H급(퍼멀로이[78]를 이용)
② 과전류 배수가 큰 것이 필요한 경우 : L급(철심 이용)

2) 영상 2차 전류의 오차를 적게 하기 위하여 여자임피던스가 큰 것이 바람직하다. 여자임피던스를 크게 하려면 철심을 크게 해야 한다.

라. 정격과전류 배수

1) 정격과전류 배수란 ZCT 철심이 포화하지 않는 영상 1차 전류의 범위를 표시한다.
2) 표준값 : $-n_0$, $n_0 > 100$, $n_0 > 200$

① $-n_0$: 계전기가 정격영상전류 이하에서 동작하는 등 과전류영역의 특성을 문제삼지 않는 경우
② $n_0 > 100$: 영상 1차 전류 20A 정도를 고려할 때
③ $n_0 > 200$: 이상 지락 시 과전류보호에 채용

마. 잔류전류

잔류전류란 정격부담에서 2차 측에 정상·역상전류에 의한 오차전류를 말한다.

1) 원인 : 1차 도체의 위치 비대칭과 2차 권선 분포의 철심의 불균일 등에 의해 1차·2차 권선 사이의 전자적 불균형이 원인이다.
2) 영향 : 2차 회로에 접속된 계전기에는 영상 2차 전류와 잔류전류의 벡터합이 흐르므로 오동작 원인이 된다.
3) 대책 : 1차 도체 및 2차 권선의 기하학적 대칭배치, 정격 1차 전류가 큰 ZCT를 사용한다.

정격 1차 전류	잔류전류의 한도
400A 이상	영상 1차 전류 100[mA]에서의 영상 2차 전류치
400A 이하	영상 1차 전류 100[mA]에서의 영상 2차 전류치의 80%

---

[78] 퍼멀로이란 니켈과 철의 합금으로 철보다 높은 자기투과도를 나타내며 변압기 자심(磁心)에 주로 사용된다. 니켈의 비율은 용도에 따라 35~90%로 다양한데 저출력변압기에는 78% 정도가 적당하다.

4. 영상변류기의 접속

가. ZCT 극성

극성은 감극성을 사용하며 접속은 1차 회로에 1대가 사용되고 2차 측은 서로 접촉하지 않는 것이 원칙이다.

나. 동일회선 병렬회로의 ZCT 접속

1) [그림 2] (a)의 경우 동일회선의 병렬회로는 모두 한 개의 ZCT를 통과한다.
2) [그림 2] (b)의 경우 영상순환전류는 없앨 수 있으나 각 영상변류기에서 본임피던스는 계전기와 다른 영상변류기의 여자임피던스가 병렬로 유입되어 동작감도가 저하될 수 있다.
3) [그림 2] (c)의 경우 동일회로의 복수회선에 별도의 영상변류기와 계전기를 접속하면 3상 전류가 불평형이 되고 영상순환전류가 흘러 계전기를 오동작시킬 우려가 있다.

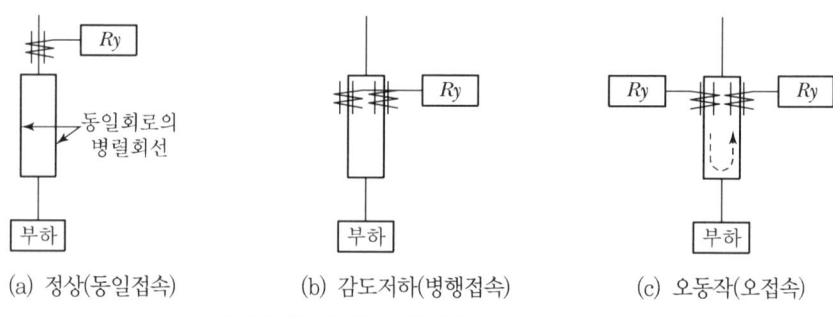

[그림 2] 동일회선 병렬회로 ZCT 접속

다. 케이블 시스의 접지

케이블 시스의 접지는 접지선을 ZCT를 통과해서 접지한다. 지락 사고 시 시스에 흐르는 전류가 도체에 흐르는 전류를 상쇄하여 계전기 오동작 원인이 된다.

라. ZCT의 접지

1) ZCT의 접지는 2차 측 한곳만 배전반 측에서 접지한다.
2) ZCT가 지락차단장치의 전원 측에 설치되는 경우 접지선은 ZCT를 관통해서 접지하고 부하 측에 시설하는 경우 ZCT를 관통하지 않고 접지한다.(☞ 참고 : 지락차단장치의 시설)

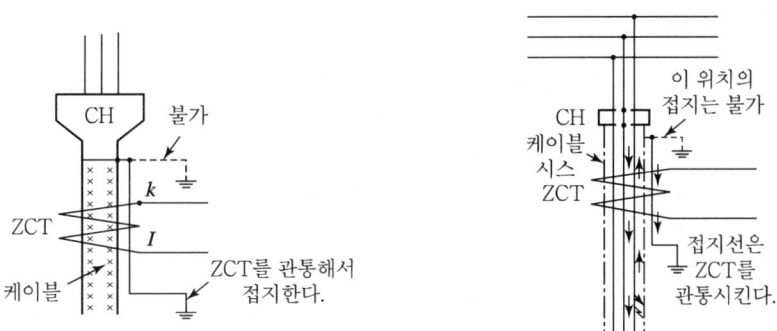

[그림 3] 관통형 영상변류기와 케이블 시스의 접지

5. ZCT 선정 시 고려사항

가. 영상변류기의 변류비 선정

1) 변류비 표준값은 200mA / 1.5mA이다.
2) 접속하는 계전기의 부하가 크면 실제로 얻어지는 영상 2차 전류가 크게 감소하므로 주의한다.

나. 영상전류 검출방법

비접지계 또는 고저항 접지계의 미소 영상전류 검출에 변류기를 사용할 경우 특성오차에 따른 전류가 영상전류에 비해 크게 나타나므로 사용이 불가능하여 미소한 영상전류 검출에는 ZCT를 사용한다.

다. 영상변류기 전류

1) 영상 1차 전류와 계전기를 동작시키는 영상 2차 전류의 허용오차 범위에 적합한 ZCT를 선정한다.
2) 1차 측에 영상전류가 흐르지 않고 있을 때 2차 측에 흐르는 잔류전류의 특성을 검토할 수 있다.

라. 잔류전류

잔류전류는 계전기 코일에 흘러 오동작의 원인이 되며 철심이 고르지 못하거나 1, 2차 권선의 비대칭이 원인이 되어 발생한다.

> **참고** 지락 차단장치의 시설

가. 고압 전로 또는 특고압 전로에 지기가 생겼을 경우에는 자동적으로 전로를 차단하도록 지락 차단장치를 전원의 가장 가까운 위치에 시설하는 것을 원칙으로 한다.
나. 전항의 지락 차단장치에는 비접지식 고압 또는 특고압 전로용(영상전압을 검출하는 경우에는 접지콘덴서에 의한 것에 한한다)을 사용하는 것을 원칙으로 한다.
다. 지락 차단장치는 수전용차단기에서 부하 측의 고압 또는 특고압 전로의 대지정전용량이 클 경우에는 콘덴서 접지형의 방향성을 가지는 지락계전기를 사용하는 것이 바람직하다.
라. 지락 차단장치의 동작시 정정에 대해서는 전기사업자와 협의하는 것을 원칙으로 한다.
마. 지락 차단장치에 케이블 관통형 영상변류기를 사용하는 경우에는 다음과 같다.
　1) 영상 변류기를 당해 케이블의 부하 측에 설치할 경우(접지선은 영상변류기를 미 관통)

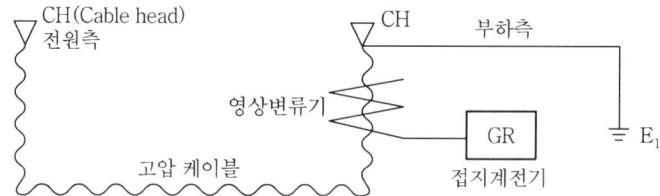

　2) 영상변류기를 당해 케이블의 전원 측에 설치하는 경우(접지선은 영상변류기를 관통)

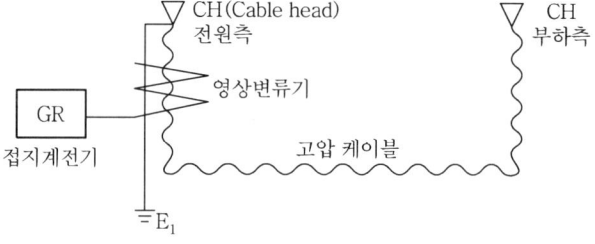

7.6 영상전류 검출방법

지락계전기 동작에 필요한 영상전류 검출은 접지방식별로 구분되는데 직접접지 또는 저항접지 계통의 경우 잔류회로 방식, 3권선 CT를 이용한 영상분로접속 방식, 중성선 CT접속방식이 있으며 비접지방식의 경우 영상변류기 이용방법이 있다.

■ 정기간행물, 전기설비기술기준, 신전기설비기술계산 핸드북, 전력사용시설물 설비 및 설계

1. 영상전류 검출방법

가. CT Y 결선 잔류회로 방식(잔류회로방식)

1) 검출원리 : 평형전류가 흐를 때는 $I_a + I_b + I_c = 0$으로 2차에 전류가 흐르지 않는다. 그러나 1선 지락이 발생하면 2차 권선에는 $3I_0$의 영상전류가 흐른다.

2) 접속방법 : 각 상의 전류는 CT 3개를 Y 결선하고 잔류회로를 구성하여 각 상의 대칭분 전류를 구한다.
   ① 대칭분 전류 $I_a = I_0 + I_1 + I_2$, $I_b = I_0 + a^2 I_1 + a I_2$, $I_c = I_0 + a I_1 + a^2 I_2$
      ㉠ 여기서, $a = -\frac{1}{2} + j\frac{\sqrt{3}}{2}$, $a^2 = -\frac{1}{2} - j\frac{\sqrt{3}}{2}$, $a^3 = 1$, $1 + a + a^2 = 0$
      ㉡ a상이 기준이 되고 영상전류 I_0는 각 상에서 모두 동상이 된다.
   ② 잔류회로의 영상전류($I_0 = I_a + I_b + I_c$)
      ㉠ 1차 측에 영상전류가 포함되지 않을 때 $I_a + I_b + I_c = 0$
      ㉡ 1차 측에 영상전류가 포함될 때 $I_a + I_b + I_c = 3I_0$

3) 주의점
   ① 접지는 CT 2차 측의 1개소에 할 것
   ② 잔류회로에 계전기를 접속하지 않는 경우 폐회로를 만들 것

4) 적용 : 직접접지계통, 저저항 접지계통에서 CT비가 300/5A 이하인 선로에 사용

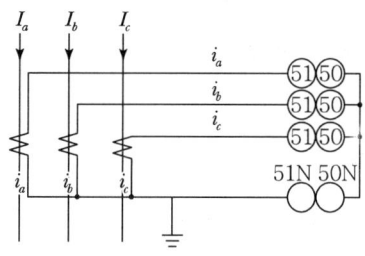

[그림 1] 잔류회로방식

나. 3권선 CT 영상분로회로방식(3권선 CT 방식)

고저항 접지계통 또는 변류비가 큰 값에서 잔류회로를 이용하여 영상전류를 검출할 경우 그 값이 적어서 계전기 동작에 필요한 전류를 얻기 어렵게 된다. 따라서 3권선 CT를 이용하여 3차 권선을 영상분로 접속을 하여 영상전류를 검출하게 된다.

1) 검출원리 : 상시 평형전류가 흐를 때는 $i_a + i_b + i_c = 0$이므로 3차 권선에는 전류가 흐르지 않는다. 그러나 지락이 발생하면 3차 권선에는 i_0 영상전류가 흐른다.

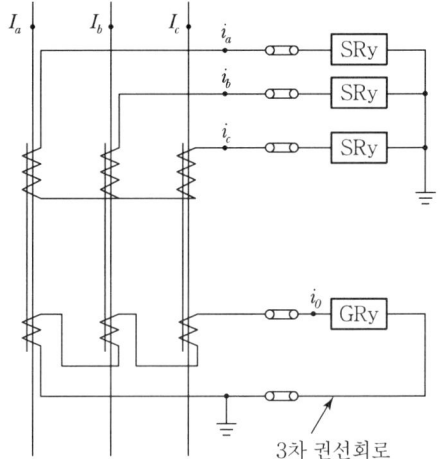

[그림 2] 3권선 CT의 영상분류회로(3권선 CT 방식)

① CT 2차 잔류회로와 3차 영상분로접속의 차이는 영상전류에 대한 변류비이다.
② 1차 300A를 초과하는 회로에 3권선 CT를 사용하는 이유

㉠ CT 2차 잔류회로에 검출되는 영상전류의 값은 $i_0 = 3I_0 \times \dfrac{5}{300} = \dfrac{5}{100} I_0$

㉡ 3권선 분로회로는 전류비가 100/5A(1차 : 3차)이므로 영상전류의 값은

$i_0 = \dfrac{I_g}{\dfrac{I_1}{I_3} \times 3} = \dfrac{3I_0}{\dfrac{100}{5} \times 3} = I_0 \times \dfrac{5}{100} = \dfrac{5}{100} I_0$ 가 된다.

㉢ 3권선 CT 방식이나 잔류회로 검출방식이 동일하나 300A 초과하는 경우 변류비는 커지고 검출감도는 낮아지므로 영상분로 접속을 적용하여야 한다.

2) 접속방법 : 동심 철심에 2차 권선과 3차 권선을 동시에 감은 CT로서 2차 권선은 Y접속하고 3차 권선은 각 상을 직렬로 Δ 접속한 구조이다.

3) 주의점
  ① 2차 회로에는 잔류회로를 만들지 말 것
  ② CT 2차에 접지를 2개소 이상하지 말 것
4) 적용 : 부하 300A를 초과하는 접지계통 영상전류검출

다. 중성점 CT 접속방식

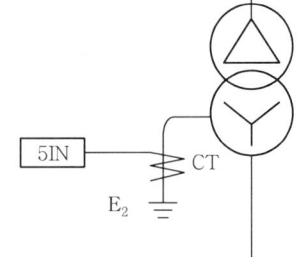

[그림 3] 중성점 CT

1) 접속방법 : 변압기나 발전기의 중성점 접지선에 CT를 접속하여 영상전류를 검출하는 방식으로 CT는 주로 100/5A를 사용하고 있다.
2) 적용 : 저압계통의 변압기, 발전기가 중성점 접지의 경우에 적용한다.

라. 영상변류기(ZCT)

비접지 또는 GVT에 의한 중성점 접지의 경우는 지락전류가 매우 적어서 3상 일괄 철심인 영상변류기를 사용하여 영상전류를 검출한다.

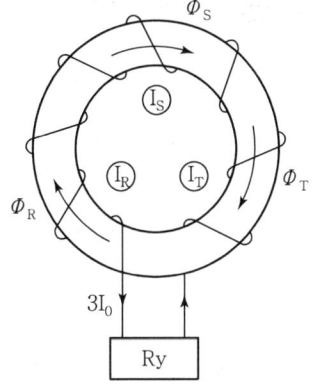

[그림 4] 영상변류기

1) 검출원리 : ZCT의 1차 전류를 I_R, I_S, I_T, 철심에 생기는 자속을 ϕ_R, ϕ_S, ϕ_T, 2차 전류를 i_R, i_S, i_T라 하면
   ① 1차 전류에 영상전류가 포함되어 있지 않으면
      $\phi_R + \phi_S + \phi_T = 0$이고 2차 전류는
      $i_R + i_S + i_T = 0$이 된다.
   ② 지락사고 발생으로 1차 전류에 영상전류가 포함되면
      $I_R + I_S + I_T = 3I_0$가 되고, 2차 측에는 $i_R + i_S + i_T = 3i_0$의 영상전류가 흐른다.
   ③ ZCT는 각 상의 정상 및 역상전류의 영향을 받지 않고 2차 측에 영상전류를 검출할 수 있다.

2) 접속방법
   ① ZCT의 2차 측 접지는 한 곳만 배전반 측에 접지
   ② 동일회선의 병렬회로는 모두 한 개의 ZCT를 통과해서 접지
   ③ 케이블 시스를 접지하는 경우 접지선을 ZCT를 통과해서 접지
   ④ ZCT를 지락차단장치의 전원 측에 설치하는 경우 접지선을 ZCT를 관통하여 접지

3) 적용 : 비접지계의 영상전류 검출에 사용한다.

> **참고** 잔류회로와 영상 분로회로의 차이점
>
> 가. 일반적인 변류비는 1차 전류와 2차 전류의 비로 표시한다.
>   **예** $I_1 : I_2 = I_1 : 5$, CT잔류회로 $i_0' = 3I_0 \times \dfrac{1}{CT\text{비}} = \dfrac{I_g}{CT\text{비}}$
>
> 나. 3차 영상분로의 변류비는 1차 전류와 3차 전류의 비로 표시한다.
>   **예** $I_1 : I_3 = 100 : 5$, 지정값으로 1차 정격 전류와 무관하다.
>   3차 측 영상전류 $i_0 = \dfrac{5}{100}I_0 = \dfrac{3I_0}{100/5 \times 3} = \dfrac{I_g}{I_1/I_3 \times 3} = \dfrac{1\text{차 지락전류}}{3\text{차 변류비} \times 3} = \dfrac{I_g}{60}$
>
> 다. $I_1 = 300[A]$일 경우 Y잔류회로의 OCGR에 검출되는 영상전류 i_0'는
>   1) 1차 전류가 300A인 경우 Y잔류회로에서 얻어지는 영상전류와 3차 영상분로의 영상전류의 크기는 동일하다.
>   2) 1차 전류가 300A를 넘게되면 잔류회로의 경우 I_1/I_2가 커지고, 영상전류 i_0'는 3차 영상분로의 영상전류 i_0보다 적어지므로 검출감도가 3차 영상분로의 영상전류보다 낮다.

7.7 GVT와 CLR 및 지락전류 계산

- CLR은 비접지방식에서 GVT의 2차(단상), 3차(3상) 측에 설치하여 SGR, OVGR의 동작에 필요한 영상전압 및 지락유효전류를 검출하기 위하여 사용된다.
- 계통접지는 크게 직접접지방식과 비접지방식으로 나눌 수 있으며 비접지 계통의 지락보호에는 방향지락계전기, 지락과전압계전기가 사용되고 있다.

■ 전기설비기술기준, 신전기설비기술계산 핸드북, 정기간행물

1. 접지형 계기용변압기(GVT ; Ground Voltage Transformer)의 정격

가. 결선방법
  1) 1차 권선은 Y결선 중성점 접지
  2) 2차 권선은 Y결선 중성점 접지
  3) 3차 권선은 Open △결선 접지

나. 정격 전압
  1) 정격 2차 전압 : 110 V
  2) 정격 3차 전압 : 110/3 V, 190/3 V

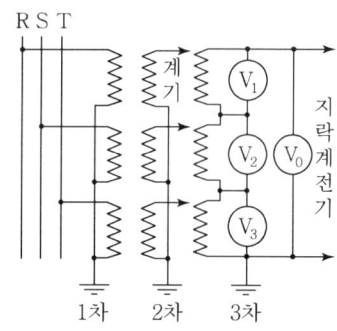

[그림 1] GVT 결선도

다. GVT는 지락사고 시 영상전압을 검출한다.
  1) [그림 1]의 정상상태에서는 $V_1 + V_2 + V_3 = 0$가 되어 $V_0 = 0$이지만,
  2) 한 상이 완전지락될 경우 건전상의 대지전위는 $\sqrt{3}$배 상승하며 100V가 되고 개방단 영상전압 $V_0 = 190V$가 된다. 예 정상의 경우 GPT 2차 권선 190/3≒63.5V

2. 한류저항기(CLR ; Current Limited Resistance)의 사용목적

가. 방향접지계전기 동작에 필요한 유효전류의 공급

  GVT 3차 측에 CLR을 설치함으로써 계전기 구동에 필요한 지락유효전류가 흐르게 된다.

나. GVT 3차 Open Delta 결선에서 제3고조파 발생을 방지

  GVT를 △권선으로 하면 제3고조파 전류는 Open Delta 권선 내를 순환하여 고조파 성분을 흡수하므로 계전기에 영향을 미치지 않는다.

다. 중성점 이상전위 진동 불안정 현상 억제

  1) CLR이 없는 조건에서 R상이 지락된 경우 R상의 대지정전용량은 0이 되었다가 원상복구되면 대지정전용량은 수분 후에 원상태로 된다. 그러나 R상 대지정전용량이 변화된 시간 동안 각 상의 대지정전용량은 다르기 때문에 3상 중성점이 이동하게 되어 진동현상이 발생한다.

2) CLR이 있는 경우는 대지정전용량이 CLR의 저항 값보다 매우 작아 지락 복구 시 영상전압이 거의 나타나지 않는다.

3. 비접지 계통에서의 지락전류 계산

최근 케이블 배선이 일반화되어 있기 때문에 충전전류를 무시하고 계획할 수는 없다. 1선 지락 시의 건전상의 이상전압은 접지방식에 따라 정해지는 계통의 유효접지전류와 계통의 충전전류 관계에 의해 좌우된다.

가. 1선 지락 시 지락전류 계산

1) 1선 지락 시 각 상에 흐르는 영상전류를 I_0, 정상전류를 I_1, 역상전류를 I_2라 하면 대칭 회로에서 A상 지락 시 $I_a = I_0 + I_1 + I_2 = 3I_0 = \dfrac{3E_a}{Z_0 + Z_1 + Z_2}$ 이므로 비유효 접지계통에서는 $Z_0 \gg Z_1$ 또는 Z_2이므로 $I_g ≒ \dfrac{3E_a}{Z_0}$ 가 된다.

2) [그림 2]에서 1선이 완전 지락($R_g = 0$)되었을 때 I_g 값을 구하면

$E_a = \dfrac{6,600}{\sqrt{3}}$ V, $Z_0 = 3R_N$

지락전류 $I_g = \dfrac{3E_a}{Z_0} = \dfrac{3 \times 6,600/\sqrt{3}}{3 \times 38} ≒ 100\text{A}$

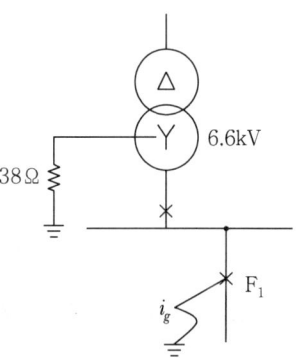

[그림 2] 지락전류 계산

나. 대지 충전전류를 고려한 1선 지락전류

1) [그림 3]에서와 같이 1선이 완전지락($R_g = 0$)되었을 때 1선 지락전류 $I_g ≒ \dfrac{3E_a}{Z_0}$ 에서

① 대지정전용량 C가 존재할 때 1상당 영상 임피던스(Z_0)는 $Z_0 = \dfrac{1}{\dfrac{1}{3R_N} + j\omega C}$

② 1선 지락전류 I_g에 영상 임피던스(Z_0)를 I_g에 대입

$I_g = \dfrac{3E_a}{Z_0} = \dfrac{3E_a}{\dfrac{1}{\dfrac{1}{3R_N} + j\omega C}} = 3E_a \left(\dfrac{1}{3R_N} + j\omega C\right) = \dfrac{E_a}{R_N} + j\omega 3C \cdot E_a$

위 식에서 제1항과 제2항을 $I_N = \dfrac{E_a}{R_N}$, $I_C = 3\omega C \cdot E_a = \omega C_0 \cdot E_a$이라 하면

지락전류는 벡터의 합 $I_g = I_N + jI_C$이 된다. 즉, $|I_g| = \sqrt{I_N^2 + I_C^2}$

여기서, I_N은 인위적 접지전류이고 I_C는 3상 일괄 대지충전용량이다.

③ 1선 지락전류 I_g의 V_0에 대한 위상각 θ는 $\tan\theta = \dfrac{I_C}{I_N}$에서

$$\theta = \tan^{-1}\dfrac{I_C}{I_N} = \tan^{-1}\dfrac{\omega C_0 E_a}{E_a/R_N} = \tan^{-1} R_N \omega C_0 \text{이다.}$$

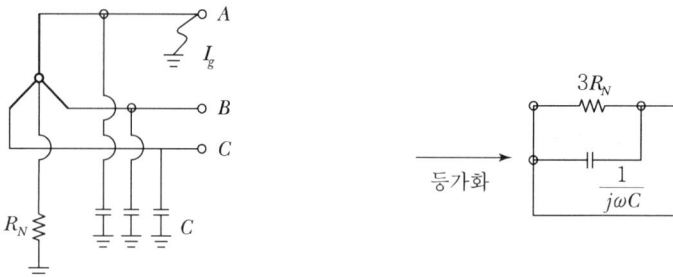

[그림 3] 충전전류를 고려한 1선 지락   [그림 4] 등가회로

2) [그림 4]에서 케이블과 전동기의 3상 일괄 커패시턴스가 $0.5\mu F$라 하면

① $I_N = \dfrac{6{,}600/\sqrt{3}}{38} = 100\text{A}$

$I_C = 2\pi f C_0 \dfrac{6{,}600}{\sqrt{3}} = 377 \times 0.5 \times 10^{-6} \times \dfrac{6{,}600}{\sqrt{3}} = 0.718\text{A}$

② 지락전류 $I_g = \sqrt{100^2 + 0.718^2} \fallingdotseq 100$

위상각 $\theta = \tan^{-1} 38 \times 377 \times 0.5 \times 10^{-6} = \tan^{-1} 0.0072 = 0.41°$

다. 비접지(GVT접지) 계통에서 영상전압에 미치는 영향

1) 비접지계통의 지락사고 구성도([그림 5] 참조)

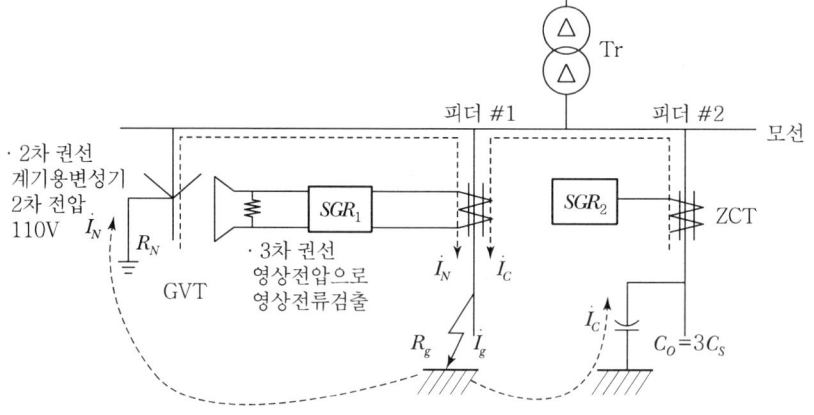

· 고장회선 I_{c0}는 왕복으로 없어지고 ZCT에는 나머지 피더의 합계분 I_C가 I_N에 겹쳐진다.

[그림 5] GVT(GPT) 동작 구조도

2) 지락고장 등가회로도

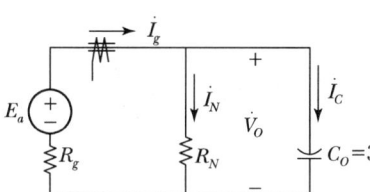

⟨c.f⟩ 등가회로 작성
- 전원 측을 단락하고 3상을 단상으로 취급한다.
- 지락점에 정상대지전압 및 고장저항을 삽입한다.
- $\dot{Z_0} = R_N \parallel \dfrac{1}{j3\omega C_s}$

[그림 6] 지락고장 등가회로

3) 영상전압

① GVT 1차 측

$$V_{01} = \dfrac{Z_0}{Z_0 + R_g} \cdot E_a = \dfrac{E_a}{\left(1 + \dfrac{R_g}{R_N}\right) + j3\omega C_S R_g} = \dfrac{E_a}{\left(1 + \dfrac{R_g}{R_N}\right) + j\dfrac{I_C}{E_a} \cdot R_g}$$

여기서, $Z_0 = \dfrac{1}{\dfrac{1}{3R_N} + j\omega C_S}$, $I_C = \omega C_0 E_a$

② GVT 3차 측

$$V_{03} = \dfrac{3}{n} \cdot V_{01} = \dfrac{3E_a}{n\left[\left(1 + \dfrac{R_g}{R_N}\right) + j\dfrac{I_C}{E_a} \cdot R_g\right]}$$

4) 1선 지락전류 I_g

① $I_g = \dfrac{3E_a}{Z_0 + Z_1 + Z_2 + 3R_g}$

㉠ 일반적으로 자가용 전기설비계통은 직접접지방식인 경우를 제외하고
$\dot{Z_0} \gg \dot{Z_1}, \dot{Z_2}$

㉡ 영상분은 $\dot{Z_0} ≒ 3R_N \parallel \dfrac{1}{j\omega C_s} = \dfrac{1}{1/3R_N + j\omega C_S}$ 이므로

② $I_g ≒ \dfrac{3E_a}{Z + 3R_g} = \dfrac{3E_a}{\dfrac{1}{\dfrac{1}{3R_N} + j\omega C_S} + 3R_g} = \dfrac{\left(\dfrac{1}{3R_N} + j\omega C_S\right) \cdot 3E_a}{1 + \left(\dfrac{1}{3R_N} + j\omega C_S\right) \cdot 3R_g}$

$= \dfrac{\left(\dfrac{1}{R_N} + j\omega C_0\right) E_a}{1 + \dfrac{R_g}{R_N} + j\omega C_0 R_g} = \dfrac{\dfrac{E_a}{R_N} + jI_C}{\left(1 + \dfrac{R_g}{R_N}\right) + j\dfrac{I_C}{E_a} R_g} = \left(\dfrac{1}{R_N} + j\omega C_0\right) V_{01}$

③ ZCT의 전류 I_g 및 GVT의 전압 V_{03}이 SGR에 입력이 되는데 각각의 크기와 위상차 θ에 의하여 방향판별 및 동작력이 얻어진다.

$$\theta = \tan^{-1}\frac{I_g}{V_{03}} = \tan^{-1}\left[\frac{n}{3}\left(\frac{1}{R_N} + j3\omega C_S\right)\right] = \tan^{-1}\frac{3\omega C_S}{1/R_N} = \tan^{-1}\frac{I_C \cdot R_N}{E_a}$$

5) 1선 지락전류 V_{03}와 I_C 및 R_g관계

① 고장점 저항 R_g가 클수록 전류 I_g 및 V_{03}가 작아지므로 감도가 낮아진다.

② 케이블 배선이 길어지면 $C_0 = 3C_S$, 즉 최대통과전류 $I_C = \omega C_0 E_a$가 커지므로 영상전압 V_{03}가 작아져서 감도가 낮아진다.

③ GVT 대수가 증가하거나 주 변압기를 저항 접지로 운전할 경우 병렬합성저항인 R_N이 감소하므로 역시 영상전압 V_{03}가 작아져서 감도가 낮아진다.

4. GVT 접지계의 등가저항과 지락전류

GVT 3차 측을 Open Delta로 결선하여 한류저항기(CLR ; Current Limited Resistance) R_e를 연결 시 등가회로는 GVT 1차 측에 저항접지 형태가 된다.

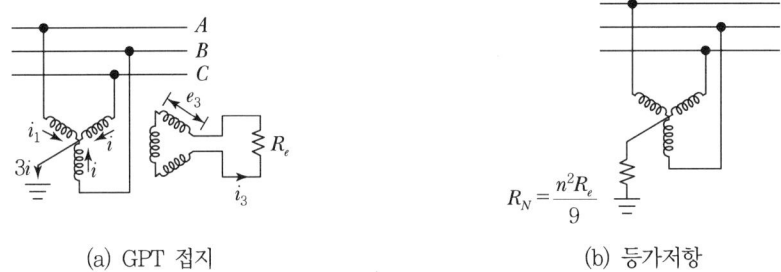

(a) GPT 접지   (b) 등가저항

[그림 7] GPT 접지계

가. 등가저항

1) GVT 3차 권선의 각 상의 전압을 e_3라 하고 이때 전류제한저항 R_e에 흐르는 전류를 i_3라 할 때

① 저항 R_e에 흐르는 전류 $i_3 = \dfrac{3e_3}{R_e}$ ㉠

② 여기서, 상전압을 GVT 1차의 상전압 e_1으로, 전류를 1차 전류 i_1으로 환산하면

$e_1 = ne_3, \ i_1 = \dfrac{i_3}{n}$ ㉡

③ 식 ㉠을 식 ㉡에 대입하면 $i_1 = \dfrac{i_3}{n} = \dfrac{3e_3}{nR_e} = \dfrac{3e_1}{n^2 R_e}$

여기서, 중성점에서 대지로 흐르는 전류(i)는 $i = 3i_1$이 된다.

④ 지락 사고 시 중성점에 흐르는 전류는 $i = 3i_1 = \dfrac{9e_1}{n^2 R_e} = \dfrac{e_1}{n^2 R_e/9}$

2) 1차로 환산한 등가저항(R_N)은 $R_N = \dfrac{n^2 R_e}{9}$

여기서, n : GVT의 권수비, R_e : 한류저항기(CLR)의 제한저항[Ω]

나. 지락전류 중 유효전류 I_N의 결정

일반적으로 6.6kV 계통에서 변압기 3차 전압이 190V이므로 $\left(V_{03} = \dfrac{3V_0}{n} = \dfrac{3I_g \cdot R_N}{n}\right)$

1) 변압비(n) : $n = \dfrac{6,600/\sqrt{3}}{190/3} = 60$

2) 등가저항(R_N) : 500kVA 용량의 GVT 3대를 Y 결선하여 사용할 때 제한저항(R_e)을 25Ω으로 하면 이때의 1차 등가저항 $R_N = \dfrac{n^2 \times R_e}{9} = \dfrac{60^2 \times 25}{9} = 10,000\,\Omega$

3) GVT 접지계에서 GVT의 유효전류 $I_N = \dfrac{E_a}{R_N} = \dfrac{6,600/\sqrt{3}}{10,000} = 0.381\text{A} \fallingdotseq 380\text{mA}$

① 따라서 SGR의 동작전류는 200~380mA 범위로 한다. 여기에서 200mA가 되려면 R_N은 10,000Ω보다 커야 한다.

② [그림 4]에서 중성점 저항접지 대신에 GVT 접지계통이라면 $I_N = 0.381\text{A}$이고, $I_C = 0.718\text{A}$이므로 지락전류 I_g는 $R_g = 0$일 때

  ㉠ 지락전류 $I_g = \sqrt{0.381^2 + 0.718^2} = 0.8128\text{A} \fallingdotseq 0.813\text{A}$

  ㉡ 위상각 $\theta = \tan^{-1}\dfrac{I_C}{I_N} = \tan^{-1}\dfrac{0.718}{0.381} \fallingdotseq 62°$

GVT용량[VA]	1차전압[V]	2차전압[V]	3차영상전압	제한저항	접지유효전류
500	$6,600/\sqrt{3}$	$110/\sqrt{3}$	190	25	0.381
200	$6,600/\sqrt{3}$	$110/\sqrt{3}$	190	50	0.19
500	$6,600/\sqrt{3}$	$110/3$	110	8	0.39
250	$3,300/\sqrt{3}$	$110/\sqrt{3}$	190	50	0.38
200	$3,300/\sqrt{3}$	$110/3$	110	50	0.13

4) 보통 I_N(유효전류)은 380mA로 선정한다. 이는 지락방향계전기 감도가 380mA 부근에서 고감도를 나타내고 또한 ZCT 1차 정격 전류가 200mA이므로 여유전류를 두어 380mA로 한다. 따라서 GVT 각 상의 전류는 $\dfrac{380}{3} \fallingdotseq 127\text{mA}$로 결정한다.

다. GVT의 부담

1) 조건

① 지락의 조건은 1선 완전지락으로 본다.

② 케이블 충전전류는 케이블 부설방법, 길이에 따라 변동되므로 조건에서 제외하며 순수한 유효전류 발생분(CLR에 의한 전류)에 대해서만 적용한다.

③ 지락방향 계전기 감도가 380mA 부근에서 고감도를 나타내고 또한 ZCT 1차 정격전류가 200mA이므로 여유 전류를 두어 380mA로 하면, GVT 각 상의 전류는 $\frac{380}{3}$ ≒127mA가 되므로 GVT 한상분의 정격 전류를 127mA로 결정한다.

2) GVT 1상분의 부담

① $P[VA]$ = GVT 한상의 전압[V] × GVT 한상의 전류[A]

② 6,600V에서의 GVT 1상분의 부담 계산 예

$$P = \frac{6,600}{\sqrt{3}} \times 0.127 = 484VA, \text{ 따라서 정격인 500VA 사용}$$

구분	CLR(한류저항기) 산출값		GVT 1상당 부담 [VA]
	저항값[Ω]	용량[W]	
6,600V 비접지 설비	25	1,500	500
3,300V 비접지 설비	50	750	300
440V 비접지 설비	370	—	50

5. GVT 적용 시 고려사항

가. 한류 저항값이 적절하지 못할 경우

1선 지락이 발생하여도 ZCT에서 지락전류가 검출되지 않거나 검출되어도 감도가 작아 계전기가 동작하지 않을 수도 있으므로 주의를 하여야 한다.

나. 지락전류의 크기가 충전전류와 같거나 조금 클 경우

오동작을 방지할 수 있게 한류저항기의 용량을 충분히 검토한다.

SECTION 08 콘덴서(SC)

8.1 진상용 콘덴서의 역률개선

역률이란 전력부하는 일반적으로 저항(R)과 유도성 리액턴스(X_L)의 조합으로 이루어져 있어 전압과 전류는 임피던스에 의하여 $\cos\theta$만큼의 위상차를 나타내는데 이를 역률이라 하며, 콘덴서는 역률개선 목적 이외 수전단에서 부하단까지의 전압강하를 감소시키는 장점이 있다.

■ 한전의 역률요금 부과방법 개선, 제조사 기술자료집, 전기설비기술기준

1. 역률개선의 원리

가. 원리

부하와 병렬로 진상용 콘덴서(X_c)를 접속하면 진상용 콘덴서에 흐르는 전류 I_c는 전압 E보다 90°앞선 위상이 공급된다. 따라서 부하전류 I_L은 I_c만큼 상쇄되어 겉보기 전류가 I_0에서 I_1으로 감소하고 현재의 역률 $\cos\theta_0$는 목표역률 $\cos\theta_1$으로 개선된다.

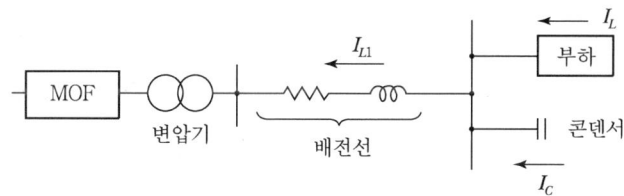

[그림 1] 콘덴서 설치 구성도

나. 콘덴서 용량

부하 유효전력 P[kW]의 부하 역률을 $\cos\theta_0$에서 $\cos\theta_1$ 역률로 개선하는 데 필요한 콘덴서 용량

$$Q_C = P[\text{kW}](\tan\theta_0 - \tan\theta_1) = P\left(\sqrt{\frac{1}{(\cos\theta_0)^2} - 1} - \sqrt{\frac{1}{(\cos\theta_1)^2} - 1}\right)[\text{kVA}]$$

1) 유효전력 P[kW], 역률을 $\cos\theta_0$로 개선하면 무효전력은

$$Q = \frac{P}{\cos Q_0} \times \sin Q_0 = P \cdot \tan\theta_0$$

2) 콘덴서 용량 Q_C를 부하와 병렬 접속하면 $Q' = Q - Q_C$가 된다.

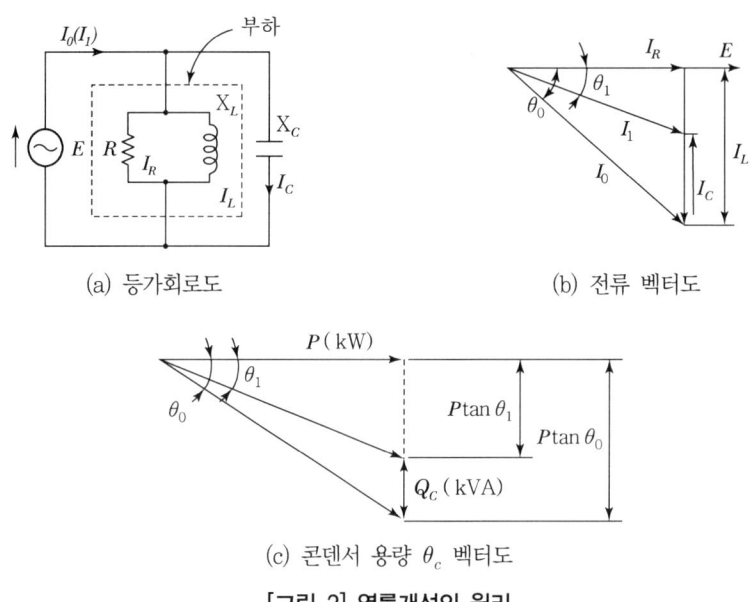

(a) 등가회로도　　(b) 전류 벡터도

(c) 콘덴서 용량 θ_c 벡터도

[그림 2] 역률개선의 원리

2. 콘덴서 설치 시 주의사항

가. 콘덴서 용량은 부하설비의 무효성분보다 크지 않아야 한다.

나. 진상용 콘덴서는 일반 전기기기와 다르게 사용 중에는 항상 전부하 상태로 되어 있다.

다. 콘덴서는 개폐 시 특이현상이 일어나므로 회로의 기기가 그것에 견뎌야 한다.

    1) 콘덴서 투입 시 돌입전류 및 순시모선의 전압강하

    2) 콘덴서 개방 시 개폐기 극간 회복전압에 의한 재점호

3. 콘덴서 설치방법에 따른 장단점

가. 고압 모선 측에 설치하는 방법 : [그림 3] (a)

1) 관리가 용이하고 경제적이다.

2) 무효전력에 신속한 대응이 가능하다.

3) 전기요금의 저감효과가 있다.

4) 선로 및 부하기기의 개선효과가 적다.

나. 고압모선과 부하에 분산 설치하는 방법 : [그림 3] (b)

모선설치보다 역률개선효과가 크고 설비비가 증가한다.

다. 부하 말단에 분산 설치하는 방법

가장 이상적이고 효과적인 역률개선방법이며, 경제적인 부담이 증가한다.

라. 저압모선과 부하말단에 분산 설치하는 방법 : [그림 3] (c)

건축구조물 실무에 많이 적용한다.

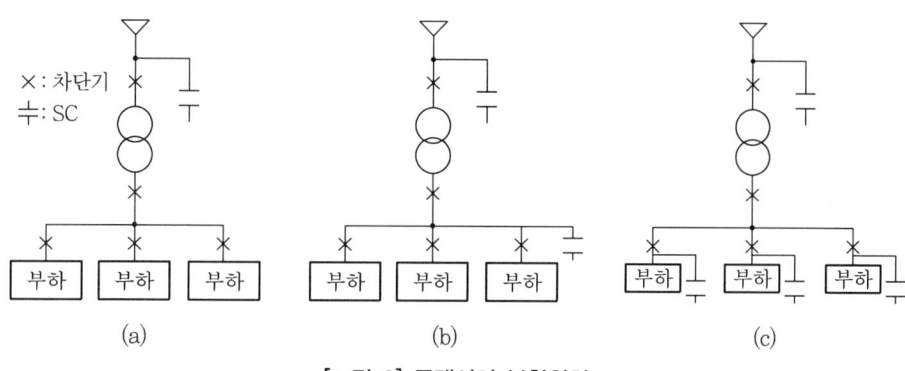

[그림 3] 콘덴서의 부착위치

4. 콘덴서의 설치효과

가. 변압기의 손실감소

1) 변압기의 손실 중 동손은 부하전류의 제곱에 비례하여 증감하므로 역률을 개선하면 동손을 크게 줄일 수 있다.

2) 동손 저감량(단, 변압기의 손실 중 동손이 차지하는 비율이 75%의 경우)

$$W_{t1} = \left(\frac{100}{\eta} - 1\right) \times m\left(\frac{P^2}{P_t}\right) \times \left(\frac{1}{\cos^2\theta_0} - \frac{1}{\cos^2\theta_1}\right)[\text{kW}]$$

여기서, η : 변압기 효율, m : 변압기 손실비율(3/4), P : 부하용량[kW]
P_t : 변압기 용량[kW], $\cos\theta_0$: 개선 전 역률, $\cos\theta_1$: 개선 후 역률

나. 배전선의 손실감소

1) 배전선의 선로 손실은 $P_l = I^2 \cdot R$이고, 부하전력 $P = VI\cos\theta$[kW]이므로 역률이 개선되면 부하전류가 감소하여 배전선로의 손실이 경감된다.

2) 손실 감소량 $W_{t2} = \left(\frac{P}{V}\right)^2 \times R \times \left(\frac{1}{\cos^2\theta_0} - \frac{1}{\cos^2\theta_1}\right) \times 10^{-3}$[kW]

다. 전압강하의 개선

1) 전압강하 $\Delta V = I(R\cos\theta + X\sin\theta)$에서 전압강하 ΔV는 선로저항 R, 선로 리액턴스 X, 부하전류 I, 역률 $\cos\theta$로 결정된다.
2) 배전선로의 전압강하는 $X > R$이므로 I가 클수록, 역률이 낮을수록 크게 된다. 따라서 콘덴서 설치로 역률이 개선되면 부하전류가 감소하게 되고 $\cos\theta$값이 1에 가깝게 변하므로 전압강하는 감소된다.
3) 전압강하율 $\varepsilon = \dfrac{E_s - E_r}{E_r} \times 100[\%]$이므로

   역률개선에 따른 전압강하율의 경감분 $\Delta\varepsilon \fallingdotseq \dfrac{Q_c}{R_c} \times 100[\%]$

   여기서, $Q_c = P_r(\tan\theta_0 - \tan\theta_1)$: 삽입하는 콘덴서의 용량[kVar]
   $R_c(\fallingdotseq E_r^2/X)$: 콘덴서를 삽입하는 모선의 단락용량[kVA]

라. 설비용량의 여유도 증가

1) 역률이 개선되면 선로전류가 감소하기 때문에 과부하 상태의 변압기에 부담을 줄일 수 있으며 변압기를 증설하지 않고 부하를 증설할 수 있다.
2) 부하증설 용량 $\Delta P = P_t\cos\theta_1 - P_1$

   여기서, ΔP : 증설 가능한 부하용량, P_t : 변압기 용량[kW]
   $\cos\theta_1$: 개선 후 역률, P_1 : 개선 전 부하용량[kW]

마. 전기요금의 감소

수용가 역률을 개선하면(92%에서 97%까지) 전기요금 중 기본요금을 할인하여 적용한다.

1) 전력요금 = 기본요금 + 사용량 요금(사용전력량[kWh] × 전력단가[원])으로 구성된다.
2) 기본요금 = 계약전력(kW) × $\left(1 + \dfrac{90 - \text{역률}}{100}\right)$ × 전력단가[원/kW]

> **참고** 콘덴서 설치효과 별해
>
> 1. 배전선의 손실경감
>   1) 콘덴서 설치에 따라 [그림 4] 역률이 $\cos\theta_0$에서 $\cos\theta_1$으로 개선되면, 선로전류가 I_0에서 I_1으로 된다. 선로저항을 R로 하면 전력손실은 $P_l = I^2 R$이므로 이 차이만큼 전력손실이 감소된다.
>   2) 손실경감률 $\alpha = \dfrac{I_0^2 R - I_1^2 R}{I_0^2 R} = 1 - \dfrac{I_1^2 R}{I_0^2 R} = 1 - \left(\dfrac{\cos\theta_0}{\cos\theta_1}\right)^2 \times 100[\%]$

2. 전압강하율의 경감(단락용량과 전압강하율 관계)
   1) 선로전압강하를 ΔV라 하면

   $$\Delta V = I(R\cos\theta_0 + X\sin\theta_0)$$
   $$= \frac{P_r}{E_r}(R + X\tan\theta_0) \cdots\cdots\cdots ①$$

   여기서, $I = \dfrac{P_r}{E_r \cos\theta_0}$

   E_r : 수전단 전압, R : 선로저항
   X : 선로리액턴스, P_r : 부하의 유효전력
   $\cos\theta_0$: 부하전류 역률

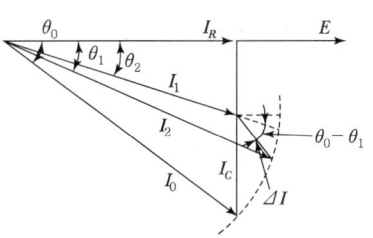

[그림 4] 콘덴서에 의한 역률개선

   2) 수전단에 병렬로 콘덴서를 설치하여 부하전류 역률을 $\cos\theta_1$로 개선한 후 전압강하 $\Delta V'$
   (단, 유효전력이 변하지 않는다고 가정)

   $$\Delta V' = \frac{P_r}{E_r}(R + X\tan\theta_1) \cdots\cdots\cdots ②$$

   3) ① - ②를 비교하면 경감분($\Delta V - \Delta V'$)은

   $$\Delta V - \Delta V' = \frac{X \cdot P_r}{E_r}(\tan\theta_0 - \tan\theta_1) \cdots\cdots ③$$

   여기서, $\tan\theta_0 > \tan\theta_1$이므로 $\Delta V > \Delta V'$가 되어 역률개선으로 전압강하가 감소되었음을 나타낸 것

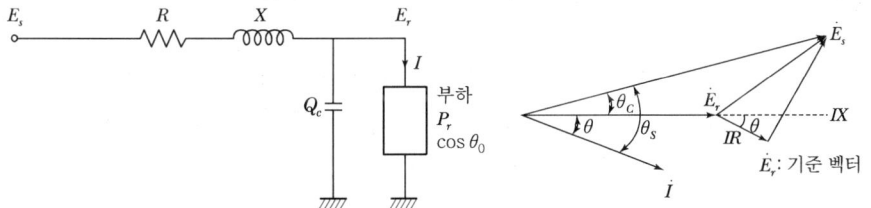

[그림 5] 전압강하 계통도   [그림 6] 전압강하 벡터도

   4) 콘덴서 설치에 의한 전압상승은 식 ③을 간략화하면

   $$\varepsilon = \frac{\Delta V - \Delta V'}{E_r} \times 100 = \frac{X \cdot P_r}{E_r^2}(\tan\theta_0 - \tan\theta_1) \times 100 \fallingdotseq \frac{Q_c}{R_c} \times 100 [\%]$$

   여기서, $R_c \fallingdotseq \dfrac{E_r^2}{X}$: 콘덴서 설치모선의 단락용량

   $Q_c = P_r(\tan\theta_0 - \tan\theta_1)$: 콘덴서 설치 시 역률개선 용량

   이 계산식의 결과로부터 콘덴서 설치에 의한 전압상승은 콘덴서 용량과 단락용량의 비로 쉽게 구한다.

   ※ $\Delta V = X \cdot Q_c / E$ & $\Delta V = \%X \cdot Q_c$

3. 설비용량의 여유도 증가

   수·변전설비용량을 증가하기 위해서는 변전실의 용량증설을 수반하지만, 역률개선에 의해서도 어느 정도 가능하다. 그림과 같이 전력용 콘덴서 $Q[\text{kVA}]$를 병렬로 설치하여 $\cos\phi_0$ 역률을 $\cos\phi$로 개선하면 설비용량 $W_1[\text{kVA}]$의 여유를 증가시킬 수 있다.

1) 역률 $\cos\phi_0$에 새로운 부하 $W_1[kVA]$을 공급하기 위한 필요한 전력콘덴서 용량 $Q[kVA]$

$$Q = CE - DE = P(\tan\phi_0 - \tan\phi)$$
$$= W_0\cos\phi(\tan\phi_0 - \tan\phi)$$
$$Q = W_0\cos\phi\left(\frac{\sqrt{1-\cos^2\phi_0}}{\cos\phi_0} - \frac{\sqrt{1-\cos^2\phi}}{\cos\phi}\right)$$
$$\therefore \frac{Q}{W_0} = \sqrt{1-\cos^2\phi_0} - \sqrt{1-\cos^2\phi}\ [kVA]$$

2) 부하 $W_1[kVA]$ 및 전력 $P_1[kW]$의 증가분

$$W_1 = OC - OB = \frac{P}{\cos\phi_0} - W_0$$
$$= W_0\left(\frac{\cos\phi}{\cos\phi_0} - 1\right)$$
$$P_1(= W_1\cos\phi_0) = P - P_0 = W_0(\cos\phi - \cos\phi_0)\ [kW]$$

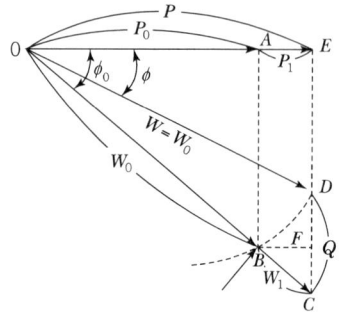

[그림 7] 출력증가 벡터도

※ 역률 계산식 : $\cos\theta = \dfrac{kW(유효전력)}{kVA(피상전력)} = \dfrac{kW}{\sqrt{3}\times kV \times A} = \dfrac{kW}{\sqrt{(kW)^2+(kVAR)^2}}$

8.2 콘덴서의 자동제어방식 및 역률제어

- 자가용 전기설비에서 전등, 전열부하는 역률은 좋으나 방전등, 용접기, 유도전동기 등의 역률은 나빠 전압변동 및 전력손실이 증가하는 원인이 된다. 그러므로 콘덴서를 부하와 병렬로 연결하면 진상전류가 흘러 역률을 개선한다.
- 무효전력은 유도전동기, 전기용접기 등의 부하가 주로 소비하며 이외 변압기, 부하가 걸려 있는 케이블 선로도 무효전력을 소비하는 기기이다. 반대로 무효전력을 발생하는 기기는 병렬콘덴서, SVC, 동기조상기, 변압기의 부하 시 탭 절환기 등이 있다.

■ 제조사 기술자료집, 전기설비기술기준, 신전기설비기술계산 핸드북

1. 역률제어의 필요성

가. 진상콘덴서의 제어는 부하변동에 따른 전기설비의 효율적인 사용을 위하여 필요하다.

나. 경부하 시 콘덴서를 제어하지 않으면 고조파 왜곡이 커져 콘덴서 고장 또는 다른 기기의 손실 오동작을 초래하므로 건물의 규모와 용도에 맞는 제어방식이 필요하다.

다. 경부하 시(심야, 휴일 등) 전기설비를 과보상 하게 되면 변압기 및 배전선의 손실증가, 모선전압의 상승 등을 초래하여 나쁜 영향을 주게 된다.

라. 전력계통의 전기설비는 부하와 역률의 변동에 맞도록 콘덴서 용량을 적시에 제어할 필요가 있다.

2. 자동제어방식의 종류

회로도	번호	제어방식	적용가능부하	특징
	(1)	특정부하의 개폐신호에 의한 제어	변동하는 특정부하 이외의 부하인 무효전력이 거의 일정한 곳	개폐기의 접점 수만으로 간단히 제어할 수 있고, 가장 값이 싸다.
	(2)	프로그램 제어	하루의 부하변동 패턴이 거의 일정한 곳	• (1) 다음으로 값이 싸다. • 타이머는 각종의 것이 시판되고 있으며 조합이 가능하다.
	(3)	무효전력 제어	모든 변동부하	• 부하변동 패턴을 가리지 않고 적용 가능하다. • 순간적인 부하변동에 추종하지 않게 고려해야 한다.
	(4)	모선전압 제어	전원 임피던스가 커서 전압변동이 큰 계통	• 역률 개선보다도 전압강하 억제를 목적으로 한 것이며 일반적이 아니다. • 전력 회사에서 많이 실시되고 있다.
	(5)	부하전류 제어	전류의 크기와 무효전력의 관계가 일정한 곳	말단부하의 역률 개선에 적합하다.
	(6)	역률 제어	모든 변동 부하	같은 역률에서도 부하의 크기에 따라 무효전력이 다르므로 이것들의 판정회로가 필요하며 일반에게는 채택되지 않는다.

3. 역률제어기 종류

가. 동기조상기

1) 변동부하와 동기조상기를 병렬로 접속하고 동기조상기를 무부하 운전하여 진상·지상 무효전력을 공급하는 회전기이다.(동기조상기의 V 곡선)
2) 부하가 많은 주간에는 과여자 시 진상전류, 부하가 적은 심야에는 부족여자 시 지상전류를 취하여 부하변동에 관계없이 항상 부하의 단자전압을 일정하게 유지한다.
3) 부하 역률에 대한 연속제어가 가능하며, 구조 및 유지보수가 복잡하고, 응답속도가 늦다.

나. 분로리액터

1) 지상 무효전력을 공급하고 개폐제어에 의하여 무효전력을 단계적으로 제어한다.
2) 계통의 경부하 또는 케이블 충전전류에 의한 전압상승을 억제하는 데 사용되며 리액터와 콘덴서 등이 여러 대가 있는 경우 리액터 및 콘덴서를 자동제어하고 있다.

다. 진상용 콘덴서

1) 진상 무효전력을 공급하고 콘덴서 용량을 필요한 만큼 개폐하여 역률을 제어한다.
2) 정지형 기기로 가격이 싸고 손실도 적고 소음도 적으나, 계단제어 응답시간이 늦다.

4. 전력용 반도체를 이용한 역률제어

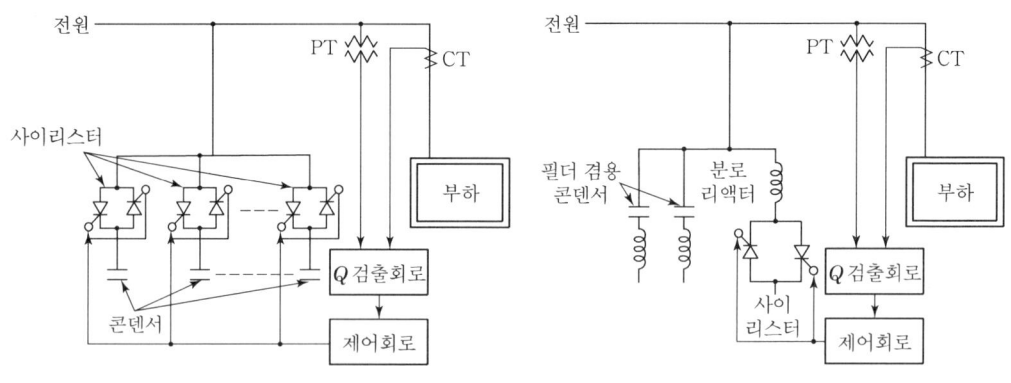

[그림 1] SVC의 구성

SVC(Static Var Compensator)[79]는 Thyristor를 사용하여 시스템에 공급되는 전체 무효전력량을 연속적으로 제어할 수 있는 콘덴서 뱅크로서, 응답특성이 빠르며 조작에 제한이 거의 없고 신뢰성이 높으며 유지보수가 간단하고 조작성이 뛰어나다.

가. 정지형 무효전력 보상장치의 종류

1) 타려식 사이리스터 변환장치 : 사이리스터와 리액터 또는 콘덴서의 수동소자를 사용한다. 예 TSC, TCR
2) 자려식 인버터 변환장치 : SVG(SCC)

나. 콘덴서 사이리스터 개폐 제어방식(TSC ; Thyristor Switch Capacitor)

1) 동작 개요

여러 콘덴서군의 리액터 전류를 사이리스터의 점호각으로 제어하여 진상 무효전력을 보상하는 방식이다. 반 사이클마다 리액터 전류조정이 가능하며 아크로의 Flicker 대책으로 개발되어 대용량 장치에 적합한 방식이다.

2) 특징

① 진상 무효전력만 공급하고 무효전력 조정은 단계적으로 제어를 한다.

---

[79] 정지형 무효전력장치는 최초에는 아크로의 Flicker 대체장치로 개발되었으며 이후에는 압연기 전압변동이나 용접기에 의한 Flicker 대책으로 사용했다. 근래에는 송전계통의 안정도 향상을 위한 조상설비로 사용되고 있다.

② 제어응답 속도가 늦어서(0.5사이클) 심한 변동부하에는 적합하지 않다.
③ 소용량에 적용된다.

다. 리액터 위상 제어방식(TCR ; Thyristor Control Reactor)

1) 동작 개요

리액터의 전류를 사이리스터 위상제어로 변화시켜서 지상 무효전력을 연속적으로 제어하고 병렬로 진상콘덴서를 접속하여 진상 무효전력을 조정한다. 과대한 돌입전류가 없어 고조파를 발생시키지 않고 진상분만 소비한다.

2) 특징

① 진상에서 지상 무효전력을 제어하고, 무효전력을 연속제어할 수 있다.
② 응답속도가 빨라(1/4사이클 이하) 변동부하의 무효전력보상에 사용되고 계통의 안정화에도 사용되고 있다.
③ 리액터 전류에 고조파가 포함되어 있어 콘덴서에는 필터겸용 콘덴서를 사용하고, 대용량에 적용한다.

라. 자려식 인버터 방식(SVG ; Static Var Generator)

1) 동작개요

자려식 인버터와 변압기를 조합한 구조로서 배전선에 병렬로 연결하여 선로전압과 90°의 위상차가 나는 전류를 발생시켜 무효전력을 제어함으로써 전압 및 역률을 조정하는 장치이다. SCC(Self Commuted Converter)라고도 한다.

2) 특징

이 방식은 원리상 무효전력을 발생시키기 위한 콘덴서나 리액터를 필요로 하지 않기 때문에 설치 스페이스를 적게 할 수 있는 특징이 있고, 또 액티브 필터로서 고조파 보상도 가능하여 종래의 무효전력 보상장치에 비해서 우수한 특성을 많이 가지고 있어 전력계통용이나 산업용 등에 많이 적용되고 있다.

① 무효전력의 보상 : 인버터의 출력전압을 임의로 제어할 수 있어 지상에서 진상까지 연속적으로 무효전력을 계통에 공급할 수 있고 역률조정이 가능하다.
② 계통의 안정도 향상 : SVG는 PWM 제어로 고속응답이 가능하여 Flicker 부하의 무효전력 보상이 가능하여 계통의 안정도를 크게 향상시킨다.
③ 콘덴서와 리액터 불필요 : 무효전력을 발생시키기 위한 콘덴서, 리액터가 불필요하여 구조 및 유지보수가 간단하다.
④ 액티브 필터의 역할이 가능하다.

3) 구조 및 동작원리

① 구조

㉠ SVG는 정지형 동기조상기라고 할 수 있는 것으로 직류 축전용 콘덴서로 구동되는 3상 인버터와 변압기로 구성되어 있다.

㉡ 인버터는 GTO와 다이오드의 역 병렬로 구성된 스위칭회로이다.

㉢ Storage Capacitor, Shunt TR(분로를 만듦)

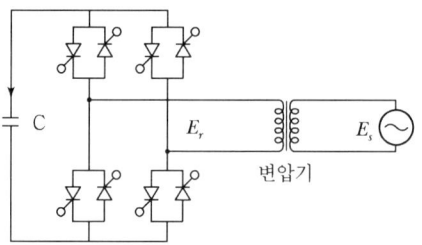

[그림 2] SVG 구조도

② 동작원리

㉠ 인버터 출력전압 V_0는 계통전압 V와 그 위상이 일치하도록 등가화시키고 V_0의 크기를 조정하여 전압차가 생기도록 하여 무효전력을 발생시킨다.

㉡ 무효전력 출력식

- 무부하 모드 : $V_0 = V$인 경우 $I = 0$이 되어 무효전류의 출력은 0이다.
- 진상모드 : $V_0 > V$인 경우 SVG의 출력전류은 진상전류가 된다. 이때 양 전압의 차에 의해 전류치가 결정된다.
- 지상모드 : $V_0 < V$인 경우 SVG의 출력전류는 지상전류가 된다.
- 엑티브 필터모드 : 고조파 전압을 인버터 출력전압 V에 중첩시켜 고조파 전류로 출력하여 엑티브 필터기능을 갖게 한다.

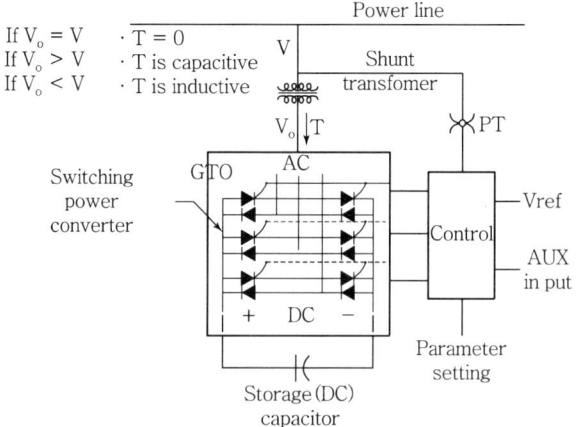

[그림 3] SVG 동작원리

8.3 콘덴서 사용 시 문제점과 고조파 대책

- 콘덴서를 설치하여 역률을 개선하면 변압기 및 배전선의 손실감소, 전압강하율 감소, 설비용량의 여유도 증가 및 전력요금의 감소효과를 얻을 수 있으나,
- 경부하 시 콘덴서를 제어하지 않으면 과보상에 의한 고조파 왜곡증대, 콘덴서 열화현상이 발생하며, 콘덴서 개폐 시 돌입전류 또는 이상전압 발생 등의 특이현상이 발생한다.

■ 제조사 기술자료집, 전기설비기술기준, 신전기설비기술계산 핸드북

1. 콘덴서 선정 시 고려사항

가. 사용온도

1) 콘덴서는 고온에서 사용하면 수명이 대폭 단축한다.
2) 주위온도는 최고 40℃ 이하에서 사용한다.

나. 과전압

1) 영향 : 콘덴서에서 과전압은 온도상승을 초래하여 수명에 관계된다.
2) 허용범위 : 허용 과전압은 정격 전압의 115% 이하이다.
3) 과전압 요인
    ① 경부하 시 진상 역률로 인하여 모선전압이 상승한다.
    ② 직렬 리액터 설치 시 콘덴서 단자전압이 상승한다.

다. 과전류

1) 영향 : 콘덴서를 과전류로 운전하면 실효용량이 증대하여 온도상승으로 수명에 영향을 준다.
2) 허용범위 : 허용전류는 고조파를 포함한 실횻값이 135% 이하이다.
3) 과전류 요인 : 과전압 및 고조파 전류의 유입(고조파 영향이 매우 크다.)이 원인이다.

라. 고조파 공진

1) 진상용 콘덴서를 설치하면 변압기 철심의 자기포화특성과 정류기 부하의 고조파 전류에 의하여 회로전압이나 전류를 왜곡시키고 콘덴서의 용량성 때문에 더욱 확대된다.
2) 고조파 요인 : 경부하 시 고조파 왜곡이 증가한다.

[표 1] 전력콘덴서의 허용최대사용전류의 기준

전압구분	최대사용전류		허용과전압 ($L=6\%$)
	리액터 無	리액터 有	
저압용	130% 이하	120% 이하, 제5고조파 35% 이하	110%
고압용	고조파 포함 135% 이하	120% 이하, 제5고조파 35% 이하	최고 115%
특고압용	고조파 포함 135% 이하	120% 이하, 제5고조파 35% 이하	110%

2. 콘덴서 사용 시 문제점

가. 과보상 시 문제점
1) 모선전압의 상승
2) 전력손실의 증대
3) 고조파의 왜곡증대
4) 회전기의 자기여자현상

나. 콘덴서 개폐 시 특이현상
1) 콘덴서 회로 투입 시 돌입전류, 개방 시 이상전압이 발생한다.
2) 직렬 리액터를 설치하여 투입 시 돌입전류를 억제하고 개방 시 재점호의 발생을 방지한다.
3) 진상전류의 차단능력이 있는 개폐기, 차단기를 사용한다.

다. 콘덴서 열화현상
1) 열화현상은 콘덴서의 유전체가 전기적 또는 화학적 작용으로 인해 발생한다.
2) 열화에 영향을 미치는 요인은 온도, 전압, 전류 등의 조건이 있다.

3. 콘덴서의 고조파 왜곡현상

진상용 콘덴서를 설치하면 변압기 철심의 자기포화특성과 정류기 부하 등에 의해 고조파 발생이 증가하여 회로의 전압·전류를 왜곡시키고 콘덴서 용량성 때문에 더욱 확대된다.

가. 원인
경부하 시 콘덴서가 투입되어 있는 경우 진상 역률이 되어 모선전압이 상승하고 변압기가 과여자되면서 고조파 전압이 상승하여 고조파 왜곡이 증가하여 콘덴서 고장 또는 다른 기기의 손실 오동작을 초래한다.

나. 영향
1) 공진현상이 발생한다.
2) 단자전압이 상승한다.
3) 전류실효치가 증대한다.
4) 콘덴서 실효용량 증가한다.
5) 고조파 전류에 의해 손실이 증가한다.

다. 임피던스 분담에 의한 고조파 전류의 분류(☞ 참고 : 고조파가 전력기기에 미치는 영향·대책)
고조파 발생부하의 병렬공진으로 고조파 전류가 전원 및 콘덴서 측으로 이상 확대되어 계통전체에 고조파전압 왜곡이 발생한다.

4. 고조파 억제대책

가. 직렬 리액터가 없는 콘덴서의 경우
1) 직렬 리액터를 부착한 콘덴서로 설치한다.
2) 합성전류의 실횻값은 정격 전류의 135% 이내로 유지한다.

나. 직렬 리액터를 설치한 경우
1) 고조파 유입량을 정격 전류의 120% 이하로 하고, 전압 왜곡률은 3.5% 이하가 되어야 한다.
2) 저압 측에 설치하는 경우 자동역률조정장치를 취부한다.

다. 기타 경우
전력용 콘덴서의 사용을 최대한 억제하는 방법과 유도전동기 대신 동기전동기를 사용한다.

> **참고** 콘덴서 용량 환산공식
>
> - $Q = 2\pi f C V^2 \times 10^{-9}$ [kVA], $C = \dfrac{Q \times 10^9}{2\pi f V^2}$ [μF], 전압[V], C[μF]
> - [kVA]와 [μF]환산공식 : [kVA]$10^9 = 2\pi f E^2 C$, C[μF] $= \dfrac{[\text{kVA}] \cdot 10^9}{2\pi f E^2}$

8.4 콘덴서의 과보상 현상

- 역률 개선을 위하여 콘덴서를 사용할 경우 과보상 시 문제점, 콘덴서 개폐 시 특이현상, 경부하 시 고조파 왜곡증대, 콘덴서 열화현상 등 사용에 따른 문제점을 고려하여야 한다.
- 콘덴서를 설치하여 역률을 개선하면 변압기 및 배전선의 손실감소, 전압강하율 감소, 설비용량의 여유도 증가 및 전력요금의 감소효과가 있으나 경부하 시 콘덴서를 제어하지 않으면 과보상이 되어 다음과 같은 역효과가 나타난다.
- ■ 제조사 기술자료집, 최신송배전공학, 정기간행물

1. 과보상 시 영향요소

야간이나 휴일의 경부하 시 콘덴서를 삽입한 채로 놓게 되면 모선전압이 상승하여 변압기는 과여자가 된다.

가. 모선전압의 상승
나. 전력손실의 증가

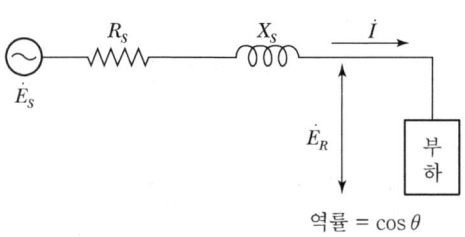

[그림 1] 선로 계통도

다. 고조파 왜곡증대
라. 회전기기의 자기여자현상 등

2. 콘덴서 과보상 시 영향(Ferranty Effect[80])

가. 모선전압의 상승

[그림 1]과 같은 전력계통에서 전원 측 임피던스 $Z=R+jX$, 부하전류 I, 역률 $\cos\theta$로 하면 수전점 모선의 전압강하는 대략 $\Delta V = I(R\cos\theta + X\sin\theta)$로 되므로 경부하 시 손실이 감소되어 진상 역률이 되는 경우 $\sin\theta < 0$이므로 ΔV는 $(-)$값이 되어 모선전압이 상승하게 된다.

나. 전력손실의 증가

1) 콘덴서를 설치하여 역률이 개선되면 전력손실이 감소되나 야간이나 휴일의 경부하 시에 콘덴서를 제어하지 않고 투입된 상태로 운전하면, 전류 I는 콘덴서를 투입하지 않았을 때 부하전류 I'보다 증가하게 되어 전원계통의 전력손실은 증가하게 된다.
2) 손실에 의한 전압상승의 영향은 변압기의 히스테리시스손 및 와전류손의 증대, 각종 기기류에 전기적 스트레스 부담, 역률개선 콘덴서의 고장을 유발한다.

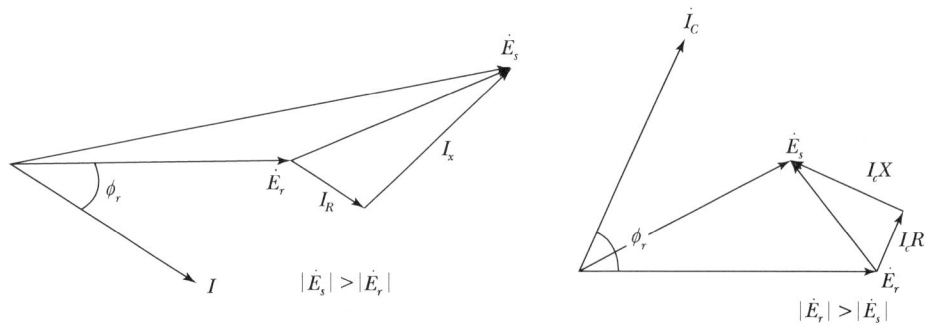

(a) 지상 전류가 흐를 경우의 벡터도　　(b) 진상 전류가 흐를 경우의 벡터도

[그림 2] 전류 벡터도

다. 고조파 왜곡의 증대

1) 경부하 시 진상 역률이 되면 모선전압이 상승하여 변압기가 과여자로 된다. 따라서 과여자가 되면 계통의 모선전압이 상승하고 고조파 전압이 높아져 왜곡이 증대된다.

---

80) 페란티 현상의 영향으로는 ① 선로의 전력손실 증대, ② 변압기의 전력손실 증대, ③ 계통전압의 상승이 있으며, 계통전압의 상승현상은 $\Delta V = I(R\cos\theta + X\sin\theta)$에서 진상용량의 증가로 $R\cos\theta < X\sin\theta$일 때 전압상승이 커진다. 앞선 역률에 의한 전압상승은 ① 변압기의 히스테리시스손 및 와전류손을 증대, ② 역률개선용 콘덴서의 고장을 유발, ③ 각종 기기류의 전기적 스트레스를 준다.

2) 영향
    ① 직렬 리액터가 없는 경우 저차수의 고조파공진을 일으켜 고조파 전압이 증대된다.
    ② 콘덴서 고장, 타기기에 손상, 오동작을 발생하게 된다.
    ③ 변압기 소음이 증가한다.

라. 회전기기의 자기여자현상

자기여자현상이란 선로 및 회전기기 등에 일정 이상의 정전용량을 접속할 때 충전전류로 인하여 계자를 여자하지 않아도 스스로 전압을 일으키는 현상

1) 유도전동기의 자기여자현상
    ① 원리 : 유도전동기와 직결된 콘덴서의 개폐기를 개방한 후 전압이 즉시 0이 되지 않고 이상 상승하거나 오랫동안 감소하지 않는 현상을 말한다.
    ② 원인
        ㉠ 콘덴서 용량이 전동기의 자기여자용량보다 클 때 일어나는 현상으로 유도전동기 여자용량보다 큰 콘덴서를 삽입하면 전동기 무부하포화곡선과 콘덴서 특성곡선의 교점이 정격 전압보다 높은 자기여자전압으로 회전한다.
        ㉡ 정격출력에 대하여 역률이 100%의 경우 자기여자전압이 140%까지 상승한다.
    ③ 대책 : 콘덴서용량이 전동기의 여자용량보다 클 때에 일어나므로 콘덴서 용량은 전동기의 여자용량보다도 항상 작게 할 필요가 있다. 따라서 여자용량은 보통전동기 출력 값의 1/2~1/4 정도가 기준이다.

2) 발전기 자기여자현상
    ① 원리 : 장거리 송전선로에서는 수전단에 부하가 없을 경우에도 정전용량에 의한 충전전류가 송전단으로부터 공급되어야 한다. 이 충전전류는 발전기전압보다 위상이 약 90° 앞서 있기 때문에 발전기를 충전할 경우(무부하 송전선에 발전기를 투입해서 운전할 경우)에는 발전기의 여자회로를 개방하여 발전기를 송전선로에 접속하더라도 순식간에 발전기의 전압이 상승하는 현상을 말한다.
    ② 원인
        ㉠ 장거리 무부하 송전선로의 정전용량에 의한 과여자 경우
        ㉡ 역률 개선용 콘덴서에 의한 과보상 경우
    ③ 대책
        ㉠ 발전기의 단락비를 크게 한다. 예 발전기 용량 > 선로의 충전용량
        ㉡ 일반적인 콘덴서의 과보상 억제대책으로 콘덴서의 자동제어방식을 채용한다.

> **참고** 발전기의 자기여자현상 해설

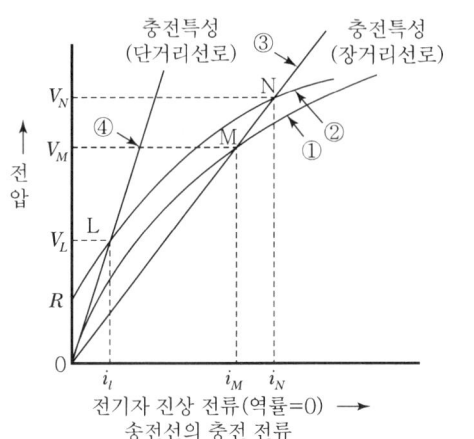

1. 곡선 ①, ②는 발전기의 진상 전기자 전류(역률=0)에 의한 포화특성으로서 ①은 무여자의 경우 ②는 여자 전류가 있는 경우(계자전류로 무부하에서 OR의 유기전압을 내고 있을 경우)이다.
2. 곡선 ③, ④는 송전선의 충전특성으로서 ③은 장거리 송전선으로서 정전용량이 클 경우 ④는 단거리 송전선로의 경우이다. 장거리 송전선로의 경우에는 무여자의 경우에도 전압은 V_M까지 상승하고, 여자 전류가 있을 경우에는 V_N까지 상승한다.
3. 송전선로가 길 경우에는 여자하지 않아도 순식간에 전압이 M점까지 상승하지만 송전선로가 짧을 경우에는 자기여자가 일어나지 않고 무부하에서 OR의 유기전압을 발생하는 여자를 걸었을 때에도 L점에서 멈추게 된다.
4. 전압을 더 올리고 싶을 경우에는 계자전류를 증가시키면 되고 이에 따라 전압은 곡선 ④에 따라 상승하게 된다.

[그림 3] 발전기의 자기여자현상

8.5 콘덴서의 개폐현상(개폐 시 특이현상)

진상용 콘덴서를 개폐하는 경우 콘덴서의 충전전류($I_c = \omega CE$) 영향을 받게 된다. 콘덴서 충전전류는 주파수, 커패시턴스, 공급전압에 의하여 크기가 결정되며, 콘덴서 개폐장치의 투입과 차단에 영향을 준다.

■ 제조사 기술자료집, 신전기설비기술계산 핸드북, 정기간행물

1. 개폐 서지의 종류

개폐 서지는 뇌 서지에 비해 파고값은 높지 않으나 계속시간이 수 ms로 비교적 길기 때문에 기기의 절연에 주는 영향을 무시할 수 없다.

가. 무부하 선로의 개폐 서지 : 투입 서지, 재점호 서지 및 단로기 개폐 서지
나. 유도성 소전류 차단 서지 : 전류 절단 서지(재단서지), 반복 재발호
다. 고장전류 차단 서지, 3상의 비동기 투입 서지 : 파고값도 낮고 절연상 문제가 적다.

2. 콘덴서 투입 시 현상

가. 돌입전류 발생

1) 콘덴서회로는 $R-L-C$ 직렬회로로 해석할 수 있으며, 일반 유도부하에서 투입할 경우 최대전류가 2배인 데 반하여 콘덴서회로에서는 전류를 억제하는 것이 계통의 리액턴스 밖에 없기 때문에 회로손실이 적고 고유주파수가 적어 과대한 돌입전류가 발생한다.

2) 콘덴서 투입 시 단자전압, 전류, 주파수의 관계를 간단히 표시하면

① 최대돌입전압 배수 $E_{Cmax} = 2E_C$ (여기서, E_C : 콘덴서 정상 시 전압)

② 최대돌입전류 배수 $I_{max} = I_C\left(1+\sqrt{\dfrac{X_C}{X_L}}\right)$ (여기서, I_C : 콘덴서 충전전류)

③ 최대돌입주파수 배수

$$f_1 = f\left(\sqrt{\dfrac{X_C}{X_L}}\right)$$

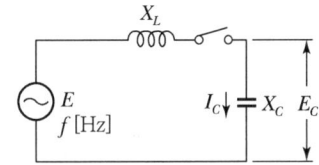

여기서, X_C : 콘덴서 리액턴스, X_L : 유도성 리액턴스
f : 상용 주파수, f_1 : 과도 주파수

나. 돌입전류에 의한 CT 2차 과전압 발생

1) 원인

콘덴서 투입 시 X_L가 작은 경우(돌입전류는 수 10~100배에 도달한 경우)

① 직렬 리액터가 설치되어 있지 않을 때
② 병렬뱅크에 직렬 리액터가 없는 것이 있을 때
③ 전원의 단락용량이 클 때
④ 콘덴서에 잔류전하가 있을 때

2) 영향

① 변압기의 소음 증대
② 콘덴서의 과열
③ 계기 및 계전기의 오동작
④ 전동기의 이상소음
⑤ 전압·전류파형 왜곡 확대 및 고조파 발생원인 등의 영향

3) 대책

① 과전압을 제한하기 위하여 콘덴서 용량의 6%인 직렬 리액터를 설치하면 돌입전류는 5배, 돌입주파수는 약 4배로 억제할 수 있다.

$$I_{\max} = 1 + \sqrt{\frac{100}{6}} = 5배, \quad f_1 = \sqrt{\frac{100}{6}} = 4배$$

② 소용량 콘덴서에서 경제성을 이유로 리액터를 회로에 부속시키지 않을 때 주의해야 한다. 또 직렬 리액터가 없는 병렬뱅크가 있으면 더욱 현상이 확대되므로 병렬뱅크에도 직렬 리액터를 회로에 접속할 필요가 있다.

다. 모선의 순시전압강하

1) 무전압의 콘덴서에 전압을 인가하는 경우 투입 순시의 콘덴서 리액턴스 X_C는 거의 "0"으로 투입 순시전압은 전원 측 리액턴스 X_S와 직렬리액턴스 X_L에 의해 분담된다.

2) 모선의 전압강하 $\Delta V = \dfrac{X_S}{X_S + X_L} \times 100[\%]$

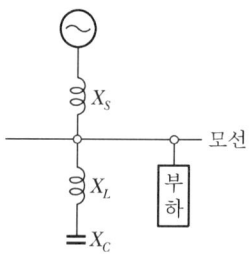

3) 대책 : 직렬 리액터의 크기를 수전 측 리액턴스에 대하여 문제되지 않는 선까지 크게 한다.

3. 콘덴서의 개방 시 현상

가. 회복전압 발생

회복전압이란 회로의 개폐장치에서 전류를 차단하였을 때에 양단자 사이 혹은 극의 각 차단점 사이에 나타나는 전압을 말한다.(E_c : 콘덴서 정상전압, $E_{c\max}$: $2E_c$)

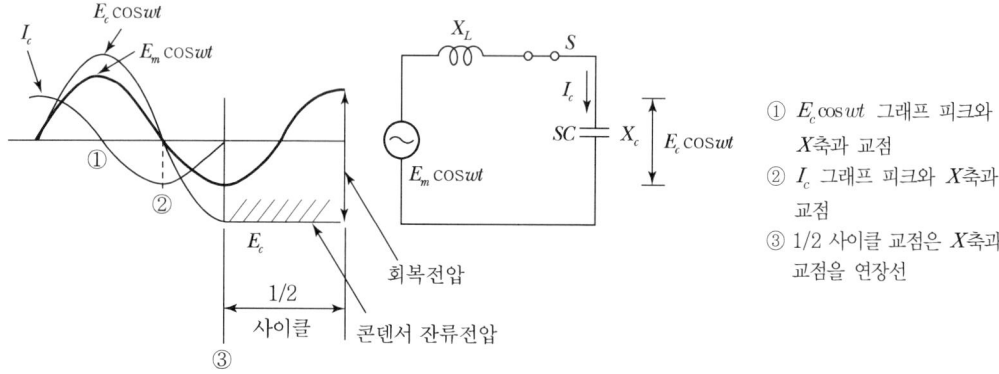

[그림 1] 콘덴서 개방 시 회복전압

1) 콘덴서는 [그림 1]과 같이 단자전압보다 90° 앞선 진상전류가 흐르기 때문에 전류 0점에서 콘덴서를 개방하는 경우 회복전압은 최대전압 값에서 콘덴서 잔류전압이 존재한다.
2) 이 때문에 개방 후 개폐기의 극간전압은 반 사이클 후 2배의 높은 전압이 발생한다. 따라서 개폐기의 극간은 이 같은 회복전압에 견디어야 한다.

나. 재점호에 의한 과전압

재점호 현상이란 충전전류 개방 시 차단기 극간 절연이 재기전압을 견디지 못할 때 극간 절연이 파괴되는 현상을 말한다.

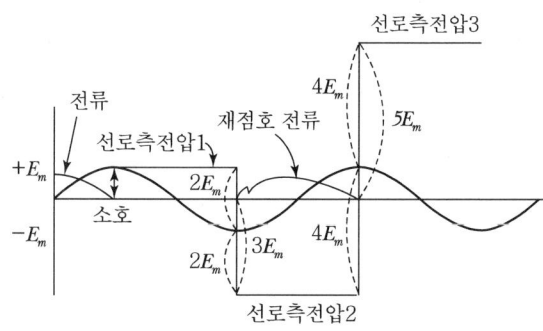

[그림 2] 재점호 현상

1) 재점호 이상전압

   ① 전류 0점에서 콘덴서차단 1/2Cycle이 경과 후 재점호가 발생했다고 하면 콘덴서 단자 간에 3배의 전압이 걸리고 다시 다음에 나타나는 회복전압의 최댓값에서 재점호가 반복되면 5, 7, 9배의 전압이 나타나 콘덴서나 모선접속기기의 절연파괴가 발생한다.

   ② 그림은 재점호 전류가 고조파 전압의 최댓값을 나타내는 시각에서 발생되는 것을 표시하고 있으며, 재점호가 회로에 주는 직접적인 피해는 콘덴서 단자전압에 최고 약 3배의 과전압과 전원 측에 1.5배 이하의 과전압을 주는 정도이다.

2) 영향

   콘덴서나 모선에 접속된 기기의 절연이 파괴된다.

3) 대책

   ① 고압의 경우 차단속도 및 접촉자간 절연회복 특성이 빠른 고속개폐기를 선정한다.
   ② 재점호를 방지하기 위한 적정한 값의 직렬 리액터를 설치한다.

다. 유도전동기의 자기여자현상(☞ 참고 : 콘덴서 과보상이 될 경우 문제점)

유도전동기의 자기여자현상이란 개폐기를 개방한 후의 충전전류로 인하여 전압이 즉시 영이 되지 않고 이상상승하거나 오랫동안 감소하지 않는 현상을 말한다.

4. 콘덴서 개폐장치의 요구 성능

가. 개폐장치 설치 시 고려사항

1) 투입 시 과대한 돌입전류에 견디고 개방 시 회복전압에 견디어 재점호 현상이 없을 것
2) 전기적·기계적 다빈도 개폐에 견디고 보수점검의 주기와 수명이 길 것
3) 보수가 간단하고 경제적일 것

나. 개폐장치의 요구성능

1) 접점용량 : 트립 시 정격 전류의 2~2.5배의 전류가 흐르므로 개폐기의 정격 전류는 콘덴서 정격 전류의 1.5~2배의 것을 사용한다.
2) 고속동작 : 재점호가 발생하기 전에 접점 간의 간격을 충분히 이격시키도록 하기 위해서 고속으로 동작하는 전자접촉기 또는 진공접촉기를 사용한다.
3) 소호능력 : 재점호에 의한 아크발생을 억제하고 소호능력이 있는 진공차단기를 사용한다.

다. 개폐장치의 설치기준

1) 저압진상용 콘덴서
   ① 개개의 부하에 콘덴서를 설치하는 경우
      ㉠ 현장조작개폐기 또는 이에 상당하는 개폐기보다 부하 측에 콘덴서를 설치할 것
      ㉡ 본선에서 분기하여 콘덴서에 이르는 전로에는 개폐기 등의 장치를 해서는 안 된다.
   ② 각 부하에 공용하는 경우
      ㉠ 현장조작개폐기보다 전원 측 또한 인입구장치보다 부하 측에 콘덴서를 접속할 것
      ㉡ 취급하기 편리한 곳에 전용의 개폐기(필요 시 과전류차단기) 및 방전코일 또는 기타 적당한 방전장치가 달린 개폐기를 설치할 것

2) 고압이상의 콘덴서
   ① 개개의 부하에 콘덴서를 설치하는 경우 : 현장조작개폐기보다도 부하 측에 콘덴서를 설치하고 다음 각 호에 의하여 설치한다.
      ㉠ 특히 전용의 개폐기, 퓨즈, 유입차단기 등을 설치하지 말 것
      ㉡ 방전장치가 있는 콘덴서는 개폐기를 설치할 수 있으나 평상시 개폐하지 않는다.
      ㉢ COS설치의 경우 고압 COS에 퓨즈를 삽입하지 않고 $6mm^2$ 이상의 나동선을 직결하고, 특·고압에는 퓨즈를 삽입하며 정격 전류의 200% 이내의 것을 사용한다.
   ② 각 부하에 공용하는 경우 : 콘덴서 회로에는 전용의 과전류 트립 코일이 있는 차단기를 설치할 것

㉠ 100kVA 이하인 경우에는 유입개폐기 또는 이와 유사한 인터럽트스위치를 사용한다.
㉡ 50kVA 미만인 경우에는 COS를 사용한다.

3) 콘덴서 용량에 따른 결선도
   ① 콘덴서 삽입용량

[표 1] 수전변압기 용량의 경우

TR 용량[kVA]	콘덴서 용량[kVA]
500 이하	TR 용량×5%
500~2,000 이하	TR 용량×4%
2,000 초과 시	TR 용량×3%

[표 2] 저압 전기기계기구의 경우

부하종별	콘덴서 용량[kVA]
3상 380V	부하정격입력의 1/3
3상 또는 단상 200V	부하정격입력의 1/4
단상 100V	부하정격입력의 1/5
기타 전기기기	전기사업자와 협의

② 설치뱅크 구분
   300kVA 이하 1군, 600kVA 이하 2군, 600kVA 이상은 3군 이상으로 분할한다.

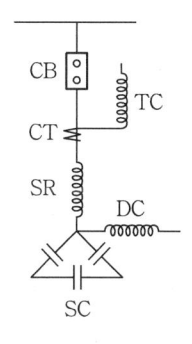
(a) 300[kVA] 이하

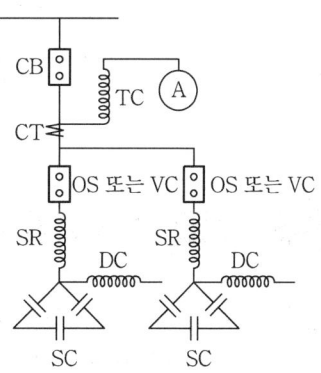
(b) 300[kVA]~600[kVA] 이하

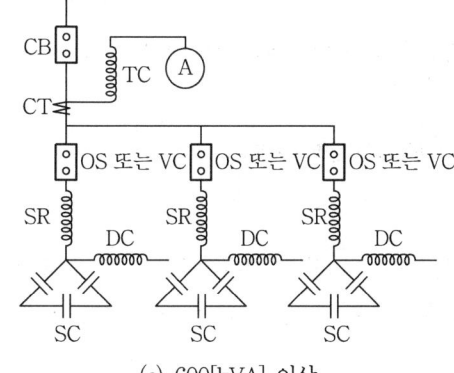
(c) 600[kVA] 이상

[그림 3] 콘덴서 용량에 따른 직렬 리액터 결선도

> **참고** 인버터회로의 리액터 설치위치

1. 인버터용량이 전원용량보다 큰 경우 고려할 사항
   가. 진상콘덴서는 교류 입력 측 또는 직류 측에 리액터를 삽입한 다음 설치한다.
      리액터는 수용가의 고조파 전류를 감소시키고 역률을 개선하므로 교류리액터를 삽입한 다음 전원 측에 진상콘덴서를 설치하는 것이 좋다.
   나. 진상콘덴서를 교류 출력 측에 설치할 경우 인버터를 파손할 위험이 있다. VVVF방식에서 전원 설비용량에 영향을 주는 역률은 입력값이며 전동기 역률은 무관하다.
2. 인버터회로의 리액터 삽입 위치(☞ 참고 : 고조파에 관한)

〈인버터회로방식의 예〉

순위	인버터회로방식	블록도
1	인버터 교류입력 측과 직류 측에 리액터가 없는 방식	
2	인버터 교류입력 측에 교류리액터가 있는 방식	
3	인버터 직류 측에 직류리액터가 있는 방식	

8.6 콘덴서 회로의 부속기기

콘덴서 회로의 부속기기 종류에는 잔류전하 위험 방지를 위한 방전코일과 고조파 전류에 의한 회로전압이나 전류파형의 왜곡을 방지하기 위한 직렬 리액터가 있다. 특히, 진상용 콘덴서에 직렬 리액터가 없는 경우 변압기 철심의 자기포화특성과 정류기부하 등에 의해 발생하는 고조파 전류가 회로전압이나 전류를 왜곡시키고 콘덴서의 용량성 때문에 더욱 확대된다.

■ 제조사 기술자료집, 전기설비기술기준, 신전기설비기술계산 핸드북, 정기간행물

1. 방전코일(DC ; Discharge Coil)

가. 설치목적

콘덴서 회로를 개방하였을 때 잔류전하로 인한 인축에 대한 위험을 방지하고, 콘덴서를 재투입할 경우 콘덴서에 걸리는 과전압을 방지하기 위하여 사용한다.

나. 종류

방전코일(대용량), 방전저항(소용량)

다. 기능

1) 고압 5초 이내 콘덴서 잔류전하 50V 이하로 방전시킨다.
2) 저압 3분 이내 콘덴서 잔류전하 75V 이하로 방전시킨다.
3) 콘덴서를 변압기나 전동기에 직결하여 사용하는 경우에는 방전장치가 필요 없다.

2. 직렬 리액터(SR ; Series Reactor)

가. 설치 이유

1) 역률 개선용으로 콘덴서를 사용하는 경우 회로전압이나 전류파형 왜곡을 확대하기도 하며 간혹 기본파 이상 고조파를 발생한다. 이때 고조파 전압은 변압기 과열·이상소음을 증대시키고 또한 콘덴서 회로에 이상전류를 발생시키며, 고조파 전류는 운전 지장·계전기류의 오동작 등 문제를 야기하는데 이를 보완하기 위하여 직렬 리액터를 설치한다.
2) 단락용량이 큰 계통에서 대용량의 콘덴서 군을 사용하는 경우 고조파 전류에 의하여 회로전압이나 전류 파형의 왜곡 발생, 콘덴서 투입 시 돌입전류 발생, 콘덴서 개방 시 이상 현상(재점호) 발생 등 문제점을 보완하기 위하여 직렬 리액터를 설치한다.

나. 설치 목적

1) 고조파에 의한 전압파형 왜곡 억제

① 고조파 발생원인
㉠ 고조파는 변압기 철심에 의한 자기포화특성 또는 정류기 부하에 의한 것으로 콘덴서 회로 투입 시 LC공진에 의하여 고조파가 확대되는 데 기인한다.
㉡ 공진주파수 $f_0 = \dfrac{1}{2\pi\sqrt{LC}}$로 콘덴서와 인덕턴스의 크기로 결정된다.

② 고조파 개선방법
㉠ 일반 전력회로에 가장 많이 포함된 제5고조파에 동조하는 리액터를 설치하여 파형의 왜곡을 개선한다. 예 전동기, 변성기, 콘덴서의 과열 및 절연파괴 방지
㉡ 경부하 및 단상전류회로가 많은 전기설비의 경우 제5고조파 이상의 고조파에 의한 왜곡현상을 방지한다. 예 OA기기, 전자식 안정기 등

2) 콘덴서 투입 시 돌입전류 억제

콘덴서 회로 투입 시 돌입전류는 수 10~100배가 되므로 콘덴서 리액턴스에 6% 직렬 리액터를 설치할 경우 투입 시 돌입전류를 $5배\left(1 + \sqrt{\dfrac{100}{6}}\right)$ 이하로 억제한다.

예 차단기 접점 마모, 사이리스터 및 전력변환기 등 파손 방지

3) 콘덴서 개방 시 이상현상 억제

직렬 리액터를 설치하게 되면 콘덴서회로 개방 시 회복전압에 의한 재점호 현상을 억제하여 콘덴서 자체 및 모선 과전압을 억제하는 효과가 있다.

다. 직렬 리액터의 용량 산정

1) 3상 회로에서 제5고조파에 대하여 회로를 유도성으로 하기 위한 리액터 용량 산정

① 용량 계산 $nX_L > \dfrac{X_c}{n} \rightarrow X_L > \dfrac{1}{n^2} X_c$

예 $5\omega L > \dfrac{1}{5\omega C} \rightarrow \omega L > \dfrac{1}{5^2 \omega C} = 0.04 \dfrac{1}{\omega C}$

② 콘덴서 용량성 리액턴스에 4% 이상의 유도성 리액턴스를 설치하면 되는데 일반적으로 2% 여유를 두어 6% 정도를 사용한다.

2) 제3고조파에 대해서는 $\omega L > \dfrac{1}{3^2 \omega C} = 0.11 \dfrac{1}{\omega C}$로 약 11%가 되는데 여유를 두어 13% 사용한다.

라. 직렬 리액터 사용 시 주의사항

1) 콘덴서 단자전압의 상승

6% 리액터 삽입으로 콘덴서의 단자전압은 약 6.38% 상승하고 콘덴서의 전류도 약 6.38% 상승하여 약 13% 콘덴서 용량이 증가하므로 큐비클 내의 발열을 검토한다.

① 콘덴서 단자전압 $V_C = \dfrac{X_C}{X_L + X_C} \times E = \dfrac{1}{1 - (\omega^2 LC)} \times E$

② 직렬 리액터가 6%의 경우 $V_C = \dfrac{1}{1 - 0.06} E = 1.06 E$

여기서, E : 콘덴서 정격 전압[V]

> **≫참고** 직렬 리액터 용량과 콘덴서 단자전압 관계(콘덴서의 단자전압 상승)
>
> 1. 콘덴서만 접속된 경우
>   1) 콘덴서의 정전용량이 C라면 이때 흐르는 전류 I_C는 $I_C = \dfrac{E}{\dfrac{1}{j\omega C}} = j\omega CE$
>   2) 콘덴서에 걸리는 전압 E_C는 $E_C = I_C X_C = j\omega CE \times \left(-j\dfrac{1}{\omega C}\right) = E$ ························· ①
> 2. 콘덴서에 직렬 리액터가 직렬로 접속된 경우
>   1) 회로의 합성 리액턴스를 X라고 하면
>
>   합성 리액턴스는 $X = X_L + X_C = j\omega L - j\dfrac{1}{\omega C} = j\left(\omega L - \dfrac{1}{\omega C}\right)$

이때 흐르는 전류는 $I = \dfrac{E}{X} = \dfrac{E}{j\left(\omega L - \dfrac{1}{\omega C}\right)}$ ······················· ②

2) 콘덴서 양단에 걸리는 전압은

$$E_C = I \cdot X_C = -j\dfrac{1}{\omega C} \cdot I = -j\dfrac{1}{\omega C} \times \dfrac{E}{j\left(\omega L - \dfrac{1}{\omega C}\right)}$$

$$= -\dfrac{E}{\omega C\left(\omega L - \dfrac{1}{\omega C}\right)} = \dfrac{E}{1 - \omega^2 LC}$$ ······················· ③

3) 예를 들어 용량성 리액턴스 $X_c = \dfrac{1}{\omega C} = 10\,\Omega$, 유도성 리액턴스 $X_L = 0.6\,\Omega$ ($10\,\Omega$의 6%)이라 하고 전원전압을 100V라면 직렬 리액터가 없는 경우 콘덴서에 걸리는 전압은 몇 % 상승하는가?
 ① 직렬 리액터가 없는 경우 콘덴서에 걸리는 전압은 위의 식 ①로부터 100V가 된다.
 ② 직렬 리액터가 접속된 경우 콘덴서에 걸리는 전압은 위의 식 ③으로부터

$$E_c = \dfrac{100}{\dfrac{1}{10} \times (0.6 - 10)} = 106.38[\text{V}]$$로 되어 콘덴서의 단자전압

이 6% 이상 상승한다.

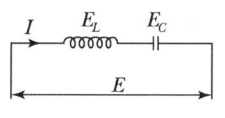

[그림 1] 콘덴서와 용량

 ③ 이 경우 리액터 양단에 걸리는 전압 E_L은

$$E_L = X_L \cdot I = \omega L \times \dfrac{E}{\left(\omega L - \dfrac{1}{\omega c}\right)} = 0.6 \times \dfrac{100}{(0.6 - 10)} = -6.38[\text{V}]$$

따라서 $E = E_c + E_L = 106.38 - 6.38 = 100[\text{V}]$가 된다.

2) 콘덴서와 용량을 합치는 경우

직렬 리액터는 용량이 고정적으로 정해져 있는 것이 아니고 동일 용량의 콘덴서와 조합하여 사용함으로써 성능이 발휘된다. 따라서 콘덴서의 용량에 따라서 변동하게 된다.

① 6kVA의 리액터에 100kVA의 콘덴서 접속하면 리액턴스가 6%가 되어 제5고조파에 유효하게 된다.

② 그러나 6kVA의 리액터에 50kVA의 콘덴서가 연결되는 경우에는 3%의 리액턴스가 되므로 주의해야 한다.

　㉠ 100kVA 콘덴서에서 50kVA의 콘덴서를 접속하면 리액터의 전류는 1/2로 줄어들고, 리액터 용량은 리액터에 걸리는 전압과 전류의 곱이므로 $P_R = I \times V_L$

　㉡ $P_R = I \times V_L = I \times IX_L = I^2 X_L$로 실제 리액터 용량은

$$6[\text{kVA}] \times \left(\dfrac{1}{2}\right)^2 = 6[\text{kVA}] \times \left(\dfrac{50}{100}\right)^2 = 1.5[\text{kVA}]$$로 감소되어 50kVA 콘덴서

에서는 $\dfrac{1.5}{50} \times 100 = 3[\%]$가 된다.

3) 콘덴서의 최대사용전류는 그 충전전류에 고조파가 포함되어 있는 경우

고조파가 포함된 합성전류의 실횻값이 정격 전류의 135% 이내로 규정되어 있다. 콘덴서 전류가 정격 전류의 120% 이상 흐르는 경우 고조파에 영향을 받고 있다고 예상되므로 직렬 리액터를 사용할 필요가 있다.

4) 모선에 단락전류가 큰 계통 및 병렬콘덴서 군이 있는 경우

콘덴서에 직렬 리액터가 부속되어 있지 않으면 콘덴서 투입 시에 돌입전류가 과대해지므로 CT 2차 측 회로에서 플래시 오버를 발생하므로 직렬 리액터를 부착한 제품을 설치하는 것이 좋다.

마. 직렬 리액터의 문제점 및 대책

1) 문제점

① 직렬 리액터를 설치하면 콘덴서 단자전압이 상승한다.
② 직렬 리액터를 설치하면 리액터가 없을 때보다 전류가 증가한다.

㉠ 직렬 리액터가 없을 때 전류 $I_C = \dfrac{E}{X_C}$[A]이다.

㉡ 직렬 리액터가 있을 때 전류 $I_{CL} = \dfrac{E}{X_L - X_C}$[A]로 되어 합성 임피던스가 감소하므로 전류가 증가한다.

2) 대책

① 단자전압의 상승에 대해서는 콘덴서 정격전압이 계통 공칭전압보다 높은 것을 사용한다.
② 전류증가에 대해서는 콘덴서회로 분기차단기와 콘덴서회로 전선의 허용전류를 증가한 전류치 이상이 되는 것으로 사용한다.

SECTION 09 피뢰기(LA)

9.1 피뢰기(LA ; Lightning Arrester)

피뢰기란 뇌 또는 회로 개폐 등에 의한 과전압의 파고값이 일정값을 넘는 경우 방전에 의한 과전압을 제한하여 전기설비의 절연을 보호하며, 또한 속류를 차단하여 계통이 스스로 회복하는 기능을 갖는 장치를 말한다. 따라서 LA는 외부이상전압, 즉 뇌 서지(유도뢰) 또는 개폐 서지에 의한 이상전압으로부터 전력설비의 기기를 보호하는 장치이다.

■ 한국전기설비규정(KEC), 신전기설비기술계산 핸드북, 제조사 기술자료집

1. 피뢰기의 일반 기능(구비조건[81])

가. 이상전압의 침입에 대하여 신속하게 방전특성[82]을 가질 것(충격방전개시전압)
나. 방전 후 서지전류 통전시 단자전압을 일정전압 이하로 억제할 것(제한전압)
다. 이상전압 처리 후 속류를 차단하여 자동회복능력을 가질 것(속류차단능력)
라. 반복동작에 대하여 구조가 견고하고 특성이 변하지 않을 것

2. 피뢰기의 구조 및 종류

가. 피뢰기의 구조

일반적으로 피뢰기는 [그림 1]과 같이 직렬 갭과 특성요소(비직선 저항체)의 단위소자를 애자 속에 밀봉한 구조로 되어 있다.

1) 직렬 갭 : 이상과전압이 발생할 경우 신속히 이상전압을 대지로 방전해서 이상과전압을 흡수함과 동시에 속류를 빠른 시간 내 차단하는 특징을 가지고 있다.
2) 특성요소 : 비직선 저항특성을 가지고 있어 밸브저항체라고 한다. 뇌 서지 등에 의한 큰 방전전류에서는 저항값이 작아져서 제한전압을 낮게 억제함과 동시에 비교적 낮은 계통전압에서는 높은 저항값으로 속류 등을 차단하여 직렬 갭에 의한 차단을 도와주는 작용을 한다.

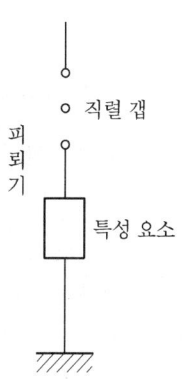

[그림 1] 피뢰기 구조

---

81) 구비조건은 충격방전개시 전압이 낮을 것. 상용주파 방전개시전압이 높을 것. 방전내량이 크면서 제한전압이 낮을 것. 속류차단능력이 충분할 것. 구조가 견고하고 특성이 변화하지 않을 것
82) 방전특성이란 뇌 서지나 개폐 서지 등의 과전압이 피뢰기에 인가된 경우 방전을 개시하는 전압

① 특성요소의 종류 : SiC 특성요소, 금속산화물 특성요소
② 특성요소별 V-I 특성곡선([그림 2] 참조)

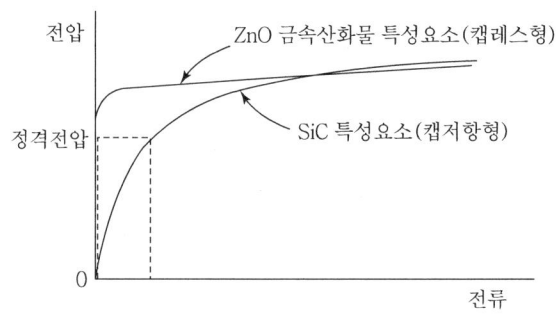

[그림 2] V-I 특성곡선

나. 피뢰기의 종류

1) 공칭방전전류에 따른 분류 : 10,000A, 5,000A, 2,500A
2) 용도에 따른 분류 : 발·변전소용, 배전용, 송전용
3) 구조에 따른 분류 : 갭저항형, 밸브형, 밸브저항형(비직선형), 갭레스형
4) 재료에 의한 분류 : 애자형 피뢰기, 폴리머 피뢰기[83]

3. 갭레스형 피뢰기(ZnO 피뢰기)

갭레스형 피뢰기는 특성요소를 탄화규소(SiC)에서 금속산화물(ZnO) 특성요소로 소성한 것으로 뛰어난 비직선 특성요소로 직렬 갭을 생략하여 피뢰기를 소형화하고 가격을 낮춘 피뢰기이다.

가. ZnO(산화아연소자)의 특성

1) 산화아연 피뢰기는 비직선 전압-전류 특성이 뛰어나 그 단자전압은 소자에 흐르는 전류의 크기에 따른 변화가 거의 없다.
2) 계통전압에서 수μA~10μA의 미세한 전류밖에 흐르지 않아 직렬 갭이 필요하지 않다.
3) 서지전압이 인가됨과 동시에 흡수 처리함으로써 이상전압 억제효과가 크다.
4) 전압파형의 변화에 따른 전류만 방전하므로 서지파의 소멸과 동시에 방전전류가 소멸된다.

---

[83] 폴리머 피뢰기는 기존 애자형 피뢰기에서 빈발하는 흡습, 열화로 인한 폭발사고를 예방하기 위하여 FRP 절연물과 고분자 고무 CAP으로 기밀 처리하여 폭발의 경우 비산하지 않는 고분자 재료를 가지고 만든 피뢰기이다.
- 과도한 고장전류에 의한 내부온도 상승과 팽창으로 폭발 시 2차 사고 예방효과가 있다.
- Shield 구조로 기밀성이 우수한 폴리머 재질을 사용하여 소형·경량으로 운반설치가 용이하다.
- 내후성 및 내트래킹이 우수하다.
- 방전내량이 우수하다.

나. ZnO 피뢰기의 특징

1) 방전갭(직렬갭)이 없으므로 구조가 간단하고 소형 경량화할 수 있다.
2) 소손 위험이 적고 피뢰기에 부합된 뛰어난 성능을 기대할 수 있다.
3) 속류가 없어 빈번한 작동에도 잘 견딘다.
4) 속류에 따른 특성요소의 변화가 적다.
5) 특성요소 사고의 경우 단락사고와 같은 현상으로 연결될 수 있다.

4. 피뢰기의 동작특성 비교

가. 갭 저항형(Gap Resistance Type)

1) 상용주파수의 계통전압에 Surge가 겹쳐서 그 파고값이 피뢰기의 뇌 임펄스방전개시전압에 도달하면 피뢰기가 방전을 개시한다.
2) 방전과 동시에 피뢰기에 방전전류가 흐르고 제한전압(잔류전압)이 발생한다.
3) 서지전압이 소멸된 후에도 피뢰기는 도통상태에서 계통전압에 따라 속류가 흐르지만 전류영점에서 속류를 차단하고 원상태로 회복한다.([그림 3] (a) 참조)

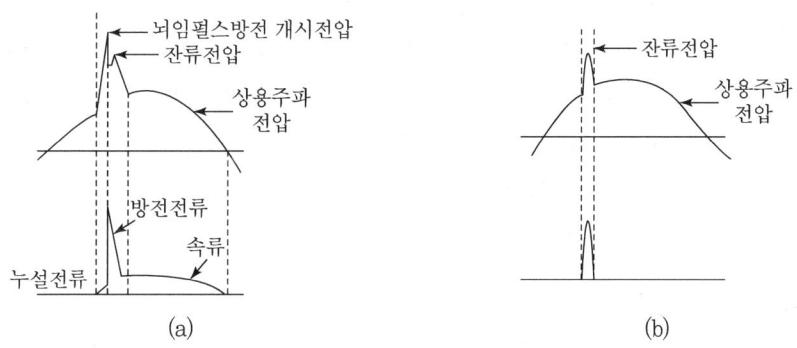

[그림 3] 피뢰기의 전압·전류 동작특성곡선

나. 갭레스형(Gapless Type)

1) 전압-전류 특성은 SiC소자에 비하여 광범위한 전압이 거의 일정한 정전압에 가깝다.
2) 누설전류 문제가 발생되지 않으므로 직렬갭이 선로와 절연을 할 필요가 없어 소형 경량이 된다.([그림 3] (b) 참조)

다. 산화아연(ZnO)형과 탄화규소(SiC)형 비교

구분	산화아연(ZnO) 피뢰기	탄화규소형(SiC) 피뢰기
단자전압	소자에 흐르는 전류 크기에 따른 단자전압의 변화가 거의 없다.	직렬갭이 방전을 개시할 때까지 단자전압이 상승한다.
서지흡수	이상전압의 발생과 동시에 방전하여 서지의 흡수속도가 빠르다.	직렬갭이 방전할 때까지 서지의 원파형이 그대로 존재하므로 서지의 흡수속도가 늦다.
속류차단	이상전압의 소멸과 동시에 속류를 차단한다.	계통의 전류파형이 영이 되는 순간 직렬갭이 속류를 차단함으로써 속류차단 속도가 조금 늦다.
특성	연속 특징	단속 특징

5. 피뢰기의 설치

가. 피뢰기 선정 시 유의사항(설계순서)

1) 피뢰시 설치장소에서의 최대상용주파 대지전압을 선정한다.
2) 가장 심한 피뢰기 방전전류의 크기 및 파형을 고려한다.(2.5~10kA, 보통 3kA 이하)
3) 피 보호기기의 충격절연내력을 결정한다.(공기의 절연내력은 고도가 높을수록 저하)
4) 피뢰기의 정격 전압 및 공칭방전전류 결정한다.
5) 피뢰기의 절연협조를 검토하여 보호레벨 결정한다.(피보호 기기의 충격절연내력과 피뢰기 보호레벨간의 절연협조는 충격전압에 대하여 20%, 개폐 서지에 대하여 15%의 여유를 둔다. 따라서 최소보호비를 1.2로 한다.)
6) 이격거리 및 기타 관계요소를 고려하여 전압을 결정한다.(가능한 피 보호기기에 근접한 곳에 피뢰기를 설치한다.)

나. 피뢰기 설치장소

피뢰기는 전력기기를 보호하는 것이 주목적이므로 주변압기에 최대한 가깝게 설치하는 것이 좋다. 최근에는 인입선에 케이블을 많이 사용하므로 가공선로와 케이블이 접속되는 지점에 설치한다.

1) 발·변전소의 인입구 및 인출구
2) 특고압 배전용 변압기의 고압 및 특고압 측
3) 특고압, 고압 가공전선으로부터 공급받는 수전장소의 인입구
4) 지중선로와 가공전선로가 접속되는 곳

다. 피뢰기의 설치위치

피뢰기와 기기가 같은 곳에 있으면 기기에 걸리는 전압은 피뢰기 단자전압과 같지만 거리가 멀어지면 침입파형, 기기 및 배선의 위치 등에 따라 피뢰기 억제전압 V_p보다 큰 값이 된다.

1) $V_t = V_P + \dfrac{2uS}{V}$ [kV]

> 여기서, V_P : 피뢰기 억제전압
> V_t : 기기에 걸리는 전압(최대 LIWL)
> u[kV/μs] : 침입파의 진행속도(차폐선로 500, 일반선로 200)
> S[m] : 피뢰기와 기기와의 거리
> V[m/μs] : 서지전파속도(가공선로 300, 케이블 150)

2) 22.9 kV계통의 피뢰기 위치는 피보호기기로부터 20m 이내에 설치한다.
3) 변압기 단자에 가해지는 파고치는 S(거리)가 길어지면 파고치가 높게 된다.
4) 선로가 케이블인 경우에는 케이블 양단에 피뢰기를 설치한다.

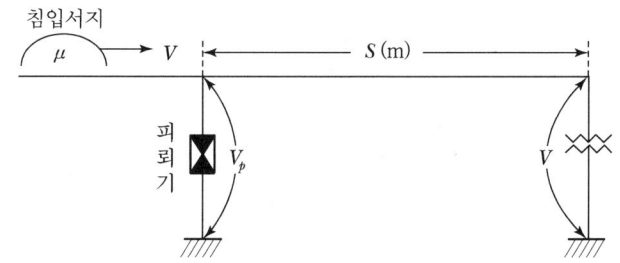

[그림 4] 피뢰기와 피보호기 거리

라. 피뢰기의 접지

1) 피뢰기의 접지조건

① 피뢰기의 접지저항은 가능한 낮은 값을 유지한다.
② 피뢰기의 접지는 다중접지식으로 하는 것이 가장 유리하다.
③ 피뢰기에 사용하는 접지도선은 가능한 짧게 한다.
④ 피뢰기의 접지는 단독접지가 좋으나 공통접지도 가능하다.

2) 피뢰기용 접지선의 굵기 선정

$$S = \dfrac{\sqrt{t}}{282} \times I_S \,[\text{mm}^2]$$

> 여기서, I_S : 낙뢰전류 또는 고장전류[kA]
> t : 고장계속시간[sec](22kV급 선로 1.1 적용)

3) 접지계수

접지계수는 1선 지락 사고 시에 피뢰기 설치점에서 건전상의 대지전압 실효치를 사고 제거 후에 선간전압의 백분율로 표시한 것

① 접지계수 $\phi = \dfrac{V_f}{V_L} \times 100 = \dfrac{V_f}{\sqrt{3}\ V_0} \times 100$

$\therefore \dfrac{V_f}{V_0} = \sqrt{3} \times \dfrac{\phi}{100}$

여기서, V_f : 건전상의 대지전압 실효치
V_L : 사고제거 후의 선간전압
V_0 : 상전압

② 유효접지된 접지계수 80% 경우 1선 지락사고가 발생했을 때 고장 시 대지전압은 선간전압의 0.8배 또는 상전압의 1.385배($0.8 \times \sqrt{3}$)

9.2 피뢰기의 정격 및 특성

■ 제조사 기술자료집, 전기설비기술기준, 신전기설비기술계산 핸드북

1. 피뢰기의 정격

가. 정격 전압

정격은 단위 동작책무로 규정된 횟수를 연속적으로 공급되는 상용주파 최대전압의 실횻값으로 표시한다. 정격 전압[84]이란 속류를 차단할 수 있는 상용주파 교류전압의 실효치를 말한다.

1) 정격 전압의 선정조건 : 계통전압과 그 과전압에 의해 정해진다.
   ① 지속성 이상전압의 원인(속류원인) : 계통 과전압에는 뇌 서지와 개폐 서지에 의한 과전압과 상용주파의 단시간 과전압이 있다.
      ㉠ 지락 시 건전상의 전압상승
      ㉡ 무부하 송전선의 페란티 효과
      ㉢ 부하차단에 의한 과전압
      ㉣ 탈조에 의한 과전압
   ② 중성점 비접지식의 정격 전압
      ㉠ 3상 교류회로의 경우 피뢰기에 상시인가 되어 있는 상시대지전압(상전압)
      ㉡ 단상지락고장이 일어난 경우 중성점 전위가 상전압으로 상승하여 건전상의 피뢰기에 걸리는 전압은 선간전압이 된다.

---

[84] 피뢰기의 적용과 정격 전압 선정에서 연속운전전압을 IEC에서는 COV(Continuous Operating Voltage ; 연속운전전압), IEEE에서는 MCOV(Maximum Continuous Operating Voltage ; 최고연속운전전압)의 전압 실효치 값을 적용하는 데 비하여 JEC에서는 전압의 파고치인 동작개시전압을 적용하고 있다.

③ 중성점 직접접지식의 정격 전압

중성점 전위가 억제될 수 있기 때문에 건전상 피뢰기에 걸리는 전압은 상전압

[표 1] 피뢰기의 정격 전압

전력 계통		피뢰기 정격 전압	
전압[kV]	중성점 접지방식	변전소	배전선로
345	유효 접지	288	-
154	유효 접지	144	-
22	PC접지 또는 비접지	24	-
22.9	3상 4선 다중접지	21	18

[주] 22.9kV-Y 이하의 배전선로에서 수전하는 설비의 피뢰기 정격 전압[kV]은 배전선로용을 적용

2) 정격 전압의 선정방법

최고 허용전압하에서 1선 지락 사고 시 건전상의 대지전압으로 작동하지 않게 여유를 두어 선정한다.

① 정격 전압 = 공칭전압 $\times \frac{1.4}{1.1}$ [kV]

② 정격 전압 = $\alpha\beta\frac{V_m}{\sqrt{3}} = kV_m$ [kV · s]

여기서, α : 접지계수[비유효 접지계 $1 \cdot \sqrt{3}$, 유효 접지계 $(0.65 \sim 0.80) \cdot \sqrt{3}$]
β : 여유도(1~1.15 적용)
k : V_m에 대해 피뢰기를 $k\%$ 피뢰기라고 칭한다.

> **예** k의 값
> 비유효 접지계 : $k = \alpha \times \beta/\sqrt{3} = \sqrt{3} \times 1/\sqrt{3} = 1$
> 유효 접지계 : $k = \alpha \times \beta/\sqrt{3} = 0.65\sqrt{3} \times 1/\sqrt{3} = 0.65$
> V_m : 최고허용전압(공칭전압[E] $\times 1.2/1.1$)

③ 접지방식에 따른 공칭전압을 V[kV]라 할 때

㉠ 직접접지 : 0.8V~1.0V[kV],

㉡ 저항 · 소호리액턴스 접지 : 1.4V~1.6V[kV]

④ 내선규정에 의한 방법(송 · 배전선로 중성점접지방식을 고려)

나. 연속운전전압(COV ; Continuous Operating Voltage)

1) 피뢰기 정격 전압하에서 COV는 피뢰기 단자 간에 연속적으로 공급되는 전압 실효치, MCOV는 피뢰기 단자 간에 연속적으로 공급되는 상용주파 최대전압 실효치를 말한다.

2) 연속운전전압은 배전선로의 상전압($22.9kV/\sqrt{3}$)에 최대대지전압 상승률인 1.15배를 한 값이다.

다. 방전개시전압(동작개시전압)

방전특성은 뇌 서지나 개폐서지 등의 충격전압이 피뢰기에 인가된 경우 방전을 개시하는 전압으로 충격파형, 기상조건의 영향을 가장 많이 받는다.

1) 충격 방전개시전압

    피뢰기 단자 간에 충격전압을 인가했을 때 방전을 개시하는 전압 순시값을 말한다.

2) 상용주파 방전개시전압

    피뢰기 단자 간에 충격전압을 인가했을 때 상용주파수 방전개시전압의 실효치를 말한다. 지락 발생 시 건전상의 전위상승이 상용주파 방전개시전압에 도달하면 지락계전기가 동작하여 차단기가 동작되어야 하는데 일반적으로 상용주파 방전개시전압은 피뢰기 정격 전압보다 1.5배 이상이다.

3) 충격비

    충격전압에 의하여 갭에 불꽃을 발생시키는 데 필요한 최소의 파고값을 V_i라 하고 직류 불꽃전압을 V_{do}라 하면 충격비는 $\dfrac{V_i}{V_{do}}$이다.

$$충격비 = \dfrac{충격방전개시전압}{상용주파방전개시전압(파고값)} \geq 1$$

라. 잔류전압(제한전압)

제한전압이란 충격전압이 내습하여 피뢰기가 방전할 때 피뢰기의 양단자 간에 잔류하는 임펄스전압을 말하며 파고값으로 표시한다.

예 방전전류 파고치와 전류파형에 따라 정해진다. IEC피뢰기 잔류전압=JEC피뢰기 제한전압

마. 누설전류

피뢰기가 일반적인 정격에서는 절연체의 역할을 하므로 접지 측에 흐르는 누설전류는 수십 마이크로밖에 흐르지 않는다. 따라서 누설전류 값을 기준 없이 인정할 경우 소자가 절연체로서의 역할을 상실하게 되므로 방전개시전압을 기준전압으로 하여 누설전류를 정한다.

바. 공칭방전전류

피뢰기를 통하여 대지로 흐르는 충격전류를 피뢰기의 방전전류라 하며 그 허용 최대한을 피뢰기의 방전내량이라 한다. 따라서 공칭방전전류는 피뢰기에 대한 보호성능 및 회복능력을 표현하기 위하여 사용하는 방전전류의 규정값이다.

1) 피뢰기에 흐르는 정격방전전류는 발·변전소의 차폐유무와 그 지방의 연간 뇌 발생빈도 수(IKL)에 의하여 결정한다.
2) 일반적인 시설장소별 피뢰기의 공칭방전전류는 [표 2]와 같다.

[표 2] 설치장소별 피뢰기 공칭방전전류

공칭방전전류	설치장소	적용조건
10,000A	변전소	• 154kV 이상 계통에 적용 • 66kV 및 그 이하의 계통에서 Bank 용량이 3,000kVA를 초과하거나 특히 중요한 곳 • 장거리 송전선 케이블(배전선로 인출용 단거리 케이블은 제외) 및 정전 축전기 Bank를 개폐하는 곳 • 배전선로 인출 측(배전 간선 인출용 장거리 케이블은 제외)
5,000A	변전소	66kV 및 그 이하 계통에서 Bank 용량이 3,000kVA 이하
2,500A	선로	배전선로

사. 피뢰기 보호레벨

피뢰기에 의하여 과전압을 얼마 정도로 억제할 수 있느냐, 즉 피뢰기로 보호할 수 있는 절연기기의 보호레벨(LIWL) 정도를 표시하는 것으로 방전특성과 제한전압으로 결정한다.

1) 충격파 영역의 80% 이하가 되도록 유도를 가지고 선정한다.
2) 피뢰기의 개폐 서지에 대한 보호레벨은 LIWL×85%×85% 이하로 절연협조를 계획한다.
3) 비유효 접지계에서는 중성점에 피뢰기를 설치한다.
4) 피뢰기와 피보호기기가 연접되는 조건에서 피보호기기의 충격절연내력과 보호레벨 간의 최소 보호비는 1.2이다.

아. 동작책무

단위 동작책무란 소정 주파수, 소정 전압의 전원에 연결된 피뢰기가 뇌 또는 개폐 과전압에 의하여 소정의 방전전류를 흘린 뒤 원상태로 복귀하는 현상을 말한다.

2. 피뢰기의 주요 특성

가. 제한전압

제한전압이란 충격전압이 내습하여 피뢰기가 방전할 때 피뢰기의 양단자 간에 잔류하는 전압을 말하며 파고값으로 표시한다. 제한전압은 방전전류의 파고값 및 파형에 따라 결정된다.

1) 제한전압의 종류

뇌임펄스 제한전압, 개폐임펄스 제한전압 등이 있다.

2) 제한전압이 결정되는 원리

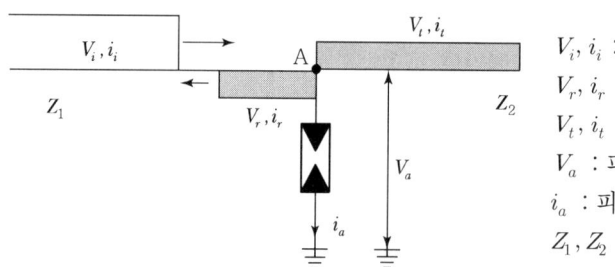

[그림 1] 피뢰기의 제한전압

V_i, i_i : 입사파의 전압 · 전류
V_r, i_r : 반사파의 전압 · 전류
V_t, i_t : 투과파의 전압 · 전류
V_a : 피뢰기 제한 전압
i_a : 피뢰기 방전 전류
Z_1, Z_2 : 선로의 특성 임피던스

① [그림 1]의 A점을 기준으로 볼 때 투과파 전압은 입사파에서 반사파를 뺀 것

$V_i - V_r = V_t$

따라서 피뢰기에 걸리는 제한전압은 투과파 전압 $V_t = V_a$가 된다.

$V_i - V_r = V_t = V_a$ ································ ㉠

② A점에 키르히호프의 법칙을 적용하여 반사파 전류를 구하면

$i_i - i_r = i_a + i_t$에서 $i_r = i_i - i_a - i_t$ ································ ㉡

③ 입사파 전압, 반사파 전압(입사파와 방향이 반대 −), 투과파 전압은

$V_i = Z_1 i_i$, $V_r = -Z_1 i_r$, $V_t = Z_2 i_t$에서 $i_t = \dfrac{V_t}{Z_2} = \dfrac{V_a}{Z_2}$ ································ ㉢

④ 피뢰기 제한전압(V_a)은

$V_a = V_i + Z_1 i_r = V_i + Z_1(i_i - i_a - i_t) = V_i + Z_1 i_i - Z_1 i_a - Z_1 i_t$ ······· ㉣

식 ㉣에 식 ㉢을 대입하면

$V_a = V_i + V_i - Z_1 i_a - Z_1 i_t = 2V_i - Z_1 i_a - Z_1 \dfrac{V_a}{Z_2}$ ································ ㉤

식 ㉤에서 $-Z_1 \dfrac{V_a}{Z_2}$를 이항하면 $V_a + Z_1 \dfrac{V_a}{Z_2} = 2V_i - Z_1 i_a$이고 V_a로 정리하면,

$V_a \left(1 + \dfrac{Z_1}{Z_2}\right) = 2V_i - Z_1 i_a$에서 제한전압 $V_a = \dfrac{2V_i - Z_1 i_a}{\dfrac{Z_2 + Z_1}{Z_2}} = \dfrac{Z_2(2V_i - Z_1 i_a)}{Z_1 + Z_2}$

⑤ 피뢰기의 제한전압을 특성임피던스와 입사파 전압 및 피뢰기의 방전전류 함수로 표시하면

$V_a = \dfrac{2Z_2}{Z_2 + Z_1} V_i - \dfrac{Z_1 Z_2}{Z_2 + Z_1} i_a \left(\text{여기서, } i_a = \dfrac{V_t}{R_a}\right)$

3) 제한전압에 영향을 주는 요소
   ① 제한전압은 충격파의 파형과 피뢰기의 방전특성 등에 의해 결정되며 피보호기기에 가해지는 전압은 피뢰기의 접지저항과 피보호기기의 특성 및 피뢰기로부터 피보호기기까지 거리 등에 의하여 달라진다.
   ② 임펄스 방전개시전압과 시간의 관계

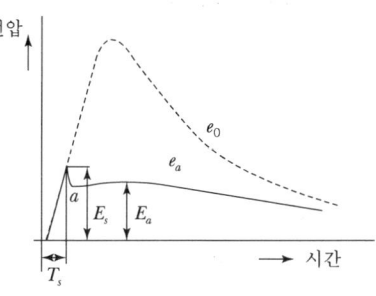

여기서,
T_s : 임펄스 방전개시까지의 시간
E_s : 임펄스 방전개시전압
E_a : 제한전압 파고값
e_a : 제한전압(a점 이후)
e_0 : 원전압(방전개시 전의 단자 간 전압)

[그림 2] 임펄스 방전개시전압

나. 과전률과 열 폭주 현상

1) 동작개시전압은 누설전류(I_R)가 1~3mA가 흐를 때의 전압을 말하며 동작개시전압을 초과하는 전압이 긴 시간 동안 인가되면 피뢰기는 열 폭주로 인하여 파손하게 된다.
2) 과전률은 동작개시전압과 상시인가전압의 파고치와의 비율 S로 표시한다.
   ① 과전률(S)
   $$= \frac{상시인가전압의\ 파고치}{동작개시전압} \times 100[\%]$$
   ② 피뢰기에 있어서 과전률은 장기수명특성이나 열 폭주의 기준으로 사용하며 45~80% 정도이다.
   ③ 계통전압이 높고, 저감절연을 한 경우 피뢰기는 과전률이 높은 고정격 피뢰기가 된다.

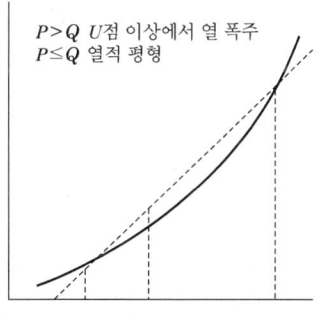

[그림 3] 산화아연소자의 발열특성

3) 열 폭주(Thermal Runaway) 현상
   ① 산화아연소자의 발열량과 피뢰기의 방열량이 평형을 이루면 안정을 이루지만 누설전류의 증가로 발열량이 방열량보다 큰 경우에는 피뢰기는 과열이 되고 열 폭주에 의하여 파괴에 이르는 것이 열 폭주현상이다.
   ② 산화아연소자에 일정전압을 인가하면 소자의 저항분에 의한 누설전류가 흐른다. 이 누설전류(I_R)에 의해 소자가 발열한다.
   ㉠ 발열량<방열량 : 정상
   ㉡ 발열량>방열량 : 과열로 소자파괴 열 폭주

9.3 서지 흡수기(SA ; Surge Absorber)

서지 흡수기는 배전선로상에서 발생한 유도뢰의 뇌전압, 개폐 서지 등에 의한 내부이상전압(내뢰)이 내습하면 서지를 흡수하여 2차기기에 악영향을 방지하기 위한 목적이다.

■ 제조사 기술자료집, 한국전기설비규정(KEC), 전기설비기술기준

1. SA 설치이유

가. 법적 사항

구내선로에서 발생할 수 있는 개폐 서지, 순간과도전압 등으로 이상전압이 2차기기에 악영향을 주는 것을 피하기 위하여 서지 흡수기를 시설하는 것이 좋다.

나. 기기 특성

정격 전압 22kV 유입변압기 기준충격 절연강도인 BIL 값이 150kV이나 몰드 · 건식변압기 BIL[85]은 95kV로 부하개폐 시 전력기기의 악영향을 방지하기 위해 설치한다.

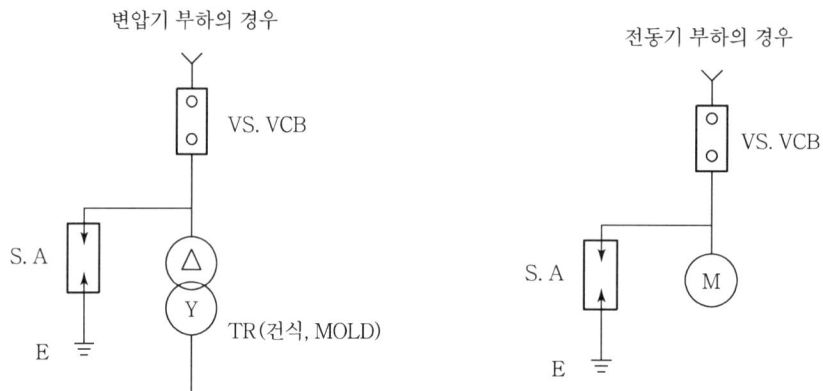

[그림 1] 서지 흡수기의 설치 예

2. SA의 설치위치

보호하고자 하는 기기 전단 및 개폐 서지를 발생하는 차단기(VCB) 2차 측에 설치한다.

---

85) BIL은 뇌충격 내전압으로 ANSI에서는 BIL(Basic lightning Impulse insulation Level) 기준충격절연강도라는 용어를 사용하고, IEC에서는 LIWL(Lightning Impulse Withstand Level) 용어로 표준 뇌충격 내전압에 규정하고 있다.

3. 서지 흡수기의 정격 및 적용

[표 1] 서지 흡수기 정격

공칭전압[kV]	정격 전압[kV]	공칭방전전류[kA]	제작조건
3.3	4.5	5	수입품
6.6	7.5	5	수입품
22.9	18	5	수입품

[표 2] 서지 흡수기의 적용

차단기 종류		VCB				
2차보호기기	전압등급	3[kV]	6[kV]	10[kV]	20[kV]	30[kV]
전동기		적용	적용	적용	—	—
변압기	유입식	불필요	불필요	불필요	불필요	불필요
	몰드식	적용	적용	적용	적용	적용
	건식	적용	적용	적용	적용	적용
콘덴서		불필요	불필요	불필요	불필요	불필요
변압기와 유도기기의 혼용 시		적용	적용	—	—	—

4. 뇌 서지와 개폐 서지의 비교

서지(Surge)란 매우 짧은 시간(수 ms 이내) 동안 나타났다가 사라지는 고전압, 대전류의 전기적인 동요현상을 일컫는다. 서지 종류에는 Impulse, Spike, Transient, Noise 등으로 수만 Volt에 이르는 것도 있다.

가. 뇌 서지

뇌에 의하여 송전선로에 생기는 이상전압으로 개폐 서지에 비해 파고치가 높고 파두장 및 파미장은 짧아 선로에 미치는 영향은 순간적이다.

나. 개폐 서지

전력계통에서 차단기의 개폐조작에 의하여 발생하는 이상전압으로 뇌 서지에 비하여 파고치는 낮고 파두장 및 파미장은 길어 선로에 미치는 지속시간이 길다.

표준 개폐임펄스(개폐 서지) : $T_1/T_i = 250/2,500[\mu s]$

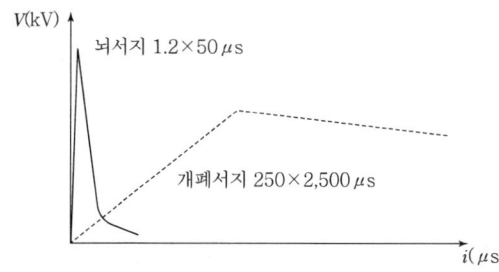

구분	뇌 서지	개폐 서지
파고치	높다.	낮다.
파두장/파미장	짧다.	길다.
(시험파형)	$1.2 \times 50 \mu s$	$250 \times 2,500 \mu s$

☞ 참고 : 이상전압 발생원인과 대책 참조

SECTION 10 절연협조

10.1 전력계통의 전기기기 절연

- 절연(Insulation)이란 전기(電氣) 또는 열(熱)을 통하지 않게 하는 것이다. 전기 및 열 전도성은 동질적인 요소를 갖고 있다. 전기 절연(Electric insulation)이란 전기를 통하지 않게 하는 것이고, 전기적 절연체 또는 부도체(Insulator)를 유전체(Dielectric)라고 부르고, 이 유전체에는 자유전하가 거의 없고 속박전하만 존재한다.
- 전기계통의 절연은 일반적으로 상용주파의 과전압이나 개폐 서지 등 내부 이상전압에는 견디고, 뇌 서지 등 외부 이상전압에 대하여는 피뢰기에 의하여 서지전압을 제한하여 계통의 절연협조를 꾀하고 있다.

■ 전기설비기술기준, 한국전기설비규정(KEC), 신전기설비기술계산 핸드북, 정기간행물

1. 절연의 종류

가. 전절연(Full Insulation)

1) 계통의 공칭전압을 1.1로 나눈값과 절연계급의 수치가 일치하는 경우 절연을 말한다.
2) 일반적으로 비유효접지계통 또는 비접지계통에 접속되는 권선에 채용하는 방식이다.

나. 저감절연(Reduce Insulation)

계통의 공칭전압을 1.1로 나눈 값보다 절연계급의 수치가 낮은 경우의 절연을 말한다.

1) 비접지계통 TR(22.9kV − Δ)의 경우 중성점을 접지시킬 수 없으므로 변압기 권선은 대지로부터 최소한의 절연이 필요하고, 접지계통 TR(22.9kV − Y)의 경우 중성점은 영전위이므로 대지전압이 $22.9kV/\sqrt{3} = 13.2kV$로 절연이 가능하다.
2) 유효접지계통에서는 1선 접지 사고 시 건전상의 대지전압이 비접지계통 또는 비유효접지계통에 비하여 낮으므로 정격전압이 낮은 피뢰기를 채용할 수 있다.

다. 단절연(Graded Insulation)

단절연이란 직접접지계통에서는 변압기의 중성점이 항상 "0"전위 부근을 유지함으로써 선로 측에서 중성점 측으로 갈수록 단계적으로 절연의 기준을 낮추어 적용하는 것을 말한다.

1) 유효접지계통에 접속되는 권선의 중성점단자 절연강도는 일반적으로 전력선 측보다 낮게 잡아도 충분하다.
   예 3상 Y 결선 변압기의 경우 154kV Y 결선의 R, S, T부싱 − 650BIL, N부싱 − 350BIL

2) 유효접지계통 중성점 절연강도는 선로단자의 1/3 정도면 되는 절연이다.

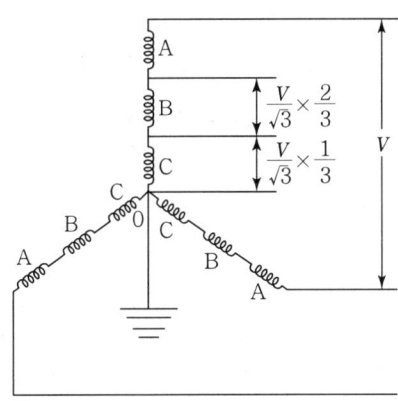

[그림 1] 변압기 단절연

라. 균등절연(Uniform Insulation)

권선의 모든 부분이 대지에 대하여 그 선로단자의 교류시험전압에 견디는 것을 말한다.

1) 중성점단자의 절연강도가 선로단자와 같은 경우의 절연이다.
2) Δ결선 시의 권선절연을 균등절연이라 하며 단절연에 상반되는 개념이다.

2. 절연계급 및 성능

전력설비에서 전기기기는 내부 이상전압에 견딜 수 있는 뇌충격 내전압(LIWL)을 기준으로, 전로의 절연성능은 절연저항(MΩ)을 기준으로 기기 및 전로 상호 간의 절연협조가 이루어져야 한다.

가. 전기기기의 절연계급

전력계통은 발전기, 선로, 변압기, 차단기, 개폐기 등과 같은 많은 기기와 공작물들로 이루어져 있다. 이러한 기기들은 자체의 기능에서 요구하는 절연강도를 가지고 있는데 기기의 절연강도는 상용주파 내전압과 뇌충격 내전압(LIWL)으로 규정하고 이것을 절연계급이라 한다.

[표 1] 절연계급(LIWL)과 시험전압

IEC 규격		
기기최고 전압[kV]	내임펄스 전압[kV]	상용주파 내전압[kV]
3.6	20/40	10
7.2	40/60	20
24	125/145	50
170	650/750	275/325

나. 전로의 절연성능

절연성능은 전로의 건전성을 평가하는 중요한 요소 중 하나로서, 저압전로(전선 상호 간 및 전로와 대지 사이)에서 절연성능을 평가하는 절연저항값은 다음과 같이 규정하고 있다.

[표 2] 저압전로의 절연성능

전로의 사용전압[V]	DC 시험전압[V]	절연저항값[MΩ]
SELV 및 PELV	250	0.5
FELV, 500V 이하	500	1.0
500V 초과	1,000	1.0

[주] 특별저압(Extra low voltage : 2차 전압이 AC 50V, DC 120V 이하)으로 SELV(비접지회로 구성) 및 PELV(접지회로 구성)은 1차와 2차가 전기적으로 절연된 회로, FELV는 1차와 2차가 전기적으로 절연되지 않은 회로

10.2 전기기기의 절연강도

배전선로에 발생하는 이상전압은 그 원인이 뇌격 등 외적 요인에 의한 외뢰와 계통의 개폐조작에 따르는 개폐설비와 같은 내적요인에 의한 내뢰로 구분되며 전기기기의 절연은 상용주파이상 전압에 대하여 단독 혹은 피뢰기와 협조를 통하여 견디어야 한다.

■ 한국전기설비규정(KEC), 신전기설비기술계산 핸드북, 배전규정, 정기간행물

1. 이상전압의 종류(☞ 참고 : 이상전압의 발생원인과 대책)

송배전 계통에서 발생하는 이상전압에는 계통의 외적 요인에 의한 외부 이상전압과 선로의 개폐조작에 따른 개폐 서지와 같은 내적 요인에 의한 내부 이상전압으로 구분한다.

가. 외부 이상전압(외뢰)

외뢰에는 유도뢰와 직격뢰가 있으며 외뢰의 이상전압 파고치는 계통기기에 절연 이상을 발생함으로 적절한 보호장치가 필요하다.

1) 직격뢰 : 직격뢰에 의해 선로도체에 뇌 서지가 침입하는 경로로서 도체에 직격되는 서지, 역 플래시 오버, 경간 플래시 오버 등이 있다.
2) 유도뢰 : 뇌운 간의 방전 또는 뇌운에서 대지에 의해 선로도체에 이상전압이 유기되는 현상이다.

나. 지속성 이상전압

지속성 이상전압이란 계통의 사고 혹은 운전조건의 변화에 의하여 발생하고 비교적 장시간 계속되는 이상전압으로 발생 원인에 의하여 다음과 같이 분류된다.

1) 상용주파 이상전압 : 상용주파 이상전압은 부하차단, 지락고장, 단선, 탈조 시 등에 발생하는 기본주파수의 이상전압이며 장시간 계속된다.
   ① 1선 지락 시 이상전압, 2선 지락 시 이상전압(☞ 참고 : 1선 지락 시 고장전류의 계산)
   ② 접지계수
      ㉠ 상용주파 이상전압의 가장 대표적인 1선 지락고장 시의 전압상승은 계통의 중성점 접지방식에 따라 크게 좌우된다.
      ㉡ 직접 접지계에서는 지속성 이상전압이 발생하지 않지만 비접지계에서는 보통 1.7배가 된다. 즉 이상전압 값은 중성점 접지 유효도에 따라 정해지며 접지계수를 사용하여 접지계수의 크기에 따라 유효접지계통과 비유효접지계통로 분류한다.
      ㉢ 접지계수는 3상 전력계통 지락사고 시 건전상의 가장 높은 상용주파 대지전압과 지락사고 전의 상용주파 대지전압과의 비를 말한다.
2) 철심포화에 기인하는 이상전압 : 수·배전계통에 접속되는 변압기, 리액터 등의 철심이 어떤 원인으로 포화되어 계통의 커패시턴스와 공진을 일으켜 이상전압을 발생한다.
   ① 기본파 철공진 이상전압 : 단선 고장 시 철공진 이상전압이 대표적인 예이다. 단선상태가 되면 변압기 여자임피던스와 선로정전용량 기본파가 직렬 철공진을 일으킬 수가 있다. 방지대책은 사고 시 직렬공진을 발생하지 않도록 회로구성을 한다.
   ② 특수 철공진 이상전압 : 철심이 있는 기기의 리액터가 포화될 경우 고조파 전압과 전류가 발생하는데 이때 회로가 고조파에 공진했을 때 발생하는 현상이다.

다. 지락 시 과도 이상전압

계통에 지락사고가 생기면 각 상전압은 사고발생 전의 정상상태에서 수 10 Cycle 경과 후에 기본주파 지속성 이상전압이 정상값으로 변화한다. 또한 과도 이상전압은 에너지가 비교적 커서 피뢰기로 보호가 곤란하고 계통 자체에서 억제하여야 한다.

1) 1선 지락 시 과도 이상전압
2) 2선 지락 시 과도 이상전압
3) 지락점 재점호 이상전압

라. 개폐 시 이상전압(개폐 서지)

개폐 서지는 뇌 서지에 비해 파고값은 높지 않으나 지속시간이 수 ms로 비교적 길어서 절연에 주는 영향을 무시할 수 없다. 낙뢰나 차단기 등의 개폐로 발생하는 과도과전압(Transient Overvoltages : TOVs)은 전원공급신뢰성에 대한 최대 외란이며, 기기소손과 데이터 손실의 주요 원인이다. TOVs은 과도 임펄스(Transient Impulsive)와 진동성 서지(Oscillatory)로 분류된다.

1) 무부하 선로의 개폐 서지

투입 서지, 재점호 서지 및 단로기 개폐 서지

2) 유도성 소전류 차단 서지

전류절단 서지(재단 서지), 반복 재점호 및 유발재단 서지

3) 고장전류 차단 서지

4) 3상의 비동기 투입 서지

위 1), 2)는 개폐 서지의 대표적인 현상으로 계통에서 자주 관측되며 피뢰기 등의 보호대상이고, 3), 4)는 파고값도 낮고 절연협조상 문제가 적어 생략한다.

2. 절연계급과 시험전압

가. 뇌충격 내전압(LIWL ; Lightning Impulse Withstand Level)

1) LIWL은 뇌임펄스 내전압시험 값으로서 절연레벨의 기준을 정하는 데 적용하며 표준 충격파의 전파전압을 인가하여 시험한다. 시험값 표준 충격파란 파두의 길이가 $1.2\mu s$이고 파미길이가 $50\mu s$가 되는 충격파전압을 말한다.
2) 건식변압기의 절연내력과 절연계급을 비교하면 건식변압기의 절연강도가 유입변압기나 차단기에 비하여 훨씬 낮다. 따라서 개폐서지에 대하여 내뢰대책을 강구하여야 하며 특히 VCB(진공차단기)를 사용할 때에는 서지흡수기를 설치하는 것을 원칙으로 한다.
3) 유효 접지계에서는 1선 지락 시의 건전상 전압상승이 최대선간전압의 80% 이하로 억제되기 때문에 정격전압이 낮고 충격전압 보호능력이 높은 피뢰기를 사용할 수 있고 계통에 연결되는 LIWL을 비유효 접지계통보다 낮출 수 있다.

나. 절연계급

절연계급은 전기기기 및 전기설비에 대한 절연강도를 나타내는 기준계급을 말한다.

다. 시험전압

1) 선로의 공칭전압에 따라 기기의 절연계급이 정해지고 각 계급에 대하여 절연강도 지정 기준이 되는 뇌임펄스 내전압시험값 및 상용주파 내전압시험값이 정해져 있다.
2) 전자는 뇌충격 내전압(LIWL)이라고도 하며 표준 뇌임펄스 전압파형으로 절연레벨의 기준을 정하는 것으로 뇌전압과 관계되는 절연이다.
3) LIWL은 절연계급 20호 이상의 비유효접지계에 대하여 LIWL=5×절연계급+50[kV]로 정해져 있다. 검증시험은 표준 뇌임펄스 전압파형의 전압을 대지 간에 각 3회 인가해서 실시된다. 그리고 상용주파내전압 시험값은 공칭전압의 약 2.3배 전압이 정해져 있다.

① 표준 뇌임펄스 전압파형(충격파) 설명
  ㉠ 충격전압(T) : 파고값의 30%(전류의 경우 10%)와 90% 점을 맺는 직선이 시축과 교차구역
  ㉡ 파두길이(T_1) : 파고값에 달하기까지의 시간
  ㉢ 파미길이(T_2) : 파고값의 50%로 감쇠할 때까지의 시간
② 표준파형 : 파두 · 파미길이× T로 표시
  ㉠ 표준충격전압 : 파두장이 $1.2\mu s$, 파미장이 $50\mu s$인 전파충격전압
    예 파두값 $T_1 = 1.67 \times T = 1.2\mu s \pm 30\%$, 파미값 $T_2 = 50\mu s \pm 20\%$
  ㉡ 표준충격전류 : 파두장이 $8\mu s$, 파미장이 $20\mu s$인 전파충격전류
    예 파두값 $T_1 = 1.25 \times T = 8\mu s \pm 30\%$, 파미값 $T_2 = 20\mu s \pm 20\%$

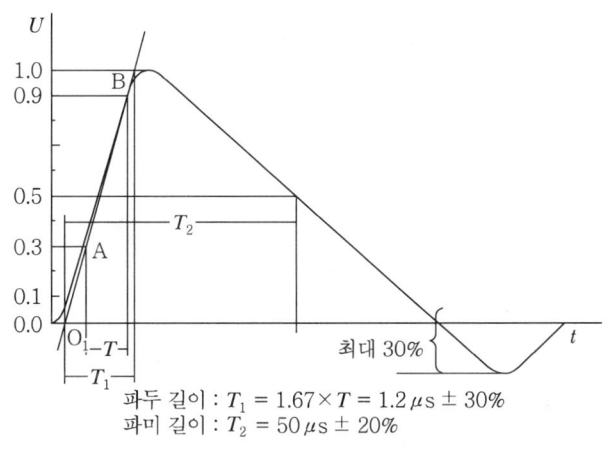

(a) 전압

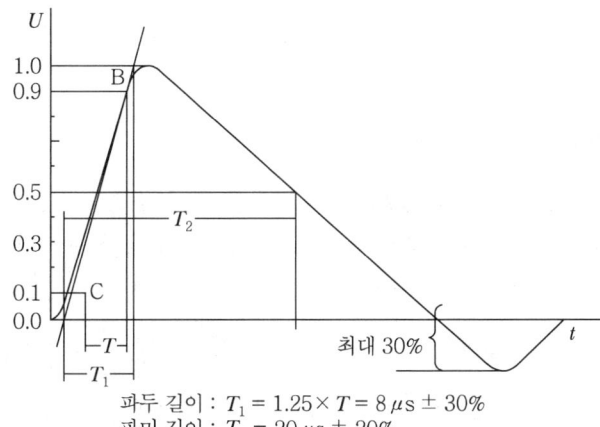

(b) 전류

[그림 1] 충격 내전압시험 전압 및 전류

4) 후자의 상용주파 내전압시험치는 표에서 공칭전압의 약 2.3배의 전압으로 정해져 있다.

[표 1] 절연계급(LIWL)과 시험전압

IEC 규격			JEC 규격		
기기최고 전압[kV]	내임펄스 전압[kV]	상용주파 내전압[kV]	절연계급 [호]	내임펄스 전압[kV]	상용주파 내전압[kV]
3.6	20/40	10	3A(3B)	45(30)	16(10)
7.2	40/60	20	6A(6B)	60(45)	22(16)
24	125/145	50	20A(20B)	150(125)	50
170	650/750	275/325	140(140B)	750(650)	325(275)

3. 기기의 절연강도

전력계통은 발전기, 선로, 변압기, 차단기, 개폐기 등과 같은 많은 기기와 공작물들로 구성되어 있다. 이러한 기기의 절연강도 기준을 상용주파수 내전압과 뇌충격 내전압(LIWL)에 의한 것으로 규정하고 이것을 절연계급이라 한다.

가. 절연의 구분

1) 전기기기의 절연은 외부절연과 내부절연으로 분리되는데 외부절연이란 송전선의 애자, 애관 등 표면의 절연을 말하며 대기에 의한 절연이 유지된다. 내부절연이란 변압기, 회전기, 차단기 등 기기절연을 말하며 절연물로 구성된다.
2) 전력기기는 외부절연과 내부절연이 조합된 절연구성으로 되어 있고 가공전로 절연은 대부분 애자의 외부절연으로 있어 지락사고 경우 고속도 재투입을 한다.
3) 기기 내부절연은 경년적으로 열화하여 내전압이 낮아진다. 이것은 내부절연을 구성하고 있는 유기절연물이 코로나 발생 등 기계적 또는 전기적 스트레스에 의해 물리적 변화를 하기 때문이다.

나. $V-t$ 곡선

보통기기 절연강도는 뇌임펄스 내전압시험 및 상용주파 내전압시험의 두 가지에 의해 확인되는데 이것은 내전압값이 전압인가 시간에 따라 다르기 때문이다.

1) $V-t$ 곡선 특성
   ① $V-t$ 곡선은 절연체가 고전압 또는 충격파에 의해서 절연이 파괴되거나 Flashover가 발생할 때 가해지는 전압 크기와 절연이 파괴될 때까지 시간과의 관계를 표시한 곡선이다.

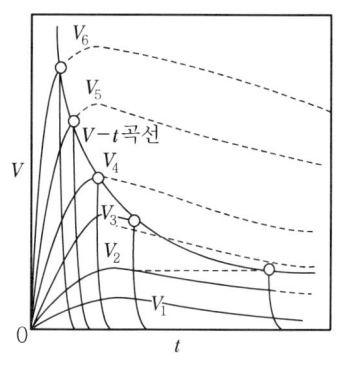

[그림 2] $V-t$ 곡선

② $V-t$ 곡선은 충격파의 파두부분에서는 섬락하는 순간의 전압치를 파미부분에서는 섬락할 때는 파고치와 방전시간이 만나는 점을 연결하는 곡선이다.
③ $V-t$ 곡선 특성은 동일한 절연물에 대하여 인가하는 충격파의 파두준도[86]에 따라 섬락하는 시간이 달라진다. 즉, 인가한 충격파의 파두준도가 높을수록 파두부분에서 섬락하고 파두준도가 낮을수록 충격파의 파미부분에서 섬락한다.

2) $V-t$ 곡선 절연협조
① $V-t$ 곡선은 절연협조의 기초가 되는 곡선으로 같은 충격파에 대해서도 $V-t$ 곡선이 높은 기기는 $V-t$ 곡선이 낮은 기기가 먼저 섬락함으로써 절연보호가 된다.
② 피뢰기 $V-t$ 곡선은 피보호기기의 $V-t$ 곡선보다 낮아야만 피보호기기를 보호할 수 있게 된다. 따라서 $V-t$ 곡선 간의 협조를 절연협조라 한다.

다. 변압기의 절연강도

변압기는 권선에 대한 반복인가 전압에 따른 절연저하는 뇌임펄스 전압(LIWL)의 80% 이하 또는 개폐임펄스 반복전압(SIWL)의 85% 이하 경우는 전압인가에 따른 절연열화는 없는 것으로 판단하여 피뢰기 등 보호장치에 대한 보호레벨 기준을 선정할 수 있다.

1) 유입변압기

일반적으로 비접지계 및 비유효 접지계에 적용하는 변압기에는 전절연, 유효접지계에 접속되는 변압기에는 저감절연을 채용한다.

2) 건식변압기

유입변압기에 비해 절연강도가 낮아 뇌 서지가 침입할 염려가 없는 케이블 배전계통에 사용되며 절연강도를 따로 정하지 않는 한 뇌임펄스 전압시험을 고려하지 않는다.

라. 회전기

1) 회전기의 절연은 대지절연 및 층간절연으로 분류되고 절연강도는 초기값은 물론 경년열화에 대해서도 고려해야 한다.
2) 회전기에 대한 서지보호는 피뢰기와 병렬로 콘덴서를 접속하여 파형기울기를 완화하고 있다.

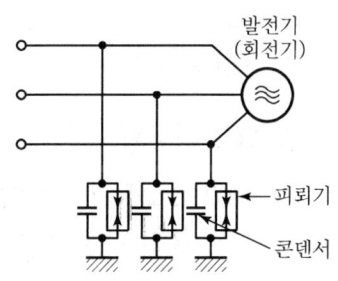

[그림 3] 회전기 보호장치

---

86) 파두준도는 파두장에 대한 충격파의 파고치로 표시한다. 파두준도 = $\dfrac{\text{충격파의 파고치}}{\text{파두장}}[kV/\mu s]$

> **Basic core point**
>
> 가. 전력계통에서 절연의 기본원칙은 뇌전압 이외의 이상전압에서는 섬락 내지는 절연파괴가 일어나지 않도록 하는 것이며, 전력설비에서 절연설계 기본은 외부이상전압에 대하여 피뢰기(LA)로 보호하고 내부이상전압에 대하여는 뇌충격 내전압 이상에서 계통 전체의 절연이 합리화되도록 해야 한다.
> 나. 자가용 수·변전설비에서 이상전압에 대한 보호는 피뢰기로 하며, 변압기 등 전기기기는 뇌충격 내전압에 따라 정하므로 피뢰기와 변압기는 절연의 기본이다.
> 다. 변압기인 경우에는 LIWL이 낮아지면 중량이 가벼워지고 가격이 저하한다. 또 임피던스가 줄어서 계통 안정도의 향상에도 기여한다.

10.3 전력계통의 절연협조

- 전력계통에서 일어나는 이상전압을 외뢰(外雷)와 내뢰(內雷)로 구별하여 전력계통의 절연협조와 지락전류를 포함한 단락협조로 절연합리화를 하여야 한다.
- 절연보호는 외뢰의 경우 가공지선과 피뢰침을 설치하여 직격 뇌를 차폐하고 피뢰기를 설치하여 피뢰기의 제한전압과 설치기기의 뇌충격 내전압(LIWL) 협조로 유도뢰를 보호하며, 내뢰는 기기의 절연강도로 보호하게 된다.
- ■ 한국전기설비규정(KEC), 신전기설비기술계산 핸드북, 배전규정, 정기간행물

1. 절연협조의 기본원리

가. 절연협조

전력계통에서 발생하는 각종 이상전압에 대해 발·변전설비의 부하설비 등 전기설비 전체의 절연을 피뢰기 등 보호장치를 적용해서 기술적, 경제적으로 합리화하는 것이다.

나. 절연협조의 기본

내부적인 원인에 의한 이상전압에 대해서는 특별한 보호장치가 없어도 섬락, 절연파괴를 일으키지 않을 정도의 절연강도를 지니게 하고, 외부원인 외뢰에 대하여는 피뢰장치로 기기절연을 안전하게 보호하는 것을 기본으로 한다.

다. 절연의 합리화 방안

절연의 합리화란 계통절연은 상용주파 과전압이나 개폐 서지에는 충분히 견디고 뇌 서지에 대해서는 피뢰기의 보호작용에 의해 기기의 절연을 확보하여 계통 전체에 신뢰도를 높이고 경제적이고 합리적인 절연강도를 갖도록 기기상호 간의 절연협조를 잘 도모하여야 한다.

1) 내뢰는 상규대지 파고값의 4배 이하이므로 기기 자체의 내력으로 견디도록 설계하여 특별한 보호장치 없이 섬락절연파괴를 일으키지 않을 정도의 절연강도를 확보한다.
2) 외뢰는 기기 자체의 절연강도를 뇌충격에 견딜 수 있도록 높인다는 것은 현재의 기술로나 경제적으로 불가하므로 피뢰장치로 기기의 절연을 안전하게 보호하도록 하고 있다.

2. 수·변전설비의 절연협조

수·변전설비의 절연보호는 외뢰의 경우 피뢰기의 제한전압과 설치기기의 뇌충격 내전압(LIWL) 협조로 보호하며 내뢰는 기기의 절연강도로 보호하게 된다.

가. 피뢰기의 적용

1) 정격 전압의 선정

계통의 과전압은 뇌 서지와 개폐 서지 및 상용주파 이상전압이 있으며 피뢰기가 보호해야 할 대상은 뇌 서지와 개폐 서지이다. 정격 전압은 속류를 차단할 수 있는 최대교류전압으로 1선 지락 시의 건전상 대지전압 상승값에 여유를 둔 전압으로 한다.

① 정격전압 $E_R = \alpha\beta V_m = kV_m$

여기서, α : 접지계수(비유효 접지계 1.0, 유효 접지계 0.65~0.80)
β : 여유도(1~1.15 적용)
k : V_m에 대해 피뢰기를 $k\%$ 피뢰기라고 호칭한다.
V_m : 최고허용전압(공칭전압[E] × 1.2/1.1)

② 비유효접지계통 : 114~116% 피뢰기 적용
③ 유효접지계통 : 80~100% 피뢰기 적용

2) 공칭방전전류

피뢰기의 보호성능 및 자기회복성능을 표시하기 위하여 사용하는 방전전류의 규정치로 뇌임펄스 전류의 파고치로 표시한다.

① 10kA : 발·변전소, 154kV 이상 전력계통, 66kV 이상 변전소, 장거리 송전선
② 5kA : 66kV 및 그 이하 계통에서 뱅크용량 3,000kVA 이하
③ 2.5kA : 배전선로, 22.9kV-Y 수전설비

3) 피뢰기의 제한전압과 보호레벨

① 피뢰기의 제한전압은 피뢰기에 충격파 전류가 흐르고 있을 때 피뢰기의 단자전압, 즉 피뢰기 방전 중의 단자전압으로 방전전류와 관계가 있다.
② SiC 특성요소의 소자는 방전전류가 증가하면 제한전압도 증가하나 ZnO형 피뢰기는 방전전류에 대해 일정하므로 제한전압의 파고치를 보호레벨 값으로 한다.
③ 피뢰기의 보호레벨은 뇌임펄스에 대해 뇌충격 내전압의 80% 이하, 개폐임펄스에 대해 70% 이하로 한다.

나. 피뢰기와 피보호기기의 거리

1) 피뢰기와 변압기가 떨어져 있는 경우 변압기는 리액턴스로 구성되어 뇌전압은 변압기를 통과하지 못하고 부싱에서 반사되어 입사파와 반사파가 겹쳐서 입사파의 2배의 전압이 걸린다.

2) 변압기 부싱에 걸리는 전압 $V_t = V_p + \dfrac{2\mu s}{V}$ [kV]이다.

   따라서 V_t가 LIWL을 초과하지 않는 거리 S를 구하여 피뢰기의 위치를 선정한다.

   여기서, V_p : LA의 제한전압
   μ : 침입파의 진행속도[kV/μs](일반선로 200, 차폐선로 500)
   S : 피뢰기와 변압기의 거리[m]
   V : 진행파의 전파속도[m/μs](케이블 150, 가공선로 300)

다. 전기기기의 절연강도(☞ 참고 : 이상전압의 종류와 전기기기의 절연강도)

전력계통은 발전기, 선로, 변압기, 차단기, 개폐기 등과 같은 많은 기기와 공작물들로 이루어져 있다. 이러한 기기들은 자체의 기능에서 요구하는 절연강도를 가지고 있는데 기기의 절연강도는 상용주파 내전압과 뇌충격 내전압(LIWL)으로 규정하고 이것을 절연계급이라 한다.

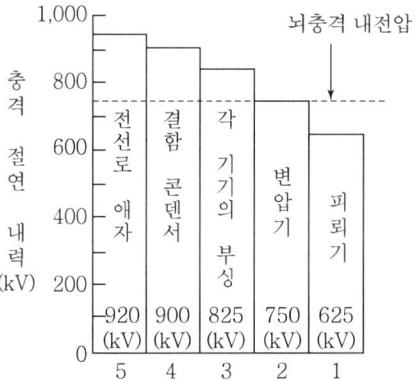

[그림 1] 전력기기의 절연강도

라. 절연협조 미비 시 처리대책

1) 피뢰기 설치위치의 재검토
2) 차폐의 개선 : 제한전압을 검토할 때 방전전류를 낮추고 보호레벨을 낮춘다.
3) 피보호기기의 절연레벨 향상
4) 특별한 피뢰기의 적용
5) 계통 특성의 향상을 꾀하고 더욱 낮은 정격 전압의 피뢰기를 사용한다.

3. 송·배전 선로에서의 절연협조

전력계통의 절연협조 출발점은 선로의 절연강도의 결정에 있다. 선로의 절연강도는 절연저항 측정값으로 판정한다.

가. 가공 송전선로

애자로 절연되지만 그 절연강도는 내부이상전압 및 고장 시의 과전압에 의한 섬락을 일으키지 않는다는 것을 목표로 설계한다.

1) 뇌에 의한 이상전압은 가공지선으로 전선의 뇌격을 방지함과 동시에 애자 역섬락에 대하여는 철탑의 탑각 접지저항을 저감한다.
2) 가공지선과 전선의 간격을 충분하게 이격하여 유지하도록 한다.
3) 뇌와 같은 순간적인 고장에 대하여는 속류차단과 아크가 소멸 후 재투입방식을 채용한다.

나. 가공 배전선로

1) 근본방침은 송전선로의 것과 다를 바가 없다. 다만 배전선로상에 분산 배치된 배전용 변압기의 보호가 절연협조의 주안점으로, 피뢰기 선택과 적용이 중요하다.
2) 저압전로의 절연성능은 전로의 건전성을 평가하는 중요한 요소로서 절연저항을 정하여 측정하고 있다.

다. 전력계통의 접지

계통접지를 유효접지계통으로 하면 1선 지락 시 건전상의 대지전압을 1.3배 이하로 억제할 수 있어 피뢰기의 정격전압을 낮게 할 수 있다.

1) 유효접지의 조건은 접지계수가 1.3 이하이거나 계통의 영상리액턴스와 정상리액턴스의 비가 3 이하이고 영상저항과 정상리액턴스의 비가 1 이하일 때이다.
2) 유효접지 조건식 : $0 \leq \dfrac{R_0}{X_1} \leq 1$, $0 \leq \dfrac{X_0}{X_1} \leq 3$

여기서, R_e : 영상저항, X_0 : 영상리액턴스, X_1 : 정상리액턴스

4. 계통의 절연설계

절연설계란 전력계통에서 발생할 수 있는 이상전압에 대하여 아무런 고장 없이 연속적으로 송전이 가능하도록 전력계통 각 부의 절연한도를 정하는 것으로 전력계통의 이상전압에 대한 절연설계는 발생하는 이상전압, 보호레벨, 기기절연강도를 충분히 검토하여 설정한다.

가. 전력계통의 절연설계

1) 기본원칙은 뇌전압 이외의 이상전압에서는 섬락 내지는 절연파괴가 일어나지 않도록 하는 것이다.

2) 전력설비의 절연설계 기본은 외부이상전압에 대하여 피뢰기(LA)로 보호하고 내부이상전압에 대하여 여유 있게 뇌충격 내전압을 정하여 계통 전체의 절연이 합리화되도록 하고 있다.
3) 변압기인 경우에는 뇌충격 뇌전압이 낮아지면 중량이 가벼워지고 가격도 저하한다. 또 임피던스가 줄어서 계통 안정도의 향상에도 기여한다.

나. 송전선로의 절연설계

1) 자연환경에 의한 외부의 과전압, 바람에 의한 전선의 진동, 오염에 의한 애자의 절연내력 저하 및 계통 내부의 과전압을 종합적으로 고려한다.
2) 절연설계의 고려사항은 애자연의 개수, 전선과 지지물과의 이격거리, 전선 상호 간의 간격, 탑각 접지저항, 가공지선의 차폐각도 등이 해당된다.

다. 변전소의 절연설계

뇌에 대하여 완전 차폐되고 피뢰기에 의하여 과전압이 억제되는 것을 전제한다.

CHAPTER 03 예비전원설비

SECTION 01 발전기

1.1 자가용 발전설비의 설계 검토

예비전원설비란 상용전원의 정전 시를 대비하여 자가용발전설비, 축전지설비, 무정전전원장치설비 등 설비를 말하며 최근에는 건축 및 소방법에서 요구하는 소방부하 이외의 비상부하에 비상전원을 공급하는 전원공급장치로 상용전원 정전 시에는 소방부하와 소방부하 이외의 비상부와 모두에 비상전원을 공급한다.

■ 한국전기설비규정(KEC), 건축전기설비설계기준, 신전기설비기술계산 핸드북, 정기간행물

1. 예비전원의 필요설비

가. 비상전원[87]의 구분

1) 소방법상 소방부하 : 화재 시 사용되는 부하이다. 소방시설법에 의한 소방시설, 건축법령에 의한 방화·피난시설, 의료법령에 의한 의료시설 및 지하실 배수펌프
2) 건축법상 비상부하 : 소방부하 이외의 비상용 전력부하이다.

나. 예비전원 필요설비의 결정

1) 무경고 정전대응 예비전원 : 계통정전(외부정전)과 수용가 정전(내부정전)에 대응
2) 예고 정전대응 예비전원 : 작업, 보수, 점검에 대응 예비전원
3) 법령에 의한 예비전원 : 건축법, 소방법[88], 한국전기설비규정(KEC) 등 예비전원

---

[87] 비상용 예비전원설비의 자동전원공급 분류
  • 무순단(과도시간 내에 전압 또는 주파수 변동 등 정해진 조건에서 연속적인 전원공급 가능)
  • 순단(0.15초 이내 자동 전원공급이 가능)
  • 단시간 차단(0.5초 이내 자동 전원공급이 가능)
  • 보통차단(0.5초 이내 자동 전원공급이 가능)
[88] 소방법의 소방설비에 사용하는 비상전원 종류에는 자가발전설비, 축전지설비, 전기저장장치, 비상전원수전설비 등이 있다.

[표 1] 예비전원을 필요로 하는 부하설비

목적		필요한 부하대상	부하대상
자위상	조명용	상시등 정전의 경우 운전조작에 필요한 필수장소의 전원	영업장소
	공조·환기용	자가용 발전실·중앙감시실·중앙관리실(방재센터)의 환기용 전원	위와 같음
	승강기용	정전일 때 긴급 강제착상용, 비상용 승강기 전원	
	위생용	급수펌프·배수펌프 전원	위와 같음
	제어용	중앙감시반·기타 감시제어장치 전원	
	보안·방재용	항공장애등·셔터·자가발전장치용 보조기기 전원	

2. 예비전원설비가 갖추어야 할 조건

가. 화재 등의 재해에 안전하고 예비전원에 의한 조명(1lx 이상)이 가능할 것

나. 자가용 발전설비는 비상사태 발생 후 10sec 이내 전압을 확립하여 30분 이상 안정적으로 전원공급이 가능한 설비일 것(단, 비상E/V 2h, 병원설비 10h 이상)

다. 충전기를 갖춘 축전지는 충전하지 않은 상태에서 30분 이상 방전할 용량일 것

라. 충전기를 갖춘 축전지와 자가용 발전설비가 병용하는 경우
  1) 상용전원으로부터 전력의 공급이 중단된 때에는 자동으로 비상전원으로부터 전력을 공급받을 수 있도록 할 것
  2) 축전지설비를 충전하지 않은 상태에서 10분 이상 사용이 가능하고 자가발전설비는 40sec 이내 전압을 확립하여 2시간 이상 전원공급이 가능한 설비일 것

3. 자가용 발전설비의 구분

가. 발전설비의 분류

1) 사용목적에 따른 분류 : 상용·비상용 발전기, Co-Generation 발전기, Peak-Cut용 발전기
2) 내연기관에 의한 분류 : 디젤발전기, 가솔린 발전기, 가스터빈발전기
3) 시동방식에 의한 분류 : 공기식 시동형, 전기식 시동형
4) 설치방법에 의한 분류 : 고정 거치형(중규모 이상), 이동형(200kVA 미만의 소용량)
5) 발전기 운전방식에 의한 분류 : 단독, 병렬(2대 이상 또는 상용전원 계통과 함께)
6) 발전기 냉각방식에 의한 분류 : 수랭식(500kVA 이상), 공랭식(500kVA 이하)

나. 엔진의 특성비교

[표 2] 디젤 엔진과 가스 터빈 엔진의 특성

항목	엔진 형태	디젤 엔진	가스 터빈 엔진
일반 특성	작동원리	단속연소, 폭발연소가스의 열팽창률을 이용한 왕복운동 변환	연속연소로 인한 연료가스의 열팽창을 이용한 회전운동 변환
	출력특성	주위 조건에 관계가 없으며, 통상 사용조건이 출력감소 현상에 영향을 미치지 않는다.	흡입공기 온도가 높을 경우 수명에 악영향을 주며, 출력에 치명적인 제한을 받는다.
	경부하운전	완전연소를 기할 수 없어 엔진 내부 고착현상 발생	특별한 문제점이 없음
	진동	왕복운동기관으로 진동방지대책 필요	회전운동으로 진동이 거의 없다. 진동방지용 별도 기초 불필요
	소음[dB]	왕복 운동의 충격음	회전 고속음, 패킹이 가능
	부피 및 중량	부품 수가 많아 부피가 크며 중량이 무겁다.	부품수가 적어 부피가 작고 중량이 가볍다.
	냉각수	필요(약 30~40L/PS·h)	불필요
	몸체가격	–	디젤보다 고가(약 1.5~4배)
연료 특성	연료소비율	–	디젤에 비해 크다.(약 2배 이상)
	사용연료	경유, A중유 (B중유, C중유, 등유)	등유, 경유, A중유, 천연가스, LNG
급기 배기 특성	급기배기장치	배기 시 소음기 부착	급기 및 배기장치 별도로 필요
	배기단열시공	기본 단열로 가능	별도 단열대책 요망
전기적 특성	전압 변동률 (정지부하)	±4%	±1.5%
	기동시간	5~40s(보통 8~10s)	20~40s(보통 40s)
	부하 투입	단계적 부하 투입	100%(Single Shaft), 70%(Two Shaft)

4. 디젤발전기 설계 시 고려사항

가. 건축적 고려사항

1) 발전기실 설치장소는 기기의 반출입이 용이하고, 환기가 잘되는 곳이어야 한다.
2) 건축물의 출입구 및 통로는 기기의 반·출입에 지장이 없어야 한다.
3) 발전기실은 중량물의 운반, 설치, 유지보수가 용이한 구조이어야 한다.

4) 발전기 설치면적은 대략 $S = 1.7\sqrt{PS}$ [m²](PS는 원동기의 마력수)로 계산하는데 이에 충분한 면적이 확보되어야 한다.
5) 천장 높이는 유지보수용 Overhead Crane 설치와 배기관의 설치높이 등을 고려하여 5m 이상 충분한 높이를 확보하여야 한다.
6) 엔진 발전기의 기초는 건물기초와 관계없는 장소를 택하고 공통대판과 엔진 사이에는 진동흡수장치(방진장치 Vibration Absorber)를 설치하여 진동이 건물의 다른 부분으로 전달되지 않도록 한다.

나. 발전기의 선정

1) 발전기 용량

   ① 정전 시 발전기가 전력을 공급해야 할 모든 부하를 검토한다.
   ② 소방 및 건축 등 법령에 의해서 요구되는 각종 비상용 전원과 산업현장에서 필수 부하의 출력과 효율을 고려한다.

   발전기 용량은 $P = \dfrac{\sum P_o \times \alpha}{\cos\theta}$

   여기서, $\cos\theta$: 발전기 역률
   α : 부하율, 수용률 등 계수(부하율 : 일 부하율 기준 $\alpha = 0.5 \sim 1$ 사이의 값
   수용률 : 전동기 최대전력 100%, 기타 동력은 60~80%)

2) 발전기 대수

   ① 1대로 단독 운전할 것인지 아니면 2대 이상으로 병렬운전을 할 것인지를 결정한다.
   ② 병렬운전은 각 발전기의 전압 및 주파수를 같게 해주는 동기투입장치가 있어야 한다.

3) 회전수

   ① 1,200rpm 이상 고속형은 체적이 적고, 설치면적도 작아서 경제적이나 소음 및 진동이 크고 수명이 짧다.
   ② 900rpm 이하 저속형은 전압 안정도가 좋고, 소음·진동이 작고, 수명이 긴 장점이 있으나 가격이 비싸다.
   ③ 고속기는 소용량으로 고압에 유리하고, 저속기는 장기운전 및 저전압에 유리하다.

4) 기동방식 및 기동시간

   ① 기동방식에는 전기식과 압축공기식 두 가지가 사용되는데 전기식은 고속 예열식에 압축공기식은 중고속의 직접 분사식에 많이 채용된다.
   ② 기동시간은 일반적으로 10초 이내로 하고 있다.

5) 냉각방식

① 디젤엔진의 경우 냉각방식은 수랭식으로 Radiator, 순환식 및 방류식 등이 있다.

② 소용량에는 Radiator Type이 사용되고, 대용량에는 냉각탑 순환식을 사용하며, 냉각수의 다량 보급이 가능한 경우는 방류식을 채용한다.

$$냉각수량\ Q_w = \frac{H_u \cdot H_b \cdot b \cdot P}{\Delta_t \cdot 1{,}000}[\text{m}^3/\text{h}]$$

여기서, H_u : 연료의 저위발열량(≒11,000[kcal/kg]), H_b : 냉각 손실률(≒0.3)
Δ_t : 온도차($t_1 - t_2$: 기관입구온도 − 기관출구온도)

6) 연료소비량 및 열효율

① 열효율이 높아서 같은 출력이라도 연료소비량(Q)이 적은 것을 선정한다.

$$연료소비량\ Q = \frac{b \cdot P}{\eta_G \cdot 1{,}000}[\text{kg/h}]$$

여기서, b : 연료소비율(165~190[g/PS · h])
P : 디젤발전기 정격출력[PS]
η_G : 발전기 효율

② 열효율 $\eta = \dfrac{860P}{BH} \times 100[\%]$

여기서, P : 발전기 출력[kWh]
B : 연료소비량[kg/h]
H : 연료 발열량[kcal/kg]

다. 부속기기의 위치 선정

1) 배전반은 발전기 단자 측에 가깝고 엔진의 운전 측에서 배전반 계기들을 모두 볼 수 있는 위치에 설치하고 주위에 보수점검을 위해 필요한 공간을 확보한다.
2) 압축공기식 기동방식에 사용하는 공기압축기는 공기탱크 부근에 설치하고 분해조립을 할 수 있는 공간을 확보한다.
3) 냉각수 탱크는 자연압으로 공급이 가능한 엔진의 펌프 측에 설치한다.
4) 연료탱크는 엔진 부근에 설치하며 연료탱크의 밑면은 연료펌프로부터 1m 이상 높게 설치한다.
5) 배기관은 주위에 소음공해를 발생시키지 않은 위치에 설치한다.
   ① 소음기를 천장에 매다는 경우는 천장과 소음기 사이에 방열장치를 해야 한다.
   ② 고층건물의 경우 배기관은 설치조건에 따라 배압을 고려하여 관경을 정해야 한다.
6) 환기장치를 천장 가까이 설치하고 그 반대쪽 바닥 가까이에 흡기구를 설치한다.

라. 환경공해의 대책

1) 소음 및 진동에 대한 대책

① 배기관에 소음기를 사용하고 방음커버로 차음하여 방음벽을 설치한다.
② 방진고무, 방진스프링을 사용하고 발전기 설치용 콘크리트 패드와 바닥 본체 사이에 완충재를 넣어 발전기 진동이 건물의 다른 부분으로 전달되는 것을 방지한다.

2) 대기오염 방지대책

유황분이 적은 연료를 사용하여 SO_x의 발생을 줄이고 배기가스 중의 NO_x를 분리 제거하는 탈질장치를 고려한다.

3) 발전기실의 환기

발전기실의 환기는 실내온도상승을 억제하기 위한 공기량과 발전기 연소에 필요한 공기량의 확보가 가능한 환기설비를 설치하여야 한다.

1.2 발전설비의 용량 산정

예비전원설비란 상용전원이 정전되었을 때 중요한 부하기기에 전기를 공급하기 위하여 건축물에 설치하는 전원설비로서 자가발전설비, 축전지설비, 무정전전원장치(UPS), 전기저장장치 등에 대하여 체계적인 설계방법에 의한 합리적인 계획과 설계를 도모하는 데 목적이 있다. 단, 상용전원공급이 중단될 경우 의료장소부하는 의료법령에 따라 적용하고, 소방부하, 비상부하 및 그 밖에 정전 시 운전이 필요한 예비전원설비부하는 전기를 공급하는 독립된 중요부하로 구분하여 설계한다.

■ KDS_예비전원설비, 건축전기설비설계기준, 정기간행물(전기기술인)

1. 자가용 발전설비의 부하 분류

가. 상용전원

평상시에 상시공급되는 전원 예 한국전력의 공급전원

나. 비상전원

상용전원이 정전·차단되었을 경우 사용되는 전원으로 소방법과 건축법, 전기관련 법령에서 각각 다르게 규정하고 있다.

1) 예비전원(건축법)

비상용 승강기, 부속실 조명, 배연설비 등의 전원으로 규정하고 있다.

2) 비상전원(소방법)

상용전원이 사고나 고장에 의해 전원이 공급되지 못할 경우 외부 공급전원은 "비상전원", 내장형 축전지전원은 "예비전원"으로 규정

예 비상전원은 자가발전설비, 비상전원수전설비, 축전지설비 또는 전기저장장치(ESS)

3) 비상전원(전기관련법령)

한국전력의 공급전원이 건물에 공급되는 전기를 "상용전원", 상용전원이 차단되었을 때 건물 내에 있는 발전기에서 공급되는 전원을 "비상전원", 상용전원 차단 시 내장 축전지에 의해 점등되는 것을 "예비전원"으로 분류

2. 자가발전설비 구비조건

가. 자가발전설비용 구동장치는 일반적으로 디젤엔진, 가스엔진, 가스터빈방식 등이 있으며, 부하의 운전조건, 특성, 현장상황 등을 고려하여 선정하여야 한다.
나. 발전장치는 신뢰성, 유지보수성, 경제성 등을 고려하여 선정하여야 한다.
다. 발전기에서 부하에 이르는 전로는 발전기 가까운 곳에서 쉽게 개폐 및 점검을 할 수 있는 곳에 개폐기, 과전류차단기, 전압계 및 전류계 등을 시설하여야 한다.
라. 발전기의 철대, 금속제 외함 및 금속 프레임 등은 전기설비기술기준에 따라 접지하여야 한다.
마. 자가발전설비의 보호장치 등의 시설은 전기안전관리법 시행규칙 및 전기설비기술기준 등에 따른다.

3. 발전기용량 산정 시 고려사항

가. 발전기용량을 산정할 경우 관련법에서 정하고 있는 부하용량 및 공급시간 등을 검토하여야 한다.
나. 발전기용량은 스프링클러설비의 화재안전기준에서 정하는 기준을 충족하여야 한다.
다. 발전기 연결부하의 특성을 고려하여 조정할 수 있으며, 화재 및 예고 없는 정전 시에도 소방 및 비상부하 가동에 지장이 있어서는 안 된다.

4. 발전기용량 산정

가. 발전기용량 산정은 다음과 같이 계산할 수 있으며, 해당 건축물의 소방부하, 비상부하 및 그 밖의 정전 시에 운전이 필요한 부하 등의 특성을 고려하여 산정할 수 있다.

$$GP \geq [\sum P + (\sum Pm - PL) \times a + (PL \times a \times c)] \times k$$

여기서, GP : 발전기용량[kVA]
$\sum P$: 전동기 이외 부하의 입력용량 합계[kVA]

ΣPm : 전동기 부하용량 합계[kW]

PL : 전동기 부하 중 기동용량이 가장 큰 전동기의 부하용량[kW], 다만 동시에 기동될 경우에는 이들을 더한 용량으로 한다.

a : 전동기의 kW당 입력용량계수(a 추천값은 고효율 1.38, 표준형 1.45이다.)

c : 전동기의 기동계수

k : 발전기 허용전압강하계수(단, 명확하지 않은 경우 1.07~1.13으로 할 수 있다.)

나. 발전기용량 계산식은 부하의 입력용량 환산방법, 전동기의 입력용량 환산계수, 전동기의 기동용량 환산계수를 정하여, 동력부하 중 가장 큰 전동기의 기동용량, 고조파발생부하 가중치, 발전기 허용전압강하 등을 반영하여야 한다.

1) 전동기부하 이외 부하의 입력용량 산출(ΣP)

전동기부하 이외 부하를 비과도성 부하(조명, 전열, 히터, UPS, 전자기기 등), 일반부하, 고조파발생부하로 구분하여 용량을 산출한다.

① 일반부하의 입력용량 산출(고조파발생부하 제외)

$$P = \frac{부하용량(kW)}{부하효율 \times 역률}$$

② 고조파발생부하의 입력용량 산출(UPS 및 LED조명, 전자식 안정기 사용 방전등, 전자기기 등)

㉠ UPS의 입력용량

$$P = \left[\frac{UPS 출력(kVA)}{UPS 효율} \times \lambda\right] + 축전지충전용량(UPS용량의 6~10\% 적용)$$

㉡ UPS 이외 입력용량

$$P = \left[\frac{부하용량(kW)}{효율 \times 역률}\right] \times \lambda(THD 가중치)$$

※ 고조파가중치(THD)는 KS C IEC 61000-3-6의 표 6을 참고한다. 다만, 고조파저감장치를 설치하여 THD가 10% 이하의 경우에는 가중치 1.25를 적용할 수 있다.

2) 전동기 입력용량계수(a)

고효율 전동기의 평균 입력용량은 1.38, 표준형 전동기는 1.45이다. 따라서 전동기의 입력용량은 전동기 용량별로 역률과 효율을 적용하여 산출한다. 그러나 전동기마다 효율과 역률을 적용하는 것이 어려울 경우 전동기 출력용량 1kW당 평균입력계수를 적용할 수 있다. 저압전동기 용량인 0.75~110kW 평균값을 적용한다.

> 전동기의 출력용량(kW)은 $P = \dfrac{\text{부하용량(kW)}}{\text{부하효율} \times \text{역률}}$ 로 산출하며, 건축물에 사용하는 전동기는 건축물의 에너지절약 설계기준에 따라 대부분 고효율 전동기를 사용한다.

3) 전동기의 기동계수(c)

전동기의 기동특성을 반영한 것이다.

① 직입기동방식의 기동전류 : 추천값 6(범위 5~7)
② Y-Δ기동은 직입기동 대비 기동전류가 1/3배로 감소 : 추천값 2(범위 2~3)
③ VVVF(인버터) 기동은 공급전압 0V에서 정격전압까지 제어 : 추천값 1.5(범위 1~1.5)
④ 리액터기동방식은 리액터의 Tap선택(정격전압 대비 공급전압 정도) : 표의 추천값

구분	탭(Tap)		
	50%	65%	80%
기동계수(c)	3	3.9	4.8

4) 발전기 허용전압강하 계수(k)

발전기의 허용전압강하율 구간은 15~20% 범위, 발전기정수는 20~25% 범위를 많이 적용한다. 다만, 명확하지 않은 경우 1.07~1.13으로 할 수 있다.

구분		발전기정수 x_d'' (%)					
		20	21	22	23	24	25
발전기 허용 전압강하율 (%)	15	1.13	1.19	1.25	1.30	1.36	1.42
	16	1.05	1.10	1.16	1.20	1.26	1.31
	17	0.98	1.03	1.07	1.12	1.17	1.22
	18	0.91	0.96	1.00	1.05	1.09	1.14
	19	0.95	0.09	0.94	0.98	1.02	1.07
	20	0.80	0.84	0.88	0.92	0.96	1.00

5. 발전기용량 산정 이외 고려사항

가. 단상부하

교류 3상 발전기에 단상부하를 접속하면 부하의 $\sqrt{3}$ 배 부하를 접속한 것과 같은 결과로 발전기에 접속할 수 있는 3상부하의 용량이 감소하게 되므로 발전기 이용률이 낮아진다.

1) 영향

전압의 불평형, 파형의 찌그러짐, 이상진동 등의 원인이 된다.

2) 대책

① 3상 발전기에 단상부하가 접속되는 경우 3상에 단상부하를 골고루 분배하거나 발전기용량의 10% 이하로 유지하여야 한다.
② 스코트결선 변압기를 설치하여 3상 평형부하로 불평형률을 10% 이하로 유지한다.

나. 감전압 시동전동기

1) 전동기를 감전압방식으로 기동하면 기동돌입전류가 감소하여 발전기용량을 적게 할 수 있다. 그러나 전동기가 충분한 속도상승이 되어 있지 않은 상태에서 전전압으로 전환하면 기동전류가 저하되지 않아 순시전압강하를 일으키게 된다.
2) 감전압상태에서 전전압으로 전환되는 시간설정을 충분히 검토하여 결정하여야 한다.

다. 정류기부하(고조파발생부하)

전원에 정류기부하를 접속하면 전압파형에 찌그러짐(왜곡)이 발생한다. 왜곡은 발전기용량이 적을수록 또는 정류기부하가 클수록 심하다.

1) 고조파발생부하

사이리스터식 UPS, 사이리스터 모터, 승강기, 축전지 충전장치 등

2) 파형의 찌그러짐 영향

① 동일한 계통에 접속되어 있는 전동기의 손실이 증가하고 온도가 상승한다.
② 자동전압조정기로 위상제어를 하는 경우 위상이 변동하여 동작이 불안정해진다.
③ 발전기 자체의 댐퍼권선 온도가 상승하여 손실이 증가한다.

3) 정류기부하의 대책

① 발전기의 리액턴스가 적거나 용량이 큰 발전기를 선택한다.
② 부하 측에 정류기 상수를 많게 한다.
③ 고조파 제거 필터를 설치한다.
④ 발전기의 용량을 부하용량보다 2배 이상 크게 한다.

라. 엘리베이터부하

1) 허용 순시전압강하를 20% 이하로 억제한다.
2) 엘리베이터모터의 기동역률을 0.4~0.8로 유지한다.
3) 엘리베이터모터는 제동 시에 회생제동하므로 엔진이 거기에 견디어야 한다.

6. 발전기용량 계산 사례

가. 발전기부하의 분류

1) 소방부하

   화재안전기준에서 예비전원 공급을 정하고 있는 부하

2) 비상부하

   소방부하 이외의 부하로서 관련 타 법령에서 예비전원 공급을 정하고 있는 부하

3) 그 밖에 정전 시 운전이 필요한 부하

   소방부하 및 비상부하를 제외하고 해당 건축물에서 정전 시에도 전기를 공급해야 하는 부하

나. 발전기용량 산정방법

1) 발전기에 연결되는 전체 부하를 부담할 수 있는 발전기용량을 산정하는 방법
2) 소방 및 비상부하와 그 밖의 정전 시 운전이 필요한 부하를 구분하여 큰 값의 발전기 용량을 산정하는 방법으로, 이 경우 부하를 구분하여 회로를 구성하고, 화재 시에는 그 밖의 정전 시 운전이 필요한 부하를 차단한다.

다. 부하 목록

부하명	용량(kW)	대수	부하 합계		소방 및 비상부하		그 밖의 정전 시 부하	
			전동기	전동기 외	전동기	전동기 외	전동기	전동기 외
옥내소화전	15	1	15	–	15	–	–	–
소화보조펌프	3.7	1	3.7	–	3.7	–	–	–
SP주펌프	55	3	165	–	165	–	–	–
SP보조펌프	3.7	1	3.7	–	3.7	–	–	–
제연설비	30	2	60	–	60	–	–	–
전실제연	11	2	22	–	22	–	–	–
비상용 승강기	22	2	44	–	44	–	44	–
승객용 승강기	15	4	60	–	–	–	60	–
조명(LED)	250	–	–	250	–	250	–	250
급수펌프	7.5	3	22.5	–	–	–	22.5	–
영구배수펌프	15	10	150	–	–	–	150	–
배수펌프	3.7	5	18.5	–	–	–	18.5	–
UPS	100	1	–	100	–	–	–	100
합계			564.4	350	313.4	250	295	350
			914.4		563.4		645	

라. 발전기용량의 계산

1) 부하특성 검토

   ① 조명용 분전반에 고조파 저감장치 설치($\lambda : 1.25$ 적용)

   ② 조명등 LED 램프 사용, 효율 85%, 역률 90%

   ③ UPS의 THD는 10% 이하($\lambda : 1.25$ 적용), 효율 95%

2) 발전기 연결 전체 부하를 부담할 수 있는 발전기용량 산정

   ① 고조파발생부하

   ㉠ UPS부하 입력용량

   $$P = \left[\frac{\text{UPS 출력 (kVA)}}{\text{UPS 효율}} \times \lambda\right] + \text{충전지 충전용량(UPS 용량의 } 6 \sim 10\% \text{ 적용)}$$
   $$= \left(\frac{100}{0.95} \times 1.25\right) + (100 \times 0.1) = 141.6 \text{kVA}$$

   ㉡ LED 조명부하

   $$P = \left[\frac{\text{부하용량 (kW)}}{\text{효율} \times \text{역률}}\right] \times \lambda = \left(\frac{250}{0.85 \times 0.9}\right) \times 1.25 ≒ 408.4 \text{kVA}$$

   따라서 고조파발생부하 입력용량 합계는 550kVA

   ② 발전기용량의 산정

   $$GP \geq [\Sigma P + (\Sigma Pm - PL) \times a + (PL \times a \times c)] \times k$$

   여기서, $\Sigma P = 550$kVA
   $\Sigma Pm = 564.4$kW
   $PL = 165$kW → 55kW×3대 동시 기동
   $a = 1.38$(고효율 전동기)
   $c = 2(Y-\Delta)$
   $k = 1.13$(명확하지 않은 경우 1.07~1.13에서 최댓값 적용)

   $$GP \geq [550 + (564.4 - 165) \times 1.38 + (165 \times 1.38 \times 2)] \times 1.13 \geq 1{,}758.9 \text{kVA}$$

   발전기용량의 선정은 1,758.9kVA와 같거나 큰 용량을 선정한다.

3) 소방 및 비상부하와 그 밖의 정전 시 운전이 필요한 부하 중 큰 값 발전기용량 산정

   ① 고조파발생부하 입력용량 산출(LED조명부하)

   $$P = \left[\frac{\text{부하용량 (kW)}}{\text{효율} \times \text{역률}}\right] \times \lambda = \left(\frac{250}{0.85 \times 0.9}\right) \times 1.25 ≒ 408.4 \text{kVA}$$

② 발전기용량의 산정

$$GP \geq [\sum P + (\sum Pm - PL) \times a + (PL \times a \times c)] \times k$$

여기서, $\sum P = 408.4 \text{kVA}$
$\sum Pm = 313.4 \text{kW}$
$PL = 165 \text{kW}$
$a = 1.38$(고효율 전동기)
$c = 2(Y-\Delta)$
$k = 1.13$(명확하지 않은 경우 1.07~1.13에서 최댓값 적용)

$$GP \geq [408.4 + (313.4 - 165) \times 1.38 + (165 \times 1.38 \times 2)] \times 1.13 \geq 1{,}209.0 \text{kVA}$$

4) 그 밖의 정전 시 운전이 필요한 부하용량을 적용

① 고조파발생부하

㉠ UPS부하 입력용량

$$P = \left[\frac{\text{UPS 출력(kVA)}}{\text{UPS 효율}} \times \lambda\right] + \text{충전지 충전용량(UPS용량의 6~10\% 적용)}$$
$$= \left(\frac{100}{0.95} \times 1.25\right) + (100 \times 0.1) = 141.6 \text{kVA}$$

㉡ LED조명부하

$$P = \left[\frac{\text{부하용량(kW)}}{\text{효율} \times \text{역률}}\right] \times \lambda = \left(\frac{250}{0.85 \times 0.9}\right) \times 1.25 ≒ 408.4 \text{kVA}$$

따라서 고조파발생부하 입력용량 합계는 550kVA

② 발전기용량의 산정

$$GP \geq [\sum P + (\sum Pm - PL) \times a + (PL \times a \times c)] \times k$$

여기서, $\sum P = 550 \text{kVA}$
$\sum Pm = 295 \text{kW}$
$PL = 22 \text{kW} \rightarrow$ 비상용 승강기 1대
$a = 1.38$(고효율 전동기)
$c = 1.5$(비상용 승강기 VVVF기동)
$k = 1.13$(1.07~1.13에서 최댓값)

$$GP \geq [550 + (295 - 22) \times 1.38 + (22 \times 1.38 \times 1.5)] \times 1.13 \geq 1{,}098.6 \text{kVA}$$

5) 발전기용량 결정

발전기 연결 전체 부하를 기준으로 결정할 때는 1,758.9kVA와 같거나 큰 용량을 선정하여야 한다. 그러나 설계자가 발주자 및 감리원 측과 협의, 화재안전기준에 적합하고 법령에서 정하는 예비전원을 공급하거나 부하용량을 공급하는 데 지장이 없으면서 경제성을 고려할 경우에는 소방 및 비상부하용량 합계로 산정한 발전기용량 1,209kVA와 같거나 큰 용량을 선정할 수도 있다.

1.3 발전기실의 계획조건

발전기실은 비상시 전원공급에 차질을 주지 않도록 부하의 중심에 위치하고 수변전실과 가까운 장소에 설치하여 발전기실의 넓이, 높이, 진동, 소음 등 기기의 운전 및 정비에 충분한 공간을 확보하여 배치하여야 한다.

■ 건축전기설비설계기준, 신전기설비기술계산 핸드북, 최신전기설비, 제조사 기술자료집

1. 발전기실의 위치

가. 건축 관계

1) 엔진기초는 건물기초와 관계없는 장소로 한다.
2) 엔진실의 천장높이는 피스톤 배출높이와 연료탱크의 높이를 고려한다.
3) 엔진실의 구조는 중량물의 운반, 설치가 용이하도록 한다.
4) 배기관의 배관 스페이스 및 소음에 의하여 부근에 영향이 없도록 한다.

나. 배전반의 위치

1) 발전기 단자에 가깝고 엔진실 출입에 방해되지 않도록 한다.
2) 엔진의 운전 측으로부터 배전반의 계기가 보여야 한다.
3) 배전반 둘레는 보수점검에 필요한 공간을 확보하도록 한다.

다. 부속기기의 위치

1) 공기압축기는 공기탱크 주위에 설치한다.(단, 압축공기식 기동방식)
2) 냉각수 탱크는 엔진의 펌프 측에 설치한다.
3) 연료탱크의 저면은 연료펌프 입구로부터 1m 이상의 높이에서 엔진조작 계기가 보이는 장소에 위치한다.
4) 연료공급용 펌프는 조작이 쉽고 통로에 방해가 되지 않아야 한다.
5) 소음기는 엔진배기관의 근처에 시설하고 천장에 시설할 경우 방진장치를 설치한다.
6) 고층 건축물 장거리 배기관을 시설할 경우 소음기의 배압을 고려하여 관 지름을 결정한다.

2. 발전기실의 구조

가. 밀폐구조

1) 우수 등에 침수 또는 침투할 염려가 없는 구조이어야 한다.
2) 가연성, 부식성의 증기 또는 가스가 발생할 염려가 없어야 한다.

나. 방화 및 불연 구조

1) 불연재로 구획되며 창·출입구에 방화문으로 구획된 전용실이어야 한다.
2) 배선, 공조용 덕트가 벽체를 관통하는 경우 불연재료로 마감한다.
3) 화재발생 우려가 있는 기타설비를 두지 않는다.

다. 쾌적한 환경 조건

1) 실외로 통하는 유효 환기시설이 있어야 한다.
2) 점검, 조작에 필요한 조명설비가 설치되어야 한다.

라. 내진 구조

1) 발전기 기초는 엔진진동이 건축물에 전달되지 않도록 독립기초를 설치하거나 건물기초와 관계없는 장소에 시설한다.
2) 소형 발전기의 경우 진동방지장치를 적용한 고정기초를 설치하기도 한다.
3) 기기접속 부위에 플렉시블 연결 등 방진을 위한 내진대책을 적용한다.

3. 발전기실의 넓이와 높이

발전기실은 일상적인 보수, 점검 및 정기적인 정비의 경우 실린더의 해체 및 조립작업에 충분한 넓이와 높이가 필요하다.

가. 발전기실의 넓이

$S \geq 1.7\sqrt{원동기\ 출력[PS]}\ [m^2]$[89] 추천값

$S \geq 3\sqrt{원동기\ 출력[PS]}\ [m^2]$

나. 발전기실의 높이

$H = (8 \sim 17)D + (4 \sim 8)D$, 발전기실은 발전기 설치 높이의 약 2배이다.

---

[89] PS와 HP의 차이점 : PS(Pferde-Starke)은 독일, 프랑스와 유럽에서 주로 사용 "말이 1초 동안에 75kg의 물건을 1m 옮기는 힘" 1PS=735.5W이고 1kW=1.36PS이다. HP(Horse Power) 미국과 영국에서 주로 사용 "1분 동안에 14,850kg의 질량을 1ft 들어 올리는 일률" 1HP=746W이고 1kW=1.34HP이다.

여기서, $(8 \sim 17)D$: 실린더 상부까지 엔진높이
D : 실린더 지름[mm]
$(4 \sim 8)D$: 실린더 해체에 필요한 높이

4. 발전기실의 기초

가. 발전기실의 기초

1) $W_f = 0.2\,W\sqrt{n}\,[\text{ton}]$

여기서, W : 발전기설비의 총중량
n : 발전기엔진의 회전수

2) 기초의 주요 기능
① 발전기와 그 부속장비의 조립상태 유지
② 외부의 진동으로부터 발전기 보호

나. 기초의 설계

1) 고정기초(방진장치가 없는 기초)
① 기초의 중량을 크게 해서 진동전달을 감소시키는 방법이다.
② 기초의 길이와 폭은 발전기 길이와 폭보다 최소한 30cm 이상 커야 한다.
③ 기초의 깊이(H) : $H = \dfrac{W}{2,402.8 \times B \times L}\,[\text{m}]$

여기서, W : 발전기설비의 총중량, B : 기초의 폭, L : 기초의 길이

㉠ 콘크리트 배합비율 → 시멘트 : 모래 : 자갈 = 1 : 2 : 3
㉡ 기초의 철근은 약 4mm 철선을 15cm 간격으로 가진 격자형으로 배근

2) 고정기초(방진장치를 부착한 기초)
① 일반적으로 건축물 내부에 설치하는 경우 방진고무나 방진스프링을 삽입해서 기초에 연결한다.
② 콘크리트 기초의 깊이는 진동하중 증가는 고려하지 않고 다만 정적하중에만 견디도록 하며 발전기설비와 이어지는 부분은 반드시 플렉시블 커플링으로 연결한다.
③ 기초 지수기준
㉠ 너비 ≥ (공통대판의 너비) + 0.5[m]
㉡ 길이 ≥ (공통대판의 길이) + 0.5[m]
㉢ 바닥면에서 기초까지 ≥ 0.1[m]

5. 발전기실의 소음 및 진동대책

가. 소음대책

1) 소음원

기관의 기계음, 흡·배기음, 진동음, 발전기 동체음이 있으며 이 중 발전기소음은 기관에서 나오는 것이 대부분이다.

2) 소음대책(기계음)

발전기실벽 재료에 흡음판을 취부하며, 배기관에 소음기를 사용하면 10~15phon의 소음이 감소된다.

나. 진동대책

발전기의 진동방지를 하는 것은 발전기 유효수명을 연장시킴은 물론 외부로부터 진동에 의한 고장을 방지하는 데 유용하다.

1) 방진기구

① 가장 효과가 좋은 강철스프링은 대체로 96%의 방진효과를 가진다.
② 스프링 밑에 고무판은 스프링을 통해 전달되는 고주파수를 방지한다.
③ 고무방진기구는 90%의 방진효과 및 진동에 의한 소음 방지효과도 있다.

2) 진동측정

진동은 정격운전 상태에 있어서 공통베이스 및 진동판과 그 부근의 상하방향, 축방향, 축과 직각방향으로 측정표시한다.

측정부위	기관발전기의 공통베이스		기초 및 부근
	1,2,3,4,5,7 실린더엔진	6,8 실린더 이상	
진동	8/10[mm] 이하	5/10[mm] 이하	1/100[mm] 이하

6. 발전기실의 환기(☞ 참고 : 변전실 전기설비의 환경개선)

7. 발전기의 병렬운전 조건

발전기는 다음 조건을 만족하는 동기 검정기 또는 자동 동기장치에 의한 병렬운전을 한다.

가. 기전력의 크기가 같을 것. 다를 경우 무효순환전류가 흐른다.
나. 기전력의 위상이 같아야 한다. 다를 경우 동기화 전류에 의한 동기화력이 발생한다.
다. 기전력의 주파수가 같아야 한다. 다를 경우 동기화 전류가 현저하게 발생한다.
라. 기전력의 파형이 같아야 한다. 다를 경우 무효순환전류가 흐른다.

1.4 가스 터빈발전기

- 가스 터빈이란 증기, 가스와 같은 압축성 유체의 흐름을 이용하여 축동력 또는 반동력으로 회전력을 얻는 기계장치로서 증기를 이용하면 증기 터빈, 연소가스를 이용하면 가스 터빈이다.
- 가스 터빈발전기는 현대 건축물의 요구에 부흥하기 위한 비상전원용 발전기로 종전의 디젤발전기보다 소음·진동이 작고, 경량이며, 양질의 전원을 공급할 수 있는 발전기이다.

■ 제조사 기술자료집, 건축전기설비설계기준, 신전기설비기술계산 핸드북, 정기간행물

1. 가스 터빈발전기 선정 시 고려사항

가. 전압 변동률, 주파수 등의 전기품질과 신뢰도를 검토한다.
나. 진동, 소음, 대기오염 등의 환경 관련 문제를 고려한다.
다. 사용연료 및 폐열의 난방 등 에너지 이용방안을 검토한다.
라. 초기설치비, 유지보수비, 발전단가 등의 경제성을 검토한다.
마. 분산형전원으로 사용할 경우 계통연계방안을 검토한다.

2. 가스 터빈발전설비의 적용부하

가. 비상전원의 의존도가 높고 양질의 전원이 요구되는 부하설비
나. 건축물을 Modernization화할 경우
다. 환경문제가 민감한 지역
라. 발전설비의 설치환경이 열악한 지역
마. 열병합발전시스템 또는 Peak-cut용 전원공급지역
바. 단시간 피크부하를 사용하면서 중요부하에 대해서 무정전이 요구되는 경우

3. 원리 및 구조

가. 작동원리

압축기로 공기를 압축하고 여기에 연료를 분사해서 연소시킬 때 생긴 고온·고압가스를 터빈에 내뿜으면서 팽창시켜 터빈을 회전시킨다. 즉, 흡입 → 압축 → 연소 → 팽창 → 배기의 순서로 연속회전운동을 한다.

나. 압축기

내연기관의 효율을 높이기 위하여 외부에서 인입되는 공기를 가압하여 연소기에 보내는 장치로 고속회전에 견딜 수 있는 스크루 날개구조를 하고 있다.

다. 연소기

흡입공기에 연료를 분사시켜 고온·고압으로 가열된 기체를 생성하는 장치이다. 압력손실이 적고 연소효율이 높으며 착화성이 좋아 출구의 온도분포가 균일한 조건을 충족하여야 한다.

라. 터빈

연소기에서 고온·고압으로 가열된 기체를 팽창시켜 회전력으로 변환하는 장치로 고열에 의한 열팽창과 고속회전에 따른 마모율이 적은 합금이어야 한다.

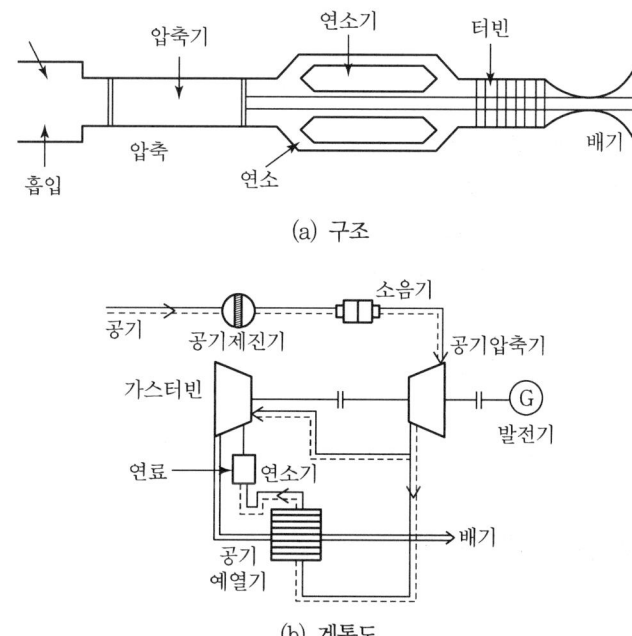

[그림 1] 가스터빈 구조 및 계통도

4. 주요 특징

가. 고신뢰성의 발전설비

1) 시동 신뢰성이 99.7%이다.
2) 순간 과부하, 역전력 흡수능력이 우수하다.
3) 고품질의 발전설비이다.
4) 내진성이 우수하다.

나. 유지보수가 용이한 발전설비

냉각수 설비, 급·배기 설비 등 주변설비가 필요 없다.

다. 운반, 설치가 용이한 발전설비

1) 콤팩트한 패키지 외형을 가진다.
2) 디젤발전기에 비하여 경량, 소형이다.
3) 디젤발전기에 비하여 진동 및 동하중이 적다.

라. 환경 친화적인 발전설비

1) 매연이 없는 맑은 배기가스를 배출한다.
2) 소음과 진동이 대단히 적다.

마. 특성(장점 및 단점)

1) 회전부분만 있어 진동이 적다.
2) 터빈이 고속 회전한다.
3) 부품수가 왕복기관에 비해 적다.
4) 윤활유의 소비량이 적다.
5) 냉각을 위한 물이 필요하지 않다.
6) 보수·정비 및 운전 조작이 간단하다.
7) 발전기 열효율이 낮다.
8) 엔진 연료소비가 크다.
9) 값비싼 내열재료가 필요하다.
10) 배기·흡기의 소음이 커지기 쉽다.

5. 가스 터빈의 급기·배기 대책

가. 급기대책

1) 연소를 위한 공기와 냉각을 위한 공기가 필요하며 공기는 발전기 출력감소와 엔진 내 Blade 수명에도 중대한 영향을 미친다.
2) 발전기설비에 필요공기량(기준온도 40℃) : $V_T = V_1 + V_2 + V_3$

   여기서, V_1 : 연소에 필요한 공기량[m^2/min]
   V_2 : 오일 쿨러 냉각에 필요한 공기량[m^2/min]
   V_3 : 발전기 냉각에 필요한 공기량[m^2/min]

나. 배기대책

1) 연도의 크기는 배기량을 저항없이 무난히 처리할 수 있는 크기로 Back Pressure의 허용치 300mmAq 이하가 되어야 하고 허용치를 초과할 경우 엔진출력의 감소를 초래하지 않아야 한다.
2) 배출되는 배기가스는 약 400~600℃의 고온고압으로 연도크기 및 단열에 유의한다.

3) 배기단열 대책
① 내화처리 방법 : 옹벽, 단열 및 내화벽돌로 3중 내화처리한다.
② AS 파이프 형식 : 연도파이프가 2개의 공기단열층을 이루어 내부유속에 의해 온도 상승을 방지한다.
③ 배기단열 시공계획 수립 시에는 열의 전달 여부를 계산하여 확인한다.

4) 기초 : 기기중량을 받칠 수 있는 정도의 기초로 기기중량 1.1~1.2배 하중을 만족한다.

6. 가스 터빈의 보호장치

가. 과속도 긴급 차단장치

회전속도가 정격의 10±1%를 초과하면 동작하고 터빈에 흐르는 증기의 공급을 차단시켜 터빈을 정지시킨다.

나. 진공저하 차단장치

가스터빈과 증기터빈이 조합된 복합 발전방식에서 냉각수 펌프 등의 고장으로 복수기의 진공이 저하한 경우 터빈 저압부의 온도가 상승하고 열팽창으로 날개 사이에 증기가 접촉하면 대형사고가 야기되므로 터빈을 정지시킨다.

다. 이상 진공 트립장치

축수의 유압이 이상으로 낮아진 경우 터빈을 트립한다.

라. 이상 진동 트립장치

이상편심, 케이싱의 신축, 터빈 축과 축수 진동을 검출하여 터빈을 트립한다.

마. 트러스트 마모 트립장치

터빈의 트러스트 축수가 마모된 경우 트립 동작한다.

바. 배기온도 상승 트립장치

저압 배기실 온도가 이상 상승하면 즉시 터빈을 트립한다.

7. 가스 터빈 발전설비와 디젤 발전설비의 비교

구분	가스 터빈 발전설비	디젤 발전설비
전기의 질 • 주파수 변동(순시) • 주파수 변동(정전 시) • 전압 변동(정전 시)	깨끗한 정현파 • ±40%(100% 부하 투입) • ±0.3% 이내 • 평균치 ±1.5%	고조파 요소 포함 • ±10%(75% 부하 투입) • ±5% 이내 • 평균치 ±2.5%
부하특성	• 회전운동에 의한 회전토크 • 100% 부하에서 운전	• 왕복운동에 의한 회전토크 • 70~80% 부하에서 운전
운전조건 • 시동신뢰성 • 정부하 운전	전압 확립 즉시 부하 투입 • 워밍업 불필요 : 99.6% • 문제 없음	전압 확립 후 점진적인 부하 투입 • 워밍업 필요 : 95% • 불완전 연소, 단시간 운전
유지보수	구조 간단, 유지보수 용이	구조 복잡, 유지보수 어려움
환경문제	• 깨끗한 배기가스 • 진동, 소음이 없음	• 공해가스 배출 • 진동, 소음이 심함

SECTION 02 축전지(직류 전원장치)

2.1 축전지 및 정류기의 용량 산정

- 축전지는 정전 및 비상시에 가장 신뢰할 수 있는 전원이며 소방법의 규정에 의하여 예비전원이나 비상전원으로 사용하고 있다.
- 축전지설비는 축전지, 충전장치, 보안장치, 제어장치 등으로 구성되었으며, 설비의 특징은 독립된 전원으로 순수한 직류전원이고 경제적이며 유지보수가 용이하다.

■ 건축전기설비설계기준, 최신전기설비, 제조사 기술자료집

1. 축전지 발전원리

가. 연축전지

방전 시 화학에너지를 전기에너지로 바꿔 외부에 공급하고 충전 시 외부에서 전기에너지를 받아 화학에너지 형태로 저장한다.

$$PbO_2 + 2H_2SO_4 + Pb \underset{충전}{\overset{방전}{\rightleftarrows}} PbSO_4 + 2H_2O + PbSO_4$$

여기서, PbO_2 : 양극, Pb : 음극, $2H_2SO_4$: 전해액

나. 알칼리축전지

충전상태에서는 양극활성화 물질은 수산화 제2니켈(NiOOH), 음극성 물질은 금속카드뮴(Cd)인데 방전을 하면 양극성 물질은 환원되어 수산화 제1니켈이 되고 음극성은 수산화카드뮴이 된다.

$$2NiO(OH) + Cd + 2H_2O \underset{충전}{\overset{방전}{\rightleftarrows}} 2Ni(OH)_2 + Cd(OH)_2$$

2. 축전지의 분류

축전지의 종류에는 크게 연축전지(CS형, HS형), 알칼리 축전지(포켓식, 소결식)이 있다.

가. 극판형식에 의한 분류

연축전지, 알칼리 축전지

[표 1] 2차 전지의 특성 비교

구분	연축전지(CS, HS)	알칼리 축전지(AM, AMH, AH)
공칭전압	2[V/셀]	1.2[V/셀]
경제성	Ah당 단가가 낮다.	연축전지보다 단가가 높다.
기대수명	CS형 10~15년, HS형 5~7년	12~20년
특징	• 축전지의 필요 셀 수가 적어도 된다. • 충·방전 전압의 차이가 적다. • 전해액의 비중에 의해 충·방전 상태를 추정할 수 있다.	• 극판의 기계적 강도, 과방전 및 과전류에 대해 강하다. • 고율방전 및 저온 특성이 좋다. • 부식성의 가스가 발생하지 않는다. • 보존이 용이하다.

나. 설치형식에 의한 분류

거치용, 이동용

다. 구조에 의한 분류

1) 밀폐형 : 산이나 알칼리 가스가 나오지 못하게 하는 구조로서 액 보충이 불필요하다.
2) 통풍형 : 배기변에 필터를 시설하여 산무가 나오지 못하게 가스회수장치를 한 구조이다.
3) 개방형 : 통풍형에 가스회수장치를 제거한 구조이다.

3. 축전지 용량의 산정(AIEE법 기준)

축전지 부하의 종류에는 소방법에 의한 비상전원과 건축법에 의한 예비전원이 있으며, 방전 특성은 35~45℃에서 가장 좋고 45℃ 이상이 되면 다시 저하한다.

가. 부하종류의 결정

비상용 조명부하, 차단기 투입부하 등

나. 방전전류(I)의 산출

최대부하전류치를 사용한다. $I = \dfrac{\text{부하용량}[\text{VA}]}{\text{정격전압}[\text{V}]}[\text{A}]$

다. 방전시간(T)의 결정

예상되는 최대부하시간으로 한다.(소방법 30~60분 이상, 건축법 10분 이상)

라. $T-I$ 예상부하특성곡선 작성

방전 마지막 시간에 큰 방전전류를 사용하는 조건을 적용하여 기동 비상부하용량을 수용할 수 있어야 한다.([그림 1] 참조)

마. 축전지 종류 및 셀 수의 결정 : $n = \dfrac{V(\text{부하의 정격전압})}{V_0(\text{축전지의 공칭전압})}$

1) 가격 면에서 연축전지의 급방전형(HS형)이 유리하다.
2) 성능·보수 면에서 유리한 알칼리 축전지 경우 비상조명에는 알칼리 포켓 표준형(AM)형이 적합하고 순간 대전류에는 알칼리 포켓 급방전형(AMH형)이 적합하다.
3) 셀 수는 부하의 제한전압과 최저제한전압을 고려하여 결정한다.

종류	셀 수	셀의 공칭전압[V]	정격 전압[V]
연축전지	54	2.0	2.0×54=108
알칼리 축전지	86	1.2	1.2×86=103

바. 허용최저전압 결정(방전종지전압)

허용최저전압은 부하 측의 기기에서 요구하는 최저전압 중 최고값에 축전지와 부하 사이의 접속선의 전압강하를 합한 것으로 전지의 표준특성을 아래와 같이 구한다.

1) 허용최저전압

$$V = \dfrac{V_a + V_c}{n} \,[\text{V/cell}]$$

여기서, V_a : 부하의 허용최저전압
 V_c : 축전지와 부하 간 총 전압강하
 n : 셀 수

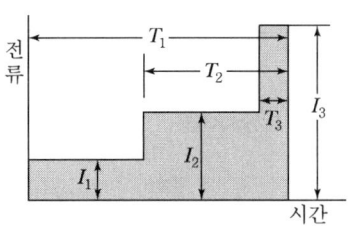

[그림 1] 용량 계산 모델

2) 예상 최저전지 온도의 결정

① 축전지는 온도가 낮아지면 방전특성이 낮으며 온도가 높아지면 방전특성이 양호해 진다. 35~45℃ 부근에서 좋아지나 45℃ 이상이 되면 다시 저하한다.
② 축전지 최저온도는 실내에서는 5℃, 옥외 큐비클의 최저 주위온도는 5~10℃, 한랭지는 −5℃를 기준으로 한다.

사. 보수율(L)

축전지는 장기간 사용하거나 사용 조건 등이 변경되기 때문에 이 용량 변화를 보상하는 보정치로서 보통 $L = 0.8$을 사용하고 있다.

아. 용량환산시간 "K" 값의 결정

1) K 값은 방전시간, 축전지의 온도 및 허용 최저전압으로 정해지며 용량환산시간 기준 Table에서 구한다.

2) 용량환산식(C)

$$C = \frac{1}{L}[K_1 I_1 + K_2(I_2 - I_1) + K_3(I_3 - I_2) + \cdots\cdots + K_n(I_n - I_{n-1})]\,[Ah]$$

여기서, C : 25℃에서 정격 방전율[90] 환산용량
K : 최저전압에 의한 용량환산시간[h]
I : 방전전류[A]
L(보수율) : 보통 $L = 0.8$을 사용

4. 정류기의 용량 산정(충전기)

가. 입력용량

$$P_{AC} = \frac{(I_L + I_C) \times V_D}{\cos\theta \times \eta \times 10^3}\,[kVA]$$

여기서, P_{AC} : 정류기 교류 측 입력용량[kVA], I_L : 정류기 직류 측 부하전류[A]
I_C : 정류기 직류 측 축전지 충전전류[A], V_D : 정류기 직류 측 전압[V]
$\cos\theta$: 정류기 역률, η : 정류기 효율

나. 부하전류

$$I_{AC} = \frac{(I_L + I_C) \times V_D}{\sqrt{3} \times E \times \cos\theta \times \eta}\,[A]$$

여기서, I_{AC} : 정류기 교류 측 입력전류[A], E : 교류 측 전압[V]

5. 축전지실의 위치 및 설치방법

가. 축전지실 설치 시 고려사항

1) 천장 높이는 2.6m 이상으로 한다.
2) 충전 중에는 가스발생을 수반하므로 배기설비를 필요로 한다.
3) 개방형 축전지의 경우에 조명등기구는 내산형을 사용한다.
4) 충전기는 부하 가까운 곳에 설치한다.
5) 축전지실의 배선은 비닐전선을 사용한다.
6) 축전지실은 진동이 없는 곳이어야 한다.
7) 축전지실의 실내에는 싱크(배수구)를 시설한다.

---

90) 방전율이란 전지가 가진 전체 용량의 방전 정도를 나타내는 수치를 말한다.

8) 기타 관계 법령에 적합하도록 한다.

나. 축전지 가대와 축전지실과의 이격거리

1) 축전지실과 벽면과의 거리 : 1m 이상
2) 축전지와 부속기기 사이의 거리 : 1m 이상
3) 축전지실의 천장 높이 : 2.6m 이상
4) 축전지와 비보수 측 벽면과의 거리 : 0.1m 이상
5) 축전지와 입구 사이의 거리 : 1m 이상

6. 축전지의 단락전류 계산

외부회로에서 단락이 발생한 경우 지속단락전류는 기동력을 회로의 모든 저항으로 나눈 것으로 해석하며 단락전류 기동에서 상승률 $\dfrac{di}{dt}$ 는 회로의 인덕턴스로 결정된다. $\dfrac{di}{dt} = \dfrac{E}{L}$

가. 축전지의 단락전류 계산 시 필요사항

1) 직렬로 접속된 축전지의 개수 N개
2) 축전지의 시간 방전률 I_{8HR}
3) 전회로의 도체길이와 형상(축전지 상호 간의 접속 전선을 포함)
4) (+), (−)도체의 극간 거리

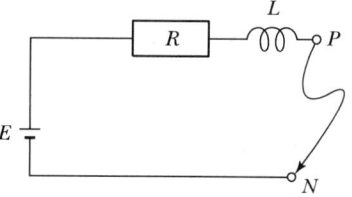

[그림 2] 축전지 단락회로

나. 축전지 회로의 단락전류 조건

1) 축전지의 내부기전력 $E = 2N$(여기서, $2N$: 축전지 1개당 전압)
2) 축전지 회로의 전저항 $R = R_b + R_c$

여기서, R_b : 축전지의 내부저항 $\left(R_b = \dfrac{E}{100 \cdot I_{8HR}} \right)$

R_c : 축전지 단락 상호 간을 접속하는 전선을 포함한 외부저항

3) 축전지 회로의 전 임피던스 $L = L_b + L_c$

여기서, L_b : 축전지를 직렬로 한 회로의 인덕턴스

L_c : 축전지 외부회로 인덕턴스

다. 축전지회로의 단락전류 계산

등가회로를 기본으로 $E-R-L$ 회로로 해석하면

단락전류 계산식 : $Ri + L\dfrac{di}{dt} = E$ (여기서, i : 단락전류)

1) 축전지의 정상 단락전류는 위 식에서 $\dfrac{di}{dt}=0$ 이라 놓으면 $i=\dfrac{E}{R}$ 이다.
2) 단락전류는 시간의 경과와 더불어 감소하지만 비교적 장시간 동안 대전류가 계속 흐른다.

2.2 충전방식 및 축전지의 이상 현상

축전지의 이상 현상에는 대표적으로 자기방전과 설페이션 현상이 있다. 자기방전 현상은 외부 회로에 전류를 흘리지 않았는데도 축전지용량이 감소하는 것이며, 설페이션 현상은 축전지를 방전상태로 장기간 방치하면 극판 표면이 유백색의 부도체 성질을 띠는 황산납 물질로 덮이는 현상을 말한다.

■ 건축전기설비설계기준, 신전기설비기술계산 핸드북, 제조사 기술자료집

1. 충전방식

가. 초기 충전

아직 전해액을 넣지 않은 미충전 상태의 축전지에 전해액을 주입하여 처음으로 행하는 충전을 말한다.

나. 사용 중 충전

1) 보통충전 : 필요시마다 표준 시간율로 조정의 충전을 하는 방식
2) 급속충전 : 비교적 단시간에 보통 충전의 2~3배의 전류로 충전하는 방식
3) 균등충전 : 부동충전방식에 의하여 사용할 때 각 전해조에서 일어나는 전위차를 보정하기 위하여 1~3개월에 1회 정전압 충전하여 전해조의 용량을 동일하게 행하는 방식
4) 부동충전
   ① 축전지의 자기방전을 보충함과 동시에 사용부하에 대한 전력공급은 충전기가 부담하되 충전기가 부담하기 어려운 대전류 부하는 축전지로 부담하게 하는 방식이다.
   ② 축전지와 상시부하가 있다.

$$2\text{차 충전전류}[A] = \dfrac{\text{축전지의 정격용량}[Ah]}{\text{축전지의 방전율}[h]} + \dfrac{\text{상시부하}[P]}{\text{표준전압}[V]}$$

5) 세류충전(트리클 충전) : 자기 방전량만을 항상 충전하는 부동충전 방법의 일종이다.
6) 전자동 충전 : 충전초기에 큰 전류가 흐르는 결점을 보완하여 일정전류 이상은 흐르지 않도록 자동전류제한장치를 써서 충전하는 방식이다.
7) 보충충전 : 운송, 보관 중 자기방전에 의해 저하된 용량을 보충하기 위하여 실시한다.

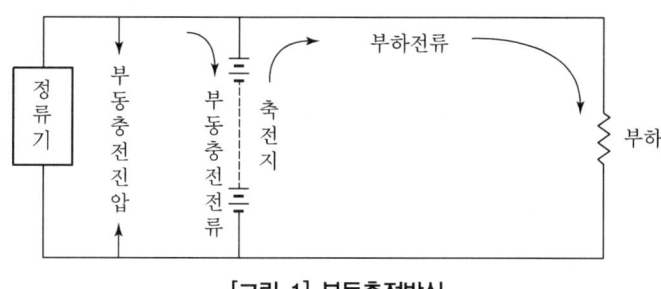

[그림 1] 부동충전방식

2. 자기방전 현상(Self-Discharge)

가. 방전 원인의 구분

1) 전기적 원인 : 전기적인 자기방전은 내부단락을 의미한다.
2) 화학적 원인 : 일반적인 자기방전은 화학적 원인에 의하여 일어난다.

나. 자기방전 원인

1) 온도와 자기방전의 관계

전기온도가 높을수록 자기방전량은 증가하는데 이 증가 비율은 온도 25℃까지 거의 직선적으로 증가하며 그 이상의 온도에서는 가속적으로 증가하게 된다.

2) 불순물과 자기방전의 관계

바디움, 백금, 금, 은, 동, 니켈, 안티모니 등의 불순물이 음극표면에 접착되면 현저하게 자기방전을 일으킨다.

3) 시간과 자기방전

자기방전은 충전 완료 직후에 가장 많으며 시간이 경과함에 따라 점차 감소한다.

4) 비중

연축전지는 전해액의 비중이 클수록 자기방전량이 증가한다.

다. 자기방전량을 구하는 방법

1) 자기방전량 $= \dfrac{C_1 + C_3 - 2C_2}{T(C_1 + C_3)} \times 100 [\%]$

여기서, C_1 : 방치 전 만충전 용량[Ah]
C_3 : C_2 방전 후 만충전하여 방전한 용량[Ah]
C_2 : T 기간 방치 후 충전 없이 방전한 용량[Ah]

2) 자기방전량은 형식, 구성, 방치조건에 따라 다르며 1개당 20% 정도이다.

3. 설페이션(Sulfation) 현상

가. 설페이션 현상

설페이션은 축전지 극판이 부도체성질의 황산 납의 결정으로 덮이는 것으로, 축전지를 방전상태로 장기간 방치하면 극판 표면이 유백색 불활성 물질로 덮이는 현상을 말한다.

나. 설페이션 원인

1) 방전상태로 장기간 방치하여 과방전하였을 경우
2) 충전상태로 보충을 하지 않고 방치하였을 경우
3) 충전 부족상태에서 장기간 사용한 경우
4) 전해액의 부족으로 극판이 노출되었을 때 비중이 과대한 경우
5) 불순물(파라핀 또는 악성유기물)이 첨가되었을 경우

> **참고** 축전지의 종류 및 특성

1. 축전지의 종류

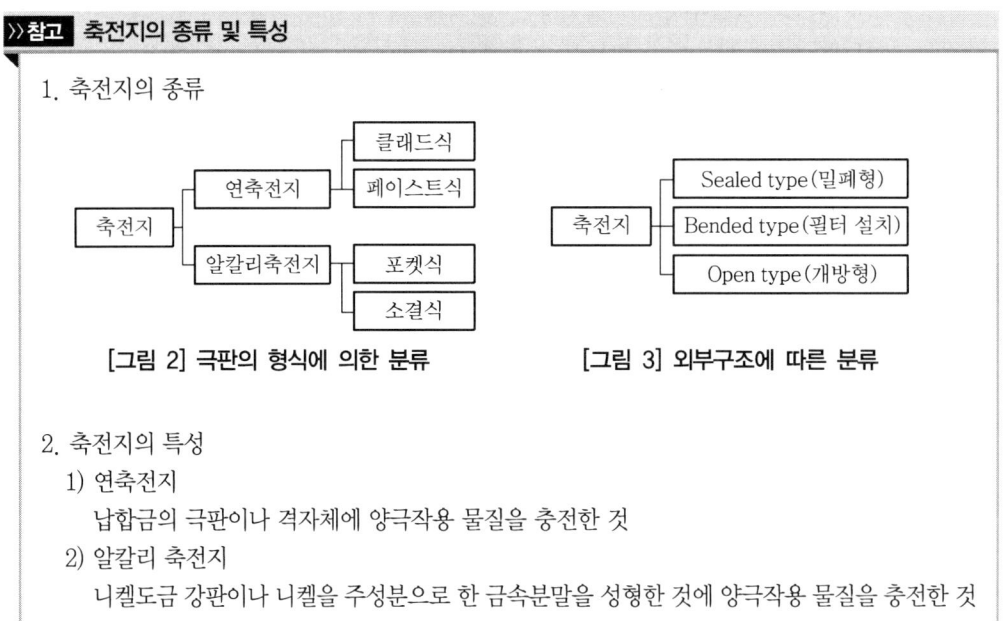

[그림 2] 극판의 형식에 의한 분류   [그림 3] 외부구조에 따른 분류

2. 축전지의 특성
  1) 연축전지
     납합금의 극판이나 격자체에 양극작용 물질을 충전한 것
  2) 알칼리 축전지
     니켈도금 강판이나 니켈을 주성분으로 한 금속분말을 성형한 것에 양극작용 물질을 충전한 것

3) 클래드식 연축전지
　① 납합금의 극판에 미세한 튜브를 삽입하고 그 속에 양극작용 물질을 넣은 것
　② 수명이 길고 값이 싸서 일반적으로 많이 사용한다.
　③ 전해액 비중의 측정으로 충·방전 상태를 쉽게 확인할 수 있다.
4) 페이스트식 연축전지
　① 납합금의 격자체에 양극작용 물질을 충전한 것
　② 클래드식에 비해 효율이 좋으며, 클래드식과 같이 충·방전 상태를 파악할 수 있다.
　③ 설치면적이 적으며 값이 싸고, 고율방전에 우수하다는 등의 장점이 있다.
5) 포켓식 알칼리 축전지
　① 니켈도금 강판에 구멍을 뚫어 포켓을 만들고 속에 양극작용 물질을 넣은 것
　② 기계적으로 견고하고 수명이 길고, 과방전에 잘 견딘다.
　③ 클래드식에 비해 중량효율이 좋은 점 등의 장점이 있다.
　④ 설치면적이 크고 충·방전 상태의 확인이 곤란하다는 단점이 있다.
6) 소결식 알칼리 축전지
　① 니켈을 주성분으로 한 금속 분말을 다공성으로 소결하여 가는 구멍 속에 양극물질을 채운 것
　② 고율방전 특성이 우수하고, 용적효율이 좋아서 설치면적이 작아도 된다.
　③ 방전상태의 파악이 곤란하고 가격이 고가라는 단점이 있다.

SECTION 03 무정전전원장치(UPS)

3.1 UPS의 원리 및 동작방식

UPS(Uninterruptible Power Supply)란 선로가 정전이 되거나 입력전원에서 발생되는 이상상태(전압변동, 주파수변동, 전압파형의 왜곡, Noise)로부터 기기를 보호하고 정상적인 전원을 방전시간 동안 정전 없이 연속적으로 공급해주는 정지형 전원장치이다.

■ 제조사 기술자료집, 건축전기설비설계기준, 신전기설비기술계산 핸드북

1. UPS의 구성

가. 정류기, 충전기부 : 한전의 교류전원이나 발전기 전원을 공급받아 직류전원으로 바꾸어 주는 동시에 축전지를 충전한다.

나. 인버터부 : 직류전원을 양질의 교류전원으로 바꾸어 주는 장치이다.

다. 동기절체 스위치부 : 과부하 및 이상 시 예비상용전원으로 절체시켜 주는 스위치부이다.

라. 축전지 : 정전시 인버터부에 직류전원을 공급하는 데 필요한 설비이다.

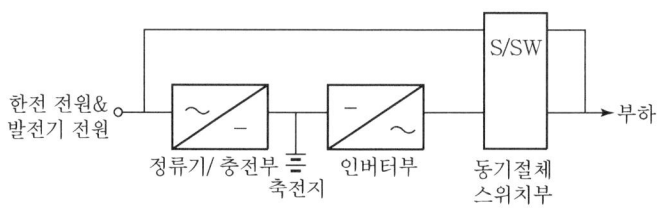

[그림 1] UPS의 기본 구성도

2. UPS의 사용목적

UPS는 OA나 FA에 사용되는 부하장비에 양질의 전원을 공급하여 전원교란 Noise로부터 인력 및 경제적 손실피해를 사전에 예방하고 피해규모를 최소화하는 데 있다.

가. 전원교란 Noise의 형태

1) 정전 : 수 사이클에서 수 시간 동안 지속한다. 시스템 동작 불능으로 막대한 손실이 발생한다.

2) Impulse : 매우 짧고 파형을 심각하게 왜곡시키는 높은 전위의 과도현상이 수 m[sec]에서 수 μm[sec]까지 지속한다. 부품의 성능저하 및 시스템의 Shut-down을 유발한다.

3) Over Voltage & Under Voltage : 안정된 상태에서 수 초 이상 지속적으로 정격 전압보다 수십 퍼센트 크거나 작은 전압이다. 예열을 유발하고 장비의 수명을 단축하거나 시스템 에러를 발생한다.

4) Sag & Swell(=Surge) : 수 사이클 이내의 시간동안 정격 전압보다 훨씬 낮거나 높은 전압변동을 말한다. 컴퓨터의 메모리 손실, 전송 중인 데이터 에러 등을 유발한다.

나. 각종 전원교란에 대한 전원장비의 보호관계

문제점 \ 교란 내용	정전	Impulse	주파수 변동	저전압 및 고전압	Sag 및 Swell	과도현상	Noise
CPU 전원기기의 동작불능	○	○	○	○	○	○	○
컴퓨터 오동작, 계산착오	○	○	○	○	○	○	○
프로그램 정지	○	○	–	○	○	○	○
작업데이터의 손실	○	○	–	○	○	○	○
CPU Power Supply 파손	–	○	○	○	○	–	–
CPU 소자의 소손	–	○	–	○	○	–	–
통신유도 장해	–	○	–	–	○	–	○
문제점 및 각종 교란에 의한 전원장비의 보호관계						절연 변압기	
				Line Conditioner, 전압 조정기			
			회전형 무정전전원장치				
		정지형 무정전전원장치					

3. UPS 동작방식

가. On-Line 방식(상시인버터급전방식)

정상적인 상용전원 인입 시 충전기와 인버터에 DC를 공급하여 항상 인버터로 동작하는 방식이다.

1) 장점

① 입력전원의 정전 시 무순단이므로 입력과 관계없이 안정적으로 전원을 공급한다.
② 입력전압의 변동에 관계없이 출력전압을 일정하게 공급한다.(AVR 기능)
③ 입력의 Surge, Noise 등을 차단하여 출력전원을 공급한다.
④ 회로구성에 따라 양질의 전원을 공급한다.
⑤ 단락, 과부하 등에 대한 보호회로가 내장되어 있다.
⑥ 출력전압을 일정범위(±10%) 내에서 조정할 수 있다.

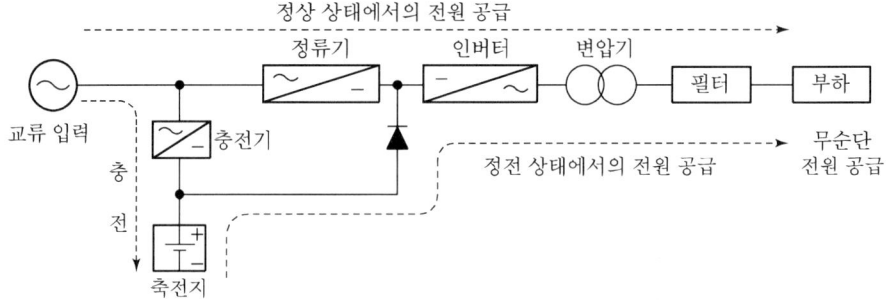

[그림 2] On-Line 방식

2) 단점

① 회로구성이 복잡하여 기술력이 요구된다.
② 효율이 Off-Line보다 낮다.
③ 외형 및 중량이 커진다.
④ 가격이 비싸다.

나. Off-Line 방식(상시상용급전방식)

정상적인 상용전원 인입 시에는 직접 상용전원을 부하에 공급하고 있다가 정전의 경우 인버터를 동작하여 부하에 공급하는 방식으로 소용량에 많이 사용한다.

1) 장점

① 입력전원 정상 시에는 효율이 높다.
② 회로구성이 간단하여 내구성이 높다.
③ On-Line에 비해 가격이 싸다.
④ 소형화가 가능하고 전자파 발생이 적다.

2) 단점

① 정전 시에는 순간적인 전원의 끊어짐이 발생한다.
② 입력의 변화에 따라 출력이 변화한다.(전압조정이 안 됨)
③ 입력전원과 동기가 되지 않아 정밀급 부하에 적합하지 않다.

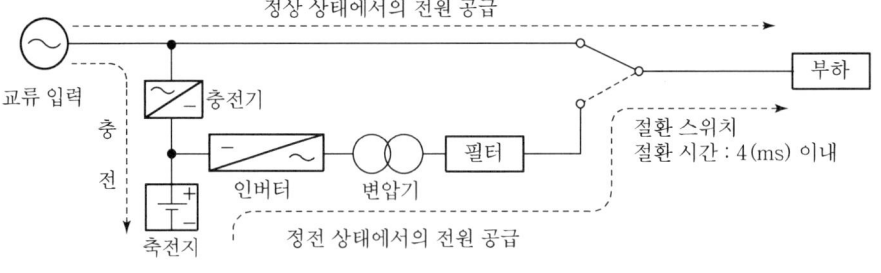

[그림 3] Off-Line 방식

다. Line Interactive 방식(병렬급전방식)

정상적인 상용전원 인입 시에는 인버터 모듈 내의 IGBT Free Wheeling Diode를 통한 Full Bridge 정류방식으로 충전기 기능을 하고 정전 시에는 인버터로 동작 출력전원을 공급하는 Off-Line 방식이다.

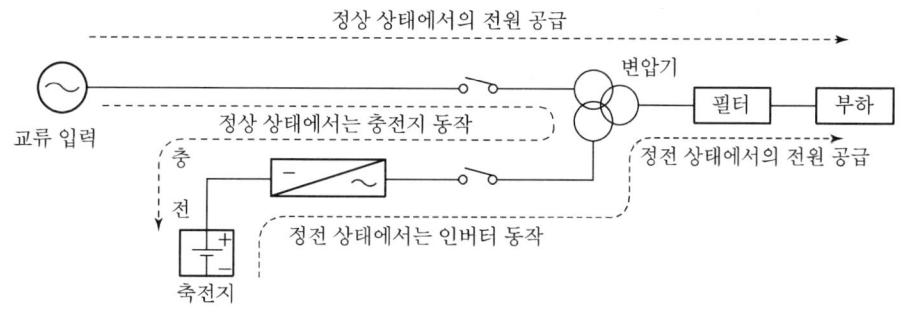

[그림 4] Line Interactive 방식

라. UPS 동작방식의 비교

구분	On-Line 방식	Off-Line 방식	Line Interactive 방식
효율	70~90% 이하	90% 이상	90% 이상
내구성	• Off-Line 방식보다 낮다. • 상시 인버터 구동함	• 높다. • 정상 시 인버터 구동하지 않음	• 중간 • 구동소자 Free Wheeling Diode로 충전
절체 Time	-	10ms	10ms
주파수 변동	변동 없음 (±0.5% 이내)	입력변동에 따라 변동됨	입력에 따라 변동됨
출력 전압 변동	입력에 관계없이 정전압 공급	입력변동과 같이 변동됨	5~10% 정도 자동전압 조정
입력 전압 이상 시	완전 차단함	차단하지 못함	부분적으로 차단함
소음	45~65dB	40dB 이하	40dB 이하

3.2 UPS의 용량 산정 및 병렬운전

■ 건축전기설비설계기준, 신전기설비기술계산 핸드북, 정기간행물, 제조사 기술자료집

1. UPS 정격용량 산정

UPS의 용량 산정은 실 부하용량 이상으로 기동돌입전류, 허용전압 변동, 차후 용량 증설을 고려하여야 한다.

가. UPS 용량 산정 시 고려사항

1) 부하용량을 충분히 만족할 것
   ① 부하 수용률을 고려한다.
      예) 100kVA 이상의 부하 : 80~100%, 100kVA 이하의 부하 및 통신부하 : 100%
   ② 고조파 부하를 고려한다.
      예) 3상 부하 : 1.2~1.4배 여유율 산정, 단상 부하 : 1.3~2배 여유율 산정
   ③ 부하 불평형률이 20% 이하가 되도록 한다.
2) 부하 기동 시 무정전전원장치 출력 한계값을 초과하지 않을 것
3) 순차 기동할 경우 나중에 투입된 부하가 과부하 내량 허용값 이내일 것
4) 과도전압변동은 부하 급변량이 정격 용량의 50% 이내일 것
5) 향후 부하용량의 증가분을 고려하여 제작사의 표준용량으로 선정할 것

나. UPS 축전지의 선정과 용량 계산

1) UPS 축전지 선정 시 고려사항
   ① 축전지 요구사항 : 높은 신뢰성, 고출력 밀도, 경제성, 고에너지 밀도, 긴 수명
   ② 축전지 용량 산정 : 방전전류, 방전지속시간, 허용최저 축전지전압, 축전지 온도, 보수율 등에 의해 결정된다.
   ③ 축전지는 화학반응을 이용한 제품으로 온도영향이 대단히 크다.
      예) 연축전지는 1℃에 약 1%의 용량변화를 한다.

2) UPS 축전지 용량 계산

   ① 방전전류의 계산 $I = \dfrac{P_0 \times 10^3 \times Pf}{ef \times ns \times inv \times cov}$ [A]

   여기서, P_0 : UPS 출력[kVA], Pf : 부하 역률
   ef : 방전종지전압[V/셀], ns : 축전지 직렬 개수
   inv : 인버터 효율, cov : 컨버터 효율

② 축전지용량 $C = \dfrac{1}{L}KI$ [AH](단, 25℃에서의 정격 방전율 환산용량)

③ Back-Up Time의 선정 : 방전전류 값에 의한 제조사 정격에 의하여 선정한다.

다. UPS 용량 산정

1) 정상부하에 의한 산정 : $P_1 \geq K_1 \sum P_{N1}$

   여기서, P_{N1} : 1단계 투입 시 부하정상전력[kVA]

   K_1 : 여유율(1.0~1.3)은 수용률과 고조파를 고려한다.

2) 부하기동용량에 의한 산정 : $P_2 \geq K_1 \sum P_{N1} + P_{PN}$

   여기서, P_{PN} : 최후로 투입하는 돌입부하전력(P_{PN}/δ)

   δ : 과부하 내량계수(1.2~1.5)

3) 부하기동 시 전압변동에 의한 산정 : $P_3 \geq \dfrac{P_{P1}}{L}$

   여기서, P_{P1} : 1단계 투입 시 부하종합전력

   L : 전압변동 10% 이내 부하급변 허용계수(0.2~0.5)

4) 위 용량 산정값에서 최대 UPS 용량값을 선정한다.

라. 주변기기와의 관계

1) 무정전전원장치와 비상발전기

   ① UPS 입력 측에 설치된 정류기에서 발생하는 고조파가 전원 측으로 흘러나와 문제가 된다.

   ② 영향 : 발전계통에서 헌팅현상이 발생하고 발전기가 국부적으로 열을 발생한다.

   ③ 대책 : 자가발전용량은 UPS 장치의 2.5~3배 이상을 선정하거나 또는 UPS 부하가 발전기 전체 부하의 50% 이하를 유지하여야 한다.

2) 무정전전원장치와 진상콘덴서

   ① 전원부가 진상콘덴서와 병렬공진 상태가 되면 고조파가 확대되어 문제가 된다.

   ② 대책 : 공진주파수가 4% 이하가 되도록 6%의 직렬 리액터를 설치한다.

3) 무정전전원장치와 변압기, 간선차단기

   ① 간선 및 변압기 용량=기본파 전류+고조파 전류+예상증가 부하

   ② UPS는 컨버터와 인버터 등으로 이루어져 고조파를 발생시키므로 간선의 굵기, 변압기의 용량 산정 및 차단기의 동작특성을 결정할 때 제작사와 함께 결정한다.

2. UPS시스템의 병렬운전

시스템 방식		시스템 구성	적용례
UPS	바이패스		
단일 시스템	무	교류입력 — UPS — 교류출력	• 주파수 변환을 요하는 부하 • 바이패스를 적용하지 못하는 부하
	절단 전환	UPS (절단전환)	터널조명 등 바이패스 전환 시의 절단시간(0.05~0.1s 정도)이 허용되는 부하
	무순단 전환	UPS (무순단전환)	모든 컴퓨터 부하
병렬운전 시스템	무	No.1 UPS ~ No.n UPS (X_n 대)	주파수 변환을 요하는 온라인 시스템 등 대용량으로 고신뢰성이 요구되는 부하
	절단 전환	No.1 UPS ~ No.n UPS (X_n 대) (절단전환)	각종 온라인 시스템 등의 모든 중요 부하
	무순단 전환	No.1 UPS ~ No.n UPS (X_n 대) (무순단전환)	금융기관 온라인 시스템 등 가장 높은 신뢰성이 요구되는 부하

가. 운전방식의 종류

1) 단일시스템 : 상시운전방식, 비상시 운전방식
2) 병렬시스템 : 대기운전방식, 동기운전방식

나. 병렬운전시스템 선정 시 고려사항

1) 출력용량의 여유가 있어야 한다. 출력용량에 여유가 없을 경우 단락사고에 이른다.
2) 출력전압의 크기가 같아야 한다. 다를 경우 UPS 간의 순환전류가 흘러 무효전력이 증가한다.
3) UPS 출력임피던스의 크기가 같아야 한다. 다를 경우 부하전류 크기에 따라 출력전압의 차이가 발생하여 순환전류가 흐른다.
4) UPS 출력임피던스의 저항과 인덕턴스의 비가 같아야 한다. 저항과 인덕턴스의 비가 같지 않으면 위상차로 순환전류가 흐른다.

5) UPS 출력임피던스는 저항보다 인덕턴스가 훨씬 크다. 따라서 병렬운전을 위해서는 적절한 부하분담이 이루어져야 한다.
6) 출력전압을 동기화시켜야 한다. 동기화되지 않을 경우 단락사고에까지 이른다.
7) 출력파형이 정현파이어야 한다. 출력파형에 고조파가 포함될 경우 고조파 순환전류로 과부하된다.
8) UPS 정격(전압, 전압조정범위, 역률, 전압 변동률, 왜곡률, 전압불평형률 등)이 같아야 한다.

> **참고** UPS, CVCF, VVVF의 비교

- 무정전전원장치(UPS ; Uninterruptible Power Supply)란 CVCF장치에 축전지를 결합한 장치로 CVCF장치의 기능에 교류입력 정전 시에도 전력을 공급할 수 있는 기능을 가진 장치를 말한다.
- 정전압 정주파 전원장치(CVCF ; Constant Voltage Constant Frequency)란 전압 및 주파수를 일정하게 유지하는 장치로 주파수변환장치(FC ; Frequency Changer)도 포함한다.
- 가변전압 가변주파수(VVVF ; Variable Voltage Variable Frequency)란 유도전동기를 임의의 속도로 운전하기위해 주파수를 가변시킬 수 있도록 한 전원장치(전력변환기)로 정지형 UPS의 특성, 신뢰성 등을 결정하는 가장 중요한 부분이다.

1. UPS(Uninterruptible Power Supply)
  1) 구성 : [그림 1]과 같이 UPS의 기본적인 구성을 크게 구분한다면 교류 입력부, 정류부, 충전부 및 축전지, 인버터부(역변환), 출력부로 구분할 수 있다.

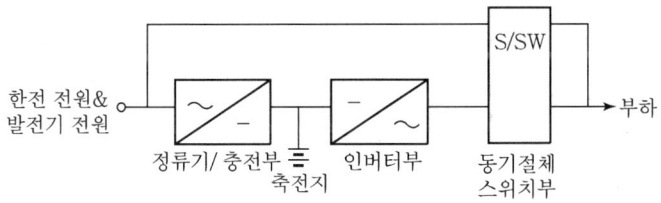

[그림 1] UPS의 기본 구성도

  2) 동작원리 : UPS는 상용전원의 정전, 순간정전, 전압변동, 주파수변동, 전압파형 일그러짐 등에 의한 컴퓨터 및 응용기기의 오동작이나 정지사고를 방지하기 위하여 사용되는 전원장치이다. 즉, 상용전원에서 위와 같은 사항들을 모두 흡수하여 출력 측에는 안정된 교류출력 전압과 전류 및 주파수를 공급하게 된다.
  3) UPS 종류
    ① 회전형 UPS : 전동기와 교류발전기의 결합에 의한 방식으로 교류입력 급변 시의 주파수 변화를 줄이기 위해 플라이휠을 설치한다. 이 방식의 결점은 입력전압 또는 부하용량의 변화에 따라 출력주파수가 변화하는 것이다.
    ② 정지형 UPS : 현재 전자계산기용 전원설비로 가장 많이 사용한다.
  4) UPS 운전방식(☞ 참고 : 무정전전원장치)

2. CVCF(Constant Voltage Constant Frequency)
1) 구성 : 컨버터부, 인버터부, 제어부
2) 동작원리 : 무정전전원공급장치와 같다. 일반전원 또는 예비전원 등을 사용할 때 전압변동, 주파수변동, 순간정전, 과도전압 등으로 인한 전원이상을 방지하고 항상 안정된 전원을 공급하여 주는 장치이다. 컴퓨터의 보급 확대와 더불어 수요가 급증하고 있다.
3) CVCF의 분류 : 회전형, 정지형

3. VVVF(Variable Voltage Variable Frequency)
1) 구성 : 컨버터부, 인버터부, 제어부
2) 동작원리 : $N = \dfrac{120f}{P} \times (1-s)$

즉, P(극수)와 S(슬립)가 일정한 경우 f(주파수)를 가변시켜 임의회전속도 N을 얻을 수 있는 원리를 응용하여 주파수를 변화시켜 모터를 가변속하는 것이다.

3) 인버터의 분류
   ① 주회로방식에 의한 분류 : 전압형 인버터, 전류형 인버터
   ② 출력제어수단에 의한(스위칭 방식) : PAM 제어, PWM 제어
   ③ 제어방식에 의한 분류 : V/F 제어, 슬립주파수 제어, 벡터 제어
4) 인버터 회로방식(정지형 UPS)
   ① 쵸파 인버터 방식 : 전압제어를 쵸파로 해서 제어의 단순화를 도모한 것으로 다중인버터방식과 비교해 부품수는 반감된다. 쵸파를 사용하므로 응답속도, 효율이 떨어지는 것이 결점이다. [그림 2]는 이 방식의 회로도, 출력전압파형의 한 예이다.

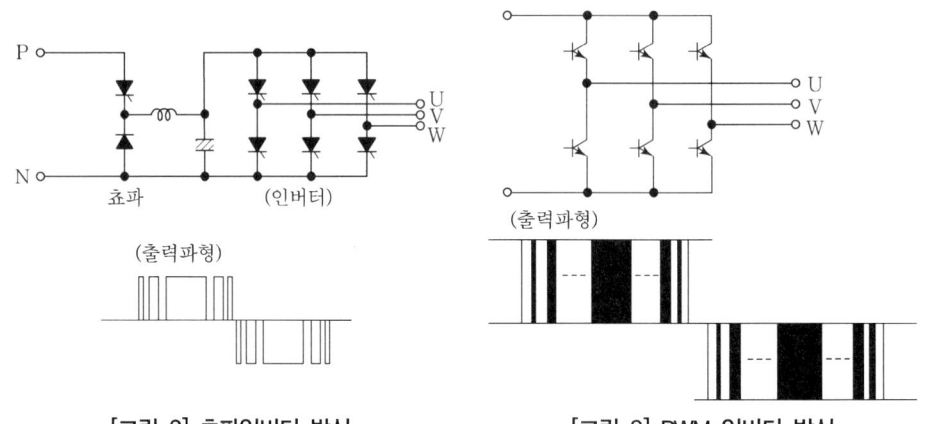

[그림 2] 쵸파인버터 방식   [그림 3] PWM 인버터 방식

   ② PWM(Pulse Width Modulation) 방식 : 쵸파인버터 방식의 결점을 개량하기 위해 개발된 가장 간단한 방식이다. 제어부품의 진보 또는 주회로소자로 파워트랜지스터, GTO, FET 등을 사용해 가장 많이 사용되는 방식이다.

4. UPS, CVCF, VVVF의 비교

구분	UPS	CVCF	VVVF
회로도	입력─정류기─인버터─출력, 축전지	입력─정류기─인버터─출력─부하, 제어	입력─정류기─인버터─출력─모터, 제어
주회로 방식	전압형 인버터	전압형 인버터	전류 및 전압형 인버터
스위칭 방식	PWM 제어	PWM 제어	PWM 제어
특징	• 상용입력전원이 정전 또는 순시전압강하가 일어나도 부하에는 연속적으로 전력공급이 가능하다. • 안정적인 출력전원을 공급받을 수 있다.	• 출력전원이 정전압 정주파수의 안정적인 전력으로 정지형의 경우 효율이 높고 주파수 정밀도가 높으며 응답속도가 빠르다. • 회전형은 서지내량(과부하 내량)이 크며 입력전원의 순시정전에 강하다.	• 범용 전동기를 연속적으로 변속할 수 있고 최적의 속도를 선택할 수 있다. • 기동전류가 적기 때문에 전원설비용량이 적어도 된다. • 최고속도가 전원 주파수에 좌우되지 않는다. • 전동기의 고속화, 소형화할 수 있다.
주요 부하	방송통신설비, 플랜트계장장비, 주요 전산장비	전력공급의 연속성은 없으나 부하전력의 질만 요구함	전동기

3.3 UPS의 보호회로

전력계통이 자연재해에 의해 지락이나 단락사고 등이 발생하면 보호계전기가 사고를 검출하고, 차단기가 동작 사고 개소를 분리하는 동안 순시전압강하가 생기는 일이 있다. 순시전압강하에서 중요부하를 지키기 위해 UPS가 사용된다.

■ 전력사용시설물 설비 및 설계, 전력사용시설물 설비 및 설계, 정기간행물, 제조사 기술자료집

1. 단락보호

과전류 발생과 동시에 무순단용 바이패스 측에서 공급을 절환하여 고장회로를 분리한다.

가. 바이패스에 의한 단락보호

1) UPS는 일반적으로 정격 출력전류의 150% 정도로 과전류를 검출해 정지한다. 따라서 과전류 발생과 동시에 무순단 상용바이패스 측에서부터 공급회로를 전환하여 고장을 분리한다.

2) 유의사항

① 고장전류에 의한 부하 측의 전압저하로 부하설비의 최저허용전압 범위를 넘어버리는 경우가 있다.

② 정전 등에 의해 바이패스 전원이 건전하지 않을 때는 활용되지 않는다.

③ 주파수 변환의 UPS에는 채택할 수 없다.

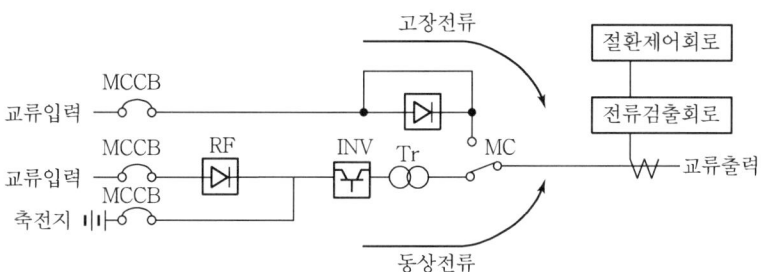

[그림 1] 바이패스를 이용한 보호방식 구성

나. 단락사고 보호용 기기

1) 배선용 차단기

① MCCB 차단기는 기계적 요소가 크기 때문에 차단까지 시간은 10ms 이상 걸린다.

② 고장전류가 회로에 흐르기 때문에 부하단의 전압강하율이 커질 가능성이 있다.

③ 사고발생 시의 MCCB 차단시간과 부하단 전압강하율의 정도를 검토한다.

2) 속단퓨즈

① 2차 측에서 단락사고가 발생하였을 때 차단시간이 짧아 한류차단기능을 사용한다.

② 비반복전류인 경우 정격의 70% 정도, 반복전류의 경우 정격의 60% 정도에서 초과하는 경우 피로현상에 의해서 용단한다.(반도체보호용 속단퓨즈 사용)

③ 자연열화에 의한 용단 가능성이 있으므로 일정 기간 사용 후 교환할 필요가 있다.

3) 반도체 차단기

① 차단시간은 $100\mu s$로부터 $150\mu s$ 정도까지이다.

② 다른 부하에 영향을 미치지 않고 고장전류를 차단할 수 있는 기능성이 대단히 좋다.

③ MCCB나 속단퓨즈에 비해 치수가 크고 고가이다.

[표 1] 보호기기의 특성 비교

구분	MCCB	속단퓨즈	반도체 차단기
회로구성			

구분	MCCB	속단퓨즈	반도체 차단기
동작시간	3s~30s	20ms~600ms	100~150µs
• 4배 전류 시 • 10배 전류한류효과	• 10ms~4s • 없음	• 2ms~4ms • 있음	• 100~150µs • 없음
적용 한계	단시간 영역에서는 협조가 안 됨(10~20ms 이하 영역)	수 ms 이하의 영역에서 협조가 안 된다.	과부하 내량을 예상하고 협조가 쉽다.
전류 특성	반시한 특성	반시한 특성	일정 특성
콘덴서 인풋 부하대책	문제 없음	돌입전류를 예상한다.	돌입전류를 예상한다.
바이패스 회로	불필요	불필요	있는 쪽이 좋다.
수명	트립 횟수에 제한 있음	자연열화하므로 5년마다 교환한다.	콘덴서는 10년 주기 교환, 정기적 점검
치수	소	중	대
가격	소	중	대

2. 지락보호

가. 보호방식

1) UPS의 2차 측은 비접지방식이 많으며 이러한 비접지회로는 1선 지락이 발생해도 지락 전류가 작고 UPS는 이상 없이 운전한다.
2) 보호방식 선정 시 확실성, 사용회로의 최대량, 경제성 등을 고려하여 방식을 결정한다.

나. 지락사고의 보호기기(☞ 참고 : 누전차단기에 대하여)

누전차단기에 의한 보호는 회로차단이 될 부하기기에 전기 공급이 정지되므로 중요부하의 경우에는 회로차단 대신에 경보로 표시하는 경우가 많다.

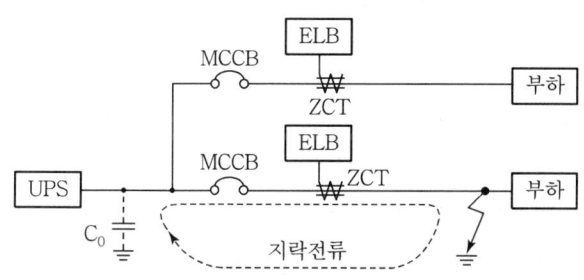

[그림 2] 누전보호계전기를 사용한 회로

3. 발전기에 UPS 부하 적용 시 유의점

가. 발전기 출력전압의 불안정 현상

1) 원인 : 발전기와 UPS를 조합함으로써 회로조건에서 생기는 전기계의 자려진동[91]현상 때문에 발전기의 출력전압이 불안정하여진다.
2) 대책 : 발전기 댐퍼권선의 저항이 작을수록 UPS 직류회로의 커패시턴스 값을 작게 하면 안정된다.

나. 발전기 자동전압제어장치(AVR)와 UPS 응답속도

1) 원인 : 최근 UPS 교류입력 정류회로는 사이리스터를 사용한 위상제어로 바뀌어가고 있다. 때문에 발전기의 AVR과 UPS의 제어장치 간의 제어응답상태에 따라서 전압의 불안정현상이 발생한다.
2) 영향 : 발전기 자동전압제어장치(AVR)는 단자전압을 검출하여 전압을 제어한다. 이때 고조파 전류에 의해 전압파형이 일그러지면 오차가 커지기 때문에 전압의 불안정현상이 발생한다.
3) 대책 : 발전기 AVR의 응답속도와 UPS의 응답속도를 엇갈리게 하는 방법이 효과적이다. 실횻값 검출형 AVR을 사용한다.

다. UPS 운전모드

1) 원인 : UPS가 운전될 때에 발전설비의 주파수와 UPS의 기준주파수 차이로 전압의 충돌 현상이 발생한다.
   ※ UPS는 상용전원을 입력으로 하는 경우에는 전원동기모드로 운전되고 비상용 발전설비의 전원을 입력으로 하는 경우 수정발전모드로 운전된다.
2) 대책 : UPS요구 주파수 정밀도 내에 들어가도록(구동기의 거버너 정밀도를 올려) UPS를 전원동기모드로 운전한다.

라. 전압파형의 일그러짐

1) 원인 : 발전기에 UPS 고조파 전류가 흐르면 전압파형이 일그러진다.
2) 영향 : 형광등 안정기, 콘덴서의 이상 과열, 계기 및 계전기의 오동작을 유발한다.
3) 대책 : 일반적으로 왜형률을 10% 이내로 유지하는 저리액턴스의 발전기를 사용하거나 액티브 필터 등에 의한 고조파 전류 저감대책을 마련해야 한다.

---

[91] 자려진동현상이란 발전기, 변압기 및 UPS 직류회로 리액터의 리액턴스와 UPS 직류회로의 커패시턴스에 의해서 정해지는 고유진동수에 대하여 계통저항이 (−)로 되기 때문에 발생하는 현상이다.

전압파형 왜형률 $V_d = X \cdot \sqrt{\sum (n \cdot I_n)^2}$

여기서, X : 고조파 리액턴스[pu], n : 고조파 차수, I_n : n차 고조파 전류

마. 발전기 역상전류의 내량 강화

1) 발전설비 용량의 결정에 발전기 역상전류 내량을 고려한다. 이에 대한 대책으로 고조파 전류의 저감대책(다상 정류회로, 엑티브 필터 등)의 채택과 역상전류 내량이 큰 발전기가 개발되고 있다.
2) 발전기의 역상전류 내량 향상을 위한 댐퍼권선의 강화는 발전기 병렬운전 시 난조방지 및 고조파 전류에 의한 전압파형 일그러짐의 억제 등을 위하여 댐퍼권선(제동권선)이 설치되고 있다.

3.4 UPS의 설계 및 설치 조건

■ 전력사용시설물 설비 및 설계, 전기설비기술기준, 정기간행물, 제조사 기술자료집

1. UPS의 설계 시 유의사항

가. 일반적인 고려사항

1) 부하용량을 충분히 만족할 수 있도록 UPS의 용량을 적정하게 선정한다.
2) 단독운전 혹은 병렬운전 등 UPS의 운용방법을 선정한다.
3) UPS 설치로 인한 선로, 변압기, 차단기 등의 고조파 대책을 수립한다.
4) 기동부하 시 UPS의 출력 한계치를 초과하지 않아야 한다.
5) 순차 투입 시 나중에 투입하는 부하의 기동전류에 의한 출력전압 변동이 먼저 투입한 부하의 허용값을 넘지 않아야 한다.
6) 장래 무정전 부하 증가를 고려한 용량을 선정하여야 한다.

나. 상용입력전원

1) UPS 입력전원과 바이패스 측 입력은 다른 계통으로 배전한다.
2) 바이패스 전원은 동력부하와 분리하여 되도록 양질의 전원으로 공급한다.
3) 병렬공급방식의 각 UPS 입력은 고압 측에서 분리한다.

다. 고조파의 영향

1) 고조파는 심한 경우 컴퓨터 자료의 소멸, 오동작 등 시스템을 정지시킨다.
2) 자가발전기로 전원을 공급하는 경우 발전기 계통에 헌팅현상이 발생하여 발전기에 국부적으로 온도가 상승하고 열이 발생한다.

라. 설치장소 및 환경

1) UPS실

① UPS실의 주위 온도는 40℃ 이하로 되어 있으나 30℃ 이하를 유지하는 것이 바람직 하며 발열에 대해서 충분히 환기하여야 한다.

② 액세스플로어 배선방식으로 유연성, 바닥방진, 항온대책 등 실내환경을 고려한다.

2) 축전지실

가대 설치의 경우 축전지실이 필요하나 큐비클에 내장하는 경우 축전지실이 불필요하다.

3) 출력 측 배선

① UPS 출력 측 배선전압은 100V 또는 200V 급으로 배선 시 전압강하를 고려한다.

② 주파수가 클 경우 정격 주파수에 비해 전압강하가 심하므로 동축케이블 등으로 배선 하여 전압강하를 감소시킨다.

2. UPS 설치 시 고려사항

가. UPS 설비의 배치

1) 부하중요도와 시스템의 운용형태를 고려한다.
2) 증설, 개수 등의 장래계획을 고려하여 배치한다.
3) 유지 보수성이 간편하여야 한다.
4) 공조, 환기실의 신뢰성이 있어야 한다.
5) 반입경로 및 설치공사 방법 등을 고려한다.
6) 배선방법 경로 및 보유거리를 감안한다.

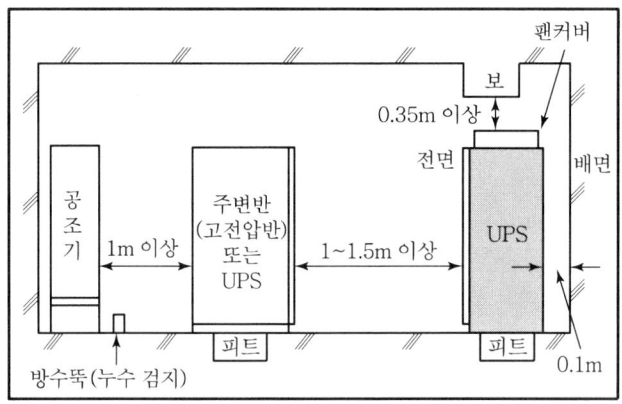

[그림 1] UPS의 보유거리

나. UPS의 설치환경

1) 설치장소

   ① 일반적으로 옥내설치가 표준이다.
      ㉠ 옥내설치의 경우 UPS 내부의 결로, 흡습 등이 장치의 신뢰성 저하의 원인이다.
      ㉡ 옥외설치의 경우 옥내설치 문제점을 개선하는 특수시방으로 시공해야 한다.
   ② UPS장치의 성격상 화재 등 이상 발생에 대하여 영향이 적은 장소를 선정한다.
   ③ 부하에 가까운 장소에 설치하는 것이 바람직하다.
   ④ 바닥은 타일 또는 방진도장 등을 하여 먼지가 UPS 내부에 들어가지 않도록 한다.
   ⑤ 축전지는 불연 전용실에 설치하도록 소방법 등에 규정되어 있지만 구조 기준에 적합한 큐비클의 경우에는 UPS 장소와 같은 장소에 설치하는 것도 가능하다.
   ⑥ 축전지 설치에는 큐비클 수납방식, 가대설치 등이 있으나 가대설치방식은 주로 큰 용량의 축전지인 경우에 적용한다.

2) 보유거리

   ① UPS장치는 전면보수를 표준으로 하고 있다.
      예 전면 측 거리 : 1~1.5m, 배면 측 거리 : 0.5~1m
   ② 장소별 보유거리의 확보

설치장소	보유거리의 확보		보유거리
축전지실	축전지	열 상호 간	0.6m 이상(단, 가대 등을 설치함에 있어 그것들의 높이가 1.6m를 넘는 경우 1.0m 이상)
		점검면	0.6m 이상
		기타면	0.1m 이상(단, 전조 상호 간은 제외한다.)
UPS실	큐비클식	조작면	1.0m 이상
		점검면	0.6m 이상 단, 다른 큐비클식 이외의 자가발전장치,
		환기구면	0.2m 이상 발전설비 등과 1.0m 이상

3) 실온 및 환기

   ① UPS장치도 다른 전기기기와 같이 동작 실온은 0~40℃가 일반적이나 신뢰성이 중요하기 때문에 수명을 고려하면 연간 25℃의 실온을 유지하는 것이 바람직하다. 따라서 UPS장치의 신뢰성을 향상시키기 위하여 공조설비의 신뢰성도 관계되며 공조설비의 용량은 장치의 발열량에 따라 결정할 필요가 있다.
   ② UPS장치 중에서 축전지는 수소를 발생하기 때문에 축전지 설치장소는 수소를 위험농도 이하로 하여야 한다. 따라서 적당한 면적의 환기구를 설치하든가 공조할 필요가 있다.

4) 관련규격

   UPS장치는 일반적으로 한국전기설비규정(KEC), 소방법 등의 규격에 기준을 정하고 있다.

3.5 Dynamic UPS System

고도의 정보화로 진행되는 시점에서 각종 전기적 장해가 없어야 하며 이러한 장해를 보호하기 위하여 주로 사용되는 것이 UPS이다. D-UPS는 고조파의 발생이 없고 단락전류 보호특성이 우수하여 공항, 반도체공장, IDC 센터 등 높은 신뢰성이 요구되는 곳에 적용된다.

■ 제조사 기술자료집, 전력사용시설물 설비 및 설계, 전기설비기술기준, 정기간행물

1. D-UPS 구성

가. 정류부

AC를 DC로 변환하는 장치이다.

나. 인버터부

DC를 AC로 변환하며 단자 Motor/Generator부의 보조전원 역할을 한다.

다. Static 스위치부

Thyristor 스위치와 Magnetic Contactor로 구성되어 있으며 최소 운전조건만 만족하면 시스템은 부하에 순단 없이 양질의 전원을 공급할 수 있다.

라. Motor/Generator부

1) 부하에 양질의 AC 출력전원을 공급하기 위한 장치이다.
2) Motor/Generator부는 일체형으로 고정자(Stator)와 회전자(Rotor)를 공유하고 있다.
3) 두 권선은 공유된 Rotor에 의해 여자되고 Stator에 분리된 Motor 권선과 Generator 권선의 형태로 결합되어 주전원과 부하 측을 전기적으로 완전히 분리시킨다.

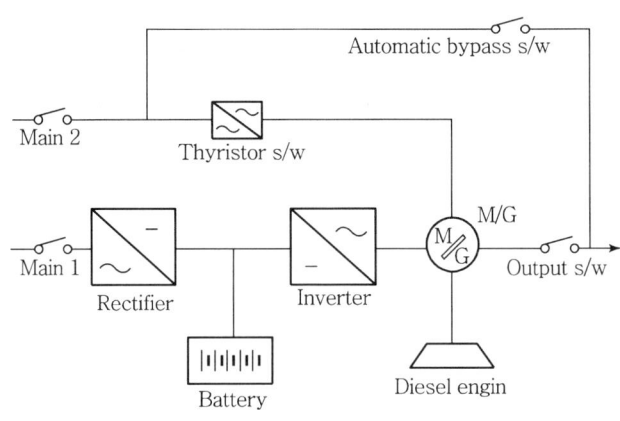

[그림 1] D-UPS 구성도

2. 동작원리

가. 정상운전

1) 상용전원을 공급받아 인덕션 커플링을 거쳐 전력변환 없이 직접부하에 전력을 공급한다.
2) 인덕션 커플링의 내부회전자는 외부회전자 교류권선에 의해 여자되어 3,600rpm으로 회전하며, 외부회전자는 1,800rpm으로 회전하여 내부회전자 절대속도는 5,400rpm이 된다.
3) 이때 동기기는 동기전동기인 인덕션 커플링의 외부회전자에 의해 1,800rpm으로 회전하고, 프리-휠 클러치는 디젤엔진과 인덕션 커플링을 완전히 분리되어 있다.

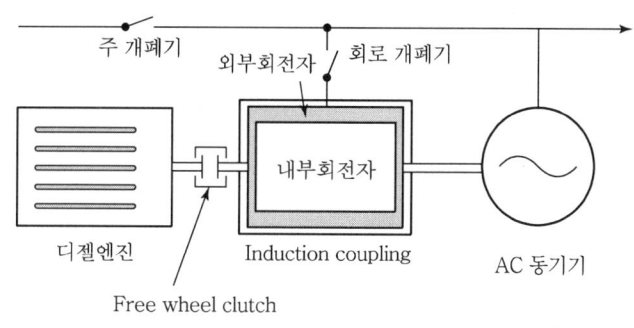

[그림 2] D-UPS 운전원리(인덕션 커플링)

나. 비상운전으로 전환

1) 주개폐기와 인덕션 커플링의 회로 개폐기는 상용전원이 정전될 때 차단된다. 동시에 디젤엔진이 기동되며 인덕션 커플링의 외부회전자에 의해 회전 중인 동기전동기는 발전기로 동작하여 무순단으로 양질의 교류전력을 공급한다.
2) 인덕션 커플링의 내부회전자의 회전이 5,400rpm에서 1,800rpm으로 서서히 감속되는 과정에서 디젤엔진의 기동이 완료된다.

다. 비상운전

디젤엔진의 속도가 회전 중인 인덕션 커플링의 외부회전자 속도와 동기되었을 때 자동으로 프리-휠 클러치가 맞물리게 되며 이때부터 회로의 전력은 디젤엔진의 동력으로부터 공급받게 된다.

3. Dynamic UPS의 종류

Dynamic UPS 시스템은 주회로 구성방법에 따라 동작형태가 달라진다.

가. Series On-Line 방식

1) Motor/Generator의 주공급원은 Static UPS이며 정전 시 축전지를 예비전원으로 사용한다.
2) 부하 공급전원은 Generator 출력에서 공급하며 시스템 이상 시 By-Pass부로 자동절체 된다.

나. Internal Redundant, Series On-Line 방식(Internal Redundant : 내부 초정압)

1) Motor/Generator의 주공급전원은 상용전원이며 Static UPS시스템을 예비전원으로 사용한다.
2) Automatic By-Pass부를 포함하고 있어 시스템 이상 시 자동적으로 절체된다.

다. Internal Redundant, Parallel On-Line 방식

1) Internal Redundant, Series On-Line 방식과 유사하지만 부하전원은 Thyristor 스위치에 의해서 공급한다.
2) Motor/Generator는 필터기능을 함으로써 상용 입력전원에서 유입되는 고조파 성분과 Surge 등을 흡수하여 부하 측에 양질의 전원을 공급한다.

라. Internal Redundant with Diesel Engine, Series On-Line 방식

1) 정전 시 디젤 엔진이 동작하여 부하에 일정한 전원을 공급한다. 그러나 디젤 엔진이 가동 전까지 Static UPS시스템에서 Motor/Generator에 순단 없는 양질의 전원을 공급한다.
2) 상용전원 5초 이내의 짧은 정전시간은 축전지에서 인버터 측에 전원공급하고 5초 이상 정전은 디젤 엔진이 10~15초 이내에 즉시 투입한다.

4. D-UPS의 장점

가. 무축전지 정전보상방식이다.
나. 정전 시 정전시간과 무관(연속 사용)하다.
다. 특수부하 조건에 최적이다.
라. 대용량 병렬운전방식(최대 5MVA)이다.
마. 연간 장비유지비용이 저렴하다.(효율 96% 이상)
바. Back-up용 발전기가 불필요하다.
사. 항온항습기가 불필요하다.

아. 설치면적이 절약된다.
자. 원격제어가 가능하다.
차. 입력 고역률(0.98 이상)이다.
카. 입력 역류고조파는 5% 이하 극소량이다.
타. 출력전압 안정도는 ±1%이다.
파. 높은 단락전류 용량을 가진다.(정격전류의 10배)

5. Dynamic UPS와 Static UPS의 특성비교

구분	정지형 UPS	다이나믹 UPS(＝회전형)
구성	회전기기를 포함하지 않으며 보조전원으로 축전지를 사용한다.	회전기기를 포함하고 있다.
설치공간	D-UPS에 비하여 공간을 작게 차지한다.	비교적 큰 설치공간이 필요하다.
출력전압 파형	고조파를 AC필터에 의해 필터링한 파형 형태이다.	완전한 정현파 형태이다.
설비용량	출력이 인버터와 축전지 용량에 따라 제한받아서 대용량은 곤란하다.	발전기 용량을 이용하여 얼마든지 대용량이 가능하다.
발전기	축전지 용량으로 장시간 운전이 어려워 Back-up용 발전기가 필요하다.	Back-up용 발전기가 필요하지 않다.
고조파	인버터회로에서 고조파를 발생한다.	회로가 분리되어 고조파가 발생하지 않는다.
유지보수	정지기로 유지보수가 용이하다.	유지보수가 어려운 편이다.

SECTION 04 분산형전원설비

4.1 신·재생에너지의 분류

신·재생에너지란 기존의 화석연료를 변환시켜 이용하거나 수소·산소 등의 화학반응을 통하여 전기 또는 열을 이용하는 신에너지와 햇빛·물·지열·강수·생물유기체 등을 포함하여 재생 가능한 에너지를 변환시켜 이용하는 재생에너지를 말한다.

- 신에너지 및 재생에너지 개발·이용·보급 촉진법, 건축물의 에너지절약 설계기준, 한국전기설비규정(KEC)

1. 신·재생에너지의 종류

신에너지 3개 분야와 재생에너지 8개 분야 등 모두 11개 분야에 지정되어 있다.

가. 신에너지

연료전지, 수소에너지, 석탄을 액화·가스화한 에너지 및 중질잔사유를 가스화한 에너지 등 3개 분야

나. 재생에너지

태양에너지(태양열 & 태양광), 풍력, 수력, 해양에너지, 바이오에너지, 폐기물에너지, 지열에너지 등 8개 분야

2. 신·재생에너지의 특징

신·재생에너지란 지속 가능한 에너지 공급체계를 위한 미래에너지원을 말한다.

가. 공공미래에너지

시장창출 및 경제성 확보를 위한 장기적인 개발보급정책이 필요하다.

나. 비고갈성 에너지

태양광, 풍력 등 재생 가능 에너지원으로 구성한다.

다. 환경친화형 청정에너지

화석연료 사용에 의한 CO_2 발생이 거의 없다.

라. 기술에너지

연구개발에 의해 확보가 가능한 기술주도형 자원이다.

3. 신·재생에너지의 중요성

신·재생에너지는 과다한 초기투자의 장애요인에도 불구하고 화석에너지의 고갈문제와 환경문제에 대한 핵심 해결방안이라는 점에서 각 선진국에서는 신·재생에너지에 대한 과감한 연구개발과 보급정책 등을 추진하고 있다. 국내에서도 일정면적 이상의 건축물의 신축 또는 증축의 경우에 총 건축공사비의 일정비율 이상을 신·재생에너지를 이용하여 공급되는 에너지를 사용하도록 신·재생에너지공급 의무비율화를 시행하고 있다.

가. 에너지 공급방식의 다양화

유가의 불안정, 기후변화협약 규제 대응 등 신·재생에너지의 중요성이 재인식되면서 에너지 공급방식의 다양화가 필요하다.

나. 미래 차세대 산업

기존 에너지원 대비 가격경쟁력 확보 시 신·재생에너지 산업은 IT, BT, NT 산업과 더불어 미래산업, 차세대산업으로 급신장이 예상된다.

다. 기술개발 및 보급지원 강화

우리나라는 2011년 총 에너지의 5%를 신·재생에너지로 보급한다는 장기적인 목표하에 신·재생에너지 기술개발 및 보급사업 등에 대한 지원을 강화하였다.

4. 신·재생에너지의 지원정책

가. 추진과정

1) 석유파동 이후 신·재생에너지 기술의 태동기(1970년대 석유파동 이후)

   ① 태양열, 태양광 등 11개 분야의 신·재생에너지 개발을 추진
   ② 1980년 중반부터 태양열온수기, 폐기물소각시설을 중심으로 보급 시작

2) 신·재생에너지 기술의 성장기(1990년대)

   태양열, 태양광, 폐기물, 바이오 등 다양한 기술의 보급기반 구축

3) 신·재생에너지산업 육성 및 보급 활성화(2000년대)

   ① 신·재생에너지 공공의무화, 발전차액 지원 및 전문기업제도 도입
   ② 국제표준화 지원 등

나. 공공기관의 신·재생에너지이용 의무화[92]

1) 개요

   공공기관이 신축, 증축 또는 개축하는 1,000m² 이상의 건축물에 대해 건축공사비의 일정비율 이상을 신·재생에너지 설비 설치에 투자할 것을 권고하고 있다.

2) 적용대상

   ① 대상기관의 범위 : 국가기관, 지방자치단체 등 공공기관 및 해당 용도의 건축물
   ② 대상건축물의 규모 : 연면적 1,000m² 이상의 신축, 증축 및 개축 건축물
   ③ 대상건축물의 용도 : 공공시설, 문화 및 집회시설, 종교시설, 의료시설, 교육연구시설, 노유자시설, 수련시설, 운동시설, 위락시설, 업무시설, 관광휴게시설 등
   ④ 적용기준 : 해당 건축물의 총 건축공사비 일정비율 이상을 신·재생에너지 설비에 사용한다.

5. 신·재생에너지의 계통연계(☞ 참고 : 분산형전원의 계통연계)

4.2 분산형전원의 계통연계 및 보호협조

- 분산형전원이란 중앙급전 전원과 구분되는 것으로 전력소비지역 부근에 분산하여 배치 가능한 전원을 말한다. 상용전원의 정전 시에만 사용하는 비상용 예비전원은 제외하며, 신·재생에너지 발전설비, 전기저장장치 등을 포함한다.
- 보호협조란 피보호물에 사고가 발생하였을 때 피보호물의 주 보호장치(Main Protecting Equipment)가 동작하여 고장이 제거되고, 피보호물의 후비 보호장치(Back up Protecting Equipment)는 동작하지 않도록 주 보호장치와 후비 보호장치 간에 시간 차이를 두어 보호장치 간에 시간협조를 시키는 것을 말한다.

■ 한국전기설비규정(KEC), 분산형전원 배전계통 연계 기술기준(한국전력)

1. 분산형전원

분산형전원의 계통연계는 태양광, 풍력, 연료전지 등 분산전원을 한전 배전계통에 안전하게 연결, 잉여전력을 계통으로 공급할 수 있는 장점이 있으나 기존 계통의 전력품질에 악영향을 줄 우려가 있기 때문에 기술적 문제를 규정하여 검토되고 있다.

---

[92] RPS(신·재생에너지이용 의무화 제도)란 일정규모 이상의 발전사업자에게 일정량 이상을 신·재생에너지 전력으로 공급하도록 의무화하는 제도를 말한다.

가. 분산형전원의 특징

1) 전력소비지에 전원을 공급하므로 장거리 송배전 선로에서 발생하는 전력손실이 감소한다.
2) 최대수요전력 시간대에 발전함으로써 수용가 전력관리를 도모할 수 있다.
3) 신·재생에너지를 사용하므로 탄산가스 배출량을 감소시킬 수 있다.
   화석연료 사용 시 발생하는 SOx, NOx이 발생하지 않아 환경오염을 방지한다.
4) 분산형전원의 경우 전기품질을 동일하게 유지하는 것이 어려워 연계선로에 대한 보호협조가 필요하다.

나. 분산형전원의 종류

1) **자연에너지 발전** : 태양광발전, 풍력발전, 소수력발전
2) **연료투입형** : 디젤엔진, 가스엔진, 가스터빈, 연료전지
3) **온사이드형 전원** : 열병합발전 등

다. 분산형전원의 계통연계 형태

1) 전력계통은 상용주파수의 교류이므로 계통연계 분산형전원 시스템의 출력은 최종적으로 상용주파수 교류이어야 한다.
2) 분산형전원의 종류별 계통연계 형태

전원의 종류	발전전력 형태	연계형태
태양광발전, 연료전지	직류	인버터
풍력발전(기어리스형)	변환주파수 발전	인버터
소수력발전, 디젤엔진 발전, 가스엔진 발전	상용주파수 발전	직접 연계

2. 계통연계 기술기준

전력품질(전압, 전류, 주파수, 고조파, 역률 등) 유지, 공급신뢰도 향상, 안전성 확보, 계통의 안정적 운영에 목적이 있다.

가. 전기방식

분산형전원의 전기방식은 연계하는 계통의 전기방식과 동일할 것

[표 1] 연계구분에 따른 계통의 전기방식

구분	연계계통의 전기방식
저압 계통	교류 단상 220V 또는 삼상 380V 중 기술적으로 타당한 방식
특고압 계통	교류 삼상 22,900V

나. 계통 접지와 협조

분산형전원 연계 시 그 접지방식은 해당 전력계통 접지와 협조, 보호장치 설치, 비의도적 가압방지 등 전력계통의 지락고장 보호협조를 방해해서는 안 된다.

다. 동기화

분산형전원의 계통연계 또는 구내계통의 계통에 대한 연계는 병렬 연계 장치의 투입 순간 주파수, 전압, 위상각 등 모든 동기화 변수들이 제시된 제한범위 이내에 있어야 한다.

[표 2] 계통연계를 위한 동기화 변수 제한범위(한전)

분산형전원 정격용량 합계(kW)	주파수 차 (Δf, Hz)	전압 차 (ΔV, %)	위상각 차 ($\Delta \phi$, °)
0~500	0.3	10	20
500 초과~1,500	0.2	5	15
1,500 초과~ 20,000 미만	0.1	3	10

라. 연계시스템의 건전성

1) 분산형전원 용량의 총합이 90kW 이상일 경우 분산형전원 설치자는 유·무효전력 출력, 운전 역률 및 전압 등의 전력품질을 감시하기 위한 설비를 갖추어야 한다.
2) 전력계통 운영상 필요할 경우 제1)항에 의한 감시설비와 계통 운영시스템의 실시간 연계를 요구하거나, 감시기록 제출을 요구할 수 있다.
3) 연계시스템은 전자기 장해 환경에 견딜 수 있어야 하며, 전자기 장해의 영향으로 인하여 연계시스템이 오동작하거나 상태가 변화되어서는 안 된다.
4) 연계시스템은 서지를 견딜 수 있는 능력을 갖추어야 한다.

마. 분산형전원 분리 및 재병입

분산형전원은 연계된 계통 선로의 고장 시 해당 계통에 대한 가압을 중지하여야 하며, 분산형전원의 분리시점은 해당 연계계통의 재폐로 시점 이전이어야 한다.

1) 전압
   ① 연계시스템의 보호장치는 각 선간전압의 실횻값 또는 기본파 값을 감지해야 한다. 단, 전력계통 연결 변압기가 Y-Y 결선 접지방식 또는 단상 변압기일 경우 각 상전압을 감지해야 한다.
   ② 전압이 비정상 범위 내에 있을 경우 분산형전원의 분리시간[93] 내에 가압을 중지한다.

---

[93] 분리시간이란 비정상 상태의 시작부터 분산형전원의 계통가압 중지까지의 시간을 말하며, 필요한 경우 전압 범위 정정치와 분리시간을 현장에서 조정할 수 있어야 한다.

2) 주파수

계통주파수가 비정상 범위 내에 있을 경우 분산형전원은 해당 분리시간 내에 전력계통에 대한 가압을 중지하여야 한다.

3) 전력계통의 재병입

① 전력계통에서 이상 발생 후 해당 전력계통의 전압 및 주파수가 정상 범위 내에 들어올 때까지 분산형전원의 재병입이 발생해서는 안 된다.
② 분산형전원 연계시스템은 정상범위로 복원된 안정상태에서 5분간 유지되지 않는 한 분산형전원의 재병입이 발생하지 않도록 하는 지연기능을 갖추어야 한다.

바. 전기품질

1) 직류 유입 제한

분산형전원 및 그 연계시스템은 분산형전원 연결점에서 최대 정격 출력전류의 0.5%를 초과하는 직류 전류를 계통으로 유입시켜서는 안 된다.

2) 역률

① 분산형전원의 역률은 90% 이상으로 유지함을 원칙으로 한다. 다만, 역송병렬로 연계하는 경우로서 기술적으로 필요한 경우 공급 전력계통 측과 협의할 수 있다.
② 분산형전원의 역률은 계통 측에서 볼 때 진상역률이 되지 않도록 함이 원칙이다.

3) 플리커(Flicker)

분산형전원은 빈번한 기동·탈락 또는 출력변동 등에 의하여 전력계통에 연결된 다른 전기사용자에게 시각적인 자극을 줄 만한 플리커나 설비의 오동작을 초래하는 전압요동을 발생시켜서는 안 된다.

4) 고조파

특고압 전력계통에 연계된 분산형전원은 연계용량에 관계없이 전력계통에 적용하고 있는 「배전계통 고조파 관리기준」에 준하는 허용기준을 초과시켜서는 안 된다.

사. 순시전압변동

1) 특고압 계통의 경우, 분산형전원의 연계로 인한 순시전압변동률은 발전원의 계통 투입·탈락 및 출력 변동 빈도에 따라 아래 표에서 정하는 허용 기준을 준수한다.

[표 3] 순시전압변동률 허용기준

변동빈도	순시전압변동률
1시간에 2회 초과 10회 이하	3%
1일 4회 초과 1시간에 2회 이하	4%
1일에 4회 이하	5%

2) 저압계통의 경우, 계통 병입 시 돌입전류를 필요로 하는 발전원에 대해서 계통 병입에 의한 순시전압변동률이 6%를 초과하지 않아야 한다.
3) 위 1)항, 2)항이 정한 범위를 벗어날 경우 해당 분산형전원 설치자가 출력변동 억제, 기동·탈락 빈도 저감, 돌입전류 억제 등 순시전압변동 저감 대책을 실시한다.
4) 제3)항의 순시전압변동 범위 유지가 불가할 경우에는 "계통용량 증설 또는 전용선로로 연계, 상위전압의 계통에 연계" 등의 하나에 따른다.

아. 단독운전

연계된 계통의 고장이나 작업 등으로 전력계통의 일부를 가압하는 단독운전 상태가 발생할 경우 해당 분산형전원 연계시스템은 이를 감지하여 단독운전 발생 후 최대 0.5초 이내에 연계된 전력계통에 대한 가압을 중지해야 한다.

자. 보호장치 설치

1) 분산형전원 설치자는 고장 발생 시 자동적으로 전력계통과의 연계를 분리할 수 있도록 다음의 보호계전기 또는 동등 이상의 기능과 성능을 가진 보호장치를 설치하여야 한다.
   ① 계통 또는 분산형전원 측의 단락·지락 고장 시 보호를 위한 보호장치를 설치
   ② 적정 전압과 주파수를 벗어난 운전을 방지하기 위하여 과·저전압 계전기, 과·저주파수 계전기를 설치한다.
   ③ 단순 병렬 분산형전원의 경우에는 역전력 계전기를 설치한다. 단, 신·재생에너지를 이용하여 전기를 생산하는 용량 50kW 이하의 소규모 분산형전원으로 단독운전 방지기능을 가진 것을 단순 병렬로 연계하는 경우 역전력 계전기 설치를 생략할 수 있다.
2) 역송병렬 분산형전원의 경우 단독운전 방지기능에 의해 자동적으로 연계를 차단하는 장치를 설치하여야 한다.
3) 인버터를 사용하는 분산형전원의 경우 그 인버터를 포함한 연계시스템에 제1)항 내지 제2)항에 준하는 보호기능이 내장되어 있을 때에는 별도의 보호장치를 생략할 수 있다.
4) 분산형전원의 특고압 연계의 경우, 보호장치 설치에 관한 세부사항은 한전 "발전기 병렬운전 연계선로 보호업무 기준" 등에 따른다.
5) 보호장치는 접속점에서 전기적으로 가장 가까운 구내 계통 내의 차단장치 설치점(보호배전반)에 설치함을 원칙으로 한다.

차. 변압기의 시설

직류발전원을 이용한 분산형전원 설치자는 인버터로부터 직류가 계통으로 유입되는 것을 방지하기 위하여 연계시스템에 상용주파변압기를 설치하여야 한다. 단, 다음 조건을 모두 충족하는 경우에는 상용주파변압기의 설치를 생략할 수 있다.

1) 직류 측 회로가 비접지인 경우 또는 고주파변압기를 사용하는 경우
2) 교류출력 측에 직류 검출기를 구비하고, 직류 검출 시에 교류출력을 정지하는 기능을 갖춘 경우

3. 분산형전원의 계통연계 문제점

가. 공급신뢰도 확보

1) 분산형전원 고장 시 연계 전력계통 파급 방지

① 분산형전원 측의 사고에 따른 단락·지락전류의 검출 및 제어 이상에 따른 전압상승·저하를 검출하여 분산형전원을 계통에서 분리하여 사고파급을 방지한다.
② 분산형전원 측에 과·저전압계전기 및 과·저주파수 계전기 등이 필요하다.

2) 연계 전력계통 사고 시 분산형전원의 분리

전력계통에 고장 발생 시 과전류, 전압 저하를 검출해서 분산형전원을 계통에서 분리하여 분산형전원으로 사고전류 공급을 방지해야 한다.

나. 전기품질의 확보

1) 단독운전 방지(계통연계 시 가장 중요)

① 단독운전이란 연계계통 측의 전원이 정지된 상태에서 분산형전원만으로 계통에 전력을 공급하고 있는 상태를 말한다.
② 단독운전이 계속되는 경우 배전변전소의 차단기 재폐로 동작상 문제, 전력계통이 충전되어 안전성에 문제가 발생하므로 단독운전은 방지하여야 한다.

2) 상시전압변동 억제

3) 고조파의 억제

① 인버터 연계형태의 분산형전원은 인버터에서 고조파 전류가 유출되어 전력용 콘덴서, 변압기, 전동기 등의 과열·소손·오동작 등을 일으키게 되므로 인버터에 의한 고조파 전류의 억제가 필요하다.
② 고조파 억제장치 : 정류기의 다펄스화, 필터 설치, 컨버터 PWM 제어, 리액터 설치 등

다. 단락용량의 증대

분산형전원 연계 시 계통의 단락용량이 증가하여 기설 차단기의 용량이 부족할 경우가 있으므로 단락전류 억제방식 등의 대책이 필요하다.

4. 연계선로의 보호협조

가. 분산형전원의 모선형태

전력의 안정적 공급을 위해서 반드시 분산형전원과 전력회사 계통을 병렬운전하게 되며 발전전력과 공장부하 전력 간의 차이를 전력계통에서 공급받는 형태가 된다.

1) **단모선 방식**

   분산형전원 단위 발전기 용량이 큰 경우에는 일반적으로 발생전력을 주 변압기를 경유하지 않고 직접부하에 공급하는 것이 많으며 수전변압기 2차 측과 그 부하공급 모선에 연결되는 형태가 된다.

2) **연락모선방식**

   모선연락 CB에 의해 발전 모선과 수전 모선 2개로 분할하고 발전 모선에는 중요부하, 수전 모선에는 일반부하에 전력을 공급하는 형태이다.

나. 분산형전원 병렬운전 보호

1) **분산형전원의 병렬운전 요구조건**

   ① 분산형전원에서 전력회사 계통으로 역송되면 자동적으로 차단하는 역송방지설비를 설치(수전 CB1)
   ② 분산형 발전기 사고로 수전전력이 계약치 이상이면 부하 일부 또는 전부를 자동차단 시킬 것
   ③ 비동기 투입 및 수동투입 방지를 위해서 전력회사 측 및 수전점에서 무전압 확인 장치를 설치한다.
   ④ 연계선로 고장 시 분산형전원으로부터 고장전력을 자동적으로 차단하여야 한다.

2) **역전력 보호 : 전력방향계전기(32P)**

   수전전력 역류를 막기 위해 수전점에 고속동작의 전력방향계전기(32P)를 설치하여 계통을 분리한다.

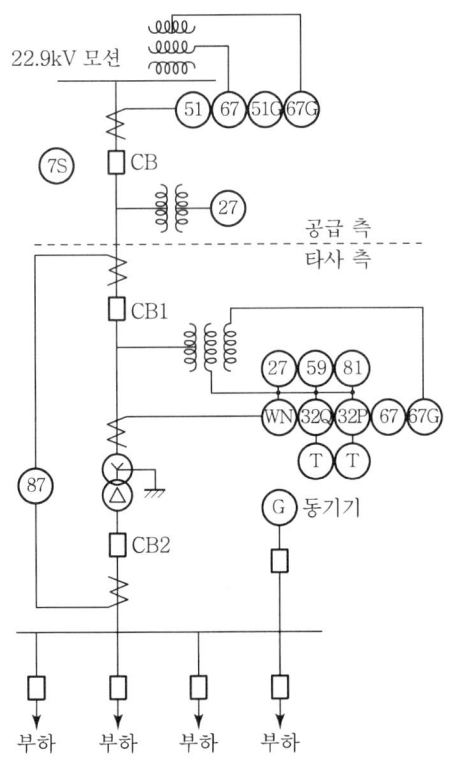

[그림 1] 분산형전원 보호계통도

3) 과부하보호 : 과전류계전기(51)

① 수전점에 과전류계전기를 설치하여 발전기의 사고정지에 따른 수전전력 초과를 방지한다.(역송전 방지 목적)

② 정정은 일반부하에서는 최대계약전력의 150~170%, 변동부하에서는 최대계약전력의 200~250% 정도이다.

4) 연계선로 사고보호

무효전력계전기(32Q), 단락방향계전기(67), 지락방향계전기(67G)

① 수용가 외부사고에 대하여 효과적으로 사고를 검출하고 연계선로의 차단기를 차단하여 보호한다.

② 외부사고는 무효전력계전기(32Q) 및 단락방향계전기(67)을 적용하며 지락에 대해서는 GVT의 극성 전압을 검출하고 영상전류를 검출하여 연계선로를 해열하는 방식이다.

③ 32Q에 의한 연계선로 보호는 67계전기보다 고감도 고장검출에 유리하다. 그러나 67계전기로 하는 경우에는 27계전기와 AND 조건으로 결선하여 신뢰성 있는 계통보호이다.

5) 연계선로 비동기 투입 및 수동투입 방지 : 저전압계전기(27)

① 연계선로 고장 시 분리되지 않으면 자가용 발전설비를 포함한 수용가 기기에 큰 손해를 줄 우려가 있으므로 선로전압 확인장치를 전력회사 계통 측의 연계선로 인출 측에 설치한다.

② 분산형전원을 공급하는 업체에서는 선로전압 확인장치를 전력회사 계통 인출 측에 설치하여야 한다.

4.3 태양광발전(PV ; Photo Voltaic)

태양광발전은 태양의 빛에너지를 변환시켜 전기를 생산하는 발전기술로서 햇빛을 받으면 광전효과에 의해 전기를 발생하는 태양전지를 이용한 발전방식이다.

■ 한국전기설비규정(KEC), 배전규정, 정기간행물, 제조사 기술자료

1. PV 원리

가. 태양전지의 구분

태양에너지를 전기에너지로 변환할 목적으로 제작된 광전지로서 금속과 반도체의 접촉면 또는 반도체의 PN 접합면에 빛을 받으면 광전효과에 의해 전기가 발생된다.

1) 금속과 반도체 접촉을 이용한 것은 셀렌 광전지, 아황산구리 광전지가 있다.
2) 반도체 PN 접합을 사용한 것은 실리콘 광전지로 이것을 태양전지로 사용하고 있다.

나. PN 접합에 의한 발전원리

태양전지는 실리콘으로 대표되는 반도체이며 반도체 기술의 발달과 반도체 특성에 의해 자연스럽게 개발되었다.

1) 전기적인 성질이 다른 N형의 반도체와 P형의 반도체를 접합시킨 구조를 하고 있으며 2개의 반도체 경계부분을 PN 접합이라 한다.
2) 이러한 N형과 P형 반도체를 접합한 태양전지에 빛을 조사하면 전자(−)와 정공(+)이 발생하여 전자는 N형에, 정공은 P형에 모여 기전력이 발생한다. 여기에 부하를 연결하면 전류가 흐르게 된다.

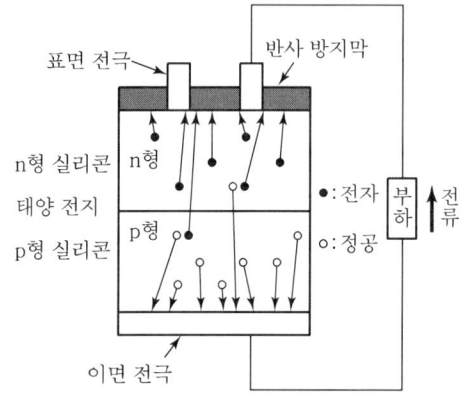

[그림 1] 태양전지의 발전원리

2. 태양광발전시스템의 구성

태양전지(Solar Cell)로 구성된 모듈(Module)과 축전지 및 전력변환장치로 구성되어 있다.

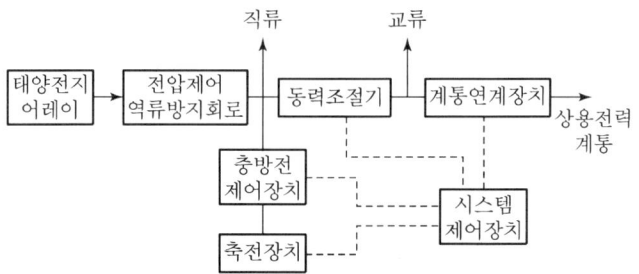

[그림 2] 태양광발전시스템의 기본 구성도

가. Solar Battery Array(태양전지 모듈)

1) 태양전지는 재료에 따라 결정질 실리콘(단·다결정), 비정질 실리콘으로 분류한다.
   ① SI계 : 결정질 실리콘(기판형, 박막형), 비정질 실리콘(박막)
   ② 화합물반도체 : Ⅱ−Ⅵ족, Ⅲ−Ⅴ족, 기타로 분류한다.

2) 태양전지 모듈(Solar Module)은 광전효과를 이용하여 빛에너지를 직접 전기에너지로 변환시키는 반도체소자로 원하는 전압 또는 전류를 얻기 위해서 여러 개의 태양전지모듈을 직·병렬로 연결하여 일정 출력이 나오도록 접속한다.

나. Power Conditioner(동력조절기)

1) 주요 구성은 컨버터, 인버터, 출력 필터, 연계개폐기 등으로 되어 있다.
2) 인버터로 태양전지에서 발전되는 직류전력을 상용 60Hz의 교류전력으로 변환한다.
3) 인버터에 사용되는 전력용 반도체 소자로는 초기에는 단순한 사이리스터가 사용되었으나 근래에는 대용량에서는 GTO가 사용되고 중소용량에서는 IGBT, IPM 등이 개발되어 사용되고 있다.

다. 시스템 제어장치

전체적으로 이상적인 운전이 가능하도록 각 시스템 구성기기를 감시제어하는 기능이 있다.

3. 태양전지 모듈의 종류 및 특성

가. 태양전지의 종류

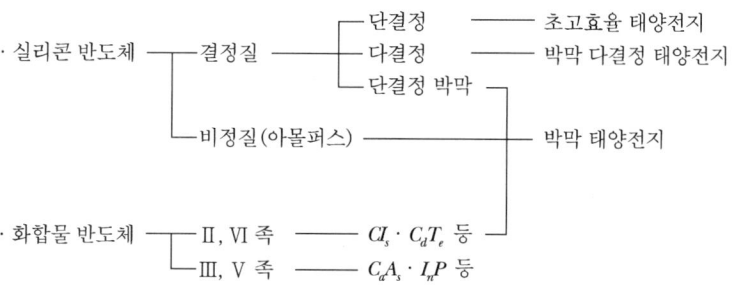

나. 태양전지의 특성

태양전지 모듈(Solar Cell Module)에 입사된 광에너지가 변환되어 발생하는 전기적 출력을 태양광 모듈의 전류-전압 특성이라 한다.

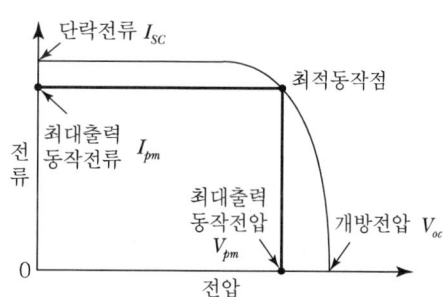

[그림 3] 태양광 모듈의 I-V 특성곡선

1) 단락전류(I_{SC})는 태양전지 양단의 전압이 0일 때 흐르는 전류를 의미한다.
   ① 단락전류는 광에 의해 발생된 캐리어의 생성과 수집에 기인하므로 태양전지로부터 끌어낼 수 있는 최대전류를 말한다.
   ② 단락전류의 영향 요소에는 태양전지의 면적(A), 입자(광자) 수, 입사광 스펙트럼, 태양전지의 광학적 특성, 태양전지의 수집확률 등이 있다.
2) V_{oc}(개방전압)은 셀 전반의 최대 전압차이며, 셀을 통한 전달전류가 없을 때 발생한다.

3) 최대출력(P_m)은 태양전지에 연결된 부하저항의 크기를 조정함으로써 최적동작점에서 최대출력이 얻어지게 된다.
   ① 최대출력(P_m) = 최대출력 동작전압(V_{pm}) × 최대출력 동작전류(I_{pm})
   ② 모듈의 출력은 I_{sc}(단락전류)와 V_{oc}(개방전압) 지점에서 전력은 0이 되고, 전력에 대한 최댓값이 발생한다.
4) 변환효율이란 태양전지의 성능을 나타내는 가장 중요한 인자로서 태양으로부터 입사된 에너지에 대한 출력에너지의 비를 말한다.
   ① 조건 : 기준상태 모듈의 표면온도 25℃, 분광분포 AM[94] 1.5, 방사조도 1,000W/m²
   ② 태양전지 모듈은 표면온도가 높게 되면 출력이 저하하는 부의 온도특성이 있다.
   ③ 변환효율 $\eta(\%) = \dfrac{P_m}{P_{input}}$

   여기서, P_m이 커지기 위해서는 특성곡선에서 I_{pm}과 V_{pm}이 I_{sc}와 V_{oc}에 가까워야 한다.

다. 모듈의 특징 비교

구분	단결정(Mono-silicon Cell)	다결정(Poly-silicon Cell)	비정질 실리콘
특징	순도가 높고 결정결함 밀도가 낮은 고품위의 재료 • 발전효율이 매우 우수 • 제조공정이 복잡 • 제조온도가 높음 • 형상변화가 어려움 • 고가	다수의 결정 실리콘의 입자가 여러 개 모인 물질 • 발전효율이 우수 • 제조공정이 간단 • 제조온도가 낮음 • 형상변화가 어려움 • 저가	대량생산이 가능하며, 효율 향상의 가능성이 큼 • 발전효율이 낮음 • 제조공정이 간단 • 제조온도가 낮음 • 다양한 형상 가능 • 저가
제조 과정	① 실리콘을 단결정으로 성장시킨 후 자르고 연마하여 웨이퍼로 만든 후 전극을 연결함 ② 고순도 실리콘을 1,500℃ 정도 가열하여 대형 결정을 만듦 ③ 1,000℃에서 확산법을 이용, P-N 접합하여 만듦 ④ 제조공정이 복잡하고, 제조온도가 높아 대량의 전력소모	① 캐스트법 실리콘의 덩어리를 녹인 액체를 주형 속에서 서서히 식힌 다음 굳혀서 제조 ② 작은 결정을 여러 개 모아 연마하여 전극을 연결함	실리콘을 결정화시키지 않고 반도체의 박막제조기술을 응용하여 제조한 태양전지 이므로 아몰퍼스(비정질)라 부름
수명	약 20년	약 20년 이상	약 20년 이상
효율	높음(12~16%)	낮음(단결정 대비 약 87%)	낮음(단결정 대비 약 43%)
가격	높음	낮음	낮음

---

[94] AM은 태양직사광(90°)이 지상에 입사하기까지의 통과하는 대기의 양을 표시한다.

4. 태양광발전시스템의 종류

전력계통과의 연계 여부에 따라 독립형 시스템과 계통연계형 시스템으로 구분할 수 있다.

가. 독립형 시스템

1) 태양전지로 발전한 전력을 부하에 공급하고 축전지에도 충전한다.
2) 태양전지의 발전이 어려울 경우 충전지로 부하에 전력을 공급한다.

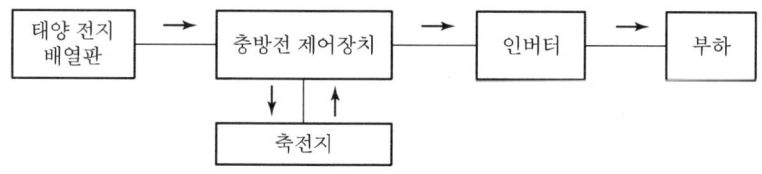

[그림 4] 태양광발전 독립형 시스템

나. 계통연계형 시스템

1) 태양전지로 발전된 전력을 부하에 공급하고 축전지에도 충전하여 사용한다.
2) 태양전지에 의한 발전된 전력이 부족할 경우 계통전환장치를 이용하여 상용전원으로 절체해서 부하에 전원을 공급하는 연계장치가 필요하다.

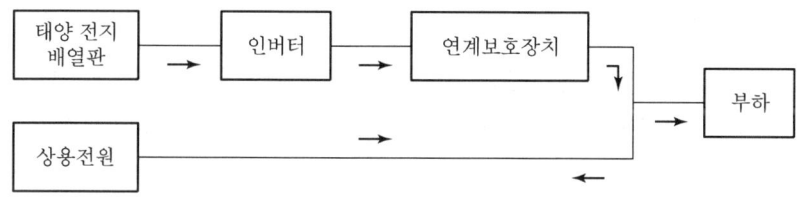

[그림 5] 태양광발전 계통연계형 시스템

다. 복합발전형 시스템

독립형 시스템과 계통연계형 시스템을 겸한 시스템이다.

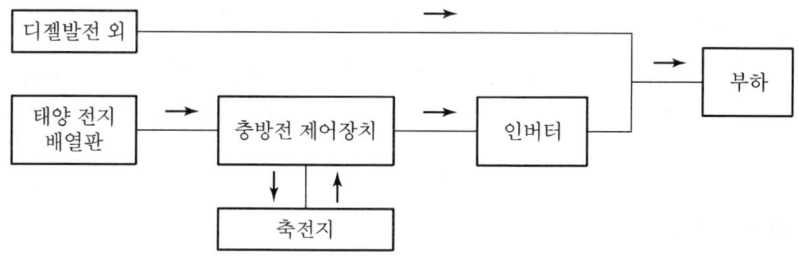

[그림 6] 태양광발전 하이브리드형 시스템

5. 태양광발전시스템의 특징

가. 에너지원이 청정하고 무제한이다.
나. 필요한 장소에 필요한 규모로 발전이 가능하다.
다. 소음, 진동이 없고 환경오염이 없다.
라. 시스템이 간단하고, 유지보수가 용이하다.
마. 무인화 운전 및 유지관리비용을 최소화한다.
바. 태양광 모듈의 수명이 길다.(20년)
사. 일사량에 따라 발전전력이 변동한다.
아. 에너지 밀도가 낮아 설치면적이 넓다.
자. 초기투자비 증가로 발전단가가 높다.

6. 설계 시 전기적 고려사항

가. 전기설비기술기준의 적합성

공공 또는 산업용의 태양광발전 시스템을 설치하는 경우 전기방식이나 계통연계 보호장치가 한국전기설비규정(KEC) 및 계통연계 기술요건에 적합해야 한다.

나. 전기방식

1) 전기방식은 3상으로 하나 전압 불평형이 문제가 되지 않을 경우 단상도 가능하다.
2) 자체 공급용의 계통연계형 또는 학교·건물 등의 업무용 전력의 경우에는 단상 연계도 검토해 볼 수 있다.
3) 발전 사업용으로 대용량을 시설하는 경우에는 대부분 3상 380V로 공급하지만 소용량 시스템의 경우 단상을 겸해서 220/380V로 하기도 한다.

다. 계통연계 보호장치

1) 계통연계 전압은 수전점 전압으로 되는데 22.9kV의 경우에는 특고압 연계로 된다.
2) 특고압 연계의 경우에는 저압 연계에서 필요한 계전기에 추가해서 지락과전압계전기를 설치하여야 한다. OVGR이 동작했을 때는 태양광발전시스템의 운전을 정지한다.
3) 태양광발전시스템은 주간에만 발전하고 야간에는 정지해야 하므로 보호계전시스템의 선정과 정정은 매우 중요하다.

라. 태양전지 어레이의 구성

1) 설치장소가 결정되면 태양전지 모듈의 배치와 전기접속에 대한 설계를 진행한다.
2) 현재 Power Conditioner는 직류 입력전압에 380V가 많기 때문에 태양전지 모듈의 정격 전압이 380V가 되도록 1String의 직렬매수를 결정한다.

마. 동력조절기 선정

1) 발전사업자용 인버터가 대용량화되어 보통 100kVA, 200kVA, 250kVA 등을 사용한다.
2) Power Conditioner(동력조절기)는 태양전지 용량과 같은 것이 원칙이나 태양전지 어레이의 배치에 따라 태양전지 용량보다 적은 용량을 선정할 수 있다.
3) 태양전지의 전압변동범위 및 직류입력범위 등을 고려해서 선정해야 한다.
4) 태양전지의 최대전압이 Power Conditioner의 최대입력전압을 넘지 않도록 해야 한다.

7. 태양광발전 구성 요소 간 전기적 접속방법

가. 태양전지 모듈 간 및 모듈과 접속함 간의 배선

1) 태양전지 모듈은 커넥터 부착 리드선이 구비되어 있는 경우 리드선으로 모듈 간을 접속한다.
2) 단자대 방식인 것은 접속용 전선으로 접속하며 전선은 전압강하와 강도를 고려하여 $1.5mm^2$ 이상의 가교폴리에틸렌 케이블을 사용한다.
3) 태양광발전시스템의 경우에는 직류배선공사가 대부분이기 때문에 전압극성에 특히 주의한다.

나. 태양전지 모듈과 Power Conditioner 간의 배선

1) 태양전지 모듈 이면의 접속용 케이블은 정극(+ 또는 P)과 부극(- 또는 N)을 확인하고 접속한다. 태양전지 어레이를 지상에 설치할 때는 가급적 지중배선으로 한다.
2) 케이블은 각 스트링에서 접속함까지 배선하여 접속함 내에서 병렬 접속한다.
3) 접속함에서 Power Conditioner까지의 배선의 전압강하는 1~2% 이하로 하는 것이 바람직하다.

다. 접속함과 Power Conditioner 간의 배선

접속함에서 나오는 직류간선은 전용량의 케이블을 통해서 Power Conditioner에 연결하는 방식으로 한다. 이때 전압강하도 1~2% 이하로 하는 것이 바람직하다.

라. 태양전지 모듈과 연계 배선용 차단기까지의 배선

1) 구내 배전선과 접속은 수전설비의 저압반이나 구내 배전반에 전용차단기를 설치한다.
2) 전선은 CV 케이블이 좋고, 전압강하를 고려하여 적정한 굵기로 선정한다.

마. 접지공사

1) 누전에 의한 사고 및 화재예방을 위해서 접지를 충분히 시공해 두는 것이 중요하다.
2) 태양광발전시스템의 경우 태양전지 어레이 패널, 가대, 접속함, Power Conditioner

외함, 금속배관 등의 노출 비충전 부분을 접지한다.
3) 태양전지에서 Power Conditioner까지 직류전로는 원칙적으로 접지공사를 하지 않는다.

> **참고** 최대전력 추종제어(MPPT ; Maximum Power Point Tacking)
>
> 태양광발전이나 풍력발전 등이 현재 조건에서 가능한 최대의 전력을 생산할 수 있는 추종제어
> 1) 태양전지의 출력은 일사강도나 태양전지 표면온도 의해서 변동한다. 이런 변동에 대해서 태양전지의 동작점이 항상 최대출력이 추종되도록 변화시켜 태양전지에서 최대출력을 발생하는 제어를 말한다.
> 2) MPPT 제어는 파워컨디셔너의 직류동작전압을 일정시간 간격으로 약간 변동시켜 그때의 태양전지 출력전력을 계측하여 사전에 발생한 부분과 비교를 하게 되고 항상 전력이 크게 되는 방향에 파워컨디셔너의 직류전압을 변화시킨다.
> 3) 그림의 A점에서 동작하고 있을 때 동작전압을 V_1에서 V_2로 변화시켜 출력전력이 $P_1 < P_2$가 되도록 변화시키고, D점에서 동작하고 있을 때에는 역으로 V_4에서 V_3로 변화시킨다.
>
>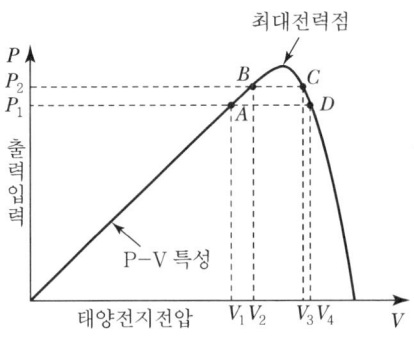

4.4 주택용 계통연계형 태양광 발전설비의 시설기준

태양광 발전설비의 활성화와 기존의 주택용 태양광 발전설비에 대한 전기설비의 신뢰도, 안전성 확보를 위하여 태양광 주택 옥내전로에 대한 시설의 기준을 정한다.
- 한국전기설비규정(KEC), 배전규정, 정기간행물, 제조사 기술자료

1. 적용범위

태양전지모듈로부터 중간단자함, 파워 어레이, 배선 등의 설비까지 적용한다. 또한, 주택용 계통연계형 태양광 발전설비는 저압전로와 연계한 태양전지출력이 20kW 이하인 시설에 적용한다.

2. 사용전압

태양광 발전설비에서 전로 및 기기의 사용전압은 400V 이하로 한다. 주택옥내전로의 대지전압이 직류 600V 이하인 경우는 적용하지 않는다.

1) 전로에 지락이 발생하였을 경우에 자동적으로 전로를 차단하는 장치를 시설할 것
2) 사람이 접촉되지 않는 은폐장소에 합성수지관배선, 금속관배선, 케이블배선에 의한 시설 또는 사람이 접촉하지 않도록 케이블배선에 의하여 시설할 것
3) 전선은 적당한 방호장치를 시설할 것

3. 계통연계형 시스템 구성도

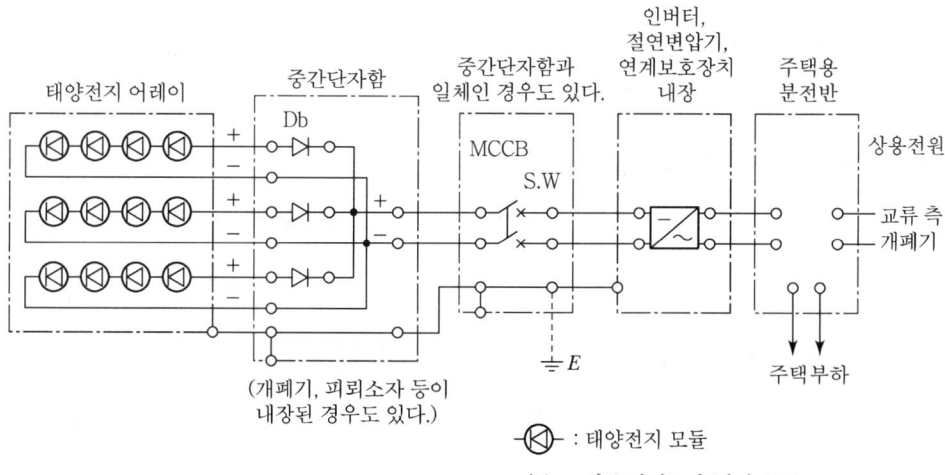

[주] 변압기레스형의 인버터는 절연변압기가 아닌 경우도 있다.

[그림 1] 주택용 계통연계형 태양광 발전설비의 시스템 구성(예)

4. 계통연계형 태양광 발전설비의 시설기준

가. 태양광 발전설비의 배선

1) 배선방법은 케이블배선으로 할 것
2) 직류회로의 전로는 그 전로에 단락전류가 발생하였을 경우에 전로를 보호하는 과전류차단기 또는 기타 기구를 시설할 것
3) 태양전지 모듈 간의 배선
   ① 태양전지 모듈 및 기타 기구에 전선을 접속하는 경우 견고하며 전기적으로 안전하게 접속하고 접속점에 장력이 가해지지 않도록 할 것

② 태양전지 모듈을 병렬로 접속하는 전로는 그 전로에 단락전류가 발생할 경우 전로를 보호하는 과전류차단기 또는 기타 기구를 시설할 것

4) 교류회로의 배선
① 전용회로로 하고 전로를 보호하는 과전류차단기 또는 기타 기구를 시설할 것
② 태양광 발전설비까지의 회로가 쉽게 식별이 가능할 것
③ 단상 3선식으로 수전하는 경우는 부하의 불평형에 의해서 중성선에 최대전류가 발생할 우려가 있는 인입구장치 등은 과전류 트립소자가 있는 차단기를 사용할 것

나. 중간단자함의 시설

1) 중간단자함은 점검이 가능한 은폐장소 또는 점검이 가능한 전개된 장소에 시설할 것
2) 중간단자함은 기능상 지장이 없도록 방수형이나 결로가 생기지 않는 구조일 것
3) 외함의 구조는 함 내에 있는 기기의 최고허용온도를 초과하지 않는 구조일 것
4) 중간단자함 내에는 필요한 경우 피뢰소자 등을 시설할 것

다. 어레이 출력개폐기의 시설

1) 태양전지 모듈에 접속하는 부하 측의 전로는 인접한 접속점에 개폐기 또는 이와 유사한 기구를 시설할 것
2) 어레이 출력개폐기는 점검이나 조작이 가능한 처마 밑 또는 벽 등에 시설할 것
   [비고] 개폐기를 조작하는 경우 부하전류의 개폐가 가능한 것을 우선 조작할 것

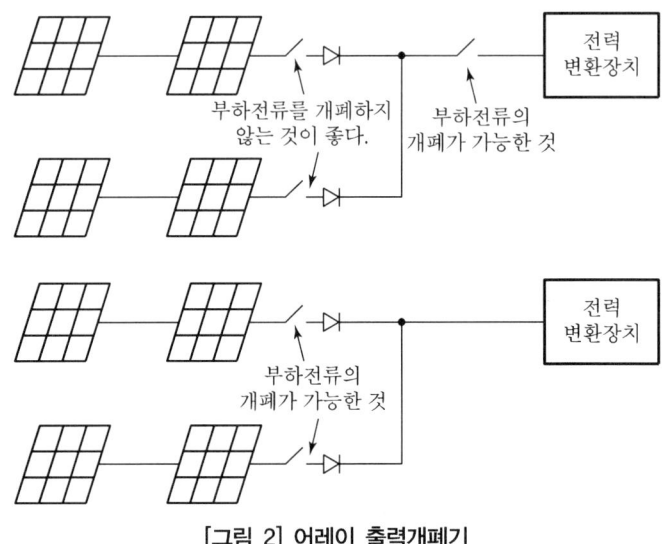

[그림 2] 어레이 출력개폐기

3) 어레이 출력개폐기 외함을 시설하는 경우 사용 상태에 따라서 내부의 기능에 지장이 없도록 방수형이나 결로가 생기지 않는 구조일 것

라. 전력 변환장치의 시설

인버터, 절연변압기 및 계통연계 보호장치 등 전력 변환장치의 시설은 점검이 가능한 장소에 시설할 것

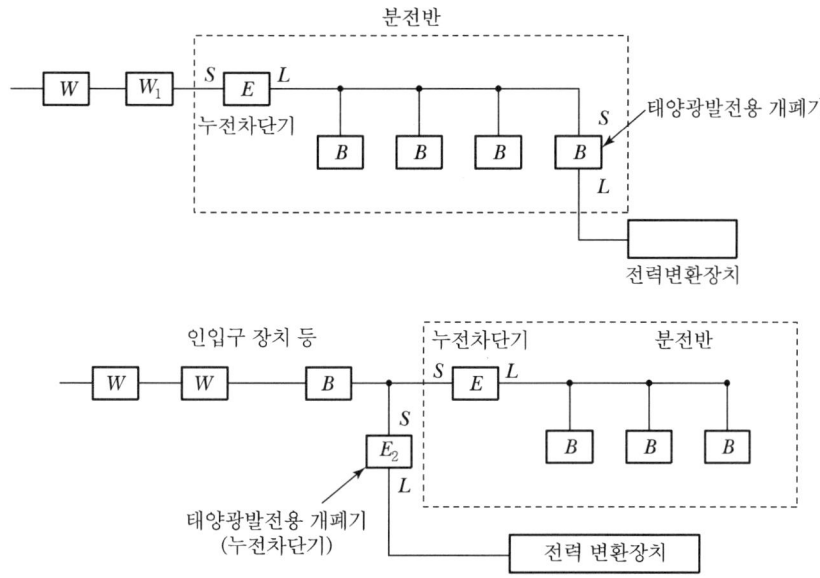

[그림 3] 누전차단기와 전력 변환장치의 관계

마. 접지

1) 기계·기구의 철대, 외함 및 가대는 접지시스템에 의한 접지공사를 시공할 것
2) 접지공사의 접지선은 2.5mm² 이상의 450/750V 일반용 단심절연전선 또는 CV케이블을 사용할 것

4.5 풍력발전

- 풍력발전이란 다양한 형태의 풍차를 이용하여 바람에너지를 기계적 에너지로 변환하고 이 기계적 에너지로 발전기를 구동하여 전력을 얻어내는 시스템을 말한다.
- 풍력발전(Production of Electricity Fromwind Energy)은 자연상태의 무공해 에너지원으로 현재 기술의 대체에너지원 중 가장 경제성이 높은 에너지원으로서 바람의 힘을 회전력으로 전환시켜 발생되는 전력을 전력계통이나 수요자에게 직접 공급하는 기술이다.
- ■ 한국전기설비규정(KEC), 배전규정, 정기간행물, 제조사 기술자료

1. 원리 및 구성

가. 회전원리

바람에 의해 날개가 받는 힘에는 양력(Lift)[95]과 항력(Drag)[96]이 있으며, 이 두 힘의 벡터 합으로 날개에 회전력이 발생되어 발생전기를 전력계통 및 수요자에게 공급한다.

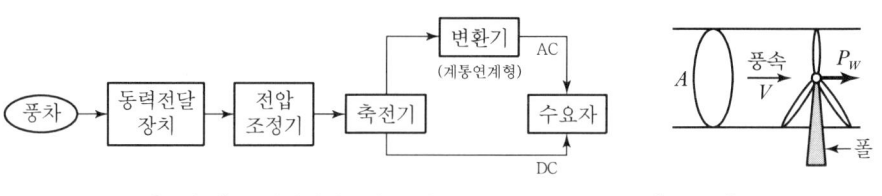

[그림 1] 풍력발전시스템 구성도   [그림 2] 유체운동에너지

나. 구성

1) Tower

   ① 풍력발전기의 지지대로서 원형 강관 구조와 격자 구조가 있다.
   ② 상부의 Nacelle 부분과 사다리로 연결, 하부에는 Main Control 부가 있어 사람이 위에 올라갈 필요 없이 작업이 가능하다.

2) Nacelle(조정장치)

   ① 발전기, 기어박스, 베어링 등이 있는 부분이다.
   ② Rotor와 맞물려 발전기가 구동되어 출력이 나오고 풍향에 맞게 Nacelle을 돌려주는 Yawing이 있다.

3) Rotor(회전익)

   ① 날개와 Hub(축)로 이루어져 있으며 Pitch Control이 이루어지는 부분이다.
   ② 날개는 바람에 의해 회전되어 풍력에너지를 기계적인 에너지로 변환시킨다.

---

[95] 양력은 날개 단면 위쪽의 압력이 아래쪽보다 더 낮아 날개에 작용하는 바람의 방향과 수직으로 아래쪽에서 위쪽으로 힘이 발생한다.

[96] 항력은 공기저항이라고도 하며 바람을 맞는 면적이 증가하면 커지고 양력과 직각방향으로 작용하며 날개의 회전을 방해한다.

유체운동에너지 $P_W = \dfrac{1}{2}mV^2 = \dfrac{1}{2}(\rho AV)V^2 = \dfrac{1}{2}\rho AV^3$ A : 로터의 단면적

2. 풍력발전시스템의 특징

풍력이 가진 에너지를 흡수·변환하는 운동량변환에너지, 동력전달장치, 동력변환장치, 제어장치 등으로 구성되어 있으며, 각 구성요소들은 독립적으로 그 기능을 발휘하지 못하고 상호 연관되어 전체적인 시스템으로서의 기능을 수행한다.

가. 기계 장치부

바람으로부터 회전력을 생산하는 Blade(회전날개), Shaft(회전축)를 포함한 Rotor(회전자), 이를 적정 속도로 변화하는 증속장치(Gear Box)와 기동·제동·운용효율성 향상을 위한 전력제어장치 및 철탑 등으로 구성된다.

나. 전기 장치부

발전기 및 기타 안정된 전력을 공급하도록 하는 전력안정화 장치로 구성된다.

다. 제어 장치부

1) 발전기가 무인운전이 가능하도록 설정하여 운전하는 Control System, Yawing[97] & Pitching Control 및 원격지 제어와 지상에서 시스템의 상태를 판별하는 Monitoring System으로 구성된다.
2) Pitch Control[98]은 풍력발전기의 출력을 일정하게 제어하는 방법으로 날개의 회전면에 대해 각 날개의 피치각을 조절하여 터빈에 가해지는 입력을 기계적으로 제한한다.
   예 피치각이 크면 회전속도가 감속한다.
3) Yawing Control은 바람이 부는 쪽으로 Nacelle을 향하게 함으로써 같은 풍속에서 최대의 출력을 낼 수 있도록 제어한다.

3. 풍력발전시스템의 분류

가. 회전축 방향에 따른 구분

1) 수직축 발전기(Horizontal Axis Generator)
   ① 회전축이 바람의 방향에 대하여 수직형태로서 바람의 방향에 관계없이 운전이 가능하다.
   ② 증속기와 발전기가 지상에 설치되어 건설비용이 적게 들고, 점검 및 정비유지가 용이하다.

---

[97] Yawing Control은 바람방향을 향하도록 블레이드의 방향을 조절한다.
[98] Pitch Control은 날개의 경사각 조절로 출력을 능동적으로 제어한다.

③ 사막이나 평원에 많이 설치하여 이용하고 100kW급 이하, 소형에 주로 사용한다.

④ 풍속이 낮을 때 자기동(自起動)이 불가능하며, 주 베어링 분해 시 시스템 전체를 분해해야 하고, 수평축 풍차에 비해 효율이 떨어지는 단점이 있다.

2) 수평축 발전기(Vertical Axis Generator)

① 날개의 회전축 방향이 지면에 대해 수평으로 설치되어 바람의 방향에 영향을 받는다.

② 간단한 구조로 이루어져 있어 설치하기 편리하다.

③ 현재 상용화된 대부분의 중대형급 이상은 수평축을 사용한다.

④ 타워와 Nacelle에 의한 풍력손실이 발생하고 전력선이 꼬일 수 있는 단점이 있다.

나. 운전방식에 따른 구분

1) 기어형

① 대부분의 정속 운전 유도형 발전기기를 사용하는 풍력발전시스템에 해당되며, 유도형 발전기기의 높은 정격회전수에 맞추기 위해 회전자의 회전속도를 증속하는 기어장치가 장착되어 있는 형태이다.

② 구성 : 회전자 → 기어증속장치 → 유도발전기(정전압정주파수) → 한전계통

2) 기어리스형

① 대부분 가변속 운전 동기형(또는 영구자석형) 발전기기를 사용하는 풍력발전시스템에 해당되며 다극형 동기발전기를 사용하여 증속기어 장치 없이 회전자와 발전기기가 직결되는 Direct-Drive 형태이다.

② 구성 : 회전자(직결) → 동기발전기(가변전압 가변주파수) → 인버터 → 한전계통

[표 1] 풍력발전시스템 분류

구분	분류
구조상 분류(회전축)	수평축 풍력시스템(HAWT) : 프로펠러형
	수직축 풍력시스템(VAWT) : 다리우스형, 사보니우스형
운전방식	정속운전 : 통상 Geared Type
	가변속운전 : 통상 Gearless Type
출력제어방식	Pitch(날개각) Control
	Stall(실속) Control
전력사용방식	계통연계(유도발전기, 동기발전기)
	독립전원(동기발전기, 직류발전기)

4. 풍력발전의 특징

가. 환경친화형 청정에너지
1) 자연바람을 이용하여 전기를 생산해 냄으로써 환경에 주는 영향이 거의 없다.
2) 자연에너지를 이용하여 지구온난화 방지를 위한 여건변화에 대처할 수 있는 유명한 대체에너지 자원이다.

나. 부지의 효율적인 이용
풍력발전시스템이 차지하는 면적은 풍력단지의 1% 내외이므로 기타 지역은 농장 및 목축 등으로 활용할 수 있다.

다. 설치 및 유지비용 절감
1) 풍력발전시설은 가장 비용이 적게 들고 건설 및 설치기간이 짧다.
2) 무한대의 자원인 바람을 에너지원으로 이용함으로써 연료비가 안 들고 완전무인 운전으로 유지보수 비용이 절감되어 경제적인 에너지이다.

라. 공해물질의 절감효과
600kW급의 풍력발전기의 연간 생산량을 120만 kWh로 가정할 경우 석탄에서 발생되는 360~600ton의 오염원을 줄일 수 있다.

마. 관광산업으로 활용
수려한 미관으로 인한 관광산업으로의 개발이 가능하다.

바. 단점
풍력발전기는 대단히 커서 시각장애를 줄 수 있고 소음공해를 일으킬 수도 있다.

5. 풍력발전 계획 시 유의할 점
가. 강풍 시의 안전대책을 충분히 강구한다.
나. 빛의 반사, 전자파 장애 등에 대한 배려가 필요하다.
다. 야생조류에게 미치게 될 영향을 배려한다.
라. 풍차의 설치에 따라 경관이 보다 향상되도록 디자인한다.
마. 풍력은 2차적인 에너지에 불과하며 계통전력을 병용하는 것이 전제가 된다.
바. 풍력발전을 이용하기 위해서는 1년 동안 풍향조사를 실시하여 일정한 풍력을 확보할 수 있는 입지조건이 필요하다.

6. 풍력발전기의 제어 및 보호장치

가. 제어장치

출력한계, 회전자 속도, 전기부하의 접속, 기동 및 정지절차, 전력계통 또는 전력부하의 손실에 의한 정지, 케이블 꼬임한계, 바람에 의한 조정 등

나. 보호장치

과풍속, 발전기의 과부하 또는 고장, 과진동, 전력계통 손실 및 단점, 케이블 꼬임한계 등

> **참고** C_p(Power Coefficient)
>
> C_p란 바람이 갖고 있는 에너지를 얼마나 뽑을 수 있는가의 계수를 말한다.
>
>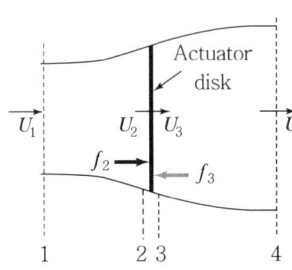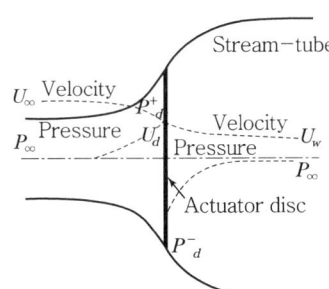
>
> $$C_p = \frac{rotor\ power}{power\ wind} = \frac{\frac{1}{2}\rho A_2 u_1^3 4a(1-a)^2 (\text{로터가 돌아가면서 뽑아내는 } E)}{\frac{1}{2}\rho A_2 u_1^3 (\text{실제 바람이 갖고 있는 } E)} = 4a(1-a)^2$$
>
> 여기서, $a = \dfrac{u_1 - u_2}{u_1}$ (u_1 : 바람속도, u_2 : 터빈의 회전속도)
>
> a가 $\dfrac{1}{3}$일 때 C_p가 최대이므로 $C_p\max = \dfrac{16}{27} = 0.59$ (바람에서 뽑아내는 에너지가 59%라는 뜻)
> 그러나 실제적으로는 $C_p = 0.4$를 넘길 수 없다.
>
>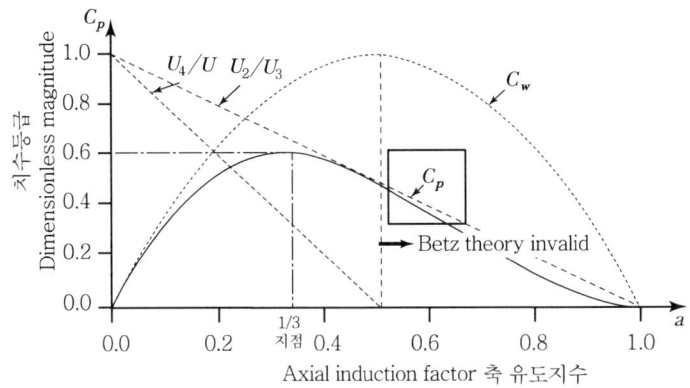

4.6 조력발전

조석현상은 태양이나 달의 인력에 의해 하루에 두 번씩 발생하는 밀물과 썰물의 운동현상을 말한다. 조력발전(Tidal Power Generation)이란 조석이 발생하는 하구나 만을 방조제로 막아 해수 유통 시 발생하는 바다와 호수의 수위차를 이용하는 발전이다.

■ 제조사 기술자료, 정기간행물, 한국전기설비규정(KEC)

1. 개요

가. 조석현상에 의한 해수면의 수위차를 이용한 수력터빈 발전기로 발전하는 방식
나. 입지조건은 수위차가 큰 하구 또는 만의 입구를 방조제로 막아서 발전
다. 조지면적과 조석현상의 크기에 따라 발전량과 경제성이 결정됨

2. 조력발전의 원리 및 특징

가. 원리(단류식의 경우)

1) 밀물 시 수문을 열어서 해수를 저수지에 유입시켜 가둔다.
2) 만조 시 수문을 닫아서 해수를 저장
3) 썰물 시 수문을 열어 발전

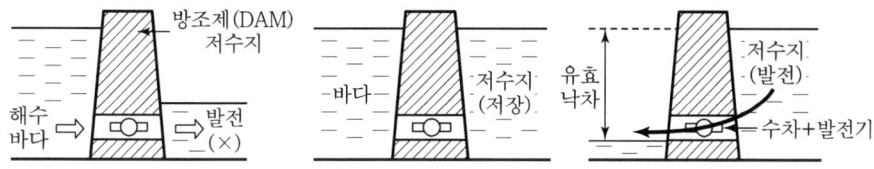

나. 특징

1) 공급 에너지가 무한의 청정무공해 에너지이다.
2) 수력발전에 비해 낙차가 적어 7m 이상이면 양호하다.
3) 에너지 밀도가 높아 대규모로 개발이 가능하다.
4) 장기적이고 지속적인 공급이 가능하다.
5) 조위 변화가 예측 가능하지만 연간으로는 균일하지 않다.
6) 긴 방조제 건설로 공사비가 고가이고, 발전효율이 낮다.

3. 발전방식 및 수차 발전기의 종류

가. 발전방식

- 단류식
  - 창조식 ― 밀물 시 외해와 조지의 수위차를 이용하여 발전을 하고 썰물 시 조지의 물을 방류하는 발전방식
  - 낙조식 ― 밀물 시 조지를 채운 후 썰물 시 조지와 외해 수위차를 이용하여 발전하는 방식
- 복류식 ― 밀물과 썰물 때 발생하는 외해와 조지의 수위차를 이용하여 양쪽 방향으로 발전하는 방식

나. 수차 발전기

구분	원통형(Tubular) 수차	프로펠러(Propeller) 수차
구조	(발전기, 수차)	(흡출관, 러너)
원리	횡축, 수평보다 약간 기운 사축으로 수차와 발전기 조합, 저낙차에 개발된 수차	반동수차의 일종 유수가 러너를 축방향으로 통과하는 수차

4. 적용 및 사업효과

가. 적용장소

1) 충남 서산 가로림만(평균조차 4.8m 40만 kW)
2) 경기도 안산 시화호(단류식 창조 발전, 유효낙차 5.64m 54MW)

나. 사업효과

1) 해수유통으로 외부와 순환되어 수질 개선 예 현재 COD 4.7ppm → 2.7ppm
2) 대체에너지 개발로 인한 에너지 자급도 향상 예 유류 862천 배럴/년, 연간 약 390억 원
3) 청정에너지 개발을 통한 대기환경오염 저감 예 CO_2 저감 : 315천 ton/년

4.7 연료전지

연료전지(Fuel Cell)는 수소와 산소의 화학반응으로 생기는 화학에너지를 직접 전기에너지로 변환시키는 기술로서 생성물이 전기와 순수(純水)인 발전효율 30~40%와 열효율 40% 이상으로 총 70~80%의 효율을 갖는다.

■ 한국전기설비규정(KEC), 배전규정, 정기간행물, 제조사 기술자료

1. 발전 원리

연료 중 수소와 공기 중 산소가 전기화학 반응(전자 : Anode → Cathode)에 의해 발전한다.

가. 연료극(Anode)에 공급된 수소는 수소이온과 전자로 분리된다.

나. 수소이온은 전해질 층을 통해 공기극으로 이동하고 전자는 외부 회로를 통해 공기극으로 이동한다.

다. 공기극(Cathode) 쪽에서 공급된 산소이온과 수소이온이 만나 반응생성물(物)을 생성한다.

라. 최종적인 반응은 수소와 산소가 결합하여 전기, 물 및 열을 생성한다.

〈반응식〉

1) Anode : $H_2 \xrightarrow[\text{촉매}]{\text{열}} 2H^+ + 2e^-$

2) Cathode : $\frac{1}{2}O_2 + 2H^+ + 2e^- \rightarrow H_2O$

3) 반응식 : $H_2 + \frac{1}{2}O_2 \rightarrow H_2O + 241.8[J]$
(물과 전기 발생)

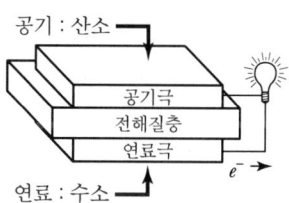

[그림 1] 연료전지 구조

2. 연료전지의 구성

가. 개질기(Reform)

1) 화석연료(천연가스, 메탄올, 석유 등)로부터 수소를 발생시키는 장치이다.
2) 시스템에 악영향을 주는 황, 일산화탄소 제어 및 시스템 효율 향상을 위한 Compact가 핵심이다.

나. 스택(Stack)

1) 원하는 전기출력을 얻기 위해 단위전지를 직렬로 적층하여 쌓아올린 본체을 말한다.
2) 본체는 음극과 양극으로 구성되어 있으며, 보조기로 외부에서 연료(H_2)및 산화제(O_2)를 공급하는 장치와 산화물(H_2O)을 빼내는 장치 등으로 구성되어 전해액과 전해질의 종류에 따라 연료전지를 구분한다.

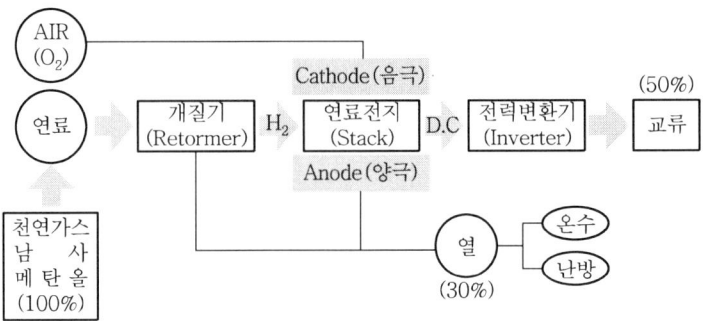

[그림 2] 연료전지 발전시스템의 구성도

다. 전력변환기(Inverter)

연료전지에서 나오는 직류전기(DC)를 우리가 사용하는 교류(AC)로 변환시키는 장치이다.

라. 주변보조기(BOP ; Balance Of Plant)

연료, 공기, 열회수 등을 위한 펌프류, Blower, 센서 등의 보조장치를 말한다.

3. 연료전지의 종류 및 특징

연료전지는 사용하는 전해질의 종류에 따라 구분되며 제1, 2, 3세대 전지가 있다.

[표 1] 연료전지의 분류

구분	인산형(PAFC)	용융탄산염형(MCFC)	고체산화물형(SOFC)	고분자전해질형(PEMFC)
전해질	인산염	탄산염	세라믹	이온교환막
전하단체	H^+	CO_3^{2-}	O_2^-	-
사용연료	• 천연가스(개질) • 메탄올(개질)	• 천연가스 • 석탄가스화 가스	• 천연가스 • 석탄가스화 가스	• 메탄올(개질) • 천연가스(개질)
작동온도	220℃ 이하	650℃ 이하	1,200℃ 이하	80℃ 이하
실용화 시기	1980년대 후반	1990년대 후반	2000년 이후	-
발전효율	35~42%	45~60%	45~65%	35~40%
특징	실용화에 가장 가깝다.	• 고발전효율 • 내부개질 가능	• 고발전효율 • 내부개질 가능	• 저온에서 작동 • 고에너지 밀도
개발 현황	5,000kW 및 11,000kW급 플랜트의 운전시험 완료	1,000kW급 파일럿 플랜트 및 200kW급 내부 개질형 스택의 연구·개발 실시 중	-	• 이동용 전원 및 소용량 전원에 적합 • 수 kW 가정용, 수십 kW 건물용 분산형전원개발 중

가. 연료전지의 종류

1) 제1세대 : 인산염을 전해질로 사용하는 인산염형 연료전지
2) 제2세대 : Na, K, Li 등의 용융탄산염을 전해질로 사용하는 용융탄산염형 연료전지
3) 제3세대 : 고체 산화질코늄 혹은 이성다중산 물질을 전해질로 사용하는 고체 전해질형 연료전지

나. 연료전지의 특징

1) 인산염형(PAFC ; Phosphoric Acid Fuel Cell)

   ① 수소연료를 천연가스, 메탄올 등에서 얻는다.
   ② 작동온도범위는 200℃ 부근으로 취급이 용이하나 작동온도가 낮아 열효율은 35~42% 정도로 낮다.
   ③ 실용화가 가장 가까우나, 작동온도가 낮아 재료의 선택폭이 넓은 반면 전지의 활성도가 낮아 촉매작용이 높은 고가의 백금을 사용해야 하는 결점이 있다.

2) 용융탄산염형(MCFC ; Molten Carbonate Fuel Cell)

   ① 수소연료를 천연가스, 석탄가스화가스 등에서 얻는다.
   ② 작동온도범위는 650~700℃로 온도가 높아 백금촉매는 필요 없고 효율이 좋다.
   ③ 고온의 배기열을 이용하는 것으로 증기터빈과 조합한 복합발전방식이 기대된다.
   ④ 현재 폐열을 이용한 연구가 활발하다.

3) 고체 산화물형(SOFC ; Solid Oxide Fuel Cell)

   ① 석탄가스를 이용하여 수소를 얻는다.
   ② 작동온도범위는 1,000℃ 정도로 가장 높은 효율이 기대된다.(45~65% 정도)
   ③ 고체 전해질 사용으로 구성기기의 부식 등 성능열화는 적으나, 기술적으로 해결해야 할 문제점이 많아 실용화에는 상당한 시일이 걸릴 것으로 예상된다.

4. 전원설비로서의 특징

연료전지는 연료를 직접 전기에너지로 변환하므로 화력발전과는 다른 여러 특징이 있다.

가. 높은 에너지 변환효율

1) 연료전지는 화학에너지를 전기에너지로 직접 변환하므로 카르노 사이클과 같은 열기관의 제약이나 회전부 손실이 없다.
2) 연료변환장치 손실을 고려하여도 40~50% 정도의 높은 효율을 낼 수 있으며 복합화력 또는 열병합발전 채택 시 75% 이상의 높은 종합효율이 기대된다.

나. 높은 부하응답성

최소출력에서 최대출력까지 단시간(수 초 이내)에 출력변환이 쉬워 단시간 기동이 가능하여 비상용으로도 사용이 가능하고, 부분 부하에서도 효율변화가 거의 없다.

다. 환경성 우수

1) 대기오염 물질인 삭스, 녹스 성분의 발생이 극히 적고, 대형 회전기 부분이 없으므로 소음이 적으며, 냉각수가 많이 필요치 않아 순환사용이 가능하다.
2) 이산화탄소의 발생량이 타 화석연료 발전방식의 1/3 이하로 감소한다.

라. 건설부지 확보 및 공기

1) 연료전지는 모듈화가 가능하여 대부분의 제조 및 조립공정이 공장에서 이루어져 건설공기가 단축된다.
2) 용량 증설이 용이하고, 고신뢰도가 기대된다.
3) 기기 배치가 자유롭고, 소요면적이 작아 입지제약이 적다.
4) 소음 등의 공해가 거의 없어, 부하중심지인 도시 내 및 도심 근방에 건설 가능하다.
5) 입지제약, 환경오염, 공해문제, 냉각수문제 등이 거의 없어 부하 중심지인 인구밀집지역에도 건설이 가능하다.

마. 기타

1) 인구밀도가 높은 부하 중심지에 건설 시 송전선로 단축 및 송전손실 감소로 투자비와 운전비가 감소된다.
2) 연료의 다양성으로 말미암아 세계 에너지 자원의 가격 변화에 쉽게 대응한다.
3) 연료전지 종류를 쉽게 바꿀 수 있어 연료의 변경에 따른 운전제약 요건이 감소된다.

5. 개선과제

기존 기술 대비 설비 단가를 감소시키는 등 경제성 확보에 주력한다.

가. 재료의 저가격화

부품의 표준화, 유지 및 운전비용 저감, 열병합화, 중량 및 크기 축소 등이 필요하다.

나. 스택 개선

구성소재 개선, 전력밀도 개선, 신뢰성 향상, 수명 향상이 필요하다.

다. 발전시스템 개선

개질기 및 냉각시스템 등 주변기기 개선이 필요하다.

4.8 지능형 전력망(Smart Grid)

지능형 전력망이란 현재의 전력망에 정보통신[IT(Information Technology)와 CT(Communication Technology)] 기술을 적용하여 공급자와 소비자 상호 간 양방향으로 실시간 정보를 교환함으로써 가장 효율적인 전력의 생산과 소비가 가능한 ICT 전력망 시스템을 말한다.

예 지능형 수요관리, 신·재생에너지 연계, 전기차 충전 등에 활용

■ 한국전기설비규정(KEC), 스마트 그리드 용어사전, 정기간행물, 제조사 기술자료

1. 지능형 전력망의 분류

현재의 전력망은 정전뿐만 아니라 전력품질을 고려해야 하는 수요자 중심의 에너지 절약형 전력망 운영으로 그 중요성이 더해지고 있다.

가. Smart Grid

스마트 그리드는 기존 전력망에 정보통신기술(ICT)을 접목하여 전력생산 및 소비정보를 양방향, 실시간으로 교환함으로써 에너지 효율을 최적화하는 차세대 지능형 전력망을 말한다.

나. Micro Grid

마이크로 그리드란 일정 지역 내의 수용가와 분산자원(분산전원 및 신·재생에너지원, 에너지 저장장치 등)을 갖춘 소규모 전력망을 구축하고, 외부의 대규모 전력계통에 연계 또는 독립적 운전이 가능한 분산에너지 공급체계의 소규모 전력망을 말한다.

2. 구성

가. 구성요소

1) 전기에너지의 생산과 공급제어를 위한 통신 네트워크와 센서 시스템
2) 각종 지능형 설비 및 계측제어장비 등 발전 및 송배전 설비
3) 수용가에 설치된 마이크로 그리드(각종 감시제어설비, 소프트웨어, 네트워킹, 통신 인프라 등)를 포함한다.

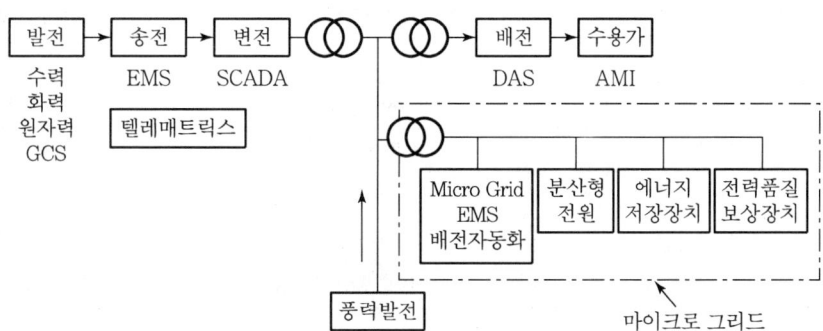

나. 계통별 전력 IT 시스템

1) 송전 시스템의 FACTS(Flexible Alternating Current Transmission System)
   한국형 에너지관리시스템 EMS(Energy Management System) 등이 필요하다.
2) 변전 시스템의 SCADA(Supervisory Control and Data Acquisition)
   텔레메트릭스(전력설비상태감시)를 위한 선로 측 센서 및 센서네트워크 구성이 필요하다.
3) 배전 시스템의 지능형 배전감시운영시스템 DAS(Distribution Automation System)
   온라인 감시무효전력관리, 위성망을 이용한 위기관리가 가능하다.
4) 소비자 시스템의 스마트 미터기 AMI(Advanced Metering Infrastructure)
   양방향 통신을 통해 고객의 전기사용량을 검침하고, 전력사용량과 요금 등의 실시간 전력정보를 고객에게 제공하는 지능형 원격 계량기이다.
5) 기타 시스템
   ① 배전지능화에 의한 중앙제어장치, 단말장치 및 데이터처리장치, 분산전원연계 운영기술 등을 접목한다.
   ② 마이크로 그리드는 소비자 운영시스템으로 실시간 전력수요에 의하여 운영된다.

3. 기존 전력망의 특징

기존의 교류전력시스템으로는 현재 다양해진 전력소비 형태에 대응하기가 어렵다.

가. 전기에너지 소비가 비효율적이고 발전설비의 이용률이 낮다.
나. 용량 증설에 과다한 설비투자가 필요하다.
다. 녹색에너지와 분산전원의 접속이 용이하지 않다.
라. 전기자동차 충전 인프라 구축의 실효성이 부족하다.
마. 전력망에 대한 실시간 감시와 제어가 어렵다.
바. 소비자의 선택권이 제한되고 소비자의 요구에 부응하기가 어렵다.

[표 1] 현재 전력망과 스마트 그리드의 비교

비교항목	현재 전력망	스마트 그리드
구조	방사형 구조	네트워크 구조
전원공급 방식	중앙전원	분산전원
통신방식	단방향 통신	양방향 통신
기술기반	아날로그/전자기계식	디지털
설비점검	수동점검	원격설비 점검
제어시스템	지역적인 제어시스템	광범위한 제어시스템

4. 스마트 그리드의 필요성

가. 에너지 자원의 효율적 이용 측면이 증대하였다.

나. 온실가스 배출감소의 필연성이 증대하였다.

다. 수요자의 전력품질과 전력망의 신뢰도 향상 요구가 증대하였다.

라. 전기자동차 시대를 대비한 새로운 인프라 구축의 필요하다.

마. 친환경전원(신재생, 분산형전원)의 보급확대 기반 마련이 필요하다.

바. 무정전, 고품질 전력서비스 제공이 증대하였다.

5. 스마트 그리드의 적용효과

가. 전력생산의 중앙집중 및 분산 발전형태

1) 전력망 내에서 가동되고 있는 수많은 설비들의 상태와 수요, 공급을 모두 실시간으로 파악함으로써 전력소비패턴을 가장 효율적인 상태로 유지할 수 있도록 한다.
2) 전력생산자와 소비자 간에 양방향 통신으로 전력수요가 평준화되어 최대수요에 맞추어 운영되던 발전 및 송배전 설비를 합리적이고 효율적으로 운용할 수 있다.
3) 실시간 전력가격정보가 소비자에게 전달되어 소비자가 전력소비시간을 결정하고, 소비자의 부하상황을 전력생산자가 파악할 수 있어 전력생산의 조절·계획이 가능하다.

나. 신·재생에너지의 이용 극대화

1) 풍력이나 태양광과 같은 신·재생에너지는 출력변동이 심하고, 출력의 예측이나 조정이 어려워서 발전계획을 수립하는 것이 어렵다는 점이다.
2) 따라서 표준화된 전력과 통신 인터페이스를 통해 스마트 그리드를 적용하면 불안정하게 공급되는 저품질의 전기를 양질의 신뢰성 높은 전기로 변환하는 것이 가능하다.
3) 전기품질이 모니터링되고, 건물 내부설비에 장착된 센서를 통하여 냉난방·조명 등 건물상태를 최적의 운전효율로 관리하는 건물 에너지관리시스템 운용이 가능하다.

다. 소비자의 선택권 확대로 설비운영의 효율화

1) 전력공급자는 전력품질을 등급별로 공급하고, 소비자는 자신의 부하특성에 적절한 전력품질을 선택하여 사용할 수 있다.
2) 전력수요에 따라 전력가격을 차등 부과하는 것이 가능하여 전력사용을 분산시키는 효과를 거둘 수 있다.
3) 실시간 계통정보는 송전선로의 송전용량을 최대한으로 이용할 수 있게 함으로써 송전설비의 경제성을 제고하고, 전력망의 신뢰도를 향상시킨다.

라. 양방향 전력과 정보교류에 의한 응용기술 개발 확대

1) 스마트 그리드의 AMI(Advanced Metering Infrastructure : 첨단검침인프라)시 스템 실현을 위한 기반 기술인 전력선통신(PLC)의 발전이 필요하다.
2) 전력생산자와 소비자 간의 양방향 통신이 가능하여 전력요금에 따라 전력소비 시간대를 능동적으로 조절할 수 있어 전기자동차의 보급을 확대할 수 있다.
3) 스마트 그리드의 도입으로 배터리 기술의 발전, 초전도 코일에 전력을 저장하는 기술 등 전기를 저장하는 기술의 발전이 기대된다.
4) 발전기와 송배전선로의 각종 센서를 활용한 실시간 감시로 전력공급의 신뢰성 확보하고, 전력망 내에서 발생하는 고장을 신속하게 진단하고 복구하는 데 사용한다.

> **참고** 마이크로 그리드(Micro Grid)
>
> 마이크로 그리드란 기존의 광역적 전력시스템으로부터 독립된 분산전원을 중심으로 국소적인 전력공급시스템을 말하는 것으로 발전소에서만 전기를 생산하는 것이 아니라 양방향 송배전을 바탕으로 다수의 프로슈머가 전력망의 전력생산을 전담하는 전력시스템을 말한다.
> 가. 구성 : 전원으로 신재생 에너지와 소형 열병합 발전기를 사용하여 열과 전기를 동시에 수용가에 공급할 수 있으며, 부속장치로 전기는 축전지의 충·방전을 통해 열은 온수탱크에 저장하여 사용할 수 있어 에너지를 효율적으로 관리·운영할 수 있는 시스템이다.
> 나. 목적 : 청정에너지의 활용에 의한 환경문제 개선, 에너지의 비용절감, 고립지역의 전력의 안정적인 공급 및 인프라 확충을 위하여 개발하였다. 따라서 안정적인 전원공급과 신·재생에너지의 효율적인 이용이 가능하다.
> 다. 특징
> 1) 송배전과정에서 전력손실을 줄여 효율적인 에너지 사용이 가능하다.
> 2) 분산전원 및 신·재생에너지의 장점을 최대한 활용할 수 있다.
> 3) 정전 피해를 최소화할 수 있다.
> 4) 전력품질을 안정적으로 유지하는 데 어려움이 있다.
> 5) 인버터 기반의 분산형전원 활용은 사고전류 감소로 사고 시 보호협조가 어렵다.
> 6) ESS(에너지 저장장치)의 높은 초기 설치비로 경제적 비용이 과대하다.

4.9 에너지 저장장치(ESS ; Energy Storage System)

에너지 저장장치는 대용량의 전기를 저장할 수 있는 시스템으로 전력계통 또는 신·재생에너지의 발전, 발전소에서 생산되는 전력의 주파수 안정화에 활용하는 시스템을 말한다. 저장방식에 따라 물리적, 전기화학적, 전기적인 방법 등이 있고 압축공기, 플라이휠, 이차전지 등이 포함된다. 최근 대규모의 중앙집중식 전원에서 점차 여러 개의 소규모 분산형전원 시스템으로 전환시키는 추세이며 이는 대규모 정전사태의 발생에 대한 해결책으로 도입이 가속화되고 있다.

■ 한국전기설비규정(KEC), 배전규정, 정기간행물

1. 에너지 저장장치(ESS)의 개요

전력에너지는 저장이 곤란하고 공급과 수요가 동시에 이루어지는 단점을 가지고 있다. ESS란 생산된 전력을 전력계통(Grid, 발전소, 변전소, 송전선 등)에 저장했다가 전력이 가장 필요한 시기에 전력계통 또는 부하에 공급하여 에너지효율을 높이는 시스템으로, 전력에너지의 단점을 보완하는 설비를 말한다.

가. 설치목적

계절별 부하의 격차에 따른 첨두부하의 감소(Peak Shaving), 전력부하의 평균화를 위한 예비발전용량 확보(Spinning Reserve), 발전소의 효율적 운영을 위한 신·재생에너지 발전 안정화(Generating Stabilizer)와 부하안정화(Load Leveling)를 통한 전력계통의 합리적 운영을 위하여 설치한다.

나. 필요성

1) 전력망의 안정적 전력공급을 실현한다.
2) 신·재생에너지의 활용을 위한 예비발전용량을 확보한다.
3) 대규모 에너지저장에 의한 전력망 무정전시스템을 구현한다.
4) 계절적 부하평준화를 통한 스마트 그리드를 실현한다.

다. ESS의 구성요소

기본구성은 Battery, BMS(Battery Management System), PCS(Power Conditioning System), EMS(Energy Management System)로 되어 있다.

1) Battery : 직류전기에너지를 화학에너지 형태로 저장하는 축전지와 축전지 내부 상태를 감시하는 BMS로 구성된다. Battery의 선정은 ESS의 용도에 맞추어 용량, 전압, 발열, 수명 등 다양한 요인을 고려한다.

2) BMS(Battery Management System) : 배터리의 온도, 전압, 전류, 충전상태, 용량 등을 모니터링하고 관리하는 장치이다. 배터리의 성능을 안전하게 극대화한다.
3) PCS(Power Conversion System) : 전기의 특성을 변환해주는 시스템으로 계통 측의 교류를 직류로 변환시켜 축전지를 충전하기도 하고, 축전지에 저장된 직류를 교류로 변환시켜서 방전하도록 양방향 전력제어가 가능하여야 한다.
4) EMS(Energy Management System) : ESS 운용 및 제어를 위한 전력계통의 정보, 축전지 충전상태, 부하상태 등을 실시간으로 입력을 받아 내부 제어 알고리즘을 수행하고, 이를 통하여 충전 또는 방전 운전 제어 지령을 PCS와 축전지로 보낸다.

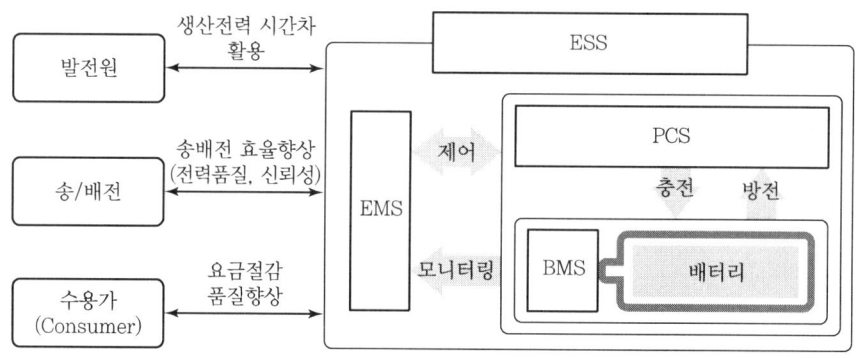

[그림 1] 에너지저장시스템 적용

라. 전력저장 기술의 종류

1) 전기에너지 : 초전도 에너지 저장, 슈퍼 커패시터 저장
2) 물리에너지 : Fly Wheel 에너지 저장(운동), 양수발전기의 전력 저장(위치), 잠열에너지 저장(열)
3) 화학에너지 : 신형축전지 전력 저장(리튬계 전지, 나트륨계 전지, 바나듐레독스 전지)

2. 전기저장장치(ESS)의 시설기준

가. 설치장소 요구사항

1) 전기저장장치의 축전지, 제어반, 배전반의 시설은 기기 등을 조작 또는 보수·점검할 수 있는 충분한 공간을 확보하고 조명설비를 시설하여야 한다.
2) 폭발성 가스의 축적을 방지하기 위한 환기시설을 갖추고 적정한 온도와 습도를 유지하도록 시설하여야 한다.
3) 침수의 우려가 없도록 시설하여야 한다.

나. 전기배선

1) 공칭단면적 2.5mm² 이상의 연동선 또는 이와 동등 이상의 세기 및 굵기를 가진 전선을 사용한다.
2) 배선설비 공사는 옥내에 시설할 경우 '합성수지관, 금속관, 금속제 가요전선관, 케이블 공사 또는 배선설비와 다른 공급설비와의 접근' 규정에 의하여 시설한다.
3) 옥측 또는 옥외에 시설할 경우 합성수지관, 금속관, 금속제 가요전선관, 케이블 공사의 규정에 준하여 시설한다.

다. 단자와 접속

1) 단자의 접속은 기계적, 전기적 안전성을 확보하여야 한다.
2) 단자의 체결 또는 잠글 때 너트나 나사는 풀림방지 기능이 있는 것을 사용한다.
3) 외부터미널과 접속하기 위해 필요한 접점의 압력이 사용기간 동안 유지되어야 한다.
4) 단자는 도체에 손상을 주지 않고 금속 표면과 안전하게 체결되어야 한다.

라. 지지물의 시설

1) 이차전지의 지지물은 부식성 가스 또는 용액에 의하여 부식되지 않아야 한다.
2) 적재하중 또는 지진 기타 진동과 충격에 대하여 안전한 구조이어야 한다.

마. 충전 및 방전 기능

1) 전기저장장치 배터리의 충전기능은 SOC특성으로 충전할 수 있어야 한다.
2) 충전할 경우 전기저장장치의 충전상태 또는 배터리상태를 시각화하여 정보를 제공한다.
3) 전기저장장치는 배터리의 SOC 특성에 따라 제조사 제시 정격으로 방전할 수 있어야 한다.
4) 방전할 경우 전기저장장치의 방전상태 또는 배터리상태를 시각화하여 정보를 제공한다.

바. 제어 및 보호장치

1) 전기제어장치를 계통연계하는 경우 "계통연계용 보호장치의 시설" 기준에 따라 시설한다.
2) 전기저장장치가 비상용 예비전원 용도를 겸용하는 경우 전원유지시간 동안 비상용 부하에 전기를 공급할 수 있는 충전용량을 상시 보존하도록 시설한다.
3) 전기저장장치의 접속점에는 개폐의 개방상태를 육안으로 확인 가능한 전용 개폐기를 사용한다.
4) 전기저장장치의 이차전지는 다음 경우 자동으로 정로로부터 차단하는 장치를 시설한다.
   ① 과전압 또는 과전류가 발생한 경우
   ② 제어장치에 이상이 발생한 경우
   ③ 이차전지모듈의 내부온도가 급격히 상승한 경우

5) 직류전류에 과전류차단기를 설치하는 경우 직류단락전류를 차단하는 능력을 가져야 한다.
6) 직류저장장치의 직류전로에 지락이 생겼을 경우 자동적으로 전로를 차단하는 장치를 시설한다.

사. 계측장치

1) 축전지 출력단자의 전압, 전류, 전력 및 충방전상태
2) 주요 변압기의 전압, 전류 및 전력

아. 접지 등의 시설

금속제 외함 및 지지대 등은 접지시스템의 규정에 따라 접지공사를 하여야 한다.

3. 특정기술을 이용한 ESS의 시설

20kWh를 초과하는 리튬·나트륨·레독스플로 계열의 이차전지를 이용한 전기저장장치는 "적절한 보호 및 제어장치를 갖추고 폭발의 우려가 없도록 시설"하는 다음 규정에 의하여 시설한다.

가. 시설장소의 요구사항(전용건물에 시설하는 경우)

1) 전기저장장치 시설장소의 바닥, 천장(지붕), 벽면 재료는 불연재료이어야 한다.
2) 전기저장장치 시설장소는 높이 22m 이내, 출구 바닥면을 기준으로 9m 이내로 한다.
3) 이차전지는 전력변환장치(PCS) 등의 다른 전기설비와 분리된 격실에 설치한다.
4) 인화성 또는 유독성 가스가 축적되지 않는 근거 제시 시, 환기시설을 생략할 수 있다.
5) 전기저장장치가 차량에 의해 충격받을 우려가 있는 장소에는 충돌방지장치를 설치한다.
6) 전기저장장치 시설장소는 주변시설로부터 1.5m 이상 이격하고, 다른 건물의 출입구나 피난계단 등 이와 유사한 장소로부터는 3m 이상 이격하여야 한다.

나. 제어 및 보호장치 등

1) 낙뢰 및 서지 등 과도과전압으로부터 설비보호를 위해 SPD를 설치
2) 긴급상황이 발생한 경우에는 관리자에게 경보하고, 비상정지장치를 설치
3) 전기저장장치의 제어장치를 포함한 주요 설비에 통신장애를 방지하는 보호대책 수립
4) 전기저장장치는 최대 충전범위를 초과하여 충전하지 않도록 충전 후 추가충전은 금지

> **참고** 초전도 에너지 저장장치(SMES ; Superconducting Magnet Energy storage System)

가. 저장원리

초전도 물질은 극저온하에서는 전기저항이 "0"이 되므로 초전도상태가 된 물질은 에너지가 소비되지 않는다. 따라서 이 물질을 사용한 도체로 폐회로를 만들어 전류를 흘리면 전류는 영구히 계속 흐르게 된다.

나. 기본구성

1) 직교변환장치 : 전력계통과 초전도 코일과의 사이에서 전력을 변화하기 위한 장치
2) 직류차단기 : 초전도 에너지 저장장치(SMES)의 이상현상을 차단하는 회로보호장치
3) 보호저항 : 쿠엔치 검출기 신호에 의해 코일에 저장된 에너지를 안전하게 방출하는 장치
4) 영구전류 스위치 : 초전도 코일의 양단을 단락하여 에너지를 저장하기 위한 스위치
5) 초전도 코일 : 외기와 진공 단열된 냉각용기에 수납된 장치
6) 냉동기 : 초전도 코일을 냉각하여 지속적으로 초전도 상태를 유지하기 위한 장치
7) 쿠엔치 검출기 : 초전도 현상의 이탈 상태를 순시검출하기 위한 장치

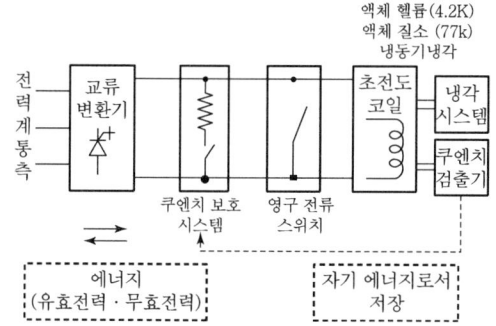

[그림 2] SMES의 기존구조

다. 주요 특징

1) 초전도는 무손실이기 때문에 저장효율(80~90%)이 높다.
2) 전기에너지를 직접 전력변환장치를 통하여 저장·방출이 고속으로 변환되어 속응성이 우수하다.
3) 교류 측으로 입·출력을 유효전력과 무효전력으로 분리 독립적으로 제어할 수 있다.
4) 대용량의 전기에너지를 장기간에 걸쳐서 저장이 가능하다.
5) 소용량에서 대용량까지 임의의 크기에 적용이 가능하며 코일용량을 크게 하여 전류량을 증가시켜 주면 저장에너지를 증대시킬 수 있다.
6) 정지기기이며 수명이 길다.

라. 적용효과

1) 전력저장용 SMES
   ① 충방전 시간(1시간~1주일)이 길다.
   ② 저장용량이 양수발전규모인 전력저장용($10^{11} \sim 10^{14}$ J 정도)으로 이용이 가능하다.
2) 전력계통 안정용 및 무효전력 보상용의 SMES
   충방전 시간이 짧고(1분 이내), 저장용량($10^6 \sim 10^8$ J 정도)이 적어도 되는 경우 이용한다.
   ① 전력계통 안정용 : 계통사고 시 유효전력의 과부족을 흡수 또는 방출하여 계통의 안정을 도모한다.
   ② 무효전력 보상용 : 계통사고 시 무효전력을 흡수 또는 방출하여 무효전력을 보상한다.

PART 04

과년도 기출문제

126회 건축전기설비기술사 기출문제	565
127회 건축전기설비기술사 기출문제	567
128회 건축전기설비기술사 기출문제	569
129회 건축전기설비기술사 기출문제	571
130회 건축전기설비기술사 기출문제	573
131회 건축전기설비기술사 기출문제	575
132회 건축전기설비기술사 기출문제	577
133회 건축전기설비기술사 기출문제	580
134회 건축전기설비기술사 기출문제	582
135회 건축전기설비기술사 기출문제	584
136회 건축전기설비기술사 기출문제	587
137회 건축전기설비기술사 기출문제	589

126회 건축전기설비기술사 기출문제

1교시

※ 다음 문제 중 10문제를 선택하여 설명하시오. (각 10점)

1. 한국전기설비규정(KEC)에서 정의하는 보호도체 단면적 산정에 대하여 설명하시오.
2. 화재에 취약한 합성수지관공사의 천장 은폐장소(이중천장) 및 벽체 내 시설에 대한 한국전기설비규정(KEC) 개정 사유 및 개정 내용에 대하여 설명하시오.
3. 소화활동설비인 비상콘센트설비의 전원회로 설치기준에 대하여 설명하시오.
4. 전압강하와 전압변동률에 대하여 설명하시오.
5. 색온도와 조도가 사람에게 미치는 일반적인 느낌에 대하여 설명하시오.
6. 변압기의 절연방식에 대하여 설명하시오.
7. 정전압원과 정전류원에 대하여 설명하시오.
8. 전기자반작용에 대하여 설명하시오.
9. 주택용과 산업용 배선차단기(MCCB)를 한국전기설비규정(KEC)을 기반으로 비교하여 설명하시오.
10. 계통전압 6.6[kV]의 변압기를 직접접지(저항접지)로 지락보호하고자 한다. 계통의 지락 시 완전 1선 지락 전류가 100[A] 정도 흐르도록 중성점 접지저항기(NGR)의 값을 구하고 NGR의 역할에 대하여 설명하시오.
11. 한국전기설비규정(KEC)에 따른 분산형전원설비의 인체 감전보호 등 안전에 관한 사항에 대하여 설명하시오.
12. 제로에너지빌딩(Zero Energy Building) 인증제도에 대하여 정의하고, 인증대상 및 인증기준에 대하여 설명하시오.
13. 스마트 그리드(Smart Grid)의 필요성과 특징에 대하여 설명하시오.

2교시

※ 다음 문제 중 4문제를 선택하여 설명하시오. (각 25점)

1. 유도전동기의 과부하 보호 및 단락 보호 방법에 대하여 설명하시오.

2. 3상 평형배선의 상전류에 고조파가 포함되어 흐르는 경우 4심 및 5심 케이블의 고조파 전류 저감 계수, 중성선의 단면적 선정 방법 및 중성선의 보호 방법(접지 계통별 구분)에 대하여 설명하시오.

3. 연면적 80,000[m^2] 지하 5층, 지상 25층 오피스빌딩의 전기설비를 계획하시오.

4. 옥내 조명설계에서 좋은 조명의 조건과 조명설계순서에 대하여 설명하시오.

5. 건축물 예비전원설비 중에서 자가발전설비의 용량 산정방법을 국토교통부 설비설계기준 (KDS 31 60 20 : 2021 예비전원설비)에 근거하여 설명하시오.

6. 건축물에 설치하는 비상방송설비의 화재 시 배선기준 및 대책과 소방감지기의 종류 중에서 이온화식과 광전식을 비교하여 설명하시오.

127회 건축전기설비기술사 기출문제

1교시

※ 다음 문제 중 10문제를 선택하여 설명하시오. (각 10점)

1. 조명 설계 시 고려되는 균제도에 대하여 설명하시오.

2. 수용가의 전력설비 계획 시 수용률, 부등률 및 부하율을 구하는 계산식을 쓰고, 변압기의 용량을 결정하기 위한 과정을 설명하시오.

3. 비상용 승강기가 가져야 할 안전장치에 대하여 설명하시오.

4. 변전설비 설계에서 변압기 2차 측의 이중모선 방식에 대하여 설명하시오.

5. 분산형전원설비를 저압계통에 연계할 때 직류유출방지에 대한 다음 사항을 설명하시오.
   (1) 직류유출방지를 위하여 설치하는 전기기기 및 설치방법
   (2) 직류유출방지를 위한 전기기기 설치 예외 기준
   (3) KEC, IEC 및 IEEE에서 제시하는 직류전류 유출의 제한 값 비교

6. 정격용량 1,000[kVA], 1차 전압 22.9[kV], 2차 전압 3.3[kV]인 몰드변압기의 부하손실이 8.0[kW], 임피던스 전압이 1,100[V]인 경우 부하의 역률 0.8, 부하율 100[%]일 때 변압기의 전압변동률을 계산하시오.

7. 전기설비의 지진대책에 적용되는 내진, 면진 및 제진에 대하여 설명하시오.

8. 태양광발전시스템에서 계통연계형 인버터 회로구성 방식의 종류와 장단점에 대하여 설명하시오.

9. 예비전원이나 비상전원으로 사용되는 축전지의 충전방식에 대하여 설명하시오.

10. 대형 공장의 구내 배전계통을 설계하고자 한다. 수전변전소로부터 4[km] 떨어진 지점에서 3상 단락고장이 발생하였을 때 3상 단락전류(I_{3s})를 구하시오.[단, 한전 측 계통 %임피던스는 11[%](100[MVA] 기준), 30[MVA] 유입변압기의 %임피던스는 9.5[%](자기용량 기준), 배전선로의 km당 %임피던스는 $j8.41$[%](100[MVA] 기준), 3상 단락 시 고장점 저항은 무시한다.]

11. 신재생에너지 도입을 위한 설비를 기획하고자 한다. 경제성 검토 시 사용하는 다음의 용어에 대하여 설명하시오.
    (1) 계통한계가격(SMP)
    (2) 손익분기점
    (3) 내부수익률(IRR)
12. 배전설비 중 전자화 배전반에 대한 다음 사항을 설명하시오.
    (1) 전자화 배전반의 구성, 기능, 특징
    (2) 전자화 배전반과 기존 배전반의 비교
13. 전동기의 사양 중 서비스 팩터(Service Factor)의 의미를 설명하고, 서비스 팩터가 1.0과 1.15일 때의 차이점을 설명하시오.

2교시

※ 다음 문제 중 4문제를 선택하여 설명하시오. (각 25점)

1. 조명설계 시 눈부심 현상을 억제하기 위한 대책을 설명하시오.
2. 유도전동기의 전압특성을 설명하고, 단자전압이 정격전압보다 낮은 경우에 발생하는 현상과 대책에 대하여 설명하시오.
3. 배전설비에서 전선의 단면적 산정과 관련된 다음 사항을 한국전기설비규정(KEC)의 기준에 맞게 설명하시오.
   (1) 설계전류(I_B), 과전류보호장치의 정격전류를 고려한 단면적 계산방법
   (2) 전선 단면적과 차단기 정격과의 보호협조 검토
4. 배전설비에서 Flicker에 대한 다음 사항을 설명하시오.
   (1) Flicker 발생원인 및 장해현상
   (2) Flicker 발생에 따른 대책 및 시공 시 고려사항
5. 단독접지에 비해 공통접지의 장점과 특성에 대하여 설명하시오.
6. 수변전설비에서 피뢰기(LA) 선정 시 고려해야 할 사항에 대하여 설명하시오.

128회 건축전기설비기술사 기출문제

1교시

※ 다음 문제 중 10문제를 선택하여 설명하시오. (각 10점)

1. $R = 5[\Omega]$, $L = 0.159[H]$, $C = 50[\mu F]$의 직렬 회로에 100[V]의 AC 전압 인가 시, 흐르는 전류가 최대일 때, L과 C에 걸리는 전압 및 소비전력[kW]을 계산하시오.

2. 환류 다이오드(Free Wheeling Diode)의 다음 사항을 설명하시오.
   (1) 정의   (2) 목적   (3) 적용방법   (4) 효과

3. 비상조명등 설치 시 고려사항을 설명하시오.

4. KS C IEC 60449에 의한 건축전기설비의 전압밴드에 대하여 설명하시오.

5. 전력퓨즈의 역할, 장단점, 종류, 고압 이상 변압기 과부하보호장치 적용방법 및 기기별 기능을 비교하여 설명하시오.

6. 한국전기설비규정(KEC)에 따른 수용가 설비에서의 전압강하를 저압으로 수전하는 경우와 고압 이상으로 수전하는 경우 전압강하 범위에 대하여 설명하시오.

7. 전력케이블의 단절연에 대하여 설명하시오.

8. 전원의 자동차단에 의한 저압전로의 보호대책인 누전차단기를 시설해야 할 대상과 시설방법에 대하여 설명하시오.

9. 교류 저압배전 방식의 결선도를 작성하고, 전력손실이 동일할 때의 선전류, 저항, 단면적, 중량을 전기방식(電氣方式)별로 비교 설명하시오.

10. 조명률의 정의 및 조명률에 영향을 주는 요소에 대하여 설명하시오.

11. 텔레비전 조명의 특징과 조명목적에 대하여 설명하시오.

12. 분산형전원 배전계통 연계기술기준에 있어 전기방식(電氣方式)에 대하여 다음을 설명하시오.
    (1) 3상 수전 단상 인버터 설치기준
    (2) 연계구분에 따른 계통의 전기방식(電氣方式)

13. 소방설비의 감지기 배선방식 중에서 교차회로 방식의 정의, 문제점 및 대책, 이 방식을 적용하지 않는 감지기 종류를 설명하시오.

2교시

※ 다음 문제 중 4문제를 선택하여 설명하시오. (각 25점)

1. 건축물에 설치하는 경관조명 설계 시 빛공해 영향 및 방지대책에 대하여 설명하시오.

2. 조명시스템에 대하여 다음 사항을 설명하시오.
   (1) 조명경제 정의 및 경제성 평가법
   (2) 조명설비의 보수·관리
   (3) 조명제어 계획 시 고려사항

3. 저압전로에 설치하는 전동기 보호용 과전류보호장치의 다음 사항에 대하여 설명하시오.
   (1) 보호장치의 구성
   (2) 보호장치의 시설방법
   (3) 보호장치의 정격전류 선정
   (4) 단락보호 차단기의 선정방법

4. 한국전기설비규정(KEC)에 의한 전기자동차 충전장치 시설에 대하여 다음을 설명하시오.
   (1) 전원공급 설비의 저압전로 시설
   (2) 충전장치 시설
   (3) 충전 케이블 및 부속품 시설

5. 건축물의 접지전극을 설계하고자 한다. 다음의 내용을 설명하시오.
   (1) 접지전극의 설계 기본 순서
   (2) 대지저항률
   (3) 접지공법의 종류

6. 접지저항 측정 방법 중 전위강하법에 대하여 다음을 설명하시오.
   (1) 전위강하법의 정의
   (2) 전위분포곡선
   (3) 전위분포와 저항구역의 관계

129회 건축전기설비기술사 기출문제

1교시

※ 다음 문제 중 10문제를 선택하여 설명하시오. (각 10점)

1. R-L-C 직렬회로에서 다음 사항을 설명하시오.
   (1) 직렬공진의 정의 및 조건
   (2) 직렬공진 시 전압확대율

2. 무한히 긴 직선 도선에 전류 $I[A]$가 흐를 때 도선으로부터 $r[m]$ 떨어진 점에서의 자계의 세기 $H[AT/m]$를 구하시오. (단, Ampere's Circuital Law를 적용한다.)

3. 초고층 빌딩의 엘리베이터 설치 시 승객의 대기시간을 줄이기 위한 설계 시 고려사항과 엘리베이터의 군(Group)을 관리하는 방식에 대하여 설명하시오.

4. 피뢰기를 피보호기기에 가까이 설치해야 하는 이유를 수식을 쓰고 설명하시오.

5. 고압차단기의 정격 중 정격차단전류(I_{sc})와 정격투입전류(I_p)에 대하여 설명하고, 정격투입전류가 정격차단전류의 2.6배(60[Hz])가 되는 이유를 설명하시오.

6. 변류기의 이상현상 발생원인 중 직류분 전류에 의한 영향을 설명하시오.

7. 배전전압 결정 시 고려사항 중 중요 3가지 결정요소에 대하여 설명하시오.

8. 한국전기설비규정에서 정한 배선설비의 선정과 설치 시 고려해야 할 외부영향 요인 10가지를 설명하시오.

9. 터널조명 설계 시 구간별 설계기준(KS C 3703)에 대하여 설명하시오.

10. 동기전동기의 동기속도와 기동방식 3가지를 설명하시오.

11. BLDC(Brushless DC)모터의 원리 및 장단점에 대하여 설명하시오.

12. 태양광 모듈에서 발생하는 핫스팟(Hot Spot)의 원인과 영향, 대책에 대하여 설명하시오.

13. 해상풍력발전기에 대하여 다음 사항을 설명하시오.
    (1) 해상풍력발전기의 구성요소(외형적 구성요소)
    (2) 하부구조물의 형식

2교시

※ 다음 문제 중 4문제를 선택하여 설명하시오. (각 25점)

1. 노턴의 정리, 테브난의 정리, 밀만의 정리를 각각 비교하여 설명하시오.

2. 보호계전용 CT(Current Transformer)의 선정 시 고려사항에 대하여 설명하시오.

3. 자가용 수변전설비 중 변압기 운영에 있어서의 에너지 절감 대책을 설명하시오.

4. 환경친화적 자동차의 개발 및 보급 촉진에 관한 법률 및 시행령에 대하여 다음 사항을 설명하시오.
   (1) 환경친화적 자동차 종류
   (2) 전용주차구역 및 충전시설 설치 대상시설
   (3) 전용주차구역의 설치기준
   (4) 충전시설의 종류 및 설치수량

5. 조명설비 설계 시 조명기구의 배치방법을 분류하고 각각을 설명하시오.

6. 상업지구에 위치한 높이 70[m], 가로 50[m], 세로 40[m] 장방형 사무용 건축물에 피뢰시스템을 구성하고자 한다. KEC 규정을 적용하여 다음 사항을 설명하시오.(단, 피뢰시스템은 IV 등급을 적용한다.)
   (1) 건축물과 분리된 피뢰시스템으로 설계할 때 인하도선 배치방법
   (2) 건축물과 분리되지 않는 피뢰시스템으로 설계할 때 인하도선 배치방법과 인하도선 수

130회 건축전기설비기술사 기출문제

1교시

※ 다음 문제 중 10문제를 선택하여 설명하시오. (각 10점)

1. 다음 사항에 대하여 간략히 설명하시오.
   (1) 접지저항
   (2) 절연저항
   (3) 도체저항
   (4) 한국전기설비규정(KEC)의 저압전로 절연저항 시험전압과 기준값

2. 조명방식을 배광에 따라 분류하고 용도를 설명하시오.

3. 수전 변압기 보호 방식을 선정하기 위한 변압기의 종류별 기계적 보호장치에 대하여 설명하시오.

4. 공동구 전기설비 설계기준(KDS 31 85 20)에서 다음 사항을 설명하시오.
   (1) 수변전설비
   (2) 비상전원
   (3) 조명설비

5. 케이블 동상 다수조 포설방식의 불평형 발생원인과 대책을 설명하시오.

6. 비상방송설비의 3선식 배선 구성도와 설치기준을 설명하시오.

7. 태양광발전설비 구성요소 중 인버터 기능에 대하여 설명하시오.

8. 수변전설비에 사용되는 ATS(Automatic Transfer Switch)와 CTTS(Closed Transition Transfer Switch)의 특성을 비교 설명하시오.

9. 건축전기설비 설계기준에 의한 발전기실 높이 및 기초에 대하여 설명하시오.

10. 전력변환장치의 다음 4가지 용어에 대하여 설명하시오.
    (1) AC-DC 변환
    (2) DC-DC 변환
    (3) DC-AC 변환
    (4) AC-AC 변환

11. 한국전기설비규정(KEC)를 기준으로 저압 및 고압 이상으로 수전하는 수용가설비의 전압강하를 설명하시오.
12. 전자파 환경의 EMI(Electro Magnetic Interference), EMS(Electro Magnetic Susceptibility), EMC(Electro Magnetic Compatibility)에 대하여 설명하시오.
13. 퍼킨제 효과(Purkinje Effect)에 대하여 다음 사항을 설명하시오.
    (1) 비시감도 곡선
    (2) 적용사례

2교시

※ 다음 문제 중 4문제를 선택하여 설명하시오. (각 25점)

1. 한국전기설비규정(KEC)를 기준으로 다음의 절연내력 시험방법에 대하여 설명하시오.
    (1) 회전기 및 정류기
    (2) 연료전지 및 태양전지 모듈
2. 전압강하 계산방법의 종류를 설명하고, 단거리선로에 대하여 옴법 전압강하식을 등가회로 및 벡터도로 설명하시오.
3. 건축물에 시설하는 전력감시제어설비 장치구성, 주요 기능 및 도입효과에 대하여 설명하시오.
4. 자연적 구성부재 종류 및 피뢰설비의 수뢰부, 인하도선, 접지극으로 간주하기 위한 조건을 설명하시오.
5. 건축물에 설치되는 저압계통 과부하전류에 대한 보호협조, 보호장치의 시설 위치, 생략할 수 있는 경우에 대하여 설명하시오.
6. UPS의 필요성을 설명하고, 다이나믹(Dynamic) UPS시스템에 대하여 다음 사항을 설명하시오.
    (1) Dynamic UPS시스템의 구성
    (2) Dynamic UPS시스템의 종류
    (3) Dynamic UPS시스템의 장점
    (4) Dynamic UPS와 정지형 UPS시스템의 특성 비교

131회 건축전기설비기술사 기출문제

[1교시]

※ 다음 문제 중 10문제를 선택하여 설명하시오. (각 10점)

1. 다음 그림의 단자 a, b에 나타나는 전압과 단자 a, b에서 본 전원 측의 임피던스를 구하고, 테브낭의 정리를 이용하여 부하 $Z_L = 10 - j7.5[\Omega]$을 단자 a, b에 연결할 때, 부하전류 I_L [A]를 구하시오.

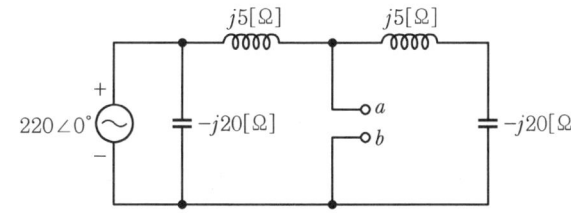

2. 비접지 국부등전위본딩의 개념을 설명하시오.
3. 전력계통에서 발생하는 고조파가 전기설비에 미치는 영향 및 저감대책에 대하여 설명하시오.
4. 건축물에 사용되는 간선의 부하별 사용목적에 따른 분류에 대하여 설명하시오.
5. 직렬 리액터가 설치된 역률개선용 콘덴서의 단자 전압 상승현상에 대하여 설명하시오.
6. 배선용차단기(MCCB)에 대하여 다음을 설명하시오.
    (1) 특징
    (2) 필요성
    (3) 암페어 프레임, 트립자유, 회복전압, 개극시간, 투입시간
7. 한국전기설비규정(KEC)에서 규정하는 케이블트레이 선정에 대하여 설명하시오.
8. 실내의 전반조명에 적용하는 LED 면조명 기구 중 직하방식과 엣지(Edge) 방식에 대하여 설명하시오.
9. 육상 및 수상태양광 설비에 대하여 다음을 설명하시오.
    (1) 육상태양광과 수상태양광의 비교
    (2) 수상태양광 부유방식에 따른 2가지 종류

10. 초전도 현상의 다음을 설명하시오.
    (1) 초전도 원리
    (2) 마이스너 효과(Meissner Effect)
    (3) 조셉슨 효과(Josephson Effect)
11. 배터리관리시스템(BMS)의 기능에 대하여 설명하시오.
12. IoT(Internet of Thing) 기반 스마트 조명시스템에 대하여 설명하시오.
13. 정격용량 75[kVA]이고 %임피던스가 각각 3.0[%], 3.5[%]인 단상 변압기 2대를 병렬 운전하여 150[kVA] 부하에 접속할 때, 각 변압기의 부하분담[kVA]을 구하시오.

2교시

※ **다음 문제 중 4문제를 선택하여 설명하시오. (각 25점)**

1. 변압기의 임피던스 전압이 전기설비에 미치는 영향을 설명하시오.
2. 중성점 직접접지 전로와 비접지 전로의 지락보호 방법을 설명하시오.
3. K-Factor에 관련하여 다음을 설명하시오.
    (1) THDF(Transformer Harmonics Derating Factor)
    (2) K-Factor 변압기
4. 계기용 변류기에 대하여 다음을 설명하시오.
    (1) 정격 과전류정수 및 과전류정수 선정 시 주의사항
    (2) 기계적 과전류강도
5. 빌딩의 분기선 및 간선 보호에 대하여 다음을 설명하시오.
    (1) 과부하 및 단락 보호장치의 설치 위치
    (2) 병렬도체의 과부하 및 단락보호
6. 주거환경과 동식물 및 천공을 고려한 경관조명의 설계에 대하여 설명하시오.

132회 건축전기설비기술사 기출문제

1교시

※ 다음 문제 중 10문제를 선택하여 설명하시오. (각 10점)

1. 뇌 보호시스템의 다음 사항을 설명하시오.
   (1) 피뢰구역(LPZ) 선정방법
   (2) 내부피뢰시스템의 보호대책

2. 국가건설기준(KDS 31 10 21)에서 정하는 발전기실 선정 시 건축적, 환경적, 전기적 고려사항을 설명하시오.

3. 특고압 수전설비 정전 순서 및 작업 시 안전수칙을 설명하시오.

4. 수·변전실의 전기설비에 대한 내진설계 방법을 설명하시오.

5. 전력계통에서 무효전력의 정의와 과·부족 시 문제점 및 대책을 설명하시오.

6. 고조파 왜형률(THD)의 다음 사항을 설명하시오.
   (1) 정의
   (2) 전류고조파 왜형률과 역률의 상관관계

7. 보호계전기의 신뢰도 향상을 위한 오동작 방지조건을 설명하시오.

8. 배전 선로에서 전력손실률을 정의하고, 배전선로 선간전압을 3.3[kV]에서 6.6[kV]로 승압한 경우 동일 전선, 동일 전력, 동일 전력손실하에서 송전 거리에 대하여 설명하시오.

9. 동기전동기의 구조 및 장점과 단점을 설명하시오.

10. 조명시설 글레어(Glare, 눈부심) 평가방법을 2가지 이상 들고 각각에 대하여 설명하시오.

11. 한국전기설비규정(KEC)에 따른 수중조명등의 시설기준에 대하여 다음 사항을 설명하시오.
    (1) 적용 가능한 변압기 및 사용전압
    (2) 사람의 출입우려가 없는 장소의 수중조명등 시설
    (3) 수중조명등의 용기

12. 풍력발전시스템에 대하여 다음 사항을 설명하시오.
    (1) 출력계수와 주속비 의미
    (2) 풍력발전기 로터 지름이 30[m]인 풍차가 풍속 16[m/s]일 때 회전수 50[rpm]으로 800[kW]의 발전기 출력을 내고 있을 때 풍차의 출력계수와 주속비 계산(단, 발전기의 효율은 95[%], 공기의 밀도는 1.225[kg/m³])

13. 전력기술관리법 시행규칙에 따른 감리원 배치 현황 신고 시 필요한 제출서류에 대하여 다음 사항을 설명하시오.
    (1) 배치 현황 신고의 경우 제출서류
    (2) 배치 변경 신고의 경우 제출서류

2교시

※ 다음 문제 중 4문제를 선택하여 설명하시오. (각 25점)

1. 간이수전설비와 정식수전설비에 대하여 다음 사항을 설명하시오.
    (1) 단선결선도 작성
    (2) 구성 및 특징
    (3) 수전설비 비교

2. 다음 전력설비의 에너지 절감 방안에 대하여 다음 사항을 설명하시오.
    (1) 수·변전설비
    (2) 조명설비
    (3) 동력설비

3. 건축물에 설치되는 엘리베이터 설계 시 다음 사항을 설명하시오.
    (1) 일반용, 승객용, 비상용 각각의 설치대수 산정 방법
    (2) 전원용량, 허용전류, 전압강하, 차단기 정격 계산 방법
    (3) 건축적 고려사항과 속도제어 방식

4. 전자기파에 대하여 다음 사항을 설명하시오.
    (1) 정전계와 정자계의 대응관계 및 차이점
    (2) 전자기파 발생이론

5. 전력케이블 차폐층의 역할과 접지방식 및 효과에 대하여 설명하시오.
6. 온도방사 이론과 방전개시 이론에 대하여 다음 사항을 설명하시오.
   (1) 온도방사 3법칙
   (2) 파센의 법칙
   (3) 페닝 효과

133회 건축전기설비기술사 기출문제

1교시

※ 총 13문제 중 10문제를 선택하여 설명하시오. (각 10점)

1. 업무용 건물의 구내 유선망 LAN(Local Area Network) 구성요소와 설계 시 고려사항에 대하여 설명하시오.
2. 저압용 과전류 보호장치의 종류와 특성에 대하여 설명하시오.
3. 고조파 장해를 방지하기 위해 설치하는 수동필터와 능동필터의 특징을 비교 설명하시오.
4. TN-S계통과 TT계통에 대하여 다음 사항을 비교 설명하시오.
   (1) 누전 시 고장전류 크기 및 감전 위험
   (2) 뇌서지 침입 시 설비기기의 손상
5. 전기설비에 사용되는 재료의 고유특성에 대하여 다음 사항을 설명하시오.
   (1) 유전율
   (2) 투자율
   (3) 전도율
6. 한국전기설비규정(KEC)에 따른 전기저장장치(ESS) 시설기준 및 시설장소의 요구사항 중 전용건물 이외의 장소에 시설하는 경우 고려사항에 대하여 설명하시오.
7. 3상 유도전동기의 기동방식 중 Y-Δ 기동방식과 기동보상기 기동방식의 특징에 대하여 설명하시오.
8. 노이즈 방지용 변압기 종류, 구조, 특징을 설명하시오.
9. 무정전전원장치(UPS) 용량 설계 시 고려사항에 대하여 설명하시오.
10. 버스덕트시스템(Bus Duct System)의 특징 및 공사 시 유의사항에 대하여 설명하시오.
11. 비상용 엘리베이터의 특징과 설치 기준(건축법)에 대하여 설명하시오.
12. 조명용어 중 휘도, 순응, 연색성에 대하여 설명하시오.
13. 전기회로와 자기회로의 대응성에 대하여 설명하시오.

2교시

※ 총 6문제 중 4문제를 선택하여 설명하시오. (각 25점)

1. 계기용 변성기의 종류 및 특성에 대하여 설명하시오.

2. 전력용 콘덴서의 역률 개선 효과와 설치 시 주의사항에 대하여 설명하시오.

3. 초고층 빌딩에서 화재 발생 시 엘리베이터를 피난 수단으로 사용하는 경우의 문제점과 엘리베이터 안전장치에 대하여 설명하시오.

4. ANSI/IEEE와 IEC 기준에 따른 변압기 단락강도 시험방법과 대칭단락전류 계산법에 대하여 설명하시오.

5. 한국전기설비규정(KEC)에서 전원의 자동차단에 의한 보호대책 중 IT계통에 대하여 설명하시오.

6. 단상 유도전동기의 원리와 기동 방법에 대하여 설명하시오.

134회 건축전기설비기술사 기출문제

1교시

※ 총 13문제 중 10문제를 선택하여 설명하시오. (각 10점)

1. 조명용어 중 연색성과 색온도에 대하여 설명하시오.

2. 역률개선용 콘덴서 회로에서 직렬리액터 설치 시 문제점 및 대책에 대하여 설명하시오.

3. 전력기술관리법 및 전력시설물 공사감리업무 수행지침에 따른 전력시설물 공사감리 수행 시, 상주감리원과 비상주감리원의 업무 및 권한에 대하여 설명하시오.

4. 그림과 같은 $R-L$ 직렬회로에서 전류 $i(t)$를 아래의 2가지 방법으로 구하시오. (단, $t=0[\text{s}]$에서 S를 닫는다. $i(0) = 0[\text{A}]$이다.)
   (1) 미분방정식
   (2) 라플라스변환

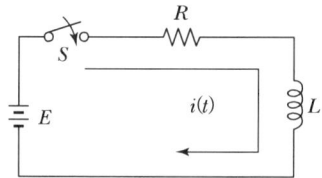

5. 산화아연(ZnO)형 피뢰기의 열폭주 현상에 대하여 설명하시오.

6. 지능형 전력계량시스템(AMI : Advanced Metering Infrastructure)의 구성요소와 도입효과에 대하여 설명하시오.

7. 무정전전원장치(UPS)와 배터리 에너지저장장치(BESS)의 설치목적, 구성 및 작동 원리를 비교하여 설명하시오.

8. 비상용 디젤발전기의 정격출력 3가지와 각 출력의 적용에 대하여 설명하시오.

9. SPD(Surge Protective Device)의 시설방법 및 등급별 접속도체의 최소 단면적에 대하여 설명하시오.

10. 한국전기설비규정(KEC)에서 정하는 수평트레이에 케이블 포설 시 다심케이블 및 단심케이블 시설기준에 대하여 설명하시오.

11. 다음의 보호등급에 대하여 설명하시오.
    (1) 외부 기계적 충격에 대한 보호등급(IK)
    (2) 물의 침입에 대한 보호등급(IP)
    (3) 전기자동차 충전장치의 시설기준(KEC 241.17.3)의 IK, IP 보호등급

12. 건축전기설비에서 내진, 면진 및 제진의 의미를 설명하시오.

13. 터널조명(KS C 3703) 기준에서 글레어 제한과 플리커효과의 규제에 대하여 설명하시오.

2교시

※ 총 6문제 중 4문제를 선택하여 설명하시오. (각 25점)

1. BLDC전동기(Brushless DC Motor)의 동작원리, 구조, 속도제어에 대하여 설명하시오.

2. 한국전기설비규정(KEC)에 의한 보호 안전 원칙 중 인체 감전보호 등 안전을 위한 보호(KEC 113)에 대하여 설명하시오.

3. 소방시설용 비상전원으로 특고압 또는 고압으로 공급하는 수전설비의 다음 사항에 대하여 설명하시오.
    (1) 소방설비용 비상전원의 설치 기준
    (2) 비상용 수전설비의 옥외 개방형 및 큐비클(Cubicle)형 설치 기준

4. 병원시설의 의료용 접지, 수술용 접지에 대하여 설명하시오.

5. 건축물의 태양광발전설비 설치 시, 공간적 제약을 고려한 태양전지 어레이의 설치 방법에 대하여 설명하시오.

6. 승객용 엘리베이터의 다음 사항에 대하여 설명하시오.
    (1) 엘리베이터 교통계획 및 정원, 평균일주시간, 설비 대수 산출 방법
    (2) 엘리베이터 설계 · 시공 시 중점 고려사항

135회 건축전기설비기술사 기출문제

1교시

※ 총 13문제 중 10문제를 선택하여 설명하시오. (각 10점)

1. 맥스웰 방정식 정의와 미분형 방정식 수식에 대하여 설명하시오.
2. 한국전기설비규정(KEC)에서 정의하는 보호도체 단면적 선정 방법을 설명하시오.
3. 전력선에 의한 통신선 유도장해 중 정전유도장해에 대하여 설명하시오.
4. 한국전기설비규정(KEC)에서 규정하는 등전위본딩 분류와 대상을 설명하시오.
5. 축전지의 충전방식에 대하여 다음 항목을 설명하시오.
   (1) 부동충전방식
   (2) 정류기 용량 산정
6. 정전기의 방전현상에 대하여 설명하시오.
7. 한국전기설비규정(KEC)에서 규정하는 케이블트렌치공사에 대하여 설명하시오.
8. 국가건설기준(KDS 32 10 11)에 규정하는 전기설비 시설 공간(실)의 계획에 대하여 다음 항목을 설명하시오.
   (1) 기능성
   (2) 관리성
   (3) 안전성
9. 분산형전원을 계통에 연계 시 다음 각 항목의 전기품질에 대하여 설명하시오.
   (1) 직류 유입 제한
   (2) 역률
   (3) 플리커(Flicker)
   (4) 종합 고조파 왜형률(THD)
10. KS C IEC 61400-24(풍력발전기-낙뢰보호)에서 풍력발전기의 피뢰시스템 구역(LPZ)에 대하여 설명하시오.

11. 소방시설용 비상전원 수전설비의 화재안전성능기준(NFPC 602)에서 저압으로 수전하는 경우 배전반, 분전반 및 전기회로의 결선방법에 대하여 설명하시오.

12. 구내통신실 공간 선정 시 고려사항을 설명하고, 구내통신실 면적과 확보기준에 대하여 설명하시오.

13. 다음의 조명 용어를 비교 설명하시오.
    (1) 광도와 휘도
    (2) 조도와 광속발산도

2교시

※ 총 6문제 중 4문제를 선택하여 설명하시오. (각 25점)

1. 배전계통에 적용되고 있는 동심중성선케이블(CNCV)의 구조와 특성에 대하여 설명하시오.

2. 외부 피뢰시스템(LPS)의 수뢰부 선정 시 다음 항목을 설명하시오.
    (1) 보호각법
    (2) 회전구체법
    (3) 메시법

3. 저압차단기 중 분기회로 차단기의 정격 선정 시 다음 항목을 설명하시오.
    (1) 회로의 설계전류
    (2) 케이블의 열적강도
    (3) 전동기의 기동전류
    (4) 전동기 기동 시 돌입전류
    (5) 도체의 단시간 허용온도

4. 전기자동차 충전장치 시설기준과 설치 수량에 대하여 설명하고, 외부 기계적 충격에 대한 강도기준(IK08)에 대하여 설명하시오.

5. 문화재 및 문화재 보호구역의 야간조명 설계기준과 디자인 원칙에 대하여 설명하시오.

6. 그림과 같이 저압회로 F_1점에 단락사고 발생 시 아래의 조건을 고려하여 3상 단락 전류(A)를 구하시오.

(조건)
- 2[MVA] 변압기 용량 기준, 퍼센트 임피던스법으로 계산한다.
- 선로 임피던스는 Z_L을 고려한다.
- 유도전동기 %Z는 다음과 같다.

유도전동기 용량	%Z
100[kVA]	$j17$
500[kVA]	$j17$

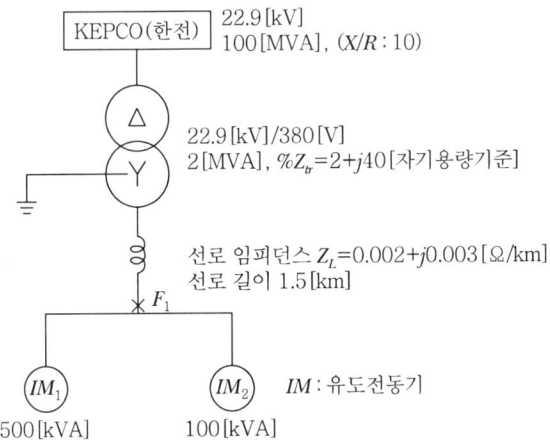

136회 건축전기설비기술사 기출문제

1교시

※ 총 13문제 중 10문제를 선택하여 설명하시오. (각 10점)

1. 직류선로에서 전압강하율, 전압변동률, 전력손실률이 동일함을 수식을 이용하여 설명하시오.
2. 수배전설비의 보호계전시스템 중 다음 사항에 대하여 설명하시오.
   (1) 보호목적
   (2) 기능과 구성
   (3) 보호방식
3. 고조파가 전동기에 미치는 영향에 대하여 다음 사항을 설명하시오.
   (1) 전동기 종류별 영향
   (2) 유도 전동기에서 고조파 전압계수
4. 한국전기설비규정(KEC)에 근거하여 배선설비 공사방법 중 케이블 트렁킹 시스템과 케이블 덕팅 시스템을 비교하여 설명하시오.
5. 송전계통과 배전계통의 안정도 향상대책에 대하여 설명하시오.
6. 한국전기설비규정(KEC 241.5)에 근거하여 식물 재배 등을 하기 위한 전기온상의 시설기준을 설명하시오.
7. 루미네선스(Luminescence)광원의 페닝 효과(Penning Effect)에 대하여 설명하시오.
8. 공공기관 에너지 이용 합리화 추진에 관한 규정에서 전기저장장치(ESS)의 시설기준 및 시설장소의 요구사항 중 제외대상 건축물에 대하여 설명하시오.
9. 축전지의 자기방전에 대하여 설명하시오.
10. 건축전기설비 설계기준의 전기 샤프트(ES : Electric Shaft)에서 건축적, 환경적, 전기적 고려사항에 대하여 설명하시오.
11. 건축전기설비의 동력설비로 사용하는 전동기를 신속하게 정지시킬 때나 속도를 일정속도로 제한하기 위한 전기적 제동 방법에 대하여 설명하시오.

12. 발전기 용량 산출 시 고려사항 및 부하의 종류에 대하여 설명하시오.

13. 다음 차단기의 TRIP 방식에 대하여 설명하시오.
    (1) 과전류 트립 방식
    (2) 직류전압 트립 방식
    (3) 부족전압 트립 방식
    (4) 콘덴서 트립 방식

2교시

※ 총 6문제 중 4문제를 선택하여 설명하시오. (각 25점)

1. 건축전기설비 내진설계에 대하여 다음 사항을 설명하시오.
   (1) 건축법상 내진설계 대상 건축물
   (2) 건축전기설비 내진설계 개념
   (3) 건축전기설비 내진설계 흐름도
   (4) 건축전기설비 내진설계 시 고려사항

2. 전기설비의 재해원인과 재해대책에 대하여 설명하시오.

3. 국가건설기준(KDS 32 20 10 : 2024)에 의한 수변전설비 설계 순서도를 그리고 설명하시오.

4. 건축물에 설치하는 디젤엔진 비상발전기의 보호계전방식에 대하여 설명하시오.

5. DC-AC변환을 하는 인버터(Inverter)회로의 전력용 반도체는 주로 IGBT 소자가 사용된다. 다음 사항을 설명하시오.
   (1) IGBT의 주요 특성
   (2) IGBT의 구동 회로(Gate Driver Circuit)
   (3) Dead Time의 의미와 데드타임 인가 이유

6. 발전기 병렬운전에 대하여 다음 사항을 설명하시오.
   (1) 발전기 병렬운전 조건
   (2) 조건이 다를 경우의 영향 및 대책방안

137회 건축전기설비기술사 기출문제

1교시

※ 총 13문제 중 10문제를 선택하여 설명하시오. (각 10점)

1. R-L-C 직렬회로에서 다음 사항을 설명하시오.
   (1) 직렬공진 조건
   (2) 직렬공진회로에서 소자에 축적되는 에너지

2. 건축물 전력설비 계획 시 수용률, 부등률 및 부하율에 대하여 설명하고, 이를 통한 변압기 용량 산정방법에 대하여 설명하시오.

3. 축전지 충전방식에 대하여 다음을 설명하시오.
   (1) 초기 충전방식
   (2) 사용 중 충전방식

4. 변압기 절연의 종류에 대하여 설명하시오.

5. 변류기에 대하여 다음 각 물음에 답하시오.
   (1) 과전류 정수, 비오차 정의 설명
   (2) 100/5 변류기 1차에 100[A], 2차에 4.97[A]가 흐를 경우 변류기 비오차 계산

6. 접지도면 작성 시 포함 내용과 접지도체 굵기 산정식(KSC IEC 60364-5-54 및 IEEE Std. 80 표준식)을 설명하시오.

7. 케이블 손실의 종류와 영향 및 대책에 대하여 설명하시오.

8. 조도 측정 방법과 측정 시 주의 사항을 설명하시오.

9. 외함의 밀폐 보호 등급 구분(IP코드)[KS C IEC 60529]의 보호등급(IP)을 설명하시오.

10. 「한국전기설비규정(KEC)」에 의한 발전설비 주변 전기울타리 시설기준, 위험표지 및 접지시설 기준에 대하여 설명하시오.

11. 「전력시설물 공사감리업무 수행지침」 중 감리자가 할 수 있는 공사중지 명령의 종류와 적용기준에 대하여 설명하시오.

12. 「공항시설법 시행규칙」 중 항공장애 표시등에 대하여 다음 사항을 설명하시오.
    (1) 표시등의 종류와 성능
    (2) 고광도 표시등 설치 시 고려 사항
13. 건축물에서 등전위본딩과 관련하여 다음 사항을 설명하시오.
    (1) 설비 종류별 역할
    (2) 비접지 국부등전위본딩의 목적

2교시

※ 총 6문제 중 4문제를 선택하여 설명하시오. (각 25점)

1. 국가건설기준「수변전설비(KDS 32 20 10)」에 따른 건축물 수변전설비의 설계순서 및 설계 시 고려 사항을 설명하시오.
2. 역률개선을 위해 설치되는 전력용 커패시터의 역률 과보상 현상에 대하여 설명하시오.
    (1) 전력용 커패시터 역률 과보상 시 문제점
    (2) 전력용 커패시터 역률 과보상 시 대책
3. 저압 차단기의 정격 선정 시 고려 사항과 저압 차단기 정격전류 선정 시 고려사항에 대하여 설명하시오.
4. 전력케이블 열화의 원인과 형태 및 대책에 대하여 설명하시오.
5. 빌딩 주차관제설비에 대하여 다음 사항을 설명하시오.
    (1) 차체검지기
    (2) 주차관제 설비의 성능
6. LAN(Local Area Network)에 대하여 다음 사항을 설명하시오.
    (1) 구성 요소
    (2) 채널 액세스 방식
    (3) 설계 시 고려사항

참고문헌

- 「전기사업법」, 「전기공사업법」, 「전력기술관리법」 및 관계 령, 규칙, 기준
  〈전기설비기술기준, 한국전기설비규정(KEC)〉
- 「건축법」, 「건설산업기본법」, 「건설기술관리법」, 「주택법」 및 관계 령, 규칙, 기준
  〈건축물 에너지 절약 설계기준, 건축전기설비설계기준〉
- 「전기통신기본법」, 「전파법」, 「방송법」, 「정보통신공사업법」 및 관계 령, 규칙, 기준
  〈초고속 정보통신 건물 인증업무 처리지침〉
- 「소방시설 설치 및 관리에 관한 법」, 「소방시설공사업법」, 「초고층 및 지하연계 복합건축물 재난관리에 관한 특별법」, 「자연재해대책법」 및 관계 령, 규칙, 기준
- 「에너지이용합리화법」, 「신에너지 및 재생에너지 개발·이용·보급 촉진법」 및 관계 령, 규칙, 기준
  〈지능형건축물인증제도, 친환경건축물인증제도, 건축물에너지효율등급인증제도, 공공기관 에너지이용 합리화 추진지침〉
- 「산업안전보건법」, 「산업표준화법」 및 관계 령, 규칙, 기준
- 「항공법」, 「주차장법」, 「도로법」 및 관계 령, 규칙, 기준
- 「승강기시설 안전관리법」 및 관계 령, 규칙, 기준
- 「대기환경보전법」, 「소음진동규제법」 및 관계 령, 규칙, 기준
- 「의료법」, 「장애인·노인·임산부 등의 편의증진보장에 관한 법」 및 관계 령, 규칙, 기준
- 「기술사법」 및 관계 령, 규칙, 기준
- (대한전기협회) ; 한국전기설비기준(KEC), 배전규정, 건축전기설비 내진설계·시공지침, IEC 규격에 의한 전기설비설계가이드, 저압전기설비의 SPD 설치에 관한 기술지침, 저압 전로의 지락보호에 관한 기술지침, 등전위 본딩에 관한 기술지침
- (한국전력공사) ; 전기공급약관, 송변전기술용어해설집
- (한국전기안전공사) ; 자가용전기설비의 점검업무처리규정

참고도서

- 신전기설비기술계산 핸드북, 의제, 정용기
- 최신 전기설비(공저), 문운당, 지철근 · 정용기
- 전력사용시설물 설비 및 설계, 성안당, 최홍규
- 최신 피뢰시스템과 접지기술, 성안당, 강인권
- 최신 조명환경원론, 문운당, 장우진
- 최신 송배전공학, 동일출판사, 송길영
- 발송배전 기술사 송전공학, 태영문화사, 이존우
- 회로이론, 문운당, 박송배
- 전자기학(공저), 진영사, 엄기홍 등
- 전기기기(공저), 동일출판사, 김용주 등
- 과년도 건축전기설비기술사 문제풀이
- 정기간행물 : 조명설비학회지, 전기설비, 전력기술인, 전기안전, 전설공업 등
- 제조사 기술자료 : 전력설비 진단기술, 신영기술자료, 삼화콘덴서 가이드북, 고압기기 기술자료, LG 기술자료, 효성중공업 기술자료, I디지털 중전기시스템 등

최기영

- (전) 건설교통부 서울지방항공청
- (전) 행정안전부 정부과천청사
- (전) 행정안전부 소방방재청
- (전) 행정안전부 안전본부 부이사관 명예퇴직
- 서울과학기술대 대학원('06.2.17 석사 졸업)
- 공공혁신·전자정부고위과정('16.2.17 수료)
- (현) 공공기관 면접관(공무원 및 NCS기반)
- (현) 한국전기기술인협회 외래강사
- (현) 진엔지니어링 건축사사무소 근무
- (자격) 특급감리원(전기·소방)

홍준

- (전) Kosha Code 제정위원(한국산업안전공단 ; 전기안전분야)
- (전) EMC기준 전문위원(전파연구소)
- (전) 중소기업 기술개발지원 사업 평가위원(중소기업기술정보진흥원장)
- (전) 대한전기학회(설비부분) 이사
- (전) 공법(자재)선정위원회 위원(서울특별시 교육청)
- (전) 기술개발기획평가단 정위원(한국산업기술평가관리원)
- (전) 대한민국산업현장교수 – 전기·전자(고용노동부)
- (전) 한국기술거래사회 이사
- (전) 한국화재감식학회 이사
- (진) 글로벌 기술사업화 전문위원(KIST)
- (현) 한국전기기술인협회 외래강사
- (자격) 기술거래사, 기술가치평가사, 전기공사기사

신건축
전기설비 전원설비

발행일	2015. 2. 1	초판 발행
	2017. 8. 30	개정 1판 1쇄
	2021. 5. 10	개정 2판 1쇄
	2022. 5. 10	개정 3판 1쇄
	2023. 7. 10	개정 4판 1쇄
	2024. 9. 30	개정 5판 1쇄
	2026. 1. 20	개정 6판 1쇄

저 자 | 최기영·홍준
발행인 | 정용수
발행처 | 예문사

주 소 | 경기도 파주시 직지길 460(출판도시) 도서출판 예문사
TEL | 031) 955-0550
FAX | 031) 955-0660
등록번호 | 11-76호

- 이 책의 어느 부분도 저작권자나 발행인의 승인 없이 무단 복제 하여 이용할 수 없습니다.
- 파본 및 낙장은 구입하신 서점에서 교환하여 드립니다.
- 예문사 홈페이지 http : //www.yeamoonsa.com

정가 : 42,000원

ISBN 978-89-274-6060-2   13560